DAS NEUE UNIVERSUM
100

DAS NEUE UNIVERSUM 100

Wissen, Forschung, Abenteuer

Ein Jahrbuch

Südwest Verlag München

Redaktion: Dr. Marcus Würmli und Gabriele Fentzke
Layout: Manfred Metzger
Illustrationen und Zeichnungen: Hannes Limmer
Foto gegenüber dem Haupttitel: Treppenhaus in der Casa Vicens von Antoni Gaudí, Barcelona.
Foto Noeller

1.–50. Tausend

Umschlag: Design-Team, München
Gesamtherstellung: Wenschow, München
ISBN 3-517-00789-0

GELEITWORT

Forschung und Technik haben gerade im vergangenen Jahrhundert beeindruckende Fortschritte erzielen können. In seinen jetzt 100 Bänden hat DAS NEUE UNIVERSUM diese bisweilen stürmische Entwicklung begleitet und es verstanden, der Jugend Chance und Herausforderung der Technik nahezubringen. Dabei kann – weit über die bloße Information hinaus – im jungen Menschen Begeisterung für die Faszination der Naturwissenschaften geweckt werden. Auch ich habe mich von dieser Begeisterung anstecken lassen, auch ich habe während vieler Jahre meiner Kindheit und Jugend zu den treuen Lesern des NEUEN UNIVERSUMS gehört. Das Abenteuer von Naturwissenschaften und Technik hat mich seither nicht losgelassen, die Herausforderung des NEUEN UNIVERSUMS ist lebendig geblieben.

Auch für die heutige junge Generation trifft dies zu – das stimmt mich zuversichtlich. Gewiß, die Jugend neigt heute stärker denn je dazu, über die Folgen der Technik nachzudenken und – im übrigen zu Recht – ihre Wirkungen zu überprüfen. Doch dies widerspricht nicht einer breiten, aktiven Wertschätzung der Technik, für die sich deutlich Anzeichen ausmachen lassen. Ich denke da etwa an den ersten Platz, den die Delegation der Bundesrepublik Deutschland 1983 bereits zum zweiten Mal bei der anspruchsvollen Mathematik-Olympiade errungen hat. Ich denke auch daran, daß die Zahl der Teilnehmer am Wettbewerb »Jugend forscht« von Jahr zu Jahr neue Rekordmarken erreicht oder daß in den Naturwissenschaften und den technischen Disziplinen die Zahl der Studienanfänger wieder kräftig zunimmt. Wir werden dieses Interesse an Naturwissenschaften und Technik für die Aufgaben brauchen, vor die wir mit der Energie- und Nahrungsversorgung, der medizinischen Vorsorge für eine wachsende Weltbevölkerung, der Bewältigung von Umwelt- und Verkehrsproblemen in den Industriestaaten gestellt werden.

Auch in Zukunft werden wir also auf Impulse, wie sie DAS NEUE UNIVERSUM seinen jungen Lesern vermittelt, nicht verzichten können.

Bonn, im August 1983

(Bundesminister für Forschung und Technologie)

INHALT

Kraft und Stoff

Die Erde und das Weltall

Kunst und Kultur

Sport und Freizeit

Register

DAS · NEUE · UNIVERSUM
UNION

»DAS NEUE UNIVERSUM« HAT GEBURTSTAG

1880 ist eine Jahreszahl wie jede andere – wenn man einmal davon absieht, daß es eine runde Zahl ist. Da es keine großen Kriege gab, vermerkt die Geschichte weder große noch kleine Friedensschlüsse. In Südamerika stritten sich Chile und Peru im zweiten Jahr um den Salpeter, in Südafrika probten Buren den Aufstand gegen England, auf den britischen Inseln selbst wurde die Schulpflicht eingeführt. Die Geburt großer Genies ist nicht zu vermelden; Albert Einstein zum Beispiel war 1880 schon ein Jahr alt. Wäre er in Köln zur Welt gekommen, hätte er – wenn auch als Baby – die Vollendung des Domes mitfeiern können, an dem immerhin seit 1248 mit jahrhundertelanger Unterbrechung gebaut worden war. Ein anderes Genie dieses Jahrhunderts, Thomas Alva Edison, hatte kurz zuvor die erste brauchbare Glühlampe erfunden, und Werner von Siemens setzte den ersten elektrischen Aufzug in Betrieb. Dennoch, verglichen mit Ereignissen geschichtsträchtiger Jahre, ist 1880 nicht sehr ergiebig, wäre es nicht für Bücherfreunde ein denkwürdiges Datum: Denn in diesem Jahr erschienen zwei Bücher, die es in ununterbrochener Folge heute noch gibt – das »Orthographische Wörterbuch« des Dr. Konrad Duden und »das neue universum«. Beide sind inzwischen längst zu einer Institution geworden.

So sah das Titelbild vom 21. bis 29. Band (1900–1908) aus. Die Frauengestalt im Jugendstil versinnbildlichte Technik und Wissenschaft. Der Hintergrund verrät, worüber damals berichtet wurde.

Als Erfinder noch ein Beruf war

In dieser Zeit hatte der junge Verleger Wilhelm Spemann eine zündende Idee: Er wollte alles Wissen über den technischen Fortschritt der Jugend in einem jährlich erscheinenden Buch nahebringen. »Das neue universum« war damit geboren. In den Großstädten fuhren noch die Pferdebahnen, aber die »Elektrische« war schon erfunden und sollte nur wenig später in Berlin die Pferdebahn ablösen. Berlin war damals ein Zentrum des Fortschritts; dort hatte man auch die erste Telefonleitung (damals noch mit »ph«) Deutschlands installiert. Doch selbst technisch »Aufgeklärte« konnten sich noch nicht so recht vorstellen, wie man über Kilometer hinweg mit jemandem sprechen könne. Die Leute des ausgehenden neunzehnten Jahrhunderts hielten sich etwas zugute auf ihre Fortschrittlichkeit. Schließlich fuhren sie mit der Eisenbahn und fanden es selbstverständlich, daß ein schnelles Dampfschiff nur zehn Tage von Europa nach Amerika benötigte. Doch als dann die ersten Benzinkutschen den Staub ungeteerter Straßen aufwirbelten, bekreuzigten sich sogar fortschrittsgläubige Bürger und flüchteten in ihre Häuser. Schon wieder etwas Neues, wo man sich an das Alte noch gar nicht so recht gewöhnt hatte! Und fast täglich kamen Erfindungen hinzu, die das Verständnis der meisten überforderte.

Ein Buch für die »reifere Jugend«

Dieser rasende Fortschritt muß den Verleger des »neuen universums« ebenso beeindruckt wie verunsichert haben. Konnte man das alles noch fassen, wer sollte das alles verstehen? Vorsichtshalber setzte er unter den Titel seines Jahrbuchs den Zusatz »für die reifere Jugend«. Das erfüllte natürlich all jene mit einem gewissen Stolz, die das Buch geschenkt bekamen. Traute man ihnen doch zu, daß sie die technischen Zusammenhänge ihrer Zeit begreifen konnten!
So wurde das »neue universum« zu einem der beliebtesten Weihnachtsgeschenke für Jungen – heute auch für Mädchen –, und Eugen Diesel, der Sohn des berühmten Motorbauers, erinnert sich:
»Eine herrliche Stimmung wehte mich an, wenn ich den so vertrauten und doch so viel Neues verheißenden roten Band wieder einmal unter dem Weihnachtsbaum liegen sah. Zwar wandte ich mich zuerst dem ›Clou‹ des Festes, der Ritterrüstung oder dem Dampfmaschinchen oder dem funkensprühende Dinge enthaltenden Experimentierkasten zu; dann aber griff ich flugs zum NEUEN UNIVERSUM, begierig, den Kontakt mit dem zu bekommen, was in der Welt vorging, klappte vor allem die vorn eingeheftete riesige Farbtafel auf.«

. . . die reichhaltigste Bibliothek der Fortschritte . . .

Die Sprache der frühen Bände erscheint uns heute schwülstig und altväterlich, wenn es etwa im Vorwort zum ersten Jahrbuch heißt: . . . »So ist das UNIVERSUM ein Spiegel der auf den Gebieten der Wissenschaft und Industrie schaffenden Gegenwart. Es wird jedes Jahr das

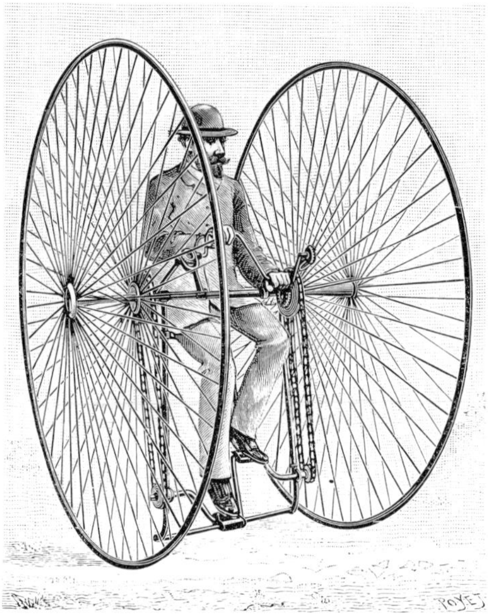

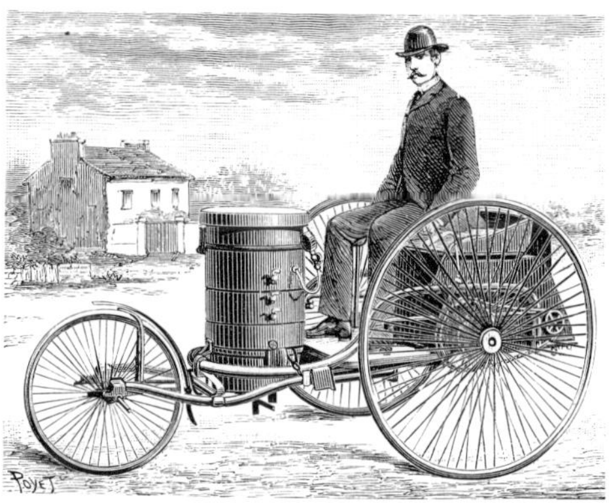

Gegenüberliegende Seite: Das Glaskugel-Velociped aus Band 8 (1887), ». . . die Idee eines Franzosen, und wir selbst wollen sie nicht vertreten.« Tatsächlich nahm die Redaktion damals diese Idee mit Humor auf. Nach der Vorstellung des Erfinders brauchte der Fahrer nur Gehbewegungen durchzuführen, und die Kugel kam ins Rollen.
Ganz oben: Balancier-Bicycle aus dem Band 9 (1888): »Es erscheint sehr fraglich, ob . . . dieses Bicycle praktisch ist«, lesen wir dort.
Oben: Dampfdreirad aus Band 9 (1888), die Erfindung dreier Franzosen.

Bedeutendste sammeln und dem Leser vorführen und auf diese Weise nach und nach die reichhaltigste Bibliothek der Fortschritte und Erfindungen der Gegenwart bilden.«
»Und so zieh' denn hinaus in die Welt, NEUES UNIVERSUM, helfe in Hütte, in Bürgerhaus und Palast, zum Genuß wahrhaft angenehmer lehrreicher Stunden; werde ein Freund des Handwerkers wie des Kaufmanns, des Gelehrten wie des Künstlers!«
Wie sehr hat sich doch unsere Sprache in den vergangenen hundert Jahren verändert! Sie wurde sachlicher und nüchterner. Es besteht kein Zweifel, daß die logischen Naturwissenschaften und die Technik unser ganzes Denken und unsere Sprache mehr beeinflussen, als wir uns dessen bewußt sind. Man denke etwa an Begriffe wie »elektrisieren« oder »checken«.

Wie es vor hundert Jahren war

Daß »das neue universum« auch in »Hütten« – wie Spemann wollte – oder auch nur in Arbeiterwohnungen gelesen wurde, dürfen wir wohl bezweifeln. In jener Zeit, die wir auch Gründerzeit nennen, weil damals viele Unternehmen gegründet wurden, verdiente eine Textilarbeiterin in Deutschland wöchentlich rund 6 Mark. Sie schlief mit Kolleginnen in einem Dreibettzimmer und zahlte dafür 1 Mark. Für drei Mahlzeiten im Tag mußte sie 4 Mark abgeben, die Krankenkasse kostete damals fünfzehn Pfennig. Alles pro Woche. Übrig blieben 85 Pfennig für Heizung, Kleidung und andere Bedürfnisse. Auf diese Weise lebten damals mehr als drei Viertel der Bevölkerung Deutschlands. Wie hätten einfache Arbeiter die 6 Mark für den ersten Band des »neuen universums« aufbringen können? Heute hingegen kann sich jeder »das neue universum« leisten; es kostet nur noch den 15. Teil eines durchschnittlichen Wochenlohnes.

POYET

Was das Buch will

Wenn sich auch die Sprache in den vergangenen hundert Jahren stark verändert hat, das Anliegen des »neuen universums« ist bis auf den heutigen Tag dasselbe geblieben – und wird es auch weiterhin bleiben: in zeitgemäßer, einfacher Sprache und allgemeinverständlich über technische und naturwissenschaftliche Neuerungen zu berichten. An der Thematik hat sich in der langen Zeit kaum etwas geändert, wie ein Blick auf die Inhaltsverzeichnisse der ersten und letzten Bände beweist. Nur die Gesichtspunkte haben sich gewandelt: Früher zerbrach man sich den Kopf darüber, wie man die Elektrizität nutzen konnte, heute macht man sich Sorgen, wie man genügend Strom erzeugen kann. Das klingt paradox, zeigt aber deutlich, wie problematisch der Fortschritt sein kann. Früher war jene Form der Energie ein Luxus, heute sind wir ihre Sklaven geworden.

Nichts Neues gibt es unter der Sonne ...

... steht schon in der Bibel, und viele gescheite Leute haben im Laufe der Jahrhunderte Ähnliches gesagt. Dieser Ausspruch gilt auch für die Technik. Wir berichten in diesem 100. Band über die Fortschritte bei der Nutzung der Windenergie. Wenn wir in alten Bänden blättern, treffen wir aber immer wieder auf dieses Thema. Im 4. Band von 1883 wird kurz die Geschichte der Windmühlen behandelt. Und dann lesen wir: »Im ganzen aber wird jetzt der unzuverlässige Motor Wind, der so oft und dann gewöhnlich zu sehr unpassender Zeit im Stiche läßt, weniger verwendet wie früher. Die Wasserkraft ist freilich in der Ebene, wo keine stärkere Strömung stattfindet, nicht verwendbar, aber der Dampf ist sicher in seiner Verwendung und jederzeit und überall zu haben. Die Dampfmühlen werden die Windmühlen mehr und mehr unterdrücken.«

Gegenüberliegende Seite oben: Neue Wasserfahrräder auf der Oberspree bei Berlin, abgebildet in Band 20 (1899): »So gut sie ihrem Zweck entsprechen, solange der Spiegel des Wassers ruhig ist ..., so wenig würden sie dem Wellengang bei einigermaßen heftigen Winden trotzen können, ohne umzukippen und ihrem Besitzer, wenn nicht ein nasses Grab, so doch ein gehörig durchnäßtes Gewand einzubringen.«

Gegenüberliegende Seite unten: Bazins Rollenschiff aus Band 18 (1897).

Oben: »Auf dem abgebildeten Wassertricycle legte ein Engländer namens Ferry am 28. Juli 1883 den 32 Kilometer langen Wasserweg zwischen Dover und Calais in etwa acht Stunden zurück, ein überaus kühnes Beginnen ...«

Der 25. Band von 1904 kommt wieder auf dieses Thema zurück, mit einem ganz anderen Ergebnis: ...»Vielfach bringt man den Windmotoren immer noch ein unberechtigtes Vorurteil gegenüber, und ihre Verbreitung ist durchaus nicht so groß, wie sie es verdienen... Die neueren Windmotore sind... vollkommener als die alten Windmühlen. Daher sollte jeder, in dessen Betrieb, bei größerem Bedarf es sich um Wasserpumpen, Kornmahlen, Futterschneiden, Holzsägen und dergl. handelt, den Gedanken der Anschaffung eines Windmotors näher treten.«
Damals wie heute ging es darum, den Wind als Energieträger zu nutzen. Im Laufe der Zeit wandelte sich nur die technische Ausführung: Die Ingenieure verwenden heute nicht mehr Segel, sondern vom Computer berechnete Flugzeugprofile; die Generatoren wurden vervollkommnet, und die Techniker entwickelten ganz neue Werkstoffe. Die Grundidee der Windnutzung ist aber dieselbe geblieben. So ist denn eine Rückschau auf die hundert Bände »neues universum« zugleich ein Lob für den Erfindungsreichtum früherer Forscher. Nur selten kommt es vor, daß völlig neue, »unerhörte« Erfindungen gemacht werden, an die zuvor kaum jemand dachte – in unserer Zeit etwa die Elektronik und der Computer.

Wann werden Erfindungen gemacht?

Wäre das Erdöl nicht so teuer und wäre auch nicht abzusehen, daß seine Vorräte bald zur Neige gehen, so würden wir in diesem Band keinesfalls über Windenergie berichten. Der Anlaß dazu wäre gar nicht gegeben. Erfindungen werden nur dann realisiert, wenn man sie braucht. Die Auslöser sind meist finanzieller Art: Wie kann man Material und Arbeitskräfte sparen? Wie kann man mehr produzieren und mehr Gewinn erwirtschaften?

Gegenüberliegende Seite: Der »Vergnügungssturz aus 300 Meter Höhe«, abgebildet und beschrieben in Band 12 (1891), war wohl eine der verrücktesten Ideen der damaligen Zeit.

Unten: Amerikanischer Motorschuh aus Band 40 (1919): »Tatsächlich sind solche Motorschuhe auch bereits im Straßenverkehr amerikanischer Städte vielfach im Gebrauch. Gegenüber dem Motorrad rühmt man dem Motorschuh nach, daß er es seinem Besitzer gestatte, während der Fahrt sauber zu bleiben...«

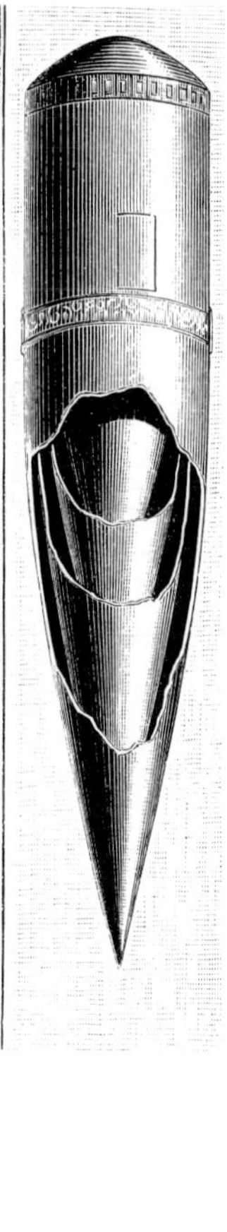

Leonardo da Vinci (1452–1519) gilt zu Recht als einer der größten Erfinder aller Zeiten. In seinen Skizzenbüchern hielt er Dinge wie Fallschirme, helikopterähnliche Flugapparate, Wagen mit Differentialgetriebe und vieles andere fest. Für seine Zeitgenossen müssen das Hirngespinste eines Verrückten gewesen sein. Damals brauchte man solche Dinge nicht. Doch Leonardo sah weiter voraus als je ein Mensch vor ihm. Erst als das Bedürfnis bestand, wurden seine Apparate noch einmal erfunden. 1783 zum Beispiel stieg der erste Ballon der Brüder Montgolfier in den Himmel. Drei Jahre später ließ J. P. Blanchard bei einem Ballonflug über Hamburg einen Hammel erstmals an einem Fallschirm zu Boden schweben. Bald folgte der erste Fallschirmsprung eines Menschen. Erfindungen werden also erst dann gemacht, wenn sich die Vorstellungen des Menschen wandeln, wenn sich neue Horizonte aufgetan haben.

Rückschritte und Sackgassen in der Technikgeschichte

Da uns die Naturwissenschaften und die Technik so wunderbar logisch vorkommen, könnten wir meinen, auch die Geschichte der beiden Wissenschaften sei folgerichtig gewesen. Das ist falsch. Die Römer zum Beispiel haben wundervolle Brücken, Aquädukte und die besten Straßen aller Zeiten gebaut. Heute bewundern wir ihre Werke, im Mittelalter dagegen achtete man sie gering, ließ sie zerfallen oder benutzte sie als Steinbruch. Durch die Völkerwanderung hatten sich die praktischen technischen Kenntnisse der Römer verloren – das war ein eindeutiger Rückschritt.

Im ausgehenden Mittelalter beschäftigten sich Hunderte von Alchimisten mit der Herstellung von Gold. Keinem gelang es, keiner führte planmäßige Experimente durch, und kaum einer kam auf die Idee, daß man Gold gar nicht herstel-

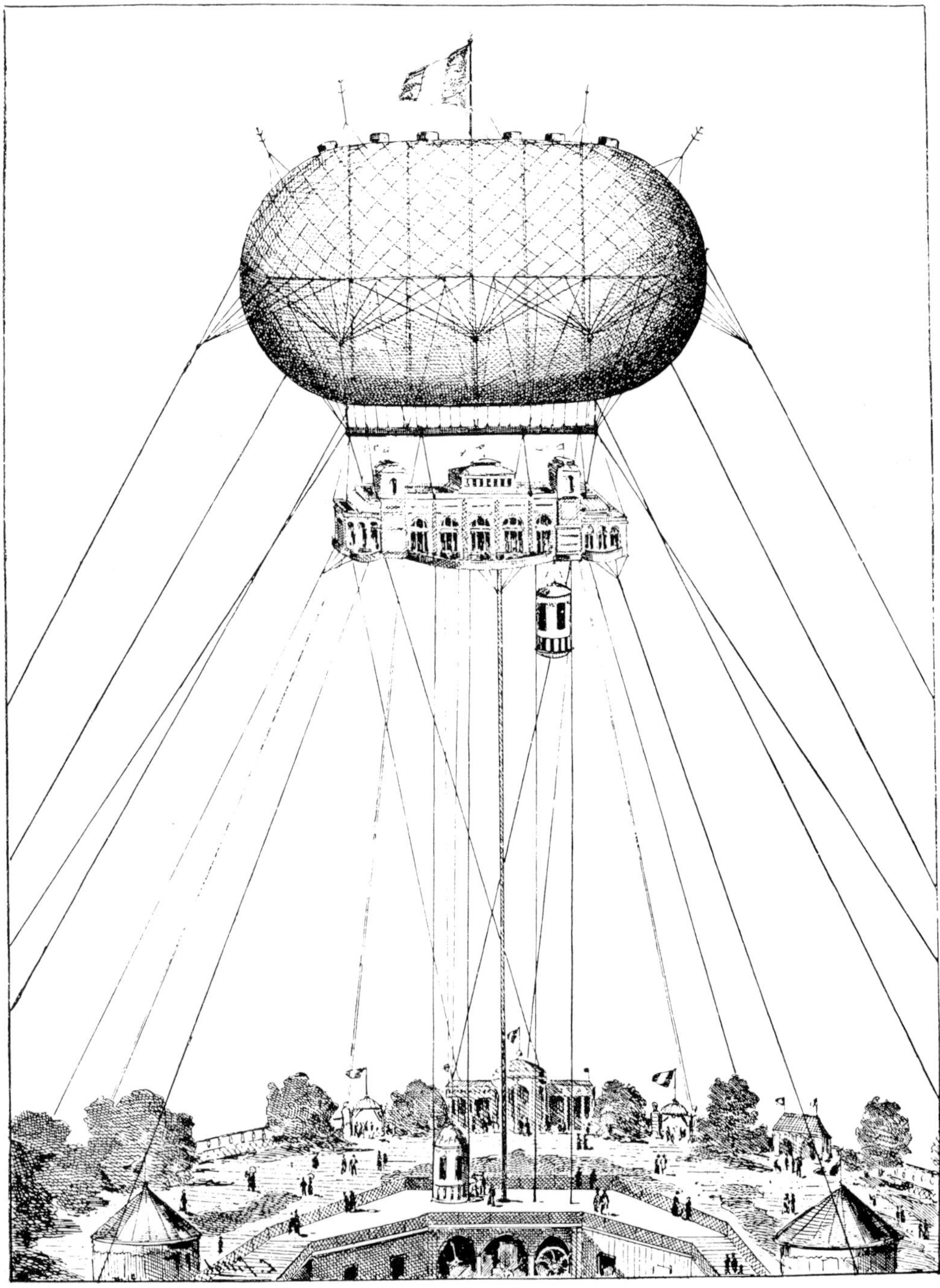

len kann. Jahrhundertelang verschwendeten Gelehrte ihre Zeit an ein unlösbares technisches Problem, weil sie gefangen waren in aberwitzigen astrologischen und mystischen Geheimlehren. Erst im 17. und 18. Jahrhundert entstand aus der Alchimie die naturwissenschaftliche, heutige Chemie.

Gegenüberliegende Seite: »Das Luftschloß der Antwerpener Ausstellung« aus Band 15 (1894) war ein echtes Luftschloß. Es sollte aus Eisen, Stahl, Bambus und chinesischer Seide bestehen, »um es möglichst leicht zu machen«.

Oben: Amerikanische Dampfeissäge aus Band 7 (1886).

Neben dem unbestreitbaren Fortschritt kennt die Geschichte der Technik also auch Rückschritte und Sackgassen. Niemand weiß genau, welche Errungenschaften seiner Zeit als Fortschritt oder als Sackgasse zu werten sind. Kernkraftwerke beispielsweise sind fast sicher eine Sackgasse – eine Sackgasse gigantischen Ausmaßes. Irgendwann ist nämlich Schluß mit dem Uran. Dann sind alle Vorräte dieses seltenen Metalls verbrannt und umgewandelt – und das auch noch in gefährliche radioaktive Stoffe! Irgendwann, vielleicht in 30, vielleicht in 50, vielleicht erst in 100 Jahren, werden Kernkraftwerke als riesige Ruinen umherstehen, als Zeugen einer kurzfristigen technischen Entwicklung ohne Zukunft.

»das neue universum« – eine Kuriositätenkiste

In den alten Bänden des »neuen universums« finden wir aber auch amüsante und heitere Erfindungen, die längst im Papierkorb der Techniker verschwunden sind. Das macht das Blättern in den alten Schmökern zu einem Riesenvergnügen. Da berichtet zum Beispiel der 18. Band (1897) von Bazins Rollenschiff, das am 19. August 1896 in St. Denis vom Stapel gelaufen ist. Es hatte nicht den üblichen Rumpf, sondern stand auf drei Rollenpaaren, denn Bazin »überzeugte sich durch Versuche, daß ein runder Schwimmkörper, wenn er mit derselben Geschwindigkeit um seine Achse gedreht wird, mit der er sich vorwärtsbewegt, keine Anstauung des Wassers vor seinem Bug, also keine Bugwelle hervorruft, mithin keinen Reibungswiderstand im

Gegenüberliegende Seite: »Die erste Ballonfahrt über London«, aus Band 24 (1903).

Oben: Amerikanisches Großflugzeug aus Band 57 (1936).

Rechts: Englisches Doppelflugzeug, das sich in der Luft in zwei Eindekkermaschinen trennen kann, aus Band 57 (1936).

Wasser in dem bisher gebräuchlichen Sinne zu überwinden hat.« Der Beitrag endet mit dem ernüchternden Satz: »Die Hoffnungen, die der Erfinder in sein Schiff setzte, sind durch Erfahrungen sehr herabgestimmt worden, und man bezweifelt, daß es für hohen Seegang die nötige Stabilität besitzen wird.« Auch im folgenden Band war von Versuchen des Amerikaners Chapman mit einem von Rollen getragenen Schiff die Rede, »die noch erfolgloser gewesen zu sein scheinen, wie die Bazins«. Dort ist nachzulesen, daß Bazins Schiff mit doppelt so starken Maschinen wie vorgesehen nur zwölf Knoten erreichte anstatt der erhofften vierzig!

Im 22. Band (1901) erhält »Ein merkwürdiges Eisenbahnprojekt« fünf Seiten. Der Engländer Halford hatte eine Eisenbahn ersonnen, die ganz ohne Motorkraft vorankam. Er setzte nur die Schwerkraft ein. Seine Eisenbahnstrecke bestand aus vielen 400 Meter langen Brückenträgern, die an Pfeilern gelenkig miteinander verbunden waren. Diese Pfeiler sollten sich hydraulisch in die Höhe heben lassen. Dies habe zu geschehen, wenn sich der fahrende Zug dem Pfeiler nähert: Schienen und Waggons würden dann in die Höhe gehoben und auf der abschüssigen Rampe wieder Geschwindigkeit gewinnen, um beim nächsten Pfeiler wieder in die Höhe gehoben zu werden. Der Bericht des »neuen universums« schließt: »Da bei einer Geschwindigkeit von 300 km in der Stunde der Zug die Entfernung von Pfeiler zu Pfeiler in

4–5 Sekunden zurücklegt und sich eben so oft die plötzliche Hebung um 5–6 m wiederholen müßte, so dürfte die Fahrt auf dieser Eisenbahn in den Reisenden bald Empfindungen hervorrufen, welche nicht wenig Aehnlichkeit mit der so unangenehm wirkenden Seekrankheit haben, ja im Vergleich zu ersteren wird die letztere noch als das kleinere Uebel anzusehen sein.«

Militärische Technik – kein Thema für »das neue universum«

Gemeinhin läßt man die Technik mit dem Faustkeil beginnen. Schon die Vorfahren des Menschen besaßen vor rund 2 Millionen Jahren dieses Steinwerkzeug. Die Familien und Stämme lebten damals wohl in tiefem Frieden. Doch sicher ist es vorgekommen, daß ein Neandertaler mit seinem Faustkeil dem anderen aufs Haupt schlug. Und plötzlich war er tot. Das war wohl der Anfang der Militärtechnik. Denn seither verwendet der Mensch seinen ganzen Scharfsinn darauf, wie er seine Mitmenschen möglichst schnell und elegant ins Jenseits befördern kann. Sogar Leonardo da Vinci war an erster Stelle – in seinem Brotberuf sozusagen – Militäringenieur gewesen. Er ersann riesige, bis 20 Meter große Armbrüste, Panzerwagen, schrapnellähnliche Bomben, eine Art Maschinengewehr, fliegerbombenähnliche Geschosse und viele andere Waffen, die an Schlachtfelder unseres Jahrhunderts erinnern. »Der Krieg ist der Vater aller Dinge«, meinte der griechische Philosoph Heraklit, und bis heute hat er recht damit.

Von Anfang an berichtete das »neue universum« von militärischen Entwicklungen, da war von Kriegsschiffen, Kanonen, Panzertürmen, Unterseebooten und Kampfflugzeugen die Rede. »Süß und ehrenvoll ist es, für das Vaterland zu

Rechts: Das Luftschiff des Grafen Zeppelin vor seinem erfolgreichen Aufstieg am 9. Oktober 1906, aus Band 28 (1907).

Unten: Bis zum 87. Band (1970) enthielten alle Jahrgänge vorne eine farbige, meist ausklappbare Tafel. Hier diejenige von Band 21 (1900) mit der Schwebebahn Barmen-Elberfeld.

sterben«, sagten die Römer; dieser Spruch galt auch für die ersten sechzig Bände des »universums« bis zum Ende des Zweiten Weltkriegs. Wir finden darin manche Geschichten und Darstellungen, die man nur als Hurrapatriotismus bezeichnen kann.

1948 erschien »das neue universum« erstmals wieder nach dem Zweiten Weltkrieg, nachdem die Bände der Jahre 1943, 1945, 1946 und 1947 ausgefallen waren. Die amerikanische Militärregierung kontrollierte alles, was in jenem 65. Band geschrieben stand – da war kein

Platz mehr für militärische Nachrichten und nationalistische Töne. Die Lust daran war den Menschen ohnehin gründlich vergangen. Bis auf den heutigen Tag sind militärische Themen im »neuen universum« tabu, und das ist auch richtig so.

Das Verkehrswesen – Thema des Jahrhunderts

Ein großes Thema, das bis heute nichts an Aktualität eingebüßt hat, ist das Verkehrswesen. In den ersten Bänden las man vor allem von Dampflokomotiven und neuen Eisenbahnlinien. 1883 – vor genau hundert Jahren – nahm der Orientexpreß mit seinen luxuriösen Schlaf- und Speisewagen den Betrieb auf. 1890 heißt es stolz: »Die Eisenbahnbaulust hat in unseren Tagen so große Fortschritte gemacht, daß sie fast Unglaubliches leistet. Man darf dreist sagen, daß es bald keine Felsenhöhe mehr geben dürfte, die nicht vom schnaubenden Dampfroß bestiegen wird.«

Wir erleben als Leser mit, wie der Elektro- und der Verbrennungsmotor entwikkelt und für den Verkehr nutzbar gemacht werden. Bereits zur Jahrhundertwende hatten viele Großstädte Verkehrsprobleme, sogar schon Verkehrsstaus, wenn auch mit Pferdekutschen. »Das neue universum« berichtete über diesen bedrohlich anwachsenden Massenverkehr – und wird weiterhin über neue Lösungen solcher Verkehrsprobleme berichten.

Unten: Der Daimlerwagen Type T. A. 22-7½-9, von dem sogar der König von England ein Exemplar bestellte. Aus Band 24 (1903).

Rechts: Sportwagen von Mercedes-Benz aus Band 56 (1935).

Ein neuer 22pferdiger Daimler-Motor.

Gegenüberliegende Seite: Entwurf eines Einflügelflugzeugs aus Band 56 (1935).

Oben: Hans Dominik schrieb 25 Jahre lang auch für »das neue universum«. Foto Scherl Bilderdienst/Südd. Verlag

Alle Meilensteine der Fliegerei sind im »neuen universum« dokumentiert: der erste Flug der Brüder Wright im Jahre 1903, der Einsatz der Flugzeuge im Ersten Weltkrieg, die erste Überquerung des Atlantiks im Jahre 1927. Wir erfahren von den Luftschiffpionieren Graf Zeppelin (1838–1917) und Dr. Hugo Ekkener (1868–1954), von den Flugzeugbauern Hugo Junkers (1859–1935) und Edmund Rumpler (1872–1940). Seit den fünfziger Jahren ist die Raumfahrt ein Lieblingsthema des »neuen universums«. Schritt für Schritt kann der Leser verfolgen, wie es zur vielleicht größten technischen Leistung unseres Jahrhunderts, der Mondlandung, kam.

Fantastische Zukunftsromane und Science fiction

Schon wenige Jahre nach dem Erscheinen des ersten Bandes nahm Wilhelm Spemann auch utopische Erzählungen auf, denn die Technik spielt darin eine große Rolle. Von 1907 bis 1934 schrieb Hans Dominik (1872–1945), der berühmteste deutsche Autor von Zukunftsromanen, für »das neue universum«. Nach seinem Ausscheiden verlor die Sparte sehr an Bedeutung. Der Erzählteil begann sich zu wandeln.

Das »neue« universum?

Was bedeutet das eigentlich, »neues universum«? Ist das Universum nicht das Weltall, das unveränderliche, niemals neue? Kann es da ein neues Universum geben? Nein. Sehen wir Menschen aber das Weltall heute, 1983, noch so wie vor 20, geschweige denn vor 100 Jahren? Irgendwie ist es für uns greifbar geworden, betastbar sogar als Mondgestein, erforschbar, wenn auch nur in winzigen Bereichen. Wilhelm Spemann wollte mit seinem Buchtitel andeuten, daß die Welt durch die technischen Entwicklungen eine andere, neue geworden sei – und selbstverständlich eine bessere. Von diesem ungebrochenen Glauben an die Technik haben wir uns entfernt. Wir sind skeptisch geworden. Täglich erfahren wir, daß Technik und Natur einander feindlich gegenüberstehen können, daß die Technik auf den Menschen beklemmend, ja bedrohlich wirken kann. Jeder sieht heute ein, daß technischer Fortschritt nicht auch sozialen, kulturellen und menschlichen Fortschritt bedeutet. Mitten in dieser Zeit der Zweifel, auch der Technik- und Wissenschaftsfeindlichkeit, feiert »das neue universum« seinen 100. Band. Vielleicht kann er zu einer Versöhnung zwischen Technik und Wissenschaft einerseits, Natur und Mensch andererseits beitragen.

Willy Lützenkirchen

STIPPVISITE IN DER HÖLLE

Auf den Pinguin-Inseln Südwestafrikas

In der Dunkelheit, noch vor Tagesanbruch gleiten wir an der Haifischinsel vorüber. Klippen und Felsbuckel, die sich als grauschwarzer Schattenriß aus dem Meer heben. Ab 1906 war die Haifischinsel eine deutsche Strafkolonie. Nach den Aufständen der Herero und Hottentotten wurden Tausende von Gefangenen auf die Insel vor Lüderitz deportiert. Nur wenige haben sie lebend verlassen. Sie wankten als »lebende Skelette« auf die Felseninsel, angekettet, oft ohne Nahrung, Wasser und Decken, kaum mit ein paar Fetzen bekleidet: Ein »Bergen-Belsen der Kolonialgeschichte in Südwestafrika«, wie der südafrikanische Schriftsteller Lawrence Green schreibt. Wer von der Insel fliehen konnte, wurde von Haien zerrissen oder verdurstete in der Namibwüste. Noch heute stehen auf der Insel die Fundamente des Galgens. Matte Lichter lassen bei der Vorbeifahrt die Silhouette des deutschen Signalhauses und des Hospitals erkennen. Ein Leuchtfeuer bricht durch den Frühdunst. Der dumpfe Ton des Nebelhorns warnt vor den Klippen der Toteninsel. Das gleichmäßige Ding-Dong der Warnbojen begleitet unsere Fahrt aus der Bucht von Lüderitz. Der Kutter hält Kurs nach Norden, aufs offene Meer hinaus. Der »Sailfish«, ein 150-Tonnen-Kutter, schaukelt in der schweren Dünung. Die Mannschaft hat sich in den Windschatten des Ruderhauses verkrochen. Es ist bitterkalt. Ein frostgraues Licht liegt über der namibischen Küste. Johnny, der portugiesische Skipper, hat sich eine schwere Lederjacke über den Overall gezogen, auf dem Kopf trägt er eine Pudelmütze. Johnny heißt eigentlich Jõao und stammt aus Madeira. Er behält das Echolot genau im Auge. Ein schwieriges Fahrwasser, auch für einen erfahrenen Skipper: Felsriffe, Klippen, Untiefen, Sandbarren – kein leichtes Navigieren. Nebelfelder verschlucken die letzten Lichter von Lüderitz. »Sicht schlecht bis mäßig. Wind 25 bis 30 Knoten. Einzelne Nebelfelder«, meldet der Seewetterbericht.

Auf Mercury Island in der Pinguininselgruppe. Im Vordergrund Brillenpinguine, dahinter einige schwarze Kormorane. Die reinweißen Vögel sind Kaptölpel. Deutlich ist der graugrüne Guano zu erkennen. Foto Lüderitz Safaris & Tours

Auf Guano-Fahrt

Tagesanbruch. Ein feuerrotes Glühen zieht über die Küste. Im ersten Licht wirkt die Bucht wie eine arktische Landschaft, irgendwo auf Spitzbergen oder Island. Kahle graue und schwarze Felsen, schroffe Gneis- und Granitrücken, Klippen in der schäumenden Gischt, Geröllfelder, Fjorde und monotone Sandküste. Eine perfekte Illusion: Auf den Felsinseln liegt Guano, Vogelkot, wie eine

Schicht aus schmutzig-grauem Schnee. Eine schwere Brandung donnert gegen Felsenriffe. Die gelbgrauen Dünen der Namib ragen als Sandgebirge über die Küste. Über 400 Kilometer weit erstreckt sich hier das menschenleere Diamanten-Sperrgebiet. Nur ein paar Geisterstädte, die langsam im Sand versinken, sind noch zu sehen, rostige Schienen einer Schmalspurbahn, vom Treibsand verschüttete Gräber. »Küste des Todes« nannten frühe Seefahrer diesen Streifen. Ohne Baum und Strauch, düster und oft nebelverhangen, ohne Süßwasser.

Einige Delphine und Robben begleiten die »Sailfish« aufs offene Meer hinaus. Aus seiner winzigen Kombüse am Heck des Schiffes bringt uns der schwarze Koch starken, gezuckerten Kaffee. Wir treiben mit zwölf Knoten in der starken Benguela-Strömung nach Norden. Ab und zu rollt ein Brecher über die hölzerne Reling. Am schlimmsten aber ist der Gestank an Bord. Es riecht nach Guano, Fisch und Diesel. Der Ammoniakgestank des Guano verschlägt einem den Atem, läßt den Magen rebellieren. Johnnys Kutter nimmt jede Ladung auf: Fisch und Fischöl, Robbenfelle, Guano, Diesel, Salz, Säcke mit Halbedelsteinen.

Die Inseln der toten Körper

Die »Sailfish« ist auf Guano-Fahrt. Ihr Ziel ist die Insel Ichaboe, im Atlantik, weit nördlich von Lüderitz. Ichaboe heißt in der Sprache der Hottentotten oder Nama »einsamer Platz«. Ichaboe gehört zu den Pinguin-Inseln vor der namibischen Küste, die kaum eine Karte oder ein Atlas verzeichnet. 13 Inseln zwischen 25 und 28 Grad südlicher Breite, im kalten Benguela-Strom gelegen, der aus antarktischen Gewässern die südwestafrikanische Küste entlangstreift. Inseln mit einer düsteren, blutigen Geschichte, isoliert im Meer vor der Namibwüste. Seefahrer nannten sie die »verfluchten Inseln«, die »Inseln der toten Körper«. Der Name entstand, weil menschliche Leichen in den tiefen Guanoschichten der Inseln nicht verwesen, sondern konserviert werden. Immer wieder fanden die Seeleute grauschwarze Mumien mit rotem Haar, die im Guano ihr Grab gefunden hatten. Ein maritimes Gruselkabinett, eine kalte, bizarre Welt auf einigen Quadratkilometern Fels, eine düstere Ahnung antarktischer Landschaft. Inseln ohne Wiederkehr, Inseln zum Sterben, gezeichnet von Gier, Verbrechen und Wahnsinn. Wer auf die verfluchten Inseln kam, träumte von Reichtum, Profit und Abenteuer: Walfänger, Robbenschläger, Guanogräber, Vogeljäger, die mit Eiern und Federn handelten, Diamantensucher, Schatzgräber, Schmuggler und Waffenhändler, Piraten, Strandräuber, Wrackplünderer, besessene Haifischjäger, Deserteure und Schiffbrüchige.

Die »Sailfish« ankert auf der Ostseite der Insel, einigermaßen geschützt vor der heftigen Brandung. Wegen der Klippen und Felsriffe können auf Ichaboe keine Schiffe anlegen. In der hohen Dünung klettern wir von der »Sailfish« auf eine Schaluppe, die das Steilufer der Insel ansteuert. Die heftige Strömung, der Sog im »Kanal« zwischen Insel und Festland, läßt die leichte Schaluppe abtreiben. Endlich liegen wir unter der Pier, die zwölf Meter über uns aus den Klippen ragt. Auf einer schmalen Holzlatte, kaum größer als eine Kinderschaukel, werden wir an Tauen nach oben gehievt.

Oben: Guanoarbeiter beim Verpacken und Verladen der Guanosäcke. Das Schiff im Bild ist die »Sailfish«. Foto Lüderitz Safaris & Tours

Unten: Vom Wind geschliffene und ausgehöhlte Felsen auf der Haifischinsel. Foto von Löwis of Menar

Eine Kolonne kräftiger Owambos und Mischlinge zieht uns auf die Pier. Ich klammere mich an die Taue, schließe die Augen, versuche, das Gleichgewicht zu halten. Ein kurzer Blick nach unten: Die Schaluppe tanzt auf der hohen Dünung. Mörderische Wellen klatschen gegen die Felsen. Dann stehe ich mit weichen Knien auf der Landungsbrücke. Die Schwarzen grinsen.

Auf Ichaboe – dem »einsamen Platz«

Die Insel ist von unbeschreiblicher Öde und Trostlosigkeit. Nur Felsen und Vogelkot, so weit das Auge reicht. Grauweißer Guano bildet einen zähen Morast. Die verzogenen Gleise einer Kleinbahn führen von der Pier auf ein Felsplateau. Zum erstenmal sehe ich Pinguine – genauer Brillenpinguine –, die am Ufer zu Tausenden hocken. Pinguine, wenige Kilometer vor der afrikanischen Küste. Es ist ein bizarres Bild: die antarktischen Tiere vor dem Hintergrund der Sandwüste. Scharen von Seevögeln beherrschen die Insel, flattern in der Luft, schwimmen im Meer. Ihr Kreischen und Rufen tost wie ein Orkan über der Insel. Jetzt erst erkenne ich, daß wahre Vogelmassen die Insel besetzt haben. Sie bilden eine gestaltlose grau-weiß-braune Masse auf Gestein und Guano. Ein höllischer, scharfer Gestank von Vogelkot und Verwesung liegt wie eine Wolke über Ichaboe. Die Guano-Saison geht zu Ende. Säcke voll Guano stapeln sich neben den Gleisen an der Pier. Sie werden mit dem Kutter nach Lüderitz verschifft.
Barney Smith ist der einzige Weiße, der ständig auf der Insel lebt. Er begrüßt mich vor seinem Haus an der Nordspitze der Insel. Barney ist der »Headman« von Ichaboe, Aufseher, Wettermelder, Tierschützer, Inselverwalter. Er untersteht dem Departement of Sea Fisheries im tausend Kilometer entfernten Kapstadt. Eine hagere, kräftige Gestalt mit graublondem Haar, 44 Jahre alt. Aus dem wettergegerbten Gesicht mit seinen vielen Falten blicken wache grau-blaue Augen, die Mißtrauen verraten. Die Jahre der Einsamkeit auf Ichaboe haben im Gesicht tiefe Spuren hinterlassen. Harte Züge haben sich gebildet, lockern sich kaum bei einem scheuen dünnen Lächeln. Barney läuft herum in Jeans, einer verblichenen braunen Windjacke und Turnschuhen. Barney stammt aus Liverpool, diente 15 Jahre in der Royal Navy, blieb in Südwestafrika hängen. Als Marinesoldat hat er die Welt gesehen: Aden, Malta, Zypern, Malaya, Singapur, Hongkong. Dann hat er sich auf diese Insel am Ende der Welt verkrochen – aus Gründen, die nur ihn etwas angehen.

Stinkendes Paradies für Millionen von Vögeln ...

Wir wandern über die Insel. Barney erzählt über die Vögel, die seine Leidenschaft geworden sind. Während der Brutzeit leben auf Ichaboe etwa drei Millionen Vögel, insgesamt ein Dutzend Arten, darunter Kormorane, Kaptölpel, Pinguine, Möwen, Austernfischer, Reiher, Flamingos. Das laute Gar-ra der Tölpel verfolgt uns mit jedem Schritt. Brütende Pinguine schnappen nach Barneys Beinen, wenn er ihnen zu nahe kommt. In windgeschützten Sandmulden kauern Pinguinküken, den Kopf in den braunen Flaum eingezogen, ängstlich heraufblickend. Erwachsene Pinguine watscheln mit geblähter Federbrust heran oder stehen in herrischer Pose wie angefroren auf dem Fels. Andere blicken uns mit komischen Verrenkungen nach, glotzen neugierig aus den Felsspalten. Raubmöwen und Kormorane erheben sich mit schrillem Keifen und Geschrei.
Die Guano-Ernte ist fast abgeschlossen. Allein auf Ichaboe werden jedes Jahr bis zu 50 000 Sack Guano vom Fels gekratzt. Kolonnen schwarzer und farbiger Arbeiter, etwa 60 bis 100 Mann, wühlen sich durch den stinkenden Guanomorast. Mit

Der Ankerplatz der »Sailfish« vor Possession Island. Im Vordergrund weiße Kaptölpel und schwarz-weiße Brillenpinguine. Diese Vögel bewohnen die Inseln vor der namibischen Küste, während ihre nächsten Verwandten in Südamerika zu Hause sind und auch dort den begehrten Guano liefern. Foto Lüderitz Safaris & Tours

Spaten, Schaufel und Mistgabel wird der Vogeldung zusammengekratzt. Der Guano bildet Schichten von 5 bis 30 Zentimetern Tiefe. Es ist der Rohstoff für die Herstellung von Phosphatdünger. Eine Tonne Guano wird für etwa tausend Mark an die Industrie verkauft.
Außer den wenigen Wochen der Guano-Saison lebt Barney allein auf der Insel, zusammen mit zwei Gehilfen, Mischlingen. Dreimal im Jahr verläßt der »Headman« seine Insel und verbringt ein paar

Oben: Schiffswracks finden sich allenthalben an der Küste Namibias, da sie wegen der vielen Untiefen schwierig zu befahren ist. Foto von Löwis of Menar

Unten: Für Schiffbrüchige ist die Küste Namibias in den seltensten Fällen ein rettendes Ufer gewesen. Auf dem Grabkreuz steht: »Hier liegt der Körper von George Pond aus London; er starb vor Hunger und Durst, 1906.« Foto von Löwis of Menar

Tage in Lüderitz. Ein paarmal im Jahr läuft das Patrouillenboot »Nautilus« die Insel an. Jeden Morgen soll Barney einen Wetterbericht nach Lüderitz funken, aber oft ist das Funkgerät defekt. Über das Wetter kann Barney nicht viel erzählen: Ein Drittel des Jahres liegt Nebel über der Insel. Die Temperaturen schwanken zwischen 6 Grad in der Nacht und 38 Grad an einem windstillen Sommertag. Meist aber bläst ein steifer Südwestwind, Stärke sechs bis sieben, über die Klippen von Ichaboe. Das Meerwasser ist neun bis zwölf Grad kalt. Die Namibwüste, das Festland, ist von der Insel aus gut zu erkennen. Der »Kanal« dazwischen ist eine Todesfalle: die reißende Strömung, das kalte Wasser machen die Insel zu einem isolierten Außenposten. Vor den Sanddünen der Namib erstrecken sich an der Küste tückische, undurchdringliche Salzsümpfe.

... die Hölle für menschliche Bewohner

Die Geschichte der Insel gleicht einer blutigen Chronik von Gewaltakten und Wahnsinnstaten. Im Jahre 1828 landet der amerikanische Walfänger Captain Benjamin Morrell auf der Insel. Vermutlich haben aber zuvor schon holländische und portugiesische Seefahrer Ichaboe betreten. Morrell entdeckt auf der Insel Tausende von Robbenkadavern und Guanoschichten von 15 bis 25 Meter Tiefe. Die Pinguin-Inseln werden zum Revier der Walfänger und Robbenschlächter.
1843 beginnt der große Guano-Boom. Der kostbare Naturdünger erzielt in Liverpool und London Spitzenpreise. Bald liegen 450 Schiffe vor der Insel. 6000 Männer ziehen auf die nur sieben Hektar große Insel: Briten, Amerikaner, Holländer, Skandinavier, Portugiesen, Italiener. »Niederster und meist betrunkener Pöbel«, notiert ein Augenzeuge später. Es sind Deserteure und Verbrecher, entlaufene Sträflinge, gekidnappte Matrosen, die in den Hafenkneipen von Kapstadt mit Alkohol, großen Versprechen und Gewalt auf ein Guanoschiff verschleppt wurden. Sie errichten auf Ichaboe ihre Lager aus Zelten, Schiffsplanken und Treibholz. Schnapshändler, Schmuggler, Diebe und farbige Freudenmädchen landen auf Ichaboe.

Kämpfe um Guano und Diamanten

Bald bricht auf der Insel ein Guano-Krieg aus, »grab oder stirb«, heißt die Devise. Die Mannschaften kämpfen um jede Tonne Guano, oft mit Spaten und Spitzhacke, mit Messern und Pistolen. Es kommt zu blutigen Exzessen und Gewaltorgien. Erschlagene werden über die Klippen geworfen oder im Guano verscharrt. Ein Ire erklärt Ichaboe 1844 zur Republik. Ein Italiener mit zehn Mischlingsdienern läßt sich zum König von Ichaboe ausrufen. Er wird in die tobende See gestoßen. Auf der Insel herrschen Faustrecht, Anarchie und Chaos. Sturm, Nebel, Sandbänke und Riffe werden vielen Guanoschiffen zum Verhängnis.
1876 sieht sich die britische Regierung zum Eingreifen gezwungen, um Recht und Ordnung wiederherzustellen. Sie entsendet die Fregatte »Thunderbolt« und andere Kriegsschiffe nach Ichaboe, um die Gunaogräber zur Räson zu bringen. Ichaboe und andere Pinguin-Inseln werden zur britischen Kolonie erklärt.
Die Inseln bleiben trotzdem ein Tummelplatz der Abenteurer und Profitjäger. Robbenschläger aus Südafrika und Angola fallen über die Inseln her. Für den Handel mit Vogelfedern und Eiern werden Millionen Seevögel abgeschlachtet. Auf einer Insel werden an einem Tag 1500 bis 2000 Robben erschlagen. Der Robbenjäger Fred Peters berichtet grausige Einzelheiten seines Geschäfts: Ganze Robbenkolonien werden mit Dynamit getötet, das man vor den Klippen explodieren läßt. Oft wird der Sprengstoff im deutschen Depot von Lüderitz gestohlen; die Felle werden nach Angola verkauft,

wo die Portugiesen keine Fragen stellen. Oft aber treibt die Dynamitladung ab und auf die Schiffe der Robbenjäger zu, berichtet Peters. Einige Boote werden versenkt, weil sich Wind und Strömung änderten. »Die kochende See war rot vom Blut der Robben«, erzählt Peters.

Etwa ab 1905 gibt es erste Berichte über Diamantenfunde auf den Pinguin-Inseln. Ein neuer Run setzt ein. Tatsächlich werden auf einigen Inseln Diamanten unter Guano oder in Meereshöhlen entdeckt. Expeditionen schwärmen aus, kleine Minen entstehen. Immer wieder locken neue Gerüchte neue Schatzsucher an, Gerüchte über Piraten- und Schmugglerdepots oder wertvolle Schiffsladungen. Alte Münzen, Gold und Bronze, Perlen, Tabaksdosen, Kanonen und Waffen werden herausgebuddelt. Erneut greifen die Briten ein, aber auch die Deutschen, die Anspruch auf die Inseln erheben. 1909 schickt die Reichsmarine die Kanonenboote »Habicht«, »Kondor« und »Panther« vor die Inseln, um Wilderern, Schmugglern und Diamantenjägern das Handwerk zu legen. Trotzdem bleiben die Inseln Verstecke für Diamantenschmuggler aus dem Sperrgebiet der Namibwüste.

Barney erzählt von früher . . .

Wir stehen mit Barney vor dem alten Friedhof von Ichaboe. Vor einer Mauer stehen grau verwitterte Grabsteine und verfallene Holzkreuze. Die Inschriften sind kaum noch zu entziffern. Hinter der Mauer tost der offene Atlantik. Die Grabplatten sind geborsten, darunter brüten Pinguine. Auf einer Grabplatte lese ich mühsam: John Gove, gestorben am 2. Oktober 1893, daneben liegen Holländer, Schweden, Briten, Amerikaner. Zur Mannschaft des Schotten gehörten amerikanische Marinedeserteure, abgemusterte Walfänger und entlaufene Sträflinge. Er war in düstere Geschäfte verwickelt: Von Ichaboe wurden gut erhaltene menschliche Mumien für eine Kiste Gin und eine Kiste Zigarren an amerikanische Kapitäne verkauft, so die Leiche von George, dem Griechen, und dem Kanadier Jimmy Green aus Halifax. Grauer Sand, Vogelkot, verwesende Vogelleichen, Knochen, Guanoballen und Geröll decken das Gräberfeld von Ichaboe zu. Wir verlassen fröstelnd diese Grabstätte der Erschlagenen und Schiffbrüchigen, deren Kreuze aus den Planken gestrandeter Schiffe bestehen. Das höhnische Geschrei der Seevögel verfolgt uns über die Insel.

In Barneys Haus bullert ein alter Kohleofen, ein verrußtes Monstrum, über 50 Jahre alt. Wir trinken Kaffee und Brandy und essen ein paar Sandwiches. Draußen weht ein kalter Wind, es wird dunstig. Barneys Diener heizen den Ofen, als ob sie einen Dampfer feuern wollten. Barney hat keinen Strom, das Dieselaggregat hat man ihm seit Jahren versprochen. Fliegengitter schützen das Haus vor dem Ungeziefer, mit dem die Insel verseucht ist, vor allem Zecken, Fliegen, Flöhe und Läuse. Aus dem Fenster beobachten wir die Pinguine, die gelassen vorbeiwatscheln.

Hinter Barneys Haus liegen die Unterkünfte der Guanodigger, einer bunt zusammengewürfelten Mannschaft aus allen Teilen des südlichen Afrikas. Sie schuften für 250 bis 350 Mark im Monat im Guanomorast, ziehen von einer Insel zur anderen. Barney ist vernarrt in die Brillenpinguine, die er vor allem vor den Schaufeln der Guanogräber schützen muß. Jedes Jahr sterben auf der Insel etwa 35 000 Seevögel, vor allem unter den Hieben der Guanoarbeiter. Junge und kranke Pinguine päppelt Barney in einem Becken wieder auf, oft mit einer Mischung aus Brandy, Traubenzucker, Kaffee und Vitaminzusätzen. Den jungen Pinguin »Pikkie« hält er sich als Haustier. Nächtelang schreibt Barney seine Beobachtungen über Pinguine in langen Aufsätzen nieder, die er nach

Kapstadt schickt. Unter seinem Bett liegt eine durchgeladene 303 Savage, ein altes Marinegewehr. Nicht ohne Grund: In einem Anfall von Inselkoller ging der eigene Koch mit dem Messer auf Barney los, als er ihn fragte, ob der Lunch fertig sei. Auch die Guanodigger gelten als rauhes Volk. Sie brauen sich ihr eigenes Bier, randalieren und zetteln Schlägereien an. Während der Guanosaison halten zwei weiße Vorarbeiter zusammen mit Barney die hundert Arbeiter in Schach.

Von einer Schreckensinsel zur nächsten

In den nächsten Tagen werden die Guanoarbeiter nach Possession Island verschifft, der größten der Pinguin-Inseln. Hier werden sie auch zum Robbenschlagen eingesetzt. Jährlich werden an der namibischen Küste rund 45 000 Robben für den Fellhandel getötet, ohne daß die Öffentlichkeit davon Notiz nimmt. Possession liegt südlich von Lüderitz, ebenfalls vor dem Diamanten-Sperrgebiet. Auch diese Insel war erst Stützpunkt der Walfänger und wurde dann vom Guano-Boom förmlich überrannt. Wie Ichaboe ist die Insel berüchtigt als Schiffsfriedhof und Beinhaus. Es ist die einzige Insel, auf der Pflanzen gedeihen, schüttere Salzsträucher und Flechten. Diamanten und spanische Dublonen aus einem Goldschatz wurden hier gefunden. Noch vor wenigen Jahren lebten Diamantensucher in Hütten aus Treibholz, Schiffstrümmern und den Aufbauten eines Wracks. Der Digger David Wilson verließ die Insel mit 224 Karat Rohdiamanten. Ein wertvolles Diamantpaket, aus dem Sperrgebiet geschmuggelt, soll noch auf Possession versteckt sein, angeblich Steine im Wert von fünf Millionen Mark.

Headman auf dieser Insel ist Edy Johnson, ein alter Kauz mit einem struppigen grauschwarzen Bart. Edy, ein früherer Eisenbahner, ist das Original an der Küste. Nach dem Essen legt er sich in den Windschatten der Grabsteine auf dem Friedhof von Possession, raucht eine Pfeife oder spielt Mundharmonika. Der Hahn »Randy« ist dabei sein ständiger Begleiter, der ihm überall hinterher trippelt. Mit ihm führt Edy lange Selbstgespräche, vor allem, wenn das Patrouillenboot seine Ginvorräte aufgefüllt hat. Edy ist ein echter Robinson, der Gemüse anbaut und Hühner hält. Jeden Tag sucht er die Insel nach Halbedelsteinen ab, die er sich selber zurechtschleift. Alle drei Monate wird er mit Frischwasser beliefert, In endlosen Funkgesprächen bestellt er zuvor riesige Mengen Tabak, Alkohol und Süßigkeiten. Rasende Guanoarbeiter, Schläger und Amokläufer fesselt Edy mit Handschellen an einen Mast. Von Edy stammt auch die Story von dem Guanodigger, der 15 Pinguineier hintereinander verschlang – das entspricht immerhin 35 Hühnereiern. Ein Vorgänger Edys war der Inselhauptmann Gus Hagstrom gewesen. Er residierte in Saus und Braus. Nachdem nämlich 1915 der Dampfer »British Prince« auf die Klippen gelaufen war, räumte Hagstrom das ganze Schiff aus. In seiner Baracke standen Salonsessel, geschnitzte Eichenmöbel, Orientteppiche, englisches Porzellan, Standuhren und Seidendecken.

Es wird mir jedermann nachfühlen können, wie glücklich ich war, als ich die »Sailfish« in Lüderitz verlassen konnte – nur weg vom Schreien der Vögel, dem Brüllen des Atlantiks, dem Gestank und der traurigen Öde jener verfluchten Inseln . . .

Oben: Designstudie des Intercity-Experimental-Triebzuges IC-E. Er soll bei Versuchen auf der Strecke Rheine– Spelle–Freren Geschwindigkeiten bis 350 km/h erreichen. Zeichnung Deutsche Bundesbahn

Unten: Erprobungs- und Versuchsfahrten mit der neuen Drehstromlokomotive der Baureihe 120. Bevor diese Lokomotive in größeren Stückzahlen beschafft werden soll, muß sie einem harten Betriebseinsatz unterzogen werden. Foto Deutsche Bundesbahn

Helmut Kujawa

BEI DER BAHN IST GESCHWINDIGKEIT KEINE HEXEREI

Seitdem es Eisenbahnen gibt, gehört zu ihnen der Begriff der Schnelligkeit. Noch bevor der »Adler« 1835 die Strecke Nürnberg – Fürth mit einer Höchstgeschwindigkeit von 30 km/h befuhr, erstattete das Bayerische Obermedizinalkollegium folgendes Gutachten: »Die schnelle Bewegung muß bei den Reisenden unfehlbar eine Gehirnkrankheit erzeugen. Wollen aber dennoch Reisende dieser Gefahr trotzen, so muß der Staat wenigstens die Zuschauer schützen; denn sonst verfallen diese beim Anblick des schnell dahin fahrenden Dampfwagens genau derselben Gehirnkrankheit. Es ist daher notwendig, die Bahnstrecke auf beiden Seiten mit einem hohen, dichten Bretterzaun einzufassen.«
Glücklicherweise blieben die erwarteten Schäden jedoch aus. Vielmehr schloß sich eine stürmische Entwicklung im Eisenbahnbau an, die mit dem Wunsch nach immer höheren Geschwindigkeiten verbunden war. Schon 1903 machte ein elektrischer Triebwagen von sich reden, der auf der Militärversuchsstrecke Marienfelde – Zossen mit 210 km/h Höchstgeschwindigkeit einen mehrere Jahre gültigen Geschwindigkeitsrekord aufstellte. Ab 1933 erreichte der legendäre »Fliegende Hamburger«, ein dieselelektrischer Triebwagen, auf der Strecke Hamburg – Berlin fahrplanmäßig eine Höchstgeschwindigkeit von 160, bei Probefahrten sogar von 175 Stundenkilometer. 1973 schraubte die Deutsche Bundesbahn mit der elektrischen Lokomotive 103 118 für ihren Bereich den Rekord auf 253 km/h. Den absoluten Rekord haben die Französischen Staatsbahnen (SNCF) mit dem elektrischen Schnellbetriebszug »TGV« (»Train à grande vitesse«) inne: 380 km/h am 26. Februar 1981 bei Pasilly (Yonne) auf der Neubaustrecke Paris – Lyon.

Japaner und Franzosen im Wettstreit

Verhältnismäßig lange hat es gedauert, bis man solche Höchstgeschwindigkeiten auch für den planmäßigen Betrieb nutzbar machen konnte. Das lag zum einen an der veralteten Trassenführung bestehender Eisenbahnstrecken, die gebaut wurden, als kein Eisenbahningenieur an Geschwindigkeiten jenseits der 200 km/h-Marke dachte, und zum anderen an fehlenden Fahrzeugen, die lauftechnisch für hohe Geschwindigkeiten geeignet gewesen wären. Der große Durchbruch gelang den Japanern, als sie 1964 anläßlich der Olympischen Spiele in Tokio ihre inzwischen weltbekannte »Tokaido-Linie« zwischen Tokio und Osaka in Dienst stellten. Nahezu 200 Züge donnern heute zwischen 6.00 und 24.00 Uhr mit Höchstgeschwindigkeiten bis zu 210 km/h über diese 515 km lange Strecke, die mit 5 Millionen Reisenden täglich zu den am stärksten beanspruchten Eisenbahnlinien der Welt zählt. Mit Hochdruck wird am weiteren Ausbau dieses modernen Eisen-

Ab 1933 erreichte der diesel-elektrische Triebwagen des »Fliegenden Hamburgers« auf der Strecke Hamburg–Berlin fahrplanmäßig 160 Stundenkilometer. Bei Versuchsfahrten kam er gar auf 175 Stundenkilometer. Ein Jahr später erreichte auf derselben Strecke eine Dampflok über 200 Stundenkilometer. Foto Deutsche Bundesbahn

bahnnetzes gearbeitet. Erst Ende 1982 wurden weitere 270 km quer durch die japanische Hauptinsel Honshu eröffnet. Seit dem 28. September 1981 aber sind die Franzosen auch im planmäßigen Eisenbahnbetrieb die schnellsten. Ihr futuristischer Superzug »TGV«, der auf der Strecke Paris – Lyon 260 Stundenkilometer erreicht, hat im ersten Jahr bereits mehr als 5 Millionen Fahrgäste befördert.

Seit Mai 1978 fahren auch in Deutschland auf Teilabschnitten von nunmehr über 280 km Streckenlänge täglich insgesamt 112 IC-Züge mit 200 km/h Höchstgeschwindigkeit durch die Lande. Nach und nach sollen bis zum Jahre 2000 rund 1970 km so hergerichtet werden, daß die Züge auch dort 200 km/h oder sogar 250 km/h fahren können. Vor allem ist ein Neubau der beiden Verbindungen Hannover – Würzburg und Mannheim – Stuttgart vorgesehen. Nach deren Fertigstellung werden Reisende zwischen Frankfurt und Hamburg eine Stunde und zwischen Hamburg und München fast 1½ Stunden früher ihr Ziel erreichen können.

Die Bahn – Konkurrenz zum Flugzeug?

Was aber sind nun neben einer möglichst gradlinigen Streckenführung die Probleme bei Schnellfahrten mit der Bahn? Zunächst einige grundsätzliche Überlegungen: Unabhängig davon, bei welchen Höchstgeschwindigkeiten die technischen Grenzen des Rad/Schiene-Systems wirklich liegen, muß man darüber nachdenken, ob die Steigerung bis zu diesen Grenzen auch wirtschaftlich sinnvoll ist. Niemand wird es als Aufgabe der Eisenbahn ansehen, nun in den Einsatzbereich des Flugzeugs vorzustoßen, das für den schnellen Transport über größere Entfernungen besser geeignet ist als jedes Landverkehrsmittel. Besonders in Europa werden Geschwindigkeiten über 300 km/h außerdem kaum ausgefahren wer-

Der neugebaute Rollenprüfstand in München-Freimann erlaubt es, alle möglichen Gleisverhältnisse zu simulieren, wie sie auf Hochgeschwindigkeitsstrecken vorkommen können, z. B. auch unterschiedlich enge Kurven. Links eine Lokomotive im Prüfstand, oben Blick auf die Rollenanlage. Fotos Deutsche Bundesbahn

den können. Deshalb hat der Internationale Eisenbahnverband (UIC) für Europa 300 km/h als höchste Ausbaugeschwindigkeit vorgesehen.
Eine weitere Frage, die heute unterschiedlich beantwortet wird, betrifft das Betriebsprogramm, das auf einer Schnellfahrstrecke abgewickelt werden soll. Die Japaner haben sich auf der Tokaido-Linie ebenso wie die Franzosen auf ihrer Strecke Paris – Lyon dazu entschlossen, dort ausschließlich mit ihren schnellen Intercityzügen zu fahren. Die italienischen Eisenbahnen und die Deutsche Bundesbahn wollen auf ihren Schnellfahrstrecken einen sogenannten Mischbetrieb aus Personen- und Güterzügen durchführen. Das hat natürlich Einfluß auf die Trassierung einer Strekke. So ist zum Beispiel der zulässige Mindesthalbmesser bei Abzweigungen und Kurven mit seiner dazugehörigen Überhöhung abhängig von der Geschwindigkeitsdifferenz der schnellsten und langsamsten Züge. Je einheitlicher die Geschwindigkeit der Züge ist, desto enger können die Kurven und desto größer kann die Überhöhung sein. Wir kennen das Prinzip von der Achterbahn auf dem Jahrmarkt. Geschwindigkeit und Kurvenüberhöhung sind genau aufeinander abgestimmt. Fährt der Zug mit zu geringer oder zu großer Geschwindigkeit in die Kurve, so kann er unter Umständen umkippen.

Höchstgeschwindigkeit im Saal

Im Rahmen eines Forschungsprogramms über die Grenzen des Rad/Schiene-Systems wurde Anfang November 1977 eine in der Welt bisher einzigartige Versuchsanlage in München-Freimann in Betrieb gesetzt: ein in nur zweijähriger Bauzeit errichteter Rollprüfstand. Er ermöglicht wissenschaftliche Untersuchungen der Fahrzeug-Fahrwerk-Dynamik gewissermaßen »im Saal«. Die Schienen sind

So schön kann Bahnfahren sein. Intercity-Züge fahren seit fünf Jahren auf gewissen Strecken schon 200 Stundenkilometer schnell. Die Bundesbahn ist dabei, das Streckennetz, auf dem solche Höchstgeschwindigkeiten erreicht werden können, weiter auszubauen, z. B. zwischen Stuttgart und Mannheim. Fotos Deutsche Bundesbahn

dabei durch Rollen ersetzt, die bei der Drehung Maximalgeschwindigkeiten von 500 km/h erreichen. Sogenannte Hydropulsanlagen simulieren alle im Betrieb auftretenden Kräfte, wie sie etwa durch Ungenauigkeiten der Gleislage oder Eigenbewegungen der Fahrzeuge hervorgerufen werden, sowie deren Reaktionen auf die Räder des Testfahrzeugs. Die Ergebnisse dieser Versuchsreihen müssen allerdings durch Streckenfahrversuche abgesichert werden. Dafür ist der Ausbau der Bundesbahnstrecke Rheine – Spelle – Freren in der Nähe von Osnabrück vorgesehen.

Kurventechnik

Werfen wir einen Blick auf die Einzeluntersuchungen. Durch sogenannte Spurkränze an den Innenseiten der Räder werden die Wagen am Verlassen ihrer Fahrbahn, den Schienen, gehindert. Dabei sind Radstand und Spurweite so gewählt, daß ein seitliches Spurspiel bleibt. Damit die Schienen das Gewicht der Fahrzeuge aufnehmen können, ohne in den Untergrund einzusinken, liegen im Abstand von 60 bis 70 cm Querschwellen, die in Schotter gebettet sind, um die rollende Last gleichmäßig federnd auf den Untergrund zu übertragen. Auf geraden Strecken schlingern nun alle Fahrzeuge, während sie in Kurven das physikalische Bestreben zeigen, geradeaus weiterzurollen. In jedem Fall treten somit Seitenkräfte auf, die die Schienen in Querrichtung belasten. Diese Kräfte versuchen, die Schienen auf den Schwellen seitlich zu verschieben oder gar das ganze Gleis zur Seite zu drücken. Um den für Reisende und Ladung unerwünschten Folgen der Fliehkraft in Gleisbögen entgegenzuwirken, wird dem Gleis eine Überhöhung gegeben, die der Fliehkraft

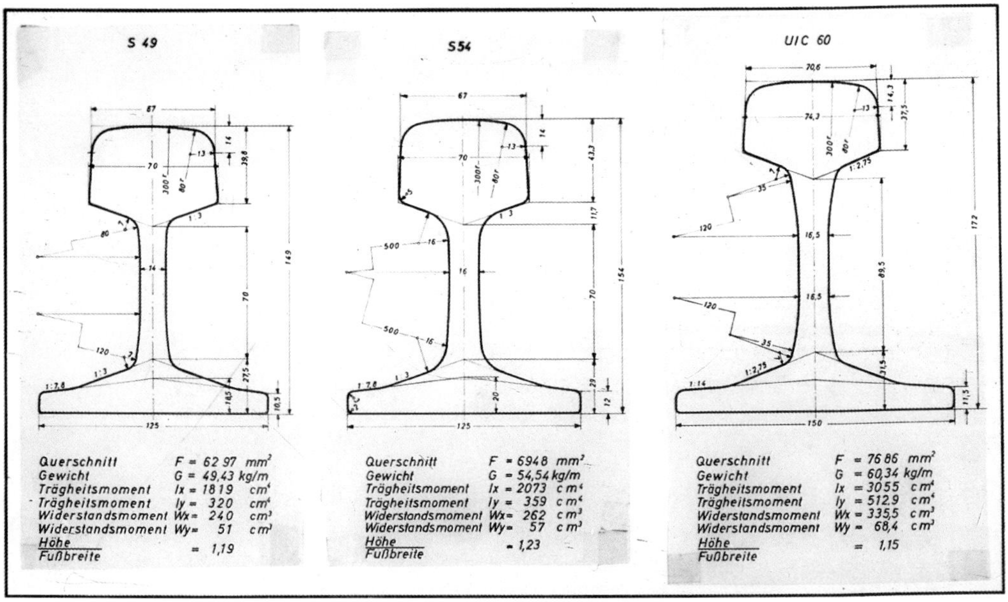

entgegenwirkt. Bei den in Mischbetrieb befahrenen Neu- bzw. Ausbaustrecken darf der Mindesthalbmesser (Radius) in den Kurven nicht unter 7000 m liegen. Nur in Ausnahmefällen ist ein Halbmesser von 5100 m als unterste Grenze erlaubt. Auf der nur für schnelle Reisezüge mit Geschwindigkeiten bis zu 300 km/h gebauten Neubaustrecke Paris – Lyon genügt dagegen ein Halbmesser von 4000 m, natürlich mit der entsprechenden Überhöhung.

Hohe Geschwindigkeit erfordert eine in Höhe und Richtung genaue Gleislage, denn mit der Erhöhung der Fahrgeschwindigkeit nehmen naturgemäß die geschilderten Beanspruchungen des Gleisoberbaus zu. Versuche haben zwar gezeigt, daß der weltweit übliche Schotteroberbau den großen Belastungen durchaus gewachsen ist. Doch führen hohe Achslasten und Geschwindigkeiten schnell zu Veränderungen in der Gleislage. Es muß deswegen öfter repariert und korrigiert werden. Damit steigen natürlich die Instandhaltungskosten. Auf den stark befahrenen Hauptstrecken beeinträchtigen die notwendigen Gleisarbeiten überdies den flüssigen Betriebsablauf. Die japanischen Eisenbahnen befahren darum ihre Tokaido-Linie ohne Beeinträchtigung der Bauarbeiten nur zwischen 6.00 und 24.00 Uhr. Nachts, wenn der Zugverkehr ruht, werden die nötigen Ausbesserungen vorgenommen.

Neue Schienen und Gleise

Für Schnellfahrten werden spezielle Schienen der Form S 54 bzw. UIC 60 benötigt. Die UIC-60-Schiene ist gegenüber herkömmlichen Schienenformen mit 60 kg pro Meter fast 10 kg schwerer, und ihr Schienenfuß ist um 25 mm breiter. Das ausgeprägte Schienenprofil bewirkt zusammen mit konstruktiven Verbesserungen am Oberbau eine wesentlich größere Widerstandskraft des Gleises und führt zu einer um durchschnittlich 50% höheren Nutzungsdauer. Auf einer Versuchsstrecke nördlich von München werden überdies andere Oberbauformen erprobt. Man verwendet etwa Betonplatten statt des herkömmlichen Schotterbet-

Gegenüberliegende Seite: Die einzelnen Schienenprofile der Deutschen Bundesbahn. 1925 wurde die alte S 49 eingeführt. Auf Hauptstrecken wird heute nur die UIC 60, sonst die S 45 montiert. Zeichnung Deutsche Bundesbahn

Unten: Moderne Schienenbefestigungen. Von oben nach unten: feste Fahrbahn mit dämpfender Zwischenlage, Versuchsstrecke bei München, schotterlose Konstruktion »Rheda«. Fotos Deutsche Bundesbahn

tes, um das Gleis über lange Zeiträume unverändert in gleicher Lage zu halten. Insgesamt werden dabei fünf verschiedene Bauarten der »festen Fahrbahn« getestet: »Gummi-ummantelte Schwelle«, »Ortbetonplatte mit Kleinfertigteilen«, »Betonfertigteiltragplatte«, »Schienentragrost« und die Bauform »Rheda«, bei der ein konventionelles, genau justiertes Betonschwellengleis mit Beton ausgegossen wurde.

Das lästige Schlingern

Die mangelnde Federung der betonierten Gleise wird durch Gummiunterlagen und auch durch die Fahrzeuge selbst ausgeglichen. Drehdämpfer sorgen für einen ruhigeren, stabilen Lauf. Man kann sie an allen Fahrzeugen, die für Geschwindigkeiten von mehr als 160 km/h zugelassen sind, zwischen Drehgestell-Langträger und Wagenkasten gut beobachten. Um den Fahrkomfort in Kurven mit Überhöhungen zu verbessern, wird z. B. in England auch eine gleisbogenabhängige Steuerung der Wagenkastenneigung erprobt. Sie bewirkt, daß sich die Aufbauten der Wagen beim Durchfahren einer Kurve zur Innenseite neigen. Dabei füllt sich eine Art Gummiball mit Luft und hebt den Wagenkasten an der Außenseite entsprechend an. Diese Einrichtung ist erforderlich, weil die Überhöhungen bei Mischbetrieb – wie bereits erwähnt – nicht auf die schnellsten Züge allein ausgerichtet werden können.

Schwierigkeiten bei Tunnelfahrten

Mehr als bisher müssen bei der Formgebung der Fahrzeuge die aerodynamischen Verhältnisse beachtet werden. Der mit hohen Geschwindigkeiten dahinrasende Zug schiebt eine Art Bugwelle von Luft vor sich her, die sich besonders bei Zugbegegnungen und in Tunneln bemerkbar macht. Untersuchungen des Instituts für Schienenfahrzeuge und ma-

HENSCHEL - BBC
202 003-0

Das Versuchsfahrzeug DE 2500 »UmAn« zur Erprobung eines neuen Hochgeschwindigkeitsantriebes. Er soll im Intercity – Experimental-Triebwagen IC-E eingebaut werden. UmAn bedeutet »Umkopplung der Antriebsmasse«. Foto Deutsche Bundesbahn

schinelle Bahnanlagen der Technischen Universität Hannover haben ergeben, daß aus aerodynamischen Gründen bei Schnellfahrten ein zweigleisiger Tunnel mindestens eine Querschnittsfläche von 75 qm haben muß. Da man zusätzlich den Gleisabstand von 4 m auf 4,70 m vergrößern muß, ergibt sich für Neubaustrekken ein Tunnelquerschnitt von 84 qm. Demgegenüber haben die heute bestehenden zweigleisigen Tunnel eine Querschnittsfläche von nur 58 qm.

Mit Anlauf und viel Schwung

Versuche der Französischen Eisenbahnen führten zum erstaunlichen Ergebnis, daß auf einer Strecke mit geringen Neigungen und bei einer Geschwindigkeit von 300 km/h rund 95% der Antriebsleistung allein zur Überwindung des Luftwiderstandes erforderlich sind. Die heutigen Triebfahrzeuge verfügen zur Beschleunigung und zur Überwindung von Steigungen ohne Geschwindigkeitsabfall über erhebliche Leistungsreserven. Beim Vorstoß in immer höhere Geschwindigkeitsbereiche werden diese Reserven nun mehr und mehr aufgezehrt. Aus technischen Gründen läßt sich diese Leistung aber nicht beliebig erhöhen, was man jedoch wegen der hohen kinetischen Energie eines beispielsweise mit 300 km/h fahrenden Zuges in Kauf nehmen kann. Denn diese Energie kann in höherem Maße als bei den heute üblichen Geschwindigkeiten zur Überwindung von Steigungen ausgenutzt werden, enthält doch ein mit 300 km/h bewegter Zug mehr als doppelt soviel kinetische Energie wie ein Zug mit 200 km/h. Ein Geschwindigkeitsabfall von 300 km/h auf 225 km/h stellt ungefähr so viel Energie zur Bewältigung einer Steigung zur Verfügung wie ein vollständiger Geschwindigkeitsabfall von 200 km/h auf 0 km/h. Weist also ein 300 km/h schneller Zug nach einer antriebslosen Bewältigung einer bestimmten Steigung allein durch seinen Schwung noch eine Endgeschwindigkeit von 225 km/h auf, so kommt ein gleich schwerer, ebenfalls antriebslos diese Steigung hinauffahrender Zug mit einer Ausgangsgeschwindigkeit von 200 km/h am Ende dieser Steigung zum Stillstand. Der Fahrzeitverlust des langsameren Zuges ist also erheblich größer. Im Bereich von Geschwindigkeiten über 200 km/h kann man somit die Leistungsreserven der Fahrzeuge mehr und mehr vernachlässigen.

Tests in Deutschland

Das Bundesbahn-Zentralamt München testete daher vor kurzem auf der 30 km langen Strecke zwischen Brackwede bei Bielefeld und Neubeckum mit Tempo 250 ein futuristisch wirkendes, stromlinienförmiges Fahrzeug mit blausilberner Stirnseite, das erstmals bei der Hannover-Messe vorgestellt wurde. UM AN steht in großen Buchstaben an der Stirnseite dieser dieselelektrischen Drehstrom-Versuchslokomotive mit der Bauartbezeichnung DE 2500. Sie soll an der Spitze eines Meßzuges ein neues Antriebssystem mit »umkoppelbaren Antriebsmassen« (UM AN) erproben. Bei dieser neuen Antriebstechnik können Motor und Getriebe umkoppelbar am Fahrzeugkasten oder am Drehgestellrahmen aufgehängt werden. Durch diese Reduzierung der Drehgestellmasse sind sehr hohe Geschwindigkeiten möglich, ohne daß Rad und Schiene einem erhöhten Verschleiß unterliegen. Antrieb und Bremsvorrichtung werden bei hohen Geschwindigkeiten doppelt gefedert am Fahrzeugkasten, bei niedrigeren Geschwindigkeiten, etwa beim Befahren enger Kurven, am Drehgestell angekoppelt.

Das Bahnstromsystem der Deutschen Bundesbahn mit Wechselstrom von 15 000 Volt Spannung und 16⅔ Hz hat sich auch bei Schnellfahrten als durchaus leistungsfähig erwiesen. Die heutigen Fahrleitungen lassen sich bis zu einer Geschwindigkeit von 230 km/h weiterverwenden. Je höher die Geschwindigkeiten aber werden, um so genauer muß die Höhe des Fahrdrahtes eingehalten werden. Die Stromabnehmer wurden so verbessert, daß es nicht zu Schwingungen des Bügels und zur Bildung von Lichtbogen kommt. Wenn man die Mastabstände verkleinert, kann man die Elektrizität als Antriebskraft bis zu Geschwindigkeiten über 300 km/h nutzen. Das ist schon wegen ihrer Umweltfreundlichkeit sehr zu begrüßen.

Die üblichen Signale genügen nicht mehr

Ein wesentliches Problem des Schnellverkehrs stellt die Information des Lokführers während der Fahrt dar. Das Signalsystem der Deutschen Bundesbahn mit Vorsignalen und Hauptsignalen sieht einen Bremsweg von 1000 m vor und ist daher nur für Geschwindigkeiten bis zu 160 km/h eingerichtet. Die Vorsignale geben dabei den Stand des folgenden Hauptsignals an, das im Bremswegabstand von 1000 m folgt. Findet ein Lokführer also ein Vorsignal vor, das ihm anzeigt, am nächsten Hauptsignal ist »Halt« zu erwarten, dann hat er in der Regel noch genügend Zeit, um seinen Zug durch eine Betriebsbremsung – die bezüglich Fahrkomfort und Materialverschleiß der Schnellbremsung vorzuziehen ist – innerhalb von 1000 m zum Halten zu bringen. Dabei ist hinter dem Hauptsignal noch ein Sicherheitsabstand bis zum eigentlichen Gefahrenpunkt vorgesehen, falls der Bremsweg sich durch Witterungsumstände oder andere Unwägbarkeiten noch verlängern sollte. Die ordnungsgemäße Bremsung wird zusätzlich durch die sogenannte induktive Zugsicherung (Indusi) überwacht, die – falls erforderlich – den Zug mit Hilfe einer Schnellbremsung automatisch zum Stehen bringt. Züge, die mit Geschwindigkeiten bis 160 km/h fahren, müssen innerhalb dieses Signalsystems gegenüber Zügen, die nur mit 140 km/h fahren, zusätzlich mit Magnetschienenbremsen ausgerüstet sein. Der Bremsweg eines Zuges bei einer Geschwindigkeit von 200 km/h beträgt aber bei einer Betriebsbremsung bereits 3000 m. Da genügt das vorhandene Signalsystem nicht mehr. Dem Lokführer müssen vielmehr Informationen über den Zustand mehrerer Blockabschnitte – so nennt man die Abstände zwischen den Hauptsignalen einschließlich Sicherheitsabstand – auf den Führerstand übertragen werden. Dazu wurde die sogenannte Linienzugbeeinflussung (LZB) erfunden, ein Signalsystem, das dem Lokführer über einen Linienleiter – das ist ein zwischen Schienen im Gleis verlegtes Kabel – die Stellung der Signale bis zu 5 km im voraus anzeigt. Angaben über Zielentfernung, Zielgeschwindigkeit und Ist-Geschwindigkeit werden dem Lokführer auf ein Führerstandgerät übertragen, damit er daraus seine Soll-Geschwindigkeit ermitteln kann. Er hat sozusagen zwei Tachonadeln vor sich. Die eine zeigt ihm an, wie schnell er aufgrund der zu erwartenden Signalstellungen fahren darf, und von der anderen kann er seine tatsächliche Geschwindigkeit ablesen. Nun braucht er »nur« noch beide Zeiger zur Deckung zu bringen. Er fährt dann gewissermaßen auf »elektrische Sicht«. Die Linienzugbeeinflussung überlagert somit das herkömmliche Signalsystem. Mit der LZB besteht nun sogar die Möglichkeit, Züge vollautomatisch fahren zu lassen. Die neuesten Triebfahrzeuge sind schon mit einer automatischen Fahr- und Bremssteuerung (AFB) ausgerüstet, die unablässig die Soll-Geschwindigkeit mit der Ist-Geschwindigkeit vergleicht und die entsprechenden Befehle zum Bremsen oder zur Beschleunigung dem Fahrzeug direkt übermittelt.

In der Eisenbahntechnik gibt es – wie wir sehen – keinen Stillstand. Wenn auch noch zaghaft, so tastet sich die Bundesbahn doch in ein neues Tempozeitalter vor. Sie vertraut dabei den Erfahrungen anderer Eisenbahngesellschaften, die zu dem Ergebnis kamen, daß ein deutlicher Zusammenhang zwischen Steigerung der Reisegeschwindigkeit und Komfortverbesserung einerseits und einer Zunahme der Fahrgastzahlen andererseits besteht. Auf eine einfache Faustregel gebracht, lauten die Erfahrungen: 1% Reisezeitverkürzung bringt ebenfalls 1% mehr Fahrgäste. So lohnen sich denn die teuren Forschungen und Investitionen auf jeden Fall.

Theo Löbsack

HEUSCHRECKEN – DIE »ZÄHNE DES WINDES«

Anmerkungen über ein erstaunliches Insekt

Es hörte sich an wie Papiergeraschel, und wir meinten, irgend etwas sei durch die Luft geflogen und ganz nah bei uns gelandet. Wir saßen auf der Terrasse an einem heißen Juliabend. Es war schon dunkel, aber noch brütete die Hitze über dem Bodensee. Nichts war zu hören außer diesem plötzlichen Laut, der meine Frau und mich aufmerksam werden ließ. Zufällig lag meine Taschenlampe auf dem Tisch. Ich ließ den Lichtstrahl über die Fensterfront wandern, von wo das Rascheln gekommen war. Da saß, funkelnd grün, ein spannenlanges ›Heupferd‹ an der Scheibe, eine große Laubheuschrecke. Es war ein Weibchen mit säbelartigem Legestachel am Unterleib – und es sah aus wie ein Überbleibsel aus der Urzeit.

Wir beobachteten sie gespannt. Das Tier schien erregt, nervös tasteten seine fadendünnen Fühler über das Glas. Die zarthäutigen Flügel zitterten kurz, dann falteten sie sich zu einem kleinen steilen Dach über dem grünen Körper zusammen. Der Kopf unter dem Halsschild bewegte sich hin und her. Die gewinkelten Sprungbeine, winzigen Zollstöcken gleich, schoben den Körper vorsichtig noch ein Stück weiter, dann saß die Schrecke wieder still, schien zu lauschen. Schließlich stelzte sie beherzt am Glas nach oben und zwängte sich in den Rollladenkasten.

Am nächsten Morgen fing ich die nächtliche Besucherin auf dem taufeuchten Rasen, wo sie unbeholfen herumstakste. Sie schien jetzt wie gelähmt. Ich nutzte die Gelegenheit für ein paar Nahaufnahmen. Mit der zunehmenden Wärme kam langsam Leben in sie, und plötzlich schwirrte sie rasselnd davon.

Das Weibchen des Großen Grünen Heupferdes erkennt man am langen säbelartigen Legestachel. Die Männchen dieser Art wurden früher in Käfigen als Sänger gehalten und sogar von Händlern in Leipzig und Hamburg verkauft. Foto Mauritius

Heupferd und Warzenbeißer

Zoologisch gehört das Große Grüne Heupferd zur Gruppe der Langfühlerschrecken. Ihr wird auch der etwas kleinere, gedrungene Warzenbeißer zugerechnet, der empfindlich beißen kann, wenn man ihn in die Hand nimmt. Dabei erbricht er manchmal einen braunen Saft, den Mageninhalt. Karl von Linné gab diesem Tier vor mehr als 200 Jahren den Namen »Warzenbeißer«, weil schwedische Bauern von ihm ihre Warzen abbeißen und vom Magensaft verätzen ließen. Vielleicht ist etwas Wahres daran, sofern der Patient mit seinem Glauben gebührend nachhilft.

Heuschrecken – warum der Name? Sind sie so schrecklich? Der Ausdruck täuscht. Das alte Wort »schrecken« bedeutete »schreien« oder »knarren« und bezog sich auf die zirpende Stimme dieser Insekten. Beim Großen Grünen Heupferd zirpen oder »geigen« nur die Männchen, indem sie die Schrillkante der rechten Flügeldecke über die Schrillader der linken ziehen. Der Zoologe sagt, sie stridulieren. Es ist, wie wenn man mit dem Daumennagel über einen Kamm fährt. Mit dem »Gesang« werden Weibchen angelockt. Bei den Kurzfühlerschrecken übernimmt übrigens ein Bein die Rolle des »Geigenbogens«.

Heuschrecken hören gut

Wo Laute erzeugt werden, da müssen sie gehört werden, sonst hätte das heimliche Rufen keinen Sinn. Darum haben die Heuschrecken auch Hörorgane, freilich keine wie wir Menschen, sondern sogenannte Tympanalorgane. Sie sind höchst unscheinbar und liegen in Vertiefungen am Hinterleib oder an den Vorderbeinen: winzige Trommelfelle, die die Schallschwingungen auf Sinneszellen übertragen und den Hörnerven zuleiten. Immerhin können die Laubheuschrecken damit auch Töne von mehr als 90 000 Schwingungen je Sekunde wahrnehmen – also Ultraschall, den das menschliche Ohr nicht mehr hört.
Sie können sogar noch mehr. Damit das Weibchen das Männchen findet, muß es auch die Richtung orten können, aus der das Liebeswerben kommt. Wie macht es das? Wir Menschen haben ja eine hervorragende Methode für das Richtungshören. Unsere Ohren sitzen fest am Kopf, und wir können die Schallquelle leicht ausmachen, weil der Schall, falls er nicht direkt von vorn oder von hinten kommt, das eine Ohr etwas eher erreicht als das andere. Dies wird registriert und von unserem Gehirn verarbeitet. Anders bei den Laubheuschrecken. Ihre Hörorgane ändern mit der Beinbewegung ständig ihre Stellung zueinander und erschweren damit die akustische Peilung. Dieses Problem hat die Wissenschaftler lange beschäftigt. Schließlich kam der Insektenforscher Autrum den Laubheuschrecken auf die Schliche. Er fand heraus, daß sie zum Richtungshören nur jeweils ein Ohr nötig haben, weil ihre Hörorgane ähnlich wie Richtmikrophone wirken. Je nach dem Einfallswinkel der Töne hören sie mehr oder weniger laut. Töne, die von der Seite kommen, hören sie lauter als solche, die von vorn einfallen. Zirpt also irgendwo ein Männchen, so braucht das Weibchen nur in Richtung dorthin zu marschieren, wo das Zirpen am schwächsten ist, um den Geschlechtspartner zu finden.

Wanderheuschrecken, die achte Plage Gottes

So harmlos die Heupferde und ihre 70 einheimischen Verwandten sind, so gefährlich können die afrikanischen Wanderheuschrecken werden. Der Wissenschaftler kennt sie unter dem lateinischen Namen Schistocerca gregaria oder Locusta migratoria. Ihren unersättlichen Appetit konnte ich in einem Versuchskäfig des Konstanzer Zoologen Dr. Karl Allmann beobachten. Dr. Allmann untersucht speziell die Muskulatur der Heuschrecken, die der Wissenschaft mit ihren erstaunlichen Sprung- und Flugleistungen noch manches Rätsel aufgeben. Bei den Wanderheuschrecken handelt es sich übrigens um jene biblische Plage, über die es im Alten Testament heißt:
»Und Gott der Herr sprach zu Mose: Breite deine Hände aus über Ägypten, um die Heuschrecken herbeizurufen, damit sie sich auf der Erde niederlassen und alle Pflanzen auffressen, die der Hagel übriggelassen hat. Und Mose tat es, und der Herr ließ den ganzen Tag und die folgende Nacht einen brennendheißen Wind wehen. Und als der Morgen anbrach, trug der heiße Wind die Heuschrecken herbei, die sich auf die Erde Ägyptens niederließen und sich in so gro-

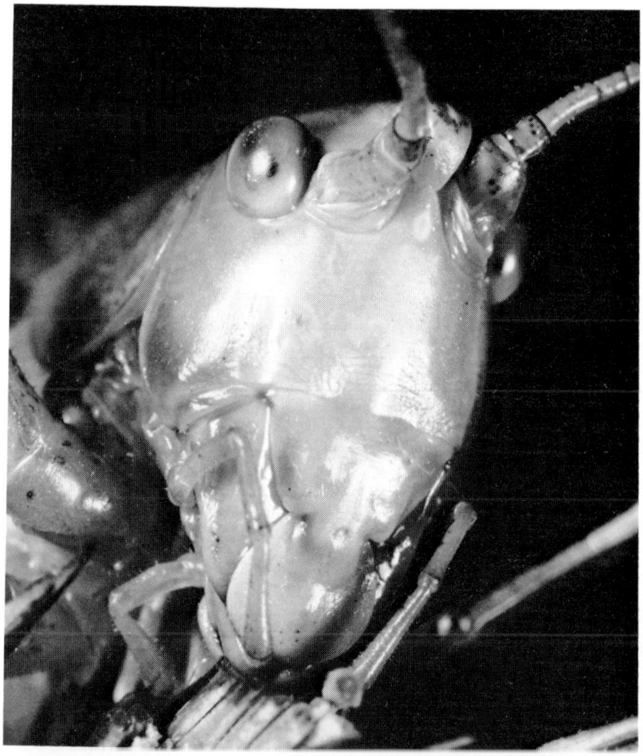

Links: Der Kopf eines Grünen Heupferds in Großaufnahme. Auf der Stirn stehen die langen Fühler und die zusammengesetzten Augen – deutlich erkennt man die einzelnen Sehkeile. Um den Mund stehen die Taster. Das Heupferd ist mit seinen scharfen Mandibeln übrigens ein Fleischfresser. Foto Angermayer/Pfletschinger

Unten: Vorderkörper einer Wanderheuschrecke. Die Fühler sind hier kurz und verhältnismäßig dick ausgebildet. Wir sprechen deswegen von Kurzfühlerschrecken im Gegensatz zu den Langfühlerschrecken wie dem Grünen Heupferd. Foto Interfoto

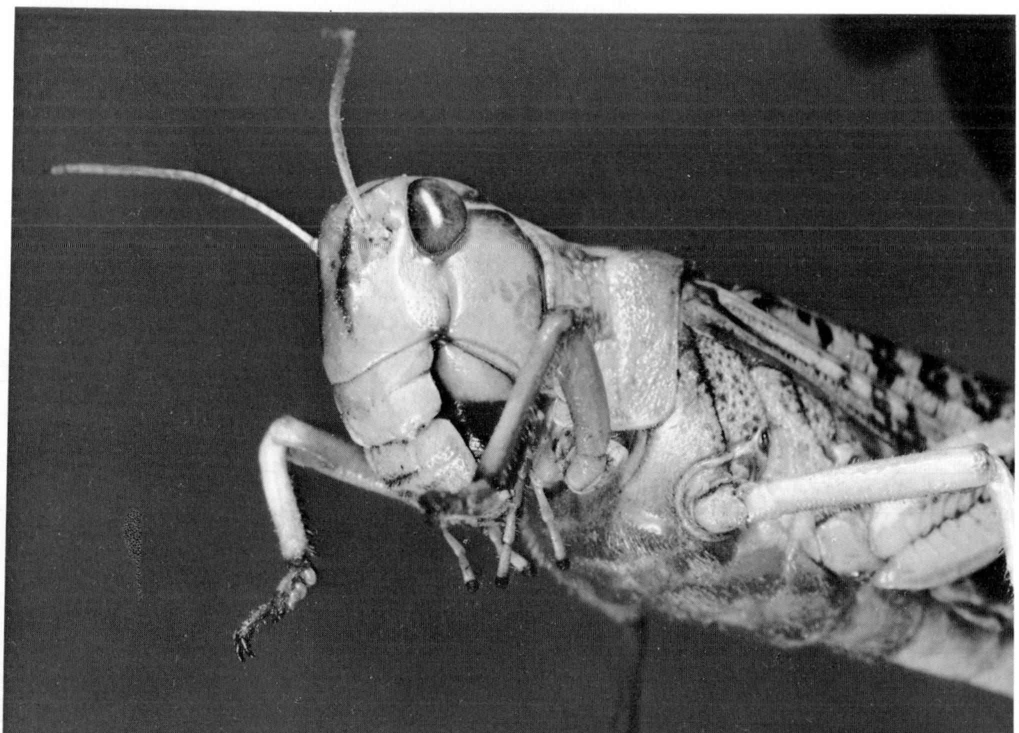

Oben: Heuschreckenschwärme, die oft über eine Milliarde Tiere umfassen, können innerhalb weniger Stunden eine blühende Oase in eine Wüste verwandeln. Foto Ullstein-dpa

Rechts: »Herr steh bei! Der jüngste Tag ist da, denn die ganze Welt ist voll Heuschrecken«, steht in einer alten böhmischen Chronik. Tatsächlich drangen bis zum vorigen Jahrhundert immer wieder Schwärme nach Mitteleuropa vor. Foto Südd. Verlag

ßer Zahl ausbreiteten, daß alle Provinzen von ihnen überschwemmt waren ... Und alle Pflanzen des Landes wurden aufgefressen und alle Früchte der Bäume, so daß nichts Grünes auf den Feldern in ganz Ägypten übrigblieb.«

Der schreckliche Appetit der Heuschrecken

Welche Verheerungen die Wanderheuschrecken in der Tat anrichten können, läßt sich ermessen, wenn man weiß, wie groß die Freßgier der Tiere ist und wie umfangreich die Schwärme werden können. Eine erwachsene Heuschrecke frißt täglich mehr als ihr eigenes Körpergewicht an pflanzlicher Substanz, nämlich etwa 1,5 Gramm. Ein großer Schwarm, der gut und gern aus eineinhalb Milliarden Heuschrecken bestehen kann, bringt es auf über 2000 Tonnen Pflanzensubstanz täglich! Das bedeutet katastrophalen Kahlfraß innerhalb weniger Minuten. Beispiele dafür gibt es genug. Im Jahre 1955 soll ein Heuschreckenheer von 250 Kilometer Länge und 20 Kilometer Breite im südlichen Marokko aufgetaucht sein und weite Landstriche kahlgefressen haben. Im Winter 1961/62 richteten in der gleichen Gegend Wanderheuschrekken in fünf Tagen auf einem Gebiet von über 5000 Quadratkilometern Schäden in Höhe von einer Milliarde Mark an. Die Heuschrecken, so wird berichtet, fraßen 7000 Tonnen Orangen auf – mehr als den jährlichen Bedarf ganz Frankreichs. Im Jahre 1981 fielen Heuschreckenschwärme zum wiederholten Male in die fruchtbaren Getreideprovinzen Mazedoniens ein, nachdem sie dort schon früher große Teile der Ernten vernichtet hatten. Heuschreckenalarm gab es auch Mitte November 1982 in der saudiarabischen Stadt Dschiddah, nachdem riesige Schwärme im Süden des Landes und im Nordjemen geortet worden waren.

Wie kommt es zu den ungeheuren Wanderzügen?

Man weiß, daß die Wanderheuschrecken zunächst einzeln für sich leben. Warum rotten sie sich dann zusammen und gehen zu Millionen, ja Milliarden auf ihre verheerenden Reisen?

Man glaubt heute, die Erklärung dafür zu wissen. Sehr wahrscheinlich ist es eine Art Übervölkerungsstreß, der sie aufbrechen und neue Lebensräume suchen läßt. Es fängt damit an, daß die Weibchen nach der Befruchtung je etwa zehn Gelege mit dreißig bis hundert Eiern im Sand vergraben und die Löcher mit Schaumpropfen verschließen. Bevorzugte Brutgebiete sind das nordwestliche Indien, der südliche Iran, die arabische Halbinsel, der Sudan, Äthiopien und Somaliland, das südliche Mauretanien, der Tschad und auch der Westen US-Amerikas.

Nach knapp zwei Monaten, wenn Regen die Erde durchfeuchtet hat, schlüpfen die jungen, noch längst nicht flugfähigen Larven. Sie fressen Pflanzen und streifen immer wieder, während sie heranwachsen, ihre beengende Hülle ab – sie häuten sich.

Sind genügend Tiere beisammen, so werden sie durch die fortgesetzte gegenseitige Berührung nervös und wanderlustig. Sie suchen jetzt die Nähe der Artgenossen und wechseln in dieser Zeit ihre Farbe von Gelb über Braun zu Schwarz oder Rot. In riesigen Scharen brechen sie nun auf und ziehen zu Fuß übers Land. Dabei überqueren sie sogar Gewässer, indem die Ertrinkenden als schwimmende Brücken für die Nachfolgenden dienen.

Wie man die gefräßigen Wanderer früher bekämpfte, schildert anschaulich der alte Brehm:

»Sieht der Farmer, daß die heranrückenden Scharen eine Richtung verfolgen, die seiner Pflanzung gefährlich werden könnte, so sucht er dieselben von ihrem Laufe abzulenken, indem er zu Pferde von hinten her in dieselben hineinsprengt und dabei nach links und rechts ein großes Tuch schwenkt. Bei jedem Durchreiten dreht eine Anzahl der Feinde um, und jenes läßt sich so oft wiederholen, bis der ganze Schwarm abgelenkt ist. Reitet man von vorne her in den Zug hinein, so springen sie wohl zur Seite, aber die Nachfolgenden drängen die Vordermänner, und es schließt sich der Strom hinter dem Reiter von neuem.«

Erst wandern, dann fliegen sie

Auf ihren Wanderzügen häuten sich die Larven noch etwa fünfmal. Für die letzte Häutung, aus der das erwachsene, flugfähige Insekt hervorgeht, sitzen sie lange unbeweglich an einem Ort. Die neue Haut liegt noch gefältelt unter dem Chitinpanzer, schließlich platzt dieser am Rücken unter dem Druck von Blut und Luft der Länge nach auf. Langsam schlüpft das Tier aus seiner zu eng gewordenen alten Haut. Die Flügel sind noch zusammengerollt, doch schon bald strömt Blut in die Flügeladern und spannt die Flügel aus.

Solange die erwachsenen Heuschrecken dort, wo ihre letzte Häutung stattfand, genügend ›Ellbogenfreiheit‹ vorfinden, bleiben sie, wo sie sind. Wir nennen das die Ruhephase. Erst wenn sich immer mehr Tiere immer häufiger begegnen und berühren, regt sich auch bei ihnen der Wandertrieb – nun jedoch zieht es sie in die Luft. Aus der Ruhephase entsteht über eine zwischengeschaltete Generation die Wanderphase. Dann brechen die Heuschrecken auf, hungrig, gefräßig und ruhelos. Ihr wichtigstes Transportmittel ist der Wind, der sie – als seine »Zähne«, wie die Bibel sagt – über Hunderte von Kilometern verfrachten kann.

… und seine Nahrung waren Heuschrecken …

Setzen die Heuschrecken mit ihrer Gefräßigkeit dem Menschen zu, so ist es andererseits auch der Mensch, der sie fängt, um sie zu verzehren. Schon der griechische Schriftsteller Herodot (5. Jh.) wußte, daß die Wüstenbewohner die Heuschrecken trocknen, sie zerreiben und das Mehl mit Milch vermischt essen. Ich selbst erinnere mich an einen marokkanischen Händler in Tanger, der mir auf einer gehämmerten Kupferschale geröstete Heuschrecken als Leckerbissen anbot. Man bricht den gerösteten Tieren Kopf, Flügel und Unterschenkel ab und ißt den nahrhaften, fettreichen Rumpf. Der deutsche Zoologe Bernhard Grzimek schreibt, der Heuschreckendarm enthalte gewiß viele Vitamine. »Johannes der Täufer«, fährt er fort, »der vierzig Tage in die Wüste ging und dort von Heuschrecken und Honig lebte, aß also keineswegs eine Asketenspeise.«

Viel Erstaunliches ist über die Wanderheuschrecken bekannt geworden. So können sie unter günstigen Umständen bis zu zwölf Stunden in der Luft bleiben, wenn der Wind stetig weht. In der südlichen Sahara sind Arten angetroffen worden, die aus trockenen Pflanzenteilen auf biochemischem Wege Wasser gewinnen. Dazu müssen sie jedoch viel fressen, was ihren rasanten Appetit auf alles Erreichbare erklärt. Da der Chitinpanzer wasserdurchlässig ist, entsteht Verdunstungskälte, die in der Wüstenhitze kühlend wirkt. Darum macht es ihnen auch nichts aus, sich selbst auf fast 60 Grad heißen Böden aufzuhalten.

Normalerweise leben die Wanderheuschrecken nicht länger als fünf Monate. Dies ist jedoch nur ein Mittelwert. Wenn die Temperatur ihrer Umgebung niedrig

So sieht ein Dattelpalmenhain kurze Zeit nach dem Einfall eines großen Heuschreckenschwarmes aus …
Foto Mauritius

ist oder wenn sie wenig zu fressen finden, kann sich ihr Stoffwechsel verlangsamen – dann leben sie länger, bis zu einem Jahr. Ungewöhnlich ist auch ihr Farbwechsel, der noch manche Frage offenläßt. Früher, als man darüber noch weniger wußte, glaubte man, die Heuschrekken verschwänden in manchen Jahren auf rätselhafte Weise und tauchten später wie aus dem Nichts wieder auf. In Wirklichkeit war es der Farbwechsel zwischen den Ruhe- und Wanderphasen der Tiere, mit dem sie die Menschen narrten.

Bekämpfungsmaßnahmen

Die ungeheure Schädlichkeit der Wanderheuschrecken hat die Wissenschaftler schon früh nach Bekämpfungsmöglichkeiten suchen lassen. Nach wie vor scheint es aber hauptsächlich von den herrschenden Windverhältnissen abzuhängen, ob die geflügelten Heere Schäden anrichten oder nicht. Weder Rauchbomben noch Flammenwerfer, weder wild mit Decken und Besen fuchtelnde Eingeborene, noch künstliche Steppenbrände halten die gefräßigen Tiere auf. Den ersten Erfolgen mit dem DDT und anderen, von Flugzeugen aus versprühten Vernichtungsmitteln folgte bald der Katzenjammer, nachdem man die unerwünschten Nebenwirkungen dieser Mittel erkannt hatte, vor allem ihren »Holzhammereffekt«: Wo immer Insektizide versprüht werden, da fallen ihnen außer den eigentlichen Schädlingen auch viele Nützlinge zum Opfer, denn die Giftwirkung beschränkt sich nie auf den Schädling allein. Neuerdings versucht man es mit biologischen Methoden und einem ständig verbesserten Frühwarnsystem. In den gefährdeten Gebieten sind zahlreiche Beobachtungsposten eingerichtet worden, die möglicherweise auftauchende Schwärme sofort weitermelden. Mit Hilfe der meteorologischen Daten über Richtung und Geschwindigkeit des Windes können dann andernorts Bekämpfungsmaßnahmen vorbereitet werden.

Zu den natürlichen Feinden der Wanderheuschrecken gehört ein einzelliger Schmarotzer namens Nosema locustae, ein Krankheitserreger, der allerdings auch harmlose Grillenarten befallen kann. Man züchtet ihn im Labor, indem man lebende Heuschrecken mit ihm infiziert. Nachdem sich der Einzeller in den Tieren millionenfach vermehrt hat, gewinnt und vermengt man ihn mit Weizenkleie. Anschließend wird die anstekkende Ködermasse in den Anpflanzungen verteilt. Auf diese Weise gelingt es, die gefräßigen Sechsbeiner so weit zu dezimieren, daß der angerichtete Schaden erträglicher wird. Man kann der Nosema-Kleie auch ein Insektizid beimengen (Carbaryl) und damit die Wirkung steigern. Doch bleibt fraglich, ob für die wandlungs- und widerstandsfähigen Plagegeister damit die letzte Stunde geschlagen hat. So bald dürfte dies sicher nicht der Fall sein, getreu der Antwort eines alten Moslems auf die Frage, warum es überhaupt Heuschrecken gebe:

»Um uns Menschen vor Augen zu halten«, antwortete der weise Mann, »daß wir nicht allein das Recht auf Leben haben. Es steht geschrieben, es werde keine Erde mehr geben, wenn die Heuschrekken ausgerottet sind.«

Peter Ruppenthal

ENERGIESPAREN MIT MIKROELEKTRONIK

Viele Menschen sehen zu oft rot, wenn sie mit dem Auto unterwegs sind. Gemeint ist hier die Farbe der Verkehrsampeln, nicht so sehr den Seelenzustand der Automobilisten, obwohl auch dieser in Mitleidenschaft gezogen wird. Rote Signale haben erhebliche Auswirkungen auf den Energieverbrauch des Autos. Wenn es nämlich gelänge, die Zahl der Stops nur um einen einzigen pro Fahrt zu verringern, wäre der Treibstoffverbrauch in der Bundesrepublik Deutschland – bei sonst gleichen Bedingungen – um 160 Millionen Liter im Jahr niedriger. Technisch wäre das zu bewerkstelligen. Dazu müßte man die Steuerung der Ampeln besser am tatsächlichen Verkehrsaufkommen orientieren und nicht stur nach den vorgegebenen Programmen von Grün auf Rot schalten. Elektronische Winzlinge könnten den Verkehrsplanern zu Hilfe kommen. Bauteile – kleiner als ein Fingernagel – sind in der Lage, aus aktuellen Verkehrszählwerten sofort ein passendes Signalprogramm zu erstellen und der überwiegend befahrenen Richtung mehr Grün als Rot zu geben.

Kleinvieh macht auch Mist

Die Volksweisheit »Die Masse bringt's« gilt also auch hier. Und bei der Energie haben wir es mit schier unvorstellbaren Mengen zu tun. Gleichgültig, ob der Verbrauch in Steinkohleeinheiten (SKE) oder in Kilowattstunden gemessen wird, er ist riesenhaft und kostet die Bundesrepublik Deutschland jährlich Milliarden von Mark. Daran ist die verarbeitende Industrie zu gut einem Drittel beteiligt. Ihr folgen die privaten Haushalte und der Verkehr sowie die Kleinverbraucher wie Handwerker, Handelsunternehmungen, staatliche Betriebe und Institutionen.

Spätestens in der ersten Hälfte der siebziger Jahre, als das Öl knapp wurde und die Preise dafür unaufhaltsam nach oben kletterten, begannen auch Nicht-Fachleute, über die Möglichkeiten der Energieeinsparung nachzudenken. Gleichzeitig bahnte sich auf dem elektronischen Sektor eine Entwicklung an, die diese Sparpläne auch technisch besser realisierbar machte. Denn allgemeine Sparappelle verlieren mit der Zeit ihre Wirkung, wenn nicht gleichzeitig handfeste Maßnahmen ergriffen werden.

Die Elektrotechnik und insbesondere die neueste Entwicklung bei der Mikroelektronik helfen durch genauere Steuerung in vielen Fällen, den Energieverbrauch zu drosseln und besser zu dosieren. Wo früher nur komplizierte technische Konstruktionen möglich – aber nicht wirtschaftlich – gewesen wären, kann man mit den unterschiedlich programmierbaren Mikroprozessoren eine maßgeschneiderte Lösung verwirklichen. Über einige solcher Anwendungsmöglichkeiten und ihren Energiespareffekt sei im folgenden berichtet.

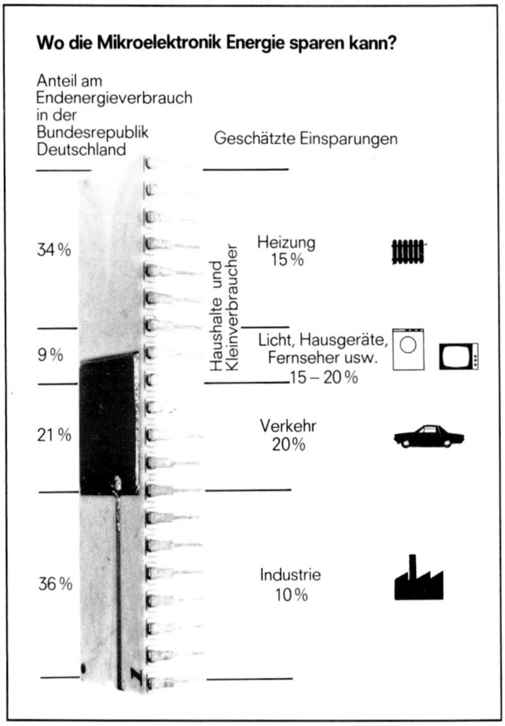

So teilt sich in der Bundesrepublik Deutschland der Energieverbrauch auf. Im Haushalt wird mit 43% deutlich mehr verbraucht als von der Industrie. Foto Siemens

Besser heizen

Raumheizung und Warmwasserbereitung verbrauchen viel Energie, auch gesamtwirtschaftlich gesehen, nämlich ziemlich genau ein Drittel des gesamten Energieaufkommens. Über 80% der Energie, die in privaten Haushalten der Bundesrepublik verbraucht wird, gehen auf das Konto von Heizung und Warmwasserversorgung. Ein erheblicher Teil der erzeugten Wärme verpufft aber und wird ungenutzt an die Umwelt abgegeben. Mit bautechnischen Maßnahmen, durch bessere Wärmedämmung und Isolation, kann man dieser Verschwendung einen Riegel vorschieben. Aber auch von einer besseren Steuerung und Regelung versprechen sich die Fachleute einen erheblichen Nutzen. Mikrocomputer könnten beispielsweise unter Berücksichtigung der Außen- und Innentemperaturen »vorausschauend« die Kessel- und Vorlauftemperatur regeln und damit überflüssige Heizkosten aufgrund der thermischen Trägheit der Heizkreisläufe vermeiden. Bei der noch weitergehenden individuellen Programmierung der Temperatur ließe sich eingeben, an welchen Tagen, zu welcher Stunde dieser und jener Raum eine bestimmte Temperatur haben soll. Dabei könnte man auch die unterschiedliche Wirkung der Sonneneinstrahlung auf die verschiedenen Zimmer berücksichtigen. Mit einer solchen »intelligenten« elektronischen Heizungs- und Warmwassersteuerung wären Energieeinsparungen von 15–20% denkbar.

Energiesparende Haushaltsgeräte

Gegenüber diesen beiden großen Energieverbrauchern im Haushalt fallen andere – vom Herd über die Gefriertruhe bis zum Fernseher – nicht so sehr ins Gewicht. Doch insgesamt sind auch hier Sparmaßnahmen sinnvoll, sei es die Mikrocomputer-Steuerung in Waschmaschinen und Geschirrspülern oder die verfeinerte Regelung von elektrischen Wäschetrocknern, Kühlschränken oder Gefriertruhen – auch bei Hausgeräten könnte der Energieverbrauch um 15–20% gesenkt werden.

Dabei muß man allerdings berücksichtigen, daß die Zahl dieser Geräte bis zum Jahr 2000 sicher noch zunehmen wird. Vor allem bei den Geschirrspülern, den Wäschetrocknern und den Gefriergeräten ist der Markt keineswegs gesättigt. Längst nicht jeder Haushalt besitzt alle diese Geräte. Sogar wenn ihre Zahl noch zunimmt, könnte man den Stromverbrauch noch um etwa 7% senken. Das ist allerdings Theorie. Denn Geräte mit aus-

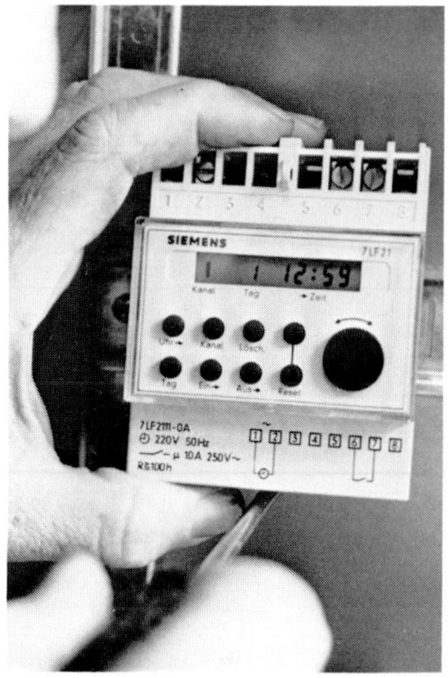

Oben links: Zur Warmwasserbereitung im Sommer muß nicht ständig die ganze Heizung mitlaufen. Ein elektrischer Wärmestab mit elektronischer Steuerung erledigt dies viel kostengünstiger.

Oben rechts: Eine Schaltuhr mit digitaler Anzeige wird von einem Mikrocomputer so gesteuert, daß sie auf die Minute genau stromverbrauchende Geräte ein- und ausschalten kann.

Unten links: Mit elektrischen Heizungsreglern kann man nicht nur die Temperatur jedes Raumes den Erfordernissen anpassen, sondern man kann sogar die gewünschte Temperatur vorprogrammieren. Fotos Siemens

S24763-A31-A2-1
SD-B/L3
V23040-A0001-B201
SIEMENS
Nürnberg
Regensburg
München-Nord

Gegenüberliegende Seite: Von Mikrocomputern gesteuerte Verkehrsdetektoren helfen, Autoschlangen in Bewegung zu halten, was Energie einsparen hilft.

Links: Ein winziger Bordcomputer sagt dem Autofahrer unter anderem, wie weit er noch mit seinem Benzin kommt und wie hoch der Verbrauch gerade ist. Danach sollte man seinen Fahrstil richten. Fotos Siemens

geklügelter Mikroelektronik sind doch um einiges teurer als die bisherigen Standardmodelle und finden nicht so leicht ihre Käufer. So wird man sich wohl darauf beschränken, Mikroelektronik dort einzusetzen, wo sie erschwinglich ist. Und schon hier ist technisch soviel machbar, daß der Energieverbrauch in den kommenden Jahren längst nicht mehr so stark zunehmen wird wie bisher.

Die Entwicklung des Farbfernsehers

Daß moderne elektronische Bauteile und Schaltungen an sich schon energiesparender arbeiten, sehen wir deutlich an der Entwicklung des Farbfernsehers. Vor zehn Jahren lag ihr Stromverbrauch bei 350–440 Watt, heute beträgt er bei den neuesten Geräten mit einer 63 bis 67-cm-Bildröhre nur mehr knapp 100 Watt. Neue Farbfernseher verbrauchen gegenüber dem Durchschnitt der Geräte, die zur Zeit noch in Gebrauch sind, etwa 40% weniger Energie. Aus heutiger Sicht werden Geräte mit einem Stromverbrauch von nur 75 Watt erreichbar sein. Bei den 51-cm-Farbfernsehern liegt der Leistungsbedarf zur Zeit schon meist bei 50–70 Watt, und es gibt bereits solche mit nur 40 Watt Leistungsaufnahme. Wenn die älteren der insgesamt 13 Millionen Farbfernsehgeräte in der Bundesrepublik nach und nach durch neue ersetzt werden, ergibt sich eine jährliche Energieeinsparung von schätzungsweise 700 Millionen Kilowattstunden – soviel wie die Haushalte einer Großstadt mit gut 100 000 Einwohnern im gleichen Zeitraum insgesamt an Energie – nicht nur an elektrischer – verbrauchen!

Elektronik im Straßenverkehr

Gute Aussichten für eine Energieeinsparung hat die Elektronik auch auf dem Gebiet des Straßenverkehrs. Immerhin wird fast ein Fünftel des gesamten Energieaufkommens in der Bundesrepublik Deutschland auf der Straße »umgesetzt«. Auch hier bieten sich der Mikroelektronik verschiedene Möglichkeiten. Ein Mikrocomputer im Auto kann die Benzineinspritzung und Zündwinkelverstellung in Abhängigkeit von Drehzahl, Last, Temperatur, Luftdruck usw. so steuern, daß die Kraftstoffverbrennung optimal erfolgt. Dadurch lassen sich bis zu 20 Prozent Benzin einsparen. Auf den Markt kommen zur Zeit die ersten Bordcomputer, die dem Fahrer unter anderem den augenblicklichen und den durch-

Die moderne Elektronik macht manche Reise überflüssig – wie geplagte Manager sicher dankbar zur Kenntnis nehmen. Bildschirmkonferenzen können in Zukunft manch aufreibende Fahrt ersparen. Foto Siemens

schnittlichen Benzinverbrauch anzeigen und ihm somit helfen, die Fahrweise zu verbessern. Bei energiebewußtem Fahren – so wurde in einem Versuchsprogramm von Aral nachgewiesen – säuft das Auto im Durchschnitt 13% weniger Kraftstoff.

Beim Warten vor roten Ampeln geht eine Menge Energie verloren – selbst wenn man, wie empfohlen wird, den Motor möglichst schnell abstellt. Die zukünftige Entwicklung sieht nicht nur individuell gesteuerte Ampeln, sondern sogar ganze Leitsysteme vor, die dem Autofahrer ständig Hinweise über die gerade günstigste Route geben können.

Wenig Möglichkeiten bei Kleinbetrieben

Bei Kleinbetrieben ist es nicht so leicht, mit Hilfe der Mikroelektronik Energie zu sparen. Hier bringen Veränderungen auf anderen Gebieten mehr als eine verfeinerte Meß- und Regeltechnik, zum Beispiel durch Umstellung auf weniger energieaufwendige Herstellungsverfahren

oder Veränderungen an den Gebäuden – meist wiederum mit dem Ziel der Wärmedämmung. Aber trotz dieser Einschränkung bieten sich noch genug Möglichkeiten. So ist es in Gärtnereien durchaus denkbar, daß Luftführung, Temperatur- und Luftfeuchtigkeit exakter gemessen und mit Hilfe der Mikroelektronik besser gesteuert werden. Dabei könnte man wohl 8 bis 10% der Energie einsparen. Ungefähr in der gleichen Größenordnung liegen die Verbesserungen bei Brauereien und Mälzereien. Etwas geringer anzusetzen sind sie dagegen bei den rund 31 000 handwerklichen Bäckereien und bei den rund 800 Brotfabriken in der Bundesrepublik Deutschland. Günstiger hingegen sieht es bei der Textilreinigung aus. Hier glauben die Fachleute sogar, daß man insgesamt 17% einsparen kann. Eine wesentliche Voraussetzung wäre allerdings, daß sich auch das Personal energiebewußt verhält und die Wasch- und Trockenautomaten optimal einsetzt. Das gilt selbstverständlich für alle genannten Beispiele. Einem Bleifußfahrer, dem der Bordcomputer im Auto horrende Verbrauchswerte anzeigt und der dennoch seinen Fahrstil beibehält, ist nicht zu helfen. In diesem Fall nützt auch die beste Elektronik nichts.

Und die Großindustrie?

Nicht vergessen wollen wir bei dieser Aufzählung die Industrie, die – wenn auch mit kleinem Abstand – an der Spitze der Energieverbraucher steht. Eigentlich könnte man meinen, hier sei schon längst alles rationalisiert, optimiert, computerisiert. Dem ist aber keineswegs so. Zwar hatte man, allein schon aus wirtschaftlichen Gründen, stets ein Auge auf den Energieverbrauch. In der Vergangenheit war ein höherer Energieverbrauch aber oft noch wirtschaftlicher als eine aufwendige Regeltechnik. Das wird sich nun mit der verhältnismäßig billigen Mikroelektronik in vielen Bereichen ändern. Durch bessere Ausrüstung der 17 Millionen Drehstrom-Asynchronmotoren ließe sich der Stromverbrauch auf diesem Gebiet um etwa 15% senken. Das entspräche etwa 3% des gesamten Stromverbrauchs in der Bundesrepublik Deutschland.
Die zahlreichen Möglichkeiten, die uns die Mikroelektronik bietet, wird man erst im Laufe vieler Jahre richtig ausschöpfen können. Die Einsparungen werden sich auf einen größeren Zeitraum verteilen. Da in der Bundesrepublik der Energieverbrauch seit 1975 durchschnittlich um 3,5% jährlich wächst, wird die Nutzung solcher Möglichkeiten den Anstieg des Energieverbrauchs nicht ganz verhindern, wohl aber erheblich abbremsen können.

Hartmut Noeller

DIE ARCHITEKTUR DES ANTONI GAUDÍ

Barcelona! Diese pulsierende, lärmende, schmutzige und doch so faszinierende Hafenstadt Spaniens. Aber, pardon, das hören die Menschen dort nicht gern. Barcelona ist nicht eine spanische, sondern eine katalanische Stadt, die Hauptstadt Kataloniens. Die Katalanen sind ein stolzes und selbstbewußtes Volk, das sich viele Eigenheiten bewahrt hat, unter anderem eine Sprache, die ganz erheblich vom Kastilischen, der spanischen Staatssprache, abweicht. Die Blütezeit und Vormachtstellung Barcelonas sind seit vielen Jahrhunderten dahin. Ihre Empfangsbereitschaft und Vorliebe für die Schönen Künste haben sich die Bewohner jedoch erhalten, und sie genießen Malerei, Musik und Bauwerke. Kein Wunder also, wenn die berühmten Maler Joan Miró und Salvador Dalí selbstwußt als Söhne des Landes gepriesen werden. Auch Picasso gehört in diesen Kreis, obwohl er kein gebürtiger Katalane ist. Von den Architekten wird wohl nur einer immer wieder genannt werden: Antoni Gaudí (sprich: ge-udí), ein Magier seiner Zunft. Seine Hauptwerke plazierte er in Barcelona. Dort kam er zu Erfolg und Anerkennung, fand seine Lebensaufgabe im Bau der Kirche »La Sagrada Familia«, dem »Sühnetempel der Heiligen Familie«. Und in Barcelona starb er – 1926 im Alter von 74 Jahren – als ärmlich gekleideter Mann, von einer Straßenbahn zu Boden gerissen.

Nördlich vom Zentrum der Stadt ist ein eigenartiges Gebäude zu finden: die »Casa Vicens« (sprich: bisens). Die Fassade ist bedeckt mit Kacheln meergrüner, weißer und gelber Färbung. Kunstvoll geformtes Schmiedeeisen – heute noch eine Spezialität der Katalanen – als Schutz und Schmuck vor den Fenstern. Auf dem Dach Ventilationskamine in Türmchenform, so wie sie ein Zuckerbäcker auf seine Torte setzen würde. Bei den Bewohnern des Hauses, einer Arztfamilie, erscheint eines Tages ein Japaner und will unbedingt die Deckenwölbung eines Raumes im Untergeschoß vermessen. Nach seinen statischen Kenntnissen dürfte es diese Decke gar nicht geben. Immerhin, das Bauwerk steht nun fast 100 Jahre. Der Mann mißt und mißt und rechnet. Anderntags kommt er wieder, wie's scheint mit härteren Bandagen. Die Wohnungseigentümer können ihn gerade noch hindern, mit einer Schlagbohrmaschine ein Loch in die Decke zu bohren, um dem Konstruktionsgeheimnis auf die Spur zu kommen.

Gesamtaufnahme der Casa Vicens, des ersten großen Auftrags, den Antoni Gaudí ausführte. Die Außenseite ist teilweise mit meergrünen Kacheln verkleidet. Bemerkenswert auch das schmiedeeiserne Tor. Foto Noeller

B -4475-CW

Detailaufnahmen der Außenseite der Casa Vicens in Barcelona. Antoni Gaudí übernahm auch die Gestaltung der kleinsten Einzelheiten. Er war somit nicht nur Architekt und Ingenieur, sondern hatte auch etwas von einem mittelalterlichen Baumeister, der mit den Maurern zusammenarbeitete und Lösungen an Ort und Stelle improvisierte. Fotos Noeller

Detailaufnahmen vom Innern der Casa Vicens in Barcelona. Im gesamten Werk Gaudís zeigen sich immer wieder die Formen der Natur, im Bild oben zum Beispiel in der Muschelform, in den Bildern links und unten in der Gestaltung der Decke, die an eine Tropfsteinhöhle erinnert. Fotos Noeller

Die »Casa Vicens« war der erste große Auftrag eines Privatmannes für den Architekten Antoni Gaudí. Sein Leben lang hat er ungewöhnliche Konstruktions- und Gestaltungswege beschritten. Viele statische Probleme löste er anhand von Modellversuchen. Als einer der ersten wandte er frühe Formen der Stahlbetonbauweise an. Seine Ideen zielten in die architektonische Zukunft, jedoch nicht im Sinne rechtwinklig ausgerichteter Wohnsilos aus Beton.

Seiner Zeit weit voraus

Die Natur war für Gaudí die größte Bau- und Lehrmeisterin, und er ordnete sich ihr bereitwillig unter. Stütz- und Tragesysteme, Lastenverteilung, aber auch Verzierungen sind bei ihm in direkter Umsetzung von Naturbeobachtungen entstanden. Bemühungen der Gegenwart, in einem vernünftigen, harmonischen Verhältnis mit der natürlichen Umgebung zu leben, scheinen durch Antoni Gaudí vorweggenommen. Im Norden, damals etwas außerhalb von Barcelona, sollte auf einem Hügel eine Gartenstadt entstehen: 60 Häuser auf dreieckigen Parzellen mit den dazugehörigen Gemeinschaftsanlagen, wie Markt, einem großen Platz als kulturellem Treffpunkt und Parks. Der grundsätzliche Erhalt der landschaftlichen Gegebenheiten war vom Architekten als wichtige Planungskomponente einbezogen. Das Gesamtprojekt scheiterte. Kaum jemand konnte sich damals für das Wohnen im Grünen begeistern. Die Faszination des Großstadtlebens war größer. Was jedoch realisiert wurde und heute noch zu sehen ist, gibt genug Stoff für die Träume, denen wir betonklotzmüden und reihenhaussatten Städter uns gelegentlich hingeben. Der Haupteingang zum betreffenden Areal, dem »Park Güell« (sprich: gu-elj), wird zu beiden Seiten von einem Gebäude begrenzt. Gebäude ist nicht der entsprechende Ausdruck: es sind vielmehr bewohnbare Pla-

Gegenüberliegende Seite: Bewohnte Häuser im Park Güell, die sich harmonisch in die Landschaft einfügen.

Unten: Die ununterbrochene Sitzbank, die sich im Park Güell wie eine Schlange um eine Spielplatzfläche windet.

Ganz unten: Säulenhalle im Park Güell mit der in Mosaiktechnik ausgeschmückten Decke. Fotos Noeller

Gegenüberliegende Seite: Die Fassade der Casa Milá, erbaut von 1905 bis 1910, ist gewellt wie die Oberfläche des Meeres, und die merkwürdigen Balkons erinnern an Algenpolster. Die Räume im Innern sind unregelmäßig und völlig frei gestaltet. Das Haus heißt im Volksmund »La Pedrera«, »der Steinbruch«.

Oben und ganz oben: Dachaufbauten auf der Casa Milá. Die Aufbauten erinnern an einen Zaubergarten mit teils witzigen, teils bedrohlichen Fabelwesen. Fotos Noeller

stiken. Die Dächer sind mit farbigen Bruchstücken von glasierten Kacheln bedeckt. Ausladende Zinnen streben dem Mittelpunkt zu, um von einem pilzartigen Ventilationskamin gekrönt zu werden. Eine wellenförmige Umfassungsmauer windet sich um einen Teil des Grundstücks. An einigen Stellen eingelassene Schriftzüge »Park Güell« mit dem typischen Schwung des Jugendstils. Wäre er ärgerlich, der Gaudí, wenn wir ihn als den ersten Pop-Artisten in der Kunst bezeichnen würden? Viele Deckenornamente im Park Güell lassen den überraschten Betrachter bei genauem Hinsehen erkennen, daß zur Gestaltung Böden von Weinflaschen, zerbrochene Teller und Tassen und die verschiedensten Trinkgläser benutzt wurden.

Casa Milá – Haus der Monster und Zwerge

Das fantastischste und surrealste Dach auf Erden hat wohl das Haus Milá, im Volksmund »La Pedrera«, der »Steinbruch«, genannt. Sind die Pförtner mittels schriftlicher Genehmigungen und vieler guter Worte erst einmal überzeugt, Einlaß zu gewähren, so empfängt uns nach einer Fahrt im Lift ein Zaubergarten von Monstern und Zwergen. Bis 5 Meter hohe Fabelwesen, dickleibig und in ihren Bäuchen die Verbindungstüren zum Hausinnern tragend. Gruppen erdfarbener Wächter mit helmartigen Kopfbedeckungen, die Sehschlitze düster und drohend auf den Eindringling gerichtet. Das Dach ist keine ebene Fläche, sondern überzogen mit Treppchen, die, abwechselnd hinauf- und hinunterführend, sich der wellenartigen Konstruktion anpassen. Im Mittelteil die Lichtschächte, schwungvoll und asymmetrisch, den Blick in die Innenhöfe, Patios, freigebend. Die spanischen Hausfrauen haben ein recht vertrautes Verhältnis mit den steinernen Figuren. Sie spannen Leinen zwischen sie und hängen die Wäsche auf.

Das Dach beherbergt zudem heutzutage ein Sammelsurium von Fernsehantennen. Die Kulisse für einen Science-fiction-Film ist perfekt. Das Ganze ein Alptraum? Möglich, das ist Einstellungssache. Die gestalterische Freizügigkeit ist jedoch nicht zum Selbstzweck geworden; alle Details und Aufbauten des Hauses sind – wie überall bei den Bauten Gaudís – auf ihre Funktion hin durchdacht. So dienen die Dachmonumente als Entlüftungsschächte und Schornsteine. »La Pedrera«, im Jahre 1910 mit großer Anteilnahme und Kritik der Öffentlichkeit eingeweiht, erhielt Elemente wie Müllschlucker und ein Einfahr- und Stellsystem, wie es bei den heutigen mehrstökkigen Tiefgaragen für Autos angewandt wird. In den Wohnräumen sollte mittels versetzbarer Wände eine individuelle Aufteilung der Grundfläche möglich werden. Die Hausfront, ein deckender Teppich von Grünpflanzen, deren Bewässerung zentral per Knopfdruck aus der Pförtnerloge durchzuführen ist. Nun, leider blieben Stellwände wie auch diese Bio-Fassade in der Planungsphase stecken.

Gaudí, einer der ersten Designer

Eine Beobachtung läßt sich immer wieder an den Zeichnungen und Bauplänen Gaudís machen: Es kam nie zu der vorgesehenen Endausführung, obwohl seine Entwürfe meist sehr flexibel zu nutzen waren. Was auch immer die Gründe gewesen sein mögen – die Fachleute und Nichtfachleute sprechen von Finanzierungsschwierigkeiten, unterschiedlichen Auffassungen mit dem Auftraggeber bei der Gestaltung, Kriegswirren und Probleme mit den Behörden –, ein Leben war zu wenig für Antoni Gaudí, diesem Ideen- und Energiebündel. Wohl zu Recht oft als unnachsichtiger Arbeitsfanatiker bezeichnet, arbeitete er – zumindest in den späteren Lebensjahren – nicht um der Kunst oder des Ruhmes willen. Immer steckte dahinter das Konzept, Wohnen wohnlicher, menschlicher zu machen. Dinge des täglichen Gebrauchs – Gaudí entwarf beispielsweise auch Tische, Sitzmöbel, Türgriffe und Leuchter – müssen nützlich und schön sein. Eine Forderung, die heute immer mehr in den Vordergrund tritt. Mit dem Begriff der Ergonomie, der zweckmäßigsten und körpergerechtesten Formung von Gebrauchsgegenständen bei gleichzeitig gutem Aussehen, hätte Gaudí wahrscheinlich wenig anfangen können. Als er jedoch die Form einer Sitzbank im Park Güell gestaltete, mußte – so weiß es jedenfalls die Überlieferung zu berichten – ein Mitarbeiter eigens die Hose fallen lassen und den nackten Hintern im feuchten Gips plazieren. Zweifellos ein hautnahes Design.

Palacio Güell und Casa Batlló

Gaudís Konzeptionen für menschengerechtes Bauen lassen sich freilich nicht ohne weiteres auf die Gegenwart übertragen. Vor allem würde alles an der Finanzierung scheitern. Gaudí wurde von Reichen bezahlt und hatte meist genügend Mittel zur Verfügung. Die Stadt Barcelona war reich und bestrebt, mit prunkvollen und außergewöhnlichen Bauwerken Unabhängigkeit und Selbstbewußtsein auszudrücken. Im Grafen Güell fand Gaudí einen lebenslangen

Den Palacio Güell erbaute Gaudí von 1884 bis 1889. Auftraggeber war Graf Güell, sein lebenslanger Gönner. Im Innern wurden die edelsten Materialien verwendet, und das Haus soll das teuerste jener Zeit gewesen sein. Foto Noeller

74 Casa Batlló in Barcelona. Rechts die Fassade mit den schiffsbugähnlichen Balkons, in der Mitte links das reptilienartige Dach, dessen Farbziegel je nach Lichteinfall wie die Schuppen eines Fisches glänzen. In der unteren Reihe Bilder von der sich an den Jugendstil anlehnenden Inneneinrichtung. Fotos Noeller

Mäzen, der in der glücklichen Lage war, durch die Höhe der Baurechnungen nie aus dem Gleichgewicht gebracht zu werden. Für ihn erstellte er im Bereich des Hafenviertels in einer schmalen Straße den Palacio Güell, links und rechts eingezwängt von Häusern. Eine wohl wenig übliche Palastplazierung. Jedoch erreichte es Gaudí, dem Gebäude Dominanz und herrschaftlichen Charakter zu verleihen. Das Innere des Palastes ist mit edelsten Hölzern, vergoldetem Schmiedeeisen und feinstem Marmor in meisterhafter Verarbeitung ausgestattet. Das Bauwerk wurde als das teuerste Privathaus der Epoche bezeichnet.

Vom üppigen Einfallsreichtum, dem Glanz und Schmelz der Jahrhundertwende zeigt sich heute in Gaudís Wohnungen nicht mehr viel. Möbelstücke wurden entfernt; einige stehen im Museum. Wohnräume bauten nachfolgende Besitzer teilweise um. Der Smog der 3-Millionen-Stadt mit der drittgrößten Bevölkerungsdichte nach Kalkutta und Hongkong tut sein übriges. Farbige Jugendstilmalereien in der Eingangshalle und den Treppenaufgängen von »La Pedrera« blättern und bleichen vor sich hin. Die Fassaden sehen grau von den Abgasen aus. Im Innern der »Casa Batlló (sprich: batljó), die am verkehrsreichen und lärmenden Paseo de Gracia liegt, ist noch gut die typische Raumgestaltung von Gaudí zu sehen. Die Treppen, Türen und Fensterrahmen ohne rechtwinklige und scharfkantige Elemente; das Holz in weichen Rundungen verarbeitet. Eine Art Kaminhöhle im Vorraum: in die Wand eingelassen eine Feuerstelle mit kleinen Sitzbänken. Die Decke: zu vergleichen mit einem versteinerten Wasserwirbel, in dessen Kernpunkt sich eine Lampe befindet. Eine Besichtigung der Innenräume ist für den Interessenten in den meisten Fällen nicht möglich, da sich sämtliche Wohnbauten in Privathand befinden und die Besitzer nicht dauernd gestört werden wollen.

Das Hauptwerk – unvollendet und kaum je zu vollenden

Gaudís unvollendetes Hauptwerk, die Kirche »La Sagrada Familia«, ist hingegen in weiten Bereichen zugänglich für das Publikum. Nicht zuletzt, weil sie sehr touristenwirksam ist und zum inoffiziellen Wahrzeichen der Stadt wurde. In der Saison quillt eine Urlauberbusladung nach der anderen von den nahegelegenen Stränden der Costa Brava und Costa Dorada in den Bautorso. Ständig wird daran gebaut, jedoch sieht es nicht so aus, als könne das Werk in den nächsten 50 Jahren fertig werden. Andere Prognosen pendeln sich auf 100 Jahre ein. Pessimisten meinen, daß es keine fertige Kirche geben werde, da vorher alles einstürze. Immerhin gibt es Teile des Baugrundes, die sich bereits um 7 cm gesenkt haben. Einige Leute schimpfen grundsätzlich über den Weiterbau. Zum einen sei er reine Geldverschwendung, zum anderen könne man das Werk nie so vollenden, wie es Gaudí vorgeschwebt habe. Da ist natürlich etwas dran, denn die wenigen Pläne und Bauskizzen verbrannten in der Zeit des Bürgerkrieges von 1936–39. Gaudís Stil entsprach es zudem, neue Ideen und Möglichkeiten während des Bauens ohne Hemmungen gegen vorhandene Projektierungen durchzusetzen. Es scheint nur noch einen maßgeblichen Mann zu geben, der mit Gaudí persönlich zusammenarbeitete und derzeit die grundsätzliche Bauausführung überwacht.

Ein tiefreligiöser Mann

Für den Architekten selbst wurde diese Kirche zum Lebenssinn. Er wandelte sich von einem »dandyhaften« jungen Mann, der, wie es heißt, »sich stets etwas zu fein kleidete«, in einen tiefreligiösen Menschen, der die Vollkommenheit mit Einfachheit und Natürlichkeit gleichsetzte. In seinen letzten Jahren lebte er in einer

Gegenüberliegende Seite: Hauptfront der Kirche »Sagrada Familia«.
Oben: Gipsmodell für die Kirche »Sagrada Familia« mit knochenartigen Stützen.
Unten: Wundervolle parabelförmige Bögen im Kloster »Colegio Teresiano« in Barcelona, einem weiteren Werk von Antoni Gaudí.
Fotos Noeller

Werkhütte direkt am Bauplatz der Kathedrale. Wenn er das Gelände verließ, so geschah es vor allem, um in einer nahegelegenen Kirche zu beten oder reiche Einwohner der Stadt um eine Spende für den Weiterbau des »Heiligen Tempels« zu bitten.
Es ist ein Zeichen unserer Zeit, daß wir uns vermehrt um Toleranz bemühen. So wird auch Gaudís Werk heute objektiver beurteilt, nicht mehr nur als Spielereien eines exzentrischen Spinners abgetan. Gerade die »Sagrada Familia« erschließt sich uns bei einer vorurteilsfreien Einstellung. Mag sein, daß einige Fachleute den Stilmischmasch verschiedener Epochen und Kulturen kritikwürdig finden. Ungewöhnlich sind gewiß auch die steinernen Salamander und Riesenschnecken, die sich an den reichverzierten, symbolträchtigen Außenwänden tummeln, Schildkröten, die auf ihren Rücken stützende Säulen des Portals tragen. Ein insgesamt organisches Bauwerk voller Fluß und Harmonie liegt vor, das etwas Unvergleichliches, eine Einmaligkeit der Architektur darstellt. Das Geheimnis liegt, nach Gaudí, darin, sich der Natur zu öffnen. »Wollen Sie wissen, wo ich mein Vorbild gefunden habe?«, fragte er einmal einen Besucher und deutete auf einen Eukalyptusbaum vor den Fenstern seines Studios: »Ein aufrechter Baum; er trägt seine Äste und diese die Zweige und diese die Blätter. Und jedes einzelne Teil wächst harmonisch, großartig, seit der Künstler Gott selbst ihn geschaffen hat. Dieser Baum braucht keine äußere Hilfe. Alle Dinge sind im Gleichgewicht.«

Wolfgang Schätzle

ASPIRIN – EIN MITTEL EROBERT DIE WELT

Medikamentenproduktion gestern und heute

Mit Schirm, seinem Charme und in der Öffentlichkeit nie ohne Melone, hätte Felix Hoffmann als Detektiv zweifellos eine gute Figur gemacht. Mehr noch allerdings mit seinem Spürsinn, mit der Zähigkeit und Gewissenhaftigkeit, mit der er ein Ziel verfolgte. Seinen größten Fall löste er nach drei Jahren Arbeit, nach zahllosen Versuchsreihen, nach Rückschlägen, Mißerfolgen, aber – soweit wir wissen – nie in Zweifel, letztlich zum Erfolg zu kommen.

Felix (der Glückliche) Hoffmann synthetisierte nämlich Aspirin. Ein Medikament, das aus Wuppertal-Elberfeld einen Siegeszug rund um die Welt angetreten hat und seit mehr als 80 Jahren ebenso zum Katerfrühstück gehört, wie es bei Schmerzzuständen, rheumatischen und fieberhaften Erkrankungen seine Wirkung tut. Und es wird sogar ein neues Kapitel Medizingeschichte aufschlagen: Jüngere Forschungsergebnisse haben gezeigt, daß man es aufgrund seiner gerinnungshemmenden Wirkung auch vorbeugend gegen Herz- und Kreislauferkrankungen einsetzen kann – gegen die Todesursache Nummer eins in den Industriestaaten.

Ein Bild aus der modernen Arzneimittelherstellung: Überprüfung des Coderingdrucks an Ampullen nach der Abfüllung. Diese Arbeit findet unter sterilen Bedingungen statt, das heißt im Bereich der höchsten Reinheitsklasse. Foto Bayer AG

Dr. Hoffmann und das Aspirin

Felix Hoffmann war gerade 26 Jahre alt geworden, als er im Jahre 1894 in die Dienste der »Farbenfabriken vorm. Friedr. Bayer & Co., Elberfeld« trat. In München hatte er Pharmazie und Chemie studiert und beide Examen »magna cum laude«, mit großem Lob, bestanden. Daß sich der frischgebackene Forscher ausgerechnet auf die Salizylsäure stürzte, hatte auch einen persönlichen Grund: Hoffmanns Vater litt schwer an Gelenkrheumatismus, und das einzige bekannte Mittel dagegen war eben die Salizylsäure. Schmerzlindernd zwar, aber fast ungenießbar bitter. Außerdem griff sie die Mundschleimhäute und Magenwände an. Dies zu ändern und damit dem Vater zu helfen, hatte sich Hoffmann in den Kopf gesetzt.

Die fiebersenkende und entzündungshemmende Wirkung von Extrakten aus dem Spierstrauch (Gattung Spiraea) waren seit langem bekannt. Der große griechische Gelehrte und Vater der ärztlichen Eidesformel, Hippokrates (460–377 vor Chr.), empfahl seinen Patienten gegen Fieber einen Aufguß aus der Rinde des Weidenbaumes, die Salicin, eine Salizylsäureverbindung, enthält. Briten, Italiener und Franzosen experimentierten

Gegenüberliegende Seite oben: Urkunde des kaiserlichen Patentamtes: Am 6. März 1899 wurde das Warenzeichen Aspirin® eingetragen.

Gegenüberliegende Seite unten: Felix Hoffmann wurde am 21. Januar 1868 in Ludwigsburg geboren. Mit 26 Jahren trat er als frischgebackener Doktor der Chemie in die Dienste der »Farbenfabriken vorm. Friedr. Bayer + Co.«. Drei Jahre später gelang es ihm, Azetylsalizylsäure in chemisch reiner und haltbarer Form zu synthetisieren. Er schlug für diese Substanz den Namen »Aspirin« vor. Das noch heute moderne Medikament wurde bald so bekannt, daß »aspirin« in vielen Ländern Sammelbegriff für alle Schmerzmittel geworden ist.

Rechts: Die erste Verpackung für pulverförmiges Aspirin, um 1900.

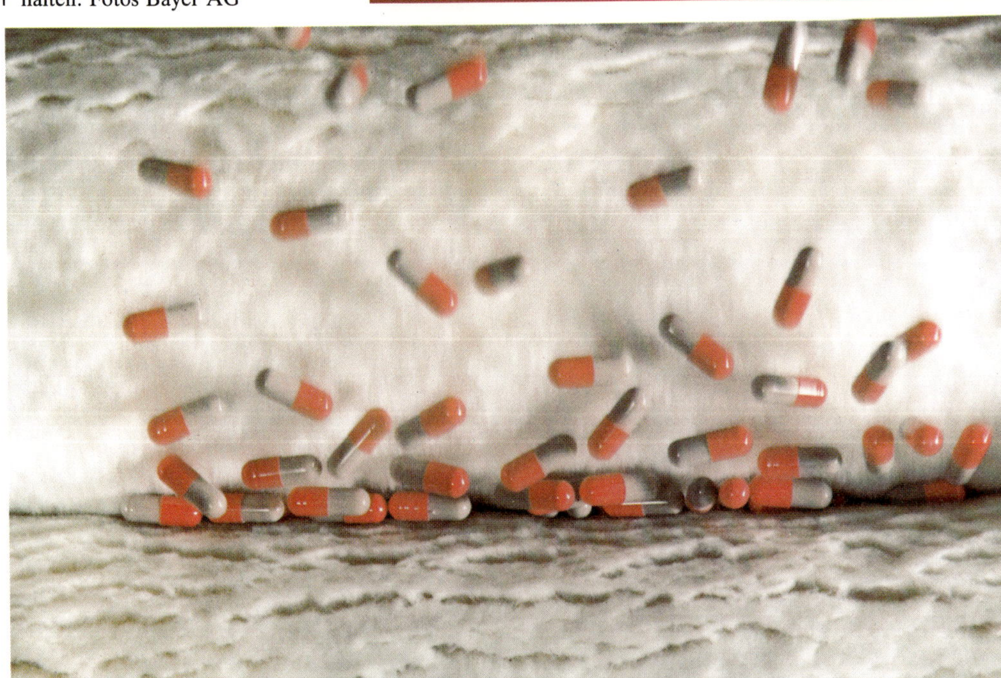

Unten: Das Polieren moderner Hartgelatinekapseln, die Arzneistoffe in Pulver- oder Granulatform enthalten. Fotos Bayer AG

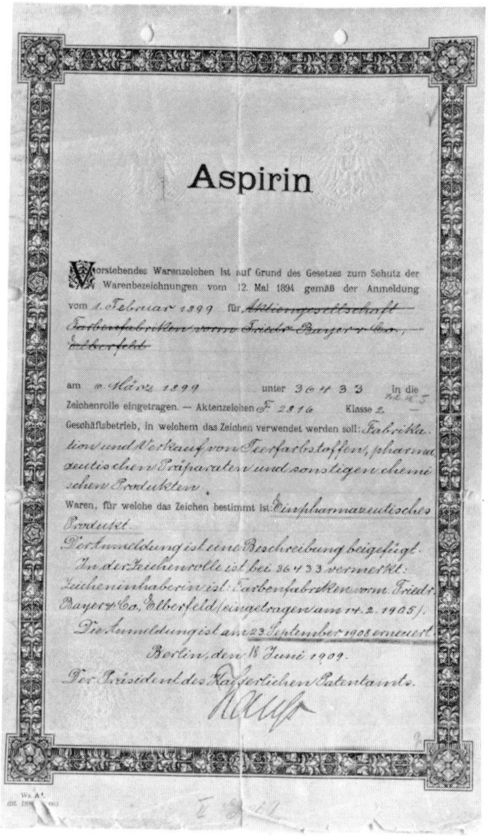

Aspirin

Vorstehendes Warenzeichen ist auf Grund des Gesetzes zum Schutz der Warenbezeichnungen vom 12. Mai 1894 gemäß der Anmeldung vom 1. Februar 1899 für ~~Aktiengesellschaft Farbenfabriken vorm. Friedr. Bayer & Co., Elberfeld~~

am 6. März 1899 unter 36433 in die Zeichenrolle eingetragen. — Aktenzeichen F. 2816 Klasse 2. —

Geschäftsbetrieb, in welchem das Zeichen verwendet werden soll: Fabrikation und Verkauf von Teerfarbstoffen, pharmazeutischen Präparaten und sonstigen chemischen Produkten.

Waren, für welche das Zeichen bestimmt ist: Ein pharmazeutisches Produkt.

Der Anmeldung ist eine Beschreibung beigefügt.

In der Zeichenrolle ist bei 36433 vermerkt: Zeicheninhaberin ist: Farbenfabriken vorm. Friedr. Bayer & Co., Elberfeld (eingetragen am 14. 2. 1905).

Die Anmeldung ist am 23 September 1908 erneuert.

Berlin, den 18 Juni 1909.

Der Präsident des Kaiserlichen Patentamts.

seit Beginn des vorigen Jahrhunderts im Wettstreit, um den gefragten Wirkstoff künstlich zu gewinnen. Dem deutschen Chemiker Kolbe gelang es dann im Jahre 1853 erstmalig, die Salizylsäure zu synthetisieren.

Den großen Wurf aber schaffte knapp 45 Jahre später Felix Hoffmann. Sein Kunstgriff: die Azetylierung der Salizylsäure, das heißt, sie mit Essigsäure umsetzen, wie die Chemiker sagen.

Was sich bald als Revolution auf dem Gebiet der medikamentösen Behandlung erweisen sollte, nimmt sich im Laborjournal von Dr. Hoffmann eher bescheiden aus. Auf Seite 44 beschreibt er mit Datum vom 10. Oktober 1897 die von ihm erstmalig »chemisch rein und in haltbarer Form« hergestellte Azetylsalizylsäure auf ganzen elf Zeilen. Und er schlug auch gleich einen Markennamen für sein Produkt vor: »Aspirin« – ein Denkmal für die Pflanzengattung Spiraea, sowie das »A« als Symbol für Azetylierung. Wahlweise bot er dem Direktorium auch »Euspirin« als Bezeichnung für seine Schöpfung an.

Arzneimittelprüfung anno dazumal ...

Nun war also ein vielversprechendes, vergleichsweise wohlschmeckendes und mit dem »gewußt wie« auch in größeren Mengen herstellbares weißes Pülverchen geboren, das bald auch schon in Tablettenform angeboten werden konnte. Wie haltbar übrigens das von Hoffmann synthetisierte Pulver war, zeigte sich durch Zufall Anfang der siebziger Jahre: in einer Apotheke in Kelheim fand sich eine über 50 Jahre alte Aspirin-Packung, deren Inhalt nach genauer Prüfung allen Forderungen des heutigen strengen Arzneimittelgesetzes entsprach!

Der Einführung des Aspirin im Jahr 1899 ging eine bedeutende und richtungsweisende Leistung von Dr. Heinrich Dreser, dem Leiter des pharmakologischen Instituts bei Bayer, voraus: Er erprobte die

BAYER
BAYER
BAYER
ASPIRIN
BAYER
BAYER
ASPIRIN
Overwint
alle pÿnen
Let op den oranje Band.
ASPIRIN
G-58704
BAYER

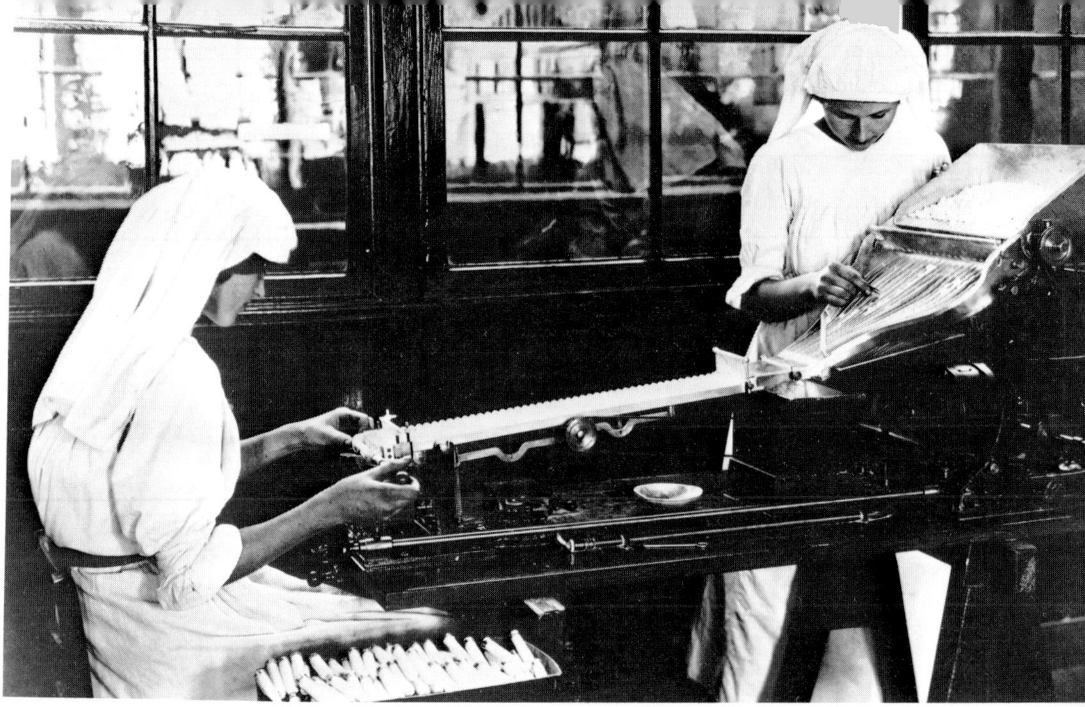

Gegenüberliegende Seite oben: Das pharmakologische Laboratorium der »Farbenfabriken vorm Friedr. Bayer+Co.« im Jahre 1897.

Gegenüberliegende Seite unten: Dieser Oldtimer warb 1929 auf holländisch für Aspirin, das »alle Schmerzen beseitigt«.

Oben: Tablettenverpackung um die Jahrhundertwende. Fotos Bayer AG

Wirkung der Azetylsalizylsäure, des Wirkstoffs von Aspirin also, im Tierversuch und schuf dann Richtlinien für die klinische Überprüfung des Medikaments am Patienten. Die Leistung von Dr. Dreser wird erst deutlich, wenn man sich vor Augen hält, wie damals die »üblichen« Testverfahren verliefen. So protokollierte kurz vor der Jahrhundertwende der Würzburger Hygieniker Karl Bernhard Lehmann: »Verließ der Labordiener den Raum mit deutlichen Zeichen des Überlebens, galt die Giftkonzentration als gerade noch erträglich.« Der Pharmakologe Dreser hat die Tür aufgestoßen zur Arzneimittelprüfung, zum wissenschaftlichen Herantasten an die Wirkung und Nebenwirkung eines Medikaments.

. . . und heute

Im Prinzip hat sich daran bis heute nichts geändert. Allerdings hat unsere Zeit ein im Vergleich zu damals unvorstellbar engmaschiges Netz von Überwachungssystemen gesponnen, um die Sicherheit eines Arzneimittels zu garantieren. Da werden zum Beispiel im Pharma-Forschungszentrum von Bayer in Wuppertal die von Chemikern »neu gebauten« Stoffe über einen mit allen Schikanen gespickten »Test-Parcours« geschickt.
Zunächst durchläuft die Substanz das sogenannte Screening, die Phase des Suchens. Man überprüft, ob sie die gewünschten Wirkungen im Lebewesen tatsächlich entfaltet. Man kann das nämlich nie mit Sicherheit voraussagen, zu zahlreich und zu kompliziert sind die biochemischen Vorgänge im Organismus. 90 Prozent aller Substanzen scheiden bei diesen Versuchen schon aus. Die Gründe dafür sind vielfältig: Vielleicht bleibt die

erwünschte Wirkung aus, vielleicht laufen andere, schädliche Reaktionen ab. Zeigt eine Substanz hingegen Eigenschaften, die einen Erfolg erwarten lassen, so klären zunächst die Toxikologen, die Giftexperten, ob eine Weiterverfolgung sinnvoll ist. Sie prüfen in einer Vorstudie an Versuchstieren, ob und in welchem Maße die Substanz giftig wirkt. Sie forschen danach, ob sie Mißbildungen oder gar Krebs auslöst oder ob sie das Erbgut verändert. Sind Wirkstoffe für längeren Gebrauch bestimmt, so gilt es auch zu überprüfen, ob sie süchtig machen.

Die erste Phase der Prüfung

Führt eine solche Versuchsreihe, die sich über Wochen und Monate erstrecken kann, zu einem befriedigenden Ergebnis, entscheidet eine Freigabekommission, der alle Ressortchefs des Forschungszentrums angehören, über eine erste Prüfung der Substanz am Menschen: An gesunden, freiwilligen Probanden, die über das mögliche Risiko aufgeklärt sind.

Die erste Einzelgabe beim Menschen beträgt ein Hunderstel bis ein Sechzigstel der Dosis, die beim empfindlichsten Tier in der Vorstudie noch keine Schäden hinterlassen hat. Dieser Schritt, als Phase I der klinischen Prüfung bezeichnet, ist für den Probanden der sicherste, weil er auf Schritt und Tritt überwacht wird, – und für die Forscher meist der schwierigste. Haben sie sich an eine wirksame Dosis herangetastet, dann können im menschlichen Körper unerwartete Reaktionen auftreten. Vielleicht wirkt die Substanz gerade entgegengesetzt wie im Tierversuch, vielleicht entstehen Abbauprodukte mit völlig neuen Wirkungen.

Erst wenn man alle diese Erscheinungen durchschaut, die Reaktionen einer Substanz im Griff hat und sie auch dort hinbekommt, wo sie wirken soll, kann die Prüfung am entsprechend aufgeklärten Patienten eingeleitet werden. In dieser nächsten Phase II wird das neue Medikament an einer begrenzten Anzahl von Kranken getestet.

Die zweite Phase – mit Doppelblindversuch

Der Arzt am Krankenbett hat ein bis ins Detail ausgearbeitetes Prüfschema zur Hand. Und während des gesamten Testverlaufs ist ein Experte rund um die Uhr beim Hersteller abrufbereit. Eine Sicherheitsmaßnahme, die bei sogenannten Doppelblindversuchen wichtig ist. Doppelblindversuch heißt, daß weder Patient noch Arzt wissen, ob das verabreichte Medikament den neuen Wirkstoff enthält oder ob es nur ein Leerpräparat (Placebo) ist.

Mit diesem Verfahren schließt man jede individuelle Beeinflussung durch das Verhältnis zwischen Arzt und Patient aus. Dies gewinnt besondere Bedeutung beim Test von Medikamenten, die das »Geist-Seele-Feld« berühren. Psychisch Kranke neigen dazu, in ihrem Therapeuten eine, oft die einzige, Bezugsperson zu sehen, was die objektive Beurteilung eines Medikaments erschweren kann.

Der Klinikbetrieb und seine Überraschungen

Selbst wenn in der strengen Prüfungsphase II ein neues Medikament alle Erwartungen erfüllt, können in der nachfolgenden Erprobungsphase III durchaus noch böse Überraschungen auftreten. Jetzt kommt der Stoff im normalen Klinikbetrieb zum Einsatz. Da kann es vorkommen, daß ein verstecktes Grundleiden eines Patienten zu Abwehr- oder Überreaktionen führt. Selbst nach jahrelanger Erprobung, nach unzähligen Prüfungen, nach der Zulassung beim Bundesgesundheitsamt in Berlin oder den entsprechenden Behörden im Ausland, selbst wenn ein Medikament in der Praxis längst Verbreitung und Anerkennung gefunden hat, kann der Hersteller noch mit erklär-

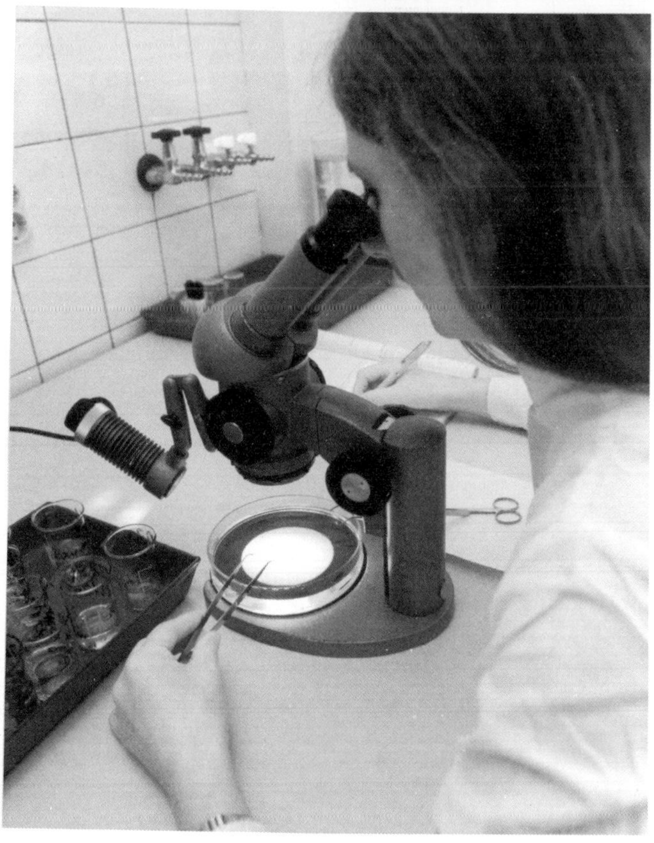

Oben: Zur Untersuchung eines neuen Arzneiwirkstoffs sind Tierversuche unentbehrlich. Hier ist ein Tierpfleger mit der Versorgung von Ratten und Mäusen im Großraumisolator beschäftigt, in dem die Tiere vor allen schädlichen Umwelteinflüssen – auch Krankheitserregern – geschützt sind.

Links: Mit sieben bis zehn Jahren Forschungs- und Entwicklungszeit muß man rechnen, bis ein neues Medikament »ausgereift« und behördlich zugelassen ist. Die Kosten dieser jahrelangen wissenschaftlichen Arbeit belaufen sich heute auf rund 150 Millionen DM. Das Bild wurde im Institut für Toxikologie, für Giftkunde, aufgenommen. Die Laborantin untersucht gefärbte Skelette von Mäuseembryonen daraufhin, ob der neue Wirkstoff Schädigungen am Knochenbau verursacht. Fotos Bayer AG

baren oder auch unerklärlichen Wirkungen konfrontiert werden. Manchmal sind sie auch erfreulich: Vor einiger Zeit entpuppte sich eine Substanz, in der man von der Struktur her ein Beruhigungsmittel vermutet hatte, geradezu als Wunderwaffe gegen eine vor allem in Nordafrika und Ostasien verbreitete Seuche: die Bilharziose. Es ist eine Wurmkrankheit, an der weltweit 200 bis 300 Millionen Menschen leiden. Für sie besteht nun die Hoffnung, vor Siechtum und frühem Tod bewahrt zu werden.
Glückhafte Fügungen? Nein. Die Ergebnisse beruhen auf einem Forschungseinsatz, den man nur mit den Aufwendungen der Weltraumtechnik vergleichen kann. Von der Synthese einer Substanz im chemischen Labor bis zur Anwendung des Medikaments in Klinik und Praxis vergehen nicht selten acht, zehn oder zwölf Jahre. Einer nur von zehntausend Wirkstoffen kommt im Durchschnitt als Fertigprodukt zum Einsatz. Die Kosten – bei Berücksichtigung der Fehlversuche: etwa 200 Millionen DM.
Dabei macht die Suche nach einer neuen, gut wirksamen Substanz – vergleichbar der Suche nach der berühmten Stecknadel im Heuhaufen – nur etwa ein Drittel der Forschungsaufwendungen aus. Zwei Drittel gehen auf das Konto Arzneimittelsicherheit. Und die beginnt im Kopf der Wissenschaftler – beim Abwägen der Risiken und der zu erwartenden Verbesserungen bei der Behandlung eines Patienten.

Wie die Chemiker neue Wirkstoffe suchen

Wie funktioniert nun diese Suche nach Neuem, Unbekanntem? »Durchaus auch dadurch, daß ein Forscher persönlich am Schicksal eines Patienten Anteil nimmt. Ein Forscher muß hierbei«, so der Leiter des Instituts für Pharmakologie im Bayer Forschungszentrum Wuppertal, Professor Dr. Friedrich Hoffmeister, »kreative Leistungen erbringen. Es müssen ihm neue sinnvolle Wege zur Problemlösung einfallen. Es gehört oft Mut dazu, solche Vorstellungen auf Erkenntnissen aufzubauen, die selten völlig gesichert sind.«
Die Fragen, wie und wo man in ein krankhaftes biochemisches Geschehen eingreifen kann, werden zunächst am chemischen Modell diskutiert. Welche Stoffgruppen, welche ihrer Abkömmlinge könnten sich in gewünschter Weise verhalten? Persönliche Erfahrungen werden dabei genauso berücksichtigt wie die neuesten Veröffentlichungen anderer Wissenschaftler. Die Chemiker »spielen« mit den Substanzen, die in Betracht kommen, sie »verwandeln« sie, »züchten« besondere Strukturen heraus. Die meistversprechenden durchlaufen dann die eben beschriebenen Testverfahren.

Vom Wirkstoff zum Medikament

Hat ein Wirkstoff alle bisherigen Prüfungen mit Bravour überstanden, so ist er noch immer kein Medikament. Nunmehr gilt es, die günstigste Darreichungsform zu finden: Tablette, Kapsel, Zäpfchen, Salbe oder Injektionslösung.
Soll eine Arznei über den Magen oder erst im Darm wirken, schnell oder langsam mit Depotcharakter, über die Blutbahn oder lokal? Schließlich müssen in eine Tablette beispielsweise noch Binde- wie Sprengmittel (Auflösungshilfen) eingearbeitet werden. Auch ein hochempfindlicher Wirkstoff muß weltweit unterschiedlichen klimatischen Bedingungen standhalten. Selbstverständlich werden höchste Anforderungen an die Gleichmäßigkeit der Mischung, an Gewicht, Festigkeit, Feuchtigkeitsgehalt und Zerfallseigenschaften gestellt. Hilfsstoffe dürfen die Wirksamkeit nicht beeinträchtigen und sollten selbst keine biologische Aktivität entfalten. Da in der Chemie viele Stoffe unter bestimmten Voraussetzungen geradezu darauf versessen sind, miteinander zu reagieren, bauen sich hier

für die pharmazeutischen Technologen oft Hindernisse auf.
Ob sich alle in den vorklinischen Untersuchungen gewonnenen Erkenntnisse und Erwartungen tatsächlich bestätigen, zeigt sich erst bei der Klinischen Prüfung der Arzneimittel am Patienten.

Aspirin auch gegen Herzinfarkt?

Selbst nach Jahrzehnten ist es möglich, daß Forscher neben dem Bekannten und Bewährten ein neues »Profil« entdecken, zum Beispiel beim Aspirin. Neben seinem altbekannten Einsatz als Mittel gegen Kopfschmerzen und rheumatische Schmerzen beobachten Ärzte in Langzeitstudien eine günstige Wirkung bei Herz-Kreislauf-Patienten, besonders zur Vorbeugung gegen Herzinfarkt und Schlaganfall.
Warum die Azetylsalizylsäure die Bildung von Blutgerinnseln im Körper hemmt und damit Herzinfarkten, Arterienverschlüssen und dem Schlaganfall vorbeugt, konnte erst jetzt geklärt werden. Der Wirkstoff spaltet sich nach der Einnahme in Salizylsäure und eine Azetylgruppe auf. Die Azetylgruppe hemmt das Entstehen der Prostaglandine, hormonähnlicher Substanzen, die sich überall dort tummeln, wo ein Entzündungsherd entstanden ist. Außerdem verändert die Azetylgruppe einen gerinnungsfördernden Stoff, das Thromboxan, und vermindert so die Neigung der Blutplättchen, miteinander zu verkleben oder verklumpen.
Bei Verletzungen müssen sich die Blutplättchen zusammenballen, um die Wunde zu verschließen. Leider haften die Plättchen aber auch dort, wo im Blutgefäßsystem ein Widerstand auftaucht, an einer Ablagerung oder auch nur an einer »rauhen« Stelle an der Innenwand einer Ader. Die Folge: Mit der Zeit bilden sich oft tödliche Blutgerinnsel. Allein in der Bundesrepublik Deutschland sterben jährlich 150.000 Menschen an Herzinfarkt, 100.000 an Gehirnschlag.
Daß sich »sein« Aspirin nach mehr als 80 Jahren auch als Medikament gegen die häufigste Todesursache in allen Industriestaaten entpuppen würde, konnte Dr. Hoffmann nicht mal träumen. Aber er wußte, daß er etwas geschaffen hatte, das Millionen Menschen Linderung bringt. »Meine Kopfschmerzen«, schrieb der weltberühmte Tenor Enrico Caruso im Jahre 1915, »sind ein Leiden geworden, das jedem Witterungswechsel unterworfen ist. Ich kann es nur noch mit dem deutschen Aspirin behandeln.« Und die amerikanische Weltraumbehörde NASA packte ihren »Apollo-Astronauten« jeweils 72 Tabletten Aspirin in die Bordapotheke. Und sie wurden gebraucht: Beim Raumflug von »Apollo 7« bekam die Besatzung Schnupfen im All. Die Kontrollstation auf der Erde funkte: »Nehmt Papiertaschentücher und alle vier Stunden zwei Aspirin!«

Otto Knödler

»TON AB« DIE SCHALLSPEICHERUNG AUF MAGNETBAND

In den Rundfunkhäusern gehören die Aufforderung des Aufnahmeleiters »Ton ab!« und die Bestätigung durch die Technik »Band läuft!« zum alltäglichen Brot. Was oft verächtlich als »Konserve« abgetan wird, ist für einen Sendebetrieb rund um die Uhr unerläßliche Voraussetzung. Aber nicht nur Rundfunk und Fernsehen wären ohne das Tonband ohnmächtig, vielen anderen Bereichen unserer technisierten Welt erginge es nicht anders, angefangen vom Diktiergerät in den Büros bis zur Computersteuerung hochentwickelter Maschinen. Und da ist nicht zuletzt auch der private Bereich: Rund 85 Millionen Stück unbespielter Compact-Cassetten wurden 1982 allein in der Bundesrepublik Deutschland verkauft. Dementsprechend groß und verwirrend ist das Angebot an diesen handlichen und leicht bedienbaren Kunststoffkästchen. Da schwirrt es nur so von Begriffen wie LH extra I, ferro super LH I, chromdioxid II, chromdioxid super II, chromdioxid Maxima II, ferrochrom III und metal IV – um nur einige zu nennen. Wir wollen hier versuchen, in diesen Typendschungel Licht zu bringen.

Am laufenden Band werden in der »Konfektionierung« die Tonbänder in handelsüblichen Längen aufgespult, bevor sie die »weiße« Zone zur weiteren Verpackung verlassen. Foto BASF/Knödler

Angefangen hat die Geschichte des Tonbandes vor rund 100 Jahren. Damals zerbrachen sich einige Physiker den Kopf darüber, wie man Töne auf irgendeinem Material so fixieren kann, daß sie jederzeit wieder abrufbar sind. Im Jahr 1887 legte der Franzose Paul Janet eine wissenschaftliche Arbeit über »Die Magnetisierbarkeit eines Leiters« vor und dachte dabei an einen Stahldraht. Nur ein Jahr später schlug der Amerikaner Oberlin Smith vor, die Tonschwankungen des 1861 erfundenen Telefons magnetisch auf einem mit Eisenpulver imprägnierten Baumwoll- oder Seidenfaden oder einem Eisendraht festzuhalten und später wieder abzuspielen. Diese Anregung griff der Däne Valdemar Poulsen auf. Er stellte 1900 auf der Weltausstellung in Paris sein »Telegraphon« vor. Das Gerät bestand aus einem 40 Zentimeter langen Messingzylinder, in dessen schraubigen Vertiefungen ein Klavierdraht gewickelt war. Die Vertiefungen dienten gleichzeitig der Führung eines Elektromagneten, der den 380 Windungen des Drahtes folgte, während die Walze gedreht wurde. So blieb beim Besprechen der Maschine mit einem Mikrofon auf dem Stahldraht eine im Takt der Schallschwingungen wechselnde Magnetisierung zurück. Beim Abspielen im gleichen Elektromagneten entstand ein im selben Rhythmus schwingender Wechselstrom, den der Telefonhörer wieder in Schallwellen zurückverwandelte.

Oben: Das erste Konzert der Welt, das auf Tonband aufgenommen wurde, fand am 19. November 1936 statt.
Die Londoner Philharmoniker spielten unter der Leitung von Sir Thomas Beecham in Ludwigshafen.
Foto BASF/Knödler

Rechts: Dieser zentnerschwere Apparat aus dem Jahr 1936 stellt einen Prototyp des ersten transportablen Tonbandgeräts dar. Dazu gehörten ein Kohlemikrofon sowie ein Verstärker und ein Lautsprecher.
Foto BASF/Knödler

Über das Prinzip der magnetischen Speicherung waren sich also die Physiker damals schon einig: Sie gingen davon aus, daß Schallschwingungen mit einem Mikrofon in elektrische Schwingungen umgewandelt werden können und diese dann in einer Spule entsprechende magnetische Schwankungen hervorrufen. Nur – das als Tonträger benutzte Material, Stahldrähte und Stahlbänder, brachte nicht die erwarteten Ergebnisse. Es war schlecht zu handhaben, und da man nicht »schneiden« konnte, gab es keine Tonmontagen. Immerhin zeichnete ein verbessertes Telegraphon 1908 auf einem internationalen Technikerkongreß in Kopenhagen alle Vorträge auf und verbrauchte für 14 Stunden Redezeit rund 2500 Kilometer Draht. Trotz aller Mängel blieb der Stahldraht weitere 20 Jahre das einzige Material für die magnetische Tonaufzeichnung.

Eine entscheidende Verbesserung gelang erst 1928 dem Dresdener Ingenieur Fritz Pfleumer, der sich ein mit pulverisiertem Eisenoxid versehenes schmales Papier- und später Kunststoffband patentieren ließ. Dieses Verfahren wurde in den folgenden Jahren ständig verfeinert und führte zu den heute gebräuchlichen Schichtbändern.

Parallel dazu wurden auf dem Gerätesektor bedeutende Erfindungen gemacht, etwa zur Verarbeitung der minimalen Spannungen elektroakustischer Wandler sowie die Bereitstellung stärkerer Ströme zur Wiedergabe. So löste das erste Tonbandgerät der Welt, das von einer deutschen Firma entwickelte »Magnetophon«, 1935 auf der 12. Großen Deutschen Funkausstellung in Berlin eine Weltsensation aus. Die Bandgeschwindigkeit lag bei einem Meter in der Sekunde, und der Frequenzumfang reichte von 50 bis 5000 Schwingungen in der Sekunde (Hertz). Die Grundtöne einer Orgel reichen von 20 bis 9000 Hertz, die Obertöne reichen bis 14 000, bei anderen Instrumenten gar bis 20 000 Hertz. Wenn man bedenkt, daß heute ein gutes Magnetband diesen Tonumfang ohne Einbußen bewältigt, dann wird deutlich, welch rasante Entwicklung die gesamte Tonbandtechnik genommen hat, einschließlich der Geräte zur Aufnahme und Wiedergabe. Der Streit darüber, wem dabei der größere Anteil gebührt, kann nur zu einem Ergebnis führen: Ohne die ständige Zusammenarbeit der Band- und Gerätehersteller wäre dieser enorme Fortschritt nicht möglich gewesen.

Betrachten wir das »magische Band« etwas näher. Ob es sich nun um ein Spulentonband, um ein Cassettenband, um ein Computer- oder Videoband handelt, sie alle bestehen aus einer Trägerfolie aus Kunststoff und einer Magnetschicht, das heißt aus einer Lackschicht, die mit fein verteiltem, magnetisierbarem Pigment gefüllt ist. Für die Trägerfolie wird meist Polyester verwendet, als Magnetpigment vorwiegend Eisenoxid oder Chromdioxid. Die winzigen, weniger als ein Tausendstelmillimeter langen Oxidteilchen werden in besonderen Einrichtungen mit dem Lackrohstoff und mit organischen Lösungsmitteln gemischt. Dieser Vorgang ist das A und O bei der Herstellung von Magnetbändern, denn nur durch eine völlig homogene Vermischung des Oxids mit dem Bindemittel erreicht man jene magnetischen und elektroakustischen Werte, die heute von Tonbändern gefordert werden.

Die feine und gleichmäßige Verteilung, die Dispergierung des Oxids im Bindemittel, wird in sogenannten »Mühlenstraßen« durch langsam laufende, mit Kugeln gefüllte Rohrmühlen erreicht. Dabei spielen außer den Rohstoffeigenschaften der verwendeten Oxide und Bindemittel auch rein technische Größen, wie etwa der Durchmesser der Mahlkörper, die Mahldauer, die Zähflüssigkeit oder Viskosität des Gemisches aus Oxid, Lack und Lösungsmitteln, ferner die Außentemperatur und teilweise sogar die Reihenfolge der Zugaben der einzelnen

Komponenten eine entscheidende Rolle für die Qualität der Magnetschicht, der sogenannten Magnetoxiddispersion, wie es in der Fachsprache heißt. Dieser mühsam gewonnene »Brei« wird in großen Rührwerkbehältern unter Stickstoff als Schutzgas aufbewahrt, ehe er durch engporige Feinfilter in Leitungen aus rostfreiem Stahl gepreßt wird. Sie führen zu den Beschichtungsmaschinen, die die flüssige Oxiddispersion auf die Folie in gleichmäßiger Stärke auftragen. Der Hauptfeind bei diesem Arbeitsgang ist der Staub. Schon ein Staubkörnchen von wenigen Tausendstelmillimeter Größe würde wie ein großer Klumpen unmagnetischen Materials wirken und eine ausreichende Magnetisierung des Bandes verhindern; der Techniker spricht dann von einem Drop-out, einem Aussetzer. Um dies zu verhindern, sind die Beschichtungsmaschinen in einer klimatisierten »weißen Zone« aufgestellt, die die Arbeiter nur über eine Luftschleuse betreten können.

Nicht minder sorgfältig geht es bei der Herstellung der Trägerfolie zu. Der verwendete Kunststoff, ein Polyester, wird warm und unter hohem Druck zu einer derart dünnen Folie ausgewalzt, daß ein menschliches Haar sechsmal so dick ist. Um dennoch dem späteren Bandzug im Tonbandgerät zu widerstehen, wird die Folie durch entsprechenden Zug gedehnt und vorgereckt. Dann folgt abermals eine Reinigung, um letzte Fremdkörper zu entfernen. Unmittelbar nach dem Auftragen der Oxidschicht passiert die noch feuchte Folie einen starken Magneten, der die ungeordneten Nadelkristalle auf Vordermann bringt und in die Laufrichtung des Bandes ausrichtet. Dann kommt das Trocknen: Die beschichtete Folie läuft in einem Trockenschrank über eine Vielzahl von Umlenkrollen. Die Lösungsmittel verdampfen und werden durch Adsorption an Aktivkohle gebunden. Schließlich vergütet eine Spezialmaschine noch die Oberfläche der nun trockenen Folie, um einen besonders guten mechanischen und magnetischen Kontakt zwischen dem Band und dem Tonkopf des Aufnahmegerätes zu erreichen. Aber damit ist das Band immer noch nicht verkaufsfertig. Die beschichtete Folie muß zunächst mehrere elektroakustische Vorprüfungen bestehen, bevor sie zu einer dicken Rolle, dem Block, aufgewickelt wird. Erst dann ist die letzte Station erreicht: Präzisionsmaschinen schneiden die Magnetfolien eines jeden Blocks auf Hunderstelmillimeter genau in die jeweils benötigte Bandbreite: Bei Video-Bändern sind dies 12,65 Millimeter, bei Spulenbändern 6,3 und beim Cassettenband 3,81 Millimeter. Nach weiteren elektroakustischen und mechanischen Prüfungen werden die Bänder automatisch auf die handelsüblichen Cassetten oder offenen Spulen gewickelt. Fließbänder sorgen dann für den Transport zur Etikettierung und Verpackung. Ein langer und komplizierter Weg also, hinter dem die Forschungsergebnisse und Erfahrungen vieler Jahre stecken.

Die Qual der Wahl

Daran wird wohl kaum jemand denken, wenn er sich eine neue Cassette kauft. Da ist ein anderes Problem wichtiger, nämlich: Welches Band ist für mein Gerät das richtige? Für ein Spulengerät mit seiner größeren Bandbreite und der höheren Geschwindigkeit ist diese Frage weniger bedeutsam, jedoch entscheidend beim Cassetten-Recorder, vor allem dann, wenn man höchste Klangtreue, »High Fidelity«, erreichen will. Äußerlich sind die Cassetten kaum voneinander zu unterscheiden, da eine internationale Norm ihre Ausmaße bestimmt. Was Schund ist und was Qualität, zeigt sich erst nach dem Kauf, etwa nach einem festgelaufenen Band oder nach einer völlig verzerrten Aufnahme.

Richtschnur Nummer eins gibt die »Internationale Elektrotechnische Kommis-

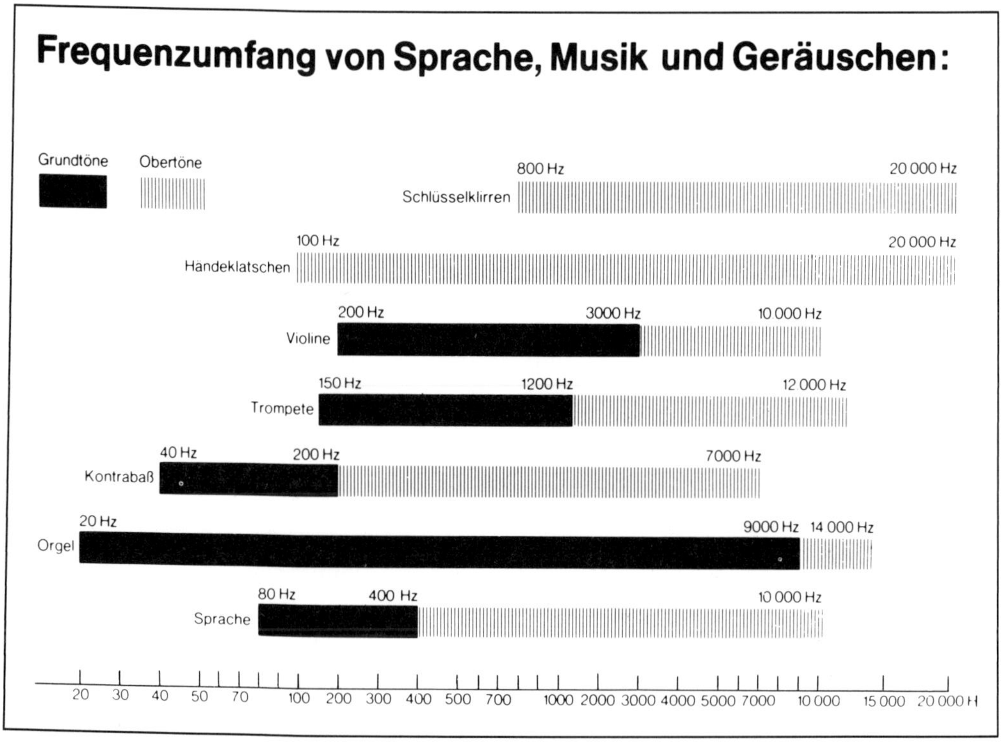

Oben: Die Grafik zeigt die Frequenzumfänge von Sprache, Geräuschen und Musikinstrumenten. Das menschliche Ohr nimmt Frequenzen von rund 20 bis rund 20 000 Hertz wahr. Mit zunehmendem Alter verschiebt sich allerdings die obere Hörgrenze deutlich nach unten. Grafik BASF/Knödler

Links: Die beiden Mikrofotos zeigen Eisenoxidpartikel (rechts) im Vergleich zu Chromdioxidpartikeln (links). Diese sind feiner und besser verteilt, was eine höhere Empfindlichkeit des Bandes bei kleineren Wellenlängen zur Folge hat. Foto BASF/Knödler sion«, kurz IEC genannt. Sie hat für vier Bandsorten sogenannte Bezugsbänder aufgelegt, die sowohl für die Band- als auch für die Gerätehersteller genaue Arbeitspunkte für die Vormagnetisierung, die Empfindlichkeit und für den Frequenzgang eines Bandes festlegen. Die vier Gruppen sind: Typ I = Eisenoxid, Typ II = Chromdioxid, Typ III = Ferrochrom und Typ IV = Reineisen. Nun geht zwar aus der Beschriftung eines Cassettenbandes hervor, in welche Gruppe es einzuordnen ist, jedoch – von wenigen Ausnahmen abgesehen – nicht, ob die exakten Richtlinien des internationalen Normengremiums eingehalten wurden. Die römische I auf der Cassette bezeugt nur, daß das magnetisierbare Beschichtungsmaterial aus Eisenoxid besteht, einer chemischen Verbindung von Eisen und Sauerstoff ($Fe_2 0_3$). Es ist ein gutes Gebrauchsband für jedermann, ausreichend für das Mitschneiden von Hitparaden und Hörspielen sowie für das Einfangen der guten Stimmung bei Familienfeiern. Dies gilt auch für die besonders hoch aussteuerbare Ferro-Super-Cassette.

Chrom und Eisen

Für anspruchsvollere Musik reicht dieser Bandtyp nicht ganz aus. Da bietet für verwöhnte Ohren das Chromdioxidband (II) schon einiges mehr. Mit diesem Schichtmaterial aus besonders feinen Chromdioxidteilchen ($Cr0_2$) lassen sich Hi-Fi-Qualitäten erreichen, vorausgesetzt, der Recorder läßt sich auf diese Bandsorte umschalten. Bei der Klasse III handelt es sich um sogenannte Mehrschichtbänder: Auf einer Schicht aus hochverdichtetem Eisenoxid liegt eine dünne Deckschicht aus Chromdioxid. Da Eisenoxid besonders für die Wiedergabe tiefer Frequenzen geeignet ist und Chromdioxid bevorzugt hohe Töne wiedergibt, erreicht man durch diese Kombination einen großen Übertragungsbereich. Allerdings auch nur dann, wenn der Recorder eine spezielle Umschaltung (Fe-Cr) besitzt. Wenn nicht, empfiehlt es sich, die Aufnahme mit der Einstellung Fe und die Wiedergabe in Stellung Cr vorzunehmen. Solche Manipulationen sind mit der Bandsorte IV nicht möglich. Das für die Beschichtung verwendete Metallpigment erfordert eine hohe Vormagnetisierung, so daß der Musikfreund diesen Bandtyp nur dann verwenden kann, wenn der Recorder »reineisentauglich« ist. Nicht alle Geräte, die dies im Prospekt verheißen, erfüllen die Anforderungen, die dieses Qualitätsband stellt. Mit ihm kann man jedoch exzellente Aufnahmen machen.

Was ist »Einmessung«...?

Um eine ideale Partnerschaft zwischen Cassette und Gerät zu ermöglichen, hat die IEC, wie bereits erwähnt, in ihren Prüfbändern auch für die Gerätehersteller genaue Richtlinien erlassen. Leider halten sich viele nicht daran. Vielmehr finden sich in den Bedienungsanleitungen Hinweise auf Cassettenbänder, die man verwenden soll. Man sollte dies nicht als billigen Werbetrick abtun, denn aus dieser Empfehlung geht hervor, für welche Bandtypen das Gerät »eingemessen« ist. Besser haben es dagegen diejenigen, die einen Recorder mit manueller oder sogar vollautomatischer Einmessung besitzen. Dabei werden Band und Gerät optimal aufeinander abgestimmt. Warum ist dies überhaupt so wichtig? Ein Vergleich mag dies erklären: Wenn bei einem Auto die Zündung nicht genau eingestellt ist, kommt es zu Früh- oder Spätzündungen, der Motor läuft nicht rund und erbringt keine volle Leistung. Ähnlich verhält es sich zwischen dem Tonkopf, einem Elektromagneten, und der Magnetschicht des eingelegten Bandes. Da ist zunächst der Vormagnetisierungsstrom (Bias), der zusammen mit der Toninformation in den Aufnahmekopf des Recorders eingespeist wird. Die Stär-

ke dieses Stromes, der das Band für die Aufnahme vorbereitet, ändert die Eigenschaften der betreffenden Bandsorte, so vor allem die Dynamik (Geräuschspannungsabstand) und den Frequenzgang, die gleiche Intensität aller aufgezeichneter Frequenzen. Die richtigen, von der IEC festgelegten elektroakustischen Eigenschaften werden aber nur dann erreicht, wenn die Stärke des Vormagnetisierungsstroms bei Band und Gerät ebenfalls der internationalen Norm entspricht. Dies gilt auch für die sehr unterschiedliche Empfindlichkeit der einzelnen Bandsorten. Abweichungen von den IEC-Bezugsbändern führen deshalb zu Unter- oder Übersteuerungen und in Verbindung mit einem Rauschunterdrükkungssystem, z. B. Dolby, zu Pegel- und Frequenzgangfehlern.

... und was »Entzerrung«?

Bei einem Recorder der Spitzenklasse bestimmt ein Microcomputer die Aufnahmeempfindlichkeit des Bandes. Diesen Vorgang nennt man Kalibrierung, abgekürzt Cal. Unerläßlich ist noch eine weitere Einstellung, die sehr wichtige Entzerrung (Equalization, abgekürzt

»Loader« heißen diese Maschinen, die Compact-Cassetten-Gehäuse automatisch mit Tonbändern füllen.
Foto BASF/Knödler

EQ). Sie bewirkt, daß noch nicht ganz ausgeräumte Mängel bei der Magnetisierung des Bandes, etwa Höhenverluste und Abweichungen vom geradlinigen Frequenzgang, wieder ausgeglichen werden. Diese Korrektur erfolgt im Aufnahme- und Wiedergabeverstärker des Recorders. Den EQ-Schalter sollte man deswegen bei der Aufnahme und bei der Wiedergabe in jene Stellung bringen, die der benutzten Bandsorte entspricht.
So kompliziert und schwer verständlich ist Hi-Fi-Technik. Die technische Aufzählung mag hier ihr Bewenden haben, auch wenn fortgeschrittene Hi-Fi-Freunde noch manche Feinheiten vermissen mögen. Festzuhalten ist eines: Band und Gerät müssen gleichwertig sein – sonst hieße das, neuen Wein in alte Schläuche füllen. Und um gute Aufnahmen zu machen, muß man nicht unbedingt zu Bändern und Geräten der teuren Spitzenklasse greifen.

Georg Kirner und Alfred Beck

MIT DEM FLOSS DURCH NEUGUINEA

Will einer was erzählen, so muß er eine Reise tun. Als ich im Januar 1975 von der Besteigung der Carstenz-Pyramide auf Neuguinea nach Jayapura zurückkam, traf ich am Flugplatz einen holländischen Missionar. Er lebt seit mehr als 20 Jahren im Hochland des indonesischen Teils von Neuguinea, der Irian Jaya heißt, und bemüht sich, den Menschen christliche Glaubensvorstellungen nahezubringen. Er erzählte mir von einem eigenartigen Zählsystem seiner Schützlinge in den Bergen. Die Grundlage dieser Zählweise bilden die Körperteile. Sie beginnt beim kleinen Finger der linken Hand – er bedeutet »eins« –, führt über Schulter und Nase – »dreizehn« – und endet bei »fünfundzwanzig« am kleinen Finger der rechten Hand. Ich vermutete noch mehr Besonderheiten bei diesem Stamm und nahm mir vor, den Missionar und seine Heiden zu besuchen.

Im Dezember 1980 war es dann soweit. Doch manche Reise geht anders aus, als man sie geplant hat. Jenen Missionar traf ich nicht, er war wenige Tage vor meiner Ankunft schwerkrank nach Holland geflogen worden. Mir blieb nichts anderes übrig, als mich zu Fuß durch den Urwald zu schlagen. Dabei hatte ich das Pech, in eine Schlucht zu fallen und mich erheblich zu verletzen. Erst nach einigen Wochen konnte ich meine Reise fortsetzen, und zwar auf einem Floß, weil man auch bei bestem Willen mit gebrochenen Rippen keinen 37 Kilogramm schweren Rucksack tragen kann...

Freundliche Aufnahme bei den Dani

Eines Abends landete ich bei einem Dorf der Dani, eines kraushaarigen Stammes, der auch unter dem Namen »Papua« bekannt ist. Man nahm mich gerne auf und bot mir einen Platz im Männerhaus an. Die dunklen Gestalten knufften und schubsten mich, bis ich endlich einen ruhigen Platz ergattert hatte. Allerdings fiel mir auf, daß mein linker Sitznachbar sich überhaupt nicht rührte. Ich knipste mein Feuerzeug an, schaute mich um und fuhr zurück. Ich saß neben einer Mumie.

Zu diesem Zeitpunkt wußte ich noch nicht, daß die Dani reichdekorierte, geräucherte Mumien von großen Kriegern oder Häuptlingen in ihren Männerhäusern aufbewahren. Sie werden hoch verehrt und erhalten den Stammplatz, den sie zu Lebzeiten einnahmen. Den Jungen erzählt man bei ihrer Aufnahme ins Männerhaus von den heroischen Taten des Verstorbenen und trichtert ihnen Respekt vor den Mumien ein. Bei bestimm-

Häufig mußte ich mit meinen Begleitern breite reißende Flüsse auf Hängebrücken überqueren, die von den Eingeborenen aus geflochtenen Lianen errichtet worden waren. Bisweilen kamen wir nicht darum herum, selbst Behelfsbrücken zu bauen. Foto Kirner

ten Anlässen wird ein solcher Leichnam ins Freie gebracht und auf den Stuhl gesetzt, auf dem er als Lebender immer den Feiern beiwohnte. Der Mumie werden symbolisch Speisen angeboten, und man bittet ihren Geist, den Dorfbewohnern weiterhin hilfreich und schützend zur Seite zu stehen.

Obwohl sonst nicht schreckhaft, überließ ich an dem Abend meinen Platz gerne jemand anderem und ging lieber in eine Hütte. In der Nacht sah ich meinen seltsamen Nachbarn vom Männerhaus im Traum noch einmal. Am nächsten Morgen trug der amtierende Häuptling seinen geräucherten Vorfahren für ein paar Rupien aus der Hütte und setzte ihn auf den Häuptlingsstuhl, damit ich mir die Gestalt bei Licht genauer ansehen konnte.

Nur allmählich kam ich an diesem Tag voran. Der Fluß verzweigte sich, und somit verlangsamte sich auch die Strömung, so daß ich viel paddeln mußte. Am frühen Nachmittag zog ein schweres Gewitter auf, vor dem ich in einem Dorf am Ufer Schutz suchte. Ein junger Mann, der als Träger auf dem Flugplatz in Wamena arbeitete und ein paar Worte Englisch sprach, lud mich in seine Hütte ein und bot mir ein Abendessen mit der Familie an. Es gab Reis und Fisch und zum Nachtisch ein salziges, undefinierbares Kraut. Weil es in dieser Region kein Salz gibt, schlagen die Dani Bananenstauden, die am Weg zu einer Salzquelle hoch oben in den Bergen wachsen und legen die zuvor abgeblätterten Schichten in das Salzwasser, bis sie vollgesogen sind. Dann werden die Lagen in kleine Stücke zerrieben und in Bananenblätter gewickelt. Diese salzhaltigen Stückchen werden dann den Speisen der Menschen und dem Futter der Tiere beigemischt.

Wie das Salz entstand

Wie für alle wichtigen Dinge des Lebens haben die Dani auch für die Entstehung des Salzes einen Mythos. Einer der alten Männer erzählte von der Zeit, als die Menschen noch keine Salzquellen kannten. Damals flogen große Vögel über die Berge und hatten kleine Wassergefäße an ihren Krallen. Sie legten die Gefäße bei den guten Menschen ab und sagten ihnen, daß Kranke davon gesund würden, Starke noch stärker und die mit diesem Wasser zubereiteten Speisen noch besser schmeckten. Aber niemand kannte den Ort, von dem die Vögel das Zauberwasser holten. So faßten sich einige besonders tapfere Burschen ein Herz und schlichen den Vögeln nach. Sie waren viele Tage unterwegs, bis sie den Platz sahen, auf dem die Vögel sich niederließen. Kaum waren alle auf einem großen Stein versammelt, da stießen sie gemeinsam einen schrillen Schrei aus und verwandelten sich plötzlich in weiße Menschen. Sie verschwanden in einer großen, tiefen Schlucht, in der ein Feuer prasselte. Die Burschen pirschten sich heran und sahen viele weiße Menschen in der Höhle, auch eine Menge Schweine und die Quelle mit dem Zauberwasser. Sie gingen darauf zu, doch da gab es einen donnernden Knall, und die Höhle war dunkel und leer. Das Feuer war erloschen und die Menschen verschwunden. Die Burschen flüchteten ängstlich und erzählten ihr Erlebnis im Dorf. Durch diese Störung erschienen die Geistervögel nicht mehr, und viele Leute starben, weil ihnen das Zauberwasser fehlte. Daraufhin gingen die jungen Männer erneut zu dem Ort, an dem die Vögel sich niedergelassen hatten, um sie zu bitten, doch wieder von dem Wasser zu bringen. Doch war jetzt auch die Quelle verschwunden. Nun brachten sie den Vögeln Bittopfer. Plötzlich erschien ein weißer Kakadu und forderte sie auf, ihm zu folgen. Bald kamen sie an der Quelle an, aus der die Eingeborenen heute noch ihr Salzwasser holen. Heute erlaubt sich kein Dani mehr, die an der Quelle sitzenden Vögel zu vertreiben, weil diese sich erneut rächen könnten.

Beim Abschied gab mir eine Dani-Frau eine kleine Menge in Bananenblätter gewickeltes Salzkraut mit. Später schenkte ich es einem alten Mann, der sich sehr wunderte, daß jemand eine solche Kostbarkeit herschenkt. Ich brauchte es jedoch nicht, denn ich hatte Salztabletten in meinem Gepäck.

Die Höhle der Riesen

Ein Dani-Junge begleitete mich in einem Kanu. Er versuchte, mir zu erklären, daß es weiter unten am Fluß irgend etwas Besonderes gebe. Ich beachtete ihn zunächst nicht, doch je näher wir einem großen Felsen kamen, um so heftiger gebärdete er sich. Schließlich folgte ich ihm in meiner Neugier. Zunächst fuhren wir an mehreren Dani-Häfen vorbei. Dann stiegen wir auf einem schmalen Pfad ein Stück den Berg hinauf. Ein paar Burschen des letzten Dani-Dorfes folgten uns ebenso zielstrebig. Nach kurzer Zeit gelangten wir an einen Felsen, der durch einen hohen Rundbogen den Eingang einer Höhle ankündigte. Mir kam es wie das Tor für ein unterirdisches Reich von Riesen vor. Meine Begleiter zeigten mir in etwa zehn Metern Höhe eigenartige Malereien. Ich war überrascht, denn von Höhlenmalereien in Neuguinea hatte ich bisher nichts gehört. Das Bild war eigentümlich schön. Vor mir erhob sich die Halle einer riesigen Höhle mit herrlichen Tropfsteinen.
Nach der Meinung der Dani hatten früher einmal riesige Menschen im Innern der Erde gewohnt und die glatte Wand zehn Meter über dem Boden bemalt. Der Schein meiner Taschenlampe und die Fackeln der Eingeborenen reichten nicht aus, um das riesige Höhlensystem zu ergründen. Es war ohne weiteres zu erkennen, daß ein in der Nähe vorbeifließender Fluß Erdreich in der Höhle weggeschwemmt hatte und daß der Eingang und die Gemälde sich dadurch heute in zehn Metern Höhe befinden. Andere Spuren deuteten darauf hin, daß die Höhle vor nicht allzu langer Zeit bewohnt gewesen sein mußte.
Als wollten sie sich den Geistern gegenüber mutig zeigen, riefen die Dani vermutlich provozierende Worte ins Höhleninnere. Sie warteten jedesmal das Echo ab, zogen sich aber vorsichtshalber einige Schritte zurück, weil sie sich im Grunde doch fürchteten. Einen gehörigen Schreck jagte uns der Junge mit dem Kanu ein. Er wollte wohl seine Künste als Bogenschütze zeigen und schoß in eines der dunklen Löcher. Mit großem Gezeter flogen riesige Schwärme von Salanganen auf, die dort ihre Nester haben. Genauso fluchtartig verließen auch wir die Höhle.
Allmählich wurde mir klar, um wieviel mehr ich von diesem interessanten Land sah, weil ich auf dem Fluß unterwegs war. So spielte ich mit dem Gedanken, möglicherweise mit dem Floß bis ins Gebiet der Asmat vorzudringen, zu den Menschen, die noch auf den Bäumen leben und die zum Teil bis heute Kopfjäger sind und ihresgleichen verspeisen. Auf dem Wege dorthin mußte ich die Baliem-Schlucht passieren. Sie ist so gefährlich, daß sie noch kein Mensch zu Wasser bewältigt hat. Die nächsten Tage sollten aber meine Pläne wieder einmal völlig verändern. Die Hütten in dem Dorf, in dem ich anlegte, waren dicht bevölkert, so daß ich mir mit Hilfe der Männer aus dem Dorf eine eigene Hütte basteln mußte. Wir tauschten Lebensmittel aus, und ich amüsierte mich darüber, wie die Dani ebenso vorsichtig wie neugierig die europäische Nahrung kosteten. In der Nacht schlief ich schlecht, denn die Schweine grunzten dauernd, und die Moskitos zerstachen mich.

Als Gast bei einer Totenfeier

Das Floß war am anderen Morgen schnell bepackt. Ich hatte etwa einen Kilometer zurückgelegt, als einer der jun-

Oben: Ein Dani-Junge führte mich zu dieser Höhle, an deren algenbewachsenen Wänden deutlich Ritzzeichnungen von Menschenfiguren zu sehen sind.

Gegenüberliegende Seite: Der amtierende Dani-Häuptling mit der schwarz geräucherten Mumie seines Vorgängers auf dem Häuptlingsstuhl. Es ist bei den Dani Sitte, die Körper großer Krieger auf diese Weise zu konservieren und im Männerhaus aufzubewahren.

Rechts: Für eine Totenfeier brauchen die Dani viele Schweine. Sie werden mit einem Pfeilschuß mitten ins Herz getötet. Nach dem Absengen der Borsten hüllen die Leute sie in große Bananenblätter, verschnüren diese Pakete und kochen sie in einer Grube mit Hilfe heißer Steine gar. Fotos Kirner

gen Männer aus dem Sägewerk, wo ich das Material für mein Floß gekauft hatte, vom Ufer aus heftig winkte. Ich landete an, und er erzählte mir, daß in seinem etwa eine Wegstunde entfernten Dorf seine Großmutter gestorben sei und er zur Verbrennung der Leiche nach Hause wolle. Ein Bote habe ihm davon erzählt. Ich entlud mein Floß, denn es bestand jetzt die Möglichkeit, einer Totenfeier der Eingeborenen beizuwohnen. Der Bursche nahm ohne zu zögern meinen schweren Rucksack auf und trabte los. Ich hatte große Mühe, ihm mit meinem leichten Gepäck zu folgen. Bald hörten wir von weitem das Wehklagen der Dorfbewohner. Wir trafen Leute, die ebenfalls zu der Totenfeier unterwegs waren. Ihre Gesichter hatten sie zum Zeichen des Schmerzes furchterregend mit Lehm verschmiert.

Vor dem Gehöft bat mich der junge Mann zu warten, damit er sich erkundigen könne, ob seine Angehörigen meine Anwesenheit gestatteten. Ich lugte kurz in den Innenhof und sah bereits viele lehmbeschmierte Männer und Frauen vor dem Frauenhaus sitzen. Nach gut einer halben Stunde kam ein junger Dani und fragte mich zu meinem großen Erstaunen auf englisch, ob ich Missionar oder Tourist sei. Als ich etwas näher hinschaute, verschlug es mir fast die Sprache; es war der junge Mann aus dem Sägewerk. Er hatte Hemd und Hose abgelegt und sich in den eingeborenen Dani zurückverwandelt. Ich versicherte dem Burschen, keiner der bei ihnen so unbeliebten Missionare zu sein, die ihre Kulturgegenstände verbrennen, verächtlich machen und ihnen einen fremden Gott aufnötigen, sondern nur die Totenzeremonie miterleben und fotografieren zu wollen. Nach weiteren zehn Minuten kehrte er zurück und erlaubte mir dabeizusein, ich solle mich jedoch im Hintergrund halten.

Nichts lieber als das. Ich setzte mich in eine Ecke und sah die ganze Feier, die von zehn Uhr morgens bis spät abends dauerte. Vor dem Frauenhaus ging's lebhaft zu. Lehmverschmierte Frauen wehklagten laut, hie und da gingen einige ins Haus und diskutierten aufgeregt. Völlig mit Ruß eingerieben, boten sie ein martialisches Bild, das mit Worten nicht zu beschreiben ist. Dann erschienen junge Männer und brachten gefesselte Schweine mit, legten sie auf den Boden und gesellten sich zu den Männern. Gegen 12 Uhr lagen sechs Schweine im Innenhof, an denen die Borstenviecher des Dorfes herumschnüffelten. Nun wurden sie losgebunden, und es begann eine wilde Jagd der Dani auf die Tiere. Sobald eines gefangen war, wurde es in die Mitte des Hofes gebracht. Dort wartete ein junger Mann mit Pfeil und Bogen und schoß dem schreienden Schwein, das zwei Dani hielten, mitten ins Herz.

Ein großer Schmaus

Danach wurde ein großes Feuer angezündet, die getöteten Schweine daraufgelegt und deren Borsten abgebrannt. Inzwischen brachten junge Burschen Unmengen langer Gräser herbei, die sie wie einen Teppich auf dem Boden ausbreiteten. Auf sie wurden die angesengten Tiere gelegt. Dann traten besonders schön mit bunten Federn geschmückte Männer hinzu und zerlegten die Schweine mit Bambusstäbchen, die sie mit den Zähnen messerartig zurechtgebissen hatten. Die Kieferknochen und Schwänze wurden als Schmuck und Amulette zur Seite gelegt; die Dani trocknen sie und bewahren sie im Männerhaus auf. Während die einen die Kadaver zerlegten, hoben die anderen eine etwa 70 cm tiefe Grube aus und bedeckten deren Boden mit Gras und Bananenblättern. Dann wurde Fleisch aufgehäuft, mit Bananenblättern umhüllt und mit Lianen zu einem großen Paket verschnürt.

Unterdessen war im Feuer auch eine Menge Steine erhitzt worden. Mit Hilfe

von zu Zangen aufgeschlitzten Stangen schubsten die Männer die Steine in die Grube. Darauf kam das Fleischpaket. Die Frauen brachten in ihren Netzen Kartoffeln und das Bambus-Salzkraut. Auch das wurde in die Grube geschichtet, das Ganze wieder mit Gräsern bedeckt und mit Lianen zugebunden. Die heißen Steine gaben soviel Hitze ab, daß Fleisch, Kartoffeln und Kraut innerhalb von etwas mehr als eine Stunde gar waren.
Jetzt begann der nahrhafte Teil der Totenfeier. Die Männer schmausten vor allem das Fleisch; die Frauen saßen abseits und verzehrten den Inhalt ihrer Kochgrube, der aber nur aus Kartoffeln bestand. Sie warteten darauf, daß die Männer ihnen etwas Fleisch brachten. Selbst durften sie sich nichts nehmen; erst als sich die Männer sattgegessen hatten, machten sie sich über den Rest her.

Trauer im Dorf

Nach der Mahlzeit kehrte eine satte, bedrückende Ruhe ein. Überall auf dem Hof lagen die Männer herum, doch spürte man, daß bald etwas passieren würde. Die unheimliche Stille dauerte etwa eine halbe Stunde. Plötzlich kam eine Gruppe von Männern heulend und dick mit Lehm beschmiert durch den Haupteingang des Hofes. Sofort begannen auch die vor dem Frauenhaus lagernden Frauen zu heulen. Das Wehklagen wurde ohrenbetäubend. Wie auf Kommando standen die bisher vor dem Männerhaus dösenden Männer auf und gingen der ankommenden Gruppe entgegen. Etwa einen Meter blieben sie voneinander entfernt stehen und beklagten gemeinsam den Tod eines ihrer Stammesmitglieder. Die sonst so wild dreinblickenden Männer heulten wie kleine Kinder und rieben sich den Körper. Dann umarmten sie nacheinander einen alten Mann, den Ehemann der Verstorbenen. Dann verstummten die Wehklagenden und gingen zum Männerhaus zurück. Weitere, grimmige Gestalten gesellten sich dazu. Sie wurden von den Anwesenden jedesmal auf die gleiche Art begrüßt. Die Frauen kamen nie in Gruppen, sondern stets einzeln, und setzten sich sofort vor das Frauenhaus, in dem anscheinend die Tote lag.
Jetzt brachten einige Männer große Holzscheite und schichteten sie zu einem Stapel auf. Der Mann der Verstorbenen entzündete mit einem Grasbüschel den Scheiterhaufen. Als das Feuer hoch aufschlug, setzte ein schrilles Geheule der Frauen ein, und die Männer klagten noch entsetzlicher. Sie bewarfen sich mit Erde oder wälzten sich am Boden. Ich erschauerte bei dieser Szene bis ins Mark, die Luft schien vor Unheimlichkeit zu zittern. Plötzlich liefen alle Frauen vom Frauenhaus weg. Heraus kam eine Frau, die in ihren Armen einen leblosen skelettartig abgemagerten Körper trug. Jammernd legte sie den Leichnam auf den Scheiterhaufen. Tief ergriffen nahmen alle Abschied von der Verstorbenen. Die Szene beeindruckte auch mich sehr stark, so daß ich nahe daran war, mitzuweinen. Ich dachte daran, wie eilig und unpersönlich doch so mancher bei uns aus der Welt verabschiedet wird.

Der Pfeilschuß löst die Seele

Über den verbrennenden Körper hielt jemand ein Büschel Gras. Es wurde von dem Mann, der zuvor die Schweine getötet hatte, mit einem Pfeil durchschossen. Dadurch sollte der Seele der Weg aus ihrem irdischen Leib freigegeben werden. Sie würde in eine andere Welt ziehen und dort alle toten Dani wiedertreffen. Der Schuß symbolisiert gleichzeitig das Abtöten des Bösen in dem betreffenden Menschen, damit das seelische Wesen makellos in die Ewigkeit eingehen kann.
Zum Schluß wurde der Leichnam mit weiterem Holz bedeckt, damit er völlig

verbrannte. Erst mit dem Verglühen des Feuers verstummten nach und nach die Frauenstimmen. Die nicht verbrannten Knochen wurden abends gesammelt und außerhalb des Dorfes an einem Platz vergraben, der zum Schutz vor den Hunden umzäunt wurde. Wird ein Dani verbrannt und beigesetzt, der bei einem kriegerischen Überfall sein Leben verlor, so verläuft die Feier ähnlich. Die vom Verlust besonders Betroffenen verstümmeln sich zusätzlich nach der Verbrennung der Leiche. Sie binden dazu mit einer Liane z. B. einen Finger ab, um die Blutzirkulation zu unterbinden und die Nerven zu betäuben. Das Fingerglied wird mit einem Beil oder einer Steinaxt abgeschlagen. Zur Desinfektion wird die Wunde mit Asche und Lehm bestrichen. Dann wird der Arm fest in Bananenblätter gewickelt und hochgebunden.

Beim Abschied verschenkte der Mann der Verstorbenen deren persönliche Habseligkeiten wie Gürtel mit Muschelbesatz, Tragnetze, Kopfbänder und anderes an die Verwandten oder Freundinnen. Die Ehemänner bestimmen dabei allein über die Verteilung der Stücke. Liegt eine angesehene oder beliebte Person im Sterben, so dürfen in den Dörfern der Umgebung während dieser Zeit keine Schweine geschlachtet werden, damit für den erwarteten großen Andrang auf der Totenfeier genügend Schlachttiere zur Verfügung stehen. Schweine bedeuten bei den Dani wie bei vielen Völkern Südostasiens Reichtum.

Noch die ganze Nacht hörte ich aus den Hütten ein Wehklagen, aber am anderen Morgen ging alles wieder seinen gewohnten Gang. Der junge Mann aus dem Sägewerk wusch sich den verkrusteten Lehm ab und schlüpfte wieder in seine Kleider. Nun wußte man ja die Seele der Toten in guter Gesellschaft. Lediglich ein paar Hunde suchten die Feuerstellen nach Fleisch- und Knochenreste ab. Ich zog mit einem Floß weiter, der junge Dani ging ins Sägewerk zurück.

Oben: Die Dani beim Totenschmaus.

Gegenüberliegende Seite links: Die Dani verbrennen ihre Toten. Hier legt eine Frau die Leiche auf den Scheiterhaufen.

Gegenüberliegende Seite rechts: Zusammen mit den Schweinen werden auch Süßkartoffeln in der Grube gekocht. Die Frauen dürfen aber nur dann vom Fleisch essen, wenn die Männer es ihnen bringen; sonst begnügen sie sich mit den Kartoffeln. Fotos Kirner

Wolfgang Engelhardt

EIN DEUTSCHER IM WELTRAUM

Die europäische Spacelab-Mission im Herbst 1983

Vier junge Männer stehen den zahlreichen Fotoreportern geduldig Modell, das Gedränge in der engen Spacelab-Attrappe ist groß. Immer wieder müssen die Raumflugkandidaten unter Blitzlichtgewitter so tun, als ob sie an den zahlreichen Bedienungskonsolen etwas Wichtiges zu tun hätten. Die Deutsche Forschungs- und Versuchsanstalt für Luft- und Raumfahrt in Köln-Porz (DFVLR) stellt der Öffentlichkeit zwei neue deutsche Nutzlast-Spezialisten für den 1985 geplanten ersten rein deutschen Spacelab-Flug D1 vor: Dr. Ernst Messerschmid und Dr. Reinhard Furrer. Eingerahmt werden die Neulinge von dem Deutschen Dr. Ulf Merbold und dem Holländer Wubbo Ockels. Beide wurden schon vor längerer Zeit für die erste europäische Spacelab-Mission ausgewählt, die im Oktober dieses Jahres stattfinden soll. Man sieht den vier Aspiranten ihre hohe Qualifikation, ihre gesundheitliche und seelische Stabilität eigentlich gar nicht an; es sind richtige »Jungs von nebenan« mit aufmerksamen Augen und manchmal einem leicht spitzbübischen Lächeln auf den Lippen. Erst wenn man sich die Lebensläufe und die beruflichen Werdegänge der vier jungen Männer in den Pressemappen etwas genauer ansieht, ahnt man etwas von der gediegenen wissenschaftlichen Vorbildung der Herren Merbold, Ockels, Furrer und Messerschmid.

Der zukünftige deutsche Raumfahrer Dr. Ulf Merbold (rechts) bei der Besichtigung des Radargeräts, mit dem die Erdoberfläche während der Spacelab-Mission abgetastet werden soll. Dies ist auch bei Bewölkung und bei Nacht möglich. Foto ERNO/Engelhardt

Vier aus zweitausend Kandidaten

Im Jahre 1977 hatten sich bei einer europäischen Ausschreibung 2000 Bewerber für den Job als »Raumfahrer« gemeldet, darunter waren auch 35 Frauen gewesen. Allein aus der Bundesrepublik Deutschland hatten sich fast 700 Aspiranten gemeldet. Schnell war aber aufgrund der schriftlichen Unterlagen die Spreu vom Weizen getrennt, und die interessanteren Bewerber wurden dann zu ausführlichen Interviews und Tests eingeladen. Die Gruppe der möglichen Kandidaten wurde allmählich immer kleiner, bis dann nach weiteren Untersuchungen nur noch vier europäische Kandidaten übrigblieben: Claude Nicollier aus der Schweiz, Franco Mallerba aus Italien, Wubbo Okkels aus Holland und Ulf Merbold aus der Bundesrepublik Deutschland. In den darauffolgenden fünf Trainingsjahren schälte sich schließlich Ulf Merbold aufgrund seiner besonderen Kenntnisse, Fähigkeiten und Interessen als der am besten geeignete Kandidat für den ersten Spacelab-Flug heraus. Wenn er sich nicht

Zeichnung des Shuttle-Orbiters in der Erdumlaufbahn mit geöffneter Ladeluke, in der das europäische Raumlabor Platz finden soll. Zeichnung NASA/Engelhardt

noch beim Skifahren vorher ein Bein bricht oder aus anderen Gründen passen muß, dann wird der sympathische 41jährige Physiker im Herbst der erste Raumfahrer der Bundesrepublik sein. Ersatzmann ist der Holländer Wubbo Ockels, der dasselbe Trainingsprogramm absolviert hat und jederzeit für Merbold einspringen kann. Ansonsten wird Wubbo Ockels während der Mission in der amerikanischen Bodenstation wichtige Aufgaben als Verbindungsmann zu erfüllen haben – und gegebenenfalls umgekehrt.

Hartes Training für die Auserwählten

Ulf Merbold wurde 1941 in Greiz (Sachsen) geboren, besuchte in der DDR die Schule und begann dort auch mit dem Studium. Nach der Übersiedlung in die Bundesrepublik Deutschland setzte er in Stuttgart sein Physik-Studium fort und machte 1968 sein Diplom. Nach der Doktorprüfung 1976 arbeitete er im Max-Planck-Institut in Stuttgart als Festkörperphysiker. Dr. Merbold ist verheiratet und hat zwei Kinder; in seiner Freizeit machte er seinen privaten Pilotenschein, den er so oft wie möglich zum Segelfliegen nutzt.

Die beiden neu nominierten Nutzlast-Kandidaten Furrer und Messerschmid beginnen jetzt erst mit dem Training für die 1985 geplante erste rein deutsche Spacelab-Mission D1. Ihre Vorbereitung für den Weltraumflug verläuft in vier Phasen: 1. Sie müssen die wissenschaftliche Literatur über die Experimente der zukünftigen Mission durchstudieren, damit sie über Aufbau, Arbeitsweise und Ziele genau Bescheid wissen. 2. Wissenschaftler in den betreffenden Forschungszentren zeigen den Raumfahrern, wie die Apparaturen zu handhaben sind, und erklären ihnen auch das gesamte Umfeld der Experimente. 3. An ersten Entwicklungsmodellen beginnen die Männer mit dem praktischen Bedienungstraining. In Zusammenarbeit mit allen Beteiligten werden die komplizierten Apparaturen verbessert, so daß sie unter den besonderen Bedingungen der Schwerelosigkeit und des fast absoluten Vakuums leicht und zuverlässig zu bedienen sind. 4. Im abschließenden Training lernen die Kandidaten in den USA die wichtigsten Systeme des Raumtransporters und die Verfahrensweisen bei Start und Flug kennen. Die Kandidaten arbeiten dort an originalgetreuen Modellen des amerikanischen Weltraumtransporters (Shuttle) und des europäischen Spacelab mit aktivem Experimental-Programm.

Amerikanisches Shuttle – europäisches Spacelab

Die bemannten europäischen Weltraummissionen verwenden das amerikanische Raumtransportsystem, das schließlich vier mehrfach verwendbare Orbiter umfassen soll. Diese »Weltraum-Flugzeuge« haben eine 16 Meter lange und 4 Meter breite Ladeluke, und auf diese Maße ist das europäische Raumlabor Spacelab genau zugeschnitten. Es wurde von insgesamt zehn in der europäischen Raumfahrtbehörde zusammengeschlossenen Staaten gebaut und finanziert, wobei allerdings die Bundesrepublik Deutschland in beiden Bereichen je etwa die Hälfte beisteuerte.

Das europäische Raumlabor besteht aus zwei Teilen, einer hermetisch verschlossenen Arbeitskabine mit normalen Temperaturen und Atemluft sowie aus einer oder mehreren Paletten, auf denen Instrumente dem freien Weltraum ausgesetzt werden. Die Kabine ist 4 Meter breit, 7 Meter lang und 4 Meter hoch. Das Gewicht beträgt ca. 15 Tonnen. Die Spacelab-Elemente werden vor dem Start in den Shuttle eingesetzt und erst nach der Mission wieder herausgenommen. Die Größe der Druckkabine und die Anzahl der Paletten kann verändert werden, vor allem aber läßt sich das Spa-

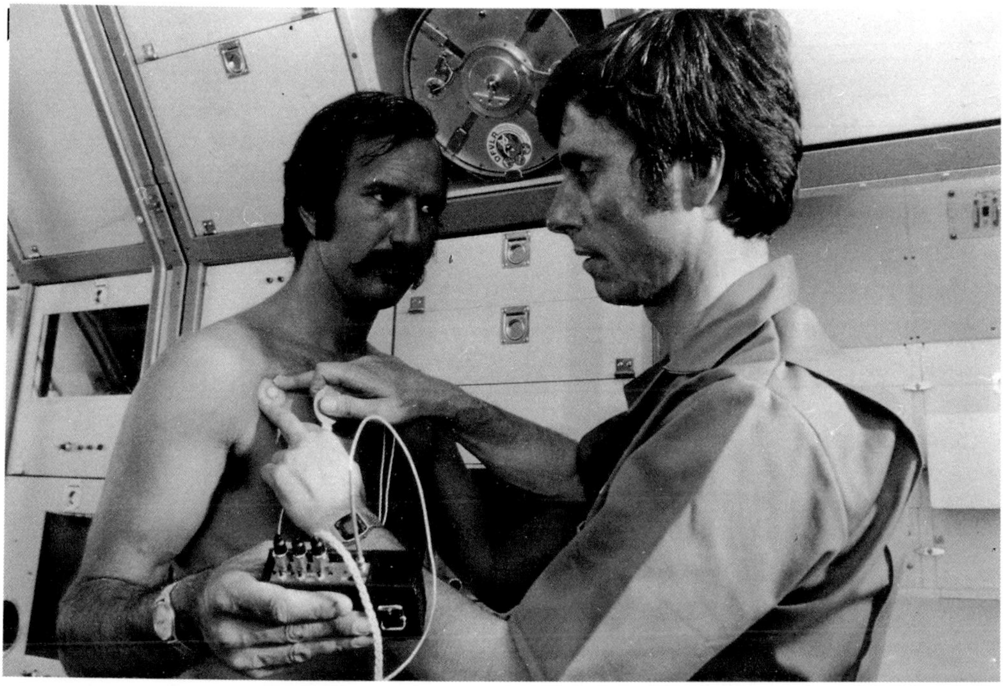

Dr. Ulf Merbold und der Holländer Dr. Wubbo Ockels bei der Vorbereitung eines medizinischen Tests während des Trainings für den Spacelab-Raumflug. Foto ERNO/Engelhardt

celab mehrfach verwenden – man rechnet bis zu hundertmal. Aber die wissenschaftliche Ausrüstung wird sich bei jeder Mission ändern.

Der erste Flug des Spacelab-Forschungslabors ist für den Oktober dieses Jahres geplant. Es wird eine kombinierte europäisch/amerikanische Mission sein. Neben Ulf Merbold wird sich auch noch der Amerikaner Byron Lichtenberg als Nutzlastexperte an Bord befinden. Dazu kommen noch je zwei NASA-Piloten und Missionsspezialisten, die ungefähr die Aufgabe von Bordingenieuren erfüllen. Der westeuropäische und amerikanische Nutzlast-Wissenschaftler an Bord des Spacelab sollen während der Mission die zahlreichen Experimente betreuen, die in jahrelanger Arbeit vorbereitet wurden. Diese »Payload specialists« (»Nutzlast-Experten«) haben aber nichts mit dem Raumtransporter selbst zu tun, der wird ausschließlich von amerikanischen Piloten gesteuert.

Die erste Spacelab-Mission wird neun Tage dauern, die Umlaufbahn soll in 250 km Höhe verlaufen mit 57° Neigung gegen den Äquator, so daß auch mitteleuropäisches und deutsches Gebiet überflogen wird. Wichtigstes Ziel bei dieser »Pfadfinder«-Mission ist zunächst einmal der Nachweis, ob und wie gut das europäische Raumlabor in der Ladeluke des Shuttle für den Einsatz in der Erdumlaufbahn geeignet ist. Dann sollen die Männer 57 Experimente aus den Bereichen Materialforschung, Stratosphären- und Atmosphärenphysik, Plasmaphysik, Biologie, Medizin, Astronomie und Sonnenforschung durchführen.

Im Juni 1983 schickten die USA zum ersten Mal eine Frau in den Weltraum. Sie gehörte zu einer fünfköpfigen Mannschaft, die mit dem Orbitèr »Challenger« zu dem siebenten Space-Shuttle-Flug startete. Im Johnson Space Center in Houston, Texas, stellte sich die Mannschaft den Fotografen: vorn in der Mitte ist der Kommandant Robert Crippen zu sehen, umgeben von seiner Crew (von links: Sally Ride, John Fabian und Norman Thagard, die auf bestimmte Arbeiten im Weltraum spezialisiert waren) sowie seinem Piloten Frederick Hauck. Foto USIS

Warum überhaupt kostspielige Experimente im Weltraum?

Wissenschaftliche Versuche im Weltraum anzustellen, ist deshalb so interessant, weil dort absolute Schwerelosigkeit herrscht, ein für uns Erdenbürger unvorstellbarer »Schwebezustand«, bei dem nichts mehr auf den Boden fällt, sondern jeder Gegenstand dort in der Schwebe verharrt, wo man ihn gerade »abgestellt« hat. Unter diesen besonderen Bedingungen verhalten sich beispielsweise Flüssigkeiten ganz anders, als wir es gewohnt sind. In Metallschmelzen sinken nicht mehr automatisch die schweren Bestandteile nach unten. So lassen sich wegen der idealen Mischungsverhältnisse ganz neue Legierungen erzielen. Auch auf dem Gebiet der Heilmittel erhofft man sich ganz neue Wirkstoffkombinationen.

Der Weltraum ist luftleer

Einen weiteren phantastischen Vorteil im Weltraum stellt das jederzeit leicht herstellbare absolute Vakuum dar, das man auf der Erde nur mit größtem Aufwand

erzeugen kann. Für die Astronomie ist es äußerst wichtig, daß die Erdatmosphäre nicht mehr zwischen Teleskop und Himmelsobjekt steht, denn die unruhige, von Abgasen und Licht »verschmutzte«, keineswegs gleichförmige Lufthülle setzt den auf der Erdoberfläche stationierten Observatorien sehr enge Grenzen. Im Weltraum kann man ohne diese Behinderung viel besser mit dem Fernrohr beobachten, und vor allem gelingt es, auch in andere Spektralbereiche »hineinzusehen«, ins Infrarot, ins Ultraviolett und sogar in den Röntgen- und Gammastrahlenbereich. Alle diese magnetischen Wellen werden von der Erdatmosphäre völlig absorbiert und können von der Erde aus nicht empfangen werden.
Schließlich hat die hohe Umlaufbahn von Spacelab auch den Vorteil, daß sie der Kamera ein großes Blickfeld ermöglicht. Sie kann einen weiten Bereich der Erdoberfläche mit hohem Auflösungsvermögen erfassen.
Wenn alles einwandfrei funktioniert, dann liegt die wichtigste Aufgabe des Nutzlastexperten darin, die Experimente zu betreuen und die Ergebnisse an die Bodenstation zu übermitteln. Dort beobachten die Wissenschaftler, die die einzelnen Apparaturen erdacht und gebaut haben, genau den Versuchsablauf und können über Sprechfunk sofort dazwischenreden, wenn etwas nicht nach Plan verläuft. Der Nutzlastspezialist greift dann ein. Wenn noch Zeit bleibt, lassen sich auch noch besondere, vorher nicht geplante Versuche ausführen, zu denen sich die Wissenschaftler aber durch den Ablauf des regulären Experiments angeregt sehen.

Die deutsche Mission 1985

Die rein deutsche Spacelab-Mission 1985 wird etwa sieben Tage dauern, die Bahn verläuft in 325 km Höhe, ebenfalls wieder mit 57° Neigung. Die zweite Bodenstation neben dem Kontrollzentrum für die Shuttle-Flüge in Houston (Texas) wird das DFVLR-Institut in Oberpfaffenhofen in Süddeutschland sein. Die Kosten für den Flug D1 mit allen wissenschaftlichen Apparaturen werden auf ungefähr 400 Millionen DM geschätzt. Aber diese enorme Ausgabe lohnt sich nach Ansicht des Bundesforschungsministers Riesenhuber: »Materialforschung unter schwerkraftfreien physikalischen Verhältnissen fördern wir, weil dabei grundlegende Erkenntnisse für die Verbesserung einfacher Werkstoffe für den Maschinenbau bis hin zu den kompliziertesten Materialien der Mikroelektronik zu erhoffen sind. Wer Material im Weltraum erforscht, kann bessere Produkte auf der Erde herstellen und hat auf dem Markt einen oft wettbewerbsentscheidenden Vorteil!«

Fritz Leonhardt

GRENZEN DES GROSSBRÜCKENBAUS

Der Ingenieur beschäftigt sich gerne mit den Grenzen der technischen Möglichkeiten, und so denkt auch der Brückeningenieur gelegentlich über Grenzen im Brückenbau nach. Diese Grenzen hängen zuallererst von der Festigkeit der Baustoffe ab. Sie ist recht unterschiedlich. Vergütete hochfeste Stähle beispielsweise haben eine bis hundertmal so große Zugfestigkeit wie Holz, mit dem der Brückenbau einmal begonnen hat.

Schon 1755 haben Schweizer Zimmerleute, die Gebrüder Grubenmann, den Bau einer 119 Meter weiten Holzbrücke über den Rhein bei Schaffhausen vorgeschlagen. Viele miteinander verdübelte Balken sollten den Rhein bogenförmig überspannen. Die Gemeinderäte verlangten aus Angst einen Mittelpfeiler, und so wurde die Schaffhausener Brücke zwar mit dem großen Bogen, aber mit eingefügten kleineren Bogen zum Mittelpfeiler hin gebaut. Die im Holzbau heute übliche Leimtechnik erlaubt die feste Verbindung vieler Balken zu großen Querschnitten, mit denen bevorzugt überdachte Fachwerke gebaut wurden, doch bleiben die Spannweiten weit unter dem kühnen Maß der Gebrüder Grubenmann.

Die Verrazano-Narrows-Brücke, die Brooklyn und Staten Island miteinander verbindet, ist mit einer Spannweite von 1298 m eine der längsten Hängebrücken. Foto dpa

Brücken aus Naturstein

Die sehr hohe Druckfestigkeit von Natursteinen wie Granit wurde bisher nie ausgenützt. Das für Naturstein geeignete Tragwerk ist zweifellos der Bogen, mit dem die Römer schon Spannweiten von über 30 Meter überbrückt haben. Bei Eisenbahnbrücken in den Alpen haben schweizerische und österreichische Ingenieure schon im vergangenen Jahrhundert Bogen über 60 Meter weite, tiefe Schluchten gespannt. Die Tragfähigkeit hängt von der Qualität der Fugen zwischen den Natursteinblöcken ab. Mit heutigen technischen Mitteln kann man

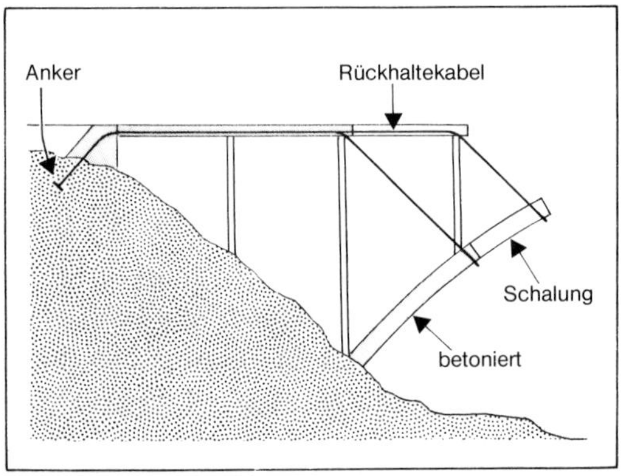

Oben: Schematische Darstellung des schrittweisen Freivorbaus einer Stahlbetonbrücke mit rückwärtiger Verankerung.

Gegenüberliegende Seite oben: Brücken zur Insel Krk, Adria, Jugoslawien. Die Bauwerke sind aus Stahlbeton.

Gegenüberliegende Seite unten: Eisenbahnbrücke über den Inn bei Cinuskel im Engadin. Fotos Leonhardt

sie so gestalten, daß fast die volle Druckfestigkeit der Steinblöcke ausgenützt werden kann. Demnach müßte es gelingen, mit Naturstein Spannweiten von 300 bis 400 Meter zu erreichen. Dank der Dauerhaftigkeit von Granit könnten sie über viele Jahrhunderte ohne Unterhaltungskosten stehen. Solche Natursteinbrücken werden jedoch nie gebaut werden, weil ihre Herstellungskosten viel zu hoch sind.

Stahlbeton – auch heute noch verwendet

Auch der Beton zeichnet sich durch eine hohe Druckfestigkeit aus, die ihn für Bogenbrücken besonders geeignet machen. Mit Stahleinlagen, als Stahlbeton, lassen sich auch Zugkräfte aufnehmen, die entstehen, wenn die Brücke stark belastet wird. Viele Bogenbrücken mit Spannweiten zwischen 200 bis 300 Meter bestehen aus Stahlbeton. Vor wenigen Jahren hat der jugoslawische Staat zwei große Bogenbrücken nach der Insel Krk gebaut; die eine davon hält mit 390 Meter Spannweite zur Zeit den Rekord. Die Grenzen sind hier nicht so sehr durch die Festigkeit des Baustoffes gegeben, sondern durch die Schwierigkeiten der Bauausführung. Beton wird nämlich in Formen gegossen und erhält seine Tragfähigkeit erst nach der Erhärtung. Früher baute man Lehrgerüste, um solche Bogen herzustellen. Heute geht man mehr und mehr zum schrittweisen Freivorbau mit rückwärtiger Verankerung über. Damit könnte man Bögen 500 bis 600 Meter weit spannen, wenn die Talform eine Bogenhöhe von etwa ein Viertel bis ein Sechstel der Spannweite erlaubt und wenn Fels zur Aufnahme des großen Bogenschubes und zur Verankerung von Rückhaltekabeln beim Freivorbau zur Verfügung steht.

Die Möglichkeiten des Spannbetons

Die Grenzen der Stahlbetonbrücken wurden durch die Einführung des Spannbetons wesentlich erweitert. Dabei wird der Beton mit Spannkabeln aus hochfestem Stahl in jenen Zonen unter Druck gesetzt, die durch die Lasten auf Zug beansprucht werden. Der Beton erhält damit gewissermaßen auch Zugfestigkeit und kann deshalb als Balkentragwerk weit gespannt werden. Große Spannweiten erreicht man am leichtesten, wenn Balken über mehrere Felder fugenlos durchlaufen, und zwar am besten, wenn man den Balken über den Pfeilern hoch macht und seine Höhe zur Mitte der Öffnung hin stetig abnehmen läßt.
Der Fachmann spricht in diesem Zusammenhang vom Durchlaufträger mit Vouten. Man hat schon mehrmals Balken mit Spannweiten von über 200 Meter aus Spannbeton gebaut. Die wohl schlankste Brücke dieser Art ist die Köln-Deutzer Rheinbrücke, deren Voutenträger über den Pfeilern eine Höhe von $1/24$ und in der

Brückenmitte von $\frac{1}{56}$ der Spannweite aufweist. Durch ihre Schönheit fügt sich diese Brücke gut in die Umgebung ein. Würde man zu größeren Spannweiten übergehen, dann bestünde die Gefahr, daß die Masse des Tragwerkes die Umgebung gewissermaßen erschlägt. Spielt das Aussehen in der Umwelt jedoch keine Rolle, dann kann man mit solchen Spannbeton-Balkenbrücken auch Spannweiten von rund 300 Meter erreichen. Das im letzten Abschnitt behandelte System der Schrägkabelbrücken wäre dann allerdings ein ernsthafter wirtschaftlicher Konkurrent.

Oben: Die Golden-Gate-Brücke in San Francisco wurde lange Zeit als „Achtes Weltwunder" bezeichnet. Mit ihren 1280 m Länge gilt sie heute noch als eine der schönsten Hängebrücken. Foto Südd. Verlag

Gegenüberliegende Seite: Schrägkabelbrücke über den Askerö-Fjord in Schweden. Der Neubau dieser Brükke wurde erforderlich, weil ein Frachtschiff 1980 die Vorgängerin dieser Brücke gerammt und zum Einsturz gebracht hatte. Foto dpa

Hängebrücken

Die bisherigen Rekorde an Spannweiten erreichten die Hängebrücken. Im Land der unbegrenzten Möglichkeiten wurde schon um 1930 die Traumgrenze von 1000 Meter Spannweite überschritten, erstmalig mit der George-Washington-Brücke über den Hudson River in New York, erbaut vom Schweizer Ingenieur O. H. Ammann.
Kurze Zeit danach entstand das »Achte Weltwunder«, die Golden-Gate-Brücke bei San Francisco mit einer Spannweite von 1280 Meter. Sie gilt mit Recht heute noch als eine der schönsten Hängebrükken. O. H. Ammann baute als schon fast Achtzigjähriger in der Zeit von 1960 bis 1964 die Verrazano-Narrows-Brücke über die Hafeneinfahrt nach New York mit einer Spannweite von 1298 Meter. Für die Kabel solcher Hängebrücken werden dünne hochfeste Stahldrähte mit Festigkeiten von 1400 bis 1600 Newton pro Quadratmillimeter dicht nebeneinander zusammengelegt. Die Kabel erreichen Durchmesser bis zu rund 900 mm. Ein hochfester Draht kann bei einem Pfeilverhältnis von ein Zehntel rund 10 000 Meter weit gespannt werden, be-

vor der Stahl die Fließgrenze erreicht. Bei dem für Zugbeanspruchungen im Brückenbau üblichen Sicherheitsfaktor von 1,75 ergäbe sich eine zulässige Spannweite von 6000 Meter. Das Kabel muß jedoch die Brückenfahrbahn und die Verkehrslasten tragen. Wenn das rund die Hälfte der Tragfähigkeit in Anspruch nimmt, dann sind aus der Stahlfestigkeit heraus Spannweiten von rund 3000 Meter möglich.

Der Wind stellt große Probleme

Bei den Hängebrücken zeigten sich jedoch schon früh andere Grenzen, nämlich die Windstabilität. Hängebrücken sind leicht verformbar, und es genügen schon verhältnismäßig kleine Kräfte, um sie in Schwingung zu versetzen. So sind schon in der Anfangszeit des Hängebrückenbaues im 18. Jahrhundert einige Hängebrücken durch Wind in so starke Schwingungen versetzt worden, daß sie einstürzten. Die größte Katastrophe dieser Art war 1940 der Einsturz der Tacoma-Narrows-Brücke im Staate Washington. Diese Hängebrücke hatte eine Spannweite von 850 Meter und war nur 11,9 Meter breit. Die Windströmung bildet bei einem solchen Querschnitt Wirbel, die die Brücke in Schwingung versetzen. Wenn die Frequenz der Windkräfte mit der Eigenfrequenz der Brücke zusammenfällt, dann entstehen Resonanzschwingungen mit großen Amplituden. Sie führten bei der Tacoma-Brücke zum Bruch der Hängeseile und damit zum Einsturz. Nach diesem Unglück verstärkten die Amerikaner einige ihrer Hängebrücken. Übrigens schwingt auch die Golden-Gate-Bridge und wird bei starken Stürmen gesperrt. Die späteren amerikanischen Brücken wurden mit riesenhaften Fachwerkträgern versteift, die der Hängebrücke allerdings ihr elegantes Aussehen nehmen.

Windschnittige Formen

Der Verfasser hat damals vorgeschlagen, der Fahrbahntafel der Hängebrücken eine windschnittige Form zu geben und dadurch die Bildung von Windwirbeln und anderen schädlichen Windkräften zu vermeiden. Seine Versuche mit solchen Querschnitten im Windkanal des National Physical Laboratory in Teddington bei London zeigten rasch, daß damit die Windstabilität großer Hängebrücken zu erreichen ist. Die Engländer bauten daraufhin ihre neuen Hängebrücken mit

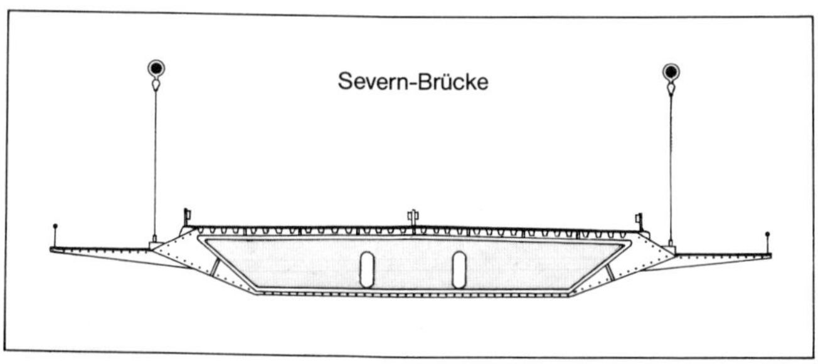

Gegenüberliegende Seite oben: Rheinbrücke Köln-Deutz, eine der elegantesten Spannbetonbrücken. Foto Stephan/Leonhardt
Gegenüberliegende Seite unten: Severn-Brücke mit 990 m Spannweite. Foto Leonhardt

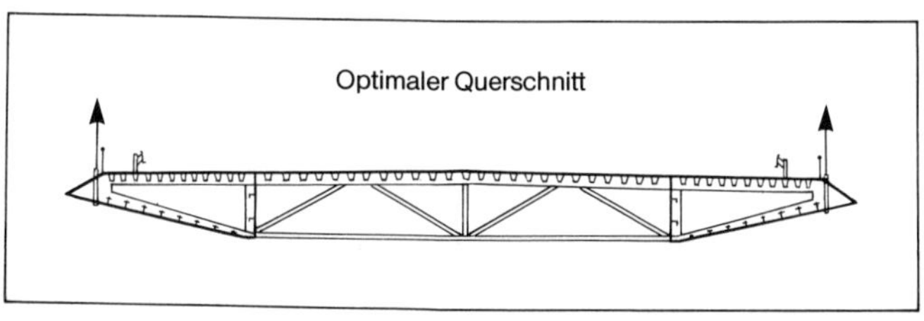

Links: Heftige böenartige Winde können Hängebrücken zum Einsturz bringen. Die Fahrbahntafel sollte deswegen eine möglichst windschnittige Form aufweisen, um die Bildung von Windwirbeln zu vermeiden.

solch windschnittigen Querschnitten. Die erste dieser Bauart war die Severn-Brükke mit 990 Meter Spannweite. Es folgte dann die Bosporus-Brücke in Istanbul mit 1074 Meter Spannweite und schließlich die Brücke über die Humber-Mündung in England mit 1400 Meter Spannweite. Das ist der derzeitige Rekord.
Der windschnittige Brückenquerschnitt gibt diesen Brücken eine Leichtigkeit und Eleganz, die kaum zu überbieten ist. Man könnte mit der Spannweite noch weiter gehen, doch treten erneut Grenzen auf, die hauptsächlich durch das Verhältnis der Brückenbreite zur Spannweite gegeben sind. So zeigte sich bei einem englischen Entwurf für die Brücke über die Straße von Messina – zwischen Sizilien und dem Festland –, daß eine rund 40 Meter breite Fahrbahntafel bei einer Spannweite von 3300 Meter trotz windschnittiger Formgebung nicht mehr windstabil würde. Die Engländer haben daraufhin eine mit offenen Gitterrosten unterbrochene Fahrbahntafel vorgeschlagen, die man jedoch erst recht als Wagnis bezeichnen müßte. Ganz abgesehen davon werden bei 3300 Meter Spannweite rund 60% der Tragfähigkeit des Kabels schon verbraucht, um das Kabel allein zu tragen. Die erforderlichen Stahlmengen für die Kabel werden damit so hoch, daß die Kosten einer solchen Brücke ins Unermeßliche steigen.

Japaner als Großbrückenbauer

Die längste Hängebrücke mit rund 1750 Meter Spannweite wird zur Zeit in Japan gebaut, und zwar mit dem System der altmodischen amerikanischen Hängebrücken mit großen Fachwerk-Versteifungsträgern. Diese Hängebrücke führt über die Akashi-Straits am Nordrand der Inlandsee, welche die Hauptinsel Japans, Honshu, von der benachbarten zweitgrößten Insel, Shikoku, trennt. Insgesamt sind zur Zeit drei große Brückenzüge zur Verbindung dieser beiden Inseln im Bau. Diese Hängebrücken sind zweigeschossig, sie tragen unten zwei bzw. vier Eisenbahngeleise und oben sechsspurige Autobahnen. Es sind die größten Brückenbauwerke, die man bisher in Angriff genommen hat, und es besteht kein Zweifel, daß die Japaner sie mit Erfolg vollenden werden.

Die Schrägkabelbrücke – modernste Entwicklung

Während der letzten dreißig Jahre wurde eine alte Art des Brückenbaus so weiterentwickelt, daß sie heute die Hängebrükke sowohl in technischer wie in wirtschaftlicher Hinsicht in den Schatten stellt. Es sind dies die Schrägkabelbrükken. Die neue Entwicklung begann in Deutschland, als man feststellte, daß solche Brücken sehr steif werden, wenn man für die Schrägkabel hochfeste Drähte verwendet. Man belastet sie auf hohe Spannung, so daß sie praktisch keinen Durchhang mehr haben und damit wie gerade Zugstäbe wirken. Die ersten größeren Brücken dieser Art wurden über den Rhein in Düsseldorf gebaut, und sie bestätigten die Erwartungen: sie sind sehr steif und wirtschaftlich. Bald setzte eine lebhafte Entwicklung ein, die dazu führte, daß man diese Schrägkabelbrükken mit immer mehr Kabeln in kleinerem Abstand erbaute. Dadurch wird die Herstellung im Freivorbau ohne Hilfsgeräte möglich. Die Ingenieure lernten außerdem, daß diese Brücken eine so starke innere Dämpfung, eine sogenannte Systemdämpfung, aufweisen, daß es nicht gelingt, sie in Resonanzschwingung mit großen Amplituden zu versetzen. Solche Brücken sind also windstabil, sofern die Fahrbahntafel im Verhältnis zur Spannweite genügend breit ist.

Besser und billiger ...

Die technische Überlegenheit der Schrägkabelbrücke über die Hängebrük-

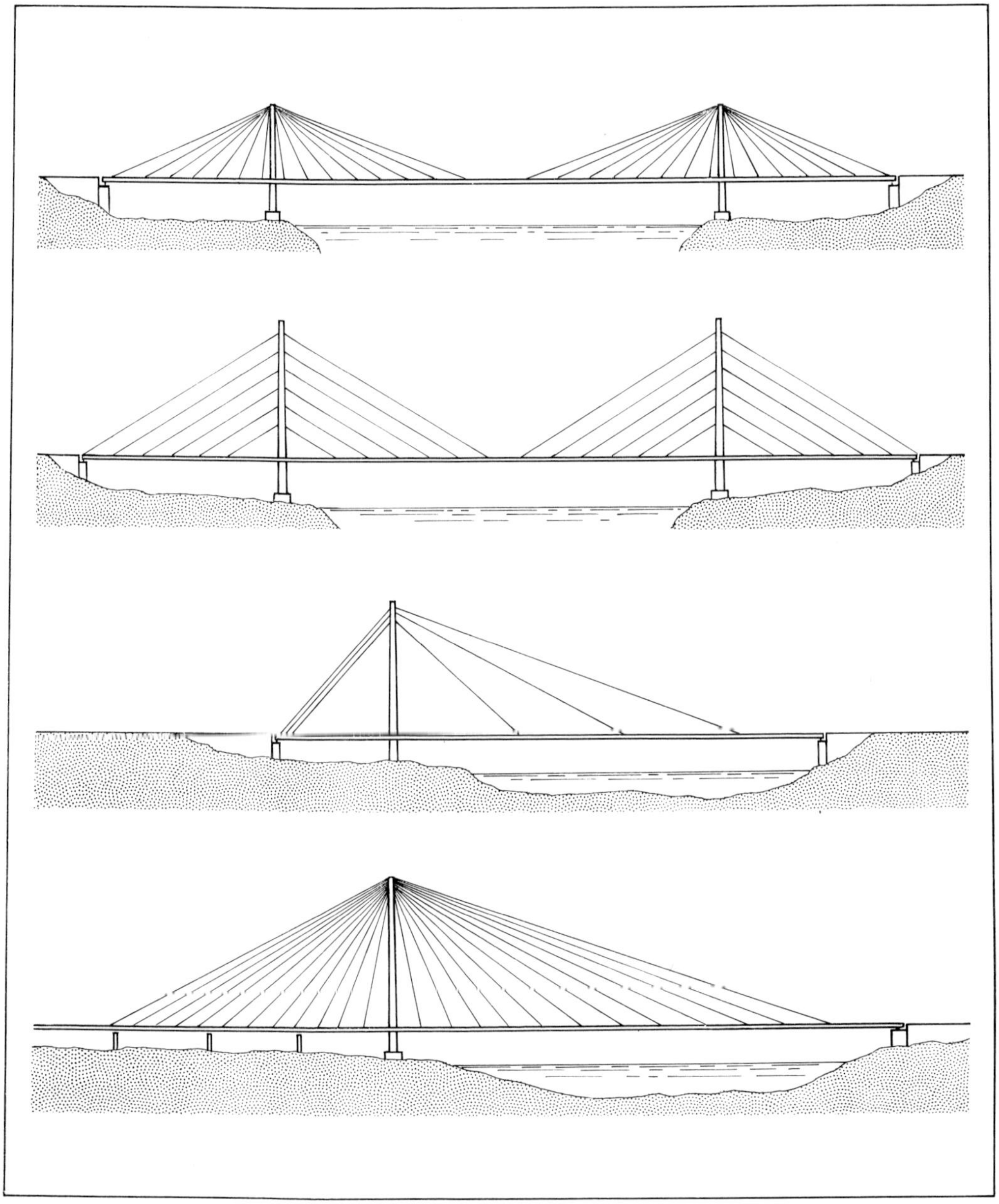

ke läßt sich leicht beweisen. Die Durchbiegung der Hängebrücke ist um ein Vielfaches größer als bei der Schrägkabelbrücke. Die Hängebrücke braucht daher einen Versteifungsträger, der bei der Schrägkabelbrücke entfällt. Die Hängebrücke braucht im Durchschnitt auch die doppelte Stahlmenge. Und außerdem

Verschiedene Bauarten von Schrägkabelbrücken. Diese modernen Brückentypen haben viele Vorteile: Sie sind sehr stabil, nicht windempfindlich wie Hängebrücken, leicht im Freivorbau zu errichten und zugleich billig.

Oben: Kniebrücke Düsseldorf, eine elegante Schrägkabelbrücke. Foto Hoppe/Leonhardt

Rechts: Arbeiten an der Schrägkabelbrücke über den Rhein bei Düsseldorf-Flehe. Der 145 m hohe Pylon ist aus Stahlbeton. Der Freivorbau ist mit nur wenigen Hilfsmitteln möglich. Foto dpa

müssen die großen Kabelkräfte in sehr schweren, kostspieligen Bauwerken verankert werden, die bei der Schrägkabelbrücke entfallen.

... und auch länger, als man vermutet

Ein großer Teil der Fachwelt ist heute noch der Meinung, Schrägkabelbrücken seien nur für Spannweiten bis etwa 500 oder 600 Meter geeignet. Das ist falsch. Der Verfasser hat schon vor rund 15 Jahren Entwürfe für Schrägkabelbrücken mit Spannweiten von rund 1400 Meter für die Überbrückung der Straße von Messina erstellt. Bei der weiteren Entwicklung dieses Projektes forderten die Auftraggeber Spannweiten von 1800 Meter. Auch dann würden keine konstruktiven Schwierigkeiten entstehen. Die Fahrbahntafel muß allerdings 45 bis 50 Meter breit werden, um die nötige Windstabilität zu erhalten. Die größte Spannweite von Schrägkabelbrücken liegt heute bei rund 2200 Meter. Geht man darüber hinaus, dann werden die Stahlbleche der Fahrbahntafel unvernünftig dick und für die Montage unhandlich und schwer. Auch die Herstellung und Montage der Kabel würde mit zunehmender Spannweite schwieriger. Würde man jedoch zwingend vor die Notwendigkeit gestellt, noch größere Spannweiten zu erreichen, so wäre dies zwar technisch möglich, aber kostspielig. Es gibt auch Grenzen, die durch die Wirtschaftlichkeit gegeben sind.

Schwierigkeiten bei Meeresarmen

Die ganz großen Spannweiten von über 1000 Meter werden meist nur dort gefordert, wo Meeresarme mit Hochseeschifffahrt zu überbrücken sind. Dort können auch Wassertiefen oder weicher Baugrund Grenzen setzen. Wenn der Meeresgrund fest ist, dann ist es heute möglich, Brückenpfeiler in Wassertiefen bis zu rund 150 Meter zu setzen. Die Ingenieure greifen dabei auf Erfahrungen zurück, die sich beim Bau von Ölbohrinseln in der Nordsee ergeben haben. Dort hat man schon feste Inseln in Wassertiefen von 180 Meter gebaut. Für die Brücke über die Straße von Messina würde der Brückenpfeiler unter den Pylonen bei rund 110 Meter Wassertiefe einen Durchmesser von ungefähr 90 Meter erhalten. Solche Pfeiler müssen in der Lage sein, den Anprall eines großen Ozeanschiffes auszuhalten. Um den Schaden am Schiff in Grenzen zu halten, wird man rund um solche Pfeiler einen schwimmenden verformbaren Gürtel zur Energievernichtung legen, den man als Knautschzone bezeichnen kann. Sie ist unbedingt nötig, denn schon oft sind Brücken über Meeresarme eingestürzt, weil Schiffe mit ihnen kollidierten, z. B. die Tjörn-Brücke über den Askerö-Fjord in Schweden.

Eine Gibraltar-Brücke?

In letzer Zeit wurde eine Überbrückung der Straße von Gibraltar in Erwägung gezogen. Ihre Länge von rund 24 Kilometer schreckt den Brückenbauer nicht, wohl aber die Wassertiefe von 300 bis 400 Meter und die Strömungsverhältnisse. Es wäre wohl auch kaum möglich, 400 Meter hohe Brückenpfeiler gegen den Anprall von Ozeanschiffen zu sichern. Die Grenzen des Großbrückenbaues lassen es daher ratsam erscheinen, für die Überquerung dieser Meeresstraße einen Tunnel zu wählen, wie ihn die Japaner zur Zeit zwischen der Hauptinsel Honshu und der Insel Hokkaido bauen. Dieser Tunnel wird etwa 54 Kilometer lang und unterfährt einen Meeresarm mit bis zu 140 Meter Wassertiefe. Auch für den Kanal zwischen Frankreich und England ist die Untertunnelung vorzuziehen.
Die Grenzen des Brückenbaues sind heute sehr weit gesteckt. Sie können jedoch nur genutzt werden, wenn die menschliche Leistungskraft für den Frieden eingesetzt wird.

Peter Schröder

WERTVOLLES UNGEZIEFER

Farbstoffe aus Pflanzenläusen

Eine Laus im Pudding? Das verdirbt wohl jedem den Appetit! Und doch kann man Schildlausextrakt, in Fläschchen sorgfältig abgefüllt, als Farbessenz für die feine Küche mancherorts in den Regalen der Supermärkte finden – vom Hersteller auch für die Zubereitung von Soßen und Gebäck empfohlen. Als reinlicher und gut gewaschener Angehöriger der zivilisierten Welt ist man freilich gewohnt, Läuse als Ungeziefer zu betrachten. Das gilt für die blutsaugenden Läuse wie für Pflanzenläuse. Zu diesen zählen wir vor allem die Blattläuse und die Schildläuse – fast alles Schädlinge, für deren Vernichtung viel Geld ausgegeben wird. Daß es unter ihnen auch einige Nutztiere gibt, wissen die wenigsten. Kulturen, in denen Läuse sorgsam gepflegt und gehegt werden, gibt es zwar noch, doch in den Statistiken der Weltwirtschaft wird man vergeblich nach Angaben über Ein- und Ausfuhr dieser Sechsbeiner suchen. Vor hundert Jahren aber ist die Läusezucht noch für viele Menschen die wichtigste Erwerbsquelle gewesen.

Ernte der Koschenillelaus in Lanzarote. Die hellen weiblichen Schildläuse werden mit einem Blechlöffel abgekratzt und fallen in die darunter gehaltene Schale. Foto Gronefeld

Es handelt sich bei diesen »Nutztierchen« um verschiedene Schildlausarten, die man zur Gewinnung von Farbstoffen verwendet. Die Kermesschildlaus ist in den Mittelmeerländern verbreitet und lebt in den Blättern der Kermeseiche. Den aus ihr gewonnenen Farbstoff schätzten bereits die alten Griechen und Römer. Kermes- oder Karmesinrot galt als Farbe der vornehmen Leute. In Osteuropa, vor allem in Polen, wurde bis in das 19. Jahrhundert hinein eine andere Schildlaus wirtschaftlich genutzt, die im Volksmund unter dem Namen »Johannisblut« bekannt war. Aus einer dritten Art, der Koschenilleschildlaus, gewinnt man heute noch Farbstoffe. Ihre Heimat hat sie in Mexiko, wo sie als Schädling auf einer weit verbreiteten Opuntienart gute Lebensbedingungen vorfindet. Bereits vor der Entdeckung Amerikas nutzten die Azteken diese Schildlausart zur Farbstoffgewinnung. Nach der Eroberung Mexikos durch Hernán Cortés erkannten die Spanier bald den Wert des neuen Farbstoffs. Der Handel mit Koschenillepulver wurde zum Privileg der spanischen Krone. Nachdem sich Mexiko um 1820 seine Unabhängigkeit als selbständiger Staat erkämpft hatte, sahen die Spanier ihre Versorgung mit Koschenille gefährdet. Man brachte deshalb die Koschenilleschildlaus in die Alte Welt und versuchte, in Spanien eine Zucht anzulegen. Aber die klimatischen Bedingungen waren hier nicht günstig. Im Jahre 1824 verlegten die Spanier die Zucht auf die Kanarischen Inseln, wo die Wirtspflanzen, die Opuntien schon seit dem 16. Jahrhundert wild wuchsen. Es war zunächst kein Leichtes, das Mißtrauen der kanarischen Bauern zu überwinden, die in der Laus nur einen Schädling sahen. Aber bald schon sprach es sich herum, wie gut man mit dem »Ungeziefer« Geld verdienen konnte.

Wie man die Schildläuse züchtet

Was muß der Bauer tun, um aus Läusen Geld zu machen? Zunächst bepflanzt er ein Stück Land mit Opuntien. Bei künstlicher Bewässerung sind die Setzlinge schon nach einem halben Jahr groß genug, damit man Schildläuse auf ihnen aussetzen kann. Der Bauer nimmt dafür nur weibliche Tiere, die kurz vor der Brut stehen, und zwar zu Beginn der trockenen Jahreszeit, also zwischen April und Juni. Nach etwa drei Monaten ist die Brut wiederum fortpflanzungsfähig. Unter sehr guten Lebensbedingungen vermehren sich die Läuse noch rascher, so daß innerhalb eines Jahres fünf Generationen aufeinander folgen können. Die ausgewachsenen Tiere werden dann mit langen Blechlöffeln von den Opuntien abgekratzt und durch Hitze in besonderen Öfen getötet. Die Läuse erhalten durch diese Prozedur eine silbergraue Farbe. Schwarzbraun werden die Tiere, wenn sie durch heißen Wasserdampf getötet werden, wie es zeitweilig auch üblich war. Anschließend läßt man sie einige Zeit an der Sonne trocknen. Durch Sieben gewinnt der Bauer die erheblich größeren, bis 6 mm langen weiblichen Tiere, denn nur diese enthalten Farbstoffe. Gemahlen ergeben die Tiere ein Pulver, das unter der Bezeichnung Koschenille in den Handel kommt. Aus ihr gewinnt man durch besondere Verfahren wiederum den leuchtendroten Farbstoff Karmin. Zur Herstellung von 100 g Karmin benötigt man etwa 2 kg Koschenille. Dafür müssen etwa 250 000 bis 300 000 Tiere eingesammelt, getrocknet und gemahlen werden – eine »lausige« Arbeit! Um 1870, als die Nachfrage nach Koschenille am größten war, wurden auf den Kanarischen Inseln jährlich mehr als 750 Milliarden Schildläuse verarbeitet. Das Endprodukt, der Farbstoff Karmin, verwendet man in geringen Mengen auch heute noch zur Färbung von kosmetischen Produkten und von Nahrungsmitteln. Vor der Entdeckung künstlicher Farbstoffe diente Karmin vor allem zum Färben von Textilien, insbesondere von Seiden- und Wollstoffen.

Eine Enzyklopädie aus dem Jahre 1778 gibt uns Auskunft über die früher übliche Methode der Farbzubereitung: »Wenn ein Pfund Wollengarn in funfzig Maas Flußwasser im Kessel lauwarm gemacht ist, so werden vier Loth Weinsteinschaum und anderthalb Quentchen gepulverte und wohlgesiebte Cochenille hinzugethan; ist alles am Sieden, so fügt man noch vier Loth von der sogenannten Scharlachcomposition hinzu. Zu gedachter Composition kommen sechzehn Loth Salpetergeist, mit eben soviel Flußwasser verdünnt. Man zerläßt darin nach und nach ein Loth Salmiack, woraus ein körnigtes Wasser entstehet. Zwey Quentchen wohlgereinigter Salpeter machen die Farbe gleichmäßiger. In dieses verdünnte Scheidewasser kommt eine Unze Drehspäne von dem weichen Malacker Zinn, jedoch nach und nach, um die rothen Dämpfe beyzubehalten, woraus eine Art von rother klarer Goldauflösung entstehet. Diese Composition wird, um das Verdünsten zu verhüten, in fest zugemachten Flaschen verwahrt, auch in grosser Hitze in den Keller getragen ...«

Künstliche Farbstoffe als Konkurrenten

Zunächst war die Produktion von Koschenille auf den Kanarischen Inseln lange Zeit noch weitaus geringer als die Ausfuhr aus Mittelamerika. Erst um die

Opuntienfeld bei Guatiza auf den Kanarischen Inseln. Im Hintergrund eine jener berühmten kanarischen Windmühlen. Auf den flachen Sprossen der Opuntien – es sind im botanischen Sinne keine Blätter, sondern Stämme oder Zweige – sind als ausgedehnte weiße Flecken die Kolonien der Koschenille-Schildlaus erkennbar. Im Bild unten sind sie vergrößert dargestellt. Foto oben Schröder, unten Bavaria

Mitte des 19. Jahrhunderts stieg die Produktion auf etwa 360 t pro Jahr. Hauptabnehmer war Großbritannien, denn die englische Textilindustrie, zu jener Zeit führend in der Welt, war auf die Einfuhr

Nach langwieriger Behandlung gewinnt man aus der Koschenillelaus einen karminroten Farbstoff, der vor allem für Lebensmittel verwendet wird, da er völlig ungiftig ist. Foto Schröder

natürlicher Farbstoffe angewiesen. Es gab zwar Versuche, auch in den englischen Kolonien Läuse gewinnbringend anzusiedeln, aber für den großen Bedarf reichte die Ausfuhr aus Südafrika und Indien nicht aus.

Für kurze Zeit schien bereits 1862 das Schicksal der Koschenillekulturen besiegelt. Das Aufkommen der 1856 entdeckten Teerfarbstoffe ließ die Preise für Karmin auf fast die Hälfte sinken. Aber noch war die Qualität der natürlichen Farben besser, und trotz dieser neuen Konkurrenz stieg die Produktion von Koschenille bald weiter an. Die Kanarischen Inseln erreichten um 1870 den Höhepunkt: 3000 t Koschenille wurden jährlich exportiert, und mehr als 10 000 ha Land, bepflanzt mit Opuntien, dienten der Zucht. Doch auf die Dauer konnten die natürlichen Farbstoffe mit den viel billigeren und ständig verbesserten künstlichen Farbstoffen nicht konkurrieren. Um 1870 kostete 1 kg Koschenille in Deutschland rund 10 Mark, im Jahre 1888 hingegen brachte es nur noch 2 Mark. Heute wird die Zucht der Koschenilleschildlaus nur noch in sehr geringem Umfang betrieben. Nur mehr selten findet der Tourist ein mit Opuntien bepflanztes Feld. Schaut man sich die stacheligen Pflanzen näher an, so entdeckt man an den Sprossen weißlich-graue, erbsengroße, schildförmige Gebilde, eben jene Schildläuse, die ein halbes Jahrhundert lang die Wirtschaft der Kanarischen Inseln bestimmt hatten.

Hanns-Christian Gunga und Beate-Charlotte Rauffus

ISLAND

Insel aus Feuer und Eis

Als ich aufwache, weiß ich im ersten Augenblick gar nicht, wo ich mich befinde. Ich liege in einer Holzkiste, um mich herum ein unbeschreibliches Gewirr verschiedener Geräusche, Transistorgeplärre, Stimmen, Schnarchen und Meeresgetöse. Mit verschlafenen Augen erkenne ich aus meiner sargähnlichen Kiste heraus Reihen weiterer übereinander gebauter Holzkisten, vollgestopft mit Schlafsäcken, Handtüchern, Rucksäkken, Bergschuhen und Menschen, von denen sich einige gerade das Frühstück zubereiten, während andere mit der Übelkeit kämpfen. Die Gerüche, die mich umgeben, entsprechen der chaotischen Szenerie.

Ich bin auf der »Smyril«, der Fähre, die ein paar Abenteurer und Naturfreunde von Schottland an den Färöer-Inseln vorbei in zweieinhalb Tagen nach Island schaukelt.

Unter den Bedingungen an Bord fällt mir eine echte Islandbegeisterung noch schwer. Nicht einmal die Isländer, die die ganze nördlich-helle Nacht in der Bordbar gesungen und gesoffen haben, konnten die Lethargie an Bord vertreiben. Nach zwei Tagen gähnender Langeweile zwischen Schlafkiste, Kantine und dem Waschraum stehe ich an Deck und beschwöre die tiefhängenden Wolken über dem eisgrauen Meer, mir endlich den Blick auf Island freizugeben. Plötzlich geht es wie ein Lauffeuer durch das Schiff: Island in Sicht! Es ist Islands Ostküste, die mit schroffen, gewaltigen Bergzungen aus dem Meer emporsteigt. Endlich ist das Ziel unserer Reise erreicht – Island, die Insel mit den meisten tätigen Vulkanen der Erde, den größten Gletschern Europas, den gewaltigsten Wasserfällen.

Island mit dem kurzen, hellen Sommer und dem langen, schwarzen Winter. Island, wo die Erde noch ganz jung und unberührt ist. Diese Insel wollen wir kennenlernen. Wir sind vier: die Abiturientin Beate, der Rechtsanwalt und Bergsteiger Axel, seine Frau Barbara und ich, der Geologe.

Voller Erwartung verlassen wir an diesem Abend den Hafen von Seydisfjördur und kommen sogleich auf eine bucklige Schotterpiste. Das Straßennetz Islands ist nur im Südwesten des Landes etwas besser. Die meisten Straßen führen an der Küste entlang. Im Landesinnern sind nur die größeren Querverbindungen ohne Schwierigkeiten zu befahren, was wir noch zur Genüge am eigenen Leibe erleben sollten.

Kühler Empfang

Auf der Suche nach einem geeigneten Standplatz für unsere erste Nacht auf der Insel kriechen wir im isländisch verniesel-ten Abend durch schwarze Lavahügel und spärlich bewachsene Grasfelder, die teilweise jetzt noch, im Juli, mit Schnee bedeckt sind. Beate, so scheint mir, ist

Vulkane stellen auf Island eine tägliche Bedrohung dar. Im Bild unten ein nächtlicher Ausbruch des Vulkans Helgafell im April 1973 auf der Westmännerinsel Heimaey. Damals mußten die rund 5000 Bewohner dieser Insel für einige Monate evakuiert werden. Auf der gegenüberliegenden Seite Ausbruch des untermeerischen Vulkans Syrtlingur im Juli 1965. Damals entstand 33 km von der Küste entfernt eine neue Insel, Surtsey. Foto rechts Krügler, Foto unten Schuster

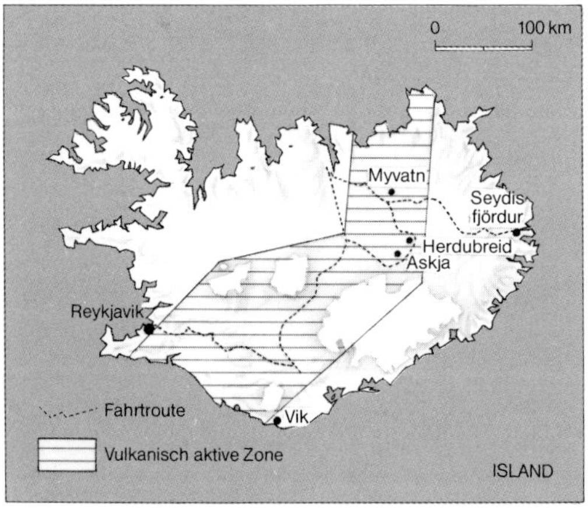

Die Karte von Island zeigt die Lage der Hauptstadt Reykjavik sowie der wichtigsten im Text genannten Gegenden.

Island ist eine sehr hohe, bis weit über die Wasseroberfläche reichende Erhebung des Mittelatlantischen Rückens, eines untermeerischen Gebirgszuges.

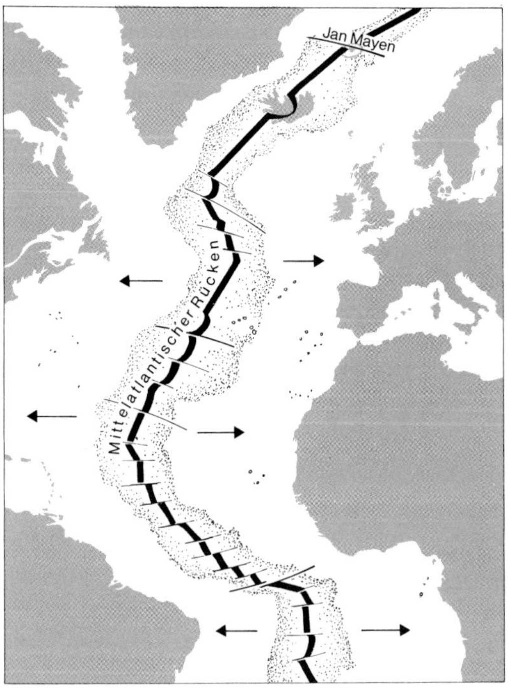

von dieser abweisenden, grauschwarzen Landschaft nicht gerade eingenommen. Aber irgendwie ahne ich, daß wir uns im Laufe dieses Sommers für die kühle Insel noch sehr erwärmen werden.

In den ersten Tagen unserer Tour regnet es unablässig. Wir essen im Regen, schlafen im nassen Zelt, trocknen die Socken notdürftig auf der Autolüftung und wandern mit durchweichten Schuhen. Der Wasserfall Dettifoss ist unsere erste Station. 44 Meter stürzt das Gletscherwasser in die Tiefe. 193 Kubikmeter fließen in der Sekunde vorbei – das ist einmalig in Europa. Der gewaltige Anblick, das Brausen und Tosen des Wassers lassen uns Regen und Kälte leicht hinnehmen. Hier wird deutlich, über welch große Wasserkraftreserven Island verfügt. Sie werden erst zu einem kleinen Teil genutzt. Wasserkraft, Elektrizität, wird für die isländische Wirtschaft sicher noch an Bedeutung gewinnen. 1969 wurde eine Aluminiumhütte südlich von Reykjavik in Betrieb genommen. Der Rohstoff zur Aluminiumgewinnung, das Bauxit, muß zwar mühsam von Südamerika herantransportiert werden. Doch die Elektrizität ist billig – und zur Bauxitverhüttung werden gewaltige Mengen Elektrizität benötigt. Island selbst besitzt so gut wie keine eigenen Rohstoffe. Alles muß für teures Geld eingeführt werden, vom Nagel bis zum Wellblech für das Hausdach. Die Isländer treiben etwas Landwirtschaft, doch spielt sie für die Ausfuhr keine große Rolle. Hauptzweig ist die Schafzucht mit der Produktion von Fleisch, Fellen und Wolle. Der Landwirtschaft sind durch die langen, kalten und dunklen Winter enge Grenzen gesetzt. Frühjahr und Sommer dauern zwar vier bis fünf Monate, aber auch dann reichen die Temperaturen kaum über 10° Celsius hinaus. Es herrscht ein subarktisches, kühles bis gemäßigtes Klima. Daß die Insel nicht gänzlich vergletschert ist wie Grönland, geht auf den mildernden Einfluß des Golfstroms zurück.

Island ist eine rein vulkanische Insel, und der Vulkanismus ist ihre Bestimmung – Segen und Fluch zugleich.
Das wird uns klar, als wir ein paar Tage später den See Myvatn im Norden der Insel erreichen. Hier ist das schlechte Wetter vorerst vorbei. Der Myvatn (»Mückenwasser«) und seine Umgebung gehören zu den landschaftlich schönsten und interessantesten Gebieten. Er liegt in der Zone des aktiven Vulkanismus in Island, einem 200 Kilometer breiten Streifen, der die Insel von Nordost nach Südwest durchzieht.

Eine reine Vulkaninsel

Island ist geologisch gesehen eine junge Insel. Sie entstand vor ungefähr 40 Millionen Jahren, als sich Nordamerika gerade von Europa und Südamerika von Afrika getrennt hatten und auseinanderzudriften begannen. An der Nahtstelle zwischen diesen Kontinenten lag ein 20 000 Kilometer langer Bruch, der heutige Mittelatlantische Rücken. Es handelt sich um ein untermeerisches Gebirge, auf dem die Erdkruste verhältnismäßig dünn ist, nur 6 Kilometer. Auf diesem Mittelatlantischen Rücken liegen nebst Island auch die Vulkaninseln der Azoren. Aus der Bruchstelle des Mittelatlantischen Rückens – man kann sie sich als Spalt vorstellen – steigt heißes, glühendes Magma, flüssiges Gestein, auf und wird ausgeschleudert. Die Aschen und Laven lagern sich auf dem Meeresgrund ab und schufen im Laufe von Jahrmillionen den Mittelatlantischen Rücken. An besonders aktiven Stellen wurde so viel Lava abgelagert, daß sich Inseln über den Meeresspiegel erhoben. Die größte ist Island.
Man kann auf Island nahezu alle Erscheinungen des Vulkanismus finden und studieren. Die Insel ist in dieser Hinsicht einzigartig auf der Erde. Neben typischen Strato- oder Schichtvulkanen, deren Kegel aus Laven und vor allem Aschen aufgebaut sind und deren Flanken mehr als 20° Hangneigung aufweisen, gibt es auf Island auch Schildvulkane und Spaltenvulkanismus großen Ausmaßes.
Schildvulkane sind sehr flache Vulkankegel (bis 5° Hangneigung), die im Gegensatz zu den Stratovulkanen nur sehr dünnflüssige, heiße Lava fördern. Beim Spaltenvulkanismus treten die Aschen und Laven nicht aus Schloten und Kratern, sondern großflächig aus langen Spalten aus. Die 1700 bis 4800 Meter mächtige Basaltdecke Islands dürfte im wesentlichen auf solche Ausbrüche zurückgehen.
Am Myvatn – und nur hier – kann man etwas Besonderes beobachten, die Pseudokrater. Wie der Name vermuten läßt, sind es keine echten Vulkane. Pseudokrater entstehen, wenn heiße Lavaströme über Moore und Sümpfe fließen. Das Wasser im Untergrund erhitzt sich und wird zu heißem Dampf. An schwächeren Stellen kann dieser explosionsartig hervorbrechen und Krater bilden. Heute sehen wir die Ränder dieser Kegel im Myvatn stehen.

Erdwärme und Wasserkraft – Islands Schätze

Wir verlassen den Myvatn in östlicher Richtung und besichtigen das ausgedehnte Solfatarenfeld an der ungefähr 20 Kilometer entfernten und heute sehr aktiven Krafla-Spalte. Hier erleben wir die Erde, wie sie zu Beginn ausgesehen haben mag: Gelblich-weiße Schwefeldämpfe ziehen durch das Tal gegen die rötlichen Hügel. In Hunderten von Erdlöchern kocht und brodelt blaugrüner Schlamm. Ihr Rand ist mit leuchtend gelben Schwefelkristallen umsäumt.
Die Isländer haben als erste erkannt, daß man Erdwärme zur Heizung und in großen Kraftwerken zur Energiegewinnung nutzen kann. An der Krafla-Spalte steht bereits das zweite Kraftwerk, nachdem

Oben: Geysire – heiße, aus dem Erdboden schießende Quellen – sind weitere Zeugen des Vulkanismus auf Island. Die meisten Geysire stoßen ihr Wasser als überhitzten Dampf in regelmäßigen Abständen aus. Foto ZEFA

Gegenüberliegende Seite: Der Gullfos-Wasserfall in Island. Die Insel is sehr reich an noch ungenutzter Wasserkraft. Seit 1969 gibt es eine Aluminiumhütte, die ungeheure Mengen Elektrizität verschlingt. Foto Mauritius

Landschaft in der Umgebung des Vulkans Hekla auf Island bei Mitternacht. Island liegt nahe am Polarkreis, und die Sonne geht im Sommer dort kaum unter. Im Winter hingegen wird der Tag zur Nacht. Foto Mauritius

das erste vor einigen Jahren durch einen verheerenden Vulkanausbruch zerstört wurde.
Die Energiegewinnung erscheint verhältnismäßig einfach: Man bohrt den heißen Untergrund an, läßt darin Wasser erhitzen und dampfförmig werden. Der Dampf erzeugt über Turbinen Strom. Man kann ihn auch als Wärmeträger zur Heizung in Siedlungen leiten. Auf diese Weise wird beispielsweise die Hauptstadt Reykjavik, in der 120 000 Einwohner, also 60% der Gesamtbevölkerung Islands, leben, mit Fernwärme beheizt.
Wir beschließen, erst am nächsten Tag weiterzufahren und die Nacht auf einer Wiese unweit der Solfatarenfelder zu verbringen. Das ist ein schwerer Fehler. In der Nacht dreht der Wind, und die übelriechenden Schwefelschwaden aus den Solfataren- und Fumarolen-Feldern ziehen direkt durch unser Camp. Alles scheint nach faulen Eiern zu stinken. Hals über Kopf verlassen wir die Krafla-Spalte und fahren in ein Gebiet, das – schließlich muß man aus Erfahrungen lernen – schon seit 20 000 Jahren nicht mehr vulkanisch tätig ist. Es ist die Odahadraun, das wörtlich übersetzt »Lavafeld der Missetäter« bedeutet. In diese Wüste wurden im alten Island die Verbrecher gejagt. Der Odahadraun ist eine grau-schwarze, wilde, äußerst lebensfeindliche Stein- und Aschenwüste. Sie liegt nördlich des gewaltigen Gletschergebiets des Vatnajökull; in ihrer Mitte erhebt sich der erloschene Vulkan Herdubreid. Dieser Vulkan – 1682 m hoch – wird als der schönste Berg Islands gepriesen, und wir haben vor, ihn zu besteigen. Waren die bisher befahrenen Pisten schon einsam und abenteuerlich, so ist diejenige, die zum Herdubreid führt, nur noch als katastrophal zu bezeichnen. Bis zum Horizont erstreckt sich ein im Fluß erstarrtes, schwarzes Lavameer. Der

Himmel ist undurchdringlich grau. Fern und – wie es scheint – uneinnehmbar liegt der Berg in Nebel gehüllt. Stundenlang kämpft sich der Landrover durch die Lava. Daß wir uns auf einer Fahrpiste befinden, ist nur noch an den Steinhaufen erkennbar, die die Richtung weisen. Als wir den Fuß des Herdubreid erreichen, ist es schon Abend. Doch im isländischen Sommer – wir sind nahe am Polarkreis – wird der Himmel nur dunkelgrau, nie ganz schwarz. Dunkles Lavageröll erstreckt sich mehrere hundert Meter bis an den Rand gerade aufsteigender Felswände, die von Schneefeldern durchzogen sind und im Dunst verschwinden. Wir verschieben die Besteigung auf den nächsten Tag.

Der Herdubreid ist der bedeutendste Horstvulkan Islands. Diese eigentümlich geformten Vulkane haben als Gipfel ein großes, flaches Plateau und sehen Tafelbergen ähnlich. Horstvulkane sind unter den Gletschern des Inlandeises der letzten Eiszeit entstanden. Sie brachen unter dem Eis aus und schleuderten ihre Auswurfmassen gegen den mächtigen Eispanzer über ihnen. Auch heute noch sind Vulkane dieses Typs unter dem Eis des Vatnajökull aktiv. Die Einwohner fürchten sie, weil ihre Eruptionen zu verheerenden Gletscherläufen führen. Bei einem Vulkanausbruch schmilzt in kürzester Zeit viel Eis weg. An den Gletschertoren sammeln sich sintflutartige, vorwärtsstürzende Wassermassen, die alles mit sich reißen, was sich ihnen in den Weg stellt.

Wüsten und saftige Wiesen

Das Wetter ist am folgenden Tag denkbar schlecht, es schneit und stürmt mitten im »Sommer«. Nur Axel und ich wagen einen Versuch. Acht Stunden dauert der Aufstieg. Am Gipfel herrschen Nebel und ein derart dichtes Schneetreiben, daß wir keine zehn Meter weit sehen. Überhaupt erscheint es uns wie ein Wunder, daß wir den Gipfel bei diesen Verhältnissen überhaupt finden können.

Tags darauf fahren wir etwa 100 Kilometer weit durch die Hochwüste, bei einer Geschwindigkeit von 5 Stundenkilometer ist es eher ein Kriechen. Während zu Anfang noch Fahrspuren oder Steinhaufen zu sehen sind, müssen wir bei einsetzendem Schneetreiben immer öfter anhalten und den Weg suchen. Schließlich renne ich in meiner Daunenjacke ständig als roter Punkt durch die inzwischen einheitliche Weiße auf der Suche nach einem möglichen Weg. Wir können uns nur noch an Flußläufen und nach dem Kompaß orientieren. Nach Stunden dieser nervenaufreibenden Suche bringt uns die nun wieder sichtbare Piste weg vom Gletscher, hinunter in die Lava. Als wir endlich wieder Pflanzen sehen, atmen wir alle auf. Vergessen sind die kalten Füße, die nassen Kleider, die Angst. Und wir fangen an zu singen! Nachts um zwei Uhr haben wir die Hochlandwüste Sprengisandur zwischen den Gletschern Vatnajökull und Hofsjökull beinahe durchquert. Die Sonne geht auf über dem schwarzen Wüstensand und den Gletschern, die gleiche Sonne, die zwei Stunden zuvor bei strahlend blauem Himmel leuchtend versunken ist.

Einige Tage später erreichen wir Landmannalaugar, die »heißen Quellen der Leute vom Land«, im Süden Islands. In einem schmalen Tal, das von farbenprächtigen Liparitbergen und glänzend schwarzer Obsidianlava umgeben ist, liegen warme Quellen inmitten saftig grüner Wiesen. Bei strahlendem Sonnenschein erleben wir hier ein ganz anderes Island. Wir baden in den warmen Flüssen, während die Gipfel und Hänge um uns mit Schnee und Eis bedeckt sind. Wir plaudern mit Isländern und denken an den ersten grauen Tag zurück, als wir in Seydisfjördur ankamen. Damals ahnten wir nur, wie sehr einen dieses schroffe, scheinbar so unnahbare Land in seinen kühlen Bann ziehen kann.

Heinz-Werner Stürzer

DIE WELTMEERE SIND ÜBERFISCHT

Die deutschen Fischer geben SOS

In den letzten Jahren haben sich die Grenzen der Länder stärker verändert als im ganzen Jahrhundert zuvor. Die neuen Grenzen liegen alle auf dem Meer. Denn zahlreiche Küstenstaaten betrieben eine »Land«nahme zur See. Sie dehnten ihre nationalen Fischereizonen von 3 Meilen (ca. 5,6 km) auf 200 Meilen (370,4 Kilometer) aus. Inselstaaten wie Island und die Seychellen vergrößerten ihre Oberfläche um das Zehn- bis Hundertfache. Selbst die Bundesrepublik, als Kurzküstenstaat ein Habenichts bei der Umverteilung der Meere, war mit dabei, als die Europäische Gemeinschaft (EG) in Brüssel eine gemeinsame Fischereizone ausrief. Seitdem ist die Nordsee, bis auf den Küstensaum vor Norwegen, reines EG-Meer.

Die neue Grenzziehung stößt einen modernen Wirtschaftszweig, die Hochseefischerei, ins Mittelalter der Kleinstaateninteressen und Zollvereine zurück. Heringe, Schollen, Rotbarsch und Kabeljau veranlaßten die Regierungen, ihre Küsten mit doppelten Grenzlinien einzuigeln. Nach der äußeren Fischereigrenze gibt es 188 Meilen weiter zur Küste eine zweite unsichtbare Barriere, die im EG-Meer selbst EG-Partner nicht mit ausgesetztem Fanggeschirr überfahren dürfen. Auch die abgefischte deutsche Küste wird 12 Meilen vor der Küste durch Wachboote des Fischereischutzes abgeriegelt, damit Holländer nicht an die ostfriesischen Seezungen herankommen. Jedes Jahr muß sich bis zu einem Dutzend niederländischer Raubfischer vor deutschen Gerichten verantworten. Als Strafe haben die Fischer den Erlös ihres Fanges und den Wert ihres Fanggeschirrs zu zahlen, fünfstellige Summen selbst bei kleinen Kuttern.

In den Maschen der Justiz zappeln auch deutsche Fischer, die von isländischen, norwegischen, englischen und kanadischen Gerichten verurteilt werden. In den gleichen Netzen werden sich auch die Kapitäne der Handelsschiffe verfangen, wenn die Teilnehmerstaaten an der UN-Seerechtskonferenz auch noch das Recht beanspruchen, in einem Seegebiet von 350 Meilen (563,27 Kilometer) vor der Küste nationale Gesetze anzuwenden.

Die Netze werden über die Heckaufschleppe an Bord gezogen. Obwohl sie schon so groß wie Fußballfelder sind, gehen die Fänge immer mehr zurück. Foto Fischwirtschaftl. Marketing Institut

Neun Jahre Seerechtskonferenz

Die Verhandlungen zum Westfälischen Frieden, der den Dreißigjährigen Krieg beschloß, hatten fünf Jahre, von 1644 bis 1648, gedauert. Der Wiener Kongreß (1814/1815) erledigte trotz seiner vielen Bälle die Neuordnung Europas nach den Napoleonischen Kriegen in neun Monaten. Zur Unterzeichnung des Potsdamer Abkommens am Ende des Zweiten Weltkrieges brauchten Stalin, Truman und Attlee 1945 nur drei Wochen. Doch die Runde der UN-Seerechtskonferenzen brauchte für die Ausarbeitung des Vertrages über neun Jahre. Die größte Konferenz aller Zeiten mit 163 Teilnehmerstaaten verlief so schleppend, daß zahlreiche Regierungen ein mutmaßliches Ergebnis schon vorwegnahmen, nämlich die Ausrufung der neuen Fischereizonen. Nach dem schlechten Beispiel von Peru und Island zirkelten die Staaten 200 Meilen breite Reservate der Küstenmeere ab. Bisher galt die Dreimeilenzone als unumstrittenes Hoheitsgebiet. Sie wurde zu jener Zeit eingerichtet, als Kanonenkugeln noch nicht weiter als drei Meilen fliegen konnten.

Weil die Fischgründe meist in flacheren Küstenbereichen liegen, bedeuten die neuen Fischereizonen, daß nun praktisch jeder Seefisch eine »Nationalität« hat. Was uns die mächtigen Staaten des 18. und 19. Jahrhunderts bei der Eroberung von Kolonien vorgemacht hatten, wiederholt sich in unseren Tagen auf dem Wasser. Statt um Elfenbein, Diamanten, Kaffee, Tee und Baumwolle geht es heute um Fische und um unterseeische Bodenschätze wie Ölquellen, Erzschlämme und Manganknollen.

Seit biblischen Zeiten galt der Fischreichtum des Meeres als unerschöpflich. Im Meer brauchte nicht gesät und konnte doch geerntet werden. Den Segen des Meeres beschrieb die Öconomische Encyclopädie 1780 am Beispiel des Herings so: »Der Häring schließt eine solche Menge Eyern in sich, daß man hieraus begreifen kann, wie dieser Fisch bey der gewaltigen Menge, die jährlich von ihm gefangen wird, sich dennoch beynahe ins

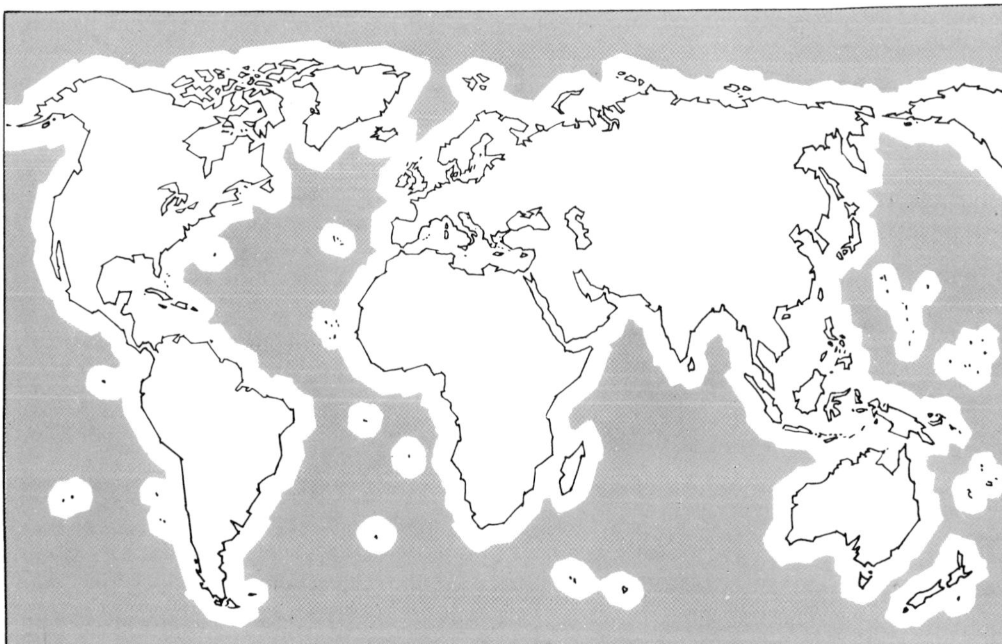

Die 200-Meilen-Zone veränderte das Gesicht der politischen Landkarte. Über Nacht verhundertfachten viele Kleininseln ihr Hoheitsgebiet.

Unendliche vermehren könne. Muß nicht jeder Vernünftige hierbey die Vorstellung der Allmacht bewundern, welche gerade die eßbaren Thiere des Meeres sich in so unendlicher Menge vermehren läßt, da die großen Ungeheur des Oceans, die Wallfische und andere große Raubfische fast nur immer 2 bis 3 Junge zur Welt bringen.«

Die Fanggeräte werden perfekter …

Die Behauptung, es werde immer genügend Fisch geben, blieb mehr als 150 Jahre lang unbestritten. Noch nach dem Zweiten Weltkrieg vertraten Fischereibiologen die Ansicht, durch Vorschriften für die Maschenweiten der Netze ließe sich die Überfischung verhindern. Wenn man Fische wegfange, so könne sich der Rest besser und schneller entwickeln, weil die Freßkonkurrenz geringer geworden sei. So argumentierten manche Wissenschaftler. Stimmt das wirklich?

Die Amerikaner führten dazu Modellversuche mit Guppys in Aquarien durch. Als die Forscher nur zehn Prozent der Guppys aus den Becken fischten, verminderte sich das Gesamtgewicht jedoch um ein Drittel, denn die Wissenschaftler hatten sich – wie das auch in der Fischerei geschieht – die größten Fische gegriffen. Bei 25 Prozent Entnahme sank der Bestand bereits auf die Hälfte des Gewichts.

Demonstration deutscher Hochseefischer im Februar 1981 gegen die starre Haltung Großbritanniens bei den Fischereiverhandlungen der Europäischen Gemeinschaft. Foto dpa

Wurden 75 Prozent abgefischt, so war die Guppy-Bevölkerung binnen weniger Jahre vernichtet. Eine Überfischung war also sehr wohl möglich.
Doch das warnende Experiment blieb unbeachtet, weil es ja nur um Guppys in Aquarien ging und weil die Hochseefischer in den sechziger Jahren ganz andere Sorgen hatten – sie wollten die modernen Technologien aus dem U-Boot-Krieg endlich für den Fischfang nutzen.
Mit dem Echolot hatten die Kapitäne der Fischdampfer schon immer Fischschwärme orten können, die sich senkrecht unter dem Kiel befanden. Die Fischleiber reflektierten das Echo so genau, daß man Rückschlüsse über die Fischart ziehen konnte. Aber erst die U-Boot-Ortung mit dem Sonar machte es möglich, Heringsschwärme schon in 500 Meter Entfernung zu entdecken, denn der Sonar sandte seine Schallwellen horizontal vom Kiel des Fangfahrzeuges aus. Wenn der Kapitän den Schwarm im Horizontalsonar erfaßt hatte, brauchte er nur noch den Kurs zu ändern und danach das Echolot im Auge zu behalten, um festzustellen, wann der Schwarm vor der Öffnung seines Netzes auftauchte. Fatalerweise aber gab es noch kein Gerät, das anzeigte, wann genügend Fische im Netz zappelten. Diese Netzsonde kam 1964 auf den Markt. Sie verhinderte fortan, daß wegen der modernen Ortungstechnik der Netzsteert überfüllt wurde und platzte oder daß das Gewicht der Beute den Kutter unter Wasser drückte. Damit war die alte Fischerromantik endgültig tot, Elektronik war an ihre Stelle getreten.
Das Bild von den bärtigen Männern, die in Öljacke und Südwester das Netz mit bloßen Händen über die Seitenwand des Fischdampfers einziehen, hängt längst als Billigdruck in der Schiffskantine. Wie bei Walfangschiffen wird in der Hochseefischerei heute das Netz über eine Heckaufschleppe mit Winden an Deck gezogen. Maschinen köpfen die Fische automatisch, filetieren sie und frieren sie ein. Damit die Fließbänder auch genügend ausgelastet waren, mußten die Fangnetze der neuen Entwicklung angepaßt werden. Das handgeknüpfte Netz des Apostels Petrus, der von Beruf Fischer in Kapernaum gewesen war, entwickelten Institute wie das für Netz- und Materialforschung an der Bundesanstalt für Fischerei in Hamburg zu hochtechnisierten Arbeitsgeräten bis zur Größe von Fußballstadien.
Mit ihren modernen Ortungsgeräten entdeckten die Kapitäne auch Schwärme, die im freien Wasser schwebten und die nicht mit dem Grundschleppnetz zu fangen waren. So entstand das fabelhafte Schwimmschleppnetz, das 1963 der großen Hochseefischerei zur Verfügung stand. Jetzt konnte der Kapitän in derselben Art, wie er mit seiner Mütze in der Hand eine Fliege verjagen wollte, das Fanggerät über jeden freischwebenden Fisch stülpen.
Der Bremerhavener Kapitän Werner Muschkeit dampfte im Winter 1967 mit dem Heckfänger »Jochen Homann« (1046 Bruttoregistertonnen) bei Island durch ein Fanggebiet, in dem sich eine sowjetische Flotte vergeblich bemüht hatte, einige wenige Zentner Hering in den Netzsteert zu bekommen. Muschkeit setzte das moderne Schwimmschleppnetz aus und hatte wenige Stunden später Mühe, eine fünf Meter dicke Riesenwurst aus Heringsleibern an Deck zu ziehen. »Jochen Homann« bekam Schlagseite. Mit dem Weltrekord von 9190 Zentnern Heringe nach einer Fangreise kehrte Muschkeit nach Bremerhaven zurück. Dort traf kurz danach ein Angebot vom sowjetischen Fischereiministerium an

Hier hat der Kapitän eine gute Nase gehabt und die Angaben der Sonar-Ortungsgeräte richtig interpretiert – das Netz ist voll. Foto Fischwirtschaftl. Marketing Institut den Ostpreußen ein, persönlich die Flagge zu wechseln. Doch der Heringskönig blieb im Land.

... und die Fische immer weniger

1974 lief von Bremerhaven ein Fabrikschiff aus, das das größte Schleppnetz der Welt testen sollte. Durch seine Öffnung geht glatt ein fünfzehngeschossiges Hochhaus. Bei einer Zuggeschwindigkeit von vier Knoten (ca. 7,4 km/h) konnte das 280 Meter lange Monstrum in der Stunde 6,8 Millionen Kubikmeter Wasser abfischen. Das entspricht bei 15 Stunden Schleppzeit etwa der Wassermenge des Nord-Ostsee-Kanals.
Doch die Trendwende war angebrochen: Mit dem Supernetz wollten die Kapitäne nicht mehr größere Mengen Fische fangen. Es ging lediglich darum, die gleiche Fangleistung bei den bereits ausgedünnten Schwärmen zu erreichen.
Amerikaner und Russen arbeiteten bereits daran, um mit Hilfe von Satelliten auch die letzte Fischgräte im Meer zu finden. Infrarotlicht sollte die Wassertemperatur erkunden, Radar die Bewegung an der Oberfläche registrieren und die Fotografie mit Falschfarben laichende Schwärme orten. Bei diesem Technologiewettstreit mochte das Bundesministerium für Wissenschaft nicht zurückstehen; es erteilte Anfang der siebziger Jahre der ERNO-Raumfahrttechnik in Bremen den Auftrag, die »Druckknopffischerei« zu entwickeln. Die einzelnen Bausteine des Systems waren bereits vorhanden: Ortungsgeräte sollten die Position der Schwärme ermitteln und sie nach Art und Stärke klassifizieren. Die Satellitennavigation sollte das Schiff an den Schwarm heranführen, während ein Prozeßrechner die optimale Fanghöhe, die Länge der Kurrleine und die Geschwindigkeit festlegte.
Die bundesdeutsche Hochseefischerei, die an der Spitze des technischen Fortschritts dampfte, sollte durch Automatisierung ausgleichen, was ihr die Konkurrenten voraus hatten: den Fischreichtum vor der Haustür oder riesige Flotten wie die Russen.

Der Islandhering wurde ausgerottet

Das russische Heringsroulett drehte sich das ganze Jahr. Im Spätsommer warfen die sowjetischen Logger ihre Treibnetze bei der Insel Jan Mayen östlich von Grönland aus. Sie folgten dem Zug der Heringe im Herbst östlich an Island vorbei zu den Färöer-Inseln, schwammen den Winter über zur norwegischen Küste nordwärts und trafen im Frühjahr bei Spitzbergen ein. Im Spätsommer ging es wieder nach Jan Mayen.
Die Rollmopsaspiranten, die den sowjetischen Treibnetzen und den deutschen Schwimmschleppnetzen entkamen, verfingen sich dann aber garantiert in den Maschen der dänischen Gammelfischer, die den delikaten Meereshappen den Fischmehlfabriken zuführten. Als die erfolgreichsten Heringsbändiger erwiesen sich jedoch die Isländer, die rund um ihre Insel Ringwadennetze auslegten. Hundert Meter hohe Netzwände bis zu tausend Meter lang, an Schwimmern senkrecht ins Meer gehängt und dann wie Einkaufsbeutel zusammengezogen, filterten den letzten Hering aus der nördlichen Nordsee. Der Islandhering wurde ausgerottet – als sei er ein lästiges Ungeziefer.
Dem Kabeljau der Barentsee erging es nicht besser. Die vereinigten internationalen Flotten fischten 1974 eine Million Tonnen Kabeljau in der Barentsee, darunter 400 000 Tonnen kleine Vierjährige, die auf dem Konsumaltar geopfert werden mußten, bevor sie sich fortpflanzen konnten.
Schon einige Jahre zuvor hatte die Nordostatlantische Fischereikommission, ein Zusammenschluß der europäischen Fischereinationen, ein Bezugsscheinsystem für den Fischfang eingeführt. Jedes Land

erhielt bestimmte Mengen (Quoten) an Fisch zugeteilt, die es pro Jahr fangen durfte. Weil sich die Vergabe von Fangquoten aber nur mit Zustimmung aller Empfänger regeln ließ, kam es zu absurden Zahlen. Während sich die bundesdeutschen Fischer beispielsweise 1974 mit 10 000 Tonnen Nordseehering begnügten, verlangten und erhielten ihre dänischen Kollegen 108 000 Tonnen! Die landeten zum Teil wieder in den Fischmehlfabriken und wurden zu Viehfutter verarbeitet.

Der »Kabeljaukrieg«

Weil das internationale Quoten-Kartell zu wenig Durchsetzungsvermögen hatte und weil sich die nationalstolzen Isländer keine Vorschriften über ihre einzige Ernährungsquelle machen ließen, rief die Regierung von Reykjavik am 15. Oktober 1975 die 200-Meilen-Zone aus und eröffnete damit den »Kabeljaukrieg«, wie ihn die Engländer nannten.
Obwohl die britische Marine Kriegsschiffe und Hochseeschlepper einsetzte, die auf Kollisionskurs zu isländischen Wachbooten gingen, behielt der Kleinstaat im Norden die Oberhand gegen zwei der mächtigsten Industrienationen. Die Isländer kappten Engländern und Deutschen die Fangnetze, brachten den Bremerhavener Frischfischfänger »Acturus« auf und verdonnerten den Kapitän und die Reederei zu schwindelerregenden Strafen.

Das Beispiel macht Schule

Die Mehrheit auf der UN-Seerechtskonferenz, die damals schon im zweiten Jahr tagte, applaudierte. Das isländische Beispiel, noch vor Konferenzende eine 200 Meilen breite Fischereizone auszurufen, ahmte selbst – mit der Stimme der Bundesrepublik – die Europäische Gemeinschaft nach. Es zeigt sich heute jedoch deutlich, daß in diesen Fischereikonflikten Deutschland der große Verlierer ist. Denn die Bundesrepublik verfügt unter den bedeutenden Fischereinationen über die kürzeste Küstenlinie und mithin über die geringsten nationalen Gewässer. In der Europäischen Gemeinschaft hat die deutsche Hochseefischerei zwar Zugang zum EG-Meer, doch das Brüsseler Quoten-Kartell funktionierte bis 1982 noch weniger als das der Internationalen Fischereikommissionen. So kämpfen die Fischer von Cuxhaven und Bremerhaven auf Barrikaden aus Fischkisten, mit denen sie aus Verzweiflung tagelang die eigenen Häfen sperrten. Sie besetzten Schleusen, vertrieben französische und isländische Fangfahrzeuge mit Importware und entrollten vor den Fenstern, hinter denen der EG-Ministerrat tagte, Spruchbänder mit dem SOS-Ruf, ihre Arbeitsplätze zu retten. Vor vier Jahren bestand die Flotte der deutschen Hochseefischerei noch aus 39 Frischfischfängern und 27 Fabrikschiffen. Im Frühjahr 1983 fuhren nur noch 15 Fänger und 12 Fabrikschiffe. 2000 Arbeitsplätze gingen auf See verloren, eine zehnfache Zahl ist in der Fischindustrie bedroht, wenn keine Flotte mehr die regelmäßige Marktversorgung garantieren kann.
Die Folgen der weltweiten, unsinnigen Überfischung und die damit verbundene »Nationalisierung« der Fische trifft die deutschen Fischer wegen ihrer kurzen Küstenlinie am härtesten. Mit dem 16-Stunden-Tag waren die Fischer fertig geworden, ohne ein Wort darüber an Land zu verlieren. Sie hatten sogar taube Ohren, wenn ihnen die Gewerkschaft den 12-Stunden-Tag als Fortschritt pries. Die Fischer nahmen es auch hin, daß ihnen die technische Entwicklung die Gorch-Fock-Romantik nahm und sie zu Arbeitnehmern auf Fabrikschiffen werden ließ. Doch heute stehen die deutschen Hochseefischer da wie Hemingways »alter Mann« – nur mit Gräten in der Hand.

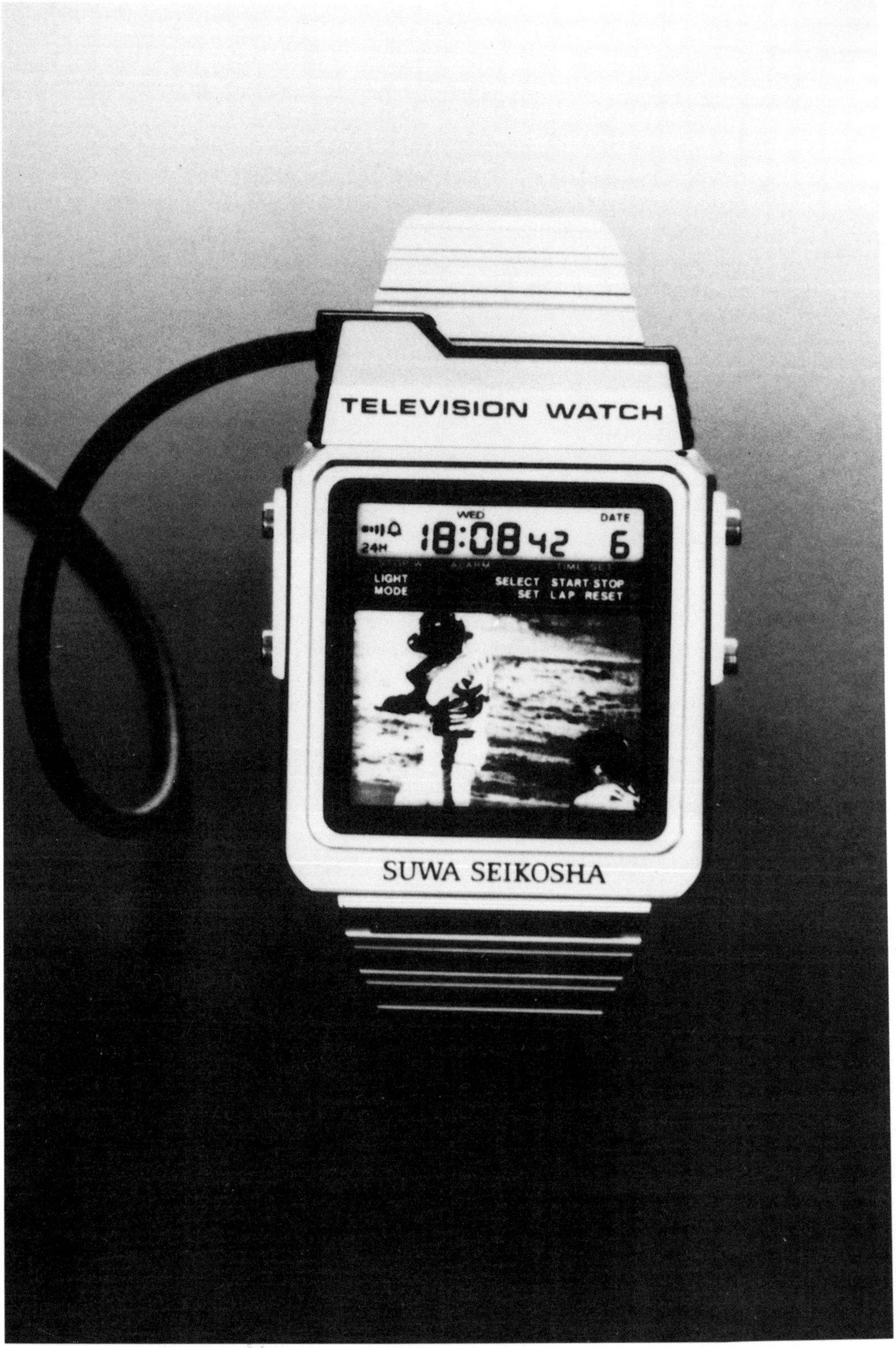
TELEVISION WATCH
WED
DATE
24H
18:08 42
6
LIGHT
MODE
SELECT
SET
START·STOP
LAP RESET
SUWA SEIKOSHA

Jürgen Reelitz

FLÜSSIGKRISTALLE

Seit ungefähr 100 Jahren kennen die Chemiker Flüssigkristalle, eine Gruppe von Verbindungen mit ganz eigenartigen physikalischen Eigenschaften. Während die »normalen« Stoffe je nach Temperatur in drei verschiedenen Zustandsformen – fest, flüssig oder gasförmig – auftreten, weisen die Flüssigkristalle beim Übergang vom festen in den flüssigen Zustand noch eine zusätzliche Erscheinungsform, den flüssigkristallinen Zustand, auf.
Erst seit ungefähr einem Jahrzehnt nutzen die Ingenieure diese eigentümlichen Stoffe aus. Ein Hauptanwendungsgebiet sind die Flüssigkristallanzeigen der Elektronik; sie heißen abgekürzt auch LCD, vom englischen »Liquid Crystal Display«. Sie ersetzen zunehmend andere Anzeigensysteme, z. B. aus Glühlämpchen oder Leuchtdioden, den LED, von »Light Emitting Diode«.
Diesen Durchbruch verdanken die Flüssigkristallanzeigen zwei sehr attraktiven Eigenschaften: Zum einen können sie sehr flach und platzsparend aufgebaut werden und zum anderen – und das macht sie für die Verwendung in batteriebetriebenen Geräten besonders interessant – sind sie extrem sparsam im Stromverbrauch. So braucht eine LCD-Anzeige nur etwa ein Tausendstel der Strommenge einer vergleichbaren LED-Anzeige. In den Digitalarmbanduhren zeigen die Flüssigkristallanzeigen die Sekunden, Minuten, Stunden, den Wochentag und das Datum über Jahre hinweg an – und das mit einer einzigen kleinen Batterie, die kaum größer ist als eine Erbse.
Auch der Fernsehapparat in der Armbanduhr ist keine Zukunftsmusik mehr. Funktionstüchtige Labormuster dieser flachen Mini-Fernsehschirme kann man bereits auf Messen und Ausstellungen bewundern. Egal, ob Armbanduhr oder Fernseher, aufgebaut sind die bisher verwendeten Flüssigkristallanzeigen alle nach dem gleichen Prinzip: Zwischen zwei Glasplatten befindet sich eine Schicht aus Flüssigkristallen; auf die beiden Außenflächen der Glasplatten sind Polarisationsfilter aufgeklebt, die für den Kontrast sorgen.

»Television watch«, der Fernsehapparat in der Armbanduhr, heute möglich dank der Vervollkommnung der Flüssigkristalltechnik. Ob es sich hier um einen sinnvollen Fortschritt handelt, sei dahingestellt. Foto Seiko

Kristall und Flüssigkeit zugleich

Chemisch gesehen sind die Flüssigkristalle organische Verbindungen mit langgestreckten Molekülen; ihre optischen und elektrischen Eigenschaften hängen von der Temperatur ab. Bis ungefähr –20 Grad befinden sie sich im fest-kristallinen Zustand. Beim Erwärmen über den

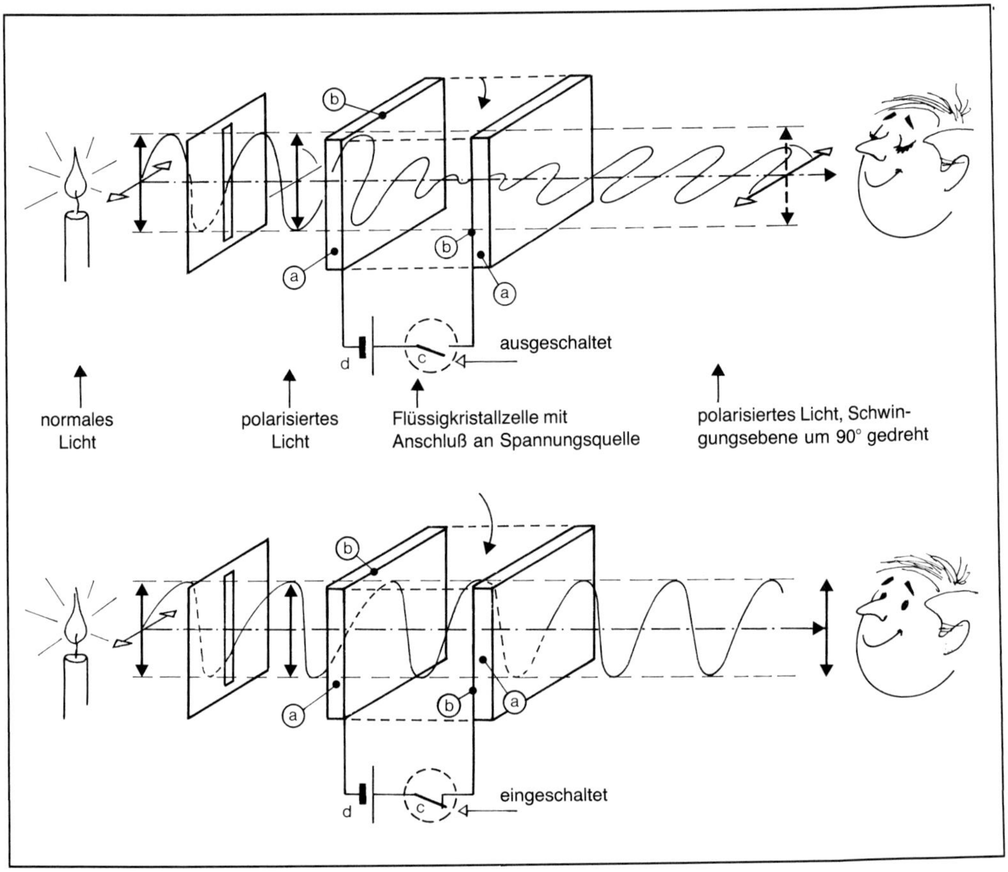

Flüssigkristalle drehen polarisiertes Licht um 90°, wenn sie nicht unter Spannung stehen. Unter elektrischer Spannung geht dieser Dreheffekt verloren. a=Glasplatten, b=durchsichtige Elektrodenflächen aus hauchdünn aufgedampftem Zinnoxid, c=Schalter, d=Spannungsquelle.

Schmelzpunkt hinaus werden sie flüssigkristallin. Oberhalb des Klärpunktes, der bei rund +70 Grad liegt, verhalten sie sich dann wie einfache Flüssigkeiten. Die technische Anwendung erfolgt also im Temperaturbereich von ungefähr –20 Grad bis rund +70 Grad. Nur hier haben diese Stoffe ihre besonderen Merkmale, sind sie flüssig und haben zugleich Kristallstruktur.

Je nach der Anordnung und Lage der Moleküle zueinander unterscheiden die Wissenschaftler drei Typen von Flüssigkristallen: Spiralförmige Flüssigkristalle mit cholesterischem Aufbau ändern ihre Farbe bei Temperaturänderung; ihre Hauptanwendung liegt daher im Bereich der Wärmemeßtechnik. Fadenförmige Flüssigkristalle mit nematischer Struktur verändern unter dem Einfluß von elektrischen oder magnetischen Feldern die Schwingungsebene des Lichtes; sie sind am bekanntesten, und ihr wichtigstes Anwendungsgebiet liegt in der Elektronik. Flüssigkristalle mit schichtartigem, smektischem Aufbau haben schließlich bislang keine praktische Bedeutung erlangt. Man kennt einige tausend flüssigkristalline Stoffe, alle sind organische Verbindungen.

Flüssigkristalle drehen das Licht

Fadenförmige Flüssigkristalle haben zwei wichtige Eigenschaften: sie können unter bestimmten Voraussetzungen die Schwingungsebene des Lichtes drehen, und – was mindestens ebenso wichtig ist – diese Drehung der Schwingungsebene kann man beliebig steuern bzw. »ein-«

Die Flüssigkristallanzeige funktioniert mit zwei Polarisationsfiltern. Die Ziffer »1« erscheint schwarz auf hellem Grund, denn das zweite Polarisationsfilter läßt kein Licht durch, das zuvor um 90° gedreht wurde.

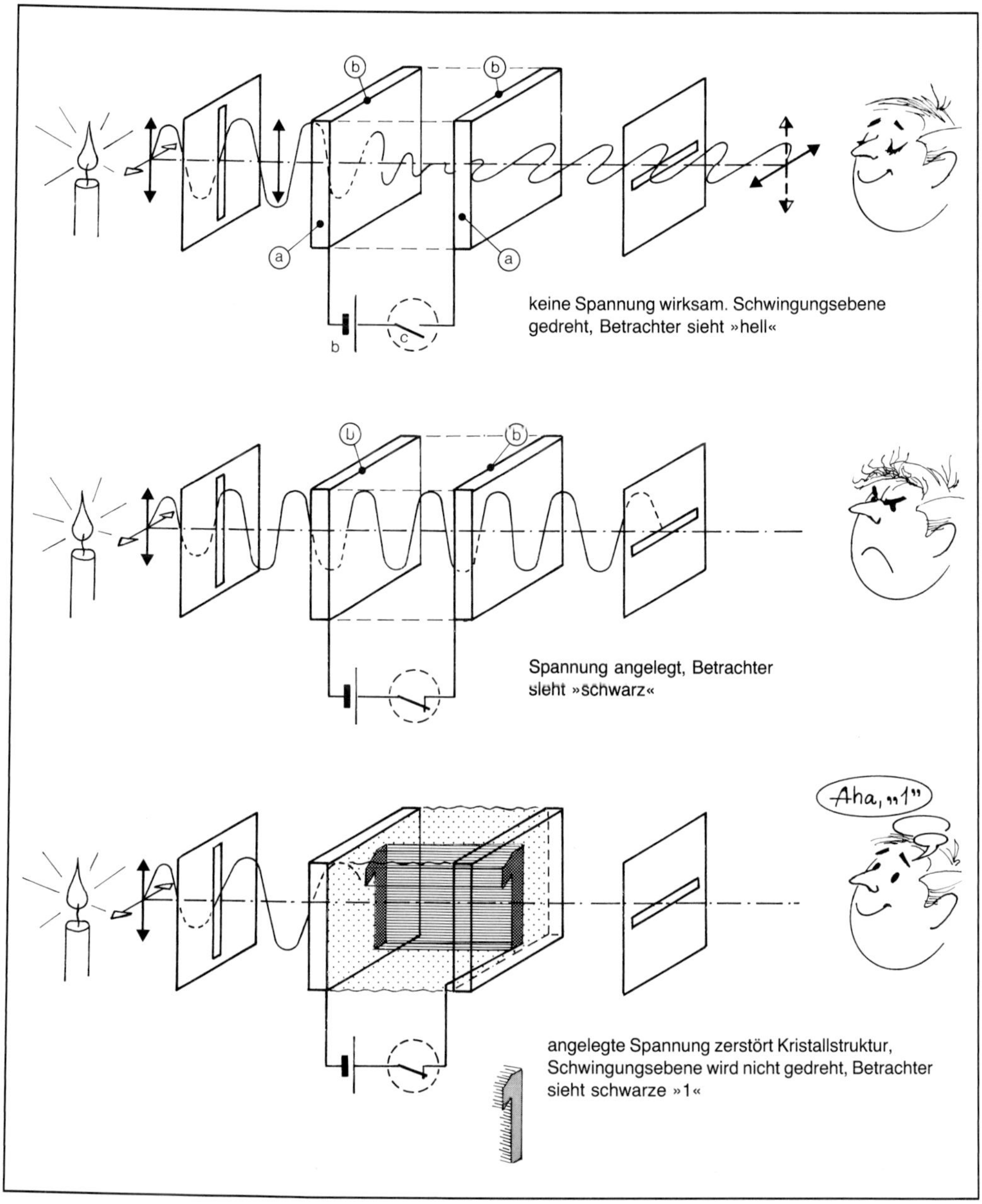

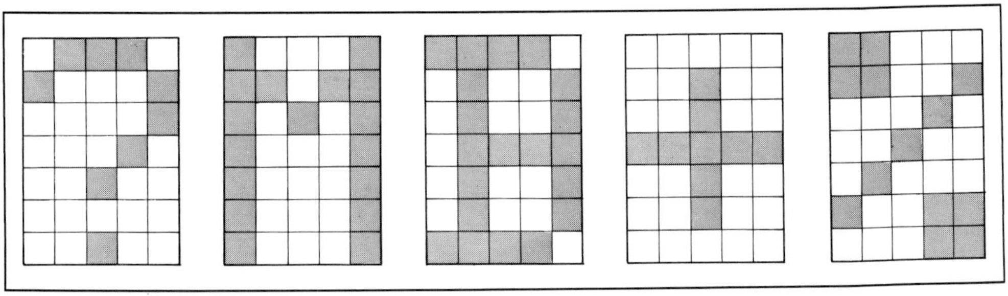

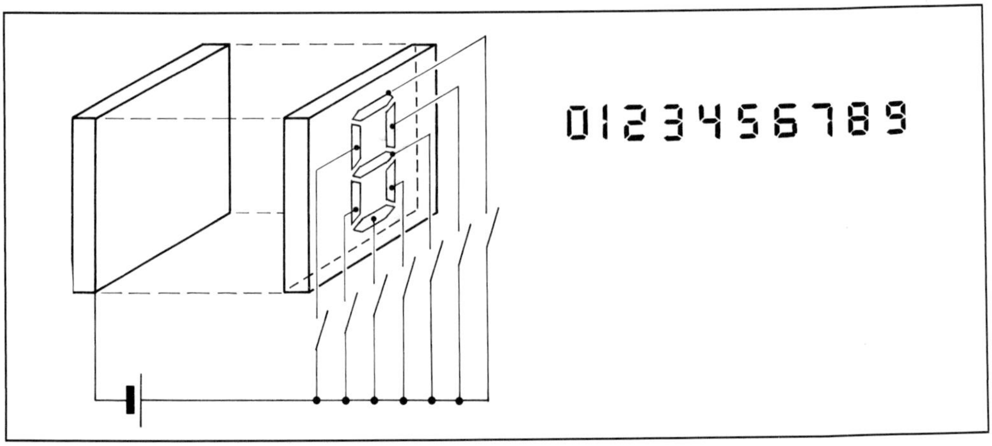

Ganz oben: Die 35-Punkt-Anzeige erlaubt die Abbildung aller Ziffern und Buchstaben.

Oben: Die übliche Ziffernanzeige mit Hilfe von 7 Segmenten. Mit ihnen lassen sich längst nicht alle Buchstaben darstellen.

und »ausschalten«. Dazu ist aber eine sehr dünne aktive Flüssigkristallschicht nötig. Üblich sind heute Schichtdicken zwischen 5 und 20 Tausendstelmillimeter. Ein Vergleich dazu: Ein menschliches Haar mißt rund 50 Tausendstelmillimeter!
Hat man diese winzigen Schichtdicken für die Flüssigkristalle einmal erreicht, ist zum Ein- und Ausschalten nur noch ein geeignetes elektrisches oder magnetisches Feld nötig. In der Praxis verwendet der Ingenieur ein elektrisches Feld, das er durch Anlegen einer elektrischen Spannung direkt auf die dünne Flüssigkristallschicht einwirken läßt.
Ohne Spannung, bei abgeschaltetem elektrischem Feld drehen die Flüssigkristalle die Schwingungsebene des durch ein Filter polarisierten Lichtes um 90 Grad. Unter Spannung, wenn das elektrische Feld eingeschaltet ist, wird die drehende Kristallstruktur zerstört. Die Schwingungsebene des Lichtes wird nicht mehr gedreht, das Licht durchläuft die Zelle unverändert.

Der Trick mit dem gefilterten Licht

Ergänzt man die Flüssigkristallzelle, wie wir sie eben beschrieben haben, um ein weiteres Polarisationsfilter hinter der Zelle, so erhält man den grundsätzlichen Aufbau einer Flüssigkristallanzeige. Das auftreffende polarisierte Licht wird mit seiner Schwingungsebene in der Flüssigkristallschicht der Zelle um 90° gedreht und trifft anschließend auf das zweite

Polarisationsfilter. Da das Licht das zweite Polarisationsfilter ungehindert passieren kann, sieht ein Betrachter, der auf das zweite Filter schaut, die Flüssigkristalle als helle Fläche. Legt man nun eine Spannung an die Zelle, so wird die lichtdrehende Kristallstruktur der Flüssigkristalle in der Zelle zerstört. Das auftreffende Licht wird in seiner Schwingungsebene nicht gedreht, es trifft unverändert auf das zweite Filter. Da die Schwingungsebene des Lichtes jetzt um 90° verdreht auf das zweite Filter trifft, kann das Licht das zweite Filter nicht durchdringen. Der Betrachter sieht jetzt eine schwarze Fläche.

Will man nun mit der Flüssigkristallanzeige eine Information, zum Beispiel die Ziffer »1«, dem Betrachter übermitteln, so braucht man nur der zweiten Elektrode die Form einer »1« zu geben. Die Information »1« erscheint dann als schwarze Zahl auf hellem Grund in der Anzeige. Prinzipiell bedeckt die erste Elektrode die ganze Innenfläche der ersten Glasplatte, während die zweite Elektrode praktisch jede gewünschte, x-beliebige Form erhalten kann. Man kann daher mit Flüssigkristallanzeigen neben Ziffern auch Buchstaben, Skatkarten, Bäume oder Schachfiguren darstellen.

Sieben auf einen Streich

Für den praktischen Gebrauch reicht die Anzeige einer einzigen Information, zum Beispiel einer Ziffer, nicht aus. Schließlich brauchen wir alle Ziffern von »0« bis »9« in einer einzigen Anzeige. Eine verblüffend einfache Idee bringt die Lösung: Man teilt die Schriftbilder der Ziffern in sieben Teilstücke oder Segmente auf. Versieht man anschließend jedes der sie-

LED bedeutet »Light Emitting Diode«; im Bild eine Auswahl verschiedener Leuchtdioden, die im Auto verwendet werden. Sie verbrauchen viel mehr Energie als Flüssigkristallanzeigen (»LCD«). Foto VOLVO

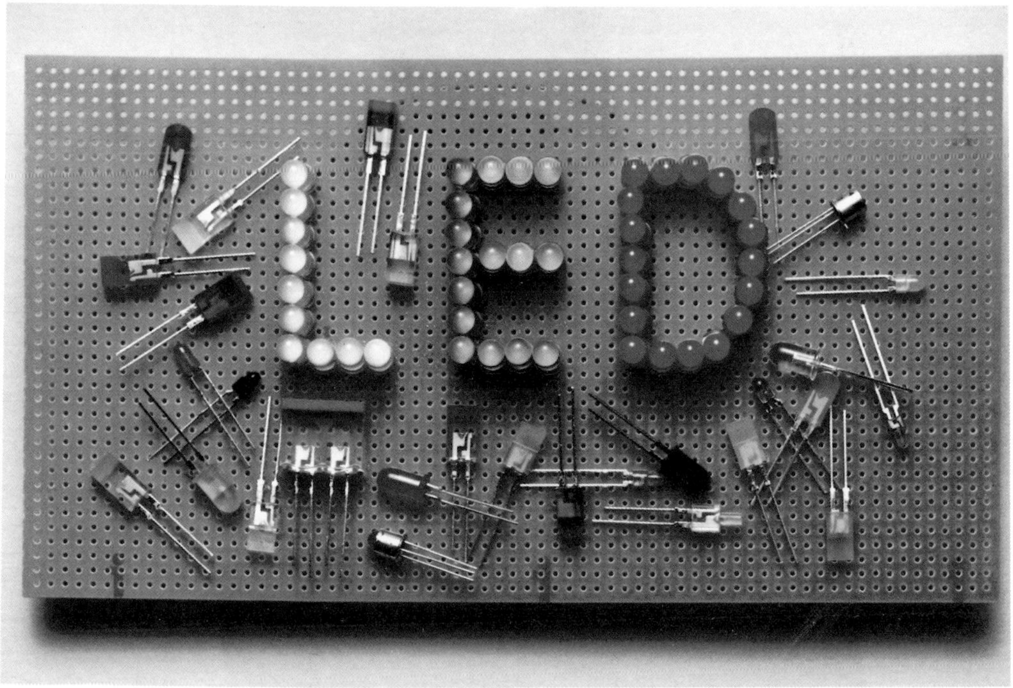

ben Segmente mit einem getrennten Anschluß für die Spannungsquelle, so kann man durch Schließen der Schalter 1 bis 7 jede beliebige Ziffer von 0 bis 9 darstellen.
Schließt man die Schalter 2, 3, 5, 6 und 7, so erscheint die Ziffer 2. auch eine »0« ist möglich, man schließt dazu die Schalter 1, 2, 3, 4, 6 und 7. Sind alle Schalter geschlossen, so erhält man schließlich eine 8.
Mit einem kleinen Spiegel an der Rückseite der Flüssigkristallzelle kann man das normale Licht der Umgebung, sei es Tages- oder Kunstlicht, zur Beleuchtung verwenden. Das Licht, das auf die Anzeige der Uhr auftrifft, wird dann im ersten Filter polarisiert, in der Flüssigkristallzelle um 90° gedreht, passiert das zweite Filter, wird am Spiegel reflektiert und durchläuft die Anzeige anschließend in entgegengesetzter Richtung. Der Betrachter sieht eine helle Anzeigefläche. Legt man eine Spannung an die Segmente 1 bis 7, dann sieht der Betrachter deutlich eine schwarze 8 auf hellem Grund.

Von der 35-Punkt-Anzeige zu den 32 000 Bildpunkten

Die 7-Segment-Anzeigen haben einen großen Nachteil, der ihre Anwendung einschränkt: Man kann außer den Ziffern 0 bis 9 nur einige wenige Buchstaben, zum Beispiel L und C darstellen. Andere Buchstaben wie W, G, M, N oder Sonderzeichen lassen sich nicht einwandfrei abbilden. Auch hier hilft eine einfache Idee weiter: Man bildet die Anzeige aus 5 mal 7 Punktsegmenten. Jeder Punkt muß wie bei der 7-Segment-Anzeige gesondert über einen elektronischen Schalter an die Spannungsquelle angeschlossen werden.
In der Theorie ist der Sprung von der Flüssigkristallanzeige zum Fernseher in der Armbanduhr nicht mehr groß. Wir müssen nur die gesamte Anzeigefläche in möglichst viele, möglichst kleine Punktsegmente aufteilen. Dann gelingt es, die einzelnen Punkte zu Ziffern, Buchstaben und beliebigen Bildern zusammenzusetzen. Beim ersten Fernseher in einer Armbanduhr hat man 32 000 Punktsegmente oder Bildpunkte auf einer Bildschirmfläche von 17 mal 25 Millimeter untergebracht. Das verspricht gestochen scharfe Fernsehbilder. Bald werden die Schüler bei langweiligen Unterrichtsstunden fernsehen . . .

Polarisationsfilter sieben Licht

Licht besteht aus elektromagnetischen Wellen. Sie kommen in vielen Schwingungsebenen nebeneinander vor. Schwingen Lichtwellen in einer Ebene, wie es auch die Wasserwellen tun, so spricht der Techniker von polarisiertem Licht. Er kann es mit einem geeigneten Filter herstellen, das alle Schwingungsebenen bis auf eine einzige heraussiebt. Ein solches Polarisationsfilter können wir uns aus vielen mikroskopisch kleinen Schlitzen aufgebaut denken, ähnlich wie das Gitter im Löwenkäfig. Damit die Skizzen durch die vielen Schlitze nicht unübersichtlich werden, sind in diesem Beitrag alle Polarisationsfilter durch einen symbolischen Schlitz gekennzeichnet.
Da das Polarisationsfilter viele Schwingungsebenen und damit Lichtanteile zurückhält, ist polarisiertes Licht nicht so hell wie das natürliche Licht, aus dem es entstanden ist. In der Flüssigkristallanzeige sieht der Betrachter das Filter als hellgraue Fläche. Stellt man zwei durchsichtige Polarisationsfilter hintereinander auf, so erhält man je nach ihrer gegenseitigen Stellung hinter dem zweiten Filter alle Helligkeitsstufungen zwischen Hell und Dunkel. Die gebräuchlichsten Polarisationsfilter bestehen aus Kunststoffen wie Zellulosehydrat und Polyvinylalkohol.

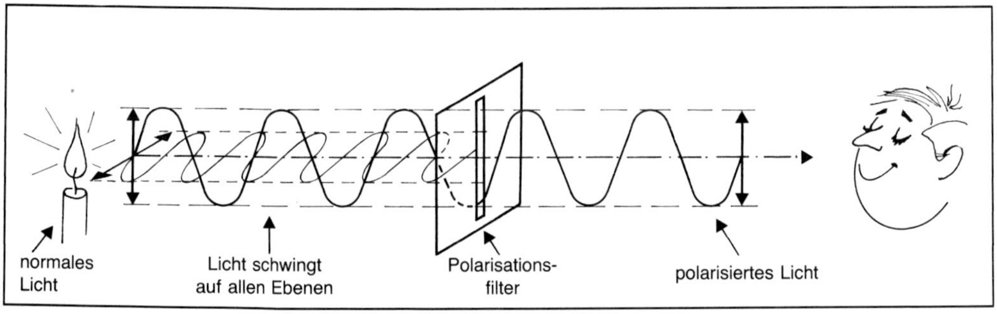

Im Bild rechts tanzt ein Korken auf den Wasserwellen und schwingt in einer Ebene. In ähnlicher Weise kann auch Licht in einer Ebene schwingen. Man spricht dann von polarisiertem Licht. Im Bild oben sendet die Kerze normales Licht aus, das in allen Ebenen schwingt. Das Polarisationsfilter – symbolisch durch einen Schlitz angedeutet – läßt nur eine Schwingungsebene durch. Mit einem zweiten Filter kann man alle Helligkeitsstufen erhalten. Wird es um 90° gedreht, so läßt es überhaupt kein Licht mehr durch.

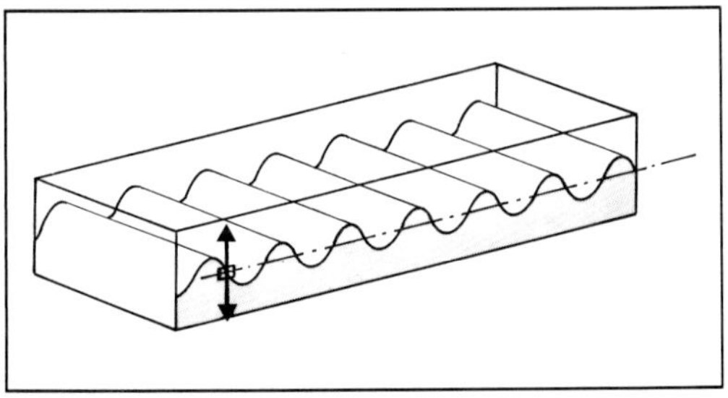

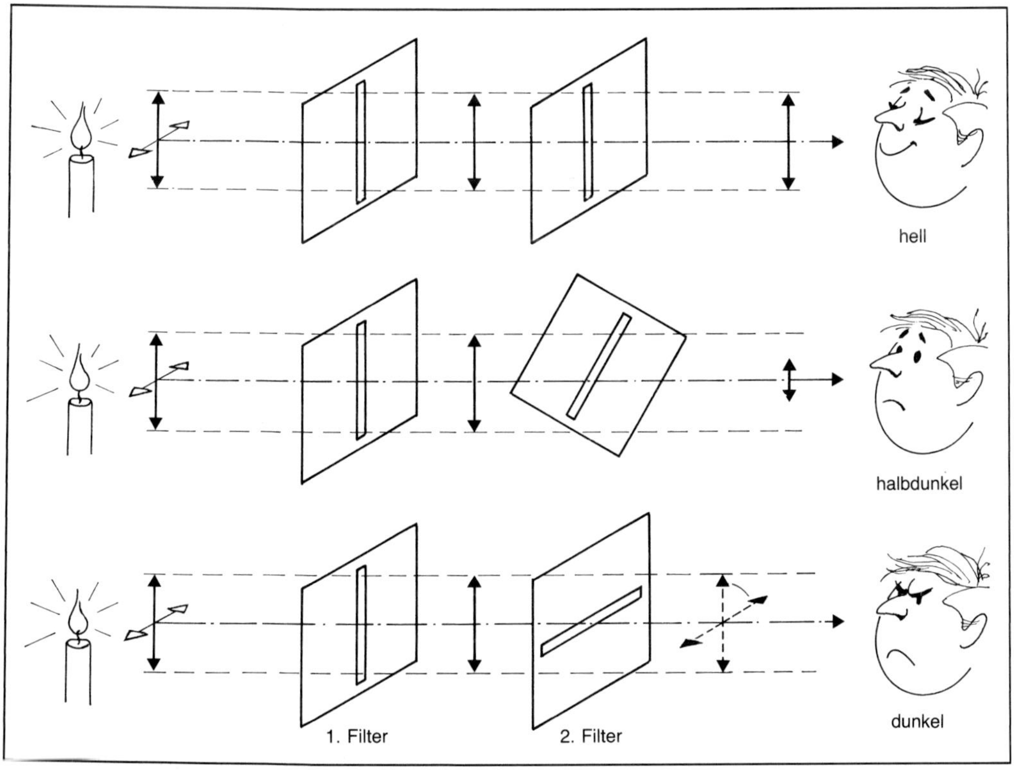

Gottfried Hilscher

DIE WINDMÜHLE VERSCHWAND, DAS WINDKRAFTWERK KOMMT

Wo einst Don Quixote, der Ritter von der traurigen Gestalt, gegen Windmühlenflügel kämpfte, weil er sie für die Arme von Riesen hielt, liefert seit Mitte 1982 das ungewöhnlichste Windkraftwerk der Welt elektrischen Strom. 200 Meter hoch ragt es über dem wüstenähnlichen Hochplateau von La Mancha in den Himmel, etwa 150 Kilometer südlich von Madrid nahe der Ortschaft Manzanares. Daß es sich um ein Windkraftwerk handelt, sieht man ihm nicht an, denn die »Windmühlenflügel« rotieren unsichtbar im Innern eines hohen Kamins. Genutzt wird auch nicht der Wind, der ab und zu über die Hochfläche weht, sondern künstlich erzeugter Aufwind. Er entsteht unter einem Dach aus durchsichtiger Kunststoffolie von 250 Meter Durchmesser, das in Höhen zwischen 2 und 8 Meter über dem Erdboden rund um den Kamin aufgespannt wurde. Unter ihm erwärmt sich die Luft gegenüber der Umgebung um 15 bis 30 Grad; sie hat dabei das Bestreben, aufzusteigen, und wird so in den Kamin geleitet. Wenn die Windgeschwindigkeit in dieser Röhre 11 Meter pro Sekunde beträgt, soll die Turbine ihre maximale Leistung von rund 50 Kilowatt erreichen.

Die Idee zu diesem Aufwindkraftwerk wurde in dem Stuttgarter Ingenieurbüro von Schlaich + Partner geboren. Die Finanzierung dieser ungewöhnlichen Windenergieanlage übernahm der deutsche Bundesminister für Forschung und Technologie. Der Wind, so könnte man folgern, ist offenbar eine so interessante Energiequelle, daß es sich in gewissen Gegenden sogar lohnt, ihn künstlich zu erzeugen. Aber auf rein technische Weise entsteht er ja nicht. Das Bauwerk schafft lediglich die Voraussetzung dafür, daß er technisch nutzbar wird. Der eigentliche Winderzeuger ist die Sonne, die die Luft unter dem Vordach erwärmt. Und da warme Luft bekanntlich aufsteigt, kann sie dabei auch ein Windrad mit angekoppeltem Generator treiben. Wie wirksam und kostengünstig sie in Manzanares elektrischen Strom zu erzeugen vermag, bleibt abzuwarten.

Windenergieanlage mit einem Zweiblattrotor nordwestlich von Brunsbüttel. Windenergie ist nichts anderes als umgewandelte Sonnenenergie. Foto present

1967: Stillegung des letzten Windkraftwerks ...

Windenergie ist umgewandelte Sonnenenergie, denn die Sonneneinstrahlung ist die Hauptursache für die Entstehung der Winde. Sie erwärmt die erdnahen Luftschichten in unterschiedlichem Maße,

und dadurch geraten die Luftmassen in Bewegung. Ihre Geschwindigkeit und Richtung werden durch die Drehung und die Oberflächengestalt der Erde, die Temperaturabnahme mit der Entfernung vom Erdboden und vieles andere mehr beeinflußt. Die Windverhältnisse können von Landschaft zu Landschaft, ja von Ort zu Ort höchst unterschiedlich sein und schwanken auch mit der Jahres- und Tageszeit. Wind ist kaum je regelmäßig verfügbar: einmal ist er da, einmal fehlt er. Das ist wohl der Hauptgrund, warum diese billige Energiequelle unserem Bewußtsein praktisch entschwunden war. Erst die sogenannte Energiekrise des Jahres 1973 und die anschließende Suche nach »alternativen« Energiequellen erinnerten uns wieder daran, daß der Wind Arbeit leisten kann.

Die Windmühlen haben eine rund 4000jährige Geschichte hinter sich. Freilich dienten die wenigsten dem Mahlen von Getreide. Sie pumpten Wasser, trieben Hammer- und Sägewerke und verrichteten viele andere nützliche Arbeiten. In Holland, wo die Windmühle zum nationalen Symbol wurde, sind mit ihrer Hilfe im vorigen Jahrhundert über 5000 Quadratkilometer Land entwässert und dem Meer abgerungen worden. Um 1900 gab es an der Nordseeküste zwischen Holland und Dänemark rund 100 000 Windmühlen. Als 1967 im dänischen Gedser das letzte moderne Windkraftwerk abgeschaltet wurde, schien das Ende dieses geschichtsträchtigen Energiewandlers endgültig besiegelt. Aber nach 1973, nach der drastischen Ölpreiserhöhung, sah alles plötzlich ganz anders aus. Das Windkraftwerk von Gedser wurde zu Versuchszwecken wieder in Betrieb

Gegenüberliegende Seite: Diese Windmühlen am Rande eines portugiesischen Dorfes sind nur noch technische Denkmale und Wahrzeichen. In ihrer Effizienz sind sie mit heutigen Windenergieanlagen nicht zu vergleichen. Foto present

Links: Schleswig-Holstein hat noch 13 voll funktionsfähige, alte Windmühlen. Die hier abgebildete, die bei Munkbrarup steht, hat vor zwei Jahren den Betrieb als Kornmühle wieder aufgenommen. Foto dpa

genommen. Nun wollen die Dänen bis zur Jahrtausendwende in ihrem windreichen Land zwischen den Meeren sogar rund 15 000 kleine und 1000 große Windenergiekonverter zur Stromerzeugung aufbauen.

... 2000: Zehntausende neuer Windkraftwerke

Als der Göttinger Aerodynamiker Albert Betz 1926 sein grundlegendes wissenschaftliches Werk »Windenergie und ihre Ausnutzung durch Windmühlen« veröffentlichte, warnte er vor einem unangebrachten Optimismus. Wo viel Wind und wenig andere Energiequellen zur Verfügung stünden, könne die Windmühle konkurrenzfähig sein, schrieb er. Seien diese Voraussetzungen nicht erfüllt, werde man bequemere und oft sogar billigere Energiequellen vorziehen. Das dürfe uns aber nicht daran hindern, schloß Betz, am technischen Fortschritt der Windmühle weiterzuarbeiten, denn jeder Fortschritt mache sie konkurrenzfähiger.

Die Weiterentwicklung von Windkraftanlagen wurde in den letzen Jahrzehnten eigentlich nur deswegen aufgegeben, weil Erdöl so billig war. Heute aber ist die Frage wieder brennend interessant, wieviel Energie und zu welchem Preis man aus dem Wind gewinnen kann. In nahezu allen Industriestaaten sind Forschungs- und Entwicklungsprogramme angelaufen, die bereits heute erkennen lassen, daß der Wind zumindest für viele Länder eine durchaus respektable Energiequelle darstellen kann. Sollten sich beispielsweise die Pläne Kaliforniens verwirklichen lassen, wird dieser amerikanische Bundesstaat seinen Elektrizitätsbedarf im

Das erste und einzige Aufwindkraftwerk der Welt steht seit Anfang Juni 1982 rund 150 km südlich von Madrid in Betrieb. Es ist eine Kombination von Treibhaus, Kamin, Windrad und Generator. Eine große Fläche, die im Durchmesser 250 m erreicht, wird von einem Foliendach überspannt, das wie bei einem Treibhaus die kurzwelligen Strahlen durchläßt. Die langwelligen Strahlen hingegen, die der Boden abgibt, werden zurückgehalten. Dadurch staut sich Wärme an. In der Mitte des Foliendaches steht ein einfacher 200 m hoher Kaminturm, der die warme Luft ansaugt. Diese treibt beim Aufsteigen eine Mantelturbine im Inneren des Kamins an. Fotos dpa

Jahre 2000 zu 10 Prozent aus dem Wind decken. Die Technologie zur Umwandlung der Windenergie in elektrischen Strom sei prinzipiell erprobt und wirtschaftlich, meinte der amerikanische Fachmann James I. Lerner 1982 auf dem Internationalen Sonnenforum in Berlin. Jetzt gelte es, mehr über die Maschinenleistungen, die Nutzungsdauer, die Zuverlässigkeit und die Kosten der Windenergiekonverter zu erfahren.

Den Windmühlenbauern von heute steht die ganze Palette moderner wissenschaftlich-technischer Erkenntnisse zur Verfügung: die Aerodynamik aus dem Luftfahrzeugbau, der Umgang mit Leichtbauwerkstoffen hoher Festigkeit, computergestützte Berechnungsverfahren und elektronische Regelverfahren, die auch bei unterschiedlichen Windgeschwindigkeiten für gute Qualität des Stromes sorgen, so daß man ihn ohne Schwierigkeiten ins Netz einspeisen kann. Auf welchen Preis die Kilowattstunde zu stehen kommt, hängt allerdings nicht nur von der Technik ab. Wird der Staat den Bau von Windkraftwerken unterstützen, vielleicht durch steuerliche Maßnahmen? Bevorzugt der Stromverbraucher überhaupt die »saubere« Energiegewinnung und kann er seinen Willen durchsetzen? Auch dabei wird über Strompreise entschieden. Jedenfalls erleben Windkraftwerke eine Renaissance, die kaum mehr zu bremsen sein wird.

Für Windenergiekonverter, die im Gegensatz zum Aufwindkraftwerk den horizontal über den Boden hinwegstreichenden Wind nutzen, gibt es eine Vielzahl von Bauformen. Die meisten weisen eine horizontale Welle mit einem mehrflügeligen Windrad, dem Rotor, auf. Er wird stets so gedreht, daß der Wind direkt auf die Rotorfläche bläst. Die Rotorblätter

Zwei moderne Windenergieanlagen: auf der gegenüberliegenden Seite die Anlage von Koldby in Dänemark, links der »Monopteros« von Bremerhaven. Wörtlich aus dem Griechischen übersetzt heißt dies »Einflügler«. Fotos: foto present

sind wie die Tragflügel eines Flugzeuges geformt und geraten in schnelle Drehung. Dabei wandeln sie die kinetische Energie des Windes in eine mechanische Drehbewegung um, die so kraftvoll ist, daß sie einen Generator antreiben kann.

Rotorblätter sind Flugzeugflügel

Die Leistung einer Windmühle hängt von zahlreichen Faktoren ab, in erster Linie natürlich von der Windgeschwindigkeit. Würden keinerlei Verluste auftreten, so errechnete sich die Leistung nach der Formel $N = \frac{m}{2} (v^2_1 - v^2_2)$, wobei m die Luftmasse ist, die in einer Sekunde den Rotorkreis durchströmt, v_1 die Luftgeschwindigkeit vor dem Rotor, v_2 die hinter ihm. Aber das ist Theorie. Noch immer gilt die von Betz veröffentlichte Formel, nach der die Leistung nicht über $N_{max} = 0{,}593 \frac{\varrho \cdot v_o^3}{2} F_R$ hinaus gesteigert werden kann. ϱ ist die Luftdichte, v_o die ungestörte Windgeschwindigkeit und F_R die Fläche, die vom Rotor bestrichen wird. Die Zahl der Rotorblätter, ihr Querschnitt, die Blattlänge, ihre Oberflächenbeschaffenheit und vieles andere bestimmen mit, wie weit man sich der maximalen Leistung eines Windenergiekonverters nähern kann.
Die Versuchsprogramme, die derzeit an vielen Orten der Erde laufen, zielen darauf ab, diese Größen zu optimieren, sie möglichst günstig zu gestalten. Darüber hinaus erproben die Ingenieure verschiedene Werkstoffe und untersuchen die auftretenden Belastungen und ihre Wirkung auf die Sicherheit und Nutzungsdauer der Anlagen. Grundsätzlich unterscheidet man zwei Arten von Lasten, die statischen und die dynamischen. Die statische Belastung eines ganzen Windkraftwerkes kann über das Normalmaß hinaus unter anderem durch falsche Blattanstellung, durch Sturm bei stillstehendem Rotor, durch Eisbildung, Vogelschlag und Bruch eines Blattes ansteigen. Die dynamischen Lasten, die vor allem die Größenverhältnisse der Rotorblätter mitbestimmen, entstehen insbesondere durch das Eigengewicht des sich drehenden Rotors, durch Böen, Scherwinde, Bremsmanöver und Schwankungen im Stromnetz. Besonders bei großen Anlagen ist es wichtig, die möglichen Schwingungen zu kennen und unter Kontrolle zu halten. Für jede größere Windturbine ist nicht zuletzt deshalb eine maximale Windgeschwindigkeit vorgeschrieben, bei der die Maschine automatisch abschalten muß, was normalerweise über ein Drehen der Rotorblätter in Segelstellung eingeleitet wird.
Die Rotorblätter großer Windenergiekonverter sind ähnlich wie Flugzeugflügel aufgebaut. Wegen der hohen auftretenden Beanspruchungen mußte man zu-

nächst jedoch auf Aluminium verzichten und bei Stahl bleiben. Dessen einziger Konkurrent ist bis jetzt glasfaserverstärkter Kunststoff. Schichtholz könnte man vielleicht bei kleineren Rotordurchmessern verwenden. Daß Rotorblätter abbrechen, braucht man heute selbst bei den größten Windturbinen nicht zu befürchten. Im Herbst 1982 hatten beispielsweise die vier amerikanischen MOD-OA-Generatoren mit je 200 Kilowatt Leistung und 38 Meter Rotordurchmesser insgesamt 30 000 Betriebsstunden hinter sich, ohne daß es zu nennenswerten Betriebsstörungen gekommen wäre. Sie hätten bewiesen, hieß es, daß auch große Windenergieanlagen zuverlässig laufen und nicht immer beaufsichtigt werden müßten.

Die sanfte GROWIAN

Mit Windrädern und Windmühlen herkömmlicher Bauart haben die modernen Windenergiekonverter nur mehr wenig gemeinsam. Es sind Kraftmaschinen, in die die neuesten ingenieurwissenschaftlichen Errungenschaften aus vielen Bereichen einfließen. Man kann sie einteilen in Kleinanlagen bis 100 Kilowatt elektrischer Leistung, in mittelgroße für den Leistungsbereich zwischen 100 und 600 Kilowatt sowie in Großanlagen, deren Leistungen heute bis 4 Megawatt reichen. Geforscht und entwickelt wird in allen diesen Leistungsbereichen. In der Bundesrepublik Deutschland steht die »große Windkraftanlage« GROWIAN im Mittelpunkt des Interesses. GROWIAN dürfte 1983 in der Nähe von Marne an der schleswig-holsteinischen Westküste in Betrieb genommen werden. Mit ihrem Rotor von 100 Meter Durchmesser soll sie bei Windgeschwindigkeiten von etwa 11 Meter pro Sekunde eine Nennleistung von 3 Megawatt erreichen. Bei einer Windgeschwindigkeit von 4,7 Meter pro Sekunde wird GROWIAN anlaufen, bei 24 Meter pro Sekunde abschalten.
Bevor man sich auf das Projekt GROWIAN und den Standort festlegte, studierten Forscher acht Jahre lang die

Gegenüberliegende Seite: Ein Maschinenbauingenieur möchte den Wind auf dem Meer anzapfen, wo er am stärksten ist – vom verankerten Schiff aus. Die Windflügel sind angewinkelt, die Achse steht schräg. Der Generator ist auf 250 kW angelegt. Foto dpa

Rechts: Ein neuartiges Windkraftwerk bei Rocky Flats in Colorado, USA. Drei 12,8 m lange senkrechte Blätter laufen karussellartig um eine Achse, in der auch der Generator untergebracht ist. Damit ist die Anlage von der Windrichtung unabhängig. Foto Baier

Windverhältnisse an fünf Orten im norddeutschen Küstengebiet. Die durchschnittliche Windgeschwindigkeit liegt an allen Orten und über ein Jahr hinweg beobachtet zwischen 6 und 7,5 Meter pro Sekunde, gemessen in Höhen zwischen 10 und 40 Metern über dem Erdboden. In 100 Meter Höhe ist mit entsprechenden Durchschnittsgeschwindigkeiten zwischen 8 und 8,5 Metern pro Sekunde zu rechnen.

Während für GROWIAN, gebaut von der Firma M.A.N., ein Zweiblattrotor vorgesehen ist, wurde von der Firma Messerschmitt-Bölkow-Blohm (MBB) in Bremerhaven ein Windenergiekonverter mit einem Einblattrotor von 24 Meter Länge (Radius) errichtet. In den USA sind mit den Typen MOD-5A (122 Meter Rotordurchmesser, 6200 Kilowatt) und MOD-5B (128 Meter, 7200 Kilowatt) ähnlich große Windkraftwerke im Entstehen. In diesem Lande verpflichtet ein Gesetz die Kraftwerke dazu, privat erzeugten Strom zu einem angemessenen Preis zu kaufen. Dies begünstigt den Bau sogenannter Windfarmen. Sie bestehen aus mehreren, auf einem Gelände zusammengefaßten Windturbinen. Die größte Windfarm entsteht für die U.S. Windpower in Altamont Pass, ungefähr 7 Kilometer östlich von San Francisco. Sie soll im Endausbau 400 Windturbinen zu je etwa 50 Kilowatt Leistung umfassen, wodurch sich eine Gesamtleistung von 200 Megawatt ergäbe.

Zukunftsaussichten in Europa

In Europa fehlen auch nur annähernd vergleichbare Projekte, nicht zuletzt weil dazu der gesetzgeberische Anreiz fehlt. Die Installation vieler neuer »Windmühlen« ist dennoch insbesondere in einigen Küstenländern geplant. Holland will bis 1985 40 Windkraftwerke zu je 10 Megawatt Leistung bauen. Daneben gibt es Entwürfe für ein 50-Megawatt-Windkraftwerk und für ein windbetriebenes Pumpspeicherkraftwerk. Bis zum Jahre 2000 will man in diesem klassischen Land der Windkraftnutzung rund 2000 Mega-

watt aus dem Wind gewinnen. Die bis dahin vorgesehenen 15 000 Kleinanlagen für Gärtnereien und Einzelhäuser werden die Niederlande erneut zu einem Land der Windmühlen werden lassen.

In Dänemark, wo Windkraftwerke auf breite Zustimmung in der Bevölkerung stoßen, sollen bis zur Jahrhundertwende ebenfalls 15 000 Kleinanlagen aufgestellt werden. Darüber hinaus sind 1000 Windkraftwerke mit Leistungen zwischen 1 und 1,5 Megawatt vorgesehen.

Im benachbarten Schweden wertet man derzeit die Betriebsergebnisse zweier großer Versuchsanlagen aus. Sollten sie, was zu erwarten ist, positiv ausfallen, möchte man jährlich hundert große Windkraftanlagen neu in Betrieb nehmen. Die erste Versuchsanlage, benannt nach dem griechischen Windgott »Aeolus«, steht an der Südwestspitze Gotlands. Ihr Zweiblattrotor, hergestellt von der Firma ERNO/VFW (jetzt MBB) in Bremen, hat einen Durchmesser von 75 Meter, die Nennleistung beträgt 2 Megawatt. Die Turbine sitzt in 80 Meter Höhe auf einem Mast aus Stahlbeton. Das zweite Versuchskraftwerk mit zwei 38 Meter langen Rotorblättern wurde in Skåne, 6 km nordwestlich von Trelleborg, errichtet. Es ist für eine Leistung von 3 Megawatt ausgelegt und erhielt einen stählernen Mast. Die Blätter bestehen jedoch nicht wie bei »Aeolus« aus Stahl, sondern aus glasfaserverstärktem Kunststoff.

Die Nachteile sind gering

Werden diese großen und die vielen kleine Windkraftanlagen das Bild ihrer Landschaften ungünstig verändern? Wie steht es überhaupt mit der Umweltverträglichkeit? Schließlich erzeugen sie ja auch Lärm. Das sind wichtige Fragen, die studiert und auch dem Urteil der betroffenen Bevölkerung überlassen werden müssen. Es ist wahr: Das Landschaftsbild wird beeinträchtigt, der Empfang von Rundfunk- und Fernsehprogrammen gestört, und die Rotoren erzeugen auch Windgeräusche. Man darf dabei aber nicht vergessen, daß bei der Nutzung der Windenergie keinerlei Schadstoffe freiwerden. Wir zapfen eine kostenlose und unerschöpfliche Energiequelle an. Vielleicht wird unser Auge die modernen Windmühlen einmal genauso liebgewinnen wie die alten und die Kirchtürme unserer Landschaft.

Bisher hat man bei ungerichteten Antennen Störungen des Zweiten und Dritten Fernsehprogramms bis in 400 Meter Entfernung von Windenergiekonvertern festgestellt. Das Erste Fernsehprogramm kann bis in Entfernungen von 5 Kilometer gestört werden. Richtantennen reichen aber in beiden Fällen aus, um die Beeinträchtigungen zu beseitigen. Was den Lärm betrifft, so liegen aus den USA umfassende Meßergebnisse an Windturbinen mit 38 Meter Rotordurchmesser vor. Danach unterscheidet man zweckmäßigerweise zwischen dem Infraschall, dem nicht mehr hörbaren Schall mit Frequenzen unter 16 Hertz, und dem vom Ohr wahrgenommenen Frequenzbereich zwischen 16 Hertz und 20 Kilohertz. Der Infraschall, der vornehmlich beim Durchlauf der Rotorblätter durch den »Schatten« des Mastes entsteht, erzeugt bei den vermessenen Anlagen einen Schalldruck von etwa 75 Dezibel; im Hörbereich wurden 64 Dezibel gemessen, beide festgestellt bei Windgeschwindigkeiten zwischen 4,5 und 6,7 Meter pro Sekunde in 30 Meter Entfernung vom Windkraftwerk. Zum Vergleich: in einer Diskothek kann ein Lärmpegel von 120 Dezibel herrschen. Ein vorbeifahrender Personenwagen bringt es, am Straßenrand gemessen, auf 70 bis 80 Dezibel. Die US-Windturbine, von der hier die Rede ist, war in 250 Meter Entfernung vor dem Hintergrund des allgemeinen Geräuschpegels nicht mehr zu hören.

Windkraftwerke werden, soviel ist heute abzusehen, in den nächsten Jahrzehnten

Eine Reihe von Windenergieanlagen auf dem Altamont Pass nahe Byron in Kalifornien. In den nächsten Jahren sollen in dieser Gegend Hunderte solcher Anlagen entstehen. Foto dpa

in einigen Ländern einen nicht unbedeutenden Teil zur Elektrizitätsversorgung beitragen. In bis jetzt unterversorgten Gegenden und auf Inseln werden sie die teuren Dieselaggregate weitgehend ablösen. Dort kommt es in erster Linie auf die Verfügbarkeit von Strom an, erst in zweiter Linie auf den Preis, der dafür zu bezahlen ist. In den Industrieländern wird die künftige Verbreitung von Windkraftanlagen von ihrer Wirtschaftlichkeit abhängen.

Mit den größten Anlagen mit 6 bis 7 Megawatt Leistung strebt man in den Vereinigten Staaten einen Kilowattstundenpreis von 12 Pfennig an. Dabei wird allerdings vorausgesetzt, daß man wenigstens 100 gleiche Anlagen bauen kann. Beim heutigen Stand der Technik sollten solche Ziele nicht nur in den USA erreichbar sein, denn weite Teile der Bevölkerung sind bereit, sogenannte alternative oder ergänzende, saubere Energieträger zu nutzen.

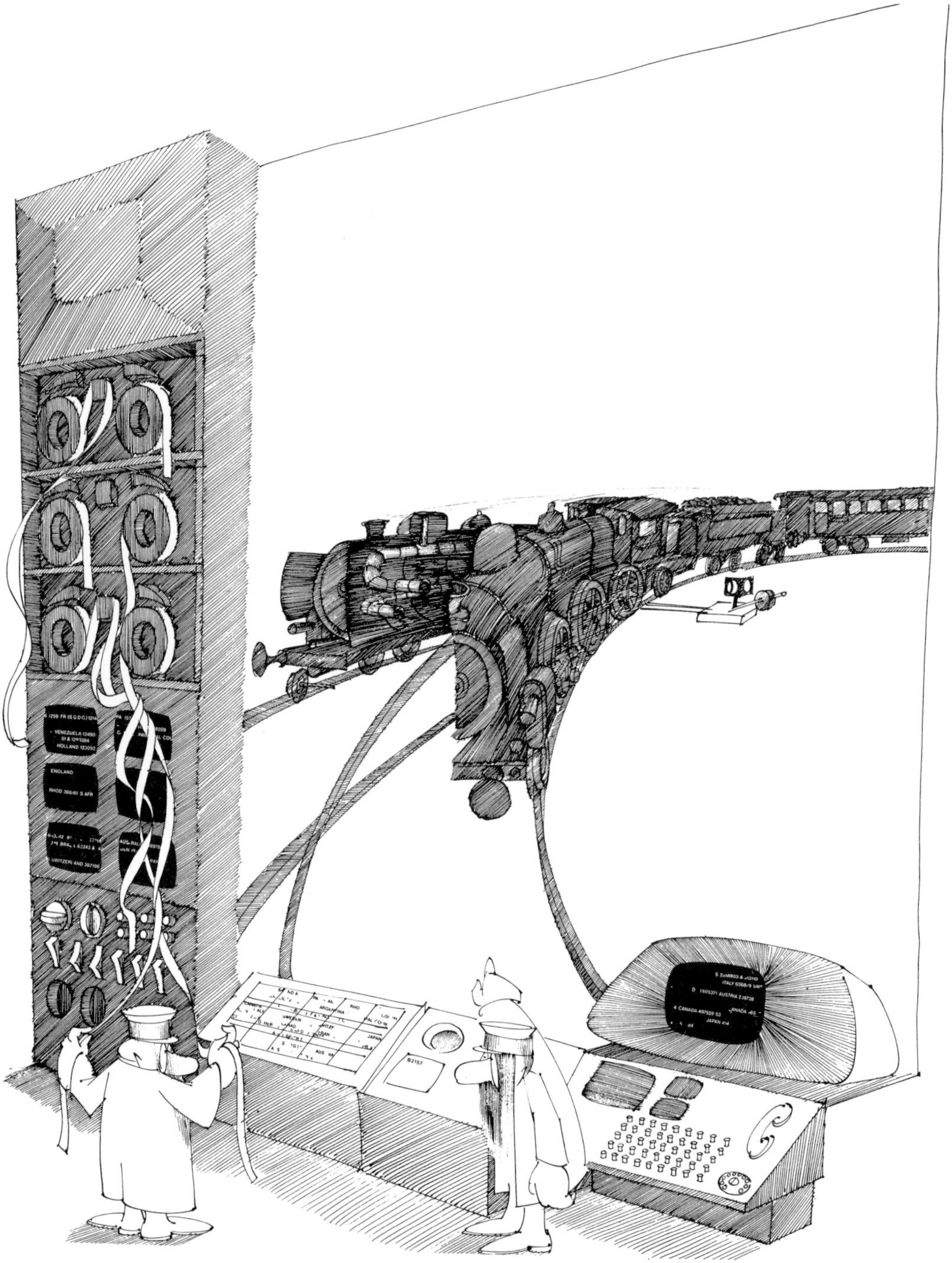

(Cartoon von Klama)

Robert Brenner

MEIN KUMPEL, DER COMPUTER

Drei Computer habe ich bis jetzt gehabt, und mit jedem habe ich Dinge erlebt, die ich nicht so bald vergessen werde. Es ist wie mit den verschiedenen Autos, die man schon gefahren hat, mit den Wohnungen, in denen man lebte – nur weit aufregender natürlich. Was wäre wohl aufregender als Computer?
Heute möchte ich hauptsächlich von meinem ersten Computer erzählen. An ihn denke ich mit ganz besonderen Empfindungen zurück, und was mir von ihm verblieben ist – Programme, gedruckte Ergebnisse, Fotos, Notizen –, nehme ich immer wieder einmal in die Hand und versuche mir zu vergegenwärtigen, wie das damals gewesen war. Das Erste ist immer etwas Besonderes: das erste Indianerbuch, der erste Theaterbesuch, die ersten Ferien am Meer ...
Mein erster Computer war kein Spielzeug für Anfänger, sondern gleich eine Maschine, die etwa so viel kostete wie ein mittlerer Mercedes. Das Computer-Zeitalter gab sozusagen seine Premiere bei mir gleich in Form einer Galavorstellung. Und so ist es begreiflicherweise auch keine ganz alltägliche Geschichte, wie ich zu diesem Computer gekommen bin.
Freundliche Menschen haben ihn mir geliehen – Menschen, die solche Maschinen geschäftlich benutzten und die längst wußten, daß ich brennend gerne einmal ein wenig »herumprobieren«, ein wenig »spielen« wollte mit einem Elektronenrechner.
Anfang Juli des vergangenen Jahres kam dann ein Anruf: »Jetzt wäre es soweit: Während der Urlaubszeit ist einer unserer Rechner frei und steht unbenützt herum ...« – »Ich komme sofort!« sagte ich, erfuhr aber zu meiner Überraschung: »Sie brauchen nicht zu kommen. Wir bringen Ihnen das Ding morgen ins Haus. Ist Ihnen doch sicher lieber?«
Zwei Männer brachten das zentnerschwere Ungetüm und stellten es mir auf den Wohnzimmertisch. Und dann saß ich davor, sah mir den Computer an, fand ihn wunderschön und mochte ihn vom ersten Augenblick an. Ich hatte noch nie im Leben auch nur eine Taste eines Computers berührt gehabt – und nun hatte ich einen für mich ganz allein, ein wahres Prachtexemplar, für mindestens zwei volle Wochen! Es war ein großer Augenblick in meinem Leben.
Um einen sogenannten Tischcomputer handelte es sich, und zwar um ein Modell, sagte man, das für alle möglichen kaufmännischen Zwecke eingesetzt wurde, aber auch zur Arbeitsplanung in der Industrie. Ein bewährtes Modell sollte es sein. Ob ihm auch das, was ich mit ihm vorhatte, schon jemals vorher begegnet war? Das ist mir bis heute nicht bekanntgeworden.
Wohl aber habe ich einiges aus seiner »Lebensgeschichte« nachträglich in Erfahrung gebracht. Da wurde mir klar, daß auch Computer ihre Erlebnisse und Schicksale haben – und zwar nicht nur

Tischcomputer IBM 5120, der erste Computer unseres Autors Robert Brenner. Rechts neben dem Bildschirm befinden sich die beiden Disketten-Laufwerke – die Magnetscheiben werden in die beiden Schlitze eingeführt. Der Drucker schreibt die Ergebnisse laufend auf Endlospapier. Foto Brenner

diejenigen, von denen alles redet, von denen jeder weiß: die beispielsweise die »Apollo«-Raumschiffe zum Mond gesteuert haben oder die Zahl Pi auf 100.000 Dezimalstellen genau berechneten.
Mein Computer war zum Beispiel eine Zeitlang in einem Intercity-Zug mitgefahren – in einem besonderen Abteil, als Schauobjekt, an dem sich interessierte Reisende zeigen lassen konnten, was so eine Maschine alles kann. Sicher sind nicht alle Computer dafür gedacht, mit hundert Sachen durch die Gegend zu sausen! Wie lange er so herumkutschierte, weiß ich nicht, aber sicher wird er dabei eine Menge von Land und Leuten gesehen haben. Und ein paar Püffe hat er auf seinen Reisen auch abbekommen, die waren noch deutlich zu sehen.

READY – Sprich mit mir!

Und nun stand er vor mir auf dem Tisch, war also zur Abwechslung einmal bei einem blutigen Anfänger, einem kompletten Computer-Neuling gelandet. Ich sah ein Tastenfeld vor mir und in dessen Mitte immerhin die gewohnte Schreibmaschinen-Tastatur – das war aber auch schon alles, was ich an »Vorkenntnissen« mitbrachte.
Kurzentschlossen schaltete ich die Maschine ein. Nach ein paar Sekunden erschienen auf dem Bildschirm links unten die fünf Buchstaben READY. Das be-

deutete: »Ich bin bereit. Von mir aus kann's losgehen.« So merkwürdig das klingen mag, aber ich hatte das Gefühl, damit sei ein Gespräch eröffnet – ein Gefühl, wie man es bei keiner von hundert anderen Maschinen hat, die man einschaltet.

Mit größtem Eifer stürzte ich mich erst einmal auf die grünen und braunen Hefte, die ich mit der Maschine mitbekommen hatte – betitelt »Einführung«, »Anleitung« und »Handbuch«. Um das »Gesprächsangebot« aufnehmen zu können, mußte ich doch wohl wissen, was jede der 73 Tasten bedeutete, und mußte sie alle wenigstens einmal gedrückt und beobachtet haben, wie der Computer darauf reagierte. Nun, bei diesen simplen »Fingerübungen« gab es natürlich keine nennenswerten Schwierigkeiten, und so hatte ich bald schon das Gefühl, rasche Fortschritte zu machen. In Wirklichkeit dauerte es aber volle drei Tage, bis ich auf das READY der Maschine tatsächlich zu antworten vermochte – zu antworten mit meinem ersten echten Computerprogramm.

Programme sind es, die wir dem Computer geben müssen, damit er seine tausend Künste spielen läßt – genauer gesagt: Daten und Programme, denn er ist ja eine Datenverarbeitungsmaschine. Das hatte ich mir übrigens schon immer ganz zutreffend vorgestellt und brauchte es nicht erst aus den braunen und grünen Heften zu lernen: In die Maschine werden Zahlen oder Namen – eben die »Daten« – eingegeben und ein genaues Rezept – das Programm – hinzugefügt, was mit den Daten geschehen soll. Einige kleine Übungsprogramme fanden sich schon in den Begleitheften; die Aufgabenstellungen waren aber allesamt derart einfach, daß man sie auch ohne Computer auf einem Stück Papier erledigen konnte. Ich scheute mich geradezu, diesen prächtigen Tischcomputer, der schon im Intercity gefahren war, damit zu behelligen – ich begann vielmehr meine Gedanken auf ein bestimmtes Problem zu konzentrieren und zu überlegen, wie einzelne Abschnitte eines Programms zur Lösung dieses Problems aussehen könnten, und mir entsprechende Notizen zu machen.

Mein erstes Programm

Es war das die Aufgabe, Primzahlen zu berechnen. Sie ist mittlerweile recht »populär« geworden, in Computer-Zeitschriften wird sie erwähnt, und wer sich heute einen Hobbycomputer kauft, findet sie oft als reizvolles Anwendungsbeispiel in der Gebrauchsanleitung. Für mich war die Aufgabe damals neu und gleichzeitig altbekannt – warum, werde ich gleich sagen. Primzahlen sind alle jene Zahlen, die durch keine andere Zahl glatt teilbar sind, also beispielsweise 2, 5, 13 oder 29.

Zu diesem Problem hatte ich eine »persönliche Beziehung«: sie bestand in einem Blatt Papier, auf dem die Primzahlen zwischen 1 und 1000 sauber in mehreren Kolonnen nebeneinander gedruckt waren. Mit diesem Blatt, das ich natürlich auch heute noch besitze, hat es folgende Bewandtnis: Ein Bekannter hatte es mir geschenkt, und es stammte von der Vorführung eines Rechners des großen deutschen Computerpioniers Konrad Zuse, die in dessen Beisein vor ungefähr einem Vierteljahrhundert stattgefunden hatte. Jedesmal, wenn mir dieses Blatt in die Hand gekommen war, hatte es mich ermuntert: »Wenn du einmal selbst an einen Computer herankommst, dann versuche es, ob du das auch schaffst!«

Drei ganze Tage, wie gesagt, brauchte ich, bis ich die Sache auf dem Papier fertig hatte und meinte, damit müßte mein Computer nun etwas anfangen können. Zu meiner Überraschung war das Programm zuletzt nur noch dreizehn Zeilen lang (in der Programmier-»Sprache« BASIC), aber es erwies sich ja auch als unnötig, die ganze Zahlentheorie aufzubieten; etwas ziemlich Einfaches sollte

der Maschine zugemutet werden: Als »Daten« bekam sie die Zahlen von 1 bis 1000 vorgesetzt, und die brauchten gar nicht einzeln eingegeben zu werden, sie »erzeugte« sie selbst eine nach der andern; und das Programm verlangte dies: »Prüfe jede Zahl, ob sie durch eine kleinere Zahl glatt teilbar ist. Wenn ja, vergiß sie und nimm die nächste Zahl, wenn nein, dann ist es eine Primzahl und muß in die Tabelle gedruckt werden.«
Sorgfältig tippte ich die dreizehn Befehle auf der Tastatur, dann aber zögerte ich, ehe ich die Hand ausstreckte und den Finger auf die Start-Taste RUN legte. Irgendwann muß ich sie gedrückt haben, denn plötzlich schlug der Drucker an: »2« druckte er, »3«, »5«, »7«, »11«!
Es lief alles so, wie gehofft, und doch war ich überrascht, fast erschrocken. »13«, »17«, »19«, »23«, »29« druckte er. Ich las jede Primzahl laut mit, mit steigender Begeisterung. Bald schon waren sie mir alle gänzlich »neu«: Wer weiß schon auswendig, daß 59 eine Primzahl ist, oder 83? Oder 199? 383? Oder 619? Vier Minuten lang ging das so weiter, dann kamen noch »983«, »991« und »997«, und dann schwieg der Drucker. Ich zählte ab und verglich: Es waren alle – alle 168 Primzahlen zwischen 1 und 1000.
Das Blatt pinnte ich über dem Computer an die Wand und betrachtete es immer wieder stolz, doch auch mit einiger Verwunderung: War es nicht erstaunlich, daß diese großartige Maschine auch einem Anfänger gehorchte und so perfekt funktionierte, wie sie es in den Händen eines Fachmannes – sagen wir, eines Diplom-Informatikers – nicht hätte besser tun können?

Endlich kann ich mit ihm reden

Mächtigen Auftrieb gab mir natürlich dieser Erfolg nach dreitägiger Mühe. So war es mir also gelungen, das »Gespräch« aufzunehmen und dem Computer eine Aufgabe zu stellen, die seiner »würdig« war, und ihn dafür so zu programmieren, wie er es gewohnt war ... Ein solches Erfolgserlebnis tut ungemein gut, und ich meine, jeder Computer-Neuling sollte es ganz bewußt anstreben: er sollte sich schon früh irgendeine Aufgabe stellen, die ihm schwierig erscheint, und sollte viel Mühe und Hartnäckigkeit aufbieten, sie richtig zu programmieren und zu lösen.
Über eines aber muß man sich klar sein: Wie überall, wächst auch hier der Appetit mit dem Essen! Es dauerte nicht lange, und ich hatte neben dem Rechner einen Zettel liegen, auf dem ich alles notierte, was mir so einfiel und was ich zu rechnen versuchen wollte. Manchmal waren das ein Dutzend und mehr Punkte – und am liebsten hätte ich sie alle gleichzeitig angepackt. Mit jeder Stunde, die man am Computer verbringt, gewinnt man ja zusätzliche »Macht« über dieses wundervolle Stück Technik und vergrößern sich also die Möglichkeiten, diese »Macht« auszuüben.
Schon am Morgen nach dem Aufwachen hatte ich gewöhnlich eine gute Idee für das Problem, an dem ich gerade programmierte, und nicht selten saß ich ungewaschen noch vor dem Frühstück an der Maschine und probierte den Einfall aus. Je mehr Macht ich über die Maschine gewann, um so mehr Macht gewann auch der Computer über mich ...
Welche Probleme das waren? Alle möglichen – und noch dazu wild durcheinander. Während ich mich mit der einen Aufgabe herumschlug, fielen mir andere ein. Darunter war zum Beispiel eine lange Reihe von Rätseln und Denksportaufgaben, von denen mir etliche schon jahrelang »nachgelaufen« waren – »Die fünfzehn Christen und die fünfzehn Heiden« etwa oder »Fliege und Spinne«, »Der Affe und die Kokosnüsse«. Sie alle löste der Computer, manchmal innerhalb von wenigen Sekunden – für mich aber bedeutete das Programmieren viele Stunden eines spannenden Geschäfts, bei

dem ich wahrscheinlich eine ganze Menge über die Computer und ihre Art zu »denken« gelernt habe.

Robert Brenner mit seinem zweiten Computer, einem IBM Schreib-System. Die Elektronik ist hier in dem flachen Kasten unter dem Bildschirm untergebracht. Foto Brenner

Das Kombinationsproblem

Besonders aufregend fand ich ein Problem, das aus dem bekannten »P. M. Magazin« stammte: Aus den elf Buchstaben des Wortes SPEKULATION sollten mindestens 20 sinnvolle Wörter gebildet werden – beispielsweise SPUK, ION, PELIKAN oder ULAN. Da spürte ich sogleich denselben Ehrgeiz wie bei den Primzahlen: War es wohl möglich, diese Aufgabe vom Computer lösen zu lassen? Nun, es sei gleich gesagt: Die vollständige Lösung habe ich nicht geschafft, aber die Maschine druckte mir wenigstens alle 7920 verschiedenen Vier-Buchstaben-Kombinationen, die in der SPEKULATION drinsteckten (Von SPEK bis NOIT), und als ich die lange Liste überflog, konnte ich 218 Wörter anstreichen, die in jedem Kreuzworträtsel hätten vorkommen können (also »sinnvoll« waren). Insgesamt 20 Wörter waren verlangt, und der Computer hatte allein an vierbuchstabigen mehr als zehnmal soviele gefunden! Eine Zeitlang spielte ich übrigens mit dem Gedanken, den ganzen sieben Meter langen Papierstreifen als »Lösung« an die Zeitschrift einzusenden!

Was ist es nur, was uns das »Spielen« mit einer Denkmaschine zu einem solchen Vergnügen macht? Die Lösungen, die Ergebnisse sind vielleicht gar nicht so

Ein weiteres Computermodell für das Wohnzimmer, der Bürocomputer IBM System 23. Foto Brenner

wichtig; der Hauptspaß ist vielmehr, den Computer dazu »abzurichten«, eine bestimmte Aufgabe für uns zu lösen und genau das zu tun, was wir von ihm verlangen – vor allem dann, wenn die Arbeit, für die wir den Rechner programmieren, viel umfangreicher und weit komplizierter ist, als daß wir sie selbst ausführen könnten.

Nur wenn das Programm läuft, ist es gut

Irgendwie hatte ich oft das Gefühl, es sei eine Art »Dressur«, wenn man so ein Computerprogramm entwickelt und dabei immer wieder probiert und verbessert, probiert und verbessert – wie wenn man einem Delphin das Reifenspringen beibringt oder einem Seehund das Harmoniumspielen. Nur daß man keine Taschen voller Fische mitbringen muß: Der Computer begnügt sich mit Strom und etwas Papier. Ja, und noch etwas ist zu sagen: Hier braucht es niemanden, der das Programm begutachtet und es lobt und gute Noten verteilt; entweder, es »läuft« und liefert die Lösung – dann ist es »sehr gut«; oder es klappt zunächst noch nicht – dann kann man es wieder und wieder verbessern, bis es endlich »läuft«.

Wenn ich nur an mein erstes »Sortierprogramm« denke! Ich verfiel auf den Gedanken, die Namen aller fünfzig Staaten der USA in den Computer einzutippen, so, wie ich sie im Atlas fand: Rhode Island, Connecticut, Vermont, New Jersey ... Mein Plan war, ein Programm zu machen, das mir die fünfzig Namen alphabetisch ordnen sollte. Wie das geht?

Zunächst hatte ich keine Ahnung, aber dann kam mir eine Idee: Da die Maschine nicht nur Zahlen, sondern auch Buchstaben vergleichen konnte, zum Beispiel B »größer« als A, K »kleiner« als M, konnte man ihr befehlen, die fünfzig Staaten so lange unermüdlich paarweise zu vertauschen, bis endlich der »kleinste« Name als erster, der »größte« als letzter in der Reihe stand.
So eine Sache kann einen bis in die Nacht hinein verfolgen, denn ganz so einfach ist dieses »Vertauschen« gar nicht zu programmieren. Ich weiß noch genau: Es war weit nach Mitternacht, bis endlich alles stimmte und die Namen auf dem Bildschirm erschienen, einer nach dem anderen, in der richtigen Reihenfolge, so, wie ich sie haben wollte: Alabama, Alaska, Arizona, Arkansas ... und zuletzt West Virginia, Wisconsin, Wyoming. Gewiß, niemandem ist viel genützt mit einem Computerprogramm, das die Staaten der USA alphabetisch aufreiht, aber ich verspreche jedem, der sich daran versucht und Erfolg hat, ein echtes Erlebnis, ein Riesenvergnügen und Zufriedenheit mit sich selbst.

Urlaub im Computerland

Schön warm waren sie, diese Juliwochen im vergangenen Jahr. Damit meine ich nicht die Außentemperaturen, denn ich könnte wirklich nicht sagen, ob wir schönes Wetter hatten oder regnerisches – verbrachte ich doch die Zeit überwiegend am Computer. Dort aber war es jedenfalls warm: Die Siliziumchips produzierten ja Wärme, darum pustete sich die Maschine ständig mit einem Ventilator Luft durch ihr »Gehirn« ... Blättere ich in meine Notizen, dann stelle ich erstaunt fest, daß ich an nicht wenigen Tagen 12, ja mitunter sogar 16 Stunden vor dem Bildschirm gesessen habe.
Die freundlichen Leute, die mir den Computer geliehen hatten, waren allesamt in Urlaub. Auch viele andere Bekannte waren verreist: Ich bekam wunderschöne Grußkarten mit Palmenstränden, Alpengipfeln, norwegischen Fjorden, Moscheen. Gelesen habe ich sie alle erst Wochen später. Vielleicht hätte ich etwas Ungewöhnliches darin erblicken müssen, daß ich mitten im tiefsten Sommer von früh bis spät an einer Maschine saß – und wohlmeinend-besorgte Hausgenossen befragten mich auch dahingehend. »Ich könnte mir keinen schöneren und angenehmeren Urlaub vorstellen!« gab ich mit voller Überzeugung zur Antwort und beeilte mich, an meine Denkmaschine zurückzukommen.
Um mich von dem Computer wegzubringen, hätte man mir wohl eine Flugkarte zum Mond schenken müssen ...
Nun habe ich gelesen, daß in Amerika ein Fünfzehnjähriger sogar 35 Stunden ununterbrochen am Computer gesessen hat – allerdings spielte er pausenlos »Pac Man« und stellte dabei irgendeinen Punkterekord auf. Das bringt mich auf die Sache mit den Computerspielen.
Zusammen mit meinem Computer hatte ich auch etliche Disketten mitbekommen, jene biegsamen Magnetscheiben, die gerade so groß sind wie Single-Schallplatten und auf die man über eine Million Zeichen (Ziffern oder Buchstaben) schreiben kann; ich sollte darauf meine Programme speichern – was ich auch fleißig tat (darum habe ich sie alle auch jetzt noch und kann sie jederzeit erneut in einen Computer laden und laufen lassen). Nun war unter diesen Disketten aber auch eine, die war bereits voll: sie enthielt ungefähr 40 Computerspiele, darunter eine »Mondlandung«, »Tric-Trac«, ein Mühlespiel, Pingpong, Squash. Die freundlichen Menschen, die mir den Computer liehen, hatten sie dazugepackt – für den Fall, daß ich sonst nichts Rechtes mit der Maschine würde anfangen können.
Daraus aber wurde nichts. Mir blieb einfach keine Zeit dafür. Und auch mit den anderen Computern, die ich seither ge-

habt habe, bin ich nicht dazu gekommen. Es gab für mich immer so viel anderes zu tun, das mir genauso als spannendes Spiel erschien, bei dem es aber um mehr ging – um mehr, als nur um gute Augen und schnelle Finger. Nur sitzen und gukken und Tasten drücken, immer flinker, immer automatenhafter – ich finde, das ist zu wenig, das ist nicht die richtige Art, sich mit einer Denkmaschine auseinanderzusetzen. Doch vielleicht werde ich eines Tages noch auf die Sache zurückkommen: Da werde ich dann aber versuchen, mir selber ein Spielchen zu machen – ein Programm für irgendein ganz neues und ganz tolles Computerspiel.

Computer erstellt Stundenplan

In einer Nacht, gerade noch rechtzeitig, ehe mein Computer wieder abgeholt wurde, träumte ich von einem meiner Lehrer – jenem, der viele Jahre lang an unserer Schule die Aufgabe gehabt hatte, die Stundenpläne für alle zwanzig Klassen anzufertigen. Mehr als einmal hat er uns seufzend erzählt, was für eine Riesenarbeit das war, zweimal pro Schuljahr: Obwohl er längst darin erfahren und geübt war und über gewisse »Tricks« verfügte, kostete ihn dieses Probieren und Umbauen und immer wieder Von-vorne-Anfangen gewöhnlich zwei volle Wochen; ja, gelegentlich mußte das Schuljahr sogar mit einem provisorischen Unterrichtsplan beginnen, an dem immer noch weiter »gebastelt« wurde.

Gleich am Morgen dachte ich genauer darüber nach. Probieren? Immer wieder neu anfangen? Ständig prüfen, ob alles zusammenpaßt? Das waren doch alles typische Computertätigkeiten! Ich machte mich sofort daran, einzelne Teile eines möglichen »Stundenplan«-Programms auf einem Notizblock zu entwerfen. Doch dann legte ich die Geschichte weg: So riesig erschien mir die Aufgabe, daß ich es gar nicht ernstlich versuchen oder zumindest nicht damit an die Maschine gehen wollte – einfach, um mir eine unausbleibliche Enttäuschung zu ersparen. Doch wie das so geht: Immer wieder einmal holte ich den Notizblock hervor, dachte und schrieb, und so hatte ich plötzlich ein vollständiges Programm beisammen: ein Computerprogramm, das für eine Schule von acht Klassen, die in je dreizehn Fächern unterrichtet wurden, alle Stundenpläne berechnen sollte. In diesem Augenblick wurde die Sache ungeheuer aufregend: Ich brauchte gar nicht an die zwei Wochen Arbeit meines alten Lehrers zu denken, um zu wissen, daß es für mich Anfänger ein gewaltiger Erfolg wäre, wenn dieses Programm »liefe«.

Es klappte indes nicht sogleich. Am Computer zeigte sich, daß in dem 100 Befehle langen Programm noch Fehler steckten, an denen die Rechnung hängenblieb. Aber nun konnte ich nicht mehr zurück, jetzt wollte ich es genau wissen! »Wenn ich die ›Primzahlen‹ geschafft habe ...« sagte ich mir – obwohl ich natürlich wußte, daß die Schwierigkeit der beiden Probleme nicht zu vergleichen war. Es war einfach das »Prinzip Hartnäckigkeit«, das sich auch hier wieder bewährte: Man muß eine solche Aufgabe als eine Herausforderung betrachten, muß sich richtig darein »verbeißen« und nicht ruhen und nicht rasten, bis man es geschafft hat – und werde es darüber spät in der Nacht.

Zwei Wochen Arbeit – wenige Minuten für den Computer

Das Programm »Stundenplan« kostete mich solche »hartnäckigen« eineinhalb Tage – doch dann lief es! Der Computer druckte acht saubere Stundenpläne (für jede Klasse einen), und von den insgesamt 240 in dieser Schule unterrichteten Wochenstunden waren nur zwei falsch: Da stand – einmal für Französisch, einmal für Gemeinschaftskunde – einfach kein Lehrer zur Verfügung (ich hatte aus

Sparsamkeit insgesamt nur 15 Lehrer »angestellt«), also »verordnete« der Rechner diesen beiden Klassen ersatzweise das, was noch möglich war, nämlich je eine Stunde Sport, womit er bestimmt den Betroffenen eine Freude machte.

Bis zu zwei Wochen hatte sich mein Lehrer herumgequält, und ganze zwei Minuten rechnete der Computer an den Stundenplänen! Und mein Programm war überall anwendbar: es ließ sich mit wenigen Dateneingaben auf beliebige Klassen-, Lehrer- und Stundenzahlen umstellen, außerdem ließen sich auch noch Sonderwünsche einzelner Lehrer berücksichtigen. Ich war in meiner Begeisterung damals nahe daran, ein Inserat in unser Anzeigenblättchen zu geben: »Schwierigkeiten mit Stundenplänen? Computeranfänger hilft schnell und preiswert.« Aber ich wußte leider, daß ich die Maschine nur noch kurze Zeit haben würde.

So hatte dieser Programmier-Erfolg auf mich weniger praktische Auswirkungen, dafür um so mehr seelische: Irgendwie fühlte ich mich nun aufgenommen in einen unsichtbaren »Klub der Leute, die mit Computern umgehen können«. Vorübergehend muß man mir etwas davon angemerkt haben: Ein Freund, der mich damals auf der Durchreise besuchte, tippte zunächst auf einen mittleren Sonnenstich und warnte mich dann, als er erfuhr, was los war, vor beginnendem Größenwahn …

Tatsächlich wurde der Computer sehr bald nach dem »Stundenplan«-Erfolg abgeholt, und ich habe ihn nicht wiedergesehen. Als sie ihn heraustrugen, war ich nicht nur traurig, weil ich noch einen ganzen Zettel voll »guter Ideen« hatte, die ich nun nicht mehr ausprobieren konnte – nein, mir war diese Maschine mit ihrem Siliziumgehirn und ihrem gutmütigen Ventilatorfauchen auch richtig sympathisch geworden. Sie hinterließ eine echte Lücke.

Das klingt wahrscheinlich sentimental, aber ich weiß seit jenen vier Sommerwochen, seit jenen rund 200 Stunden, die ich an meinem ersten Computer verbrachte, daß man auch einer Maschine – so einer Maschine – nahezukommen vermag, ja, daß sich geradezu eine Art von »Vertrauensverhältnis« entwickeln kann. Wer's nicht glauben mag, dem kann ich nur raten: Probier es selber aus, und du wirst sehen.

Übrigens hatte er – fast hätte ich es zu sagen vergessen – auch einen Namen: er hieß »Ari«, nach Aristoteles, einem ähnlich klugen alten Griechen. Am 12. August notierte ich: »Heute haben sie Ari fortgebracht – noch warm, denn er hat bis zum letzten Augenblick an dem Würfelproblem gerechnet.«

Seither hatte ich noch zwei andere Computer, mit denen ich ebenfalls viele Wochen »gespielt« und gearbeitet habe. Auch mit ihnen gab es eine Unmenge Spaß und Erfolge, denn beide waren genauso prächtige Burschen wie Ari – aber das Erste ist eben doch immer das Besondere, das sich dem Gedächtnis am stärksten einprägt: das erste Indianerbuch, die ersten Ferien am Meer, der erste Computer …

-WUM
PROPAN
GAS

Alle Versuche, den Ballon lenkbar zu machen, blieben erfolglos. Im Jahre 1810 experimentierte der Schweizer Jakob Degen mit einem »Schwingflügler«, den er unter seinem Ballon anbrachte. Foto Grobschmidt

tenpater Bartolomeo Lourenço de Gusmão. Eines Tages kam ihm der Gedanke, eine Schale mit Glut zu füllen und diese an einem unten offenen kleinen Papierballon zu hängen. Diesen Miniatur-Heißluftballon von etwa 60–80 Zentimeter Durchmesser führte er am 8. August 1709 im Gesandtschaftssaal zu Lissabon Seiner Majestät Johann V. vor. Bei diesem Experiment stieg der Ballon hoch, und als er an die Zimmerdecke des königlichen Palastes stieß, fing er Feuer und verbrannte. Erst um 1730 wurde die »Feuerluft«, wie man sie zunächst nannte, eingehend studiert. Die Meinung, daß beim Verbrennen ein neuartiger gasförmiger Stoff entstehe, der leichter als Luft sei, wurde bald allgemeingültig.

1766 entdeckte der englische Chemiker Henry Cavendish den Wasserstoff und bestimmte sein Gewicht: Die »brennbare Luft«, wie er das neue Element nannte, war »siebenmal leichter als die normale Luft« – in Wahrheit ist Wasserstoff vierzehn mal so leicht. Sein Kollege Joseph Black folgerte daraus, daß man »Gegenstände, die mit brennbarer Luft gefüllt sind, zum Himmel emporsteigen lassen kann«.

Die »verrückten« Montgolfiers . . .

Die Forschungsergebnisse der beiden Briten wurden auch in Frankreich veröffentlicht und von der französischen Akademie der Wissenschaften an alle Mit-

Nur im Team bringt man einen Heißluftballon zum Aufsteigen: Die fallschirmähnlich gefaltete Hülle wird ausgebreitet. Die Mannschaft befestigt Gondel, Gasflasche und Brenner. Dann wird das Gas entzündet, eine meterlange Flamme schießt in die Hülle und bläht sie langsam auf. Der Gasvorrat reicht für einen ungefähr zweistündigen Flug. Foto gegenüberliegende Seite Müller, auf dieser Seite Mauritius glieder und Gönner verschickt. Zu ihnen zählten auch die Papierfabrikanten Joseph-Michèle und Jacques-Etienne Montgolfier aus Vidalon-lès-Annonay nahe Lyon. Die beiden Brüder, deren Fabrik ihnen ein sorgloses Leben ermöglichte, waren in ihrer Nachbarschaft als »Phantasten« verschrien. Gemeinsam studierten sie wissenschaftliche Abhandlungen über das »Zustandsverhalten der Luft und anderer Gase«.

Auf welche Weise die Brüder Montgolfier schließlich zur Erfindung des Heißluftballons kamen, ist nicht mehr einwandfrei festzustellen. Es existieren mehrere zum Teil widersprüchliche Berichte. Irgendwann jedenfalls hatte Joseph die ebenso geniale wie einfache Idee, die heißen Feuergase einzufangen, um damit »irgendwelche anderen Dinge emporzutragen in den Himmel«, wie er seinem Bruder Etienne schrieb.

»Wenn die Wolken am Himmel dahinsegeln und nicht abstürzen, dann müssen auch wir Rauchwolken emporschicken und fliegen lassen können!« folgerte Etienne. Sie gingen nun gemeinsam daran, »Rauchwolken einzufangen«. Das Experiment mißlang. Daraufhin fertigten sie aus feiner leichter Seide einen länglichen Sack, der am unteren Ende eine Öffnung hat. Als sie Papier so verbrannten, daß das »Feuergas« in die Seidenhülle steigen mußte, blähte sich der Sack auf und stieg zur Zimmerdecke empor. Joseph notierte das Datum: 23. November 1782. Bald danach bauten sie eine neue »aerostatische Maschine«, wie sie ihren seidenen Sack hochtrabend nannten, und erprobten ihn im Freien. Das Experiment verlief erfolgreich: Der Ballon stieg etwa zwanzig Meter hoch und blieb zehn Minuten in der Luft, dann trudelte er sanft zu Boden.

… und ihr Experiment des Jahrhunderts

Sofort gingen sie daran, zwei weitere »Maschinen« zu bauen. Der Auftrieb des ersten Heißluftsacks war derart stark, daß die Halteseile rissen, der zweite erreichte eine Höhe von 300 Meter und landete zwei Kilometer vom Startplatz entfernt. Erst jetzt entschlossen sich die Brüder, eine öffentliche Vorführung zu veranstalten, und luden »den Adel, den Klerus und die Bourgeoisie von Annonay« für den 5. Juni 1783 zu einem Experiment mit einer neuen, »Aerostat« genannten Maschine ein.

Es mögen etwa 300 Personen gewesen sein, die das aufregendste Experiment des Jahrhunderts miterlebten. Mit Hilfe ihrer Knechte schleppten die Brüder eine gewaltige Seidenhülle in die Mitte des Marktplatzes und zogen sie an einem korbähnlichen, hölzernen Gerüst empor. Wahrlich, das Ganze bot einen seltsamen Anblick und schien nicht sonderlich geeignet, die Schaulust der Volksversammlung zu befriedigen. Endlich erschienen die Stände von Vivarais in feierlichem Zug und nahmen auf der Ehrentribüne Platz. Einer der Brüder trat mit einer Verbeugung hervor. »Meine Herren Stände! Wir wollen jetzt diesen großen Sack mit einem Dunst füllen, den wir zu bereiten wissen, und alsdann werden Sie diesen Sack sich bis zu den Wolken erheben sehen.« Man vernahm diese Worte mit Erstaunen und nicht ohne Zweifel. Unter der großen Öffnung der Hülle wurde ein stinkendes, qualmendes Feuer entfacht. Innerhalb weniger Minuten rundete sich die unförmige Hülle zu einer Kugel von 30 Fuß Durchmesser und begann, an den Haltetauen zu zerren. Als auf ein Zeichen von Joseph hin die Knechte die Stricke durchschnitten, »da hüpfte und schoß die Kugel in das Luftmeer, wie ein Korken im Fluß und war innerhalb einer Minute nur noch ganz klein zu sehen!« schrieb ein Augenzeuge. Messungen mit »philosophischen Instrumenten« ergaben, daß der Ballon 24 000 Fuß (!) hochgestiegen sein muß, ehe er sich so weit abkühlte, daß er wieder zu sinken begann, um schließlich außerhalb der Stadt inmitten von Weinbergen zu landen.

Eine falsche Theorie

Die Brüder Montgolfier waren der Überzeugung, daß ausschließlich die beiden von ihnen verwendeten Brennstoffe, nämlich Stroh und Schafswolle, das echte treibende »Feuergas« lieferten. Über dieses Gas wurde noch eine Zeitlang viel geschrieben und theoretisiert. »Groß und klein spricht von Ballons und läßt Ballons aufsteigen«, las man 1783 in einer Pariser Tageszeitung. »Alle unsere Professoren der Physik lesen jetzt nichts anderes als über Gas, über brennbare Luft, über den aerostatischen Ball und über die Mittel, solchen in der Luft zu dirigieren«.
Schließlich erkannte man, daß die Theorie der Montgolfiers falsch war. Die Fähigkeit des Ballons, sich vom Erdboden zu erheben, beruht auf dem Antrieb, den er nach dem Archimedischen Prinzip erfährt, weil das von der Ballonhülle umschlossene Volumen leichter als die von ihm verdrängte Luftmenge ist. Der Ballon steigt bis in diejenige Höhe, in der die Luftdichte so gering ist, daß das Gewicht des Ballons gleich der von ihm verdrängten Luftmenge ist.

Der erste Wasserstoffballon

Die ehrwürdigen Mitglieder der Akademie der Wissenschaften in Paris waren begeistert, als sie das von den Ständen von Vivarais verfaßte Protokoll lasen, und luden die Montgolfiers nach Paris ein, um vor einem illustren Publikum ihre Versuche zu wiederholen. Gleichzeitig wurde der junge Pariser Physiker Jacques Alexandre César Charles beauftragt, die Angelegenheit weiter zu verfolgen.
Charles hatte nun die geniale Idee, den von Cavendish entdeckten Wasserstoff zu verwenden. Man mußte nur, so folgerte er, eine gasdichte Hülle damit füllen, und der Ballonaufstieg war garantiert. In ihrer Ungeduld warteten die Pariser die Ankunft der Montgolfiers gar nicht erst ab, sondern eröffneten eine Subskription zur Beschaffung von Mitteln für den Bau eines »Luftballons mit brennbarer Luft«. Bereits nach wenigen Tagen war eine bedeutende Summe zusammengekommen. Charles bestellte bei einem Hersteller wasserdichter Regenmäntel Seidenstoff, der mit aufgebügeltem Rohgummi präpariert wurde, und fertigte daraus eine Hülle mit einem Durchmesser von etwa 5 Meter.
Für den 23. August 1783 kündigte er den Aufstieg seines Ballons an. Daraufhin strömten etwa 300.000 Menschen, also die Hälfte der damaligen Bevölkerung von Paris noch in der Nacht zum Startplatz am Champs-de-Mars und beobachteten die qualvollen Anstrengungen des Professors, der mit Zink und Salzsäure, Eisenspänen und Schwefelsäure unter unerträglichem Gestank den nötigen Wasserstoff zu erzeugen versuchte. 36 Stunden vergingen, bis der Ballon halbwegs gefüllt war. Daß sich der Wasserstoff nicht an den zur Beleuchtung mitgebrachten Fackeln entzündete, zählt zu den größten Wundern des Charlesschen Experimentes. Schließlich, am 27. August um 17.00 Uhr, ertönte ein Kanonenschlag als Startzeichen. Obwohl es regnete, erhob sich der 620 Kubikzentimeter große Ballon mühelos und verschwand bald in den dunklen Wolken.

... ein Schaf, eine Ente, ein Hahn ...

Die Montgolfiers kamen wenig später mit einem kugelförmigen Ballon von 57 Fuß Höhe und 41 Fuß Durchmesser in die französische Hauptstadt. Mühelos erhob sich auch dieser Ballon zur Freude Tausender Schaulustiger. König Ludwig XVI. und Marie Antoinette luden die Brüder daraufhin zu einer Vorführung ihres Heißluftballons nach Versailles ein. Fünf Tage vor dem geplanten Aufstieg zerstörte ein Unwetter den Ballon. Etienne und Joseph arbeiteten vier Tage und vier Nächte hindurch und erschienen am 19. September am Startplatz. Sie boten dem Königspaar eine zusätzliche Attraktion: In einem käfigartigen Korb aus Weidengeflecht, der unterhalb der Feuerstelle angebracht war, sperrten sie ein Schaf, eine Ente und einen Hahn – die ersten Lebewesen, die eine Ballonfahrt unternehmen sollten. Entzückt verfolgten die Kavaliere und Rokokodamen die Fahrt, die tausend Meter hoch führt und acht Minuten lang dauert. Spontan verlieh Ludwig XVI. den Brüdern den »Orden von Saint-Michel«, erhob sie in den Adelsstand und ließ ihnen zu Ehren eine Münze prägen.

Der erste Ballonfahrer

Ein junger adeliger Physiker, Jean-Philippe Pilâtre de Rozier, verfolgte in Versailles die Fahrt des Ballons »mit klopfendem Herzen und leuchtenden Augen«, wie er seinen Eltern schrieb. »Für mich stand der Entschluß fest: Ich wollte der erste Mensch sein, der sich einer Montgolfiere anvertraut!« Der König war von seinem Vorhaben keineswegs angetan. Zwei Verbrecher, denen man die Freiheit versprechen wollte, schienen Ludwig XVI. für das gewagte Experiment geeigneter. Allein der enthusiastische Pilâtre de Rozier drang bis zum königlichen Minister vor. Seine Worte sind überliefert: »Wie! Sollen Verbrecher, sollen Diebe und Mörder der Ehre zuteil werden, als erste Menschen geflogen zu sein? Sollen die Franzosen diesen Ruhm ihrem Abschaum überlassen?«, rief er im Vorzimmer des Königs lauthals. Er beschwor, er flehte, er versetzte die ganze Stadt und den Hof in Aufregung. Schließlich wurde Pilâtre de Rozier ermächtigt, mit dem Ballon zu starten.
Am 21. November trat er gemeinsam mit dem Marquis d'Arlandes im Garten des Château de la Muette nahe Versailles zu seinem historischen Flug an. Bereits kurz nach dem Start wurde ihre Montgolfiere von einer Bö erfaßt und gegen einen Baum getrieben. Nach zweistündiger Reparatur erhob sich der Ballon majestätisch in den wolkenverhangenen Himmel. Die beiden ersten Aeronauten der Geschichte blieben mit ihrem 2200 Kubikmeter großen Ballon 25 Minuten in der Luft und landeten nach einer Fahrt von rund zwölf Kilometern im Zentrum von Paris.

Von der Wissenschaft zur Gaukelei

Professor Charles war in der Zwischenzeit nicht untätig gewesen. Er hatte die bahnbrechende Idee, den Ballon beim Start mit Sandsäcken zu beladen, die während der Fahrt als Ballast abgeworfen werden konnten. Außerdem baute er in die Ballonhülle ein Ventil ein, mit dessen Hilfe er Gas ablassen konnte. Versuche hatten nämlich gezeigt, daß sich der Ballon in großer Höhe wegen des dort herrschenden geringeren Luftdrucks in beängstigendem Maße ausdehnte. Am 1. Dezember 1783 schwebte sein von privaten Geldgebern finanzierter Wasserstoffballon über die Tuilerien. Auf seiner fünfzig Kilometer weiten Fahrt erreichte Charles die für damalige Verhältnisse unvorstellbare Höhe von 3500 Meter.
Abenteurer und Gaukler bemächtigten sich bald der spektakulären Erfindung und wurden berühmt. Jean-Pierre Blanchard, ein gelernter Mechaniker von »niederer Herkunft«, wie es heißt, erkannte als erster, daß mit der Schaustellerei von Ballons viel Geld zu verdienen sei. Mit bemerkenswertem Mut und viel Geschick wurde er Schüler des großen Pioniers Charles.

Was wurde aus dem Ballon?

Die Gelehrten waren sich inzwischen einig, daß die Erfindung der Brüder Montgolfier nichts als eine großartige Spielerei

bleiben würde, sollte es nicht gelingen, den Ballon lenkbar zu machen. Der phantasiebegabte und in Eigenpropaganda schier unschlagbare Blanchard fand bald eine »geeignete Lösung« nebst gutgläubigen Geldgebern. Tatsächlich startete er am 2. März 1784 mit einer aus Stoffetzen und Stäben gebastelten Steuervorrichtung, die er unter einen großen Ballon hing. Sein im weitesten Sinn mit Rudern vergleichbarer »Aerostat« nützte aber gar nichts. Trotz dieses Mißgeschicks unternahm Blanchard innerhalb weniger Monate Dutzende Flüge und erhielt sehr bald lukrative Angebote, in England zu starten. Am 7. Januar 1785 überwand Blanchard gemeinsam mit dem amerikanischen Arzt Dr. John Jeffries den Ärmelkanal. Noch im Oktober desselben Jahres erschien er in Frankfurt und zeigte den erdschweren Teutonen, wie's gemacht wird.

Heißluftballons am Start.
Foto Grobschmidt

Die Geschichte der Ballonfahrt ist die einer äußerst publikumswirksamen, aber gescheiterten Idee. Aus dem Ballon ist im Gegensatz zum Flugzeug nichts geworden. Die Versuche, ihn lenkbar zu machen, führten zur Entwicklung des Luftschiffs, des Zeppelins. Mehr Lift als Luftfahrzeug, so ist der Ballon gemächlich durch die Geschichte der menschlichen Luftfahrt gereist, als ein schöner, bunter Nichtsnutz, als ein Symbol der Freiheit und der uneingelösten Versprechen. Das Spielzeug für Männer ist nun wie viele andere schöne und nutzlose Dinge im Freizeitbereich gelandet. Ballonfahrer von heute sind heimliche Poeten, sie sind die gläubigen Romantiker unter den Sportlern unserer Zeit.

Herbert W. Franke

SCIENCE-FICTION-AUTOREN ALS PROPHETEN?

Regelmäßig zum Jahreswechsel rufen mich Redakteure von Zeitungen und Zeitschriften an und bitten mich um Voraussagen für die kommenden zwölf Monate. Weil ich mehrere Science-fiction-Geschichten geschrieben habe, halten sie mich offenbar für eine Art Wahrsager. In Wirklichkeit habe ich nie die Absicht gehabt, irgendwelche Ereignisse zu prophezeien, vielmehr geht es mir darum, etwas zu schildern, was eintreten könnte.

Im großen und ganzen gehe ich da mit vielen meiner Kollegen einig. So meinte der amerikanische Schriftsteller Poul Anderson: »Ganz egal, wie nah die Zukunft ist – so etwas wie Voraussagen gibt es nicht. Bestenfalls kann man wohlfundierte Schätzungen vornehmen, die sich dann fast sicher als falsch erweisen werden.« In die Zukunft zu sehen, und seien es auch nur 25 Jahre voraus, ist recht riskant, denn durch jede unerwartete Entdekkung, wie die des Mikroprozessors, werden Sitten und Gebräuche unserer technischen Gesellschaft entscheidend verändert.

Science-fiction vor zwanzig Jahren: Modell eines Unterwasserhotels. Kleinere Unterwasserboote ermöglichen eine Reise durch die bizarre Landschaft des Meeresgrundes. Die Planer dieses Hotels betrachteten das Meer also auch als neuen Erholungsraum. Foto Südd. Verlag

Diese Einschätzung scheint für gegenwärtige Science-fiction-Schriftsteller typisch zu sein, nicht aber für die Verfasser der guten alten utopischen Romane. Hans Dominik, deutscher Altmeister dieser Literaturgattung und einst Autor des Neuen Universums, war sogar recht stolz darauf, daß viele seiner früheren Vorhersagen eingetroffen sind. In einem Vorwort zu einer späteren Auflage seines bekannten Romans »Die Macht der Drei« zählt er eine ganze Menge davon auf. In der ersten Auflage, 1922, beschreibt er eine Flugvorführung: »Man schob in das Programm ein Wettfliegen mit motorlosen Flugzeugen ein. Nach dem pomphaften Schauspiel der Luftflotte und dem dämonischen Tauchflieger kam die Idylle. Von der höchsten Spitze der Uferklippen segelten die einzelnen Flieger ab.« Damit hatte Dominik die Segelfliegerei geschildert, wie sie ungefähr um 1955 – in diesem Jahr spielt der Roman – tatsächlich aufgekommen ist. Gar so erstaunlich ist diese gelungene Prophezeiung aber nicht, denn als Dominik diese Zeilen schrieb, gab es schon motorlose Flugzeuge, die immerhin einige Minuten in der Luft blieben. Der Verfasser hat also etwas höchst Einfaches getan: Er hat die Hoffnungen, die die ersten Segelflugexperimente begleiteten, als Tatsache hingestellt. Nimmt man also Situationen vorweg, die sich bereits in Planung befinden, so kann man eigentlich gar nichts falsch machen.

Die französischen Werbebilder vom Ende des 19. Jh. zeigen, wie man sich damals den technischen Fortschritt im Jahre 2000 vorstellte.

Den Nürnberger Trichter gibt es trotz aller elektronischen Fortschritte noch nicht, dafür aber Sprachlabors.

Der »Hydroplane« sollte ein propellergetriebenes Schiff sein. In der Form vergleichbar sind Tragflügelboote.

Man kann nur lächeln, wenn man an die heutigen Riesenteleskope denkt. Die beschauliche Gelehrtenstube gibt es nicht mehr.

Es wird wohl noch lange dauern, bis es vollautomatische Friseure gibt; schließlich ist der Friseur-Besuch auch ein Vergnügen.

Wer baut heute noch mit zugehauenen Steinen? Der Betonbau kommt allerdings mit erstaunlich wenig Hilfskräften aus.

Das Gerät, das ab Diktat selbständig schreibt, ist noch heute ein Traum der Techniker. Sekretärinnen wird es noch lange geben.

Die »Villa Beauséjour« ist ein fahrendes Urlaubsquartier. Nur das Tafeln im Freien gibt es bei den heutigen Bussen nicht.

Hier hat der Zeichner ins Schwarze getroffen: Unterwasserjagd mit dem Gewehr, allerdings schon 1650 vorgeschlagen.

Die mechanisierte, ja fast automatisierte Landwirtschaft ist Wirklichkeit geworden, vor allem durch die Entwicklung des Traktors.

Da hat der Zeichner völlig danebengegriffen: Welchen Vorteil sollte »Lufttennis« bringen – Platzersparnis vielleicht?

Die heutige Wirklichkeit konnte sich der Zeichner nicht vorstellen: Es gibt kein Hauspersonal mehr . . .
Fotos Päch

Futurologie – »Wissenschaft« von der Zukunft

Ernsthaft mit künftigen Entwicklungen beschäftigten sich die Futurologen. Im Prinzip wenden sie dieselbe Methode wie Dominik an: Sie setzen voraus, daß eine schon begonnene Entwicklung in derselben Richtung weiterlaufen wird. Auf diese Weise kann man beispielsweise vorhersagen, daß sich die Bevölkerungszahl weiter vergrößern wird und daß Lebensmittel- und Energiereserven abnehmen. Man kann errechnen, daß die zunehmende Verkehrsdichte einer Stadt zu einem völligen Chaos führt, oder wieviele Menschen im nächsten Jahr durch Unfälle am Arbeitsplatz umkommen werden. Man darf solchen Berechnungen nur mit erheblichen Zweifeln begegnen. Da gab es beispielsweise den berühmten »Club of Rome«, der kommende Wirtschaftskatastrophen durch Computerberechnungen vorhergesagt hat. Mit ähnlichen Berechnungen hätte man Zusammenbrüche auch für die Zeit von Christi Geburt ableiten können – beispielsweise unter der Annahme, daß dann alle Kupfervorräte aufgebraucht sein würden und man die benötigten Bronzewerkzeuge nicht mehr anfertigen könnte. In Wirklichkeit hat es die Menschheit verstanden, Ersatz für das knapp gewordene Kupfer zu finden. Sie hat Eisen zu erschmelzen und zu bearbeiten gelernt, die Leichtmetalle nutzbar gemacht, schließlich Kunststoffe entwickelt, die viele Metalle ersetzen. Offensichtlich treten immer wieder völlig neue technische Ideen auf, die die Entwicklung in neue Richtungen drängen.

Mit Gänsen und Tau zum Mond

Wie sieht es nun mit Vorhersagen bedeutender technischer Erfindungen aus, die die Geschichte von den scheinbar vorgezeichneten Geleisen abweichen lassen? Gerade in dieser Hinsicht erscheint die Science fiction besonders beachtenswert, und tatsächlich hat es Versuche von Firmen gegeben, utopische Geschichten auf »Innovationen«, also auf neuartige Gedanken hin, zu untersuchen, die sich vielleicht realisieren ließen. Bemerkenswerterweise findet man nämlich in den Erzählungen und Romanen weitaus mehr Anregungen als bei den Fachleuten, die es eigentlich besser wissen sollten. Es ist aber eine altbekannte Tatsache, daß gerade diese recht ängstlich bei Vorhersagen sind. Wahrscheinlich liegt es an der Furcht, vor den Kollegen als Phantast dazustehen. Arthur C. Clarke, vielseitiger wissenschaftlicher, aber auch Science-fiction-Autor, hat einmal gesagt: »Stellt ein hervorragender, aber schon alternder Gelehrter fest, daß etwas möglich ist, dann hat er fast sicher recht. Stellt er fest, daß etwas unmöglich ist, dann hat er sich sehr wahrscheinlich geirrt.« Utopische Autoren sind längst nicht so zurückhaltend wie Wissenschaftler. Trotzdem sind auch sie nicht unbedingt klüger, denn auf jede gelungene Vorhersage fallen Dutzende falscher.

Die Menschheit träumt seit altersher vom Fliegen, in Sagen, Legenden und Romanen. Die Geschichten nahmen aber – wie wir heute sagen können – die Zukunft nicht vorweg. Schon in der griechischen Ikarussage erheben sich Menschen in die Lüfte, um 1260 herum berichtet Roger Bacon von Flugmaschinen, und um 1602 herum beschreibt Tomaso Campanella in seinem Roman »Sonnenstaat« Menschen, die die Kunst des Fliegens beherrschen. Doch die meisten Autoren »konstruierten« Schwingenflugzeuge und lehnten sich an das Vorbild der Vögel an; den Motorflug hat keiner vorhergesehen. Und ähnlich war es mit dem Raumflug:

Illustration aus Jules Vernes »Reise zum Mond«. Völlig verfehlt war die damalige Vorstellung vom »Projectil-Verkehr« zum Erdtrabanten nicht. Foto Südd. Verlag

Der englische Bischof Francis Godwin (1561–1633), Verfasser des Zukunftsromans »Der Mann im Mond«, ließ seinen Held mit einem von wilden Gänsen gezogenen Gespann zu unserem Trabanten reisen. Cyrano de Bergerac (1619–1659) löste das Problem durch taugefüllte Flaschen, mit deren Hilfe – sie sollten von der Sonne angezogen werden – sein Held zum Himmel stieg. Erwähnenswert allerdings, daß Cyrano auch einen Versuch mit Raketen beschrieb, den er allerdings scheitern läßt.

Jules Verne und Herbert Wells

Aus solchen negativen Beispielen läßt sich nur der Schluß ziehen, daß es auf lange Sicht unmöglich ist, die Chancen für die Verwirklichung von Wunschvorstellungen zu beurteilen. Immer wieder geht die Technik andere Wege als erwartet, immer wieder ergeben sich neue wissenschaftliche Einsichten, vor allem in der Physik. Voraussagen auf Jahrhunderte hinweg sind also kaum ernst zu nehmen, und selbst bei Vorgriffen von einigen Jahrzehnten in die Zukunft ist Vorsicht geboten. Dennoch sind in der kurzen Zeit, seit der utopische Roman bzw. die Science fiction zu einer Massenlektüre geworden ist, auch schon zahlreiche Vorhersagen eingetroffen – Beweis für die lebendige Fantasie der Autoren, aber auch für ihre Fähigkeit, technische Chancen richtig zu beurteilen.

Das Interesse breiter Bevölkerungsschichten für utopische Erzählungen begann mit Jules Verne (1828–1905) und Herbert G. Wells (1866–1946). Bei beiden kommen irreale Fantasien oft genug mit chancenreichen Ideen kombiniert vor. So beschrieb Jules Verne einen Hubschrauber, der sich, elektrisch betrieben, monatelang in der Luft halten kann. Das Unterseeboot, oft Jules Verne zugeschrieben, findet sich in Wirklichkeit schon bei Francis Bacon. Als Jules Verne 1870 seinen Roman »20 000 Meilen unter dem Meer« herausbrachte, gab es schon einfache Prototypen von Unterseebooten. Seine erstaunlichste Voraussage beruht auf einem Zufall: In einem seiner zwei Mondfahrtromane ließ er drei Astronauten von einer Abschußrampe in Florida starten. Nach dem Flug geht das Raumschiff im Stillen Ozean nieder und wird von einem amerikanischen Kriegsschiff aufgefischt.

Herbert G. Wells ist besonders durch die Erfindung unerfreulicher Dinge bekannt geworden. Von ihm stammen beispielsweise jene »Bug-Eyed-Monsters«, gegen die sich die Menschheit in blutigen Auseinandersetzungen verteidigen muß. Er hat sich weiter den Bombenkrieg ausgedacht – in der Geschichte »Der Luftkrieg« läßt er New York durch deutsche Zeppeline bombardieren –, schon 1903 setzte er den Tank als Kriegsmaschine ein und beschrieb 1914 den Einsatz einer Art Atombombe.

Weltraumfantasien – heute Wirklichkeit

Im Hinblick auf eingetroffene Voraussagen stellt der Russe Konstantin E. Ziolkowski einsame Klasse dar. Das Manuskript zu seinem Buch »Außerhalb der Erde« entstand 1896, allerdings erschien die vollständige Ausgabe erst 1920. Darin findet man Dutzende von Ideen, die später in der Weltraumfahrt Bedeutung gewannen. Er entwarf einen Raumanzug mit zirkulierender Belüftung, wies auf die Möglichkeit hin, mit Hilfe von Zentrifugen höhere Schwerkraft zu erzeugen, machte den Vorschlag, bei »Weltraumspaziergängen« ein Rückstoßgerät zu verwenden, und hatte die Idee, Raumfahrzeuge durch Anstrich mit schwarzer und weißer Farbe auf die richtige Temperatur zu bringen. Er erwartete, auf dem Mond eine erdähnliche Landschaft zu finden, und machte sich eine durchaus realistische Vorstellung von den Känguruhsprüngen, mit denen man sich bei verminderter Schwerkraft fortbe-

Ganz links: Porträt des Russen Konstantin E. Ziolkowski, der ganz hervorragende Voraussagen machte.

Links: Jules Verne konnte als erster das Interesse vieler Leser an utopischen Geschichten wecken. Fotos Südd. Verlag

Unten: Der Roboter »Korotan« wurde von dem Japaner T. Sakazaki in Handarbeit selbst hergestellt und dient ihm heute als Kellner in seinem »Space«-Restaurant in Yokkaichi bei Nagoya. Foto dpa

Bild aus Stanley Kubricks Film »2001: Odyssee im Weltraum«. Dargestellt ist die Mondstation im Krater Clavius mit soeben angekommenen Astronauten.
Foto MGM/Franke

wegt; auch den Einsatz eines Mondfahrzeugs zog er in Erwägung. Er erwähnte die Möglichkeit, das Vakuum des Weltraums für Arbeiten an Metallegierungen zu verwenden und Sonnenkraftwerke im Raum zu installieren. Für das Überleben der Astronauten sah er die Wiederaufbereitung des Wassers und Pflanzenkulturen in wäßrigen Lösungen vor. Er erwähnte, daß die Polkappen des Mars mit Eis bedeckt seien, und nahm an, daß die Materie – wie sich auch bestätigte – bei Tiefsttemperaturen ein ungewöhnliches Verhalten zeigt. Sogar den Ausdruck »Sputnik« – Name des ersten in eine Umlaufbahn gebrachten Satelliten – führte er schon 1895 ein. Haben wir es also bei Ziolkowski mit einem jener Propheten zu tun, der künftige Ereignisse bis zur letzten Einzelheit richtig beschreibt? Keineswegs. Konstantin E. Ziolkowski war Gymnasiallehrer für Mathematik und Physik, zugleich aber auch der erste Theoretiker der Weltraumfahrt; von ihm stammt die Idee, einen Rückstoßantrieb für Raumfahrzeuge zu verwenden. Erst als er feststellen mußte, daß man seine Arbeiten unbeachtet ließ, versuchte er,

die Öffentlichkeit durch utopische Erzählungen für seine Ideen zu gewinnen.
Es gab auch einige Physiker und Astronomen, die mit utopischen Geschichten hervortraten, beispielsweise Kurt Laßwitz, der in seinem Marsreiseroman »Auf zwei Planeten« einige heute bekannte Requisiten der Weltraumfahrt beschreibt, unter anderem eine Außenstation, die einige hundert Kilometer über der Erde liegt. Der bereits erwähnte Arthur C. Clarke beschrieb in seiner Geschichte »Die andere Seite des Himmels« zum ersten Mal einen »geostationären« Satelliten. Ein solcher weist bei der Bewegung um die Erde dieselbe Winkelgeschwindigkeit auf wie diese, so daß er stets über demselben geographischen Punkt zu ruhen scheint. Arthur C. Clarke benutzt diesen Satelliten für die Ausstrahlung eines Fernsehprogramms, also ganz im Sinn unserer Nachrichtenverbindungen. Der Autor erzählte einmal, er habe durch diese Geschichte eine Menge Geld verloren – hätte er sich ein Patent geben lassen, dann wären ihm Millionengewinne sicher gewesen.

Computertechnik – Science fiction wird Realität

Der Weltraum ist sicher der faszinierendste Schauplatz der Science fiction, doch dürfte kein Zweifel daran bestehen, daß die Zukunft auch auf der Erde genügend fantastische Dinge für uns bereithält. Manches, was sich Science-fiction-Autoren ausgedacht haben, ist inzwischen längst eingetreten. Das gilt beispielsweise auch für Hugo Gernsback, einen nach Amerika ausgewanderten Luxemburger, der in den zwanziger Jahren den Ausdruck »Science fiction« geprägt hat. Auch er hielt sich an Dinge, die er für technisch machbar hielt; in seiner Geschichte »Ralph 124C 41+« legte er eine ganze Reihe von Erfindungen vor, unter anderem den Fernsehapparat. Dieser erschien allerdings auch schon in der Erzählung »Aus der London Times von 1904«, die Mark Twain 1898 herausgegeben hatte.

Zu den interessantesten Entwicklungen unserer Zeit gehört der Computer – ich selbst bin der Meinung, daß uns hier noch gehörige Überraschungen bevorstehen, von der maschinellen Intelligenz bis zum handlungsfähigen Roboter. Utopisch wirken für uns jene Roboterarme, die Gegenstände ergreifen, bewegen und zurechtlegen können; man verwendet sie beispielsweise, um mit radioaktiven Stoffen umzugehen. Diese Geräte haben den Namen »Waldo« nach einer gleichnamigen Geschichte, die Robert A. Heinlein 1942 veröffentlicht hatte. Aber unbestrittener Pionier der Computer- und Roboterwelt ist zweifellos Isaak Asimov (geb. 1920), der immer wieder neue Konflikte zwischen den Menschen und den immer intelligenter werdenden Automaten beschreibt. In einem seiner Bücher kommt ein Wissenschaftler vor, der »eine Rechnerkonsole aus einem Täschchen an seinem Gürtel holt ... ihre graue, glänzende Oberfläche leicht abgenutzt vom Gebrauch ... behende Finger huschten über die harte Kunststoffhülle, die es umsäumte. Rote Zeichen stachen aus dem Grau hervor.« Was Asimov da erwähnt, ist heute als Taschenrechner bekannt. Damals, 1950, konnten sich allerdings die wenigsten Fachleute vorstellen, daß es möglich sein könnte, Rechenanlagen, die damals ein halbes Zimmer einnahmen, in der Größe einer Zigarrenschachtel unterzubringen. Im übrigen zeigt Asimov sogar ein ungewöhnliches psychologisches Einfühlungsvermögen. Als vor einigen Jahren die Taschenrechner aufkamen, war es bei amerikanischen Wissenschaftlern tatsächlich üblich, diese in kleinen Täschchen am Gürtel zu tragen – ähnlich wie ihre Vorgänger der Pionierzeit die Colts.

Der Krieg als Vater aller Dinge

Auch im Bereich der Science fiction scheint die Technik der Zerstörung leichter zu handhaben sein als alles andere, und so überbieten sich die Autoren insbesondere von Heftchenromanen in der Beschreibung von Waffen. Leider ist auch hier einiges eingetroffen, beispielsweise die schon lange vorhergesagten »Todesstrahler«, die heute als Hochenergielaser zu den geheimgehaltenen Entwicklungen der Militärinstitute gehören. Vorderhand ist allerdings weniger an einen Einsatz auf der Erde gedacht – hier könnte schon eine Nebelbank ihren Einsatz in Frage stellen – als vielmehr im Weltraum: Ein gut gebündelter Laserstrahl eignet sich nach allgemeiner Ansicht gut dazu, um feindliche Satelliten außer Gefecht zu setzen.

Einige recht aufregende Stunden machte der amerikanische Autor Cleve Cartmill durch, als 1944 Beamte des amerikanischen Geheimdienstes bei ihm anklopften. Der Grund: In seiner Geschichte »Deadline« hatte er die Atombombe beschrieben – mit einigen Einzelheiten, die die amerikanischen Militärs für streng geheim hielten. Sie dachten an einen üblen Fall von Spionage; Cleve Cartmill konnte allerdings seine Unschuld beweisen – er hatte nichts anderes getan, als aufmerksam wissenschaftliche Veröffentlichungen der letzten Jahre zu lesen ... Das Übrige konnte er sich zusammenreimen.

Die Zeichnung aus dem Jahre 1954 stellt den »Bauernhof der Zukunft« in Form einer Raumstation dar. Foto Südd. Verlag

Die Zukunft ist immer anders

Manche Erfindungen von Science-fiction-Autoren haben sich verwirklicht, viele weitere kann man getrost als Irrtümer abbuchen – Ideen, über die die Geschichte hinweggegangen ist. Darüber hinaus gibt es allerdings noch eine dritte Art von Voraussagen. Ihre Verwirklichung liegt durchaus im Bereich des Möglichen, doch setzt man derart große Fortschritte von Wissenschaft und Technik voraus, daß noch Jahrhunderte vergehen müßten, ehe das alles in den Bereich des Machbaren rückt. Kraftwerke auf Umlaufbahnen um die Erde, Erzabbau am Mond, Expeditionen aus dem Sonnensystem hinaus, Besiedelung fremder Planeten – um nur einiges aus der Weltraumfahrt zu nennen. Bekanntlich ist es vor allem die lange Reisedauer, die den Besuch fremder Sonnen verhindert; denn nach den heute bekannten Gesetzen der Physik kann sich kein Körper schneller als mit Lichtgeschwindigkeit bewegen. Und selbst unsere nächstgelegenen Nachbarn im Kosmos liegen viele Dutzend Lichtjahre von uns entfernt. Wird der Lebensraum des Menschen für immer auf das Sonnensystem beschränkt bleiben oder wird es ihm möglich sein, die ihm von der Natur gesetzten Grenzen zu überwinden? Ich werde mich hüten, darüber eine Voraussage zu machen. Nicht alles, was denkbar ist, ist möglich, doch manches wird möglich, an das nie jemand gedacht hat – und meist kommt es völlig anders, als man es erwartet.

Siegfried Rösch

PP 36 UND ANDERE SEHR GROSSE ZAHLEN

Ein Hase sitzt auf einer Wiese,
des Glaubens, niemand sähe diese.
Doch, im Besitze eines Zeißes,
betrachtet voll gehaltnen Fleißes
vom vis-a-vis gelegnen Berg
ein Mensch den kleinen Löffelzweg.
Ihn aber blickt hinwiederum
ein Gott von fern an, mild und stumm.

(Christian Morgenstern: Der Gingganz)

Groß« und »klein« sind relative Begriffe, »sehr groß« erst recht. Diesem Ausdruck haftet der Sinn des Ungewöhnlichen an. Eine Körperlänge von 1,60 Meter gilt unter der »normalen« deutschen Bevölkerung als klein, bei Asiaten als normal, bei Pygmäen gar als riesig. Die Lebensmittelpreise lagen zur Zeit der unseligen Inflation im Jahre 1923 in Billionenhöhe. Das war nicht nur ungewöhnlich, sondern auch in einem unbehaglichen Sinn unvorstellbar. Heute hat jeder Schüler einen mindestens achtstelligen Rechenautomaten in der Tasche, und Bankschecks oder Abrechnungen mit 25-stelligen Zahlenketten nehmen wir mit lässiger Ruhe zur Kenntnis. Niemand macht sich mehr die Mühe, solche Zahlenriesen sich irgendwie anschaulich vorzustellen. Die obere Grenze des Anschaulichen dürfte bei einer Million liegen. Sir Arthur Eddington gab 1938 seine »kosmische Zahl« bekannt: Die Anzahl der Protonen im Universum ist gleich $136 \cdot 2^{256}$, also ungefähr $1{,}5 \cdot 10^{79}$. Einige Jahre zuvor hatte ich die Anzahl der Atome, aus denen unsere Erde besteht, mit etwa $1{,}3 \cdot 10^{50}$ errechnet. Die erstgenannte Zahl ist durch neuere astronomische Forschungen erheblich größer geworden und wird noch weiter steigen. Man kann aber veranschaulichend sagen, daß im Weltall ungefähr soviele Sterne enthalten sind wie in der Erde Atome! Kann man sich von diesen Zahlen selbst auch keinen Begriff machen, so erzeugt ein solcher Vergleich doch eine gewisse Ehrfurcht.

Zahlen in unserem Leben

Die Zahl scheint heute ein bloßes Werkzeug geworden zu sein, ein nüchternes Hilfsmittel, das zwar einen Sinn überträgt, in sich aber ebenso sinnlos ist wie etwa die Niete auf einer Flugzeughaut oder ein Buchstabe des Alphabets. Bei der Beschäftigung mit Zahlen erkennt man zwar sofort, daß ihre Ordnung logischer und strenger als die des Alphabets ist. Aber gerade deswegen glaubt man schnell zu überschauen, daß diese Ordnung auch sehr simpel sei, daß man genau wisse, wie das Zählen bis in alle Ewigkeit weitergehe: 1, 2, 3 ..., Millionen (10^6), Milliarden (10^9) ... Hexillionen (10^{36}), Hexilliarden (10^{39}), ... Zentillionen (10^{600}, mit 601 Stellen) usw. Das sei ohne aufregende Probleme, wenn auch schließlich das Lesen etwas schwierig werden möge. Man könne also ohne Neid diese »Kunst« der Fachmathemati-

kern überlassen, die solche Riesenschlangen lenken und lesen mögen.
Dem ist aber keineswegs so: Die Zahlenwelt, mag sie nun naturgegeben oder ein Erzeugnis unseres Gehirns sein, ist erfüllt von überraschenden Erscheinungen. Einige davon wollen wir hier zeigen. Wir beschränken uns dabei auf das Teilgebiet der Zahlenlehre, die sich nur mit den ganzen Zahlen, 1, 2, 3 ... befaßt. Unsere Überlegungen setzen keine Fachkenntnisse voraus, sind also jedem interessierten Leser zugänglich und können nachgeprüft werden.

Rechenmaschinen und Zahlensysteme

Warum hat nun der menschliche Geist den Drang, sich mit immer größeren Zahlen zu beschäftigen? Da ist zunächst die Erfahrungsregel, daß wachsende technische Möglichkeiten auch genutzt sein wollen. Als der Mensch noch auf niedriger Kulturstufe stand, genügten ihm die Zahlenbegriffe 1, 2, 3, 4, 5, »viele«. Bald lernte er bis 100 zählen. Mit der Erweiterung seines geographischen Horizonts erfand er die »milia«, die Meile, die tausend Schritten entspricht, dann die Million, und hurtig ging's weiter. Das Rechenbrett der Antike und des Mittelalters, der Abakus, wich den mechanischen Rechenmaschinen von W. Schickard (Tübingen 1623/24) und G. W. Leibniz (1667). Diese wiederum machten in der Mitte unseres Jahrhunderts dem rein elektronisch funktionierenden Computer Platz, der gerade heute mit unerhörter Geschwindigkeit weiterentwickelt wird.
Im Laufe der Zeiten wurden verschiedene Zählsysteme verwendet, zum Beispiel das vom Computer so gut verstandene Dual- oder Zweiersystem mit der Grundzahl 2, unser Dezimalsystem mit der Grundzahl 10 und das Sexagesimalsystem der Babylonier mit der Grundzahl 60, das bei uns noch in der Zeit- und Winkelmessung weiterlebt.
Bei den folgenden Betrachtungen müssen wir stets unterscheiden zwischen Eigenschaften der Zahlen, die nur durch das Zählsystem bedingt sind, und solchen, die ihnen natürlicherweise innewohnen. So sind die Zahlen 9 876 543 210 oder 44 444 nur dann amüsant, wenn wir sie dezimal schreiben, während die elfte Zahl in der Zahlenreihe immer Primzahl bleiben wird, ob wir sie nun dual als 1011, im Sechsersystem als 15 oder dezimal als 11 schreiben. Hier wollen wir uns ausschließlich dezimal ausdrücken.
Es wäre nun langweilig, gesetzmäßige Zahlenfolgen wie die Potenzen ganzer Zahlen oder die »Fakultäten« ($n! = 1 \cdot 2 \cdot 3 \cdot 4 \ldots \cdot n$) beliebig weit in Tabellen zu fassen, nur um recht große Zahlen zu gewinnen. Einen echten Anreiz, den Umfang des Zahlenbereichs zu erweitern, bieten nichtvorhersehbare Zahlenfolgen, wie etwa die Reihe der Primzahlen. Zwar kannten bereits die alten Griechen einen klugen Beweis, daß es unendlich viele Primzahlen geben muß, aber noch heute kann man einer großen Dezimalzahl, wenn sie auf 1, 3, 7 oder 9 endet und wenn ihre Quersumme nicht durch 3 teilbar ist (»Dreierprobe«), nicht ohne weiteres ansehen, ob sie prim ist oder nicht.
Es gibt eine ganze Reihe von Zahlenregeln, die in kleinem Bereich eine schöne Ordnung zeigen, bei der Erweiterung des Gebiets jedoch plötzlich versagen. So scheint zum Beispiel die einfache quadratische Gleichung $y = 16x^2+2x-1$ geradezu ein Rezept zur Gewinnung von Primzahlen zu sein, liefert sie doch für x-Werte von 1 bis 8 die y-Werte 17, 67, 149, 263, 409, 587, 797, 1039, also lauter Primzahlen! Man denkt: So wird das sicher weitergehen. Aber siehe da: $y = 16 \cdot (9^2) + (2 \cdot 9) - 1 = 1313$. Diese ist aber eine Produktzahl, $13 \cdot 101$. Also Vorsicht beim Schluß von kleinen auf große Zahlen! Eine ähnliche Formel lautet: $y = x^2-79x + 1601$. Sie liefert viele Primzahlen. Zum ersten Mal versagt sie bei $x = 80$, und danach noch öfter.

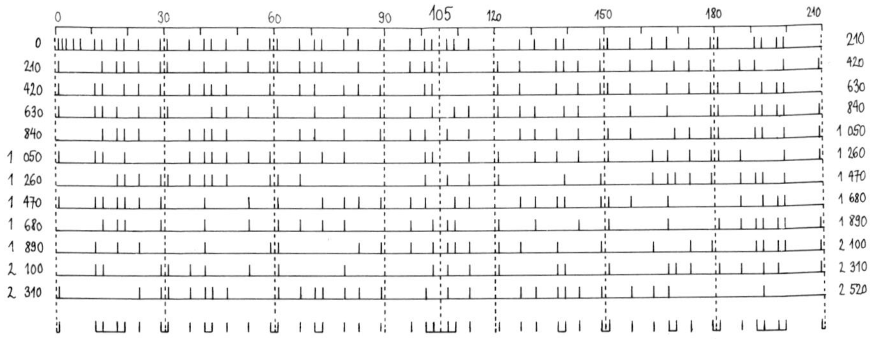

Primzahlen, Lieblings- und Sorgenkinder der Mathematiker

Man weiß schon lange, daß die Primzahlen in der Zahlenreihe nach oben hin immer spärlicher werden. Man kennt auch Formeln, die diese Abnahme recht gut wiedergeben. Aber diese sind stets statistischer Natur und sagen für den Einzelfall nichts Bestimmtes aus. Man kann leicht abzählen, daß von den ersten hundert Zahlen ein Viertel prim ist. Im Gebiet der Milliarden sind es etwa 5%, dann wird die Abnahme zunehmend langsamer; es treten immer größere Abstände zwischen den einzelnen Primzahlen auf. Aber auch kleine Intervalle bleiben seltsamerweise erhalten. Ja, es gibt erstaunlich »weit draußen« noch sogenannte Primzahlzwillinge, das sind Paare dicht benachbarter ungerader Zahlen, die beide prim sind, z. B. 17 und 19 oder 191 und 193. Das größte Paar fand man bisher in einem Gebiet mit mehr als 1000-stelligen Zahlen. Ob es eine obere Grenze für Primzahlzwillinge gibt, ist noch unbekannt.

Die Jagd nach großen Primzahlen erfolgt meist nicht um ihrer selbst willen. Besonders oft stand ihre Entdeckung in Zusammenhang mit der Suche nach sogenannten Mersenne-Zahlen, das sind Zahlen von der Form 2^p-1, wobei der Exponent von 2, die Zahl p, eine Primzahl ist. So war lange Zeit die Zahl $2^{127}-1$, im Jahre 1876 von dem Franzosen Edouard Lucas entdeckt, mit ihren 39 Stellen die größte bekannte Primzahl. 1951 ging der Rekord für eine Zahl mit 79 Ziffern an eine elektronische Rechenmaschine. 1971 stand der Rekord bei 6002, seit 1979 bei 13395 Stellen.

Eine nette Anekdote knüpft sich an die Zahl $2^{67}-1 = 147\,573\,952\,589\,676\,412\,927$,

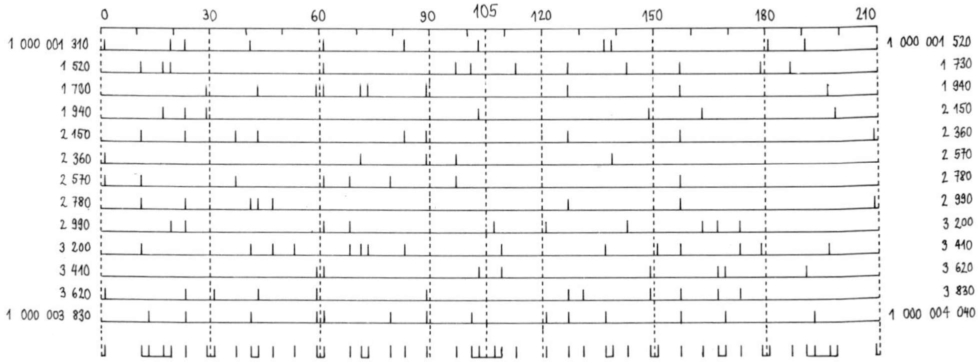

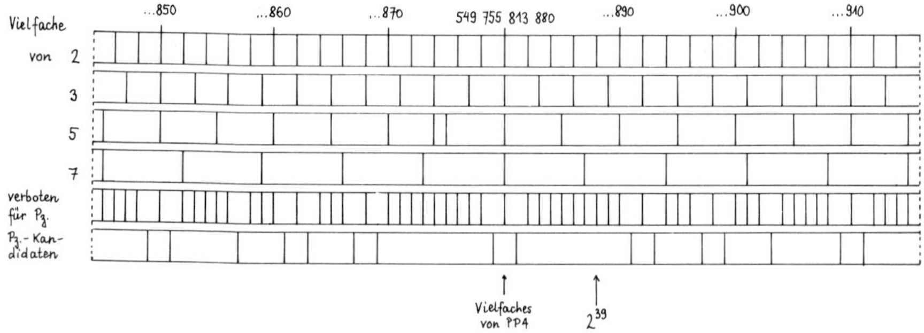

die man lange Zeit für prim hielt. Bei einer Mathematikertagung in New York im Oktober 1903 hielt Professor F. N. Cole von der Columbia University, ein wortkarger Mann, einen denkbar kurzen, lautlosen »Vortrag«. Er ging an die Tafel und führte dort stumm und ausführlich mit Kreide die Rechnung 193 707 721 · 761 838 257 287 durch, die die obige Zahl ergab, und kehrte wortlos wieder an seinen Platz zurück. Das Publikum wußte, worum es ging, ahnte die Riesenarbeit, die dieser »Schau« vorausgegangen war, und applaudierte heftig, was sonst in feinen Mathematikerkreisen nicht so üblich ist. Gefragt, wieviel Zeit ihn dieser Nachweis gekostet habe, erwiderte er: »Die Sonntage von drei Jahren!«

Originelle Primzahlen

Es wäre witzlos, die größte zur Zeit bekannte Primzahl hier ausführlich aufzuschreiben. Dazu wären viele Spalten nötig. Einige Primzahlen sind – in unserem Zahlensystem ausgedrückt – von besonders interessanter Gestalt, z. B. 9 999 999 900 000 001 (16 Stellen), 100 009 999 999 899 989 999 000 000 010 001 (33 Stellen), 11 111 111 111 111 111 111 111 111 111 111 **4**11 111 111 111 111 111 111 111 111 111 111 (65 Stellen), 909 090 909 090 909 090 909 090 909 090 909 090 909 090 909 090 909 090 909 090 909 090 909 091 (66 Stellen). 11 111 111 111 111 111 111 111 111 111 111 ist Primzahl. Man weiß aber nicht, ob es weitere solche Primzahlen gibt.

Diesen Abschnitt über Primzahlen kann ich mit einer erfreulichen Mitteilung beschließen: Es ist in allerjüngster Vergangenheit und durch internationale Zusammenarbeit gelungen, ein Verfahren zu finden, das in kurzer Zeit ermöglicht nachzuprüfen, ob ein x-beliebiges Zahlenmonstrum eine Primzahl ist.

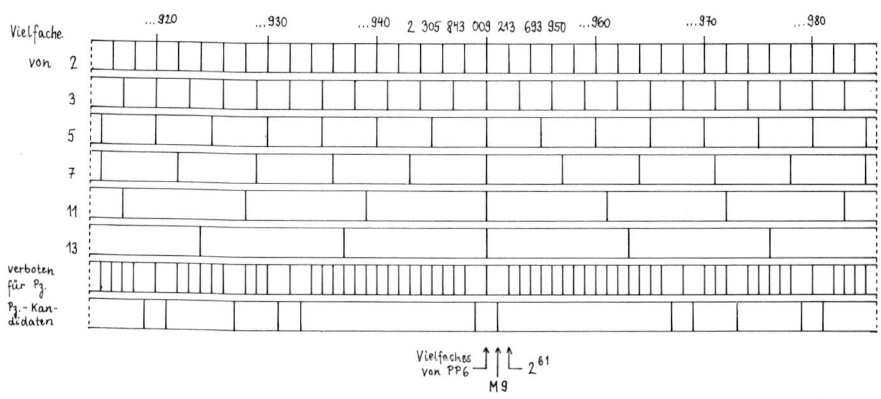

Repunitzahlen

Eine interessante Gruppe von Zahlen wurde in den letzten Jahren hauptsächlich in den USA eifrig untersucht. Sie heißen Repunitzahlen (repeated unit, »wiederholte Einheit«) und enthalten nur die Ziffer 1. Unsere Tabelle zeigt die ersten 25 Vertreter nebst den Primfaktoren, aus denen sie bestehen. Denn wie der Chemiker eine neue Substanz erst kennt, wenn er sie analysiert hat, so sagt dem Zahlenforscher die Primzahlanalyse, wes Geistes Kind sein Pflegling ist.
Wie schon diese kleine Übersicht zeigt, haben die Repunitzahlen bemerkenswerte Eigenschaften. Die Primfaktoren wiederholen sich ganz regelmäßig bei den Vielfachen von n. Zu ihnen treten jedesmal neue »Erstfaktoren«. Anscheinend tritt jede Primzahl außer 2 und 5, den Grundzahlen des Dezimalsystems, irgendwann einmal als Faktor auf, manche früh, manche erst spät. Wenn n selbst prim ist, sind alle Faktoren von R_n erstmalige Primfaktoren.
Die Anzahl der Primfaktoren ist sehr verschieden. Man kennt bisher nur vier Repunitzahlen, die selbst Primzahlen sind: R_2, R_{19}, R_{23}, R_{317}. Ob es weitere gibt, ist unbekannt. Untersucht und außer den genannten vier als zusammengesetzt erkannt, sind bisher alle Reihenglieder bis n = 1030. Lückenlos kennt man alle Faktoren nur bis R_{66}. Der Primzahlcharakter von R_{317} wurde übrigens erst vor vier Jahren mühevoll mit Kontrollrechnungen ermittelt, nachdem man diese Zahl infolge eines Rechenfehlers zuvor als zusammengesetzt vermutet hatte.
Besonders interessant sind die Faktoren von $R_{38} = 11 \cdot 909\,090\,909\,090\,909\,091 \cdot 1\,111\,111\,111\,111\,111\,111$. Zwei verhältnismäßig große Repunitzahlen haben nur je zwei Primfaktoren: R_{47} eine 8- und eine 39-stellige, R_{59} eine 13- und eine 46stellige Primzahl.
Daß übrigens Repetierzahlen mit anderen Ziffern als 1 nicht zu neuen Erkenntnissen führen, kann sich der Leser leicht selbst klarmachen: Man teilt sie durch den jeweiligen Faktor 2, 3, 4, 5, 6, 7, 8 oder 9 und erhält wiederum die Repunitzahl.

Ein überraschendes Experiment

Es ist beruhigend zu wissen, daß man jetzt tatsächlich für die Primzahlen eine wenn auch sehr komplizierte mathematische Gesetzmäßigkeit gefunden hat. Denn wären sie ganz zufällig verteilt – und zunächst sah es so aus –, so müßte der Anblick der Zahlenwelt, in eine Fläche eingeordnet, dem des Sternenhimmels ähneln. Daß dies keinesfalls zutrifft, kann man sogar leicht verständlich zeigen und geometrisch veranschaulichen. Man darf aber nicht fragen: Wo sind Primzahlen?, sondern: Wo dürfen Primzahlen nicht auftreten? Man kommt so zu Stellen und Gebieten in der Zahlenreihe, die sicher frei von Primzahlen sind, und zu Plätzen, wo sie nach bestimmten einfachen Regeln auftreten können, aber nicht müssen. Zahlen an solchen Plätzen wollen wir Primzahlkandidaten nennen. Dieser Begriff ist recht nützlich. Da alle geraden Zahlen als Vielfache von 2 zusammengesetzt sind, können wir zunächst einmal alle ungeraden Zahlen als Primzahlkandidaten betrachten. Von diesen scheiden aber wieder alle Vielfachen von 3 aus, bei weiterer Betrachtung die Quadrate und höheren Potenzen aller ungeraden Zahlen. Und schließlich müssen wir uns fast wundern, daß sich noch größere Zahlen finden, die überhaupt als Rekruten für unsere Kandidatenarmee dienen können.
Das ist vielleicht etwas abstrakt, darum führen wir ein überraschendes Experiment durch. Man markiere in der Zahlenreihe – zunächst einmal bis 2520 – alle bekannten Primzahlen. Dann teile man diese Reihe in Zeilen von der Länge 210. Dadurch ergeben sich 12 Zeilen, und die setzt man genau untereinander. Dann er-

Die wundervolle Zahl 81

81 ist eine kleine Zahl, und doch wirkt sie weit hinaus ins unermeßliche Zahlenweltall! Daß sie eine überraschend nahe Beziehung zu unserem Dezimalsystem hat, zeigen die folgenden Zahlenspielereien

$100:81 = 1{,}234\ 567\ 901\ 234\ 567\ 901 \ldots$

$100:\sqrt{81} = 100:9 = 11,\ 111\ 111 \ldots$

$(81 + \sqrt{81}) \cdot 1,\ 111\ 111 \ldots = 100$

Als ich mich vor einigen Jahren mit Repunitzahlen beschäftigte, kam ich auch zur Zahl R_{81}, von der damals gerade in den USA alle Primfaktoren, insgesamt 13, ermittelt worden waren. Darunter ist viermal der Faktor 3, und damit auch der Faktor $3^4 = 81$. Ich wollte nun sehen, wie der »Partner«-Faktor zu 3^4 in der Zahl R_{81} aussieht, dividierte also R_{81} durch 81. Das Ergebnis war: 1371742112482853223593964334705075445816186556927297668038408779149519890260631. Diese Zahl hat anscheinend nichts Besonderes an sich. Wenn wir die Zahl von links nach rechts, anstatt – wie üblich – von rechts nach links in Dreiergruppen unterteilen, erhalten wir 137 174 211 248 285 322 359 396 433 470 507 544 581 618 655 692 729 766 803 840 877 914 951 989 026 063 1.

Es fällt sofort auf, daß die Dreiergruppen nach rechts stetig größer werden und daß sie jede von beiden Nachbarn um die Differenz $37 = \frac{1}{3}\ R_3$ unterscheidet. Mit Ausnahme des Abstandes zwischen 989 und 951. Bei jeweils 7 Zwischenziffern treten die Gruppen 11, 22, 33 ... 77, 88 auf, wobei die letzte Ziffer allerdings auf 9 »aufgerundet« ist. Teilt man die obige Riesenzahl in Dreiergruppen ein, so ergeben sich die Differenzen von Nachbargruppen aus 370 bzw 371 oder als 703 bzw. 704, also mit den gleichen Ziffern wie oben 037.

Übrigens zeigt sich bei R_{27} ein ganz ähnlicher schöner Aufbau. $27 = 3^3 = 81/3$ und $R_{27} : 27 = 4\ 115\ 226\ 337\ 448\ 559\ 670\ 781\ 893$.

gibt sich ein Bild wie auf Seite 202 oben. Abgesehen von den allerersten Zahlen treten alle Primzahlen nur in bestimmten senkrechten Spalten auf. Um diese Entdeckung zu veranschaulichen, sind unten in einer Fußleiste alle Spalten gekennzeichnet, in denen oben irgendwann einmal eine Primzahl auftritt (mit Ausnahme von 2, 3, 5, 7). Diese 48 Stellen sind unsere Primzahlkandidaten. Nur dort können, müssen aber nicht, Primzahlen auftreten. Die große Überraschung besteht darin, daß diese Kandidaten in der Zeile eine strenge Symmetrie bilden. Ja sogar die Primzahlzwillinge und die sogenannten Primzahlvierlinge, vier Primzahlen innerhalb einer Dekade, fügen sich in diese Ordnung ein. Wenn wir in einer wesentlich höheren Gegend der Zahlenreihe, dem Gebiet über einer Milliarde, wo die Dichte der Primzahlen schon wesentlich geringer ist, das gleiche unternehmen, dann ergibt sich ein identisches Bild (siehe auf Seite 202 unten). Es handelt sich hier also nicht um eine Regel, die irgendwann einmal aufhört, sondern um ein strenges Gesetz.

Die Perioden des Herrn Poletti

Das »Wunder« beruht darauf, daß die Zeilenlänge von 210 keine beliebige Zahl ist, sondern das Produkt der ersten vier Primzahlen darstellt: $2 \cdot 3 \cdot 5 \cdot 7 = 210$. Wenn man die gesamte Zahlenreihe in solche Produktgruppen unterteilt, ergeben sich stets ähnliche Symmetrien und Periodizitäten. Als Benennung dieser so wichtigen Gruppen wurde der Name »Poletti-Perioden« empfohlen, zu Ehren eines italienischen Mathematikers, der wohl als erster die Bedeutung dieser Grenzzahlen erkannte. Er blieb aber fast unbekannt und starb 1967 im Alter von 103 Jahren in Pontremoli – 103 ist eine Primzahl! Da in 210 die ersten vier Primzahlen enthalten sind, spricht man hier von PP4, was man als »Poletti-Periode« oder »Primzahlen-Produkt« deuten

kann. Entsprechend gilt: PP1 = 2, PP2 = 2 · 3 = 6, PP3 = 2 · 3 · 5 = 30, PP5 = 2 · 3 · 5 · 7 · 11 = 2310 usw.
Betrachtet man die PP genauer, so erkennt man, daß sich an ihrem Anfang und Ende beiderseits an die Grenzzahl ein Primzahlkandidat anschließt. Dann folgt eine Lücke, die mit zunehmender PP-Nummer zwar langsam aber stetig breiter wird. Diese Zonen in der Zahlenreihe sind garantiert primzahlfrei und haben im Beispiel der Abbildung auf Seite 203 oben die Breite 10. Man kann somit in der Zahlenreihe bestimmte Gebiete benennen, in denen keine Primzahl vorkommen darf, was manchmal von Nutzen ist. Stellen sich die beiden der PP-Zahl benachbarten »Wächter« als zusammengesetzte Zahlen heraus, so können diese Freizonen von beachtlicher Breite sein, z. B. bei PP7 = 510 510 von der Breite 48, bei PP10 102, bei PP14 gar 136. Bei der größten bisher von mir berechneten Periodenzahl PP36, einer Zahl mit 60 Dezimalstellen, beträgt in Richtung zu den kleineren Zahlen der primzahlfreie Raum mindestens 166, da die Nachbarzahl PP36 – 1 zusammengesetzt ist. Sollte sich PP 36 + 1 als nichtprim erweisen, so erstreckt sich die primzahlfreie Zone auf mehr als 300. Natürlich gibt es in diesen riesigen Gebieten von 60-stelligen Zahlen primzahlenfreie Gebiete von erheblich größerer Ausdehnung. Aber wer kennt sie? Die unseren sind einfach und sicher voraussagbar.

Mersennezahlen

An einem Beispiel wollen wir zeigen, wie sich die Poletti-Perioden nutzen lassen. Das Geflecht dieser Perioden läßt sich mit einer Adresse vergleichen. Mit der Angabe des Landes, des Ortes, der Straße, der Hausnummer, der Familie und der Person erreichen wir eindeutig einen Menschen.
Das erste Beispiel sei die neunte Mersennezahl M 9 = 2^{61}-1 = 2 305 843 009 213 693 951, die lange Zeit als größte Primzahl galt. Man kann nun jede beliebige Zahl als eine Summe von Polettiperioden ausdrücken. Im vorliegenden Fall ergibt sich 2^{61}-1 = 3PP15 + 35PP14 + 10PP13 + 31PP12 + 22PP11 + 8PP10 + 23PP9 + 10PP8 + 11PP7 + 8PP6 + 1.
Das Fehlen aller Glieder PP5 bis PP1 läßt erkennen, daß unsere Zahl ganz am Anfang einer großen PP6-Periode steht, wo sie als Primzahl auch stehen darf (siehe dazu die dritte Abbildung auf Seite 202 oben). Direkt an sie anschließend beginnt eine sicher primzahlenfreie Zone der Breite 16. Im dritten Bild auf Seite 202 oben sind zeilenweise die Vielfachen von 2, 3, 5, 7, 11, 13 gekennzeichnet. Sie lassen von der Mitte aus symmetrisch einen immer breiter werdenden Raum frei. Darunter zeigt die vorletzte Zeile alle Plätze, die durch zusammengesetzte Zahlen besetzt sind, während die letzte Zeile die übrigen Plätze als Primzahlkandidaten ausweist. Welche von den markierten 12 Kandidaten außer M9 = 2^{61}–1 nun echte Primzahlen sind, ist meines Wissens noch nicht berechnet worden.
Im vierten Bild auf Seite 202 unten sei wieder eine Zahl von der Form 2^n-1 gezeigt, nämlich 2^{39}-1 = 549 755 813 887 = 7 · 79 · 8191 · 121 369. Diese Zahl ist keine Mersennezahl, weil 39 nicht prim ist. Die Zahl liegt in einem primzahlfreien Gebiet, diesmal von der Breite 10, denn bei 2^{39}-1 = 2PP11 + 22PP10 + 28PP9 + 5PP8 + 12PP7 + 11PP6 + 11PP5 + 9PP4 + 1PP2 + 1 ist der auf 9PP4 folgende Rest, nämlich PP2 + 1 = 7, kleiner als 10. Die Zahl ist also sicher nicht prim. So einfach kann, wenn man Glück hat, der Nachweis ausfallen, ob eine Zahl prim ist oder nicht.

Zahlentheorie, ein Spaß für jedermann

Als mich vor zwei Jahren ein »Zahlenfreund« aus Duderstadt besuchte, zeigte ich ihm mit einigem Stolz meine PP36-Studien und rühmte meinen absolut rich-

Tabelle der REPUNIT-Zahlen $R_n = \frac{10^n - 1}{9}$

n	R_n	Primfaktoren der R_n
1	1	1
2	11	11
3	111	3·37
4	1 111	11·101
5	11 111	41·271
6	111 111	3·7·11·13·37
7	1 111 111	239·4649
8	11 111 111	11·73·101·137
9	111 111 111	3·3·37·333667
10	1 111 111 111	11·41·271·9091
11	11 111 111 111	21649·513239
12	111 111 111 111	3·7·11·13·37·101·9901
13	1 111 111 111 111	53·79·265371653
14	11 111 111 111 111	11·239·4649·909091
15	111 111 111 111 111	3·31·37·41·271·2906161
16	1 111 111 111 111 111	11·17·73·101·137·5882353
17	11 111 111 111 111 111	2071723·5363222357
18	111 111 111 111 111 111	3·3·7·11·13·19·37·52579·333667
19	1 111 111 111 111 111 111	1111111111111111111
20	11 111 111 111 111 111 111	11·41·101·271·3541·9091·27961
21	111 111 111 111 111 111 111	3·37·43·239·1933·4649·10838689
22	1 111 111 111 111 111 111 111	11·11·23·4093·8779·21649·513239
23	11 111 111 111 111 111 111 111	11111111111111111111111
24	111 111 111 111 111 111 111 111	3·7·11·13·37·73·101·137·9901·99990001
25	1 111 111 111 111 111 111 111 111	41·271·21401·25601·182521213001

n = Anzahl der Stellen.
Unterstrichen sind bei n die Primzahlen, bei den Primfaktoren diejenigen Zahlen, die jeweils zum ersten Mal auftreten (Erstfaktoren).

tigen Zahlenbandwurm von 60 Stellen, der wohl nicht so bald übertroffen werden würde. Kaum nach Hause zurückgekehrt, schickte er mir für meine Kuriositätensammlung ein Blatt, auf dem sein Göttinger Computer die Zahl PP 1039 berechnet hatte. Dies ist das Produkt der ersten 1039 Primzahlen, eine Zahl mit 3546 Stellen; sie beginnt mit 19433 ... und endet mit ... 70310. Meinem Dank fügte ich die Frage an, warum er gerade bei PP 1039 aufgehört habe, ob dies die Leistungsgrenze seiner Maschine sei? Die Antwort war: Nein, er könne beliebig weiterrechnen, wolle aber vermeiden, daß ich frage, warum er gerade bei PP1040 Schluß mache! »Sehr groß« ist eben ein relativer Begriff!

Mit diesen wenigen Beispielen ist es vielleicht gelungen zu zeigen, wie aufregend das selbständige Denken über Zahlen ist. Mit geringem technischem Aufwand kann auch ein Laie wissenschaftlich neue Wege beschreiten. Nur wenige Voraussetzungen muß er erfüllen: viel Geduld haben, sich wenig verrechnen – zur Sicherheit sollte man alles zweimal rechnen – und über sehr viel Papier verfügen!

Vitalis Pantenburg

FATA MORGANA?

Süßwasser unter der Sahara

Einige Hundert Kilometer südlich von Algier trieb die Öldriller-Crew Woche um Woche – »round the clock« – ihre Diamantmeißel in die hier felsige Erdkruste. Schon bei einem halben Kilometer Tiefe hätte sie, so die Vermutungen der Geologen, in dieser hoch ölhöffigen Region in eine verheißungsvolle »Ölfalle« stoßen können. Um so größer war die Überraschung, als statt zähflüssigen, dunklen Erdöls kristallklares frisches Wasser in erstaunlicher Menge unter hohem Druck nach oben schoß. Die Driller, denen der Schweiß in Bächen vom halbnackten Oberkörper hinunterrann, rissen sich alle Hüllen vom Leibe und genossen die köstliche Naturfontäne. Die Bohrtechniker vergaßen sogar für eine Weile völlig, daß ihnen durch dieses unerwartete Wunder jene erkleckliche Prämie entging, die fällig wird, wenn sie auf Erdöl oder Naturgas stoßen.

Es ist keineswegs ungewöhnlich, daß man bei Probe- oder Förderbohrungen in dieser größten, trockensten Wüste der Erde eines der unterirdischen Wasserreservoire ansticht. Die hier heimischen Araber sprechen allerdings, wenn sie an die Sahara denken, vom »Bahar bela ma«, von einem »Meer ohne Wasser«. In der Tat haben manche Landschaften der Sahara viel Ähnlichkeit mit einem wildbewegten Ozean, insbesondere wenn scharfer Wind über die Sanddünen fegt und sie zum Wandern bringt. Doch ist die Sahara keineswegs völlig ohne Wasser. Wie hätten sonst Menschen in sie eindringen können, wie könnten Pflanzen und Tiere hier überleben? Wir wissen aus Berichten der Römer und von archäologischen Funden, daß hier früher einmal ein blühendes, fruchtbares Land gewesen war. In der Antike galt Nordafrika als die Kornkammer Roms. Zur Zeit der Völkerwanderung verfiel dieser Garten Eden. Die Schuld daran trägt allein der Mensch. Er schlug den ganzen Wald. Damit konnte der Boden kein Wasser mehr halten, und die Erosion schritt ungehindert voran. Die Probleme sind heute noch ähnlich: Die Bewohner geben ihr Land auf, weil sie das weniger beschwerliche Leben in den Städten lockt – die Wüste ist im Vorrücken, nicht im Rückzug.

Gegenüberliegende Seite: Keine Wüste ist völlig tot. Immer wieder wachsen Pflanzen, denen es gelingt, mit bis 30 m langen Wurzeln Wasser aus dem Boden zu ziehen. Dazu sind Saugkräfte bis 100 Atmosphären erforderlich! Foto Südd. Verlag

Nachfolgende Doppelseite: Oase Timimoun in Zentralalgerien. Oasen sind fruchtbare Wasserstellen in einer Wüste. Ihr Wasser erhalten sie durch Quellen, Flüsse, Brunnen oder einen hohen Grundwasserspiegel. Foto Mauritius

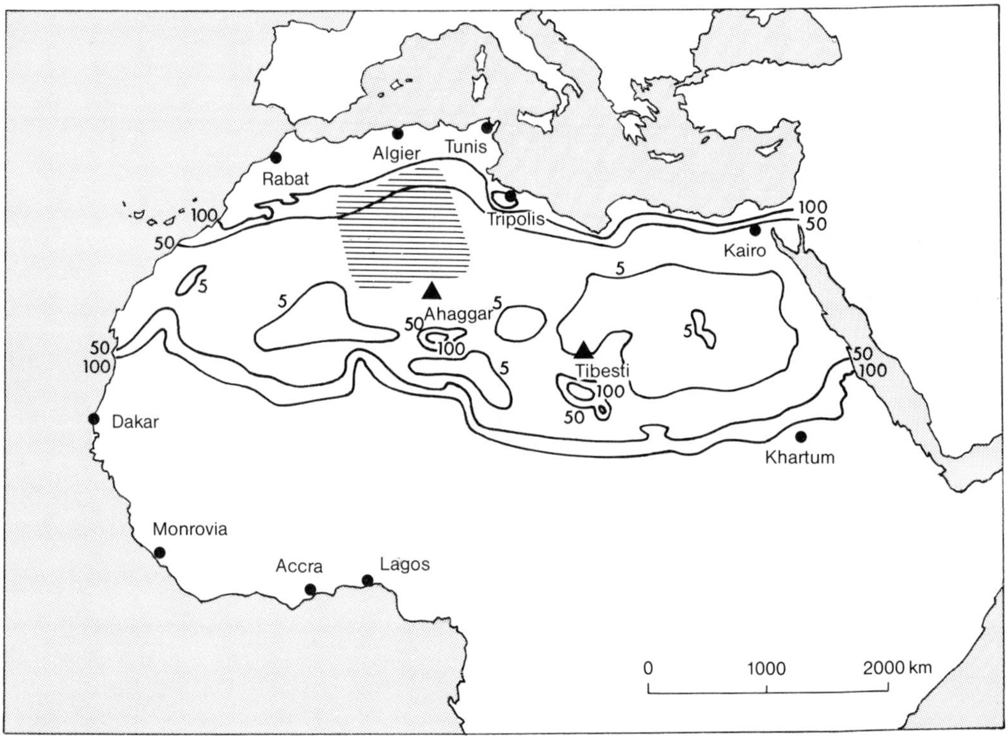

Die Karte zeigt die Kurven gleicher Niederschläge (5, 10, 100 mm jährlich) und waagrecht schraffiert Savornins Meer, eines der Grundwasserreservoire.

»Wo Allah verdurstet«

Offene Wasserstellen, vorwiegend Brunnen, aber auch kleinere Seen, sind heute in der Sahara fast immer durch weite Gebiete heißer Sand- und Felswüsten voneinander getrennt. Nur wenige weitläufige Oasenregionen mit Hunderten von Brunnen sind bekannt, so die alte Kulturlandschaft des Fessan südlich von Tripolis. Wenn man alle Oasen zusammenzählt, kommt man auf nicht einmal 330 Quadratkilometer Oberfläche – bei den rund 9 Millionen Quadratkilometern der gesamten Sahara ein verschwindend geringer Teil.

In den unendlichen Weiten dieser Wüste gibt es dennoch kaum ein Bohrareal, in dem der Tiefbohrmeißel nicht auf »Fallen« hochwertigen Süßwassers stieß. Mit der früheren, eher primitiven Ausrüstung hätte man das Wasser freilich nie ans Tageslicht befördern können. Und das in einem Gebiet, in dem nach Ansicht der Beduinen »selbst Allah hätte verdursten müssen«. So verhelfen heute die »Rumis«, die weißhäutigen Fremden, durch ihre Technik dem großen Gott der Araber zu einem neuen Reich.

Savornins Meer

Die genarrten Ölsucher hatten in Südalgerien das nach einem französischen Wasserforscher benannte »Meer von Savornin« angezapft. In diesem unterirdischen »Meer«, das eine Oberfläche von 700 000 Quadratkilometer aufweist, sind ungefähr 3,2 Milliarden Kubikmeter Süßwasser gespeichert. Nach neuesten Schätzungen des ebenfalls französischen Hydrologen R. Furon sollen es sogar 24

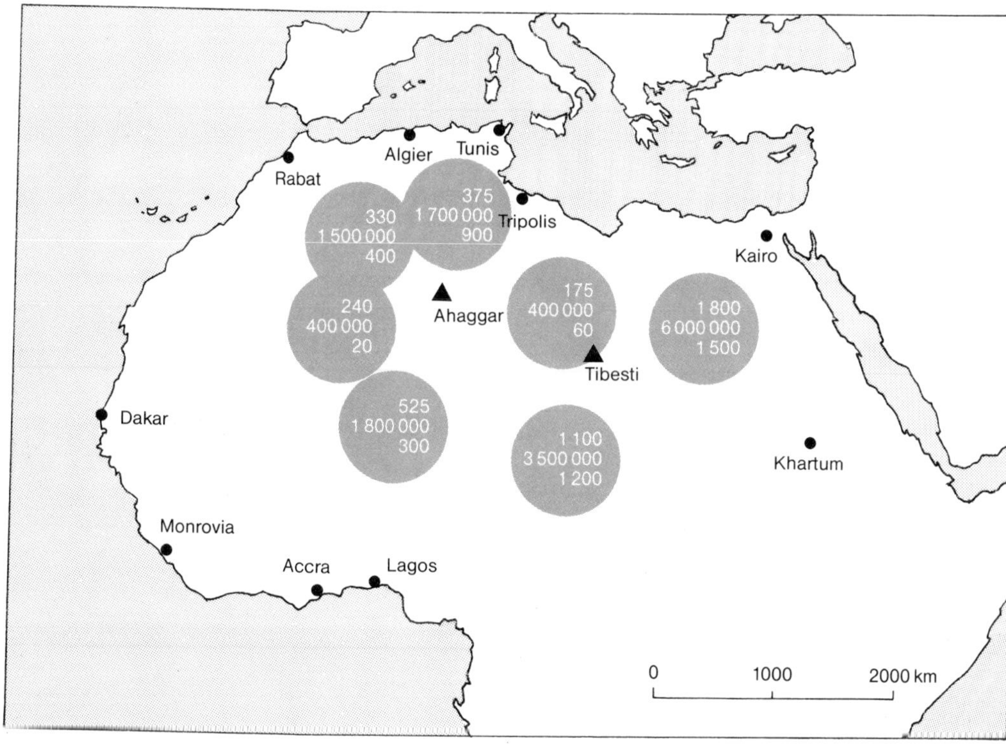

Die 7 größeren Grundwasservorkommen in der Sahara. Obere Zahl in den schraffierten Kreisen: Fläche in 1000 km^2, mittlere Zahl: Fassungsvermögen in Mill. m^3, untere Zahl: jährlicher Zufluß in Mill. m^3.

Milliarden Kubikmeter sein. Es handelt sich dabei zum größten Teil um »fossiles« Süßwasser, das sich in klimatisch günstigeren, feuchteren Zeiten vor zehntausend und mehr Jahren angesammelt hat. Nun ist Savornins Meer nicht das einzige Grundwasserreservoir in der Sahara. Neuerdings teilen die Hydrologen, die Wasserforscher, den Untergrund dieser Wüste in mindestens acht mit Sicherheit nachgewiesene Becken ein; ihre Oberfläche beträgt rund 4,5 Millionen Quadratkilometer, das gesamte Fassungsvermögen liegt bei 15 Milliarden Kubikkilometer. Diese Reservoire sind damit halb so groß wie die Sahara und fast doppelt so groß wie das Mittelmeer! Zu diesen acht Becken kommt noch ein bedeutendes, vor einigen Jahren von sowjetrussischen Mannschaften entdecktes Reservoir in der Kattara-Senke, die westlich von Kairo liegt. Das Wasser dieses Beckens ist das älteste in der ganzen Sahara: 15 000 Jahre hat man mit Hilfe der Radiokarbonmethode bestimmt.

Die unterirdische geologische Struktur der Sahara läßt kein einheitliches Grundwasserreservoir zu. Wie ist es überhaupt möglich, daß sich Wasser im Boden hält und nicht aufsteigt? Das Prinzip ist dasselbe wie beim Erdöl: Bis 1000 Meter mächtige undurchlässige Schichten – in der Sahara vorwiegend Sandstein und Schiefer – versperren dem Wasser wie dem Erdöl den Aufstieg. Wir sagen, sie bilden eine Falle. Wasserführende Schichten können schon ziemlich nahe der Oberfläche stehen, manchmal genügt für einen Brunnen eine Tiefe von hundert Meter.

Gegenüberliegende Seite: Ein kleiner Fluß bei der südtunesischen Stadt Gafsa durchzieht einen Palmenhain. In dieser Oase werden Datteln, Obst, Wein und Oliven angebaut. Foto Mauritius

Oben: Tuaregs bei einem Brunnen im westafrikanischen Staat Niger. Er gehört zur Sahelzone, die von schwerer Dürre heimgesucht wird und in der sich die Wüste weiter ausbreitet. Foto Prenzel

Gegenüberliegende Seite: Geologen beim Aufspüren von „Fallen“ guten Trinkwassers unter dem goldgelben Sandmeer der Sahara. Solches Wasser ist fossil und stammt aus früheren Erdzeiten. Foto Pantenburg

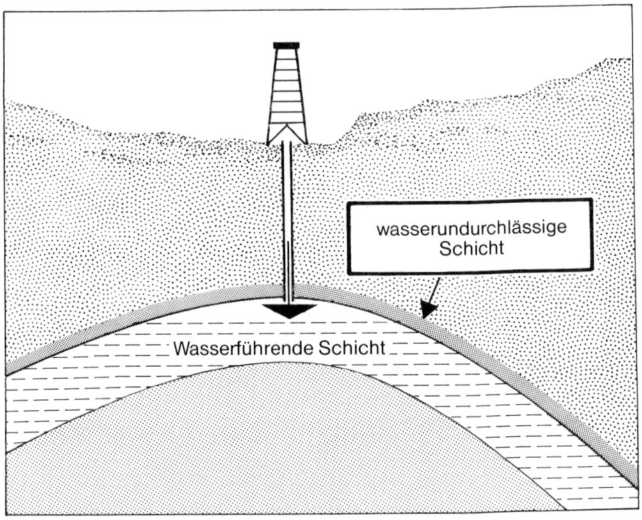

Oben: Wasser kann wie Erdöl in „Fallen“ gefangen werden. Dazu ist eine kuppelförmig gewölbte wasserundurchlässige Schicht erforderlich, die das Wasser am Aufsteigen hindert.

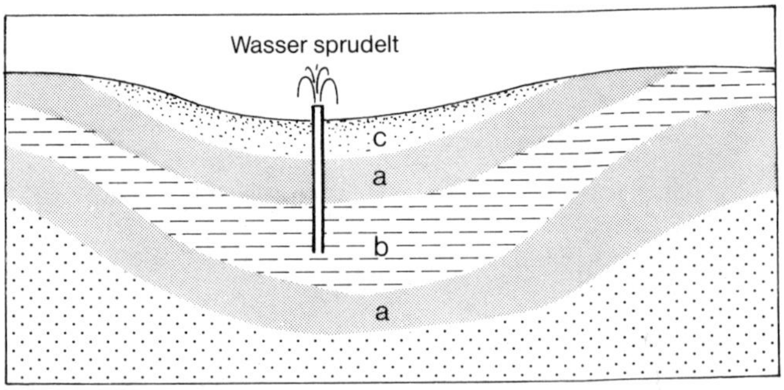

Unten: Bei artesischen Brunnen sprudelt das Wasser nach dem Prinzip der kommunizierenden Röhren selbsttätig nach oben, da der Entnahmepunkt tiefer liegt als der Grundwasserspiegel; a = wasserundurchlässige, b = wasserführende Schicht, c = Sand.

Wieviel regnet es in der Sahara?

Nach bisherigen, wohl kaum verläßlichen Berechnungen fallen jährlich in der Sahara 250 Kubikkilometer Wasser als Niederschläge. Doch höchstens ein Fünftel davon, nicht mehr als 50 Kubikkilometer, versickern in unterirdischen Speichern. Ungefähr vier Fünftel gehen in kürzester Zeit durch Verdunstung verloren. Die Luft der Sahara ist extrem trokken und ihr »Wasserdampfdurst« enorm hoch. So ist es nicht außergewöhnlich, wenn ein Ölsucher bei seiner anstrengenden Arbeit jeden Tag 8 bis 10 Liter schwitzt – und ebensoviel wieder trinken muß. Der mächtige Niger-Strom büßt von seinen jährlich 50 Kubikkilometer Wasser, mit denen er in den heißen Südrand der Sahara eindringt, durch Verdunstung glatt die Hälfte ein. Bei den hohen Temperaturen der untersten Luftschichten in der Sahara – die Bodenoberfläche kann sich bis auf 80 Grad erhitzen! – wundert es nicht, wenn viel Regen den Boden überhaupt nicht mehr erreicht, weil er schon beim Niederfallen verdunstet.

Regen fällt in der Sahara in unregelmäßigen Abständen und in unterschiedlichen Mengen. Leider wissen wir über das Wettergeschehen nur wenig Bescheid. In der östlichen Sahara gibt es auf einem Gebiet von 2,3 Millionen Quadratkilometer zehn Funkwetterwarten, also eine einzige für ein Gebiet mit der ungefähren Größe der Bundesrepublik Deutschland! Im Innern der Sahara gibt es überdies nahezu unerforschte riesenhafte Dünenfelder, Erg genannt, und Kies- oder Geröllfelder, die Serir; sie erreichen eine Ausdeh-

Wasser ist in der Sahara das kostbarste Gut. Im Bild eine Sakija, eine ägyptische Wasserschöpfanlage mit Tonkrügen, die von Maultieren oder Ochsen angetrieben wird. Foto Huber

Wasserstellen haben auch eine wichtige soziale Funktion: Die Bewohner treffen sich dort und tauschen Neuigkeiten aus. Das war bis zur Einführung des fließenden Wassers auch bei uns so. Foto Gronefeld

Jahrtausendealte Ritzzeichnungen in der Sahara zeugen davon, daß diese Wüste früher eine grüne Savanne mit Großwild war. Foto Südd. Verlag

nung von 10 000 Quadratkilometer. Über ihre Wetterverhältnisse ist kaum etwas bekannt. Zwar haben in jüngster Zeit Wetterflüge, Ballonaufstiege und Satellitenbilder wertvolle neue Erkenntnisse gebracht. In fast menschenleeren Gebieten hat man sogar regelrechte Landregen registriert, die über ausgedehnten Flächen niedergingen.

Eine grüne Sahara?

Sind nun die Dollarmillionen, die eine Aufschlußbohrung in dieser Wüste kostet, wirklich verpulvert, wenn statt Öl nur Wasser nach oben sprudelt? Für den Ölkonzern schon, nicht jedoch für das betreffende wasserarme Land. Mit ausreichend Süßwasser läßt sich schließlich jede noch so ausgedörrte, anscheinend völlig sterile Sandwüste in fruchtbaren Boden verwandeln.

Die Sahara verfügt über das größte unterirdische Grundwasserreservoir der Erde. Es reicht theoretisch aus, um die ganze Wüste zum Grünen zu bringen. Die Nutzung dieses Wassers muß aber sehr vorsichtig geschehen. Man sollte nämlich dem Untergrund nicht wesentlich mehr entnehmen, als in der gleichen Zeit zufließt, versickert. Nach den Schätzungen der Wasserforscher gelangen jährlich rund 100 Millionen Kubikmeter Wasser in Savornins Meer. Sie stammen von den rund 1,2 Milliarden Kubikmeter Wasser, die als Niederschläge auf den

Atlas niedergehen. Ein 10 Quadratkilometer großer Dattelpalmenhain braucht aber jährlich allein ungefähr 25 Millionen Kubikmeter Wasser. Wasserentnahmen in neuerdings industrialisierten Gebieten der Sahara kommen heute immer näher an die Zugänge heran. Allein die 3000 beim Eisenerzbau in Mauretanien beschäftigten Menschen und ihr Betrieb benötigen täglich gegen 70 000, im Jahr rund 25 Millionen Kubikmeter Wasser.

Heißes Trinkwasser

Wasserhaltige Schichten finden sich oft in größerer Tiefe. Mit besonderen Bohrverfahren fördert man das kostbare Naß heute schon aus 1400 Meter Tiefe. Leider kommt es dort mit einer Temperatur von 50 Grad auf der Erdoberfläche an, und man muß es zur Trinkwasserverwendung abkühlen. In gewissen Gebieten der Sahara kommt auch brackiges Tiefenwasser mit einem Salzgehalt von rund 0,3% in praktisch unbegrenzten Mengen vor. Durch ein Entsalzungsverfahren gelingt es schließlich, gutes Trinkwasser zu gewinnen. Eine solche Anlage mit einer Leistung von 5000 Kubikmeter Wasser täglich arbeitet im südisraelischen Hafen von Eilat im Roten Meer.
Wasserforscher J. Savornin veröffentlichte 1947 seine Untersuchungen über die hydrologischen Verhältnisse im Raum zwischen Atlas und dem Ahaggar-Gebirge in der Zentralsahara. Darin beschrieb er das später nach ihm benannte Süßwasservorkommen. Seine Studien gaben Anlaß zu zahlreichen überschwenglichen Presseberichten. Bald dachte man daran, im südalgerischen Wüstenraum künstliche Oasen zu errichten. Doch die Jahrzehnte verstrichen, und es wurde still um jene kühnen Projekte. Das wird leicht verständlich, wenn man sich den ungeheuren Wasserbedarf aller Lebewesen in der Sahara vorstellt. Die rund 300 000 seßhaften Einwohner, aber auch die 9 Millionen Dattelpalmen in den Oasen Südalgeriens benötigen zusammen täglich 1,8 Millionen Kubikmeter Wasser; dazu kommen noch weitere Millionen für die Nomaden und ihr Vieh.
Die Grundlagen für eine vernünftige Nutzung müssen künftige Forschungen erst schaffen. Zunächst muß man einen richtigen »Haushaltsplan« erstellen. Wieviel Wasser geht jährlich als Niederschläge auf die Erde? Wieviel davon versikkert und wohin? Wie groß ist die jährliche Zufuhr zu den Süßwasserreservoiren, und wie groß sind diese selber? Wie kann man Wasser in der Sahara möglichst ohne Verlust speichern und transportieren? Die Ziele sind ehrgeizig, die Kosten unerhört hoch. Vielleicht wird die Sahara aber eines Tages doch von zahlreichen künstlichen Oasen mit reger Landwirtschaft überzogen sein. Das Wasser dafür wäre wohl vorhanden.

Hans P. Roschinski

NATÜRLICHE KALENDER FÜR DIE VERGANGENHEIT

Spuren des Klimas helfen bei der historischen Zeitbestimmung

Geschichte ist nun mal mit Daten verbunden. Jahreszahlen geben den Ereignissen und Werken menschlicher Gemeinschaft einen festen Platz im Ablauf der Zeiten. Seit der Mensch schreiben lernte, haben wir schriftliche Zeugnisse. Sie sind allerdings auch nicht immer genau, und nur Betrachtungen und Vergleiche über lange Zeiträume helfen den Forschern, in dunklen Zeiten einigermaßen sicher die Kette des Geschehens zeitlich zu ordnen. Das gilt zum Beispiel für die ägyptische Geschichte, in der wir die Regierungszeit des einen oder anderen Pharaos nur ungefähr angeben können. Wo aber geschriebene Zeugnisse ganz und gar fehlen, wo nicht irgendwo in der Vergangenheit ein fester zeitlicher Punkt gegeben ist, da scheint es fast unmöglich, einen »Fahrplan« menschlicher Geschichte aufzustellen. So ist das etwa in der Ur- und Frühgeschichte. Welche Kultur früher, welche später – oder welche Kulturen gleichzeitig waren, das läßt sich aus dem Vergleich der Fundumstände an verschiedenen Ausgrabungsorten feststellen. Die Geschichtsforscher gewinnen so eine »relative Chronologie«, eine mutmaßliche bis sichere Abfolge der Kulturen – noch fehlt aber der sichere Zeitpunkt zur Einordnung.

Übrigens kann uns ein solcher Mangel auch in viel, viel jüngeren Zeiträumen begegnen. Es gibt menschliche Tätigkeiten, Lebensbereiche und Werke, die den Zeitgenossen gar nicht so wichtig waren, um darüber Aufzeichnungen zu hinterlassen. Und wenn wir heute auf Spuren stoßen – ja, dann müssen wir raten, oder auch nicht: Die Naturwissenschaften haben den Historikern Hilfestellung gegeben. Sie entwickelten Methoden zur genauen Altersbestimmung – »genau« natürlich in überschaubaren Fehlergrenzen! Die Biologie, die Geologie, vor allem aber die Physik und die Chemie waren daran beteiligt. Zwei Möglichkeiten, »Kalender« für die dunklen Zeiträume aufzustellen, wollen wir einmal betrachten. Beginnen wir mit einer kleinen Szene:

Das Fachwerkhaus von Herrn Siebenpfennig

Herr Siebenpfennig guckt vom Weg aus auf das breite Fachwerkhaus. In seinem Blick liegt Besitzerstolz – dieses Anwesen hier im Mühltal war nun seines, ein gediegenes altes Haus. Die schwarzen Eichenbalken rahmten die weißgetünchten Flächen, die blühenden Holunderbüsche an der Ecke gaben ein heimeliges Bild.

Gegenüberliegende Seite: Rathaus in Markgröningen. Mit der neuen Methode der Jahresringzählung (Dendrochronologie) kann man das Alter solcher Gebäude genau überprüfen, ja es gelingt sogar, Reparaturen daran zu datieren. Foto Müller

Freudenberg im Siegerland ist ein einheitlich erhaltenes Fachwerkdorf. Solche Bauten bestehen aus einem Holzgerüst, dessen Zwischenräume, die Gefache, mit Mauerwerk oder Lehm ausgefüllt werden. Foto Südd. Verlag

»Alles fest und solide«, sagt der Baumeister neben ihm und klopft mit dem Zollstock in die freie Handfläche. »Die Arbeiten hinten lassen sich schnell ausführen. Wir können dazu noch Balken von einem ähnlichen Bau bekommen, der unten am Dorfeingang abgerissen wurde.«
»Und das Holz ...«
»... taugt vorzüglich«, setzt der Baumeister den Satz fort. »Was ich brauche, habe ich vom Zimmermann schon aussuchen lassen.«
»Ein altes Haus«, sinniert Herr Siebenpfennig, »sehr alt!«
»1782 wird es urkundlich als Hof im Mühltal erwähnt«, wirft der Baumeister trocken ein.
»Ich bin überzeugt, daß es älter, viel älter ist.« Darauf besteht Herr Siebenpfennig.
»Ältere Nachrichten gibt es nicht.« Der Baumeister lacht kurz auf. »Damals wohnte ein gewisser Simon hier auf seinem Grund im Mühltal – und es gab Schwierigkeiten mit dem Kloster, dem der Wald, das Fischrecht im Bach und andere Rechte hier gehörten – deshalb ist das Haus in den Akten überhaupt erwähnt.«
»Man müßte forschen, ob es nicht doch älter ist«, beharrt Herr Siebenpfennig. Sie treten dicht an das Haus heran. Der Baumeister klopft gegen einen der schwarzen Balken.
»Dendrochronologie«, sagt er unvermittelt.
»Wie bitte?« Herr Siebenpfennig guckt erstaunt.
»Jahresringzählung, um das Alter festzu-

hat. Und dann kommt eine neue Winterruhe bis zum neuen Aufbruch im Frühling. Das Spiel des Wachstums wiederholt sich: Das weitporige Frühjahrsholz geht dem Sommer zu in engporiges Holz über. Die scharfe Grenze zwischen großen und kleinen Zellen, zwischen dem Frühlingsholz und dem Sommerholz des vorangegangenen Jahres heißt Jahresring.
Der Winter spielt eine große Rolle, denn in der kalten Zeit des Jahres ruht das Wachstum. Die weiten Frühlingszellen heben sich im Jahresring deutlich von den engen Sommerzellen des Vorjahres ab. Wie ist das aber in Gebieten ohne Winterruhe? Entstehen dort auch Jahresringe?
Nicht überall auf der Welt bilden die Bäume beim Wachsen solche Ringe. Wo sie aber auftreten, muß die ungünstige Zeit für das Wachstum nicht unbedingt ein kalter Winter sein. Wenn die Sonne auf den indischen Regenwald herab-

stellen«, erläutert der Baumeister. »Kommen Sie, ich versuche, Ihnen das zu erklären.«

Wie Jahresringe entstehen.

Jahr um Jahr setzt der Baum rings um seinen Stamm einen neuen Ring an. Auf der Schnittfläche eines abgesägten Stammes können wir also das Alter des Baumes ablesen. Schauen wir uns einmal eine solche Schnittfläche an: Nach der Winterruhe beginnt der Baum im Frühling ein stürmisches Wachstum. Die Knospen schwellen, brechen auf, die Blätter entfalten sich. Der neue Jahresring wächst zunächst in großen Zellen. Im Frühjahr braucht der Baum mehr Wasser, und der aufsteigende Saft benötigt weite Gefäße. Im Sommer hingegen festigt das nachwachsende Holz ringsum den Stamm. Seine Zellen bleiben kleiner, weil sich der Wassertransport stabilisiert

Querschnitt durch einen alten Eichenbalken mit eingezeichneten Jahreszahlen. K/S ist die Grenze zwischen dem härteren Kernholz (K) und dem weicheren Splintholz (S). Foto Eckstein

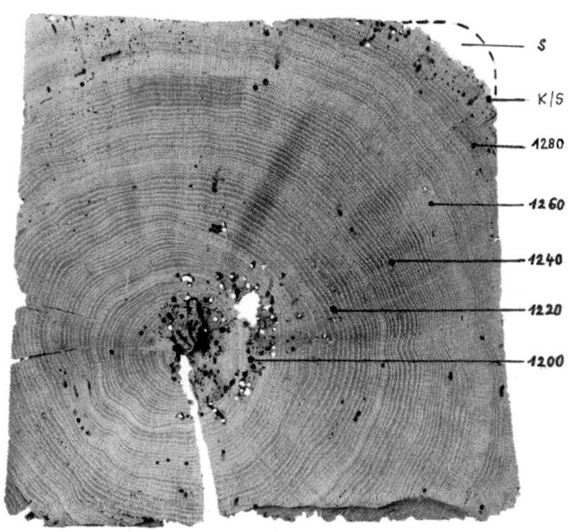

brennt und das Land ausdörrt, haben die Pflanzen ihre Ruhezeit, bis der Monsun neuen Regen über das Land treibt. Auch hier zeigen also die Bäume Wachstums- oder Jahresringe. Ganz anders verhalten sich aber die Bäume im tropischen Regenwald Afrikas, Asiens oder Südamerikas. Hier gibt es keine Jahreszeit des Stillstands, keine Pausen im Wachstum – und damit keine ausgeprägten Jahresringe.

Die Witterung spiegelt sich in den Jahresringen

Wir wissen nun, was ein Jahresring ist. Wie kann man aber mit solchen Ringen Auskunft über das Alter gewinnen? Jahr um Jahr setzt der Baum rings um seinen Stamm einen neuen Ring an. Jahr um Jahr fällt aber das Wetter anders aus. Einmal ist das Frühjahr warm und trokken, der Sommer heiß und dürr, so daß manche Bäume schon vorzeitig ihre Blätter verlieren. Oder es folgt auf einen kühlen, regnerischen Frühling ein guter, mäßig warmer Sommer – so wechselt die Witterung dauernd. Eine Reihe von Jahren kann sie ähnlich bleiben, zwei aufeinanderfolgende Jahre können krasse Unterschiede zeigen – und nach einer gewissen Zeit mag sich sogar eine ganze Folge von Witterungsabläufen wiederholen. Die Witterung in der Wachstumszeit eines Jahres gibt aber dem Wachstumsring des Baumes seinen Charakter und sein Maß: Kein Wachstumsring ist im Schnittbild des Stammes einem anderen jemals absolut gleich. Man kann das leicht selber auf einer frischen Schnittfläche eines Baumes beobachten und nachmessen. Für den exakt messenden Wissenschaftler gibt die Folge von Jahresringen einer Holzart, zum Beispiel der Eiche, einen »Zeitmaßstab«. Gleiche Folgen von gleichen Wachstumserscheinungen kann er denselben Wachstumszeiten zuordnen. So geben ihm die Jahresringe der Bäume ein Muster vor. Aus solchen Mustern stellt der Dendrochronologe, der Jahresringspezialist, einen »Kalender« her. Er geht von einem nach dem Fälljahr des

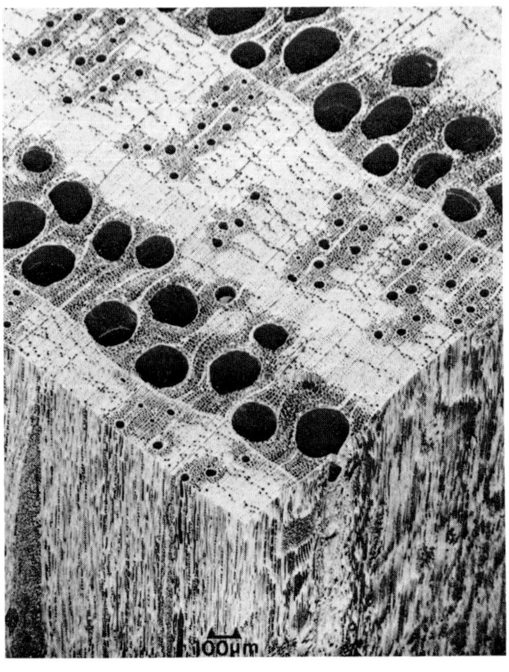

Links: Ein Jahresring stark vergrößert. Zu Beginn der Vegetationsperiode, im Frühling, wachsen weite großporige Leitzellen heran, die zum Austreiben viel Wasser heranschaffen. Die kleineren engporigen Zellen wachsen im Sommer, wenn sich der Wassertransport im Baum stabilisiert hat. Foto Eckstein

Gegenüberliegende Seite: Nicht nur in Farbe, Härte, Glanz und Maserung, sondern auch im mikroskopischen Aufbau unterscheiden sich verschiedene Hölzer deutlich voneinander: Oben links Fichte, oben rechts Buche, unten links Eiche, unten rechts Mahagoni ohne deutliche Jahresringe. Es sind immer Querschnitte abgebildet. Fotos Eckstein

Baumes sicher datierten Stammquerschnitt aus. Beim Vergleich mit einem anderen Muster, einem sauber angeschliffenen alten Balkenquerschnitt zum Beispiel, zeigt es sich, daß sich bestimmte Jahresringfolgen überlappen. Der Schluß liegt nahe, daß sie aus derselben Zeitperiode stammen. Das neue Muster aber führt andererseits wieder einige Jahre tiefer in die Geschichte hinab. Neue Proben, neue Querschnitte überlappen sich mit der schon gewonnenen Jahresfolge und führen wieder weiter, und so kann der Dendrochronologe Jahr um Jahr zurückzählen.

Datierbare Hölzer aus Cäsars Zeiten

Wie weit nun geht das Zählen zurück? In Deutschland haben wir solche Jahresringkalender für Eiche, für Zirbelkiefern, Lärchen und Tannen, auch schon für Buchen. Wir sahen ja, daß das Wachstum von der Witterung, vom Klima abhängig ist, und so können wir leicht verstehen, daß man einen solchen »Jahresringkalender« stets nur für ein begrenztes Gebiet aufstellen kann. Es bringt also nichts, wollte man die Jahresringfolge einer Eiche, die im Gebirge wuchs, unmittelbar mit einem Baum aus dem Tiefland, etwa aus Ostfriesland, vergleichen. Die Jahresringfolgen unterscheiden sich wie die Jahreswitterung in den Gebieten. Diese Unterschiede bieten in der Dendrochronologie auch Vorteile. Davon wird noch die Rede sein.

Im südlichen Mitteleuropa reicht die Dendrochronologie am tiefsten in die Zeit zurück – bis in die Bauernkulturen der Jungsteinzeit, dies allerdings nur anhand von Eichenholz. Sonst sind die Möglichkeiten viel stärker begrenzt. Die Dendrochronologie führt uns hierzulande meist nur bis ins Mittelalter. Eine Ausnahme machen noch die Gegenden Deutschlands, in denen einst die Römer weilten. Hier zählen die Dendrochronologen bis hin zu Cäsars Zeiten, ja, sogar noch weiter zurück bis fast in die Mitte des dritten Jahrhunderts v. Chr. In Süddeutschland weisen uns die Jahresringe

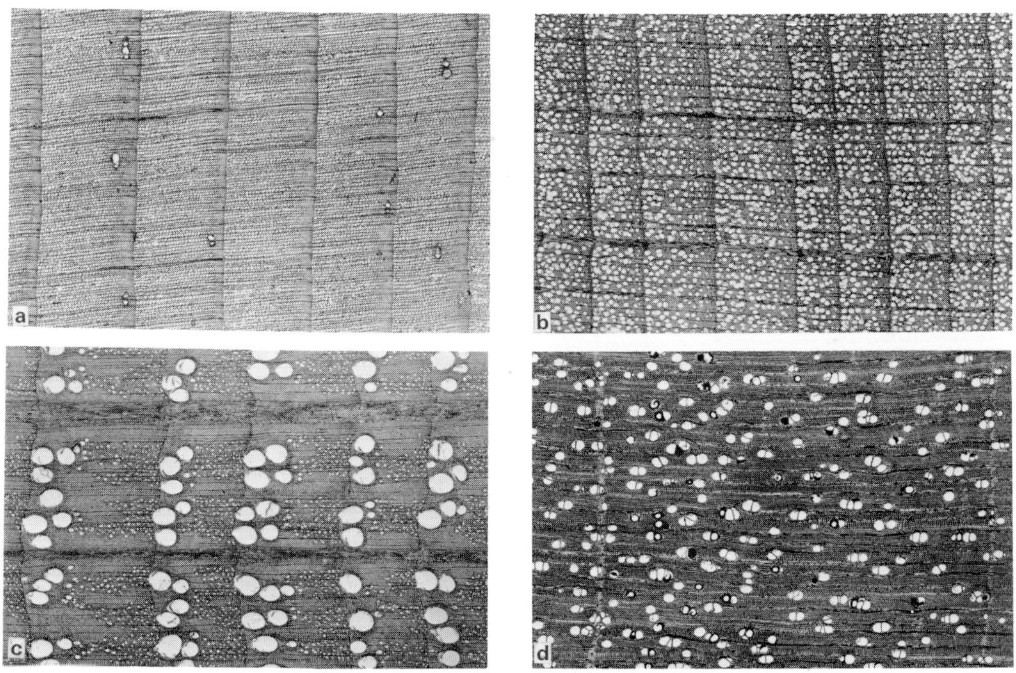

der Eichen nicht einmal bis in die Zeit Karls des Großen zurück, und die anderen Hölzer wie Buche, Zirbelkiefer oder Lärche lassen Zählungen nur bis ins hohe Mittelalter zu. Bei den Tannen allerdings kann man bis 820 n. Chr. zählen. Aber auch in diesen Zeiträumen lassen sich Funde und Bauten oft nur archäologisch datieren, andere Quellen – Aufzeichnungen, Urkunden – fehlen meist bei den Dingen des täglichen Lebens; kleinere Wohnplätze sind kaum jemals in schriftlichen Aufzeichnungen erwähnt.

Die Arbeit des Dendrochronologen

Jahresringe mißt der Wissenschaftler am besten am Querschnitt des Stammes. Bei einer Skulptur zeigt er sich beispielsweise auf der Standfläche, und bei manchen Häuserbalken ist er deutlich zu sehen. Oft aber sind solche Balken so eingebaut, daß der Stammquerschnitt nicht zugänglich ist. Dann nimmt der Dendrochronologe einen Hohlbohrer und bohrt mit ihm bis zum Zentrum des Stammes hin. So bekommt er eine brauchbare Probe. Besser ist noch, wenn er mehrere Proben vom selben Stamm nimmt, wobei er aus unterschiedlichen Richtungen gegen den Kern bohren sollte. 40 bis 50 Jahresringe muß er für eine sichere Datierung haben. Solche Proben werden nun unter dem Mikroskop von einem eigens dafür entwickelten Gerät, dem Jahresringmeßapparat, registriert und die gemessenen Werte in einen Lochstreifen gedruckt. Diesen Lochstreifen wiederum wertet ein Computer aus. Er vergleicht die eingegebenen Werte mit den eingespeicherten Jahresringfolgen und ordnet die Probe nach Jahren und nach dem Herkunftsgebiet einer schon bekannten Folge zu. Denn – so sahen wir ja eben – in verschiedenen Gebieten können dieselben Jahre unterschiedliche Jahresringabstände aufweisen.

Die Borstenkiefer lebt auf ungefähr 3000 m Höhe in Berggebieten der Vereinigten Staaten. Das älteste lebende Exemplar ist 4600 Jahre alt und keimte zur Zeit der Sumerer! Mit Hilfe der Borstenkiefer gelang es, die Jahresringdatierung weit auszubauen. Foto Eckstein

Die Dendrochronologie erlaubt also eine Datierung aufs Jahr genau – aber Vorsicht! Sie kann die Jahre bestimmen, in denen der Baum gewachsen ist. Dann fällten die Holzfäller den Stamm, eine geraume Zeit lag er zum Trocknen da, ehe die Zimmerleute ihn zum Balken zurechtschlugen. Dabei gingen außer der Rinde auch einige Jahresringe unter den Axtschlägen verloren – das muß man alles beim Datieren berücksichtigen. Und dann – das erfuhren wir beim Gespräch des Baumeisters mit Herrn Siebenpfennig – wurde gutes Bauholz aus einem abgebrochenen Haus nochmals verwendet: Kurz und gut, die Dendrochronologie gibt ein sicheres Datum, nach dem das Holz verwendet wurde, mehr nicht.

Wenn also, um bei Herrn Siebenpfennigs Nachforschungen zu bleiben, der Dendrochronologe aus den Eichenstämmen Proben nimmt und etwa das Jahr 1652 als Ergebnis seiner Zählungen erhält, dann heißt das nicht: In diesem Jahr wurde das Haus gebaut. Nein, in jenem Jahr hat der Baum noch gelebt, später erst fiel er Axt und Säge zum Opfer, wurde behauen und beschnitten. Nehmen wir einfach an, all das sei 1677 abgeschlossen gewesen, so sagt das wiederum nichts Gewisses für das Alter des Hauses von Herrn Siebenpfennig. Sein Baumeister suchte aus einem Abbruch geeignete Hölzer für Reparaturen und Ergänzungen, so tat man es stets. Die Dendrochronologie liefert genaue, ganz exakte Hinweise – auf das Alter des Holzes. Um den Zeitpunkt seiner Verwendung zu bestimmen, muß der Historiker weitere Überlegungen anstellen. Herr Siebenpfennig allerdings könn-

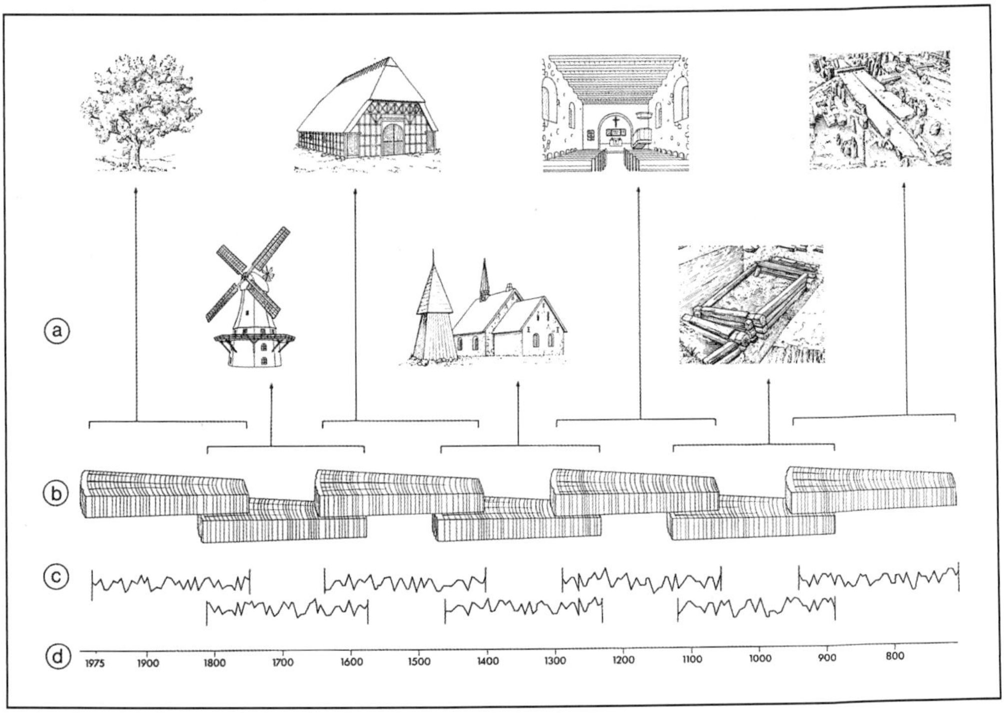

Überbrückungsverfahren zum Aufbau einer Jahresringchronologie. Die Holzteile aus verschiedenen Gebäuden bzw. archäologischen Funden überlappen sich im Hinblick auf die Jahresringe. Grafik Eckstein

te mit einiger Sicherheit annehmen, daß sein altes Haus abseits der Dorflage im letzten Viertel des 17. Jahrhunderts errichtet wurde. Soweit stützt ihn die dendrochronologische Untersuchung.

Auch die Geologen kennen »Jahresringe«

Mit der Dendrochronologie können die Historiker die Geschichte Jahr für Jahr zurückverfolgen. Die Natur hat uns noch einen anderen ähnlichen »Kalender« hinterlassen, den Bändertonkalender, wissenschaftlich Warwenchronologie genannt. Sie gilt allerdings nur für ein bestimmtes Gebiet. Die letzte große Eiszeit, die Würmeiszeit, hinterließ uns diesen Kalender, der den Rückzug der Gletscher in Skandinavien entlang einer 800 km langen Linie von Schonen in Südschweden bis nach Jämtland im Norden Schwedens dokumentiert. Die Methode des Zählens ist ähnlich jener, die wir bei den Jahresringen der Bäume angewendet haben.

Als das nordische Inlandeis zurückwich, als das Klima allmählich wärmer wurde, bildeten sich vor den Eisrändern riesige Stauseen. Sie füllten das Ostseebecken auf – die Eisdecke hatte sich ja schon weiter zurückgezogen. In den Sommern schmolz viel Eis von den verbliebenen Gletschern; das Wasser strömte den Eisstauseen zu und transportierte Geröll, Sand und vor allem die »Gletschertrübe«, feinzermahlenes Gesteinsmehl, als Schlamm. All das lagerte sich in einiger Entfernung vom Gletscherrand in den stillen See ab, zuerst das grobe Material, immer weiter hinaus in das feinere. Selbst in den kalten Wintern floß aus

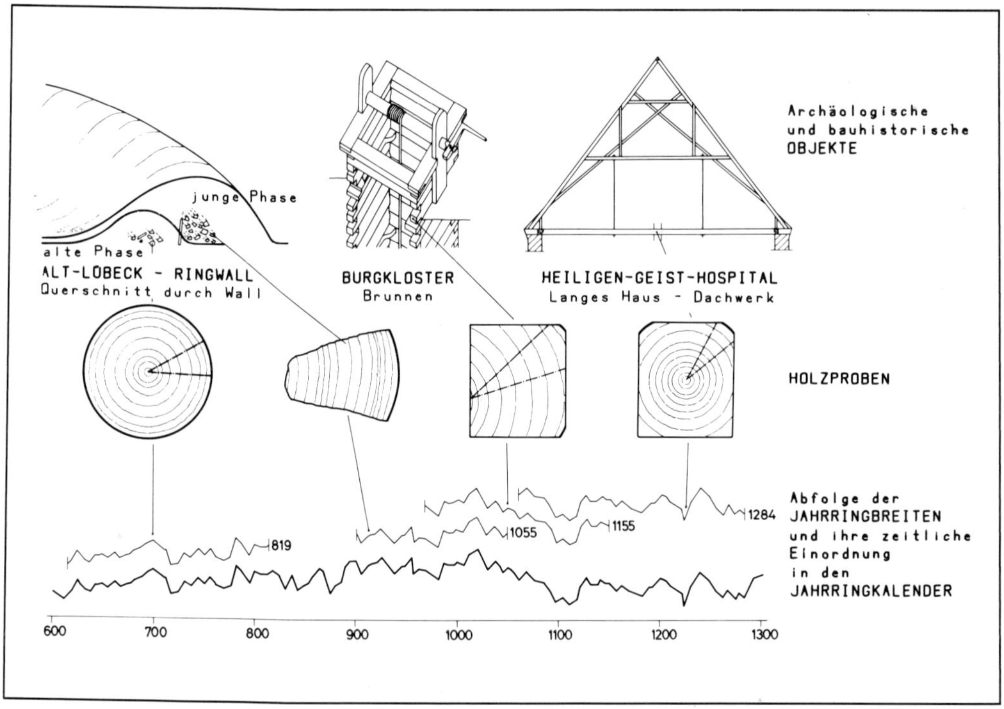

Aufbau eines Jahresringkalenders mit Hilfe von Holzproben aus Lübeck. Für die Datierung von Hölzern ist mindestens eine Abfolge von 50 Jahresringen notwendig. Grafik Eckstein

dem Grund der Gletscher Schmelzwasser ab, allerdings viel weniger als in den Sommermonaten. Und da die Wassermenge viel geringer war, führten die Bäche auch nur die feine dunkle Gletschertrübe mit sich. So entstanden in den damaligen Seen verschiedene Schichten toniger Ablagerungen. Im Sommer waren sie dicker und heller, weil sie mehr Sand enthielten. Im Winter bildete sich eine dünnere und dunklere Schicht. Sommer- und Winterschicht bilden zusammen ein 0,5 bis 1 Zentimeter breites Band, die Warwe. Kein Zweifel: Sie entspricht genau einem Jahresring!

Nun war auch damals nicht ein Sommer wie der andere, und kühle wie warme Sommer hinterließen mit den darauffolgenden Wintern andere Warwen. Skandinavische Forscher untersuchten und vermaßen Pakete solcher Bänder in den Gegenden entlang der eben genannten Linie. Sie konnten sie dann aufeinander beziehen und stimmten auf diese Weise den Kalender ab.

Wie das vor sich geht, ist schnell erzählt. In einem Anschnitt, an der Wand einer Tongrube zum Beispiel, vermaßen die Forscher die Bänderfolge. Sie legten einen langen Papierstreifen an von oben bis unten, trugen auf ihm die Dicke der einzelnen Warwen auf und bekamen so ein Warwendiagramm. Nun verglichen sie die Diagramme verschiedener Fundstellen miteinander, ordneten die Bänder gleicher Mächtigkeit und gleichen Charakters einander zu und erhielten damit den Warwenkalender.

Die Warwenchronologie

Mit ihr läßt sich nun der Rückzug des Inlandeises in den Jahren der Vorzeit

Gegenüberliegende Seite: Stabkirche im norwegischen Lom (11. Jh.). Foto Holst

Oben: Ende 1981 fanden Archäologen in Mainz mehrere gut erhaltene Römerschiffe. Mit Hilfe der Jahresringchronologie wurde das Alter des einen auf 376 n. Chr. datiert. Foto Landesamt f. Denkmalpflege Rheinland-Pfalz

verfolgen – allerdings nur in Skandinavien. Für das Ende der Eiszeit in Norddeutschland gibt es keinen so genauen Kalender. Die Geologen schätzen, daß um 13 000 v. Chr. das Inlandeis von der deutschen Ostseeküste abrückte – vielleicht auch schon ein Jahrtausend früher. Der Blick in eine derart ferne Vergangenheit bleibt ohne festen Anhaltspunkt unsicher. Doch weiter im Norden gibt die Warwenchronologie Sicherheit.

Wir wissen heute, daß der Rückgang des Eises in Skandinavien fast fünf Jahrtausende gedauert hat. Dabei zog sich der Eisrand nicht überall gleichmäßig zurück. In Schonen in Südschweden schmolz jedes Jahr soviel ab, daß die Gletscherränder ungefähr 50 Meter zurückwanderten, im nördlichen Bereich konnten es sogar 300 bis 400 Meter sein. Schließlich erreichte das Inlandeis das südliche Jämtland. Damals zerbrach die gewaltige Eisdecke in zwei Teile. Der Bänderkalender legt dieses Ereignis auf die Zeit um 6800 v. Chr. fest – und wenn wir einen markanten Punkt haben wollen, können wir diese Zeit als das Ende der Eiszeit betrachten. In die eisfreien Gebiete, die heutigen Tundren ähnlich sahen, rückte nach und nach der Wald ein. Der Mensch folgte dem Wild, das in die neuen Lebensräume einwanderte. Es entstanden die ersten frühen Jägerkulturen – und gerade diese lassen sich mit dem Warwenkalender gut datieren.

Walter Baier

RADIOSIGNALE AUS DEM ATOMKERN

Magnetische Kernresonanz – ein neues Forschungsmittel

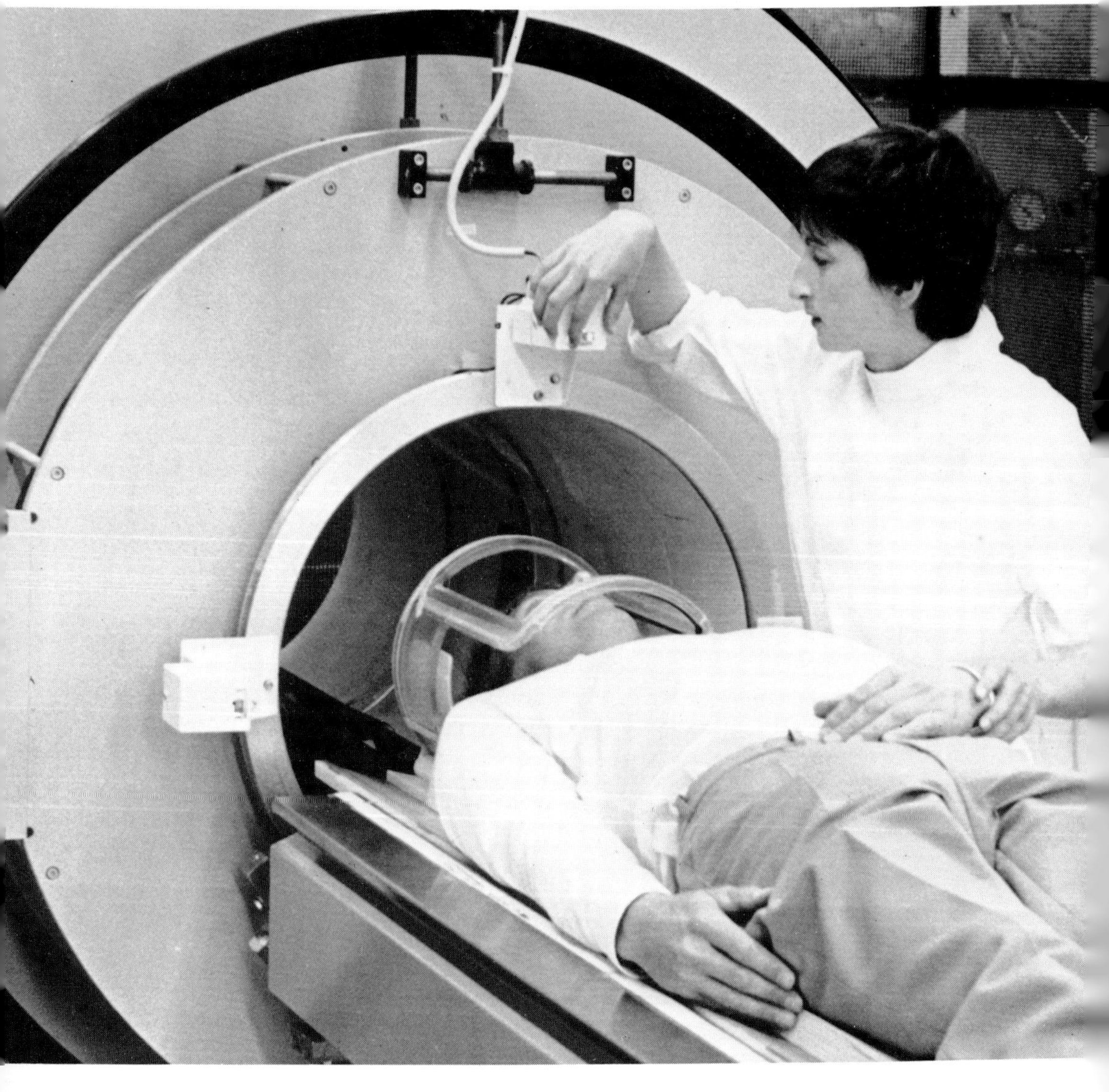

Setzt man Kompaßnadeln, also kleine Stabmagnete, einem magnetischen Feld aus, so werden sie sich nach diesem Feld ausrichten. Das klingt selbstverständlich. Was aber passiert, wenn man das Magnetfeld wegnimmt?
Einen solchen Versuch kann man nur mit sehr hohem Aufwand durchführen, denn es ist nur schwer möglich, das irdische Magnetfeld völlig abzuschirmen. Man muß sich also mit einem »Gedankenversuch« begnügen: Die Kompaßnadeln werden aus ihrer erzwungenen Richtung auspendeln und nach einiger Zeit in scheinbar regellos verteilten Richtungen zur Ruhe kommen. Natürlich sind die Richtungen nicht völlig regellos: Da die Kompaßnadeln Magnete sind, beeinflussen sie sich gegenseitig durch ihre Magnetfelder. Für den außenstehenden Beobachter ist eine Ordnung aber nicht erkennbar.
Während die Kompaßnadeln auspendeln, reiben sie sich an ihrer Aufhängung. Das bedeutet die Freisetzung von Energie, die als Wärme in Erscheinung tritt. Führt man den Gedankenversuch im Vakuum durch, wo die durch Reibung erzeugte Wärme von Kompaßnadel und Aufhängung nur abgestrahlt werden kann, so läßt sich die Wärmestrahlung mit einem Wärmefühler-Teleskop nachweisen. Man führt es rings um die Kompaßnadel herum, so daß es sie aus allen Richtungen »beobachtet«. Aus den Messungen läßt sich sogar berechnen, wo die einzelnen Kompaßnadeln stehen. Je enger der Raumwinkel, aus dem das Teleskop Wärme empfängt, desto genauer werden die Ortsbestimmungen. Zwar erfordert das einen Computer, aber es ändert nichts am Prinzip.
Der Grundgedanke ist einfach: Zuerst führt man den Magneten (Kompaßnadeln) Energie zu, um sie auszurichten. Dann geben sie ihre Energie wieder ab, und anhand dieser Energie gelingt es, ihre Stellung auszumachen. Diesem Prinzip sagen die Fachleute nicht nur in der Medizin eine große Zukunft voraus. Allerdings wird es nicht auf Kompaßnadeln, sondern auf Atomkerne angewendet. Ausgenutzt wird die magnetische Resonanz von Atomkernen.

Die Kernspintomographie erlaubt völlig neue Einblicke in den menschlichen Körper. Dabei wird die Verteilung der Wasserstoffkerne in den Geweben festgestellt. Foto Siemens

Atomkerne und Spin

Atomkernen kommt ein Drehimpuls (Spin) zu, was sich bildlich so verstehen läßt, daß sie um ihre Achse rotieren. Sie enthalten positiv elektrisch geladene Teilchen (Protonen) und elektrisch neutrale Teilchen (Neutronen). Man kann die »Rotation« demnach als den Umlauf elektrischer Ladungen um eine Achse auffassen. Bewegte elektrische Ladungen, so lehrt die Physik, erzeugen um sich herum ein Magnetfeld, genauer ausgedrückt ein magnetisches Moment entlang der Rotationsachse.
Diese bildliche Vorstellung hat freilich ihre Grenzen. So kommt Atomkernen mit geraden Anzahlen von Protonen oder Neutronen kein Drehimpuls und damit auch kein magnetisches Moment zu. Ein magnetisches Moment wird bei Kernen verzeichnet, deren Spin $I = 1/2$, das heißt gleich der Hälfte des Planckschen Wirkungsquantums ($h = 6{,}625 \cdot 10^{-34}$ m^2 kg/s) ist. Wird der Spin I gleich oder größer als das Plancksche Wirkungsquantum ($I \geq 1$), treten Erscheinungen hinzu, die bei der Nutzung der kernmagnetischen Resonanz stören. Es taugen also nicht alle Atomarten für dieses Verfahren. So sind normaler Kohlenstoff mit der Atommasse 12 (^{12}C) oder Sauerstoff mit der Atommasse 16 ($^{16}0$) wegen der geraden Anzahl der Protonen und Neu-

tronen in ihren Atomkernen (I = 0) ungeeignet. Geeignet (I = 1/2) sind dagegen unter anderem Wasserstoff (^{1}H), das Kohlenstoff-Isotop ^{13}C, Fluor (^{19}F), Phosphor (^{31}P) und Bor (^{11}B). Da Kohlenstoff und Wasserstoff aber die Elemente sind, die in organischen Molekülen am häufigsten vorkommen, sind ^{1}H und ^{13}C für die Untersuchung organischer Stoffe am interessantesten. Die Kerne dieser Atome treten wegen ihres magnetischen Moments gleichfalls mit einem äußeren Magnetfeld in Wechselwirkung. Sie können sich parallel zum Feld ausrichten, aber auch entgegengerichtet parallel (antiparallel). Der antiparallelen Stellung kommt eine etwas höhere Energie zu. Der Energieunterschied muß aufgebracht werden, um einen Atomkern im Magnetfeld von der parallelen Stellung in die antiparallele umzuklappen.

Kreisel im Kraftfeld

Atomkerne verhalten sich freilich nicht wie Kompaßnadeln, sondern eher wie Kreisel. Wirkt eine Kraft auf einen Kreisel ein, so weicht dieser senkrecht zur Kraftrichtung mit der Rotationsachse aus. Die Achse vollführt dann eine Bewegung, als rolle sie auf einem Kegel ab: Der Kreisel präzediert und wirbelt auf diese Weise um die Richtung der Feldlinien herum. Die Kreisfrequenz dieser Präzession ist gleich dem Produkt aus der Stärke des Magnetfeldes und dem gyromagnetischen Verhältnis, einer für jede Atomart spezifischen Konstante. Die Präzessions- oder Larmorfrequenz eines ^{1}H-Kerns (Proton) beträgt bei einer Magnetfeldstärke von 0,1 Tesla (≙ 1000 Gauß) rund 4,2 Megahertz (MHz), in einem Feld von 2,36 Tesla 100 MHz. Für ^{13}C-Kerne in einem Feld von 2,36 Tesla beträgt sie 25 MHz. Das sind alles Radiofrequenzen, die heute bequem erzeugt und empfangen werden können.

In einem unveränderlichen Magnetfeld verschwindet diese Präzession rasch. Damit sind die magnetischen Momente der Atomkerne im Feld ausgerichtet. Strahlt man nun elektromagnetische Wellen der Larmorfrequenz senkrecht zum Magnetfeld ein, beginnen die Atomkerne erneut zu präzedieren. Wir haben es hier mit einer Resonanzerscheinung zu tun: Weil die elektromagnetischen Schwingungen der Larmorfrequenz genau die Energie enthalten, die der Präzession der Atome innewohnt, wird die Energie aus den Wellen absorbiert. Darauf bezieht sich die Bezeichnung »kernmagnetische Resonanz«.

Aufbau einer Anlage

Es läßt sich nun schon vorstellen, wie eine Anlage zur Nutzung der kernmagnetischen Resonanz aussehen muß: Beidseits der Probe oder des zu untersuchenden Körpers sind die Pole eines starken Magneten angeordnet, die quer zu ihm ein möglichst gleichförmiges Magnetfeld erzeugen. Um den Körper oder die Probe herum liegt eine Spule, die einerseits die Larmorfrequenz sendet, andererseits aber auch durch ein Umschalten Signale aus der Probe oder dem Körper zu empfangen vermag. Diese werden dann durch einen Prozeßrechner ausgewertet.

Rückgestrahlte Information

Sobald die Einstrahlung abgeschaltet wird, beginnen die Atomkerne ihrerseits elektromagnetische Energie auszustrahlen. Damit richten sie sich wieder im statischen Magnetfeld aus. Die Anfangsstärke der Rückstrahlung bildet einen Hinweis auf die Menge der rückstrahlenden Atomkerne. Wichtig ist auch die Frequenz der Rückstrahlung. Zwar sollte sie genau die Larmorfrequenz sein. Praktisch werden aber immer mehrere Frequenzen gefunden. Denn die genaue Resonanzfrequenz der untersuchten Kerne hängt auch immer von der Struktur der Moleküle ab, in denen sie sich befinden.

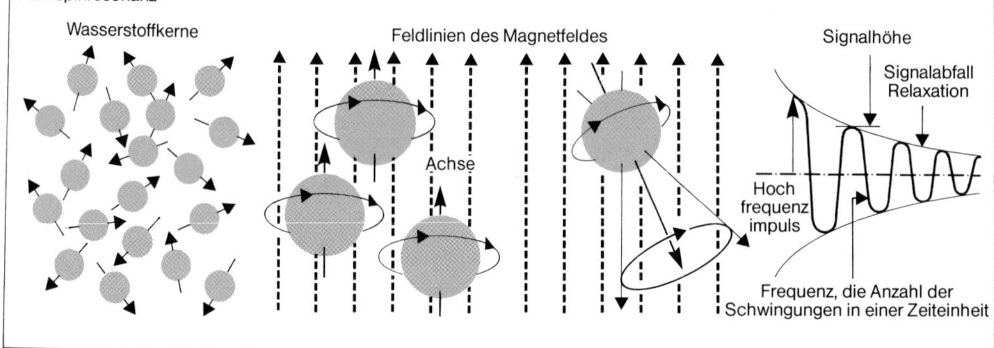

Wasserstoffkerne enthalten ein Proton, das sich in einem äußeren Magnetfeld ausrichtet. Fehlt ein solches, so sind die Kerne zufällig nach allen Richtungen orientiert. Wasserstoffkerne drehen sich wie Kreisel, der Fachmann nennt das Spin. Bei der Kernspintomographie wirkt nun auf die in einem Magnetfeld ausgerichteten Kerne ein kurzzeitiger Hochfrequenzimpuls ein. Die Kreisel beginnen zu torkeln, kehren aber nach einigen Sekunden, der Relaxationszeit, wieder in ihre Ausgangslage zurück. Die Art und Weise, wie die Wasserstoffkerne auf den Impuls reagieren, gibt uns Auskunft über deren Anzahl im Körpergewebe.

Das äußere Magnetfeld verursacht eine Bewegung der Bindungselektronen im Molekül. Durch diese Bewegung wird wiederum ein magnetisches Feld erzeugt, das dem äußeren entgegengerichtet ist. Der Atomkern »spürt« also ein Magnetfeld, das etwas geringer als das äußere ist. Weil seine Resonanzfrequenz wie schon gesagt dem äußeren Magnetfeld proportional ist, bedeutet das eine etwas geringere Resonanzfrequenz. Je Megahertz sind das bei ^{1}H um zehn Hertz, bei ^{13}C um hundert Hertz. Sie sind dennoch ausnehmend wichtig, weil die Atomkerne durch diese Verschiebungen Auskunft über ihre chemischen Bindungen geben. Aus den Resonanzfrequenzen läßt sich deutlich ablesen, ob ein Wasserstoffatom mit einem zweiten ein Molekül bildet, ob es in einem Azetylenmolekül oder in einem Benzolring enthalten ist usw. So werden bei der Essigsäure vier verschiedene Frequenzen beobachtet, zwei von ^{1}H und zwei von ^{13}C, weil es im Essigsäuremolekül sowohl für Wasserstoff- als auch für Kohlenstoffatome zwei unterschiedliche Umgebungen gibt. Am Forschungsinstitut des deutschen Steinkohlebergbauverbandes wird die magnetische Kernresonanz deshalb eingesetzt, um die sehr unterschiedlichen Arten von Kohlen zu analysieren.

Nutzen für die Biochemie

Die magnetische Kernresonanz gewinnt auch in der Biochemie an Bedeutung. Wenn einzelne Resonanzfrequenzen häufiger auftreten, so bedeutet dies, daß das Element vermehrt in der entsprechenden chemischen Verbindung vorkommt. So kann man zum Beispiel anhand des Phosphor-Isotops ^{31}P die relativen Konzentrationen von Stoffwechselzwischenprodukten wie Keratinphosphat, Adenosintriphosphat (ATP) oder organischer Phosphate ausmessen. Allerdings ist die Ausmessung im gesamten

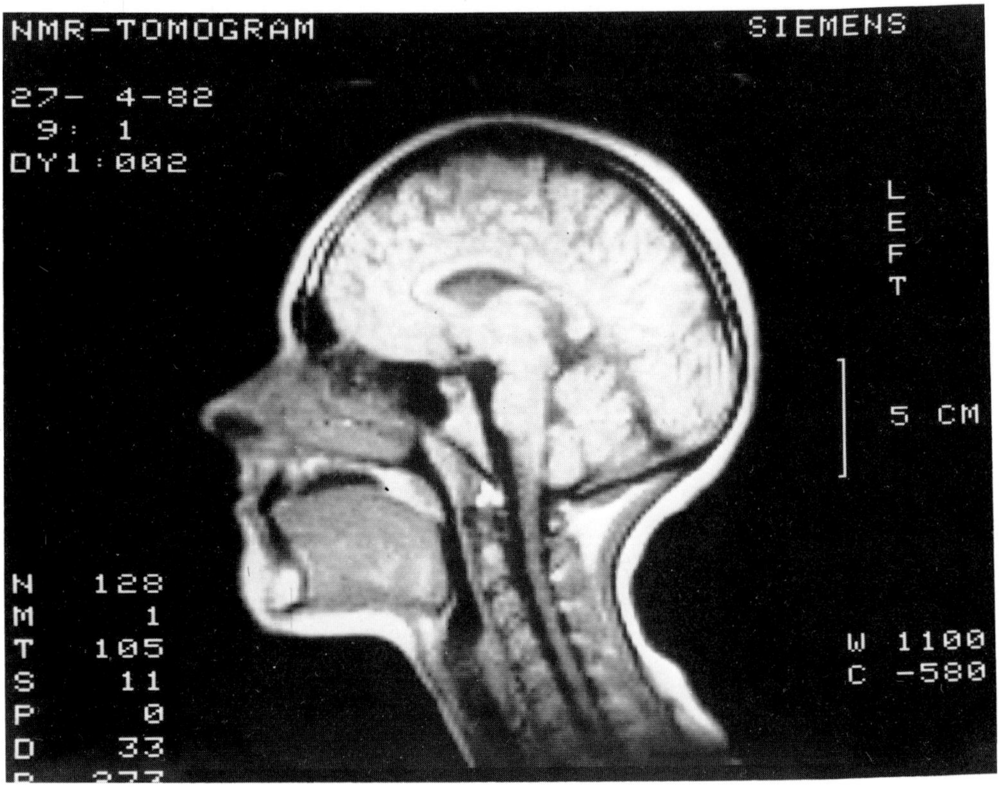

Tomogramm durch den Kopf eines Menschen. Die hellen Stellen enthalten viel Wasser, die dunklen entsprechen Knochen oder Luft. Die Wissenschaft beginnt erst langsam, die Kernspinbilder zu verstehen. Foto Siemens

Organismus von Menschen oder Tieren oft unbefriedigend. Deshalb hat man Möglichkeiten entwickelt, die es erlauben, Kernresonanzen nur von bestimmten Stellen mit begrenztem Volumen zu empfangen. Dazu wird das Magnetfeld so verändert, daß es nur im Untersuchungsbereich gleichförmig ist, sich außerhalb dieses Bereichs aber deutlich verändert. Weil die Resonanzfrequenzen proportional dem statischen Magnetfeld sind, fallen die von außerhalb des Untersuchungsbereichs stammenden Frequenzen deutlich heraus. Auf diese Weise gelang es, Stoffwechseluntersuchungen mit Hilfe der Kernresonanz von ^{31}P gezielt in bestimmten Körperorganen durchzuführen. Mit starken Magnetfeldern von 1,5 Tesla kann man nahe der Körperoberfläche Stellen mit einem Inhalt von wenigen Kubikzentimeter, in der Tiefe von einem Zentimeter untersuchen.

Bedeutsam für Biochemie und Medizin ist auch das Abklingen der von den Atomkernen stammenden Signale. Nach dem Ende der Einstrahlung elektromagnetischer Wellen kehren die Atomkerne wieder in den Gleichgewichtszustand zurück, indem sie sich nach dem äußeren Magnetfeld ausrichten. Diesen Vorgang nennen wir Relaxation. Strenggenommen hat er zwei Phasen. Die Relaxationszeit T_2 sagt uns, daß sich nicht alle Atomkerne sofort am äußeren Magnetfeld ausrichten. Sie präzedieren unter dem Einfluß der magnetischen Momente benachbarter Kerne mit unterschiedlichen Präzessionswinkeln kurzzeitig weiter. Diese Präzessionsbewegungen, die demgemäß etwas über die umgebenden Atomkerne aussagt, induziert in der Empfangsspule Wechselspannungen mit Frequenzen nahe der Larmorfrequenz. Die Relaxationszeit T_1 dagegen gibt an, wie lange es dauert, bis die betroffenen Atomkerne wieder mit ihren Nachbarkernen im Wärmegleichgewicht sind. T_1 kann gelegentlich Stunden dauern. In Flüssigkeiten wie reinem Wasser sind T_1 und T_2 dagegen ungefähr gleich lang – einige Sekunden. Die Unterschiede zwischen T_1 und T_2 sind nicht nur für die Biochemie bedeutsam, sie erklären auch die deutlichen Helligkeitsunterschiede in Querschnittsbildern durch den menschlichen Organismus.

Ortsangabe auf magnetisch

Um die Rückstrahlung auch für die medizinische Diagnose einsetzen zu können, muß der Arzt freilich wissen, wo sich die sendenden Atomkerne befinden. Es ist – wie bereits beschrieben – möglich, nacheinander möglichst kleine Stellen im Organismus zu untersuchen und aus den Einzelmessungen ein Gesamtbild aufzubauen. Das ist freilich aufwendig und zeitraubend.
Wesentlich rationeller arbeiten Verfahren, bei denen die Atomkerne selbst ihren Ort bezeichnen. Dazu muß das äußere Magnetfeld, von dem die jeweilige Larmorfrequenz abhängt, von Ort zu Ort verändert werden. Im einfachsten Fall nimmt die magnetische Feldstärke sowohl von vorn nach hinten als auch von links nach rechts zu. In einer gewünschten Ebene kann der Ort eines Atomkerns dann durch seine Larmorfrequenz angegeben werden. Kommt von oben nach unten noch ein starkes Gefälle der magnetischen Feldstärke hinzu, lassen sich Querschnittbilder durch den Körper gewinnen. Dieses Verfahren heißt Tomographie.

Aufschlüsse für den Arzt

Mit der Kern(spin)resonanzmethode gewinnt man Signale mit einem hohen Gehalt an sehr unterschiedlichen Informationen. Die Auswertung kann dementsprechend vielfältig sein. Der Prozeßrechner liefert Querschnittsbilder (Tomogramme) in unterschiedlichen Ebenen, ohne daß der Patient umgelagert werden muß. Biochemisch bedingte Unterschiede lassen sich nach den verschiedensten Richtungen hin auswerten, zum Beispiel auch für die Suche nach Krebsgeschwulsten.
Am wichtigsten aber mag für den Patienten sein, daß die Untersuchung seinen Organismus nicht belastet. Gesundheitsschäden durch magnetische Felder und Radiowellen sind unbekannt. Eher wirken Magnetfelder günstig: So wollen manche Mediziner festgestellt haben, daß Knochenbrüche in einem Magnetfeld schneller und besser verheilen.
Trotzdem ist die Kernspinresonanz kein Mädchen für alles. Sie kann weder die Röntgendurchleuchtung noch Ultraschallverfahren ersetzen. Aber sie bietet dem Arzt Informationen, die er auf andere Weise nicht erhalten würde. Darin liegt ihre Existenzberechtigung.

Gabriele Holst

IM PRINZIP KLAPPT (FAST) ALLES...

Eine Reise durch Transkaukasien

Besuch der Städte Tiflis, Eriwan und Baku, eine Reise durch drei verschiedene Länder: Georgien, Armenien, Aserbeidschan. Radio Eriwan ist überall, und der große Bruder Moskau fern. Im Kaukasus wird einem klar, wie sehr die UdSSR ein Vielvölkerstaat ist.

Ein großes Abenteuer ist es heute nicht mehr, eine jener zahlreichen Studienreisen in die UdSSR mitzumachen, die von Reiseunternehmen angeboten werden – und doch: aufregende Erlebnisse am Rande gibt es genug, wenn man nur den Mut hat, sich auch einmal von der Gruppe zu entfernen und auf eigene Faust etwas zu unternehmen. Entgegen der Meinung vieler notorischer Skeptiker ist das durchaus möglich. Man kann sich innerhalb des Ortes, in dem man in einem Hotel untergebracht ist, völlig frei bewegen. Und bei einer so großen Stadt wie Moskau steht einem ein Freiraum zur Verfügung, den man weder zu Fuß noch mit Verkehrsmitteln wie der Metro bewältigen kann. Deshalb hat die Teilnahme an den Gruppenreisen auch wieder ihr Gutes: Man bekommt das Wichtigste zu sehen, man braucht nicht Schlange zu stehen – wie dies die kunstbegeisterten Moskauer auch in ihrer knapp bemessenen Freizeit tun, um in ein Museum zu kommen oder an Theaterkarten zu gelangen –, und die Reiseleiter berichten in bestem Deutsch über all das, was die Sowjetunion in den nunmehr 60 Jahren ihres Bestehens geschaffen hat. Was sie nicht geschaffen hat, das sieht man dann, wenn man sich allein umguckt. Also, lieber mal auf eine weniger wichtige Besichtigung verzichten und sich selbständig machen. Der Kontakt mit der Bevölkerung stellt sich unweigerlich ein: Anscheinend sieht man uns Deutschen die Nationalität an der Nasenspitze an. Die unvermeidliche Frage lautet jedenfalls sofort: »Germanski?« Und dann: »FRG« = Bundesrepublik, oder: »SRG« = DDR. Die Reaktion auf die jeweilige Antwort ist eindeutig: Besucher aus der FRG werden äußerst höflich behandelt, von Erwachsenen wortreich mit guten Wünschen bedacht und von Kindern und Jugendlichen um die begehrten Kugelschreiber und Kaugummis angebettelt, obwohl die landesüblichen russischen Kaugummis nicht anders schmecken als unsere! Kommt der Gast dagegen aus der DDR, was wir manches Mal vorgaben, vor allem als uns die Bettelei im Süden zu viel wurde, so winken die Russen nur mitleidig mit der Hand ab: »Da gibt es nichts zu erben, lassen wir sie lieber in Ruhe.«

Fast alle Gruppenreisen in die UdSSR beginnen in Moskau, wo meistens auch das »Neujungfrauenkloster« besichtigt wird. Die vergoldeten Kuppeln der Torkirche »Christi Verklärung« sind typisch für die russische Kirchenbaukunst. Foto Holst

Der Prospekt hält nicht alles, was er verspricht

Die im Reiseprospekt verwendete Bezeichnung »Kaukasus-Reise« erweist sich nach einem Blick in den Atlas schlichtweg als Schwindel. Wir begeben uns nach zwei Tagen Aufenthalt in Moskau direkt nach Tiflis. Dabei überfliegen wir die Bergkette des Großen Kaukasus mit seinen höchsten Gipfeln Elbrus (5633 m) und Kasbek (5047 m) und landen in der Talsenke zwischen dem Großen und dem Kleinen Kaukasus. Die Entfernung Moskau–Tiflis beträgt knapp 2000 km, wir fliegen in einer Höhe von 12 000 m hoch über den Wolken und sehen nichts von dem markanten Gebirge. So wird aus der Kaukasus-Reise eine Transkaukasien-Reise; so nämlich heißt das Gebiet südlich des Großen Kaukasus, das von Georgiern, Armeniern und Aserbeidschanern bewohnt wird.

Diese drei Völker, zu denen noch Kurden, Osseten, Alvarer und viele andere dazukommen, haben eine lange und bewegte Vergangenheit hinter sich. Erst kürzlich hat man in der Höhle von Asych in den Bergen des Kleinen Kaukasus eine der ältesten Feuerstellen früher Menschentypen entdeckt; sie soll 700 000 Jahre alt sein. Der Kaukasus spielte schon in der Antike eine große Rolle. Der Argonautenführer Jason zog in den Kaukasus und holte von dort mit Hilfe seiner Gemahlin Medea das Goldene Vlies zurück. Ebenfalls im Kaukasus soll sich der Felsen befinden, an den Gottvater Zeus den Prometheus schmiedete, um ihn dafür zu bestrafen, daß er den Menschen das Feuer gebracht hatte. Zeus schickte täglich einen Adler zu Prometheus, der ihm die ständig nachwachsende Leber immer wieder aufs neue heraushackte.

Erste Station – Tiflis

Unsere unermüdliche Dolmetscherin Larissa, die uns auf der ganzen 14tägigen Reise begleitet, sorgt am Flughafen Tiflis dafür, daß wir keine Koffer zu schleppen brauchen, daß wir einen guten Bus und im Hotel die vorgebuchten Zimmer bekommen, und erzählt uns nebenbei noch etwas über die Geschichte Georgiens. Das Hotel heißt »Iveria« – »Iberien«. Damit ist nicht etwa die Iberische Halbinsel mit Spanien und Portugal, sondern ein antiker südöstlicher Teilstaat Georgiens mit dem gleichen Namen gemeint. Merkwürdigerweise soll aber einigen Sprachforschern zufolge die ursprüngliche Sprache Spaniens vor der Römerzeit, das Iberische, sowie das offensichtlich verwandte Baskische mit den kaukasischen Sprachen verwandt sein.

Unser Hotel ist – auch wenn wir noch nicht in Eriwan sind – ein typisches »Im-Prinzip-Hotel«: erst vor einigen Jahren erbaut, sieht es von weitem recht protzig und elegant aus. Bei näherem Hinsehen entdecken wir, daß die Fassade bereits abbröckelt, daß die Dusche nicht funktioniert, die Türen nicht richtig schließen und kein Schrank im Zimmer ist. Wir sind gezwungen, die Kleider offen irgendwohin zu hängen, was sich aber auch als schwierig erweist, da es überhaupt keine Bügel gibt. In der Badewanne wie im Waschbecken fehlen die Stöpsel, doch daran werden wir uns noch gewöhnen ... Im Prinzip ist der gute Wille vorhanden, dem Touristen etwas zu bieten. Doch steht erst einmal ein Hotelbau, so kümmert sich nachher niemand mehr um solche »Kleinigkeiten«. Ein einziges Mal während der ganzen Reise haben wir einen Handwerker gesehen. Er versuchte, eine laufende Wasserspülung zu reparieren, mit dem Erfolg, daß die Spülung dann eine ganze Nacht lang überhaupt nicht ging. Und das ausgerechnet in einer Nacht, als die Hälfte unserer Gruppe zu spüren bekam, daß »Montezumas Rache« auch bis in die UdSSR reichen kann ... Überhaupt waren bald alle krank: wessen Darm in Ordnung war, der war total verschnupft.

Oben: Das Davidskloster in Tiflis zeigt deutlich den Unterschied zwischen russischen Kirchen und denen der kaukasischen Sowjetrepubliken. Besonders typisch sind die kegelförmigen Dächer, die jedoch nicht überall so gut restauriert sind wie diese hier.

Mitte: Blick auf eines der großen Neubaugebiete von Tiflis. Hier wie überall in diesem riesengroßen Land wird eifrig gebaut, und trotzdem hat noch nicht jede Familie ihre eigene Wohnung. Die Mieten in diesen Wohnkasernen sind niedrig.

Unten: Folklore-Liebhaber sollten sich eine Vorstellung georgischer Künstler nicht entgehen lassen. Ihre Musik, Tänze und Gesänge unterscheiden sich sehr von der russischen Volksmusik. Allein schon die fantasievollen Kostüme sind sehenswert, wobei die Frauen fast immer passende Tücher tragen, mit denen sie immer wieder neue, farbenfrohe Kombinationen kreieren. Fotos Holst

Tiflis heißt heute Tbilissi, hat warme Quellen (tbili = warm), wird deshalb auch als Kurort geschätzt und war seit dem 5. Jahrhundert neben Mzcheta die zweite Hauptstadt Georgiens. Die Bedeutung Mzchetas wurde mit der Zeit immer geringer, und seit 1936 ist Tbilissi auch amtlich die eigentliche Hauptstadt der Georgischen Sowjetrepublik. Übrigens sagen die Russen Grusinien, nicht Georgien; Lebensmittelaufschriften lauten etwa: »grusinskoje vino« (Wein) oder »grusinskoje tschai« (Tee). Das seit dem 4. Jahrhundert christliche Georgien mußte sich in der Vergangenheit immer wieder gegen feindliche Angriffe der Mongolen und später der islamischen Türken und Perser wehren und bat deshalb im 17. Jahrhundert das damals noch zaristische, aber christliche Rußland um Schutz. Seit 1921 ist es eine der insgesamt 15 Sowjetrepubliken.

Georgien ist ein sehr fruchtbares Land – mit ein Grund für die ständige Bedrohung durch Feinde. Klima und Bodenverhältnisse sind für die Landwirtschaft sehr günstig. Das westliche Georgien hat ein subtropisches Klima, das alle Früchte in Überfülle wachsen läßt und das schon vor 200 Jahren viele reiche aristokratische »Urlauber« aus dem Zarenreich anzog. Das östliche Georgien hat ausgesprochen kontinentales Klima mit heißen Sommern und kalten Wintern. Aber auch hier trägt der Boden gut, und gerade im Herbst, als wir unsere Reise unternahmen, quollen die Märkte über von Obst und Gemüse. Die Natur ist verschwenderisch – und das prägt auch den Charakter der Menschen: Die Georgier waren immer schon ein freigebiges, fröhliches und ausgelassenes Volk. Unsere Larissa warnte uns vor den heißblütigen Männern, falls wir abends allein einen Bummel durch die Stadt machen wollten. Und ihre Warnung war durchaus angebracht: georgische Papagalli gibt es mehr als genug.

Dieses von der Natur so verwöhnte Volk schuf auch eine reiche Kultur. Viele Jahrhunderte lang war die Kultur Georgiens führend im vorderasiatischen Raum. Das galt nicht nur für die bildende Kunst und die Architektur, sondern vor allem auch für die Literatur. Die Georgier nennen das 12. Jahrhundert das »Goldene Zeitalter« vor allem wegen der großen Dichter, die dieses Jahrhundert hervorbrachte. Der berühmteste ist Schota Rustaweli, den man auch als den »georgischen Homer« bezeichnet hat. Überall in Georgien finden wir Denkmäler dieses großen Dichters. Auch sind die breitesten Straßen in Tiflis und anderen georgischen Städten nach ihm benannt. Diese Prachtboulevards heißen auf russisch übrigens »Prospekt«, was mit unserem Wort »Perspektive« zusammenhängt.

Tiflis hat zwei schöne Aussichtspunkte: Auf dem Mtazminda-Berg wurde vor einiger Zeit ein hübscher Park angelegt, in dem man spazierengehen kann und von dessen Rand man einen sehr schönen Blick auf die Stadt hat. Wir fahren mit einer Drahtseilbahn hinauf und steigen auf halber Strecke aus, um das alte Davidskloster zu besichtigen. Der andere Aussichtspunkt liegt hoch über dem Fluß Kura bei der Metechi-Kirche, die – wie auch das Davidskloster – nicht mehr »rabotajet«, »arbeitet«, nicht mehr in Betrieb ist, wie man hier sagt. Die Hälfte aller Kirchen in Tiflis ist der religiösen Nutzung entzogen. Beim Betrachten fällt sofort der gewaltige Unterschied zu den Kirchen im eigentlichen Rußland auf: Hier gibt es keine goldenen Kuppeln, keine Zwiebeltürme, keine Verschnörkelungen, hier sind die Kirchen einfach, solide und haben Kirchtürme, die wie Kegel aussehen. Deutlich erkennt man, daß diese Kirchen auch Wehrkirchen waren. Sie boten der Bevölkerung und den Geistlichen Schutz, wenn wieder einmal ein Angriff von draußen zu erwarten war. Hier wie auch in Armenien gibt es viele Klöster, die in Felsen eingebaut sind und dadurch uneinnehmbar waren. Das Le-

Oben: Tiflis. Hoch über der Stadt befindet sich die Metechi-Kirche, von wo aus man einen herrlichen Blick über Stadt und Umgebung genießen kann. Deutlich sieht man die Ausläufer des Kaukasus und den Fluß Kura mit einem Nebenarm.

Unten: Ein paar Schritte weiter steht diese recht ungewöhnliche »Toilette«, von der nur noch das Schild übriggeblieben ist. Anlaß genug für die notorischen Nörgler, sich wieder einmal über die »typische« Mißwirtschaft und Unordnung in diesem Lande aufzuregen. Fotos Holst

Rechts: Tiflis. Metechi-Kirche.

Unten: Georgien hat einen guten Boden, auf dem fast alles wächst. Am meisten fallen einem Granatäpfel und Weintrauben auf. Diese Früchte sieht man auch häufig als Symbole an Kirchenmauern, wie hier an der Sweti-Zchoweli-Kirche in der alten georgischen Residenz Mzcheta unweit von der heutigen Hauptstadt Tiflis. Fotos Holst

ben muß hier für die Geistlichen beschwerlich gewesen sein. Fast alle Lebensmittel mußten herangeschafft werden. Nur in den seltensten Fällen stand in der Umgebung der Felsenklöster bebaubarer Boden zur Verfügung, selbst Viehhaltung war in den Bergen so gut wie unmöglich.

Der Metechi-Kirche gegenüber auf der anderen Seite der Kura ragt das riesige Standbild der »Mutter Georgiens« empor. Die Frauengestalt hält in der einen Hand ein entblößtes Schwert, in der anderen eine Schale: Feinde, die in Georgien eindringen, werden mit dem Schwert empfangen, Freunde jedoch mit einer Schale guter Gaben. Ein ähnliches Denkmal gibt es auch im armenischen Eriwan.

Eines der schönsten mittelalterlichen Baukunstwerke Georgiens ist die Sweti-Zchoweli-Kathedrale in der früheren Hauptstadt Mzcheta. An den Außenmauern sehen wir Flachreliefs mit Weinreben, Weintrauben und Granatäpfeln, die überall in Georgien symbolhaft verwendet werden. Weitere Symbole sind der Kreis für die Erde, der Löwe für die immer wieder angreifenden Türken und vor allem zwei aus einer Schale trinkende Tauben als Sinnbild für die zwei gleichberechtigten Kirchen: die russisch-orthodoxe und die griechisch-orthodoxe. Der Islam konnte hier nicht Fuß fassen.

Unterwegs im Kleinen Kaukasus

In einem äußerst klapprigen Bus, aber mit einem vertrauenerweckenden, wenn auch temperamentvollen Fahrer machen wir uns auf den Weg nach Eriwan. Wir befahren den südlichen Teil der alten Heerstraße. Nördlich erstreckt sie sich von Tiflis durch den Großen Kaukasus noch bis Ordschonikidse. Ehrlich gesagt, uns reichte die Fahrt durch den Kleinen Kaukasus. Die Straße ist nur am Anfang, also noch in Stadtnähe, gut ausgebaut, später wird sie schmal und holprig, führt in schwindelerregenden Serpentinen die Berge hinauf und hinunter. Dazu kommen Baustellen, die die Straße an vielen Stellen nur einspurig befahrbar machen. Außerdem ist Samstag, der Tag der Hochzeiten. Lange Kolonnen mit zwanzig, dreißig festlich geschmückten Autos kommen uns entgegen oder überholen uns. Die Fahrer hupen laut und feixen über unser altes Vehikel. Bei einem Ausweichmanöver geraten die Hinterräder unseres Busses beängstigend nah an den Rand der völlig ungesicherten Straße. Zu allem Unglück stirbt auch noch der Motor ab. Mit einer Kurbel bewaffnet springt unser Fahrer heraus und wirft den Motor wie in alten Zeiten an. Wir sorgen uns dabei weniger um den Motor als um die hoffentlich angezogene Handbremse. Trotzdem macht die Fahrt Spaß. Die Landschaft ändert mehrmals ihr Gesicht: In Stadtnähe wächst Wein in Hülle und Fülle, dann folgt eine völlig unbebaute, steppenartige Gegend. In größeren Höhen zeigt die Landschaft alpinen Charakter mit grünen Bergmatten und Blumenwiesen. Wir machen Rast auf halber Strecke am bekannten Sewan-See, wo wir in einem guten Hotel fürstlich bedient werden: Wodka und Rotwein werden ständig nachgegossen. Es hilft nichts, »njet« zu sagen, und nach dem dritten Wodka sagt man sowieso nicht mehr viel. Das Nachschenken erfüllt seinen Zweck. Fröhlich und etwas benebelt fällt es uns kaum auf, daß der schlimmste Teil unserer Fahrt noch vor uns liegt.

Zweite Station – Eriwan

Von Eriwan selbst sind wir ein bißchen enttäuscht, es hat weder eine richtige Altstadt noch eine ansprechende Neustadt, aber viele Neubausiedlungen rund um die Stadt. Die meisten Bauten sind aus rosa Tuffstein, und so heißt sie auch die »rosa Stadt«. Das berühmte Rund-

ШЕЛЬФ-2

funkhaus ist unscheinbar, und wir erfahren, daß wir von hier aus keine Karten mit Eriwan-Witzen nach Hause schreiben sollten: Diese Karten werden nicht befördert! Sehr beeindruckend ist dagegen das Denkmal, das an den Völkermord an den Armeniern im Jahr 1915 erinnert. Damals ermordeten die Türken zwei Millionen Armenier und trieben Hunderttausende in die Wüste. Die ewige Flamme brennt innerhalb einer Halle, die in der Form an eine halboffene Blüte erinnert. Gedämpfte Musik des armenischen Komponisten Komitas stimmt uns traurig. Hier kann man erahnen, wie groß das Leid des armenischen Volkes seit seinem Bestehen gewesen sein muß.

Armenien, das »Land der Steine«, hat kaum fruchtbare Böden, und trotzdem wurde es immer wieder überfallen. Das Volk ist hart geworden mit der Zeit, die Menschen sind nicht so aufgeschlossen wie in Georgien und auch nicht so freigebig. Hier schenkt uns auf dem Markt niemand Feigen, Granatäpfel oder Melonen, wie es in Tiflis geschah und später in Baku wieder geschehen sollte. Viele Armenier leben ähnlich wie die Juden außerhalb ihres Landes, in Europa rund 300 000, in Amerika 600 000. Einhundert Familien wohnen sogar in der feindlichen Türkei. Sie haben dort Verwandte und Freunde und möchten nicht weg, auch wenn es ihnen in ihrer neuen Heimat nicht leichtgemacht wird.

Ihren Mut und Humor haben die Armenier aber nie verloren. So nennen sie die Brücke, die über den Razdan-Fluß direkt von einer Weinkellerei zu einer Kognakfabrik führt, die »Paradiesbrücke«. Und auch die berühmten Radio-Eriwan-Witze sind wohl mit Sicherheit von den Armeniern selbst erdacht. Im Prinzip läßt es sich ja heute auch ganz gut dort leben..., wenn auch alles teuer ist, die Menschen hart arbeiten und dann auch noch Schlange stehen müssen, um ein gutes Stück Fleisch zu ergattern. Aber immerhin: Heute dürfen die Armenier wieder ihre Kirchen und Gottesdienste besuchen, und vor allem werden sie nicht abgeschlachtet wie in früheren Zeiten. Die Armenier waren übrigens die erste Nation, die das Christentum annahm, und ihre Kirchen gehören zum Schönsten, was die christliche Kunst hervorgebracht hat.

Vorhergehende Doppelseite: Blick über den Sewan-See mit den beiden Kirchen Astwazazin (Muttergottes) und Arakeloz (Apostelkirche).

Gegenüberliegende Seite oben: Hafenanlagen von Baku.

Gegenüberliegende Seite unten: Straße in der Altstadt von Baku. Fotos Holst

Dritte Station – Baku

Nach einstündigem Flug erreichen wir Baku, die Hauptstadt Aserbeidschans, die »Stadt der Winde«. Und tatsächlich weht auf dieser Halbinsel im Kaspischen Meer ständig ein Wind, der im Winter mit seiner feuchten Kälte unangenehm sein kann. Uns wurde versichert, daß der Winter – trotz einer Durchschnittstemperatur von etwas über 0° C – schlechter auszuhalten ist als in der trockenen Kälte Sibiriens.

Baku wurde im 9. Jahrhundert gegründet und wurde schon früh als »Stadt der ewigen Flamme« bekannt. Auch Marco Polo berichtete über sie. Schon in der Antike war bekannt, daß es hier Erdölvorkommen gibt, und im 15. Jahrhundert wurde bereits der erste Bohrturm gebaut. Heute liefert Aserbeidschan jährlich 20 Millionen Tonnen Öl, das sind nur 3–5% des Gesamtbedarfs der UdSSR. Der Hauptanteil des Erdöls kommt heute aus Sibirien, wo es noch gewaltige ungenützte Lagerstätten gibt. Mit all ihren Bohrtürmen, die weit ins Kaspische Meer hineinreichen, macht die Stadt auf den ersten Blick keinen sehr ansprechenden Ein-

Gegenüberliegende Seite: Ölfeld im Kaspischen Meer.

Oben: Melonen, Granatäpfel, Weintrauben: Obst und Gemüse gibt es genug in Baku, vor allem im Herbst, doch sind die Preise oft horrend hoch. Fotos Holst

druck. Die altertümlichen Bohrtürme sind zum Teil schon über 60 Jahre alt und arbeiten heute noch – ein wahres Technikmuseum. Die Stadt Baku tut jedoch viel für den Umweltschutz. Wir haben in unmittelbarer Nähe der Bohrtürme Enten und andere Vögel, ja sogar Seehunde gesehen. Die vielen Angler ziehen gesunde Fische aus dem sauberen Wasser, und nur ein paar Kilometer von den Ölfeldern entfernt liegt ein schöner, sauberer Strand. Die Furcht, sich beim Baden mit Erdöl zu verschmieren, ist völlig unbegründet.
Vom Flughafen fahren wir erst einmal durch triste Steppen und Ölfelder. Dann empfängt uns das »grüne Baku«. Es ist tatsächlich eine Stadt mit vielen grünen Parks, einer schönen Strandpromenade und einer gelungenen Mischung von alt und neu, immer wieder unterbrochen von Baumalleen und Anlagen. Hier spüren wir am stärksten, daß wir im Orient sind. Vor allem auf dem Bazar merkt man den Einfluß des Islams. Jeder preist mit lauter Stimme, was er im privaten Gärtchen gezogen hat und hier nun für teures Geld verkaufen will: Ein Kilogramm Äpfel kostet hier rund 10 Mark! Hier ist das Leben bunt und lebendig; aber die Menschen, vor allem die alten Frauen, wollen nicht fotografiert werden. Schade – mit ihren bunten Kopftüchern und ihren farbenfrohen Kleidern gäben sie ein schönes Motiv ab. Aber nein, man sollte ihre abweisende Handbewegung respektieren und auf das Bild verzichten. Niemals hätten wir gedacht, daß es in Baku eine richtige Disco gibt – im größten Hotel, im »Moskwa«, im 25. Stock. Wir beschließen, sie zu besuchen, und staunen: Musik, wie bei uns Freitagnachmittag in der Hitparade, und jeder singt mit, in deutsch, englisch, französisch. Ein polyglottes Völkchen! Nur einen Schönheitsfehler hat das Ganze: um auf die Toilette zu gehen, muß man bis ins Erdgeschoß fahren, wobei nur ein einziger Lift existiert. Eilig darf man es da nicht haben! Aber wer denkt schon an Toiletten, wenn er ein »im Prinzip« gelungenes Hotel baut?

Reiner Korbmann

STROM AUS LICHT

Wir können es jeden Tag, jedes Jahr wieder aufs neue erleben. Die wärmenden Strahlen der Sonne locken Millionen von Menschen aus ihren Häusern in die Schwimmbäder und an die Strände. Der Wind treibt Wolken vor sich her, Regen befeuchtet Boden und Pflanzen, in Gewittern toben Energien, die nur mit der Gewalt von Atombomben zu vergleichen sind. Stürme peitschen das Wasser der Meere in meterhohen Fluten, Tornados lassen festgefügte Häuser in Sekunden regelrecht zerplatzen. Der Motor hinter all diesen Vorgängen ist die Sonne.

Doch der Zentralstern des Sonnensystems, rund 150 Millionen Kilometer von uns entfernt, ist nicht nur für das Wetter verantwortlich. Alle Lebensvorgänge auf unserer Erde, von den einfachen Bewegungen der Bakterien bis zur bewußten Handbewegung eines Menschen, beziehen ihre Energie letztlich aus der Sonne. Sie ermöglicht die biochemischen Reaktionen der Photosynthese in den grünen Pflanzen, und diese stellen wiederum über die Nahrungskette des Fressens und Gefressenwerdens die Energiequelle aller höheren Organe dar. Ohne die Sonne wäre unser Planet Erde starr und tot.

Doch wie sieht es in der Technik aus, die der Mensch geschaffen hat? Auf den ersten Blick scheint kaum ein Vergleich möglich. In vielen Bereichen versuchen die Ingenieure, die Natur als Vorbild zu nehmen; sie nutzen beispielsweise mit technischen Mitteln die Gesetze des Vogelflugs. Doch für die Energietechnik trifft anscheinend das Gegenteil zu. Anstatt über den ganzen Erdball verteilt das Licht der Sonne in vielen winzigen Portionen zu gewinnen und zu speichern, wie es die Blätter der Pflanzen tun, graben und bohren die Menschen tiefe Löcher in die Erde, holen daraus Kohle, Uran oder Erdöl, verbrennen das Rohmaterial in Kesseln verschiedener Größe, setzen die erzeugte Wärme in Bewegung um und treiben damit Autos, Flugzeuge und Generatoren in Kraftwerken an. Bemerkenswerterweise wird ausgerechnet die Elektrizität von der Natur – außer in Gewittern – am sparsamsten genutzt, für die moderne Technik dagegen gilt sie als die wertvollste aller Energieformen.

Auch Kohle ist Sonnenenergie

Dieses Bild der technischen Energieerzeugung erscheint unnatürlich, ist es in Wirklichkeit aber nicht. Die Energie der Kohle ist im Grunde nichts anderes als gespeichertes Sonnenlicht, das vor Jahrmillionen auf die Urwälder der Erde ge-

Eine bläulich schimmernde Solarzelle aus Silizium. Die Energiegewinnung mit diesen Systemen ist bereits Wirklichkeit. Man setzt sie besonders in südlichen Ländern mit viel Sonnenschein ein. Foto AEG-Telefunken

Das größte Solarkraftwerk Europas entsteht zur Zeit auf der Nordseeinsel Pellworm. Auf einer Fläche von der Größe zweier Fußballfelder wird Sonnenenergie direkt in elektrischen Strom umgewandelt. Grafik AEG-Telefunken

fallen ist. Wasserkraftwerke nutzen die Sonnenenergie unserer Zeit: Durch Sonnenwärme verdampft Wasser; dieses steigt auf, kondensiert und fällt als Niederschlag aus Wolken wieder auf die Erde zurück. So füllen sich die Reservoire unserer Stauseen! Allein die Kernkraftwerke greifen nicht auf natürlich gespeicherte Sonnenenergie zurück. Das Uran verdankt seine nukleare Energie nicht der Sonne, sondern physikalischen Verschmelzungsprozessen in jenem Urstern, aus dem vor vier Milliarden Jahren Sonne und Planeten gemeinsam entstanden sind.

Der Hauptunterschied zwischen der Energienutzung in der Natur und in der Technik liegt im dafür benötigten Raum. Die Blätter eines Baumes nutzen nur rund ein Prozent der Sonnenstrahlen, bilden zugleich in den Wäldern große Flächen; die Nutzung pro Oberflächeneinheit ist also gering. Technische Kraftwerke hingegen versuchen, auf kleinem Raum möglichst viel Energie in eine nutzbare Form umzuwandeln. So kommt es zu den kompakten Kraftmaschinen, etwa den Automotoren, die in der Größe einer Kiste Hunderte von Pferdestärken entwickeln. So kommt es auch zu den eindrucksvollen Betonblöcken der Großkraftwerke, ihren hohen Schornsteinen und Kühltürmen.

Die Geschichte der Solarzellen

Doch muß das sein? Gibt es keine Möglichkeit, moderne, leistungsfähige Technik und die sanften Prinzipien der Natur miteinander zu verbinden? Erst in den letzten Jahren wurden Vorschläge dafür entwickelt. Gelänge es, das Sonnenlicht möglichst direkt in elektrischen Strom umzuwandeln, also ohne den Umweg über Kohle und Öl, ohne Verbrennung und Dampfkessel, dann könnten manche Energieprobleme der Welt gelöst werden. Zwar wären solche Sonnenzellen kaum in der Lage, die Großkraftwerke in den Industrieregionen zu ersetzen, denn angesichts der Ballung von Städten und Energieverbrauchern wäre es nicht sinnvoll, riesige Sonnenfarmen für die Stromerzeugung einzurichten. Aber Elektrizität aus Sonnenlicht vermag gerade dort zu helfen, wo es bisher zu wenig technisch nutzbare Energie gibt.

Es war im Jahre 1954, als einige Wissenschaftler im amerikanischen Städtchen Murray Hills, unweit der Metropole New York, den »photoelektrischen Effekt« untersuchten, den 115 Jahre vorher bereits der französische Physiker Antoine Henri Becquerel entdeckt hatte. Die Forscher suchten im Institut der großen Telefongesellschaft der USA, in den Bell Laboratories, nach einem Weg, um auch Telefone in abgelegenen Gebieten ohne öffentliche Stromversorgung mit Elektrizität zu betreiben. Sie dachten daran, Strom mit Hilfe von Selenkristallen zu erzeugen. Von ihnen wußte man schon seit vielen Jahren, daß sie Strom abgeben, wenn Licht auf sie fällt. Doch was in den Belichtungsmessern der Fotografen genügt, um einen kleinen Zeiger zu bewegen, reicht noch lange nicht, um die Energie für ein Telefongespräch zu liefern. Alle Versuche, die Leistungsfähigkeit der Selenzellen zu steigern, blieben erfolglos.

Energie aus Licht und Sand

Da bemerkten durch Zufall Forscherkollegen einer anderen Arbeitsgruppe, die mit Silizium experimentierten, daß auch diese Kristalle Licht in elektrischen Strom umwandeln können. Von nun an arbeiteten beide Gruppen zusammen, und innerhalb weniger Tage war ein Durchbruch geschafft: Siliziumzellen lieferten die achtfache Ausbeute an Strom im Vergleich zu den Selenzellen. Überdies waren sie auch für den praktischen Großeinsatz geeignet. Während nämlich Selen ein verhältnismäßig seltenes und dazu giftiges Element ist, das sich nur kostspielig gewinnen läßt, gilt Silizium als harmlos und ist reichlich vorhanden: Über ein Viertel der Erdkruste besteht aus diesem Element; Quarzsand zum Beispiel ist reines Siliziumdioxid.

Dennoch führte auch diese Entdeckung zunächst nicht zu praktischen Erfolgen. Die Aufbereitung des Siliziums und die Herstellung der Solarzellen waren immer noch so teuer, daß sie für die Stromerzeugung in entlegenen Gebieten nicht in Frage kamen. Es hätte über zwei Millionen Mark gekostet, die Sonnenzellen herzustellen, die nur einen einzigen Tauchsieder hätten mit Strom versorgen können. In einer Zeit, als das Erdöl gerade seinen niedrigsten Preis hatte und Kohlekraftwerke am Fließband entstanden, als die Strompreise sogar fielen, hatte diese teure Technik natürlich keine Chance. Eine Sonnenzelle mit einem

Gegenüberliegende Seite: Diese Solaranlage steht heute im Sinaigebiet, um Strom für eine Richtfunkstation zu liefern. 27 Stationen sollen auf dieser Halbinsel für den Telefon- und Telexverkehr gebaut werden. Da 18 davon keinen Netzanschluß haben, übernehmen Solargeneratoren die Stromversorgung. Als Speicher dienen Bleibatterien, die elektrische Energie für drei sonnenarme Tage speichern können. Foto Siemens

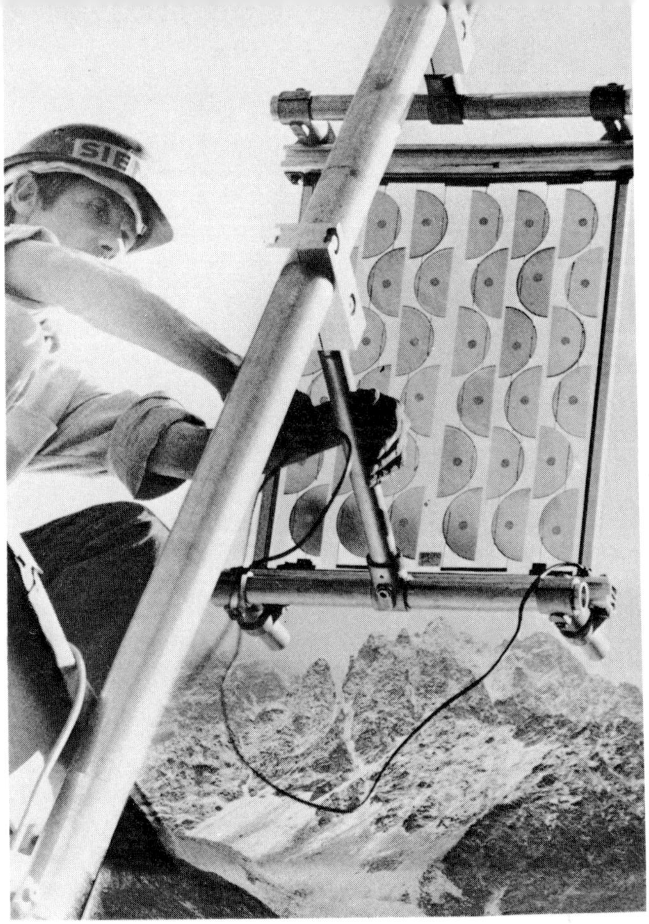

Immer mehr Berghütten des Deutschen Alpenvereins verfügen über eine Funkanlage, um im Ernstfall Hilfe im Tal anfordern zu können. Da ein Anschluß an das Stromnetz aber in vielen Fällen enorme Kosten verursachen würde, verwendet man Solargeneratoren. Für die wartungsfreie Stromversorgung erhält hier das „Hohenzollernhaus" in den Ötztaler Alpen ein Solarzellenmodul für 16,5 Watt. Eine Batterie überbrückt sonnenarme Tage. Foto Siemens

Watt Leistung kostete rund 600 Dollar, mehrere hundert Mal soviel wie ein Watt aus dem Kraftwerk. Da war es schon eindeutig billiger, lange Leitungen bis zur entlegensten Farm zu ziehen oder eben ganz auf Elektrizität und Telefon zu verzichten. Die Sonnenzellen verschwanden erst einmal als unbrauchbar in den Schubladen der Entwicklungsingenieure.

Mit Satelliten fing es wieder an

Aus diesen Schubladen sind sie inzwischen wieder aufgetaucht. Experten sagen heute voraus, das Sonnenlicht werde in den nächsten zwanzig Jahren rund drei Prozent der Energieversorgung tragen. Taschenrechner mit Sonnenzellen und ohne Batterie sind bereits in jedem Kaufhaus zu finden. Fernsehsender arbeiten mit Sonnenstrom. In der Schiffahrt sind Leuchtbojen und Notsender mit Sonnenzellen zu einer Selbstverständlichkeit geworden. Auf der deutschen Nordseeinsel Pellworm beziehen bald das Kurhaus und das Schwimmbad ihren Strom aus einem Sonnenzellenkraftwerk, dem größten der Welt.

Diesen Wandel verdankt die Photovoltaik, die Wissenschaft vom Sonnenstrom, vor allem zwei Entwicklungen, einer technischen und einer politischen. Als die ersten Satelliten schon in einer Erdumlaufbahn waren, erkannten die Raumfahrtingenieure, daß normale Batterien viel zu schwer, zu schwach und zu kurzlebig sind für die Stromversorgung der künstlichen Monde. Der zweite amerikanische Erdsatellit, »Vanguard 1«, trug 1958 bereits die ersten Sonnenzellen in das Weltall. Heute werden nahezu alle Satelliten von Sonnenzellen mit Strom

versorgt, teilweise sogar die bemannten Raumstationen der Sowjetunion und der USA. Die künstlichen Trabanten der Erde wären ohne die Zufallserfindung der Sonnenzellen in Murray Hills wohl kaum in der Lage, ihre Schlüsselrolle bei der Überwachung der militärischen Sicherheit, bei der Wetterbeobachtung und bei der Nachrichtenübermittlung zu spielen. Die extremen technischen Anforderungen der Raumfahrt hatten zur Folge, daß die heutigen Sonnenzellen zuverlässig und mit einem hohen Wirkungsgrad arbeiten. Doch ihr Preis wäre auch heute noch viel zu hoch, hätte es nicht in den siebziger Jahren eine besondere politische Entwicklung gegeben, den Anstieg der Ölpreise. Plötzlich erschienen die Sonnenzellen als vielversprechende Energiequelle der Zukunft. Aus Angst, die Scheichs könnten den Ölhahn eines Tages ganz zudrehen, begannen die wichtigsten Industrieländer, darunter auch die Bundesrepublik Deutschland, mit teuren Forschungsprogrammen. Dank dieser Entwicklungsarbeiten kosten Sonnenzellen, gemessen an ihrer Leistungsfähigkeit, heute nur noch ein Zwanzigstel dessen, was Anfang der sechziger Jahre üblich war. Weitere deutliche Preissenkungen sind abzusehen.

Wie Solarzellen arbeiten

Wie aber funktionieren diese flachen, dünnen, bläulich schimmernden Siliziumplättchen, die Licht in elektrischen Strom umwandeln? Licht, so weiß es die Physik seit Albert Einstein, kann man sich als Schauer unvorstellbar kleiner Teilchen, den Photonen, vorstellen; sie sind viel winziger als die Atome und ihre Bausteine. Treffen diese Photonen nun auf Siliziumkristalle, so schlagen sie aus der Hülle jener Atome viele Elektronen heraus und setzen sie in Bewegung. Bewegte Elektronen sind aber nichts anderes als elektrischer Strom. Man muß ihn nur noch in Metalldrähten auffangen und ableiten. Wir können uns diesen Vorgang auch in einem Modell verdeutlichen: Nehmen wir an, in einem flachen Sieb liegen einige nasse Tischtennisbälle, die Tropfen liegen wie Perlen auf der weißen Oberfläche. Bläst man nun kräftig genug darauf, werden sich viele Tropfen von den Bällen lösen und durch das Sieb fallen. Darunter kann man sie mit einem Trichter auffangen. Übertragen auf die Sonnenzellen entspricht der Luftstrom dem Licht, die Tischtennisbälle den Siliziumatomen und die Wassertropfen den Elektronen. Auch etwas Ähnliches wie das Sieb gibt es in den Sonnenzellen. Es ist die sogenannte Sperrschicht, die verhindert, daß die Elektronen wieder zurück zu den Atomen fließen. So fallen sie in den »Trichter« der Drähte und werden zu elektrischem Strom. Die Siliziumatome holen sich neue Elektronen durch eine Verbindung zur Erde.

Probleme der Photovoltaik

Das Sonnenlicht bringt es in unseren Breiten nur auf eine Leistung von etwa 100 Watt pro Quadratmeter. Immerhin 10 Prozent dieses Lichts vermögen Sonnenzellen in Strom zu verwandeln. Das ist viel mehr, als die grünen Pflanzen zur Photosynthese nutzen, aber für die Technik in den meisten Fällen immer noch zu wenig. So wäre beispielsweise ein Sonnenzellengenerator von rund 200 Quadratmetern notwendig, um die Platte eines Elektroherdes aufzuheizen. Eine derart große Fläche läßt sich kaum mehr auf dem Dach eines Einfamilienhauses unterbringen, und in einem Miethaus wäre die Selbstversorgung aus Sonnenzellen vollends unmöglich. Außerdem haben wir im Winter den höchsten Strombedarf, gerade dann, wenn die Sonne ohnehin sehr viel schwächer scheint. Wolken und Regenschauer vermindern zudem die Lichtleistung beträchtlich. Und schließlich scheint nachts nun mal keine Sonne, wenn wir unsere Wohnungen elektrisch beleuchten wollen. Es ist also wichtig, den Strom aus Sonnenlicht in irgendeiner Form zu speichern, vielleicht in Form von Wasserstoff, den man durch die chemische Spaltung von Wasser gewinnt. Die Technik ist aber auf diesem Gebiet noch nicht weit gekommen, und daran scheitert heute meist der praktische Einsatz der Sonnenzellen.

Da Solarzellen und die dazugehörigen Stromspeicher zusammen noch nicht preiswert und zuverlässig genug sind, werden sie vor allem in Sonderfällen angewendet, wenn etwa ein Anschluß an das öffentliche Stromnetz zu teuer oder gar nicht möglich wäre. Ein Beispiel dafür sind kleinere, abgelegene Fernsehsender im Gebirge, die auch das kleinste Tal noch mit Programmen versorgen. Dorthin eine Leitung zu legen, würde viel Geld kosten, die Landschaft verschandeln, und außerdem wäre die Leitung anfällig für Schnee und Sturm, müßte also unter schwierigen Umständen immer wieder repariert werden. Auch für Notrufsender in entlegenen Berghütten benützt man heute schon die Sonnenzellen als Energiequelle. Ein Drittel der weltweit eingesetzten Solarzellen liefert Strom für die Nachrichtenübertragung.

Oben: Alte und neue Technik in El Mansouria, Ägypten. Im Vordergrund die traditionelle Feldbewässerung mit Hilfe von Zugtieren. Im Hintergrund Solarzellen, die eine Wasserpumpe mit Strom versorgen. Unten: Solargenerator auf dem Bootsdeck einer Jacht zur Stromversorgung der Bordbatterie. Fotos AEG-Telefunken

Gegenüberliegende Seite: Dieser Solargenerator kann dem Lauf der Sonne nachgeführt werden; dadurch ist eine weitaus höhere Energieausbeute möglich. Er wurde auf der Hannover-Messe 1981 präsentiert und erregte große Aufmerksamkeit. Auf seiner 40 m² großen Fläche erzeugte er 3,5 Kilowatt und trieb eine Wasserpumpe an.

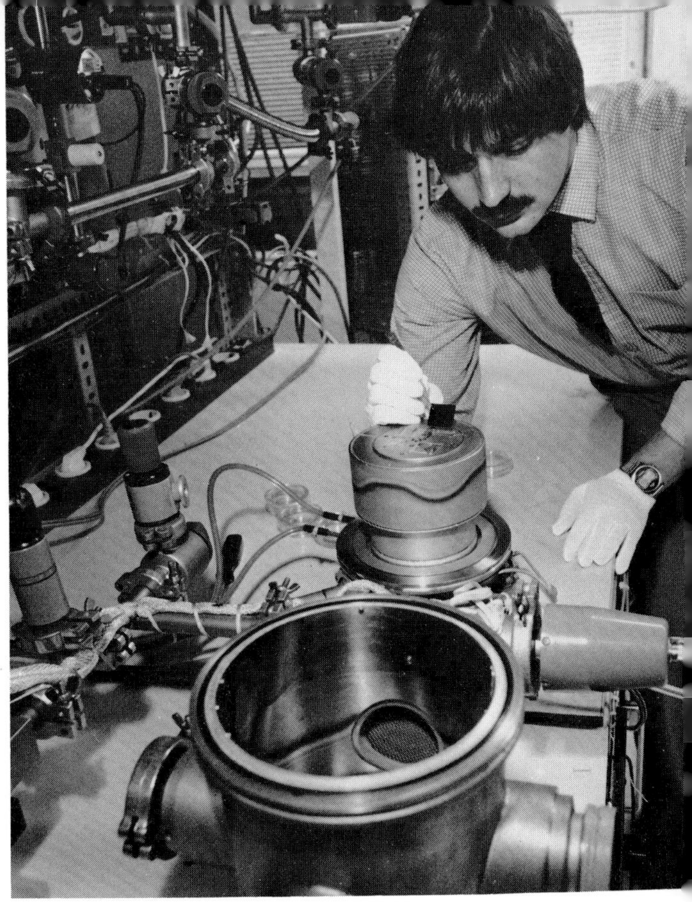

Rechts: Bisherige Solarzellen bestehen aus hochreinem kristallisiertem Silizium, dessen Herstellung langwierig und teuer ist. Die Industrie erprobt heute Dünnschichtzellen aus nicht kristallisiertem Material; die Stoffersparnis betrüge dabei das Tausendfache. Der Blick ins Labor zeigt den Plasmareaktor, der die Siliziumschicht auf das Trägermaterial aufträgt. Fotos AEG-Telefunken

Kraftwerk an der Nordsee

Ein weiteres Beispiel liefert uns die Insel Pellworm. Hier steigt der Stromverbrauch in den warmen Sommermonaten, wenn die Gäste vom Festland kommen, rapide an. Im Sommer aber arbeiten Solarzellen besonders gut. Warum also eine neue Stromleitung vom Festland unter Wasser bis zur Insel ziehen oder einen kostspieligen und lauten Dieselgenerator installieren? Das Versuchs-Solarkraftwerk am Kurhaus der Insel will in den nächsten Jahren zeigen, daß sich solche Probleme auch in unseren Breiten mit Hilfe der Sonne lösen lassen.
Die größten Chancen haben Sonnenzellen zweifellos in den sonnenreichen Entwicklungsländern. Schon jedes fünfte installierte Solarkraftwerk dient heute dazu, eine Wasserpumpe zur Bewässerung der Felder in einem trockenen Landstrich zu betreiben. Hier zeigen sich die Vorteile der sanften Solarenergie besonders deutlich. Sie verbrauchen keinen teuren Brennstoff, den diese Länder unter immer größeren wirtschaftlichen Schwierigkeiten im Ausland einkaufen müssen. Außerdem sind Sonnenzellen kaum temperaturanfällig. Sie funktionieren über Jahrzehnte hinweg, ohne daß etwas kaputtgeht und ohne daß Teile geschmiert werden müssen. Nur ab und zu sollte man ihre Oberfläche abwaschen, damit die Sonne ungehindert darauf scheinen kann.

Bald nur noch Sonnenstrom?

Viele Städte und Dörfer in den Entwicklungsländern beziehen heute ihren Strom aus Dieselgeneratoren, sofern sie überhaupt Elektrizität haben. Diese Maschinen fallen oft genug aus, weil sie schlecht

gewartet werden oder weil Ersatzteile für eine Reparatur fehlen. Außerdem ist diese Art der Stromerzeugung so ziemlich die teuerste, vor allem wenn das Land das Dieselöl im Ausland kaufen muß. Sonnenzellen sind inzwischen so preiswert, daß sie kleineren Dieselgeneratoren durchaus Konkurrenz machen können. Und gerade in den Entwicklungsländern geht es, vor allem abseits der großen Städte, meist gar nicht um den Bau von großen Kraftwerken. Viele kleine sind viel nützlicher. Schon ein bißchen Strom kann beispielsweise Fischern sehr viel bedeuten, weil sie damit Kühlanlagen betreiben können. Größere Fänge, die über ihren Eigenbedarf hinausgehen, schicken sie nun gekühlt oder tiefgefroren in entfernte Städte. In Indien sind in Hunderten von Dörfern Solarzellen installiert, die den Strom für ein Fernsehgerät liefern. Im Fernsehen laufen regelmäßig Unterrichtsprogramme, die teilweise den Lehrer ersetzen. Kinder lernen mit deren Hilfe lesen und schreiben, und Erwachsene erfahren etwas über die besten Anbaumethoden.

Wenn uns ab und zu von einem Taschenrechner oder einer Armbanduhr einige Sonnenzellen bläulich entgegenleuchten, dann ist dies ein Stück Raumfahrtzeitalter. Doch bevor wir davon träumen, unsere Dächer mit Sonnenzellenziegeln zu decken, sollten wir den Realitäten nüchtern ins Auge sehen. Die Sonne ist für uns eine nützliche Ergänzung, aber kein Ersatz der heute üblichen Energiequellen. Auf die bisherigen Großkraftwerke werden wir nie verzichten können. Für diejenigen aber, die bisher noch wenig von den Segnungen der Elektrotechnik profitierten, könnte das bläuliche Schimmern der Siliziumkristalle durchaus das Leuchten einer neuen Zeit bedeuten.

Bernhard Wagner

NEUE BATTERIESPEICHER FÜR ELEKTROAUTOS

Im Jahre 1847 schrieb Werner Siemens in einem Brief: »Wenn ich mal Muße und Geld habe, will ich mir eine elektromagnetische Droschke bauen.« 35 Jahre später war es soweit. Am 29. April 1882 fand in Berlin die erste öffentliche Fahrt eines O-Busses statt. Er entnahm den Strom aufgehängten Kupferseilen, ähnlich der Bahnoberleitung. Bald erhob sich der Wunsch, unabhängig von der Leitung fahren zu können, und so begannen viele Tüftler mit dem Einbau von Batterien in Autos.
Wann wurde die erste Batterie erfunden? Vor 100, vor 150 oder vielleicht vor 200 Jahren? Weit gefehlt! Im Jahre 1936 fand der deutsche Archäologe Wilhelm König beim Ausgraben einer parthischen Siedlung bei Bagdad einen merkwürdigen Gegenstand, den er als Batterie deutete. 1957 bestätigte der amerikanische Wissenschaftler F. M. Gray diese Vermutung und wies in Experimenten nach, daß diese Batterie durchaus funktionierte. 1978 räumte das Hildesheimer Museum in einem breitangelegten Experiment die letzten Zweifel daran aus. Das Reitervolk der Parther kannte also schon vor 2000 Jahren die Batterie und war in der Lage, mit ihr Metallgegenstände auf galvanischem Weg zu vergolden. Diese Kenntnisse der Parther gingen aber im Laufe der Zeit verloren.
Erst 1861 baute ein Franzose die erste wiederaufladbare Batterie. Um 1880 folgte ein zweiter, modernerer Typ. So war es also möglich, daß es schon Ende des 19. Jahrhunderts zahlreiche Autos, Taxen, Busse und Dreiräder mit Batterieantrieb gab. Solche Elektrofahrzeuge erzielten noch vor der Jahrhundertwende die ersten Geschwindigkeitsrekorde in der Geschichte des Automobils. So erreichte der Franzose Chasseloup-Laubat am 18. Dezember 1898 auf einer Landstraße bei Paris auf dem »fliegenden« Kilometer 63,15 Stundenkilometer. Schon wenig später übertrumpfte ihn der Belgier Camille Jenatzy um 3,4 Stundenkilometer. Im April 1899 kam er sogar auf 105,88 Stundenkilometer.

Dieser Volkswagen Golf wurde 1979 zu Versuchszwecken mit einem Elektromotor versehen. Elektroautos haben ohne Zweifel Zukunft, kosten aber heute im Vergleich zum Benzin- oder Dieselauto noch zu viel. Foto Südd. Verlag

Edison und das Elektroauto

1899 fuhren etwa 90 Prozent der Motorfahrzeuge in New York mit Bleiakkumulatoren als Energiequelle und Elektromotoren als Antriebsquelle, der Rest waren Dampfwagen und Benzinkutschen. Der berühmte Erfinder Thomas Alva Edison (1847–1931) sah nun die Chance: Weg von den bis dahin doch recht schweren, schwierig aufzuladenden und rasch korrodierenden Blei-Schwefelsäure-Batterien der Elektroautos zu leichteren und zuverlässigeren Speichern. Schon 1900 umschrieb Edison die bis heute noch ungelöste Aufgabe: »Es ist unser Ziel, ... eine brauchbare Batterie herzustellen, die es gestattet, eine größere Energiemenge pro Pfund Materialgewicht zu speichern, als das mit einer Bleielektroden-Batterie möglich ist.«
Zehn Jahre Arbeit steckte Edison in die Verbesserung des Akkumulators. Nach etwa 50 000 Versuchen war im Sommer 1909 seine lang erwartete neue Nickel-Eisen-Alkali-Batterie fertig. Mit weit vorausschauendem Blick erkannte Edison schon damals die Zukunft des Elektromobils. Einmal sagte er: »Ich glaube, das elektrische Automobil wird der Familienwagen der Zukunft sein.« Und in der Tat: Der Fahrer eines elektrisch betriebenen Autos hatte im Gegensatz zum benzingetriebenen Mobil keine Schwie-

Die AEG rüstete ihre Werksfeuerwehr bereits im Jahre 1936 mit Elektrofahrzeugen eigener Produktion aus. Foto AEG-Telefunken

rigkeiten, sein Gefährt in Bewegung zu setzen: Er mußte nur einen Schalter betätigen.

Wo kann man Elektrofahrzeuge einsetzen?

Schon vor 80 Jahren bewies das Elektroauto seine Brauchbarkeit für den Stadtverkehr. Geräuscharm und sauber, einfach zu fahren und zuverlässig, so waren viele Fahrzeuge benzinbetriebenen Wagen überlegen. Ihr Nachteil war der geringe Aktionsradius, begrenzt durch die Kapazität der Batterie.
Der Erste Weltkrieg brachte das Ende des batteriebetriebenen Personenautos im Privatverkehr. Für die Industrie und den Lieferverkehr gingen Entwicklung und praktischer Einsatz solcher Fahrzeuge jedoch weiter.
In Deutschland wie in Frankreich leisteten die Post- und Telegraphenverwaltungen sowie die Bahnen Pionierdienste beim Durchsetzen des Elektroantriebs. So fuhren beispielsweise schon im Herbst 1904 in den Pariser Straßen 15 elektrisch betriebene Mobile mit einer Geschwindigkeit von etwa 18 Stundenkilometer, um die Briefpost zu befördern. Daß der Einsatz von Kraftfahrzeugen mit E-Antrieb auch heute aktuell ist, beweist eine Meldung vom Februar 1981, in der es heißt: »Einen Betriebsversuch mit um-

weltfreundlichen Elektrofahrzeugen startete gestern die Bundespost in Bonn. Auf dem Hof der Hauptpost am Münsterplatz stellte Bundespostminister Kurt Gscheidle die ersten drei Fahrzeuge der Öffentlichkeit vor. Bis zum Jahresende soll die gesamte Paketzustellung in Bonn mit 34 dieser umweltfreundlichen Elektrofahrzeuge betrieben werden.« Bei den drei Fahrzeugen, Anschaffungspreis 94 000 DM pro Stück, handelt es sich um zwei Kraftwagen vom Typ Daimler-Benz 307 E und einen Volkswagen LT 35 E. Mit einer Spitzengeschwindigkeit von etwa 70 Stundenkilometer und einer Reichweite von rund 65 Kilometer sind sie besonders für die Paketzustellung geeignet – die mittlere Kilometerleistung eines Paketzustellbezirks liegt bei 15 bis 35 Kilometer.

Die AEG fertigte als erste deutsche Firma im Jahre 1913 den Elektrokarren, der später weltweite Bedeutung erreichte. Sie stellten auch werkseigene Feuerwehrautos mit E-Antrieb in Dienst. Nicht mehr wegzudenken ist heute der Elektrostapler in Fabriken und Lagerhäusern, Werften und Brauereien, wo Lasten ohne Lärm und Gestank befördert werden müssen.

Als 1969 der erste Amerikaner auf dem Mond landete, benutzte er für seine kurzen Erkundungen den »Moon Buggy«. Gespeist wurde dieses Fahrzeug von einer Batterie. Zuverlässigkeit war ein wichtiger Faktor, rund 384 000 km von der Erde entfernt.

Die Suche nach dem umweltfreundlichen Auto

Nicht nur die emporschnellenden Kraftstoffpreise, sondern auch das zunehmende Umweltbewußtsein führte dazu, daß sich die Autobauer wieder eingehend mit dem Elektroauto zu beschäftigen begannen.

Heute fahren über die Straßen der Bundesrepublik ungefähr 24 Millionen Pkw. Im Jahre 1990 werden es 28 Millionen, im Jahre 2000 ungefähr 30 Millionen sein. Unsere Umwelt wird sich langsam aber sicher in eine Hölle aus Lärm und Abgasen verwandeln, es sei denn, die Autos werden sauber und leise.

Verbrennungsmotoren geben hochgiftige Verbindungen ab, im Mittel um 40 Gramm pro Minute. Früher war das bei dem geringfügigen Verkehr belanglos. Heute sind wir an der Grenze dessen angelangt, was die Umwelt vertragen kann. Mit dem Elektroauto hätten wir ein Fahrzeug, dessen Energieversorgung weitgehend unabhängig vom Erdöl ist. Außerdem fährt es auch noch fast lautlos. Weltweit suchen Ingenieure deswegen nach einem neuen, wirtschaftlichen Energiespeicher. Und wie jüngste Versuche zeigen, sind diese Ziele in greifbare Nähe gerückt. Es ist der Natrium-Schwefel-Akkumulator, der auch als Hochenergie-Batterie bezeichnet wird und bei der Firma BBC entwickelt wurde.

Die Hochenergiebatterie: Leistungsvermögen und Wirtschaftlichkeit

Natrium und Schwefel sind billig und auf der Erde reichlich vorhanden. Natrium (Na) kommt im Kochsalz vor, Schwefel (S) meist in Verbindung mit Eisen als Eisenkies oder Markasit oder in anderen Erzen. Batterien aus Na und S haben einen ungewohnten Aufbau. Bisher bestanden Batterien aus zwei festen Stoffen – Zink und Braunstein bei Taschenlampenbatterien –, zwischen denen eine Flüssigkeit den Reaktionsvermittler bildete. Bei der Na/S-Batterie ist der Reaktionsvermittler ein fester Stoff, nämlich eine besondere Form der Tonerde, während Natrium und Schwefel flüssig sein müssen. Das bedeutet, daß die Batterie nur bei hohen Temperaturen zwischen 300 und 350 Grad funktioniert. Eine vollständige Funktionseinheit besteht aus

Einzelzellen; für den Einsatz im Pkw sind etwa 500 Zellen erforderlich.
Die Vorteile eines solchen Speichers sind: Viermal mehr Energiespeicherung als bei den herkömmlichen Bleibatterien, zweifache Lebensdauer gegenüber dem Akku aus Blei. Während der Hochenergiebatterie je Kilogramm 100 Watt entnommen werden können, sind es beim Bleiakku 60 Watt.
Die ungewöhnlich hohe Betriebstemperatur hat auch ihre guten Seiten: Sie erfordert eine derart gute Wärmeisolation, daß das Elektroauto mehrere Tage lang unbenutzt parken kann, ohne daß die Batterie geheizt werden muß. Der Aktionsradius des Benziners liegt bei 400 Kilometer, bei der Na/S-Batterie bei 250 Kilometer. Sie kann einen 40-kW-Motor treiben, der 130 Stundenkilometer erreicht und das Fahrzeug in 7 Sekunden aus dem Stand auf 50 Stundenkilometer beschleunigt. Das entspricht ungefähr der Leistung eines Mittelklassewagens mit Ottomotor. Das Elektroauto wäre ihm aber an Lebensdauer weit überlegen. Die Batterie erlaubt bis 250 000 Fahrkilometer. Außerdem würde es die Umwelt nur wenig mit Schadstoffen belasten.

Warum kein praktischer Einsatz?

Das Elektroauto ist prinzipiell schon fertig. Von 1966 bis 1970 entwickelte die Ford Motor Company den elektrischen Versuchswagen Commuta. Er konnte mit einer Batterieladung 65 km weit fahren. VW und Daimler bauten ebenfalls Versuchsfahrzeuge. Über 200 Elektrofahrzeuge bewegen sich gegenwärtig in der Bundesrepublik Deutschland, die Busse eingeschlossen. In England sind es immerhin schon etwa 40 000. Obwohl amerikanische Forscher schon vielversprechende Ergebnisse mit einer Zink-Chlor-Batterie erzielten, wird das Elektroauto noch nicht als reif für eine Serienproduktion angesehen. Ähnliche Probleme auf dem Wege zum optimalen Speicher haben auch die Japaner.
Obwohl die Wissenschaftler in den Heidelberger BBC-Labors mit der Hochenergiebatterie schon sehr gute Erfahrungen gemacht haben, werden sich die E-Autos kurzfristig nicht durchsetzen. Das hat zwei Gründe: der vorläufig noch zu hohe Anschaffungspreis und das Vorurteil gegenüber der zu geringen Reichweite. Man weiß aber, daß über 80 Prozent der täglichen Fahrten weit unter 100 Kilometer bleiben: Elektroautos würden sich dafür also vortrefflich eignen. Sie würden nicht einmal die Stromversorgung belasten. Selbst wenn es 1985 schon 300 000 E-Autos in der Bundesrepublik gäbe, würde ihr Gesamtenergieverbrauch bei nächtlicher Aufladung nur etwa 2% der dann verfügbaren elektrischen Arbeit ausmachen.

Mit Elektroautos ins Jahr 2000

Daß das E-Auto keine Utopie mehr ist, beweisen immer wieder neue Meldungen über den versuchsweisen Einsatz: So sollen die Autos der staatlichen DDR-Fahrschulen nach und nach auf Elektroantrieb umgestellt werden. Weit mehr Aufsehen erregt das sowjetische Solarauto. 1982 entwickelten Forscher der Wüstenrepublik Turkmenistan das erste sowjetische Sonnenauto. Der Kleinbus, der vollbesetzt ein Gesamtgewicht von knapp 3 Tonnen erreicht, schafft bis zu 50 Stundenkilometer und hat inzwischen über 600 Kilometer Teststrecke hinter sich. Seine Speicherbatterien gestatten ihm

Oben: Im April 1982 in Betrieb genommenes Elektromobil der Gesellschaft für elektrischen Straßenverkehr (GES). Der Wagen erreicht 100 km/h, transportiert 320 kg und kostet 35 000 DM. Foto dpa/Südd. Verlag
Unten: Elektrobus mit Batterieanhänger. Foto dpa/Südd. Verlag

3

394

KU-EL 34

HAGEN-
BATTERIE
PIRELLI
HAGEN
BATTER
PIRELL

auch bei bedecktem Himmel noch 100 km Reichweite. Im Winter soll das Vehikel besser als im Sommer funktionieren, weil dann der Sonnenschein ohne Staubfilter in die Solarzellen auf dem Dach einstrahlen kann. Geplant ist eine verbesserte Variante mit 70 Stundenkilometer Spitze und einer sonnenlosen Reichweite von 250 Kilometer.

In der Bundesrepublik sorgten die Rheinisch-Westfälischen Elektrizitätswerke (RWE) für Aufsehen. Sie stellten im Frühjahr 1982 3,32 Meter lange E-Mobile vor, die über 100 Stundenkilometer schnell sind, mit Batterie eine Tonne wiegen und eine Reichweite von 60 Kilometer haben. Die Batteriefüllung erfolgt über das Haushaltsstromnetz und kostet 2,40 DM. Sollten die zur Zeit laufenden Tests erfolgreich sein, plant die RWE, den Zweisitzer ab 1985 in einer Kleinstserie aufzulegen.

Eine sinnvolle Kooperation zwischen Autoherstellern und der elektrochemischen Industrie könnte noch vor der Jahrtausendwende zu leisen und abgasfreien E-Autos führen, die die Belastung der Umwelt entscheidend verringern.

Gegenüberliegende Seite oben: Elektroauto mit Flügeltüren, konstruiert von den RWE, den Rheinisch-Westfälischen Elektrizitätswerken. Foto Südd. Verlag.
Gegenüberliegende Seite unten: Am 6. Juli 1981 erzielte der 16jährige Jens Knobloch mit 160,6 km/h einen neuen Geschwindigkeitsweltrekord für Elektrofahrzeuge. Foto dpa/Südd. Verlag
Unten: Auch die italienische »Ape« gibt es heute mit Elektroantrieb. Foto Behr

Alessandro Minelli

LAUFEN OHNE BEINE

Die Naturforscher des 18. Jahrhunderts betrachteten die Korallen, die Seefedern und die Seeanemonen als ein Zwischending von Pflanze und Tier. Mit den Tieren hatten sie vor allem die Reizbarkeit gemeinsam, die sich beispielsweise darin äußert, daß sich die kleinen, fleischigen Polypenköpfe der Korallen blitzschnell in ihre Nischen im Kalkskelett zurückziehen. Die äußere strauchartige Erscheinung verbindet diese Tiere mit den Pflanzen, vor allem aber auch die Unbeweglichkeit. Wie kann ein Tier überleben, wenn es festsitzt und seine Umgebung bei der Futtersuche nicht erforschen kann? Kein Tier kann, so dachte man früher, nur an einem Ort festsitzen und sozusagen Wurzeln schlagen. In ihrer zwiespältigen Situation gaben die Forscher damals jenen Lebewesen den Namen Zoophyten, das heißt »Pflanzentiere«. Aber mit diesem beeindrukkenden Wort war das Problem noch nicht gelöst.

Das Meerwasser ist im allgemeinen so reich an gelösten Nährstoffen und an winzigen schwebenden Lebewesen, daß viele Tiere keinen weiten Weg zurücklegen müssen, um ihren Hunger zu stillen. Ein Problem könnte höchstens darin bestehen, eine genügend starke Wasserströmung zu erzeugen, die am Mund vorbeizieht und Nahrungsteilchen herantransportiert. Auf diese Weise ernähren sich viele Meerestiere, zum Beispiel die Austern, die mit einer Schalenhälfte auf dem Felsengrund anwachsen, oder die Miesmuscheln, die sich mit einer Art Seidenfaden festhalten. Diese Fäden sind derart stark, daß man aus ihnen früher wertvolle Gewebe herstellte, zum Beispiel die Handschuhe des venezianischen Dogen.

Auch festsitzende Tierarten »wandern«

Heute wissen wir mit Sicherheit, daß die Korallen, die Seefedern und die Seeanemonen und die ebenso festsitzenden Schwämme zu den Tieren gehören. In ihrem Lebenszyklus haben aber auch sie Stadien, die frei im Wasser schwimmen. Aus den Eiern schlüpfen winzige Larven, die sich von den Wasserströmungen, auch über große Strecken hinweg, transportieren lassen. Zu einem bestimmten Zeitpunkt aber versuchen sie, sich auf dem Meeresgrund festzuheften. Ist dies gelungen, so verwandeln sie sich allmählich in die wohlbekannten Schwämme, Korallen, Austern und Miesmuscheln. Diese Wanderphase in der Jugend hat die Aufgabe, die Art auch außerhalb ihres

Diese Seeanemone aus dem Südatlantik ist wie alle ihre Verwandten auf dem Boden festgewachsen. Sie ernährt sich von Kleinlebewesen, die sie mit ihren Nesselzellen lähmt. Foto Gruhl

Gegenüberliegende Seite: Der unscheinbare, nur wenige Millimeter lange Plattwurm Rhynchodemus sylvaticus hat besondere Fortbewegungsmechanismen entwickelt. Beim Kriechen ist nicht mehr die ganze Bauchseite mit der Unterlage in Kontakt. Vielmehr kriecht der Wurm auf Muskelhöckern, die sich wie Rollen auf dem Körper nach hinten bewegen und somit an den gleichen Stellen der Unterlage verharren. Durch dieses eigentümliche Verfahren spart das Tier Schleim und Wasser. Foto Minelli

Oben: An der Weinbergschnecke, die über die Glasplatte kriecht, sind deutlich die wellenförmigen Bewegungen der Bauchseite zu sehen. Foto Pfletschinger / Angermayer

Unten: Schnirkelschnecken bei der Paarung. Foto Pfletschinger / Angermayer

außen wie bei den Insekten oder innen wie beim Menschen liegt. Viel schwieriger ist jedoch zu verstehen, wie die Muskeln bei Tieren ohne Innen- oder Außenskelett funktionieren. Dies ist zum Beispiel beim Regenwurm der Fall. Er zeigt uns, wie ein Tier auch ohne Beine laufen kann.

Wie der Regenwurm »geht«

Der Regenwurm bewegt sich in den meisten Fällen allerdings nicht auf der Erde, sondern in der Erde fort. Dieser Unterschied ist wichtig, denn ein Tier, das sich auf der Erdoberfläche bewegt, liegt nur mit der Bauchseite auf, während ein Tier in der Erde auf allen Seiten Widerstand findet. Mit einigen wenigen anatomischen Kenntnissen können wir die Geheimnisse des Regenwurm-»Ganges« verstehen. Unter der Haut hat der Regenwurm eine doppelte Schicht von Muskeln. Die äußeren sind ringförmig angeordnet. Wenn sie sich zusammenziehen, wird das Tier dünner und verlängert sich. Die innere Muskelschicht hingegen ist in Längsrichtung angeordnet; wenn sie sich zusammenzieht, verkürzt sich das Tier und wird dicker. Man darf nicht vergessen, daß der Regenwurm aus zahlreichen, bis über hundert Ringen aufgebaut ist, und jedes dieser Segmente ist in einem gewissen Sinne unabhängig von seinem Nachbarn. So kann es also ohne weiteres vorkommen, daß einige Segmente, zum Beispiel in Mundnähe, verkürzt und verbreitert sind, während sich die darauffolgenden verlängern und verschmälern.
Jedes Segment hat überdies unter der Muskulatur zwei Säckchen mit Flüssigkeit, eines rechts und eines links vom Verdauungskanal, der über die ganze Länge des Tieres läuft. Auch diese Säckchen haben eine Aufgabe der Fortbewegung. Zunächst ist ein flüssigkeitsgefüllter Sack ziemlich steif, wie jedermann nachprüfen kann, wenn er eine Plastiktüte mit Wasser füllt und sie zubindet, ohne Luftblasen einzuschließen. Diese Säckchen können also – natürlich innerhalb gewisser Grenzen – als Skelettelement dienen; sie geben den Muskelfasern den nötigen Widerstand. Beim Regenwurm sind die benachbarten Flüssigkeitssäckchen untereinander durch feine Gänge verbunden. Dadurch kann das Tier die Flüssigkeit dorthin transportieren, wo sie gerade gebraucht wird. Und so bewegt sich nun ein Regenwurm: Die vorderen Segmente verlängern sich nach vorne, stützen sich am umgebenden Boden ab und verkürzen sich, während sich die hinteren verlängern; und schließlich wird der ganze Hinterleib nachgezogen. Es ist, als liefe eine Welle vom Vorderteil zum Hinterteil. Ein Segment nach dem anderen verlängert sich, bewegt sich nach vorne und hält sich in der Erdröhre fest. Dabei entsteht nicht die geringste Gefahr, zurückzugleiten, denn jedes Segment trägt nach hinten gebogene Borsten, die sich im Boden festhaken.

Warum Schnecken auch auf Glas vorwärtskommen

Zwei Gruppen von Tieren sind imstande, sich auf der Bodenoberfläche ohne Beine fortzubewegen, die Weichtiere und die bereits erwähnten Plattwürmer. Zu den Weichtieren gehören vor allem die Schnecken. Sie haben einen muskulösen Fuß, mit dem sie auf dem Boden kriechen. Wenn wir sie von oben her betrachten, während sie langsam auf einem Holz oder einem Stein ihres Weges ziehen, können wir kaum etwas erkennen, wir sehen nur, daß sie eine glänzende Spur zurücklassen, die aus Schleim besteht und bald eintrocknet. In Wirklichkeit kriechen die Schnecken mit ähnlichen Bewegungen wie die Regenwürmer, doch das sehen wir nur, wenn wir sie auf eine Glasplatte setzen und sie von unten her betrachten. Sofort erkennen wir, daß der Fuß von dauernden wellenartigen

Muskelbewegungen durchzogen ist. Er haftet nicht völlig auf der Unterlage, sondern hebt sich an gewissen Stellen ab, die dauernd von hinten nach vorne verlaufen. Oft erkennt man auch Flecken oder dunklere Bänder, die sich gleichfalls auf dem Fuß in Richtung des Kopfes fortbewegen. Im Prinzip bewegen sich der Regenwurm und die Schnecke gleich, auch wenn deren Körper nicht in viele Ringe aufgeteilt ist. Zwei Unterschiede treten jedoch deutlich hervor: Regenwürmer halten sich mit ihren verdickten Segmenten und mit den Borsten am Untergrund fest, während sie die hinteren Teile des Körpers nachziehen. Die Schnecke hingegen macht von der Adhäsion Gebrauch, dem Festhaften auf dem Untergrund, nicht zuletzt mit Hilfe ihres zähen Schleimes. Aus diesem Grunde laufen die Kontraktionswellen der Muskeln auf dem Fuß der Schnecken umgekehrt wie bei den Regenwürmern, also von hinten nach vorne.

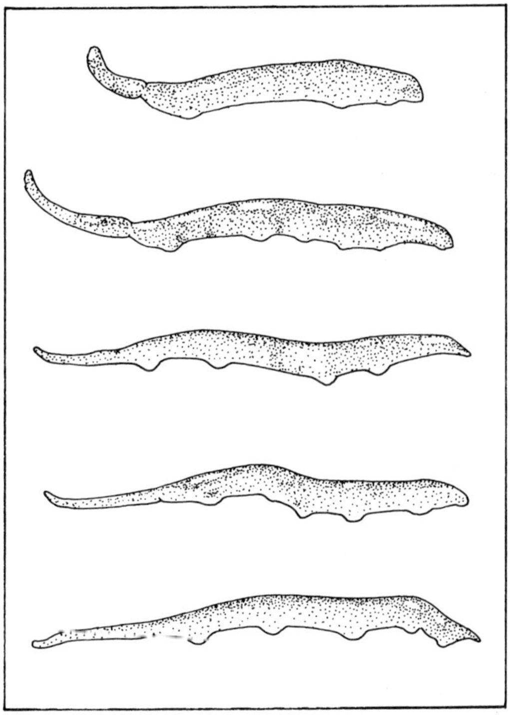

Bewegungsphasen des Plattwurms Rhynchodemus sylvaticus. Deutlich sind die Myopoden, die Muskel»rollen«, erkennbar, die sich dem Körper entlangbewegen. Nach Fotos von Minelli

Noch einmal Plattwürmer

Kehren wir zu den Plattwürmern zurück, allerdings zu den bodenbewohnenden. Sie kommen häufig in den Tropen vor, leben auf Bäumen und sind oft auffällig gefärbt. In Mitteleuropa gibt es nur sehr wenige, um 1 Zentimeter lange und überdies düster gefärbte Arten. Wenn man es sich genau überlegt, so brauchten diese weichhäutigen, nackten, schutzlosen Tiere erheblichen Mut, um außerhalb des Wassers zu leben. Bei Trockenheit lassen sich die landbewohnenden Planarien niemals blicken. Versteckt unter Blättern, in Bodennähe oder in sehr feuchtem, morschen Holz warten sie darauf, bis es wieder regnet.

Rhynchodemus – Tier auf Rollen

Eigentlich müßte man erwarten, daß die landbewohnenden Plattwürmer sich wie Schnecken mit wellenförmigen Muskelkontraktionen fortbewegen. Doch die Natur verhält sich oft nicht so, wie wir es uns vorstellen. Zunächst zeigt uns das Mikroskop, daß die Bauchseite Wimpern trägt. Was fangen die Tiere außerhalb des Wassers damit an? Die Antwort ist einfach: Sie brauchen sie für die Fortbewegung wie ihre wasserbewohnenden Verwandten. Die Wimpern liegen nämlich nicht trocken, sondern sind von einer Schleimschicht umgeben, ähnlich wie wir sie bei den Schnecken antreffen. Es ist erstaunlich, daß die Wimpern auch hier, außerhalb des Wassers, wo sie entstanden sind, zur Fortbewegung beitragen.

Auf diesem Bild aus dem Mittelmeer sind drei Typen der Fortbewegung zu sehen. Die weiße Hornkoralle sitzt fest und bewegt sich nur als Larve fort. Der gelbe Seestern kommt nur langsam mit Hilfe eines hydraulischen Systems voran. Die schnelle Bewegung des Fisches beruht auf der Kontraktion leistungsfähiger Muskelmassen. Foto Angermayer

Das ist aber noch nicht alles. Es gibt einen Plattwurm, der an einigen Stellen in Europa und Nordamerika lebt und der einen geradezu bizarren Ersatz für Laufbeine entwickelt hat. Das Tier heißt Rhynchodemus sylvaticus und ist nur wenige Millimeter lang. Während der Fortbewegung berührt es die Unterlage nur an vier oder fünf Punkten, an fleischigen Verdickungen, die wir Myopoden nennen. Diese Myopoden haben aber keinen festen Ort, sondern laufen auf der Bauchseite des Tieres von vorne nach hinten. Die Kontaktstellen der Myopoden mit der Unterlage bleiben aber immer dieselben: Es ist, als bewegte sich das Tier auf Rollen fort, ähnlich wie Postpakete auf Rollenbändern. Das Tier hinterläßt eine sehr merkwürdige Spur, die aus zahlreichen kleinen Schleimflekken besteht. Ein Vorteil dieser Fortbewegungsweise ist eindeutig: Der Plattwurm spart viel Schleim und verringert damit die Gefahr des Austrocknens. Aus diesem Grund kann sich Rhynchodemus auch an Stellen sehen lassen, die für andere Landplattwürmer tödlich wären. Wir begegnen ihm beispielsweise in Gärten oder Müllplätzen.

Problemlösungen der Evolution

Die Fortbewegungsweisen der landbewohnenden Plattwürmer sind ein hervorragendes Beispiel dafür, wie die Evolution bei den Lebewesen funktioniert. Zunächst wird eine sehr erfolgreiche Lösung wie die Fortbewegung mit Wimpern nicht aufgegeben, solange noch irgendeine Möglichkeit besteht, sie zu verwenden und neuen Situationen anzupassen. Erfolgreiche Lösungen wie die Fortbewegung mittels wellenförmiger Muskelbewegungen kann man bei verschiedenen Tiergruppen antreffen, die miteinander nicht näher verwandt sind, wie bei den Planarien, den Schnecken und den Regenwürmern. Der Übergang von einem Lebensraum zum anderen wirft für jede Tiergruppe neue Probleme auf; es werden mehrere verschiedene Lösungen ausprobiert, konservative wie die Bewegung mittels Wimpern auf dem Boden, oder revolutionäre wie die wellenförmigen Muskelbewegungen. Und es ist nicht auszuschließen, daß die Natur auf eigentümliche, ja bizarre Lösungen verfällt, wie die Myopoden des Wurmes Rhynchodemus. Sie haben in der gesamten Evolution der Lebewesen vielleicht keine große Zukunft vor sich, lösen die Probleme einer einzigen Art aber so hervorragend, daß es sich lohnt, auch über derart unbedeutende Dinge zu berichten.

Klaus Zimniok

DIE GIFTKÜCHE DER SCHLANGEN

Schlangen – vielen Menschen gelten sie noch immer als Verkörperung für Heimtücke und Verrat. Nicht vergebens sagen wir: Er ist falsch wie eine Schlange. Schlangen sind mit biblischem Fluch belastet, ein Symbol Satans, ausgestattet mit Gift, das Mensch und Tier tötet. Im Buch Genesis sagt Gott zur Schlange, die Eva zur Sünde verführt hat: »Weil du dies getan hast, sei verflucht von allem Vieh und allem Getier des Feldes. Auf deinem Bauch sollst du kriechen und Staub fressen dein Leben lang.« Nur zu viele Menschen halten es wie Vergil vor 2000 Jahren und wie Alfred Brehm im vorigen Jahrhundert: »Nur frisch zu Steinen und Knüppel gegriffen und wacker losgeschlagen auf das Gezücht, wie es auch drohend sich hebe und mit schwellendem Hals zische.« Glücklicherweise wird der Wandel langsam spürbar. Selbst giftige Schlangen stehen heute unter Naturschutz, bei uns zum Beispiel die Kreuzotter.

Nur wenige Schlangen sind giftig

Von den rund 2600 Schlangenarten, die es auf der Erde gibt, sind nur rund 400 mit einem vollentwickelten Giftapparat ausgestattet. Von diesen eigentlichen Giftschlangen sind viele sehr träge oder beißfaul, wie etwa die Seeschlangen. Andere leben in abgelegenen Gebieten, in die kaum jemand den Fuß setzt, oder ihr Gift ist viel zu schwach, um wirklich bedrohlich zu werden. So muß man auf der ganzen Welt mit nur rund 200 Giftschlangenarten rechnen, die dem Menschen gefährlich werden können.

Der Zoologe unterscheidet sechs größere Schlangenfamilien. Eine davon, die Familie der Boas und Pythons, enthält keine giftigen Arten. Solche finden sich nur unter den Nattern, den Giftnattern, den Seeschlangen, den Vipern und Grubenottern.

Von den rund 2000 Natternarten besitzen zwei Drittel überhaupt keine giftübertragenden Zähne (Aglyphen). Die restlichen haben zwar gefurchte, giftleitende Zähne (Opisthoglyphen), doch stehen diese viel zu weit hinten im Kiefer, als daß sie Menschen gefährden könnten. Zudem ist das Gift der meisten von ihnen viel zu schwach. Nur die Furchenzähne der grünen südafrikanischen Boomslang und der zentralafrikanischen Grauen Baumnatter stehen weiter vorne. Beide Tiere haben schon Menschen getötet, zum Beispiel den amerikanischen Schlangenforscher Karl Patterson Schmidt und seinen berühmten deutschen Kollegen Robert Mertens. Auch manch anderer

Kopf der Gehörnten Puffotter, deren Verbreitungsgebiet sich über Südafrika erstreckt. Deutlich erkennt man die Hornplatten über den Augen und die gespaltene Zunge – heute noch der Inbegriff der Falschheit. Foto Südd. Verlag

Seite gegenüber: Indische Kobras bäumen sich in Drohstellung auf und dehnen die Halshaut. Dabei erscheint auf dem Rücken eine dunkle Zeichnung, die der Kobra den Namen Brillenschlange eingetragen hat. Foto Mauritius

Ganz oben: In Mittel- und Nord-Amerika leben zahlreiche Schlangenarten mit auffallend geringeltem Körper. Darunter befinden sich die giftigen Korallenschlangen und die hier abgebildete harmlose Dreiecksnatter. Foto Prenzel

Oben: Der Plattschwanz gehört zu den giftigsten Seeschlangen. Die Art gilt auf einer kleinen japanischen Insel als heilig. Gelegentlich wird sie jedoch von Taucherinnen gefangen, geräuchert und als Delikatesse verkauft. Foto König

Schlangenforscher oder Schlangenliebhaber ist keines natürlichen Todes gestorben.

Kleopatra und die Schlange

Das wohl berühmteste Opfer eines Schlangenbisses war die ägyptische Königin Kleopatra. Als ihr Gemahl, der Römer Marc Anton, in der Seeschlacht von Actium im Jahre 31. v. Chr. seinem Konkurrenten Octavian unterlag, erwies Kleopatra einer Kobra die königliche Ehre, sie in die Brust zu beißen. Shakespeare läßt die Königin in seiner Tragödie »Antonius und Kleopatra« sagen: »Mit deinen scharfen Zähnen löse gleich des Lebens wirren Knoten, sei zornig, mach ein Ende!« Und die Schlange tat, wie ihr geheißen.

Wenn man den Statistiken glauben darf, so werden jährlich 1,7 Millionen Menschen von einer Giftschlange gebissen. Nur 2,4% der Betroffenen sterben daran, also rund 40 000 Menschen. Diese Zahlen stützen sich aber nur auf Krankenhausberichte. Die Dunkelziffer der nicht offiziell erfaßten Fälle liegt viel höher. Allein in Indien schätzt man die Zahl der Todesopfer auf über 100 000. Giftschlangenbisse spielen also eine erhebliche medizinische Rolle.

In Europa hingegen ist eine Schlangenfurcht unbegründet. Jährlich werden in Schweden rund 1300 Menschen von Kreuzottern gebissen; nur 150 Patienten kommen ins Krankenhaus, und nur drei bis vier sterben an den Folgen des Bisses.

Die schlangenhaarige griechische Meduse, ein Bild von Caravaggio (um 1600). Die Schlange spielt in der Kunst eine große Rolle.

Die Angst der Römer vor Giftschlangen

Der römische Schriftsteller Lucanus beschrieb den Zug des Feldherrn Cato des Jüngeren durch die »schlangenverseuchte« afrikanische Wüste unter anderem wie folgt:

»Entsetzen bemächtigte sich des Feldherrn Cato, und er befahl, schleunigst weiterzuziehen. Doch in noch furchtbareren Visionen sollte sich der Tod ihm zeigen. Am Bein des Sabellus verbiß sich ein kleiner Seps (eine völlig harmlose Erdschleiche, die die Römer für giftig hielten). Er riß ihn heraus, doch seine Haut fiel ihm sogleich in Fetzen ab, bis auf die blanken Knochen. Sein Fleisch verflüssigte sich, und selbst die Knochen verfaulten. Keine Leiche blieb übrig, lediglich ein kräftiger Fleck färbte die Wüste. Dem unglücklichen Levus schwanden, von einer Viper gebissen, die Sinne, ehe er sich versah. Von einem Baumstumpf sauste schneller als ein surrender Pfeil die Schlange Jaculus mitten durch den Kopf des Paulus. Mit einem Speer durchbohrte Murrus einen Basilisken, doch das Gift drang durch den Speer in seine Hand. Kurz entschlossen hieb er sich selbst seine Hand mit dem Schwert ab und blieb am Leben.«

Unsere einheimische Kreuzotter zeigt ihre Giftzähne. Bei geschlossenem Mund liegen sie zurückgeklappt dem Munddach an. Foto Pfletschinger/Angermayer

In der Bundesrepublik Deutschland kann man jährlich mit etwa 40 Bissen rechnen. Nur äußerst selten führt einer zum Tode.

Der Giftapparat

Unsere Kreuzotter gehört wie die südliche Hornviper und die afrikanische Puffotter zur Familie der Vipern. Diese sind zusammen mit den Grubenottern, vor allem den Klapperschlangen, die Giftschlangen mit dem höchstentwickelten Giftapparat (Solenoglyphen). Die beiden Giftzähne stehen vorne im Oberkiefer und sind röhrenförmig hohl. Das Gift wird wie mit einer Spritze injiziert, mit einer Geschwindigkeit von 3 Metern pro Sekunde beachtlich rasch. Dabei klappen die Tiere ihre Giftzähne, die sonst in einer Gaumenfalte ihres Oberkiefers liegen, blitzschnell auf.

Nicht so vollkommen entwickelt ist der Giftapparat bei den Giftnattern wie den Kobras, Mambas, Bungarnattern oder Korallenschlangen. Die beiden Giftzähne stehen starr vorne im Oberkiefer, jederzeit bereit, Gift in ein Opfer zu pressen. Die Zähne sind nicht hohl, sondern tragen Furchen (Proteroglyphen). Auch die Seeschlangen sind hier einzuordnen.

Neurotoxine und Zytotoxine

Ebenso unterschiedlich wie die Zähne sind auch die Wirkungen der Gifte auf

Tier und Mensch. Schlangengifte, übrigens alles Eiweiße (Proteine), sind die kompliziertesten Tiergiftgemische, die wir kennen. Giftnattern spritzen ein Gift ein, das vorwiegend auf die Nerven einwirkt (Neurotoxine). Die Muskeln erhalten keine geordneten Befehle mehr, und der Tod tritt meist durch Lähmung und Ersticken ein. Die Wirkung ist also ähnlich wie beim Curare, jenem berüchtigten Pfeilgift südamerikanischer Indianer. Besonders bei den Kobras kommen noch Gifte (Cardiotoxine) hinzu, die das Herz direkt schädigen, indem sie den Puls zwar beschleunigen, ihn und damit den Blutdruck aber gleichzeitig schwächer werden lassen. Auch bei den Seeschlangen, die ein schnell und stark wirksames Gift benötigen, damit ein gebissener Fisch nicht entkommt, steht die neurotoxische, nervenlähmende Komponente im Vordergrund.

Im Unterschied zu den Giftnattern schmerzen die Bisse der Vipern und Grubenottern sehr stark. Die gebissene Stelle schwillt meist an, und oft sterben die Gewebeteile ab (Nekrose). Diese zellzerstörenden Gifte (Zytotoxine) breiten sich langsam im Gewebe aus. Die Wände der Adern werden durchlässig, so daß Blut in die Organe und in die Körperhöhle eindringt. Gewisse Giftanteile führen auch zur Gerinnung des Blutes. Der Gebissene erduldet quälende Schmerzen, die Todesrate ist hoch, und auch bei Überlebenden bleiben Gewebeschäden zeitlebens bestehen.

Oben: Die Kreuzotter steht heute bei uns unter Naturschutz. Sie verträgt von allen Schlangen Kälte am besten und kommt bis zum Polarkreis vor. Ihr Hauptlebensraum sind Heide und Moor. Foto Pfletschinger/Angermayer
Unten: Die prächtige südostasiatische Lanzenotter von Wagler. Sie hält sich auf Bäumen auf und ist recht träge. Foto Oxford Scientific Films

Besonders gefürchtet sind jene Schlangen, deren Einspritzungen sowohl als Blutgift (Hämotoxin) wie auch als Nervengift wirken. Dies ist bei der bestechend schönen Gabunviper und der Nashornviper der Fall. Trotzdem werden beide oft in Terrarien gehalten – auch von Amateuren. Eine Gabunviper streifte mit ihren Giftzähnen einmal leicht den Zeigefinger des Reptilienforschers Perkins im Zoologischen Garten von St. Louis, Missouri, Perkins schnitt sich sofort die Wunde auf und spritzte sich Serum ein. Trotzdem verlor er nach einer Stunde das Bewußtsein. Schweißausbrüche und Erstickungsanfälle folgten. Der Arm schwoll stark an, der Finger färbte sich schwarz, die Hand dunkelblau. Nur durch erneute Serumgaben, Bluttransfusionen, Injektionen von Herzmitteln und Einschnitte in den Arm konnte der Forscher gerettet werden. Erst nach Wochen war er wieder so weit bei Kräften, daß er erstmals aufstehen konnte.

Die giftigste Schlange

Der Giftbiß ist die Jagd- und Verteidigungswaffe der Schlangen. Da der Mensch nicht auf dem Speisezettel steht, dient der Biß nur der Verteidigung. Damit haben wir Menschen es weitgehend selber in der Hand, ob wir gebissen werden oder nicht. Die Schlange darf nicht in die Lage kommen, nur noch einen Ausweg zu haben, nämlich uns zu beißen.

Eine besonders giftige Schlange muß nicht unbedingt auch die gefährlichste sein. Als die giftigste überhaupt gilt die Kleinschuppenschlange Mittelaustraliens. Ihr Gift wirkt viermal so stark wie das des gleichfalls australischen Taipans, der zweitgiftigsten Schlange der Welt, zwanzigmal so stark wie das der Indischen Brillenschlange und dreihundertmal so stark wie das Gift einer nordamerikanischen Klapperschlangenart. Doch ist die Kleinschuppenschlange Menschen bisher kaum gefährlich geworden, da sie sehr selten vorkommt. Ähnliches gilt für den sehr scheuen Taipan. Die sehr schnelle und angriffslustige Schwarze Mamba hingegen, die in dichtbevölkerten Gebieten Afrikas vorkommt, steht an erster Stelle, was die Gefährlichkeit angeht. Nahezu alle, die gebissen werden, kommen zu Tode.

Heilung in Hongkong

Nicht jeder Biß einer Giftschlange ist auch ein Giftbiß. Vielleicht hat die Schlange ihre Giftzähne gar nicht ausgeklappt oder sie hält es zu ihrer Verteidigung nicht für erforderlich, ihr Gift nennenswert zu verschwenden. Auf dieser Tatsache mögen manche spektakulären Heilerfolge besonders afrikanischer Medizinmänner beruhen. Doch ist nicht alles Humbug, was die Wissenschaft zunächst nicht erklären kann. Ich habe dies mit zwei anderen Zeugen selbst in Hongkong erlebt. Dort verspeisen die Chinesen jährlich eine Viertelmillion Schlangen, vornehmlich Kobras. In einem Snakeshop war ein mitternächtlicher Transport von Kobras angekommen und wurde sortiert und verkauft. Der Ladeninhaber bekam eine ausgewachsene Kobra nicht fest genug zu fassen, sie wand sich aus der Hand und verbiß sich zwischen Daumen und Zeigefinger. Dort hing sie, ihren Giftvorrat wütend ins Fleisch pressend, bis eine glimmende Zigarette – vor ihre Schnauze gehalten – sie loslassen hieß. Der Gebissene schnitt die Wunde mit einem Kreuzstich auf, ließ sie ausbluten und preßte dann ein graues Pulver hinein. Er blieb unversehrt und hatte auch nach mehreren Stunden keinerlei Beschwerden.

Es gibt keine Immunität

Man könnte einwenden, der Chinese habe sich durch ständige Gaben von Kobragift immunisiert. Dies ist zwar nicht ganz unmöglich, doch war bei wissenschaftlichen Versuchen am Menschen eine solche Immunisierung sehr selten und schwierig zu erreichen. Denn die im Körper gebildeten Abwehrstoffe werden schnell abgebaut, und es wären ständige Giftgaben erforderlich, um den Spiegel der Abwehrstoffe hochzuhalten. Das würde aber der menschliche Körper kaum verkraften. Menschen, die auch zehnmal von der gleichen Schlangenart gebissen wurden, zeigten keinerlei Immunität. Frühere Schlangenbisse sind keine Überlebensgarantie und können eine »Bißfestigkeit« von Schlangenbeschwörern und -händlern nicht erklären. Viel zu wenig bekannt und untersucht ist die Tatsache, daß rund ein Drittel der Todesfälle aufgrund von Schlangenbissen in Entwicklungsländern von harmlosen, ungiftigen Schlangen verursacht werden. Panische Angst und der feste Glaube, sterben zu müssen, da man von einer Giftschlange gebissen worden sei, können offensichtlich zum Tode führen, so wie schon Menschen bei uns in einem nicht eingeschalteten Kühlraum »erfroren« sind. In diesem Zusammenhang darf man allerdings auch nicht vergessen, daß Schlangenbisse ganz allgemein durch Verschleppung von Krankheitskeimen zu gefährlichen, ja lebensbedrohenden Entzündungen führen können.
Schon im Altertum gab es Mittel gegen Schlangengifte. Das berühmteste erfand der Leibarzt des Kaisers Andromachus auf Kreta. Es ist der Theriak, der aus über 70 verschiedenen Substanzen besteht, darunter auch – wie könnte es anders sein – pulverisierten Vipern. Die Zusammensetzung galt als Geheimrezept. Bis zum Jahr 1882 war der Theriak

In Texas machen Berufs-Schlangenfänger Jagd auf die giftigen Klapperschlangen. Nach jeder Häutung bleibt am Schwanzende dieser Tiere ein Hornring bestehen. Bei Gefahr erzeugen die Schlangen damit ein rasselndes Geräusch. Foto Camera Press

im offiziellen deutschen Heilmittelverzeichnis angegeben. Spätere Analysen und Versuche bewiesen seine völlige Wirkungslosigkeit.

Serum gegen den Tod

Im Jahre 1895 gelang es dem französischen Arzt Albert Calmette, der im Pasteur-Institut in Saigon arbeitete, das erste Schlangengiftserum herzustellen. Er gewann das Gift, indem er die Tiere hinter dem Kopf fest faßte. Die Schlange fletschte die Zähne und ließ sich das Gift abmelken. Dieses spritzte der Forscher Säugetieren in nicht-tödlicher Dosis ein, so daß sie Gegengifte (Antitoxine) bildeten und sich aktiv immunisierten. Das Blutserum spritzte er dann gebissenen Tieren und Menschen ein, wobei sich die Antitoxine mit dem Eiweiß des Schlangengifts verbinden und dieses damit unschädlich machen. Wir sprechen dabei von passiver Immunisierung. Diese Technik ist im Laufe der Zeit von über 20 Schlangeninstituten weiter verfeinert worden.

Für jede einzelne Schlangenart ist ihr eigenes Serum erforderlich, da die Giftzusammensetzungen voneinander abweichen. Da man aber oft nicht feststellen kann, welche Schlangenart zugebissen hat, werden Serum-Mischungen aus den Schlangengiften eines Gebietes hergestellt, die sogenannten polyvalenten Seren. Der Bedarf der Serum-Institute an Giftschlangen ist groß. Das Instituto Butantan in São Paolo in Brasilien hält ständig an die 13 000 Schlangen, die mindestens zweimal jährlich gemolken werden.

Erste Hilfe bei Schlangenbissen

Was tun, wenn kein Serum zur Verfügung steht? Zunächst muß man die betroffene Stelle reinigen und dabei möglicherweise auf der Haut zurückgebliebenes Schlangengift entfernen. Ein Nachstechen und Aufschneiden der Bißstelle und das Aussaugen der Wunde werden seit langem empfohlen. Manche Ärzte sind aber der Ansicht, dies sei wirkungslos. Das Ausbrennen eines Schlangenbisses mit einem glühenden Eisen oder –

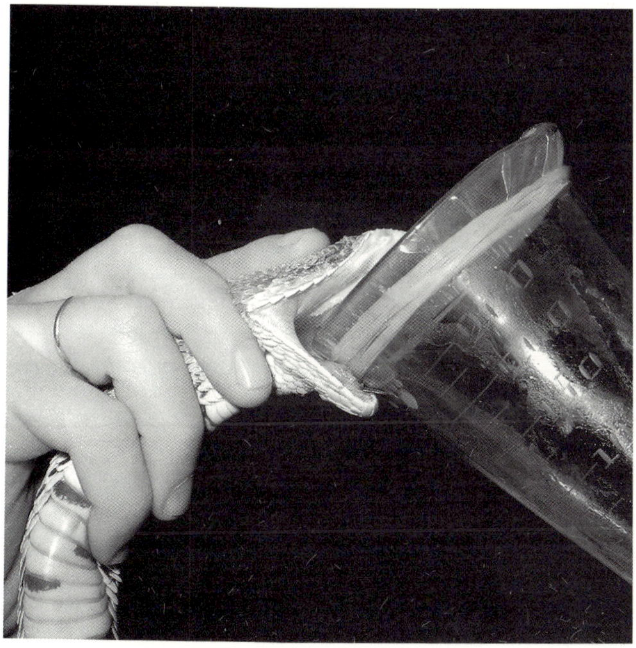

Gegenüberliegende Seite: Nicht ein Blick auf ein Museumsregal, sondern in den Verkaufsschrank einer chinesischen Apotheke in Hongkong. Schlangen gelten dort als wirksame Heilmittel. Foto ZEFA

Links: Eine Puffotter wird gemolken. Aus dem Gift gewinnt man Schlangenserum. Foto König

noch attraktiver – mit Schießpulver verfehlt nur in Westernfilmen niemals seine Wirkung – vor allem auf die Zuschauer. Jedenfalls soll die Wunde ausbluten. Kalziumstöße und Antihistaminica können hilfreich sein – weil Schlangengifte oft Histamine, Gewebshormone, in großer Menge freisetzen. Alkohol und Kaffee sind nach einem Biß unbedingt zu meiden. Sie beschleunigen den Puls und damit auch die Verbreitung des Giftes im Körper. Genau das Gegenteil ist anzustreben: Ruhe bewahren, doch sich schnellstmöglich in ärztliche Behandlung begeben.

Nützliche Schlangengifte

Kein Schatten ohne Licht! Schlangengifte haben auch positive Seiten. Im Jahre 1908 machte der amerikanische Arzt Self eine segensreiche Beobachtung: Einer seiner Patienten, der über 10 Jahre lang an Epilepsie gelitten hatte, wurde von einer Klapperschlange gebissen, überlebte und war danach von seiner Krankheit geheilt. Dies gab den Anstoß zur Erforschung der Schlangengifte für Heilzwekke. Schon Paracelsus sagte: »Kein Ding ist ohne Gift, allein die Dosis macht, daß etwas kein Gift ist.« In geringen Mengen wirken manche Schlangengifte heilend auf den menschlichen Körper ein. So hilft das Gift der Kreuzotter, der Hornviper und des Buschmeisters gegen rheumatische Beschwerden und gegen starke Migräne. Medikamente aus dem Gift der gewöhnlichen brasilianischen Lanzenotter und der südostasiatischen Kettenviper haben schon viele Menschen vor dem Verbluten gerettet. Herzinfarkt und Raucherbein behandeln Ärzte mit dem Gift der Malayen-Mokassinschlange. Sogar die Krebsforschung interessiert sich für Schlangengifte, da diese Zellen zerstören können.

Auch Giftschlangen sollten also nicht unterschiedslos vernichtet und ausgerottet werden. Abgesehen davon, daß auch sie zum Gleichgewicht in der Natur beitragen, können sie in Zukunft auch bedeutsame Lieferanten von Heilmitteln werden. Wir handelten töricht, wenn wir uns diese Möglichkeit verbauten.

Gerhard Schuh

UNSER AHNE – DER SCHÖNWETTER-MENSCH

»Katja sitzt am Feuer, zieht den Toten zu sich her und hebelt mit seinem Knochendolch den Schädel des Leichnams gerade dort auf, wo der Kopf auf dem Rückgrat sitzt.« Dieser schaurige Satz steht in einer weitverbreiteten Geschichte über die Zeit vor 500 000 Jahren. Sie beschreibt, wie Menschen vom Typ des Homo erectus damals am Heidelberger Neckarufer gelebt haben könnten.
Die Homo-erectus-Menschen waren die ersten »vollen« Menschen; sie benutzten mit Sicherheit schon Werkzeuge und erfanden im Laufe ihrer Entwicklung auch das Feuer. Die Menschen wurden kaum größer als 1,55 Meter und kaum schwerer als 55 Kilogramm. Sie konnten gehen wie wir, und ihre Zähne ähnelten den unseren fast zum Verwechseln; aber alles an ihnen war untersetzt und robust. Nur ihre Schädel sahen auffallend anders aus als die von Gegenwartsmenschen.
Der Homo erectus lebte rund 1,7 Millionen Jahre lang auf der Erde. Er erschien vor etwa 2 Millionen Jahren und verschwand vor rund 300 000 Jahren. In dieser langen Zeit entwickelten sich in Asien, Afrika und Europa mehrere eigenständige Bevölkerungen, die auch im Schädelbau Unterschiede zeigten. Eines hatten sie jedoch gemeinsam: Das Vorderhirn, die Denkzentrale des Gehirns, nahm langsam, aber stetig an Umfang und an Kompliziertheit zu – die Menschen wurden unablässig intelligenter, obwohl der Weg noch weit war bis zu uns Heutigen.

Eine Gruppe von Studenten bei der Arbeit in der Höhle von Arago in den französischen Pyrenäen. Dort wurde neben vielen Steinwerkzeugen und Tierknochen, darunter von Nashorn, Löwe und Panther, auch ein Schädel gefunden, der deutlich die Verwandtschaft zum Homo erectus erkennen läßt. Das Gitternetz dient zur Vermessung. Foto Kleemann

Der Nachfolger des Homo erectus war der Homo steinheimensis, und erst dieser Menschenform folgte der Neandertaler, der vor 100 000 Jahren auftauchte. Den gegenwärtigen Menschen – also uns – gibt es erst seit rund 40 000 Jahren.

Intelligenz und Gehirngröße

»Erectus« heißt aufgerichtet und ist eigentlich eine irreführende Bezeichnung. Denn wir wissen inzwischen sicher, daß auch Vormenschen, die vor 3,7 Millionen Jahren lebten, schon aufrecht gegangen sind. Man kann dies an Fußspuren ablesen, die im afrikanischen Tansania in Vulkanasche entdeckt wurden. Diese Vormenschen haben aber sehr wahrscheinlich noch mit Gehirnen auskommen müssen, die nur ein bißchen komplizierter aufgebaut waren als die Gehirne heutiger Menschenaffen.
Genau weiß das allerdings niemand. Denn wie leistungsfähig ein Gehirn ist, läßt sich bis heute fast nur daran ablesen, was das betreffende Lebewesen tut. Aber gerade hier liegt die große Schwierigkeit der Archäologie der frühen Menschen. Aus spärlichen Resten muß sie auf Intelligenz und Geschicklichkeit schließen; Fehlurteile lassen sich dabei nicht umgehen. Die Größe des Gehirns, die man anhand der Schädelfunde ermitteln kann, ist immer nur ein großer Maßstab für seine wahren Fähigkeiten. Wenn wir vom Homo erectus nicht mehr wüßten, als daß sein Vorderhirn größer war als das seiner Vorläufer, so könnten wir nicht behaupten, er sei allein schon deswegen ein voller Mensch gewesen.
Zum Glück ist mehr von ihm bekannt, und sogar die anfangs zitierte Geschichte vom Schädelöffner hat einen recht realen Hintergrund. Viele Schädel unserer Vorläufer sind nämlich am sogenannten Hinterhauptsloch aufgestemmt oder aufgemeißelt worden – so kommt man am schnellsten an das Gehirn heran. Auch einige menschliche Röhrenknochen sind

gleichermaßen behandelt worden. Sie wurden wie die Röhrenknochen von Tieren aufgeschlagen, und dann wurde offensichtlich das Mark herausgeschält. Daraus lassen sich natürlich wilde Kannibalengeschichten rekonstruieren, doch bleiben sie im Reich der Fabel. Warum unsere Vorfahren dies taten, wird wohl ewig ein Rätsel bleiben.
Hier begegnen wir einer weiteren Schwierigkeit der Archäologie, die unser Wissen zwangsläufig begrenzen muß: Je früher ein Lebewesen gelebt hat, um so weniger ist von ihm und seinen Werkzeugen erhalten geblieben, um so spärlicher sind also die Daten, über die wir verfügen. Man ist sich aber immerhin sicher, daß der Homo erectus sowohl Afrika als auch gleichzeitig Asien bewohnte. Wie lange er aber dort neben den gleichzeitig existierenden Vormenschenformen gelebt hat, ist noch unbekannt. Erst neue Funde werden dieses Rätsel unserer Herkunft lösen. Sicher ist nur, daß eine Menschenform, die sich so lange auf der Erde gehalten hat, recht lebenstüchtig gewesen sein muß.

Bei mechanischer Belastung wie Druck und Schlag splittert Feuerstein in charakteristischer Weise. Dies machten sich die frühen Menschen zunutze, um Steingeräte herzustellen. Links die Gewinnung grober Abschläge, rechts Kantenbearbeitung durch feines Zuschlagen.

Wo Homo erectus lebte

Die Homo erectus-Menschen scheinen sich allerdings niemals in den ganz kalten Regionen der Erde aufgehalten zu haben. Alle Plätze mit ihren Hinterlassenschaften liegen an Orten, wo es auch im Winter niemals so kalt war wie im heutigen Mitteleuropa. Europa haben diese Menschen immer nur dann bewohnt, wenn auch Elefanten und Nashörner hier vorkamen. Solche Wärmezeiten wechselten sich in der Eiszeit mit Kaltzeiten ab, dauerten aber immer viele Jahrtausende lang. So hatten etwa die Menschen von der Unterart des Heidelberger Homo erectus genug Zeit, von Asien oder von Afrika her, nach Europa einzuwandern. Rückten die Gletscher wieder vor, so zogen diese Menschengruppen wieder zurück oder starben aus. Denn mit den Kaltzeiten, in denen die Winter so hart waren wie heute im Hochgebirge, haben sich erst viel später die Neandertaler und die ersten Gegenwartsmenschen auseinandergesetzt. Der Homo erectus war gewissermaßen noch ein »Schönwetter-Mensch«.
An drei Fundplätzen haben wir besonders viel über ihn erfahren. Diese Plätze sind alle relativ jung, nämlich »nur« zwischen 400 000 und 300 000 Jahre alt. Da ist die eingestürzte Höhle von Choukoutien bei Peking (Peking-Mensch), die erhaltene Höhle von Arago bei Tautavel im östlichen Pyrenäenvorland (Tautavel-

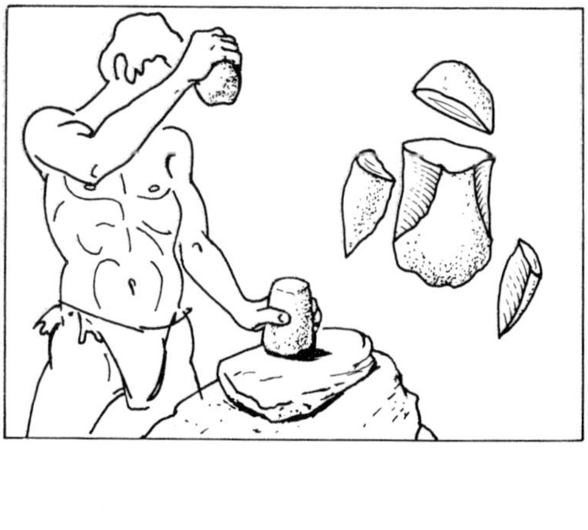

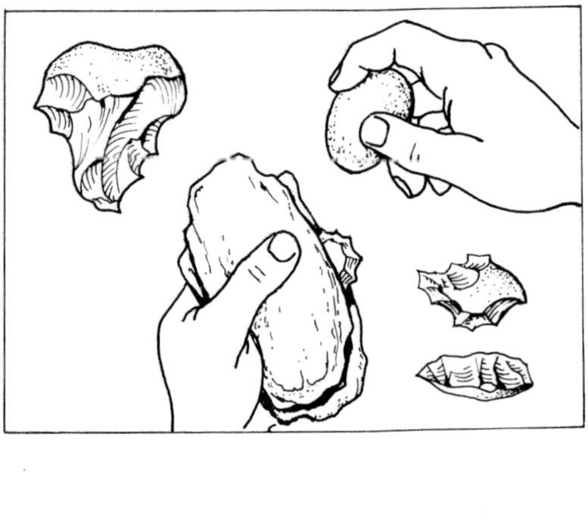

Mensch) und das Jägerlager von Bilzingsleben in Thüringen (DDR). An jedem dieser Plätze wurden Menschenknochen zusammen mit den übrigen Lebenszeugnissen entdeckt. Damit hatten die Ausgräber sogenannte geschlossene Fundplätze vor sich, an denen sie sicher sein konnten, daß alle Steine und Knochen in irgendeiner Beziehung zum Menschen stehen mußten.
Gerade das weiß man keineswegs, wenn man heute etwa in den alten Ablagerungen des Neckars einen anscheinend behauenen Stein aufliest. Auch wenn die Fundschicht ungefähr der des berühmten Unterkiefers entspricht, und wenn der Stein noch so deutlich bearbeitet ist – den vollen Beweis, daß er vor einer halben Million Jahren vom Heidelberger Homo erectus geschlagen worden ist, haben wir damit noch nicht.

Archäologie – eine Art Kriminalistik

Wer vor den meterhohen Fundschichten der Höhle von Arago steht, kann allerdings auch seine Zweifel bekommen, ob dort etwas Vernünftiges zu finden ist. Und doch lesen die Archäologen in solchen Schichten wie in einem aufgeschlagenen Buch. Sie tragen die Schichten buchstäblich Sandkörnchen um Sandkörnchen ab; dabei finden sie viele Jahrhunderttausende alte Mäusezähnchen, Eierschalenreste oder Fischschuppen. Viele wichtige Erkenntnisse ergeben sich aber erst in den Laboratorien, wo die Funde noch genauer untersucht werden. Da läßt sich zum Beispiel ausrechnen, welche Tiere erbeutet wurden. In Bilzingsleben waren es zu einem Fünftel Hirsche; zwei Fünftel der Beute bestanden aus Elefanten, Nashörnern und Wildrindern. Dann kamen je zu gleichen Teilen Biber und Bären und alle anderen Tiere – vom Wildpferd bis zum Reh. Die seltenen Knochen von Dachsen, Füchsen, Wölfen, Wildschweinen, Greifvögeln und Raubkatzen jeder Größe bis zum Höhlenlöwen stammten wohl von Mit-Essern, also von Räubern und Allesfressern, die vom fauligen Duft dieses Jägerlagers angelockt und dabei getötet worden waren.
Die Bilzingslebener Menschen schleppten sogar ganze Elefanten portionsweise zu ihrem Lager, das an einem See lag. Die mächtigen Schulterblätter allerdings transportierten sie nur ausnahmsweise, wenn sie nämlich daheim einen Tisch zum Zerlegen des Fleisches brauchten. Das ist an den vielen Schnittkerben auf den Schulterblättern zu erkennen.
Warum wohl sind von den Bären nur die Pranken- und Kopfknochen übriggeblie-

Links: Die Kanten der groben Abschläge wurden durch Druck weiter zugeschärft.
Rechts: Hacken mit grobem Geröllgerät.

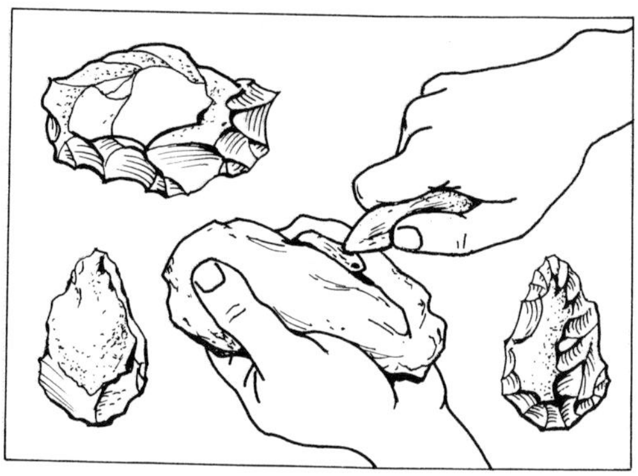

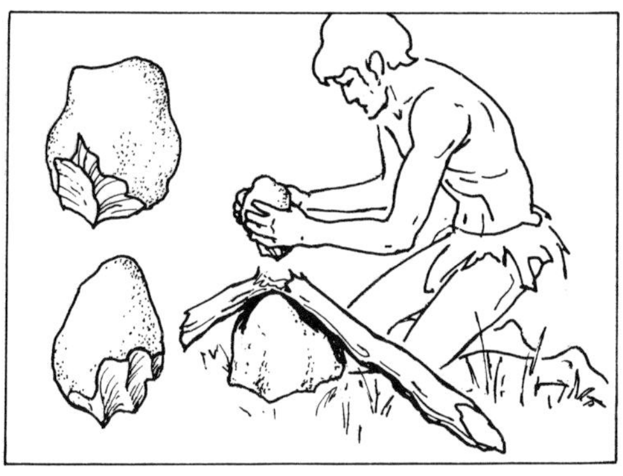

ben? Dafür gibt es nur eine Erklärung: Die Bären wurden an Ort und Stelle offenbar zersäbelt, und die Menschen trugen nur ihr Fell mit Kopf und Pranken heim. Ob und wie dieses Fell dann allerdings bearbeitet wurde, ist unbekannt. Immerhin hätten die Menschen mit der Holzasche ihrer Feuerstellen und dem am Fell klebenden Fett einen Gerbvorgang einleiten können. Dazu hätten sie allerdings das Fell lange genug durchwalken müssen. Sollte es im Winter tatsächlich einmal kalt geworden sein, so hätte der Homo erectus auch allen Grund gehabt, sich in die einzigen warmen Hüllen einzuwickeln, die er kannte, nämlich in Felle.

Auch an diesem Beispiel wird deutlich, was man allein von den Steinen und Knochen ablesen kann. Dennoch ist es so, wie wenn von einem Holzschnitzer nach Jahrtausenden nur die Schnitzmesser übrigblieben. Von der Größe und Form dieser Messer kann man zwar auf Größe und Form der Hände, nicht aber auf die geschaffenen Gegenstände schließen. Im Bilzingslebener Jägerlager wurden winzige, 8 bis 30 Millimeter große Geräte aus Feuerstein benützt. Aus diesen Abmessungen kann man ablesen, daß die Hände dieser Menschen schon so geschickt wie die unseren gewesen sein müssen. Deshalb ist es auch fast sicher, daß die Homo erectus-Menschen ihre Steinwerkzeuge nicht nur zum Schlachten und Knochenspalten, sondern noch für feinere Arbeiten benützt haben.

Die frühen Menschen lebten in Frieden

Vielleicht hat der Mensch überhaupt schon seit jeher Rinden, Holz und Fell bearbeitet, Bast geflochten und Stricke gewunden – möglicherweise werden wir das aber nie beweisen können, und so wird sich die Mär halten, unsere Vorläufer seien nur grunzende Primitive gewesen. Es wird ja seltsamerweise immer wieder abgestritten, daß unsere menschlichen Ahnen überhaupt sprechen konnten. Doch warum sollten sich ausgerechnet Ur- und Altmenschen, die sozialer zusammenlebten als alle Affen und die ein hochentwickeltes Gehirn hatten, nur wie Tiere verständigt haben? Wer das behauptet, übersieht, daß der komplizierte menschliche Kehlkopf, den kein anderes Lebewesen in dieser Form hat, sehr lange, mehr als nur ein paar Hunderttausende von Jahren, zu seiner Entwicklung gebraucht haben muß. Nach allem, was wir von der Evolution wissen,

Die frühen Menschen waren sehr geschickt im Umgang mit ihren Steinwerkzeugen. Sicher haben sie auch Holz bearbeitet, doch sind uns davon nur wenige versinterte Spuren erhalten geblieben. Jedenfalls ließen sich mit feinen Feuersteinmesserchen (Mikrolithen) Äste durchsägen und spanabhebend bearbeiten.

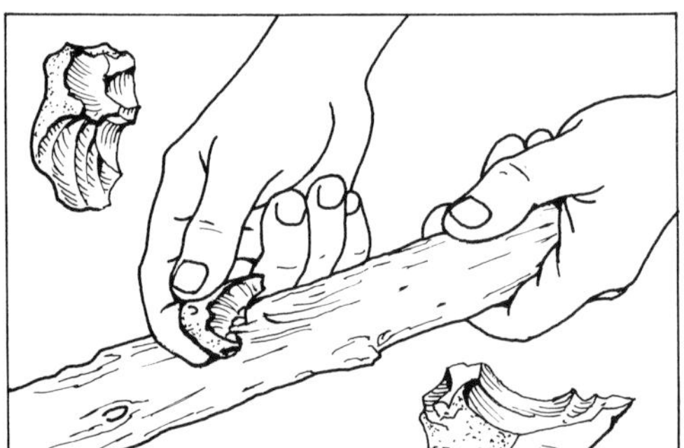

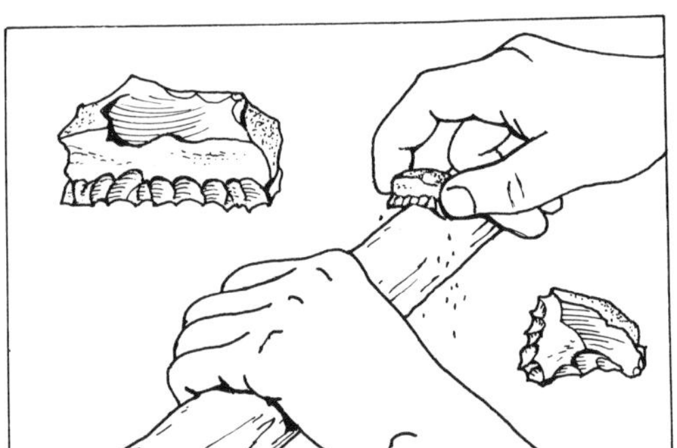

muß der Kehlkopf schon sehr früh, zusammen mit dem Gehirn, seine Entwicklung begonnen haben. Bei den jüngeren Formen des Homo erectus war diese Entwicklung sicher schon am Ende angelangt. Nur deshalb hat er auch mit seinen einfachen Holzspeeren Elefanten und Nashörner erlegen können. Er besaß geistige Fähigkeiten und die Sprache, so daß sich die Jäger untereinander verständigen konnten. Der Homo erectus hat sich unter Umständen durchgesetzt, denen wir Heutige kaum gewachsen wären.

Im Urmenschen-Museum von Tautavel liegt ein silberhell glänzendes, als Steinmesser bearbeitetes Stückchen Quarz, das wohl jedes menschliche Lebewesen bewundern muß. Sicher haben auch die Homo erectus-Menschen des Pyrenäenrands diesen Stein bestaunt. Und obwohl ihre Stirnen noch flach, ihr Kinn fliehend und die Wülste über ihren Augen noch gewaltig waren, haben sie sicher noch mehr darüber geschnattert als wir heute. Diese Jäger und Sammler konnten als Einzelmenschen gar nicht leben; sie müssen deshalb friedliche Gruppengenossen gewesen sein. Ihr Zusammenleben in den winzigen Wildbeutergrüppchen war vielleicht sogar besser als das unsere, denn ohne die ständige gegenseitige Hilfe, ohne das stete Voneinander-Lernen und ohne den dauernden Austausch von Erfahrungen, Informationen und Traditionen von Mensch zu Mensch und von Generation zu Generation hätten sie sicher keinen Schnupfen und keine Verletzung überlebt. Jede Maus war körperlich für das Leben besser gerüstet als der damalige Mensch – der Homo erectus konnte nur mit Hilfe seines Gehirns und seines Zusammmenhaltens die Erde besiedeln. Wahrscheinlich haben auch die einzelnen Menschengruppen sehr friedlich zusammengelebt – weil sie nämlich kaum jemals Konkurrenten waren. Die Erde war groß genug für alle, und die wenigen Menschen kamen sich noch nicht in die Quere. Weil sie alle auch hervorragende Jäger waren, wären Gruppenkämpfe ohnehin tödlich gewesen – für Sieger wie für Besiegte. Jeder tote Jäger war ein großer Verlust für die Gruppe; damals waren schon einfache Verletzungen und Krankheiten Todesurteile. Wandernde Jäger müssen immer einigermaßen gesund sein. Wahrscheinlich würde es uns Gegenwartsmenschen überhaupt nicht geben, wenn unsere Vorläufer schon einander bekämpft und aufeinander Jagd gemacht hätten!

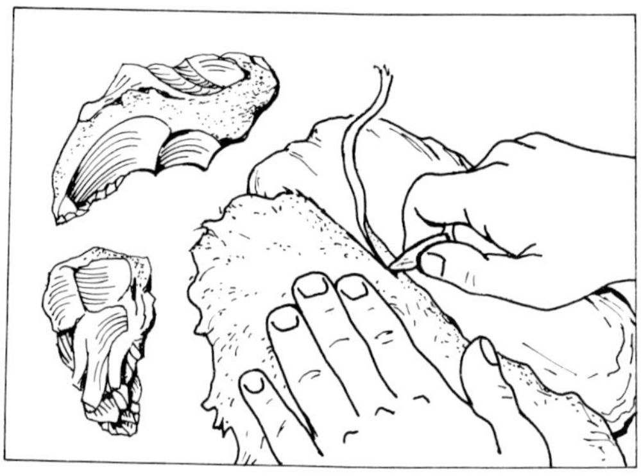

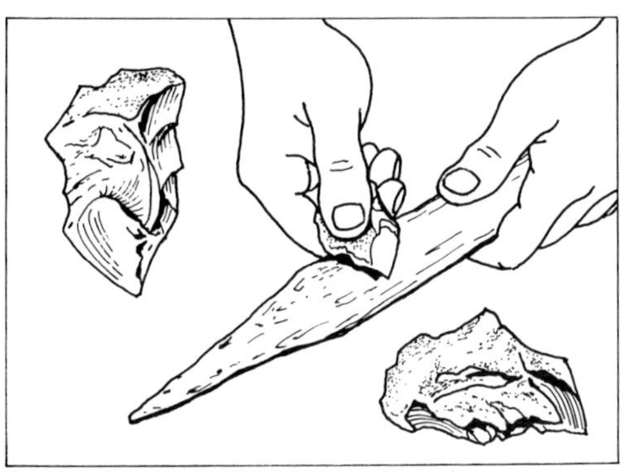

Weitere Verwendungsmöglichkeiten der Feuersteinwerkzeuge: Links Schneiden und Reißen auf einer Unterlage, z. B. einem Schulterblatt. Rechts: Schnitzen. Es gibt heute Archäologen, die die alten Methoden zur Herstellung von Steinwerkzeugen beherrschen.

Lothar Behr

AUTOMOTOREN AUS KERAMIK UND PLASTIK

Was man noch vor einem Jahrzehnt belächelt hätte, ist heute Wirklichkeit – Automotoren müssen nicht mehr aus Metall bestehen. Heute sind Triebwerke aus keramischen Werkstoffen im Gespräch. Ihre Vorteile sind beträchtlich: Sie sind nicht nur leichter, sondern auch wirtschaftlicher, umweltfreundlicher und vor allem hitzebeständiger als Aggregate aus den bisherigen Metallegierungen. Dennoch ist für die kommenden Jahre noch nicht an eine Serienfertigung für das Kfz zu denken. Einzelne Keramikteile wie Pleuel und Kolben werden indessen demnächst sicher unter den Kühlerhauben zu finden sein.

Die Antwort von Professor Günter Petzow, dem Leiter des Pulvermetallurgischen Laboratoriums des Max-Planck-Instituts für Metallforschung in Stuttgart, auf die Frage nach der Verwendbarkeit von Keramikstoffen im Motorenbau ähnelt der von Radio Eriwan: »Im Prinzip sind Keramiken im Motorenbau keine unrealistischen Schwärmereien mehr, aber die in jüngster Zeit vorgeführten Antriebsaggregate aus keramischen Werkstoffen – und es werden in nächster Zeit noch mehrere hinzukommen, sind lediglich einzelne Demonstrationsobjekte. Sie zeigen zwar eindringlich die Einsatztauglichkeit und bestätigen, daß der Keramikmotor im Prinzip funktioniert. An eine Serienanfertigung ist jedoch im Moment nicht zu denken!«

Dabei ist Keramik der älteste Werkstoff des Menschen. Er hat aber in der heutigen Zusammensetzung fast nichts mehr mit dem seit mehr als 10 000 Jahren verwendeten klassischen Material der Töpferkunst zu tun. Nach Fachmann Petzow handelt es sich bei der Keramik für Motoren um eine ganz neue Klasse maßgeschneiderter Werkstoffe, denen man auch noch Temperaturen von mehr als 1200 Grad Celsius zumuten kann. Das ist eine Hitze, die Metalle ohne kräftige Kühlung nie verkraften würden.

Benzinpreise fordern neue Lösungen

Durch die Ölkrise ergab sich für die Techniker die Notwendigkeit, moderne Fahrzeuge besonders benzinsparend zu konstruieren. Das kann man auf zweierlei Weisen tun: durch geringeres Gewicht und durch einen besonders günstigen Luftwiderstandsbeiwert, den c_w-Wert. Im letztjährigen 99. Band dieses Jahrbuchs habe ich über das Versuchsauto ARVW ausgeführt, das bei einem äußerst geringen Luftwiderstand bei Tempo 250 nur sechs Liter Treibstoff verbraucht. Dabei ist das sensationelle Versuchsauto mit einem serienmäßigen 2,4-Liter-Dieselmotor ausgerüstet.

Man kann aber weder das Gewicht noch den Luftwiderstand beliebig verkleinern. Hier gibt es natürliche Grenzen. Ein Auto soll bequem sein. Die Karosserie darf deshalb nicht zu strömungsgünstig und damit zu niedrig werden, sonst wird das

Einsteigen zur Gymnastik. Ein Fahrzeug darf auch nicht zu leicht werden; das ginge auf Kosten der Verkehrssicherheit. Ein zu leichtes Fahrzeug ist nämlich seitenwindempfindlich, und selbst bei der geringsten Karambolage lebensgefährlich für die Insassen.

Erfahrungen der Raumfahrt nutzbar machen

Um diese Erfahrungen der Raumfahrt nutzbar zu machen, haben sich die Autokonstrukteure Anregungen aus der Luft- und Raumfahrt geholt und beim Einsatz neuartiger Werkstoffe auf Erfahrungen der Luftfahrttechnik zurückgegriffen. Dort stellen die Ingenieure auf den Gebieten Festigkeit und Beständigkeit bei hohen Temperaturen extreme Ansprüche und streben gleichzeitig auch ein möglichst geringes Gewicht an. Die Kraftfahrzeugtechniker aller Betriebe mit Rang und Namen haben sich seit Beginn der siebziger Jahre vor allem mit drei neuen Werkstoffen beschäftigt: mit Leichtmetall-Legierungen, Kunststoff (Plastik) und nicht zuletzt Keramik.
Die Verwendung von Aluminium im Automobilbau ist nicht neu, aber immer noch recht kostspielig. Aluminium ist als Leichtmetall nur ein Drittel so schwer wie Gußeisen, leitet die Wärme viermal besser, hat aber eine etwas geringere Festigkeit. Dennoch hat es sich längst für die Kolben von Otto- und Dieselmotoren eine dominierende Stellung gesichert und wird zunehmend auch in Zylinder- und Kurbelgehäuse sowie als Zylinderköpfe eingesetzt. Daß es wirtschaftlich ist, Leichtmetalle und Kunststoffe einzusetzen, erklärt Ulrich Seiffert, Leiter der Forschungs- und Entwicklungsabteilung des Wolfsburger Volkswagenwerkes, folgendermaßen: »Das Fahrzeuggewicht ist mit etwa 47 Prozent am Kraftstoffverbrauch beteiligt. Daraus ergibt sich, daß heute eine Reduktion des Gewichtes um ein Kilogramm nicht mehr als fünfzig bis siebzig Pfennig kosten darf!« Mit anderen Worten: Je höher die Benzinpreise steigen, um so größere Bedeutung erlangen neuartige Werkstoffe.

Das Erzübel der Keramik

Keramik ist für die Triebwerkstechniker besonders interessant geworden. Sie möchten nämlich serienmäßig Gasturbinen im Kraftfahrzeug einbauen. Die Gasturbine könnte zu höheren Leistungen bei geringerer Umweltbelastung und niedrigerem Kraftstoffverbrauch führen, doch lassen sich hohe Temperaturen nicht vermeiden. Die hitzebeständige Keramik wäre hier gerade das richtige Material. Keramische Werkstoffe sind aber auch für den herkömmlichen Hubkolbenmotor interessant. Peter Walzer von der VW-Forschungsabteilung hat herausgefunden, daß man mit keramischen Werkstoffen im Dieselmotor sogar einen höheren Wirkungsgrad erzielen kann, wenn man einen längst gebräuchlichen Turbolader mitverwendet. Turbolader nützen die Energie der Abgase aus, um Frischluft anzusaugen und zu verdichten.
Wenn also Keramikstoffe in Automotoren derart große Vorteile bringen, müßten sie eigentlich schon seit langer Zeit verwendet werden. Das ist aber nicht der Fall. Der Grund dafür liegt in einem ausgesprochenen »Geburtsfehler« der Keramik. Der Stuttgarter Forscher Professor Günter Petzow nennt es das »Erzübel der Keramik«. Es ist die Sprödigkeit dieses Werkstoffes. Anders als Metalle, die sich bei Belastungen plastisch verformen, brechen keramische Werkstoffe bereits nach geringfügigen Verformungen so abrupt, daß Fachleute von einem katastrophalen Bruch sprechen.

Geburtsfehler korrigiert

Die Forscher des Max-Planck-Instituts treiben den Teufel mit Beelzebub aus, um den angeborenen Keramikfehler zu korrigieren. Genaue Untersuchungen der Brüche haben nämlich gezeigt, daß die Risse im Material nur ganz selten völlig gleichmäßig verlaufen. Vielmehr ändert der Bruch oft seine Richtung oder er verzweigt sich, und dadurch wird er gebremst. Das hat die Wissenschaftler auf die Idee gebracht, dem Bruch die Arbeit noch schwerer zu machen. Sie verwenden die Sprödigkeit der Keramik und erzeugen künstlich möglichst viele haarfeine Risse. Auf den ersten Blick scheint das zwar widersinnig, in Wirklichkeit aber sind die Mikrorisse mit nur wenigen tausendstel Millimeter Länge viel zu klein, um sich vorzeitig zu einem Hauptriß zu vereinigen. Damit ist der Wissenschaft die Entwicklung eines keramischen Werkstoffes gelungen, der Temperaturen von 1000 Grad Celsius und mehr verkraftet.

Derart hohe Temperaturen spielen besonders bei den Gasturbinen eine wichtige Rolle. Im Prinzip funktionieren sie wie Strahltriebwerke im Düsenflugzeug; ihre Betriebstemperatur beträgt mindesten 1350 Grad. Die Temperaturen in Diesel- und Ottomotoren liegen dagegen bei unter 500 Grad. Es ist heute unbestritten, daß die Gasturbine gegenüber den bisherigen Automotoren eine Reihe von Vorteilen aufzuweisen hat: Sie läuft ständig in einer Drehbewegung, während bisherige Hubkolben-Aggregate mit einer Auf- und Abwärtsbewegung arbeiten. Die Gasturbine kommt mit nur wenigen beweglichen Teilen aus und ist deswegen einfacher, billiger und weniger störanfällig.

Motorenkonstrukteure haben indessen bisher noch wenig praktischen Nutzen aus den neuartigen Werkstoffen gezogen, obwohl auf den Versuchsständen überall in der Welt seit Jahren Maschinen mit Zylinderlaufbuchsen, Schwing- und Kipphebel, Nocken- und Kurbelwellen oder Pleuelstangen aus verschiedenen keramischen Werkstoffen laufen. Professor Petzow beklagt derzeit die recht unübersichtliche Situation und stellt fest, daß die Grundlagenforschung über keramische Werkstoffe im Motorenbau noch viel Arbeit leisten muß. Schon seit 1974 unterstützt das Bonner Bundesministerium für Forschung und Technologie die Entwicklung von Gasturbinen für Kraftfahrzeuge, die sich auch für das Gebiet keramischer Werkstoffe bisher recht segensreich ausgewirkt hat.

Plastikmotor mit 318 PS

Nicht nur mit Keramikteilen wird am Kraftfahrzeugmotor herumgebastelt. Die kleine Firma »Polymotor Research« im nordamerikanischen New Jersey hat jüngst einen Motor mit 318 PS (235 KW) entwickelt, der zu 90 Prozent aus weichem Kunststoff besteht. Erfinder Matty Holtzberg, 42, hat sich zum Erstaunen der Fachwelt nicht mit Einzelteilen begnügt, sondern gleich einen ganzen Plastikmotor konstruiert, der heute über 1000 Stunden erfolgreich auf dem Prüfstand absolviert hat. Und es ist kaum zu glauben: Dieser Plastikmotor läuft, läuft und läuft!

Aus Kunststoff bestehen hauptsächlich Gehäuse, Zylinderkopf, Ölwanne und Motorblock. Das Material ist aus Epoxid- und Polyamidharzen, die mit Glas- und Granitfasern verstärkt sind. Solche Fasern wirken wie das Stahlgeflecht im Beton. Die Hitzebeständigkeit kommt allerdings bei weitem nicht an keramische Werkstoffe heran; sie beträgt beim jetzigen Stand der Forschung bis 300 Grad. Freilich kommt die Plastikmaschine nicht ganz ohne Metall aus; ungefähr 10 Prozent werden aus besonderen Legierungen gefertigt. Als Vorbild für den Motor dient ein 2,4-Liter-Antriebsaggregat mit vier Zylindern und obenliegender Nockenwelle, wie es heute im amerikanischen Ford Mustang verwendet wird. Insgesamt wiegt der Holtzberg-Motor aus Plastik 76 Kilogramm; bei einem gleich-

wertigen Metallmotor sind es gleich 187 Kilogramm. Dabei bringt diese erste Plastikmaschine rund 100 PS (74 KW) bei über 5300 Umdrehungen auf den Prüfstand.
Holtzberg, für dessen Erfindung sich der US-Konzern Ford-Company interessiert, arbeitet jetzt an einem Rennmotor aus Plastik für die Formel II. Er soll bei 1922 Kubikzentimetern und rund 9200 Umdrehungen ganze 318 PS auf die Räder bringen. Und des Erfinders ganzer Stolz: Der Plastikmotor ist um 30 Prozent leiser und hat um ganze 60 Prozent weniger Vibrationen. Matty Holtzberg hält es nicht für ausgeschlossen, daß eine Automobilfirma aus Europa schon in einem halben Jahrzehnt damit in Serienproduktion gehen könnte.

Diese Bauteile einer Gasturbine sind von der Motoren- und Turbinenunion, Friedrichshafen, bereits vor Jahren aus keramischen Werkstoffen hergestellt worden. Foto Behr

Wolfgang Engelhardt

TRANSPLUTO AUF DER SPUR

Bahnstörungen bei Raumsonden weisen auf einen zehnten Planeten hin

Seit Jahrzehnten geistert er durch die Fachpresse, aber noch hat niemand den möglicherweise existierenden zehnten Planeten in unserem Sonnensystem gefunden. Da er jenseits (lateinisch: trans) des sonnenfernsten Planeten Pluto liegen muß, heißt er Transpluto. Die beiden amerikanischen Raumsonden Pioneer 10 und 11 geben uns nun aber die Möglichkeit, mehr über diesen hypothetischen Transpluto zu erfahren. Die beiden Pioneer-Roboter zeigen nämlich geringfügige Abweichungen von ihrer vorausberechneten Flugbahn hinaus ins Universum. Vielleicht wird es sogar gelingen, Position, Größe und Entfernung des neuen Planeten zu errechnen.

Spekulationen über Transpluto gibt es schon seit 50 Jahren. Erst im Jahre 1930 hatte nämlich der Astronom Clyde Tombaugh den Pluto entdeckt. Dieser Planet entpuppte sich als sehr kleiner Körper mit einem Durchmesser von weniger als 6000 km. Seine Masse reicht bei weitem nicht aus, um die bei Uranus und Neptun beobachteten Abweichungen der Umlaufbahn zu erklären. Diese sind aber doch zu geringfügig, als daß man sie als Grundlage für Berechnungen nehmen könnte. Man muß zwar fast annehmen, daß es noch einen Transpluto gibt. Niemand hat ihn aber bisher gesehen, obwohl der Himmel seit Jahrzehnten mit großen, leistungsfähigen Teleskopen regelmäßig abgesucht wird.

Auch als man 1978 entdeckte, daß der äußerste Planet Pluto einen kleinen Mond hat, änderte sich die Situation nicht grundlegend. Allerdings mußte der Wert für die Pluto-Masse nun ganz drastisch nach unten korrigiert werden. Das bedeutete, daß der störende Planet größer als angenommen sein mußte. Damit erhärtete sich der Verdacht, daß sich weit außerhalb der Pluto-Bahn noch etwas befinden müsse.

Wie Neptun entdeckt wurde

In diesem Zusammenhang erinnern wir uns an die Entdeckung des Planeten Neptun aufgrund der Bahnabweichungen von Uranus. Der Franzose U.V. Leverrier und der Engländer J. C. Adams berechneten in zehnmonatiger Arbeit die Bahn von Neptun. 1846 wurde er gesichtet. Allerdings waren die Unterschiede zwischen der vorausgesagten und der tatsächlich beobachteten Bahn sehr groß.

Die Grafik zeigt den noch unbewiesenen Planeten Transpluto mit Blick über das gesamte Planetensystem bis hin zur Sonne. Die 9 Planeten mit ihrer mittleren Entfernung in Mio. km von der Sonne sind: Pluto (5970), Neptun (4498), Uranus (2867), Saturn (1428), Jupiter (778), Mars (228), Erde (149), Venus (108), Merkur (58).
Grafik DVA/Engelhardt

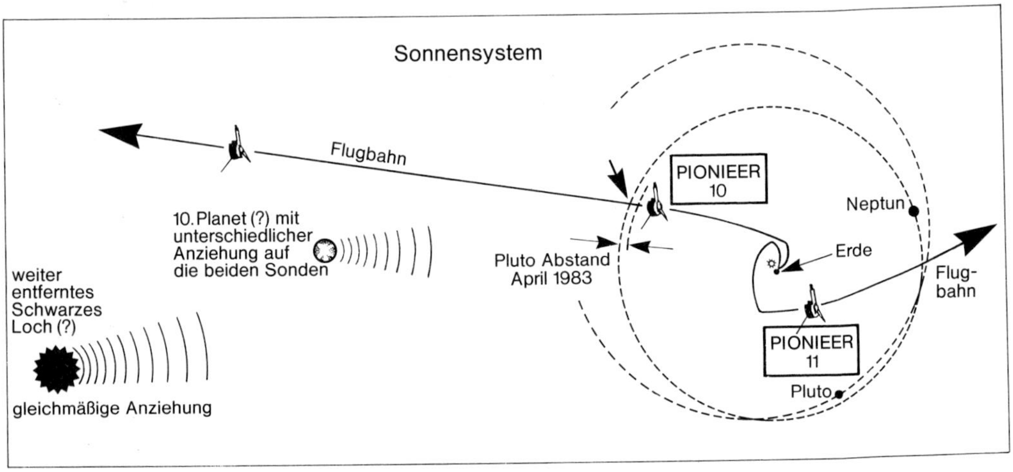

Oben: Flugbahnen der beiden Pioneer-Sonden und die Möglichkeit ihrer Beeinflussung durch ein Schwarzes Loch oder durch Transpluto. Dieser würde die beiden Sonden in unterschiedlichem Maße beeinflussen, während ein weit entferntes Schwarzes Loch auf beide eine gleichmäßige Anziehung ausübte. Gegenüberliegende Seite: Eine der beiden Pioneer-Sonden bei letzten Tests vor dem Start. Foto NASA/Engelhardt

Heutige Großcomputer würden für die entsprechenden Berechnungen nur noch Stunden brauchen.
Die bei Uranus und Neptun beobachteten Ungenauigkeiten in der Bahnbewegung sind sehr gering, und man müßte einige vollständige Sonnenumkreisungen dieser Planeten abwarten, um genauere Positionswerte zu erhalten. Da Uranus aber eine Umlaufzeit von 84, Neptun eine solche von 165 und Pluto gar von 251 Jahren aufweisen, kann man das Problem auf diesem Weg erst in einigen Jahrhunderten lösen. Hier machen es die beiden Pioneer-Raumsonden, die innerhalb von nur zehn Jahren an die äußeren Grenzen des Sonnensystems gelangt sind, vielleicht schon in den nächsten Jahren möglich, die Frage nach dem Transpluto zu klären, wenn nämlich ihre Bahnabweichungen groß genug werden für genaue Berechnungen.

Der Flug der Pioneer-Sonden

Die amerikanischen Raumsonden Pioneer 10 und 11 wurden 1972 bzw. 1973 gestartet. Der Vorbeiflug an Jupiter erfolgte 1973 bzw. 1974. Pioneer 11 erreichte 1979 sogar den Saturn und lieferte die ersten Nahaufnahmen des Ringplaneten. Die beiden Sonden befinden sich jetzt außerhalb der Umlaufbahn des Planeten Neptun (P-10) bzw. zwischen Saturn und Uranus (P-11), ohne daß sie allerdings die beiden Planeten aus der Nähe untersuchen können. Dank ihrer »Atombatterien« sind die Raumsonden auch noch lange nach dem Abschluß ihrer eigentlichen Mission aktiv, und die moderne Kommunikationstechnik macht die Funkverbindung zwischen Erde und Sonden auch noch über einige Milliarden Kilometer hinweg möglich. Mit Hilfe des Doppler-Effekts können Astronomen die Entfernung, die Position, die Geschwindigkeit und die Flugrichtung der Raumsonden mit höchster Genauigkeit bestimmen. Abweichungen von der errechneten Bahn werden sofort offenkundig, weil die Bahn der Pioneer-Roboter dank ihrem Drall äußerst stabil ist. Die

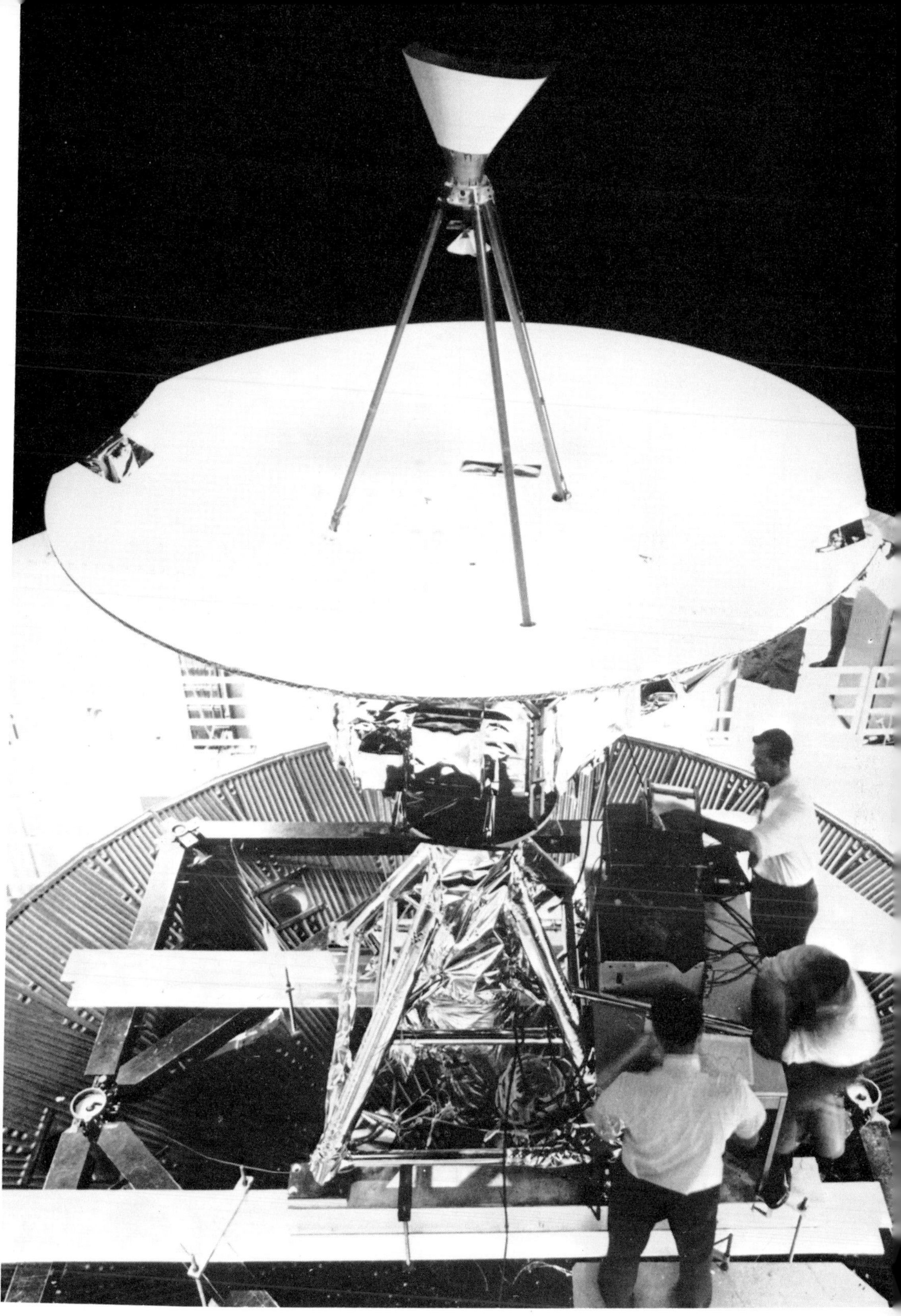

bisher festgestellten Abweichungen in der Flugbahn der beiden Sonden bestätigten die seit langem bestehenden Vermutungen, daß sich außerhalb der Pluto-Bahn noch ein anderer Körper befinden muß. Je höher man die Masse dieses Transpluto ansetzt, desto weiter muß er von uns entfernt sein – und umgekehrt.

Mutmaßungen über Transpluto

Nach den bisherigen indirekten Messungen und Berechnungen könnte der vermutete äußere Planet etwa die Masse, vielleicht auch die Größe, von Jupiter haben und ungefähr 5 Milliarden Kilometer von der Bahn des Pluto entfernt sein. Die Sonne wäre dann von ihm 9 Milliarden Kilometer weit weg. Der Größe nach hätte man Transpluto trotz der großen Entfernung schon längst entdecken müssen, so meinen die Astronomen. Wahrscheinlich ist der gesuchte Planet auch schon auf einigen Fotonegativen abgebildet, ohne daß ihn die Experten bisher als solchen erkannt hätten. Je geringer die Helligkeit des Planeten, desto größer wird die Anzahl der zu überprüfenden Sterne, und da wird leicht die Positionsverschiebung eines der winzigen Lichtpünktchen übersehen. Es ist kaum anzunehmen, daß er so dunkel ist, daß man ihn selbst mit heutigen Teleskopen noch nicht erfassen kann.

Planet, Stern oder Schwarzes Loch?

Manche Astronomen haben eine neue, sehr gewagte Erklärung dafür, daß Transpluto bisher nicht aufgefunden wurde. Sie halten es für möglich, daß die beobachteten Störungen von einem großen, dunklen, sternartigen Objekt hervorgerufen werden. Sogar von einem sogenannten »Schwarzen Loch« ist in diesem Zusammenhang die Rede, also von einem Stern sehr hoher Dichte, der keinerlei elektromagnetische Strahlung wie Licht- oder Radiowellen mehr entweichen läßt. Wie vorläufige Berechnungen ergeben, hätte dieses Schwarze Loch etwa die zehnfache Sonnenmasse und wäre 180 Milliarden Kilometer von dieser entfernt. Sollte es sich aber »nur« um einen einfachen dunklen Stern handeln, dann wäre es ein Objekt von der Masse unserer Sonne in ungefähr 90 Milliarden Kilometer Entfernung. Sollte sich diese Annahme bestätigen, müßten die Astronomen von ihrer allgemein anerkannten Theorie, die Sonne sei ein Einzelstern in unserer Milchstraße, Abschied nehmen. Wir wären dann vielmehr Bewohner eines Planeten in einem Doppelsternsystem.

Von diesen etwas verwegen anmutenden Spekulationen einmal abgesehen, scheint es aber nun keine Zweifel mehr zu geben, daß außerhalb der Pluto-Bahn in unserem Planetensystem noch ein weiteres Objekt existiert. Dessen wahre Natur kann aber wohl erst dann geklärt werden, wenn die beiden Pioneer-Sonden auf ihrem entgegengesetzten Kurs noch weiter vorgestoßen sind. Wird nur einer der Roboter von seinem vorausberechneten Kurs abgebracht, dann dürfte die Störung durch einen Planeten auf der betreffenden Seite des Sonnensystems verursacht werden. Werden aber die beiden Pioneer-Sonden etwa in ungefähr gleicher Weise von Gravitationskräften abgelenkt, dann muß man wohl die Existenz eines großen, sehr weit entfernten sternartigen Objekts als Ursache annehmen. Wie dieses interessante Experiment auch ausgehen mag, den Astronomen stehen auf jeden Fall interessante Entdeckungen ins Haus.

Vorhergehende Doppelseite: Mit Hilfe des großen amerikanischen Himmelsteleskops, das 1985 gestartet werden soll, könnte der vielleicht existierende zehnte Planet vom Weltraum aus erstmals genau beobachtet werden. Grafik NASA/Engelhardt

Oliver Korb

ABENTEUER LAPPLAND

Die Zugfahrt war recht unterhaltsam gewesen. In Stockholm steigen wir aus und machen uns schwer bepackt im Laufschritt auf die Suche nach dem Anschlußzug. Die Passanten stieben wie aufgescheuchte Hühner auseinander, schließlich wollen wir den verflixten Zug noch erreichen. Normalerweise kann man mit einem Rucksack von 25 Kilogramm Gewicht noch ganz gut laufen. Doch störend erweisen sich die tausend Kleinigkeiten unter dem Arm, die Freßtüte, der 10 Kilogramm schwere Fotokoffer und das fast 3 Meter lange Metallruder. Ein freundlicher Schaffner sieht uns und verzögert die Abfahrt des Zuges, so daß wir tatsächlich noch nach Kiruna mitfahren können. Mit letzter Energie stopfen wir unsere Ausrüstung in den Waggon und freuen uns auf die reservierten Plätze. Aber vergebens: Schwedische Rekruten haben sie schon besetzt.
So verbringen wir die Nacht abwechselnd auf dem Mittelgang liegend, in winzigen Gepäcknischen sitzend oder in einem Spalt zwischen Sitz und Toilettenwand kauernd. Nicht gerade komfortabel, doch haben wir wenigstens ab und zu die Möglichkeit, uns auf zwei der reservierten Plätze auszuruhen. Besser jedenfalls, als ohne Aussicht auf einen Sessel die Nacht halb stehend, halb kauernd im Waschraum zu verbringen, wie es anderen Leidensgenossen ergeht.
Warum unternehmen vier deutsche Jugendliche im Alter zwischen 16 und 18 Jahren eine solche Reise weit in den hohen Norden, weit über den Polarkreis hinaus? Warum nehmen sie zwei Tage strapaziöse Bahnfahrt auf sich, um dann eine ebenso strapaziöse Fahrt im Schlauchboot durchzustehen? Was veranlaßt immer mehr Menschen, ihren Urlaub auf diese unkonventionelle Weise zu verbringen? Ist es die Suche nach Selbstbestätigung, ist es die Zivilisationsmüdigkeit, der Wunsch, mal etwas zu erleben, was gar nicht planmäßig ablaufen kann?

Am Torneträsk

In Luleå steigen die Soldaten aus, und der Zug gehört uns. Platz im Überfluß, so geht es nach Kiruna. Kiruna ist für uns der letzte Bahnhof in einer halbwegs zivilisierten Umwelt. Von dort aus geht es mit der Erzbahn weiter nach Abisko Östra, das kurz vor der norwegischen Grenze liegt.
Die Ansiedlung Abisko am Torneträsk ist deshalb unser Reiseziel geworden, weil dort im Jahresmittel am wenigsten Niederschläge fallen sollen. Ausnahmen bestätigen die Regel, und so gesehen, ist unsere Reise eine einzige Ausnahme. Es gießt zwar nicht in Strömen, aber es regnet. Trotzdem bringen wir unsere Ausrüstung an das Ufer des Torneträsk und

Folgende Doppelseite: Rast am Torneträsk in Lappland. Foto Korb

stechen sogleich in »See«. Die erste Nacht verbringen wir auf einer Insel kurz vor Abisko. Endlich beginnt unsere Expedition, und unsere umfangreiche Ausrüstung, angefangen vom Tabak bis zur Signalpistole, darf ihre erste Probe bestehen. Am anderen Morgen wachen wir feucht auf: Ein Zelt ist undicht geworden, und ein Daunenschlafsack hat das Wasser erfolgreich aufgesogen. Das ist zwar nicht weiter schlimm, denn auch ein Daunenschlafsack trocknet, doch dafür muß auch die Luft trocken sein.
Eineinhalb Stunden mühen wir uns ab, doch schließlich werden wir mit einem Feuer belohnt, das uns eine gute Mahlzeit sichert. Endlich gestärkt, verstauen wir unsere Ausrüstung im Boot und beginnen, den See zu überqueren.
Wie wir es geschafft haben, ist mir heute noch nicht ganz klar. Bei meterhohem Wellengang, bei Platzregen, gemischt mit Hagel und Sonnenschein, erreichen wir nach vier Stunden in einem Zustand glücklicher Erschöpfung das andere Ufer. Eigentlich ist es eine Steilküste, denn bevor wir Camp 2 aufschlagen können, sind einige Meter Höhenunterschied mit Hab und Gut samt Boot zu überwinden. Wir suchen einen Lagerplatz, schlagen unsere Zelte auf, essen noch einen Happen und verschwinden schnell in den teilweise noch feuchten Schlafsäcken. Am nächsten Morgen stehen wir wie neugeboren auf. Was alle erhofften, tritt ein: Die Sonne scheint. Das Frühstück besteht aus Reis mit Champignonsuppe.

Eintönigkeit und Hunger

Die nächsten Tage sind in ihrem Ablauf sehr ähnlich: Aufstehen, Frühstück machen, Boot beladen, stundenlang paddeln bei Sonne, Regen und Gegenwind, Lagerplatz suchen, Camp aufbauen, Abendessen, Schlafen. Diese Eintönigkeit macht jedem zu schaffen, und kleine Streitigkeiten sind nicht zu umgehen. Dazu trägt auch der dauernde Hunger bei: Wir haben in unseren Rucksäcken Verpflegung für ungefähr drei Wochen. Aus Gewichtsgründen sind die Portionen eher bescheiden berechnet. Naturalien sollen den Speiseplan ergänzen. In diesem Punkt haben wir uns aber gründlich vertan. In der ganzen Zeit fangen wir zwei Fische und finden einige Handvoll Blaubeeren, das ist alles. Schon vor Antritt der Reise war uns klar, daß die Vorräte rationiert werden müssen. Doch bei fünfstündiger Paddelei mit Gegenwind wird der Spaß zum Ernst, das Vergnügen zur Knochenarbeit. Zwei Mahlzeiten am Tag reichen dann einfach nicht aus. Selten gehen wir ohne knurrenden Magen schlafen, und oft gibt es Streit um irgendwelche Nichtigkeiten. Während der ganzen Reise messen wir dem Essen viel mehr Bedeutung zu, als wir es zu Hause gewohnt sind. Es ist einfach wundervoll, selbstgebackenes Brot zu essen, auch wenn es noch so verkohlt ist. Und wir träumen von warmen Mahlzeiten!

An der Stromschnelle

Dienstag, der 25. August 1981. An diesem zehnten Tag der Reise können wir endlich damit rechnen, auf die langersehnte Stromschnelle zu treffen. Um 11 Uhr wühlen wir uns aus den Schlafsäkken. Wir überprüfen die Packungen auf Wasserfestigkeit und verstauen alles im Boot. Nach ungefähr zweistündiger Fahrt hören wir ein deutliches Tosen, das nur von der Stromschnelle herkommen kann. Bald legen wir seitlich an, und der Anblick der Stromschnelle läßt uns daran zweifeln, ob diese Wildwasserfahrt ein Genuß sein wird.
Die geballte Wassergewalt des Sees, der über 90 Kilometer lang ist, drängt sich durch ein Nadelöhr von nicht einmal 100 Meter Breite. Das Wasser donnert über ein Gefälle von 2 Meter in ein Auslaufbecken, das von großen Steinen durchzogen ist. Davor bildet sich jedoch eine riesige Wasserwalze von 2 Meter Höhe.

Diesen Wasserfall und die anschließende Walze können wir mit unserem schwerbeladenen Boot nicht meistern, doch sind noch andere Durchfahrten vorhanden. Ein kleinerer Abfluß läßt uns hoffen. Er ist durch Steininseln zerschnitten, und es sieht so aus, als seien beide Arme zu befahren. Wir entscheiden uns für die wildere Strecke, obwohl uns Einheimische, denen wir von dem Vorhaben erzählen, uns dringend davon abraten.

Fahrt durchs Nadelöhr

Das Wetter ist stürmisch und ungemütlich. Jeder bereitet sich auf die Fahrt vor, indem er die Schwimmwesten zum letzten Mal kontrolliert und alles lose Gepäck festzurrt. Wir setzen die Helme auf, und dann geht's los. Mit zunehmendem Tempo nähern wir uns den Stromschnellen. Das Wasser tobt, wird immer wilder und beginnt zu schäumen. Plötzlich hören wir ein ächzendes Geräusch vom Bootsboden. Das Boot kippt im nächsten Augenblick vornüber. Es steckt auf einem im Wasser liegenden Felsbrocken fest und läuft hinten voll. Ich kann in dieser Schräglage das Gleichgewicht nicht mehr halten und falle seitlich in das donnernde Wasser. Die unglaublichen Wassermassen drücken mich sofort vom Boot weg, und ich gehe unter. Ich erinnere mich nur noch an die alte Regel: Rükkenlage einnehmen und Füße in Richtung der Strömung möglichst hoch halten, um das Schlimmste zu verhindern. Mehrere Male verschluckt mich das Wasser vollständig, und meine Füße schlagen hart gegen den felsigen Grund. An Schwimmen ist nicht zu denken, denn die Strömung und die wasserschwere Kleidung verhindern jede gezielte Bewegung. Plötzlich spüre ich Grund unter den Füßen, und ich sehe, wie unser Boot, das sich sofort wieder losgerissen hatte, auf mich zukommt. Es macht aber alle Anstalten, an mir vorbeizugleiten, da reicht mir Frank, unser jüngster Reisegefährte, sein Paddel. Mit letzter Kraft ziehe ich mich an Bord.

Nach einigen Minuten ist die schlimmste Erschöpfung vorbei, und ich kann mich aufrecht ins Boot setzen und die Lage überblicken. Das Gepäck hat sich gelöst und schwimmt im Innenraum. Thomas und Uli sitzen hinten und schöpfen Wasser, fischen die verlorenen Paddel auf und versuchen, das nächste Ufer zu erreichen. Mir ist mittlerweile so kalt geworden, daß ich mich kaum mehr rühren kann. Mit letzter Energie schleppen wir das Boot an Land und müssen uns sofort umziehen. Auch Thomas ist ins Wasser gefallen, hat sich jedoch sofort an die Rettungsleine klammern können. Er ist naß und friert, wir frottieren uns gegenseitig. Die wasserdicht verpackte Ersatzkleidung ist glücklicherweise trocken geblieben. Wir klappern mit den Zähnen, während wir uns umziehen. Nur sehr langsam kehrt Gefühl in den unterkühlten Körper zurück. Wäscheleinen werden aufgespannt und mit nasser Kleidung behängt. Wir haben Glück, auch die Schlafsäcke sind trocken geblieben, und so können wir vorerst aufatmen.

Zwangspause bis zur nächsten Wildwasserfahrt

Langsam wird es dunkler. Bald prasselt ein wärmendes Feuer, über dem wir eine große Portion Reis mit Rindfleisch kochen. Heißer Kaffee und Tee geben uns zusätzliche Wärme. Die Bilanz des Tages: Das Boot hat am Boden eine Klinke von 40x40 Zentimeter, und der Holzboden ist an einigen Stellen angebrochen. Die Reparaturen zwingen uns zu einer mehrtägigen Pause, doch sind wir froh, daß die halsbrecherische Tour so glimpflich abgelaufen ist.

Drei Tage später sind wir wieder unterwegs. Wir passieren weitere kleinere Stromschnellen und sehen, wie sich die Umgebung allmählich verändert. Der Krüppelwuchs nimmt ab, dafür tauchen

Links: Frank beim Fischen. Obwohl man eigentlich annehmen müßte, daß die Flüsse und Seen Lapplands sauber und somit fischreich sind, hatten wir nur ein einziges Mal Glück und fingen zwei Fische. Möglicherweise lag es an unseren Fangmethoden.

Ganz oben: Sonnenuntergang am Torneträsk. Da wir uns jenseits des Polarkreises befinden, dauert der Sonnenuntergang ewig lang, und ein eigentlicher »Untergang« ist er auch nicht. Im Sommer geht die Sonne dort nämlich nie ganz unter – diese Erscheinung heißt Polartag.

Oben: Lagerfeuer mit den gastfreundlichen Schweden. Fotos Korb vereinzelt Nadelbäume auf, ein Zeichen dafür, daß wir in niedrigere geographische Breiten kommen. Noch einmal liegt eine gefährliche Stromschnelle vor uns. Einige Schweden, die wir getroffen haben, haben uns vorgewarnt und versichert, mit unserem Boot sei an eine Befahrung nicht zu denken. So beschließen wir zunächst, das Boot mit Gepäck um das Wildwasser herumzutragen. Wer weiß, ob die Flicken halten. Nachdem wir die Ausrüstung herumgeschleppt haben, sticht uns doch der Hafer, und Tomás und ich entschließen, das Boot durch die Stromschnellen zu manövrieren. Mit etwas Glück müßte es klappen. Trotz der Kälte ziehen wir uns bis auf Badehosen und Schuhe aus. Schwimmweste und Helm sind obligatorisch. Wenn alles gut geht, ist das Boot in ungefähr zehn Minuten am vorgesehenen Platz. Festgeklemmt zwischen den beiden Bordwänden treiben wir in die Strömung. Leicht wie eine Feder überspringt das Boot die Wellen, fällt in zwei Meter tiefe Wellentäler, doch uns passiert nichts. Das Fahrzeug reagiert sehr gut auf den Einsatz der Stechpaddel. Das Gröbste ist schnell überwunden, und wir steuern das Ufer an.

Schwedische Gastfreundschaft

Dort empfängt uns wild gestikulierend ein Mann. »Verrückt seid ihr«, erklärt er uns auf Englisch, »die ersten, die diese Stromschnellen befahren. Erst vor einem Jahr sind zwei Deutsche in den 500 Meter weiter unten liegenden Schnellen in einem Kajak ums Leben gekommen.« Größte Vorsicht! An eine Weiterfahrt ist nicht zu denken. »Wir wollen keine toten Deutschen hier in Lappland. Wir mögen die Deutschen, und zwar lebendig.« Nach einer Weile stellt sich heraus, daß unser Gegenüber Captain der schwedischen Armee ist. Er bietet uns Wodka und Schnupftabak an, der, so zeigt uns der Captain, zwischen Oberlippe und Schneidezähne eingeklemmt, einen angenehmen Geschmack verbreitet.
Es entwickelt sich ein munteres Gespräch, und plötzlich tauchen von allen Seiten weitere Menschen auf. Wir wollen mit Boot und Ausrüstung weiter, doch der Captain überredet uns, zu bleiben und mit ihm und seinen Freunden zu Abend zu essen. Sie alle sind Angler aus Kiruna, die die letzten Tage der Fischsaison nutzen wollen. Da ist das Ehepaar Roger und Lena, das Ehepaar Göstra und Tanja mit ihren beiden Söhnen Hasse und Lasse, ein Major der schwedischen Armee und der Captain. Wir trauen unseren Augen kaum, als er beginnt, seine Vorräte auszupacken. Brot, Kartoffeln, Büchsenfleisch – von allem können wir kriegen, soviel wir wollen. Wir fühlen uns wie im Schlaraffenland.

Vom Beginn neuer Pläne

Doch es kommt noch besser. Als unsere Gastgeber erfahren, daß wir nach Kiruna wollen, schlagen sie uns vor, in der nahegelegenen Hütte mit zu übernachten und am nächsten Morgen mit dem Motorboot nach Kuravaara zu fahren und von dort mit dem Auto nach Kiruna. Wir nehmen gerne an. Die Nacht wird noch lang. Die Schweden erzählen uns von der Schönheit ihres weiten Landes. Lena sagt: »Wir lieben unser Land und versuchen, es zu erhalten. Touristen sind uns willkommen, doch nur diejenigen, die nichts zerstören.«
Am Bahnhof ist die Reise zu Ende. Der Abschied ist kurz.
Wir sind noch nicht einmal zwei Stunden im Zug, und schon beginne ich, von der Wildnis zu träumen. Ich denke zurück an Wind und Regen, an das allabendliche Lagerfeuer, an das Zelt, in dem wir immer so unbequem gelegen haben. Wir haben manches Mal geschimpft, die ganze Idee verwünscht, doch schon jetzt wissen wir, daß wir bald wieder Pläne schmieden werden.

Harald Steinert

BAKTERIEN ALS BERGLEUTE

Seit dem Jahr 968 – so verbürgen es alte Chroniken – wird in der ältesten deutschen Erzgrube, im Rammelsberg bei Goslar, Bergbau betrieben. Während der Regierungszeit Otto des Großen, Kaiser des Heiligen Römischen Reiches, entdeckte man die oberflächennahen goldhaltigen Kupfer- und Silbererze. Um diesen Fund ranken sich viele Sagen, doch wie es sich tatsächlich zugetragen hat, wird man nie erfahren. Höchstwahrscheinlich stießen bergbauerfahrene Männer aus dem Süden auf Felswände, die vom Rostwasser überflossen waren, und schlossen daraus richtigerweise auf verwitterte Erzgänge unter Tage. Der enorm reiche Erzberg brachte der Kaiserpfalz Goslar Reichtum und Ansehen, wurde zum politischen Zankapfel des Mittelalters und zum Ausgangspunkt für die Erzsuche im reichen Harzrevier. Über 900 Jahre lang gewannen die Bergleute dort ihr Erz mit der ältesten Bergbautechnik, mit Feuer. Bis 1878 setzten sie unter Tage große Holzstapel vor den Erzwänden in Brand. Durch die Hitze und den Temperaturwechsel wurde das Erz mürbe und fiel herunter.

Dieses Feuersetzen verwendeten schon die Menschen der Jungsteinzeit in ihren Feuersteingruben. Die urtümliche Arbeitsweise überlebte im Rammelsberg deswegen so lange, weil das Erz dort sehr hart und nur schwer zu sprengen ist. Ein Berghauptmann aus Sachsen, J. C. Freisleben, beschreibt nach einem Besuch des Rammelsberges um 1840 das grandiose Schauspiel, das er dort erlebte: »... Man kann es nicht beschreiben, man kann es nur fühlen, was für einen erhebenden Eindruck in einer schauerlichen unterirdischen Weite die tobenden Feuerflammen und die krachenden, ununterbrochen herabstürzenden Wände machen.«

Bergbau der Zukunft

In diesem ältesten deutschen Bergwerk haben die modernsten Abbautechniken natürlich längst Einzug gehalten, ja hier beginnt die Firma Preussag AG erstmals auf deutschem Boden mit Versuchen zum »Bergbau der Zukunft«: es arbeiten keine Knappen mehr unter Tage, es wird nicht mehr gebohrt, und gewalttätige Hilfsmittel wie Dynamit oder Donarit sind verbannt. Kleinlebewesen gedeihen im Bergwerk, wachsen, verzehren den Fels und das Erz und liefern in Wasser gelöste Metalle, die man in Aufbereitungsanlagen leicht gewinnen kann. Stiller und umweltschonender geht es nicht mehr.

Diese Beschreibung ist allerdings noch utopisch, noch Zukunftsvision. Zwar setzen Bergbauingenieure schon heute in großem Umfang Bakterien und wohl bald auch Pilze zum Erzabbau ein. Doch vorläufig geht dies noch nicht ohne menschliche Bergleute und ohne Bohrer oder Sprengstoffe. Zuerst muß man an die Erzlagerstätten herankommen und

dort die fleißigen und stillen Mikroben ans Werk setzen. Eine andere Möglichkeit besteht darin, das ganze Erz zunächst aus dem Untergrund herauszuholen und dann den Mikroben zur Aufbereitung zu übergeben. Tatsache ist, daß die Technik heute Bakterien einsetzt.
Die Mitarbeit von Mikroben im Bergbau ist allerdings nicht neu. Sie arbeiten schon seit Jahrtausenden mit, doch wußte man lange Zeit nichts davon. Denn ein Teil dieser Mikroben lebt von Natur aus im Gestein und vor allem in Erzgruben und betreibt dort »Geschäftsführung ohne Auftrag«, wie das Juristen nennen würden: Sie lösen Erze auf und setzen die Metalle in gelöster Form frei.

Bakterien als Schwefelfresser ...

Diese mikrobiellen Mitarbeiter leben vor allem in Gruben mit sulfidischen Erzen. Es handelt sich dabei um Verbindungen zwischen Metall und Schwefel, der lateinisch »sulfur« heißt. Eines der häufigsten sulfidischen Erze ist der Pyrit oder Eisenkies. Er hat die chemische Formel FeS_2, es sind also 2 Schwefelatome (S) mit je einem Eisenatom (Fe) verbunden. Sulfidisch sind auch Kupferglanz (Cu_2S), Bleiglanz (PbS) und Zinkblende (ZnS). Von diesen Erzmineralien leben vor allen zwei Bakterienarten. Thiobacillus ferrooxidans oxidiert das Eisen des Pyrits zu dreiwertiger Form und den Schwefel zu Schwefelsäure. Bei diesem chemischen Vorgang entsteht als Zwischenprodukt reiner Schwefel. Diesen verwendet Thiobacillus thiooxidans als Energiequelle und oxidiert ihn ebenfalls zu Schwefelsäure. Beide Bakterien arbeiten also sozusagen Hand in Hand.
Wenn erst einmal reiner Schwefel verfügbar ist und wenn Thiobacillus thiooxidans seinen Stoffwechsel aufgenommen hat, erzeugt er so viel Schwefelsäure, daß das Wasser sehr sauer wird; der pH-Wert sinkt bis auf eins. Die Bakterien leben dann in der Säure. Diese zersetzt das Gestein und macht es den Bakterien besser zugänglich; die Lösung der Erze kommt in Schwung.
Dabei werden andere Metallsulfide genauso zersetzt wie der Pyrit. Ihr Metallanteil löst sich im Grubenwasser, das es in allen Erzgruben gibt. Sind Kupfererze vorhanden, so ist das Grubenwasser durch das Kupfersulfat oft blau gefärbt.
Warum bauen die Bakterien privat Erze ab? Sie müssen es tun, weil sie aus den Sulfiderzen ihre Energie gewinnen. Wenn sie nämlich den Schwefel oxidieren, wird die Energie frei, die sie für ihr Leben brauchen. Zusätzlich benötigen sie vor allem das in der Luft enthaltene Kohlendioxid als Kohlenstoffquelle zum Aufbau neuer Zellsubstanzen.

... gab es schon immer

Die nützlichen Schwefelbakterien wurden erst nach 1920 entdeckt. Zuvor hatte man lange Zeit geglaubt, nur die Oxidation durch den Luftsauerstoff bewirkte die Säurebildung im Grubenwasser. Doch schon seit Jahrhunderten nutzten die Bergleute in Kupfergruben die Tätigkeit der einzelligen Mitarbeiter aus, ohne die chemischen Vorgänge und ohne den Begriff »Sauerstoff« überhaupt zu kennen: Sie gewannen aus dem Grubenwasser Kupfer, indem sie Abfalleisen hineinlegten. Das Eisen überzog sich dann langsam mit Kupfer. Damit hat es folgende Bewandtnis: Eisen löst sich in einer sauren Kupferlösung, während das Kupfer gleichzeitig ausfällt und metallisch wird. Man kann diese Ausfällung von Kupfer in einem kleinen Versuch beob-

Der Erzberg beim Städtchen Eisenerz in der österreichischen Steiermark besteht völlig aus Spateisenstein und enthält 32 Prozent Eisen. Seit ungefähr 800 v. Chr. wird er im Tagebau abgebaut – bis auf den heutigen Tag. Foto Mauritius

achten: Man löst Kupfersulfatsalz in Wasser auf, macht die Lösung sauer und legt einen blanken Eisennagel hinein. Er bedeckt sich mit einer Kupferschicht. Diese elektrochemische Reaktion wird heute noch bisweilen für eine »stromlose« Verkupferung, also eine galvanische Verkupferung ohne Elektrolysebad, ausgenutzt.
Die stromlose Verkupferung von Eisenstücken in den Grubenabwässern liefert über längere Zeit hinaus nennenswerte Kupfermengen. Denn der Kupfergehalt dieser Wässer ist keinesfalls klein – in der Grube Avoca in Irland beträgt er beispielsweise 0,5%, und ein erheblicher Teil dieses Kupfers kann auf den Eisenstücken abgelagert werden; der Bergmann sagt auch, es wird »zementiert«. Noch heute gewinnt man Zementkupfer auf diese Weise. Mancherorts sind die Bergbauingenieure jedoch dazu übergegangen, den gelösten Kupfer durch Flüssigextraktion mit organischen Chemikalien zu gewinnen. Ein entsprechender Versuch läuft zur Zeit in New Mexico in der Chino-Mine.

Bakterien auf der Halde

Die Zementkupfergewinnung blieb bis in die Nachkriegszeit hinein der einzige praktische Nutzen, den der Bergbau von den Bakterien hatte. Erst nachdem die Wissenschaftler die Arbeit der Thiobazillen und einiger anderer erzlösender Mikroben erforscht hatten, begannen die Bergleute, planmäßig die Abbauarbeit ihrer kleinen Helfer zu unterstützen. Man stellte meist nicht sehr ergiebiges Roherz auf großen Halden den Bazillen als Weide zur Verfügung. Sie sollten dort bequem und schnell Kupfer- und andere Metallösungen erzeugen und der Grube die Aufbereitungsarbeiten abnehmen. Dazu ist nicht viel mehr nötig als das ständige Berieseln der Halden mit Wasser. Etwas »Zusatzfutter« in Form von Phosphorsalzen beschleunigt den Stoffwechsel der Bakterien und steigert damit

Gegenüberliegende Seite: Das größte Uranvorkommen der Bundesrepublik Deutschland liegt im Schwarzwald, bei Menzenschwand südlich des Feldbergs. In Zukunft will man hier jährlich rund 10 000 Tonnen Uranerz fördern. Da Uranerze sehr selten sind, könnte die Laugung mit Hilfe von Bakterien wirtschaftlich bald interessant werden. Foto dpa

Links: Das Foto aus dem Jahr 1899 zeigt die Förderung von Erzgestein in Rammelsberg bei Goslar, also dort, wo bald die Bakterienlaugung zum Einsatz kommen soll. Foto Südd. Verlag

Unten: Auf eine Gesamtstrecke von 20 km ist im Laufe des 150jährigen Bestehens der Grube »Hilfe Gottes« in Bad Grund, Harz, das unterirdische Wegnetz angewachsen. Das Bergwerk gehört zu den drei Gruben der Bundesrepublik Deutschland, die Erze und Blei fördern – jährlich über 420 000 Tonnen. Foto dpa

ihre Arbeitsleistung. Die metallhaltigen Wässer braucht man dann nur am Fuß der Halde zu gewinnen.
Auch unter Tage läßt sich das gleiche Arbeitsprinzip verwenden. Die Bergleute lockern das Erz, berieseln es dann ausreichend mit Wasser und ziehen dieses dann wieder ab, wenn die Bakterien genügend Metall gelöst haben. Es ist nicht einmal nötig, die Erze mit Bakterien zu impfen, denn die wichtigsten Formen kommen überall vor oder breiten sich in den Gruben schnell aus. Mikrobiologen versuchen schon seit langem, besonders fleißige Bakterienstämme zu züchten. Sie haben damit aber noch keinen großen Erfolg gehabt. Es hat sich gerade im Rammelsberg gezeigt, daß die Bakterien so gut an die Umweltbedingungen angepaßt sind, daß sie das Bestmögliche leisten.

Hohe Leistungsfähigkeit

Den Einsatz von Bakterien zur Metallgewinnung nennen die Fachleute »bakterielle« oder »mikrobielle Laugung«, auf englisch »bacterial leaching«. Weil das Verfahren so einfach und bequem ist, hat es sich in den letzten Jahrzehnten erstaunlich schnell eingeführt.
Vor allem Kupfer wird durch planmäßiges »bacterial leaching« gewonnen. Die größte »Laugungshalde« liegt im Bingham Canyon in Utah, USA. Die Kennecott Copper Corporation gewinnt dort jeden Tag rund 200 Tonnen Kupfer aus einem Haldengebiet, das rund 4 Milliarden Tonnen Abraum aus einem konventionellen Kupferbergwerk umfaßt. Dieser Abraum ist für die herkömmlichen Verhüttungsverfahren zu wenig, für die Bakterien aber noch ausreichend kupfererzhaltig, so daß sich die Installation eines Leitungssystems von rund 12 Kilometer Länge lohnte. Es versprüht pro Minute rund 150 Kubikmeter Laugungsflüssigkeit, eine verdünnte Schwefelsäure, die den Bakterien das Leben leichter macht. Am Fuß der Halde sammeln sich die Abwässer, und das Kupfer wird daraus durch Zementation gewonnen. Auch andere Länder wie Spanien, Australien und Tasmanien sind zu diesem Bakterienbergbau übergegangen. Die Vorteile liegen auf der Hand: Die Bakterien können aus bisher wertlosem Abraumgestein, das nur noch wenig Erze enthält, die gewünschten Metalle gewinnen.
Die jährliche Produktion der einzelligen Bergleute liegt für die ganze Welt bei rund 5 Prozent. Allein in den USA werden jährlich etwa 220 000 Tonnen Kupfer, das sind 13 Prozent der gesamten Förderung, durch Halden- oder Grubenlaugung erbracht.

Versuche im Rammelsberg bei Goslar

Die Preussag AG überträgt nun dieses biotechnologische Verfahren erstmals nach Deutschland, in das älteste Bergwerk des Landes. Die Firma will mit Hilfe der Mikroben die metallarmen oder weit verstreuten Resterze gewinnen, die nach dem fast tausendjährigen Bergbau übriggeblieben sind. Zwar wird man noch etwa sieben Jahre lang den herkömmlichen intensiven Bergbau betreiben können, doch dann ist es vorbei. Das Sickerwasser wird jedoch weiter fließen; es dringt von der Oberfläche her in den Fels ein, durchzieht Ritzen, Spalten, Schächte und Strecken und bringt den überall wachsenden Bakterien frischen Sauerstoff. Der Nährboden Rammelsberg ist so reich, daß schon heute, ohne technische Nachhilfe, pro Liter Grubenwasser ungefähr 2 Gramm Zink und 0,2

Tagebau von Kupfererzen in Arizona (oben) und von Eisenerz im australischen Newman (unten). Anfallendes taubes Gestein, das zu wenig Erz für eine ergiebige Verhüttung enthält, kann von Bakterien ausgelaugt und damit billig genutzt werden. Foto oben Südd. Verlag, unten dpa

19
P&H

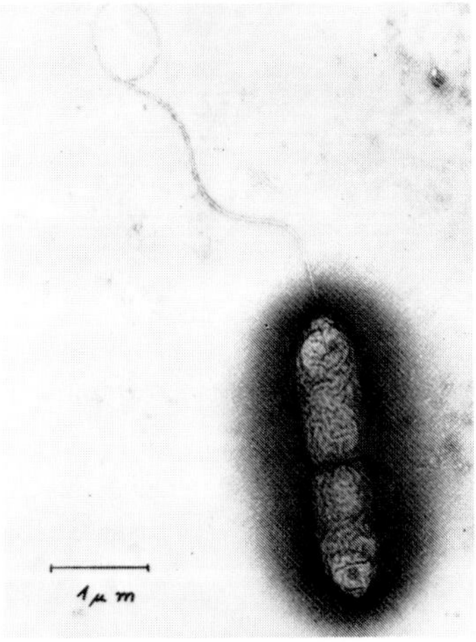

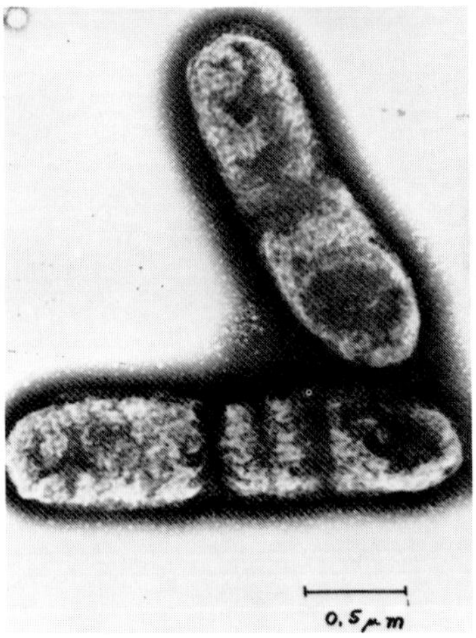

Links: Elektronenmikroskopische Aufnahmen der im Bergbau verwendeten Bakterien Thiobacillus thiooxidans (oben) mit deutlich erkennbarer Geißel und Thiobacillus ferrooxidans (unten). Foto Bosecker/Preussag
Rechts: Versuchsanordnung zur mikrobiellen Laugung im Labor. Die Säulen enthalten je 45 kg Erz. Foto Preussag

Gramm Kupfer abfließen. Schon aus umweltschützerischen Gründen darf dies nicht endlos so weiter gehen.
Man hat nun beschlossen, diese Grubenwässer so weit mit gelösten Metallen anzureichern, daß sich deren Ausbeutung lohnt. Man wird die Wässer also sammeln und wieder in den Rammelsberg einleiten – dorthin, wo man noch Resterze vermutet und wo es sich lohnt, den Bakterien etwas Hilfestellung zu geben, zum Beispiel durch zusätzliche Zufuhr von Sauerstoff. Wie das genau zu geschehen hat, steht noch nicht fest und wird zur Zeit gerade in Versuchen geprüft. Wenn sich die Erwartungen erfüllen, wird der Rammelsberg nach dem Ende des konventionellen Bergbaus durch bakterielle Laugung immerhin noch einige 100 000 Tonnen Zink und einige 10 000 Tonnen Kupfer liefern.
Der Einsatz von Mikroben als Bergleute steht heute vermutlich erst am Anfang,

denn die Thiobazillen können offenbar auch Nickel, Molybdän, Blei, Antimon, Uran, Kobalt und Zink extrahieren, wenn man sie nur mit den betreffenden sulfidischen Erzen füttert. Man muß diese Erze möglicherweise speziell vorbereiten, z. B. fein mahlen und in besonderen Tanks mit den Bakterien zusammenbringen. Solche Verfahren sind dann freilich nicht mehr billig, doch im Vergleich zu den bisherigen Verhüttungstechniken ausgesprochen umweltschonend. Mikrobiologen und Bergbauingenieure haben bereits mit entsprechenden Versuchen begonnen.

Auch Pilze lösen Metalle

Noch viel rosiger erscheint die Zukunft, wenn man sich nicht mehr auf Thiobazillen beschränkt, die praktisch vom Gestein leben und keine Zusatzfütterung benötigen, auch wenn sie eine solche vielleicht dankbar annehmen. Heute denken die Wissenschaftler schon daran, auch heterotrophe Bakterien oder Pilze zu verwenden. Sie benötigen für ihren Stoffwechsel organische Kohlenstoffverbindungen wie Zucker, Stärke, Fett oder Eiweiß. Heterotrophe Lebewesen bauen diese Nahrung ab und gewinnen daraus ihre Energie. Dabei erzeugen sie oft auch Säuren, die Gesteine und Erze zersetzen und die entsprechenden Metalle in Lösung bringen.

Ein interessantes Forschungsprojekt der Bundesanstalt für Geowissenschaften und Rohstoffe in Hannover zeigt, welche Möglichkeiten noch in heterotrophen Mikroben stecken. Es geht darum, Nickel aus sogenannten Lateriten zu gewinnen. Es sind dies mehrere Meter mächtige Verwitterungskrusten in tropischen Böden. Sie enthalten das Nickel aber nicht in sulfidischer Form – Thiobazillen kann man also nicht an diese Aufgabe setzen –, sondern in oxidischer oder silikatischer Bindung. Die Gewinnung dieser Metalle wird deswegen sehr teuer, auch wenn die Laterite leicht im Tagebau aus dem Boden zu holen sind.

Gewisse Schimmelpilze erzeugen nun genügend Säure, um das Nickel aus dem Laterit herauszulösen. Es wird die Aufgabe der Mikrobiologen sein, Pilzstämme zu züchten, die hohe Nickelkonzentrationen ohne Schaden ertragen. Man muß die Pilzstämme mit organischer Nährlösung füttern – und diese muß sehr billig sein, wenn das Verfahren wirtschaftlich arbeiten soll. Und gerade hier stößt man auf große Schwierigkeiten. Zwar haben die Wissenschaftler diese Pilze mit billigen Futtermitteln wie Rückständen aus der Zuckerrübenverarbeitung zu gewissen Leistungen bewegen können: sie liefern mit dieser Ernährung ungefähr 30 Prozent des im Erz vorhandenen Nickels – eine zu geringe Ausbeute. Bietet man den Pilzen hochwertige Nahrung wie Glukose an, so bringen sie es immerhin auf 50 Prozent. Die Ernährung mit Glukose ist aber nicht wirtschaftlich. Zur Zeit suchen die Mikrobiologen in Hannover nach billigeren Nährlösungen und versuchen, genügsamere Pilzstämme zu finden.

In vielen über die ganze Welt verstreuten Forschungs- und Entwicklungslaboratorien werden heute Versuche mit Bakterien und Erzen angestellt. In ein paar Jahrzehnten werden die Mikroben im Bergbau wohl jene Rolle spielen, die sie heute schon in der Chemie, in der Pharmazie und in der Nahrungsmitteltechnologie einnehmen.

Christian Wiesenhütter

100 JAHRE ORIENT-EXPRESS

Die Geschichte der Balkanzüge

Leih mir dein grosses Lärmen,
deinen grossen so sanften Gang,
dein nächtliches Gleiten
durch das erleuchtete Europa,
oh Luxuszug! Und die
erstehende Musik,
die entlang deinen Gängen
vergoldeten Leders auftönt,
während hinter lackierten Türen
mit schweren kupfernen Schlössern
die Millionäre schlafen.

Nach »Train de Luxe«,
einer Ode von Valéry Larboud.
Aus: SBB-Nachrichtenblatt 1/83

4. Oktober 1883, 19 Uhr: In der Halle des Pariser Ostbahnhofs hat sich eine große Menschenmenge eingefunden. Ganz vorne direkt an den Gleisen steht die Prominenz: Ingenieure, Politiker, Reporter – alles Männer von Rang und Namen. Sie bewundern die schmucken, riesigen, aus Metall, Teakholz und Glas gebauten Vierachswagen des Orient-Express, der vor seiner offiziellen Eröffnungsfahrt steht. 75 Meter lang ist der Zug. An der Spitze eine 2'B der französischen Ostbahn-Gesellschaft, dahinter der Gepäckwagen, vollbeladen mit Koffern, Kisten und Postbeuteln. Dann die eigentliche Sensation, zwei Hotelwagen – wie die Schlafwagen jener Zeit auch genannt wurden –, eineinhalbmal so lang wie die zuvor gebräuchlichen Dreiachser. Nicht minder wird der Speisewagen bestaunt: schneeweiße Tischtücher, blankpoliertes Besteck und Porzellan, dazu die schmukken Uniformen der Kellner. Am Zugschluß noch ein zweiachsiger Gepäckwagen für den Proviant der Gäste, die die Ehre haben, an der Einweihungsfahrt des »Express d'Orient« teilzunehmen: Minister aus Belgien, Frankreich, Österreich, Ungarn, dazu ein Diplomat der türkischen Botschaft in Paris; Generalsekretäre und Ingenieure der verschiedenen Eisenbahngesellschaften. Bedeutendster Mann an jenem Oktoberabend im Pariser Ostbahnhof aber ist ein belgischer Ingenieur – Georges Nagelmackers, Direktor und Begründer der Compagnie Internationale des Wagons-Lits (CIWL), der Internationalen Schlafwagengesellschaft.

In Amerika hatte Nagelmackers die berühmten Schlafwagen des George Mortimer Pullman (»Pullman-Wagen«) kennen- und schätzengelernt. Von da an war er von der Idee besessen gewesen, ähnliche Luxuswagen auch auf europäischen Gleisen rollen zu lassen. Doch damals herrschte in Europa ein engstirniger Nationalismus. An den Landesgrenzen mußten die Reisenden in der Regel die

Inneres des Speisewagens n° 999 des Orientexpress, Baujahr 1905. Hier war gut tafeln und reisen. Foto Compagnie Internationale des Wagons-Lits/Wiesenhütter

Wagen wechseln und langwierige Kontrollen über sich ergehen lassen. Nagelmackers hatte erkannt, daß Erleichterungen für die Fahrgäste nur durch die Gründung einer internationalen Gesellschaft zu erzielen waren. Er hatte viel Mühe aufgewendet, um die verschiedenen Bahngesellschaften von der Idee zu überzeugen, fremde Wagen auf ihrem Hoheitsgebiet zu übernehmen und weiterzubefördern. Am 4. Dezember 1876 gelang ihm mit der Gründung der CIWL der endgültige Durchbruch: Bald verkehrten 53 Schlafwagen – alles Drei- und Zweiachser – zwischen den mitteleuropäischen Metropolen.

Danach ging es schnell voran: Im Jahr 1880 gab es die ersten Versuchsfahrten mit vierachsigen Schlafwagen, ein Jahr später den ersten europäischen Speisewagen, noch dreiachsig mit zwölf Stühlen entlang der Wagenwände. Die zuvor üblichen mehrmaligen Essensaufenthalte konnten entfallen. Im Oktober 1882 fuhr der erste Zug, ohne jeden Sitzwagen – es war eine einmalige Werbefahrt der CIWL zwischen Paris und Wien. Mit diesem Zug begann das Zeitalter der Luxuszüge, wenn auch recht gemächlich, nämlich mit einer Höchstgeschwindigkeit von 75 Stundenkilometer. Der Zug brauchte 27 Stunden und 53 Minuten zwischen der Seine- und der Donaustadt. Das waren vier Stunden weniger, als gewöhnliche Züge benötigten.

Nun begannen monatelange Verhandlungen der CIWL mit der französischen Ostbahn, den Elsässisch-Lothringischen Eisenbahnen, den Staatsbahnen im Großherzogtum Baden, den Königlich Württembergischen Staatsbahnen, den Verbindungslinien im Königreich Bayern, der K.u.K.-Staatsbahnverwaltung Wien und den Königlichen Hauptverwaltungen der Rumänischen Staatsbahnen. Schließlich einigte man sich.

Artikel 1 dieser Vereinbarung: »Die Internationale Schlafwagen-Gesellschaft verpflichtet sich, das nöthige Wagen-Material an Schlaf-, Restaurations- und Salon- sowie Gepäckwagen zur Einrichtung eines regelmäßigen Dienstes von besonderen Schnellzügen zwischen Paris und Giurgewo zu liefern, welche ausschließlich aus diesen Wagen bestehen sollen. Die Züge, denen der Name ›Orient-Express-Züge‹ zu geben ist, sollen in beiden Richtungen wöchentlich ein- oder zweimal event. auch, je nach Bedürfniß, noch öfter verkehren.« Und Artikel 8: »Die Passagiere haben für diese Orient-Express-Züge Schnellzugbillets 1. Klasse zu

Der Orientexpress 1883, im ersten Jahr seines Bestehens. Foto Compagnie Internationale des Wagons-Lits/Wiesenhütter

lösen und der Schlafwagen-Gesellschaft einen festen Zuschlag zu vergüten, welcher sich auf 20% der jetzigen Billetpreise der betheiligten Verwaltungen berechnet ...«

Doch die Ingenieure in den Werkhallen waren nicht so schnell wie die Juristen am Verhandlungstisch. Die neuen vierachsigen Drehgestell-Schlafwagen waren noch nicht fertig. So kam es, daß am 5. Juni 1883 der Orient-Express seine fahrplanmäßigen Fahrten aufnahm, ohne daß jemand davon Notiz nehmen wollte. Erst als die neuen Wagen fertig waren – an jenem 4. Oktober 1883 – fand auch die offizielle Einweihungsfahrt statt.

Der Verlauf der Einweihungsfahrt: Empfänge in Wien und Budapest in heiterer und aufgelockerter Atmosphäre. An der rumänischen Grenze empfangen zwölf Musiker den Zug, was den Fahrgästen so gefällt, daß das Konzert während der Fahrt im Speisewagen fortgesetzt wird: Zweieinhalb Stunden Zigeunermusik ohne Pause mit Begleitgesang des Speisewagen-Küchenchefs ... Am Morgen des vierten Tages Bukarest mit einer vierstündigen Ausflugsfahrt ins transsylvanische Sinaia, wo König Karl von Hohenzollern die Reiseteilnehmer in seiner Sommerresidenz empfängt. Am 5. Tag dann der Endbahnhof Giurgewo, das heutige Giurgiu, und anschließende Donauüberquerung in einer Dampfbarkasse. Am östlichen Ufer in Rustschuk, heute Ruse, Weiterfahrt zur Hafenstadt Varna im einfachen »Knochenschüttler-Wagen« der Österreichischen Ostbahn. Da es keinen Speisewagen mehr gibt, wird das Mittagessen in einem türkischen Dorf – in Scheytandjik, zu deutsch »kleiner Teufel« – serviert. Ein Reiseteilnehmer der Jungfernfahrt bemerkte später dazu, »daß nicht einmal ein großer Teufel die zähen Rebhühner hätte zerschneiden können, die zusammen mit Pfirsichkompott, türkischem Kuchen und Mandeln in Sirup aufgetragen worden waren«. Letzte Etappe nach Konstantinopel (Istanbul) ist dann die Schiffsfahrt an Bord der »Espero« des österreichischen Lloyds, »vom Bug bis zur Treppe der Kommandobrücke angefüllt mit malerischen Trachten in ihrem Elend, mit stolzen und noblen Gesichtern in ihrer verzweifelten Trauer«. Nach der stolzen Reisezeit von 81 Stunden und 40 Minuten ist das Goldene Horn erreicht.

Erst sechs Jahre später, 1889, war die durchgehende Bahnlinie nach Istanbul fertiggestellt. Nun ging es von Bukarest über Belgrad, Nisch, Sofia, Plovdiv nach

Istanbul, bis auf ein kleines Stück in der heutigen Türkei die gleiche Strecke, die die Züge jetzt noch nehmen. Erneuter Zeitgewinn: 14 Stunden. Inzwischen waren wiederum neue Wagen gebaut worden: Erstmals hatten die Schlafwagen kleine Waschräume zwischen zwei Zweibettabteilen.
Der nach wie vor verkehrende rumänische Flügelzug konnte 1885 nach dem Bau einer Donaubrücke bis ans Schwarze Meer, nach Konstanza, weitergeführt werden. Die CIWL bot Rundreisen nach Konstantinopel an – auf der Hinreise über Sofia, Rückreise über Konstanza. Der Orient-Express wurde zu einem festen Begriff. Weitere Luxuszüge folgten, und aus dem einen Orient-Express wurden bald mehrere: Ab 1900 gab es den Oostende-Wien-Orient-Express. Er vereinigte sich östlich von Wien mit dem Orient-Express und fuhr dreimal wöchentlich nach Konstanza und viermal nach Konstantinopel.
»Diesem Zug, der Europa durch Europa trug, galt die Sehnsucht, das Entzücken, der Neid derer, die ihm nur nachwinken konnten«, schrieb eine Zeitung. Könige ließen ihre Salonwagen einfach an den Luxuszug ankoppeln. Kaufleute, Kuriere, Pelzhändler, Künstler aus Europa und dem gesamten Vorderen Orient, ja selbst aus Persien und Indien, gaben dem Zug seine unverwechselbare, aber geheimnisvolle Atmosphäre, die eine Menge bunter Legenden entstehen und ihn zur Kulisse vieler Romane und Filme werden ließ. So soll einmal ein orientalischer Pascha einem Lokführer zum Dank für eine gute Fahrt eine Haremsdame geschenkt haben. Und die Frau eines kaukasischen Fürsten sei zweimal jährlich nach Paris gereist, um dort ihre sechs Pudel scheren zu lassen.
Mit Ausbruch des Ersten Weltkriegs am 2. August 1914 verlor die »Compagnie Internationale des Wagons-Lits et des Grands Express Européens« – wie die Internationale Schlafwagengesellschaft inzwischen hieß – ihre herausragende Bedeutung. 1600 Schlaf- und Speisewagen waren auf dem gesamten europäischen Kontinent mit Ausnahme von Schweden und Norwegen und in Ägypten eingesetzt gewesen. Der Krieg zerschlug dieses Netz von Luxuszügen.
Nachdem deutsche Truppen den Balkan besetzt hatten, schuf man einen »Balkanzug« Berlin-Konstantinopel. Ein Zug, der mithelfen sollte, »den Eisenbahnverkehr nach dem Balkan und nach dem Orient dem französischen Einfluß zu entreißen«, so der preußische Arbeitsminister im Jahre 1915. Doch 1918 war Deutschland besiegt und das kurze Leben des Balkanzuges beendet. Doch die Grundlage für ein Konkurrenzunternehmen zur CIWL, aus dem später die MITROPA (Mitteleuropäische Schlaf- und Speisewagen-Gesellschaft) entstehen sollte, war gelegt. Die Siegermächte waren nicht mehr bereit, den Orient-Express durch das Staatsgebiet der Besiegten, Deutschland und Österreich, zu führen. So entstand im Jahre 1919 der legendäre »Simplon-Orient-Express«.
Schlafwagen von Paris nach Athen im Simplon-Orient-Express stellten 1920 die erste Reisezugverbindung zwischen Westeuropa und Griechenland her. Doch 1921 gab es auch wieder den Orient-Express – auf seiner historischen Strecke von Paris über München, Wien, Budapest und Bukarest, ein Jahr später sogar wieder mit Schlafwagen nach Istanbul. Er wurde allerdings teilweise an gewöhnliche Züge angehängt. Erstmals gab es auch einen Balkanzug vornehmlich aus Sitzwagen, den »Direct-Orient«. Reisen

Oben: Inneres des Speisewagens des Orientexpress, Baujahr 1883.
Unten: Schlafwagen von 1882 im Originalzustand. Fotos Compagnie Internationale des Wagons-Lits/ Wiesenhütter

COMPAGNIE INTERNATIONALE DES
Nº 333
SLEEPING CAR

war nun nicht länger ein Privileg der oberen Bevölkerungsschichten – ein fernes Ende der Luxuszüge kündigte sich an, noch bevor sie den Höhepunkt im Jahr 1939 erreicht hatten: 806 Schlafwagen, 661 Speisewagen, 133 Pullmanwagen und 138 Gepäckwagen, insgesamt 1738 Wagen standen damals in den Diensten der CIWL. War der Simplon-Orient-Express anfangs einen ganzen Tag länger unterwegs gewesen als der Orient-Express des Jahres 1914, so legte er die Strecke Paris-Istanbul 1939 in 56 Stunden zurück – eine Zeit, die nie wieder erreicht werden sollte.

Die Verwüstungen des 2. Weltkrieges waren ungleich größer als die des ersten Krieges. Von den 1738 Wagen waren nicht viele übrig geblieben. Doch bereits am 27. September 1945 fuhr wieder der erste der früheren Luxuszüge als »Arlberg-Orient-Express« auf dem Rumpfstück Paris-Innsbruck – mit nur einem Schlafwagen.

Ab April 1946 gab es auch wieder einen Orient-Express, der allerdings nur bis Linz fuhr. 1948 wurde die Strecke nach Budapest und Bukarest verlängert, aber es gab einen wichtigen Unterschied: Ungarn und Rumänien waren kommunistisch geworden, was die Verstaatlichung auch der CIWL-Schlafwagendienste in den beiden Ländern bedeutete. Der Eiserne Vorhang mit seinen endlosen Paß- und Zollkontrollen, Visagebühren und Zwangsumtausch versetzte dem Luxuszug auf seiner alten Stammstrecke den Todesstoß. Aus dem Luxuszug wurde 1950 ein »FD« (Fernschnellzug), der zeitweise nur wieder bis Budapest verkehrte. Seit 1970 ist er ein gewöhnlicher D-Zug, der heutige D 263/262. Noch immer steht der stolze Schriftzug »Orient-Express« auf den Wagenschildern. Doch über Bukarest fährt schon lange niemand mehr zum Orient. Der »Orient-Express« des Jahres 1983 hat noch einen einzigen von Paris bis Bukarest durchlaufenden Wagen. Eine bedeutungslose Route ...

Was wurde aus dem Simplon-Orient-Flügel? Auf der Fahrplankonferenz 1945 wieder vorgeschlagen, 1946 von Paris bis Venedig geführt, erreichte er 1947 wieder Istanbul. Längst waren Sitzwagen angehängt – 3.-Klasse-Wagen sogar, die es damals noch gab –, aber noch immer verkehrten die blauen Schlafwagen der CIWL bis ans Goldene Horn. Doch auch für diese Strecke hatte die politische Neuordnung Südosteuropas Auswirkungen: Erst tobte in Griechenland ein Bürgerkrieg, dann gab es Zwischenfälle an der Grenze zwischen Bulgarien und der Türkei. Mehrmals verkehrte der Express unter Umgehung des kommunistischen Bulgariens über Thessaloniki und Alexandroupolis.

Mit dem Gastarbeiterstrom, der sich in den sechziger Jahren nach Westeuropa ergoß, wurde auch der Balkanverkehr neu geregelt. Dies bedeutete schließlich auch das Ende des Simplon-Orient-Express' und die Wiedereinführung des Direct-Orient, der die Pariser Schlafwagen nach Athen und Istanbul übernahm. Zahlreiche Züge wurden eingerichtet, z. B. »Tauern-Express«, »Tauern-Orient«, »Marmara-Express«, der »Athen-Express« und die noch heute verkehrenden »Hellas-Express«, »Istanbul-Express« und »Akropolis«. Höhepunkt im Nachkriegs-Balkanverkehr war der 19. Dezember 1970. Nicht weniger als 21 Sonderzüge brachten ausländische Arbeitnehmer von Deutschland zurück in ihre Heimat, in alle Teile Jugoslawiens, Griechenlands und der Türkei. Schlafwagen waren nicht mehr gefragt, bestenfalls Liegewagen. Doch die meisten waren einfache Sitzwagen, manchmal sogar nur dreiachsige Nahverkehrswagen. Waschräume und Toiletten waren begehrte Sitzgelegenheiten, das Gepäck stapelte sich meterhoch auf den Plattformen, mehrstündige Verspätungen waren an der Tagesordnung.

Einwanderungsstopp, Wirtschaftskrise, aufkommende Arbeitslosigkeit ließen in

Blick in einen Salonwagen des Orientexpress. Die aufwendige Inneneinrichtung stammt aus den Jahren 1926/1927. Fotos Compagnie Internationale des Wagons-Lits/Wiesenhütter

den letzten zehn Jahren den Verkehr wieder abnehmen. 1977 verschwanden der »Tauern-Orient« und der »Direct-Orient« – damit der letzte durchgehende Wagen Paris-Istanbul. Seit 1982 fährt der »Istanbul-Express« als eigenständiger Zug nur noch im Sommerhalbjahr.
Auf der Simplon-Orient-Flügelstrecke ist allein der »Venezia Express« mit Wagen von Venedig nach Athen und Istanbul verblieben. Heute kann man von Deutschland aus nur noch nach Athen im Schlafwagen reisen – im Dreibettabteil mit einem stolzen Zuschlag von 150 DM zum Fahrpreis der 2. Klasse. Das ist natürlich viel zu teuer für die jungen Leute, die heute die Züge nach Athen und Istanbul bevölkern: Interrail-Reisende mit Rucksäcken, die ihren eigenen Schlafsack für die Nacht auf unbequemen Polsterbänken gleich mitbringen, genauso

Balkan-Züge – damals und heute

1883	Orient-Express
1894	Oostende-Wien-Orient-Express
1919	Simplon-Orient-Express
1921	Direct-Orient
1932	Arlberg-Orient-Express
1948	Balt-Orient-Express
1951	Tauern-Express
1963	Hellas-Express
1965	Istanbul-Express
1966	Tauern-Orient-Express
1976	Nostalgie-Orient-Express
1982	Venice-Simplon-Orient-Express

wie Brot, Wein und Obst zur Verpflegung. Speisewagen in Balkanzügen sind heute eine Seltenheit geworden, doch gerade die jugoslawischen zwischen Zagreb und Belgrad sind nicht die schlechtesten Restaurantwagen . . .

Aber man kann sich auch wie vor hundert Jahren unterwegs auf den Bahnhöfen verpflegen: Etwa mit Schinkenbroten in Kroatien, Käsegebäck in Serbien oder frischen Kirschen in Mazedonien – in Zeitungspapier eingewickelt, verkauft von einem alten Mütterchen, das mal eben ein paar Kilometer mitfährt. Da wird leckerer Reispudding angeboten – wie in Idomeni etwa, dem griechisch-jugoslawischen Grenzort. Der neue Bahnhof von Nisch, wo sich die Athen- von der Istanbulstrecke trennt, ist hingegen für sein hervorragendes Eis berühmt. Oder man pflückt selbst einen Maiskolben – bei einem der zahllosen Halte neben der Strecke …

Auch heute ist eine Zugfahrt nach Istanbul oder Athen noch voller Abenteuer und Überraschungen. Da gibt es das Erlebnis jenes Reisenden, der an einem Grenzübergang ohne jede Erklärung aus dem Zug geschleppt und dem Kommandanten der Grenzstation vorgeführt wurde. Statt Brot und Wasser in einer Zelle wurde er zuvorkommend mit Wodka bewirtet – der Grenzkommandant hatte Geburtstag und einen Fahrgast gesucht, der am gleichen Tag wie er geboren war, um nicht allein feiern zu müssen.

Auch der luxuriöse Orient-Express feierte inzwischen eine nicht vorhersehbare Wiedergeburt. Entschluß- und finanzkräftige Persönlichkeiten wie der Züricher Albert Glatt und der Amerikaner James Sherwood kauften einige der älte-

Gegenüberliegende Seite: Heute fährt der legendäre Orientexpress wieder, vor allem zwischen London und Venedig. Der Amerikaner James Sherwood brauchte vier Jahre, um 35 Originalwaggons des Zuges in Museen, Antiquitätenmessen und von Privatleuten zu erwerben. Im Bild Warren Miller und seine Frau beim Einsteigen zur ersten Fahrt. Miller ist der Urenkel von George Pullman, dem Erfinder und Erbauer der ersten Schlafwagen. Foto Südd. Verlag

Der Orientexpress hat die Fantasie der Schriftsteller und Regisseure vielfach herausgefordert. Die berühmteste unter ihnen ist Agatha Christie mit ihrem Kriminalroman »Mord im Orientexpress«. Im Bild eine Szene aus dem sechsteiligen Fernsehfilm »Orientexpress« (1982). Foto Südd. Verlag

Orient-Express – einst und jetzt (in Klammern die Reisetage)

Juni 1883	Juni 1983		Juni 1983	Juni 1883
19.30 (1.)	25.15 (1.)	Paris Ost	6.44 (3.)	18.00 (3.)
23.15 (2.)	15.33 (2.)	Wien West	15.05 (2.)	15.25 (2.)
6.09 (3.)	20.30 (2.)	Budapest	9.20 (2.)	10.08 (2.)
4.45 (4.)	12.45 (3.)	Bukarest	19.05 (1.)	15.15 (1.)

sten Wagen der CIWL auf. Sie wurden zum Grundstock für den Park zweier Luxuszüge, dem »Nostalgie-Orient-Express«, der seit 1976 nach Istanbul fährt, und dem »Venice-Simplon-Orient-Express«, der seit Mai 1982 London mit Venedig verbindet.

So kann man sich heute wieder – freilich zum Preis von ein paar Tausend Mark – von 28 Köchen, Stewards, Schlafwagenschaffnern, einem Barpianisten, einem Bordarzt und weiteren Betreuern verwöhnen lassen. Zwischen Morgenduschen mit Luxusseife und Frotteetuch und dem Gala-Dinner bei Kerzenlicht im nostalgischen Speisewagen geht es durch enge Balkanschluchten, alles etwas steif und gekünstelt, aber wohlbehütet und organisiert – doch ohne jene Eindrücke und Erfahrungen, wie sie derjenige noch heute gewinnt, der sich mit Rucksack und Interrailticket mit normalen Zügen in den Balkan aufmacht, um Land und Leute kennenzulernen.

Dietmar M. Carsten

DIE KUNA-INDIANER DER SAN-BLAS-INSELN

»Das Betreten der Insel ist nur mit besonderer Erlaubnis und nur während des Tages erlaubt. Nach Sonnenuntergang dürfen sich keine Fremden mehr auf der Insel aufhalten.« Diesen Hinweis entnehmen wir einem hölzernen Schild an der Anlegestelle der Insel Ustupu. Diese Insel ist das geistige Zentrum der »República de Tule«, die die Kuna-Indianer 1925 selbst ausgerufen haben. Auf ihr hat sich die indianische Tradition am reinsten erhalten können.

Nur wenige der vielen dem Festland Panamas vorgelagerten Klein- und Kleinstinseln sind erschlossen und dem Touristen zugänglich. Auf diesen ausgesuchten Eilanden hat sich der Kuna auf Fremde, die er Huaga (sprich: wuaga) nennt, eingestellt. In gut organisierten Kurzreisen kommen die Fremden mit gecharterten Kleinflugzeugen zu den Pisten, die noch auf dem Festland, aber schon in Sichtweite der Inseln liegen. Auf der kurzen Fahrt über das Wasser in den einheimischen Einbäumen werden die Touristen gründlich auf ihren Besuch bei den Indianern vorbereitet. Wer auf den Inseln Indianer fotografieren will, muß pro Person bezahlen; die herrliche Landschaft und die Hütten dagegen sind frei.

Huaga, Fremde

Einen Blick hinter die Kulissen und in die Hütten lassen die Kuna nicht zu. Der Fremde darf zwar gegen bare Münze Handarbeiten kaufen, so die begehrten Molas, aber ein Lächeln als Dank darf er nicht erwarten. Die Indianer können sogar recht rüde werden, wenn sich jemand um die Fotogebühren drücken will.

Der Fremde ist eben ein Huaga, ein nicht willkommener Eindringling. Er wird völlig ignoriert, und sucht er persönliche Kontakte, so wird er oft hart abgewiesen. Nur wer sich ein wenig Zeit nimmt, über die Indianer und ihre Vergangenheit nachzudenken, wird ihr Verhalten verstehen.

Mit den Eindringlingen haben die Kuna-Indianer schlechte Erfahrungen gemacht. Sie nahmen zu Ende des 16. Jahrhunderts, in der Zeit der spanischen Eroberungen auf dem amerikanischen Kontinent, ihren Anfang. Als sich der erste spanische Konquistador, Vasco Nuñez de Balboa, ins Innere des neuentdeckten Kontinents wagte, betrat er als erster Weißer das Gebiet der Kuna. Er zog durch das Land, hinterließ eine lange blutige Spur und entdeckte den Pazifik. Das war die erste Erfahrung der Indianer mit den Weißen.

Blick auf eine der zahlreichen kleinen Inseln des San-Blas-Archipels im Karibischen Meer an der Nordküste Panamas. Dort leben die Kuna-Indianer in weitgehend selbstgewählter Isolation. Foto Carsten

Es braucht viel, bis aus den unerwünschten, bestenfalls geduldeten Fremden, den Huaga, Freunde oder Anai werden. In der Bildmitte der Autor, rechts seine Begleiterin Eliane, die »Tule« wurde, ein wie die Kuna-Indianerin (links) gekleideter »Mensch«. Foto Carsten

Es folgten Seeräuber, die den Spaniern ihre fette Beute abjagten, dann Abenteurer, Goldsucher und zuletzt die Siedler, die das Leben der Indianer bedrohten. Der Kuna, der sich selbst Tule, Mensch, nennt, gab seinen Kampf um Eigenständigkeit und um den Erhalt seiner Kultur und Identität nie auf.

Ein neuer Lebensraum

Versuche, die Fremden loszuwerden, waren allerdings selten erfolgreich. So teilte sich der Stamm um die Wende zum 20. Jahrhundert in zwei Volksgruppen auf. Eine Gruppe begab sich in das bergige, dicht von tropischem Regenwald bewachsene Landesinnere, die andere zog über die teils sumpfigen, lebensbedrohenden Küsten zu den Inseln, die sie heute noch bewohnen.

Der neue Lebensraum brachte Vor- und Nachteile mit sich. Die Inseln sind zwar frei von Ungeziefer und wegen der oft wild um sie herumtobenden See schlecht zugänglich für die verhaßten Huagas. Andererseits haben sie kein Trinkwasser, abgesehen von dem, was bei Regen aufgefangen werden kann. Pflanzen lassen sich so gut wie keine anbauen. Das Trinkwasser holen die Indianer aus den Flüssen ziemlich weit im Innern des Festlandes, wo das Salzwasser das Frischwasser noch nicht ungenießbar gemacht hat. Auch die Nahrung finden sie zum großen Teil auf dem Festland.

Doch auch auf den Inseln des San-Blas-Archipels sollten die Kuna nicht lange ungestört leben. Der Bau des Panamakanals und die Neugründung der Republik Panama zu Beginn dieses Jahrhunderts brachten Veränderungen mit sich. Viele Männer der Kuna halfen beim Bau des Kanals, und die Republik schickte Beam-

te auf die Inseln. Beamte, die nicht nur anderen Rassen angehörten, sondern die auch andere Interessen als die Indianer hatten. Hochnäsig, aufsässig und ausbeuterisch nutzen diese neuen »Herren« ihre Stellung aus.
Die Kuna hatten jedoch gelernt, daß Fremde untereinander nicht immer Freunde sind. Dies wußten sie 1925 zu nutzen.

Die »República de Tule«

Zu jener Zeit begannen Nele Kantule und sein Stammesbruder Simral Colman die »Revolución Kuna« zu organisieren. Doch wie konnte man sich gegen moderne Waffen erheben? Alfred Kantule, der Sohn Neles, wurde heimlich in die USA geschickt und sprach in Washington den damaligen Präsidenten Coolidge um Hilfe an. Wie dieser Kuna den amerikanischen Präsidenten überreden konnte und welche Zugeständnisse er erhielt, wird wohl ewig im dunkeln bleiben. Auch in meinen Gesprächen mit Alfred Kantule erfuhr ich nichts darüber.
Jedenfalls zettelten die Kuna eine Revolution an. Sie verjagten oder töteten die Verwaltungs- und Polizeibeamten und riefen die freie und eigene »República de Tule« aus. Ein Rachefeldzug der Panamesen wurde durch die Präsenz eines amerikanischen Kriegsschiffes gestoppt. Verblüfft und eingeschüchtert gab die Regierung den Forderungen der Indianer nach und erklärte das Gebiet des San-Blas-Archipels und einen dazugehörigen Festlandstreifén für autonomes Kuna-Gebiet. Die in den Bergen lebenden Kuna erhielten am Oberlauf des Bayano-Flusses eine Landreserve zugeteilt.
Der Kazike, der Oberhäuptling, Nele Kantule schloß einen Vertrag mit der Verwaltung der Kanalzone. Er sicherte Arbeitsplätze und gute Bezahlung und erlaubte den Kauf moderner Werkzeuge. Ebenso kam ein Vertrag mit der »United Fruit Company« zustande. Der Kazike drang auch auf eine Fortbildung in Schulen, um seinem Volk die Gleichberechtigung zu sichern.

Horden von Fremden sind unerwünscht

Noch heute sorgen die Indianer dafür, daß längst nicht alle Einflüsse der Außenwelt auf ihre Inseln gelangen. Fremde sind unerwünscht, werden auch nicht durch Einheirat zugelassen. Die Kuna hingegen dürfen jederzeit die Insel zur Arbeit und für Besuche verlassen, allerdings mit Ausnahme jener, die das Volk schlecht repräsentieren würden.
Die Kultur des Kuna-Stammes wird bewußt erhalten und gefördert. Missionare sind nur aus einem Grunde zugelassen: Der Kuna will durch sie erfahren, was die Außenwelt Nützliches zu bieten hat.
In den sechziger Jahren entschlossen sich die Kuna, einige Inseln den Touristen zugänglich zu machen. Die Fremden bringen schließlich Geld. Man kann Handarbeiten direkt an Ort und Stelle verkaufen und erspart sich lange Wege. Doch nicht nur sehen und kaufen wollten die neuen Fremden, sie wollten auch fotografieren. Nun, auch das sollte Geld bringen.
Die ausgestreckten Hände, der fordernde Blick und die markigen Worte haben viele Touristen verärgert. Es wird oft von den bösen Kuna und den geldgierigen Indianern gesprochen, die nicht einmal lächeln und froh sein können. Und außerdem, was erlebt man schon unter den Indianern? Ist nicht alles nur Fassade? Ein vorgetäuschtes Theaterspiel?

Anai, Freunde

Wie freundlich die Kuna-Indianer wirklich sind, sollte ich während meiner Besuche auf den entlegeneren Inseln des San-Blas-Archipels erfahren. Der erste Kuna-Indianer, den ich kennenlernte, war Sahila, Unterhäuptling, William Smith-Kantule. Zuerst Erstaunen über seinen

Vorhergehende Doppelseite: Kuna-Indianer bei einer Anlegestelle, ein farbenprächtiges Bild.
Oben: Die Kuna sind Meister im Flechten von Körben und anderen Gebrauchsgegenständen. Fotos Carsten

Namen. Als »Zivilisierter« müsse man einen Namen haben, meinte er, aber bitte keinen jener Völker, die das Land des eigenen Volkes unterjochten, wie der Spanier. So finden sich viele englische Familiennamen. Den Sahila Smith-Kantule hatte ich während eines gemeinsamen Fluges von meinen Absichten, sein Volk zu studieren, überzeugen können. Er lud mich und meine Begleiterin, eine junge Französin, Eliane Fiorina, nach Ustupu ein.

Ustupu ist das geistige Zentrum der Kuna. Dem Befreier Nele Kantule wurde ein Denkmal gesetzt. Sein Grab befindet sich zwischen Insel und Festland auf einer nur wenige Quadratmeter großen Insel. Unser erster Weg führt uns zu Oletebelikiña, dem neuen Kaziken. Er muß nicht nur über unseren Besuch informiert werden, sondern muß uns auch den Aufenthalt erlauben. Oletebelikiña ist weit über achtzig Jahre alt, sein Amt übernahm er bereits 1944 als Nachfolger Kantules. Er bietet uns an, auf kleinen, hölzernen Hockern vor seiner Hütte Platz zu nehmen. Der Sahila dolmetscht. Der Kazike formuliert seine Fragen überlegt und langsam. Er hat viele Fragen und will wissen, was wir hier wollen. Ein halber Tag vergeht. Der Kazike läßt keinen Einwand gegen unseren Aufenthalt erkennen. Er gibt dem Sahila Smith und den andren sechs Sahilas den Auftrag, auszuschwärmen, den Bewohnern der Insel unsere Gegenwart zu verkünden und die Männer für ein abendliches Treffen im Congreso zusammenzurufen. Der Congreso, der Rat der Männer, soll gemeinsam eine Entscheidung über uns treffen. Wir sollen bis dahin in der Hütte von Smith verbleiben.

Schon wird es dunkel in Ustupu. Es ist sieben Uhr, als wir in Begleitung unseres Sahilas zwischen den eng aneinander gebauten Hütten hindurchgehen. Durch die aus dünnen Stäben errichteten Wände scheinen die nächtlichen Feuer. Leises Gerede wird hörbar, Lieder und Lachen dringen durch die Stille. Auf dem Platz vor der großen Hütte des Congreso steht auf einem hohen Sockel die Büste Nele Kantules. Über den Platz verstreut flakkern einige Glühbirnen, die ein laut knatternder Generator mit Strom versorgt.

Die große Beratung

Als wir den Congreso betreten, verstummen einige hundert Männerstimmen. Petroleumlampen erhellen nur das Zentrum der Hütte. Der Rest ist in ein Halbdunkel getaucht. Direkt neben den Lampen liegen die Sahilas in Hängematten. Neben ihnen stehen ihre kunstvoll geschnitzten und verzierten Amtsstäbe.
Eliane ist die einzige zugelassene Frau. Wir sollen uns neben den Kaziken auf eine Bank setzen. Oletebilikiña beendet die Stille. Laut und erregt spricht er zu den Männern. Immer wieder deutet er auf uns. Der Inhalt dieser langen Rede bleibt uns verschlossen. Dann beginnt eine heftige Diskussion. Fragen werden an uns gestellt. Die Männer scheinen skeptisch. Wir werden sehr bald erfahren, warum.
Einem anderen Fremdling war es vor einiger Zeit erlaubt worden, auf einer der Inseln eine Art Zentrum für Touristen zu errichten. Um die Touristen anzulocken, hatte er abenteuerliche, bizarre Geschichten veröffentlicht. Die Kuna erfuhren davon. Erbost rissen sie seine Bungalows nieder und vertrieben ihn. Diese Art von Publicity brauchen sie nicht, wird mir verdeutlicht. Ich gebe den Männern mein Versprechen, nicht falsch über sie zu berichten. Die Männer glauben mir, und nach einer mehrstündigen Beratung erhalten wir die Erlaubnis, uns auf der Insel unbegrenzt aufzuhalten.
Jetzt sind wir keine Huaga mehr, jetzt sind wir Anai, Freunde.

Die täglichen Arbeiten

Das Leben beginnt lange vor Sonnenaufgang. Frauen und Mädchen füllen ihre Einbäume mit leeren Kalebassen, zum Teil auch mit Plastikbehältern, um Frischwasser vom Festland zu holen. Mit den Männern einer Kooperative paddle ich durch die Finsternis ebenfalls zum Festland. Dort setzen wir auf schmalen Pfaden den Weg ins Landesinnere fort. Als es hell wird, machen wir an einem Fluß Rast für ein morgendliches Bad.
Unser Ziel, ein Kokospalmenhain, ist bald erreicht. Mit Macheten bewaffnet, gehen 250 Männer dem Unterwuchs zu Leibe. Ein gewählter »Capitán« wacht darüber, ob auch alle Mitglieder erschienen sind. Fehlt einer und hat dieser auch keinen Ersatzmann geschickt, wird eine Strafe von zwei Balboa notiert.
Während ich mit den Männern tagsüber unterwegs bin und ihre harte Wald- und Feldarbeit kennenlerne, wird meine Begleiterin von den Frauen »aufgenommen«. Auch die Arbeit der Frauen füllt den Tag aus. Zweimal am Tage geht es zum Festland: Frischwasser holen, Wäsche waschen, Feld- und Waldfrüchte sammeln, dann Reinigen und Kochen in den Hütten.

Eliane wird »Tule«

Eliane sticht nicht nur durch ihre helle Haut und den blonden Schopf von den Kunafrauen ab, sondern auch durch ihre Kleidung. Doch sie möchte sich anpassen. Als sie ihren Wunsch den Frauen klarmacht, freuen sie sich und beginnen mit Eliane ein emsiges Treiben.
Zuerst muß eine Mola-Bluse gefertigt werden. Unterschiedlich farbige Stoffe werden in sieben Lagen übereinander zusammengenäht. Farbige Muster ergeben sich dadurch, wie tief und bis zu welcher farbigen Lage geschnitten wird. Die Frauen zeichnen sich keine Vorlagen auf. Die Umsetzung von alten Mythen oder Geschichten zu Darstellungen geschieht während der Arbeit. Die Schnittkanten werden nach innen gerollt und vernäht. Die Frauen fertigen zwei passende Molas

Obere Reihe: Medizinfiguren der Kuna. Fotos Carsten

Untere Reihe: Die ungeheure gestalterische Fantasie der Kuna-Indianer kommt besonders gut in den Frau-

enblusen, den Molas, zum Ausdruck. Sie werden durch Aufnähen mehrerer Stoffschichten aufeinander hergestellt (Appliqué). Fotos Kollaschinski

im negativen Appliqué, eine für die Vorder- und eine für die Rückseite der Bluse.
Eine Mola-Bluse macht noch lange nicht eine Kuna, oder wie Eliane jetzt genannt wird: »alemana-tula«. Ihre Arme und Beine sollen auch noch geschmückt werden. Die Herstellung dieses Schmucks dauert sehr lange. Lachend und schwatzend sitzen die Frauen bei der Arbeit zusammen. Zunächst wird auf einer Beinattrappe die Vorarbeit geleistet. Dann ziehen die Frauen unzählige Perlen auf fast sechs Meter lange Schnüre, und zwar so, daß sie, um die Beine gewickelt, ein geometrisches Muster ergeben. Dann beginnt die Feinarbeit.

Ein schmuckfreudiges Volk

Alle Frauen hocken gespannt um Eliane herum. Langsam wird die lange Perlenschnur angepaßt. Staunen und Geschwätz begleitet die Arbeit. Dann, fast gleichzeitig, zeigen alle auf die Umwicklung. Ein Fehler! Das Muster ist leicht verzogen. Jetzt muß korrigiert werden. Das bedeutet, daß man alle aufgezogenen kleinen Perlen wieder von der Schnur nehmen muß. Um aber die bisherige Arbeit zu erhalten, wird alles auf eine zweite Schnur geschoben. Knoten darf es nicht geben, die Löcher der Glasperlen sind dafür zu klein. So heften die Indianerinnen mit hartem Wachs eine Schnur an die andere, schieben die Perlen hinüber und tun sie später, nach Einfügen, Austauschen oder Entnahme einiger Perlen, wieder zurück auf die erste Schnur. Zu dieser Arbeit gehört viel Geduld und Zeit. Armschnüre sind durch ihre Einfarbigkeit leichter zu fertigen. Die meterlange Perlenschnur wird wie eine Manschette an Armen und Beinen getragen.
Kaum sind die Frauen mit der Arbeit fertig, beginnt eine Diskussion. Alle scheinen sich einig. Eliane muß sitzen bleiben; eine Frau rennt zu ihrer Hütte und kehrt mit einer kleinen, offenen Kalebasse zurück. Darin ist eine schwarze Paste. Eliane muß den Kopf zurückbiegen, und unter dem anteilnehmenden Gelächter wird ihr ein schwarzer Strich mit kleinen Haken auf die Nase gemalt. Dieses Ornament wird die bösen Geister von ihr fernhalten, bedeutet man uns. Abwaschen? Nein, das geht so und so nicht mehr. Es werden mindestens zehn Tage vergehen, bis sich die Farbe der Genipapa-Frucht zersetzt hat.
Aber Eliane will das schützende Ornament gar nicht verlieren. Ein paar rote Punkte auf den Wangen ergänzen die Gesichtsbemalung. Ein Kopftuch und ein Wickelrock aus einfachem bedrucktem Stoff vervollständigen die Tracht. Eliane ist stolz auf ihre neueste Garderobe. Ich will sie fotografieren. Die Frauen lachen und zetern, ich soll noch warten, meinen sie.
Kurz darauf bringt eine Frau goldenen Brustschmuck. Er besteht aus Platten und Plättchen, die durch Ringe zusammengehalten werden. Etliche der Plättchen erinnern in ihrer Form an Tiere und Pflanzen, andere sind durch Kratzmuster verziert.
Gold! Gold ließ die Kuna schon immer Opfer der gierigen Eroberer werden, der Abenteurer und Ausbeuter unterschiedlichster Herkunft. Das Gold, das die Kuna noch in unzugänglichen und geheimen Orten des bergigen Dschungels finden, darf kein Gesprächsthema sein. Über Gold und seine Herkunft darf man mit den Kuna nicht reden. Denn dann wird die Vergangenheit wieder wach, und aus einem Anai wird schnell wieder ein Huaga.

Macht und Können der Medizinmänner

Geheimnisse gibt es viele, besonders unter den zahlreichen Medizinmännern der Kuna. Die Kuna kennen sich mit den Pflanzen des Waldes gut aus, sie benutzen viele Kräuter zur Heilung ihrer

Krankheiten. Natürlich spielt dabei auch ein starker Glaube an die Heilung selbst eine bedeutende Rolle. Die Kuna-Indianer wissen schon seit langer Zeit, daß sie einer Überbevölkerung Einhalt gebieten müssen, da sie sonst unweigerlich untergingen. Mit einem Gemisch verschiedener Pflanzenstoffe, die nur sie kennen, verhüten sie unerwünschte Schwangerschaften.
Der Sahila Smith, unser Gastgeber, ist auch Medizinmann. Oft verbringt er mehrere Tage im Urwald und kehrt mit den sonderbarsten Pflanzen und Hölzern zurück. Aus dem Holz schnitzt er meistens Nutschumimis, menschliche Darstellungen, die neben dem Kranken Wache halten und nur die guten Geister zulassen. Er arbeitet auch an den Zurnupwalas, Figuren, die ihm bei der medizinischen Betreuung Hilfe leisten. In einem lose zusammengehaltenen Buch hält Smith seine Aufzeichnungen in Form von Bildergeschichten fest. Die Rezepturen hat er im Kopf. Seine Dienste werden von den Indianern meist bezahlt.

Eine Behandlung

Smiths Enkelin, zu Besuch aus Panama-City, leidet an Depressionen und kränkelt ganz allgemein. In einer Hüttenecke, abgeteilt durch Palmwedel, hat Smith ein Bad in einem eigens dafür geschlagenen kleinen Einbaum zubereitet. Eine geschnitzte männliche Figur mit einem Pfeil zur Abwehr böser Kräfte steht wachend daneben. Das Bad wird mit vielerlei Pflanzenextrakten angereichert, die Kranke unter leisem, beschwörendem Gesang gebadet. Zum ständigen Rühren des Wassers benutzt Smith unterschiedlich geformte Stöcke aus den verschiedensten Hölzern. Die Patientin wird nach dem Bad in eine Hängematte gelegt, unter der ein Gemisch von Kräutern in einem Zianar verbrannt wird. Neben der Kranken steht ein hölzerner Kasten, gefüllt mit Nutschimimis, die auf die Kranke aufpassen. In den Händen hält das Mädchen einen kleinen Transistorapparat, der Gottesdienste einer katholischen Missionsstation sendet . . .

Ein Begräbnis

Aus einer nahe gelegenen Hütte dringt klagender Sing-Sang. Starker Rauch steigt durch das mit Palmwedeln bedeckte Dach. Es herrscht Trauer, Trauer um den Tod einer geachteten Hebamme. Kaum sichtbar, liegt sie in einer Hängematte. An ihrem Kopfende sitzt der Cantor und beklagt singend den Tod der Frau – vierundzwanzig Stunden lang. Sein Gesang hört sich monoton und durchdringend an. Ihm zur Seite sitzen zwei Hilfssänger. Dichter Tabak- und Weihrauch vernebelt die Hütte.
Am kommenden Morgen wird die Tote mit großem Geleit zum Rio Abudi gepaddelt. Dort, auf dem zumeist vom Urwald überwachsenen Friedhof, ist bereits ein Grab ausgehoben. Die Tote erhält einige Beigaben: Nahrung und einen winzigen Einbaum mit Paddel, Pfeil und Bogen. Diese Dinge sollen der Toten einen sicheren Weg ins Jenseits und ein Weiterleben ermöglichen. Später stellen die Trauernden auf das überdachte Grab noch einen Hocker, Eßgeschirr, eine Lampe und einen Zianar mit Weihrauch.

Die alte Tradition schwindet

Smith ist einer der vielen Trauernden. Nach der Rückkehr zur Insel Ustupu zeigt er auf eines der wenigen Mädchen, das hier auf der Insel bereits seine traditionelle Kleidung mit der eines Kaufhauses aus Panama-City vertauscht hat. Er zeigt auch auf die neuen Behausungen aus Stein und Zement. Mit deutlicher Verbitterung, doch leise meint er anerkennend: »Langsam stirbt auch unsere alte Tradition. Die jungen Menschen wollen immer das Neue. Wer sagt uns, was wirklich gut und was schlecht ist?!«

Brigitte Krug-Mann

SCHREIE VON DEN WÄNDEN

Wandbilder in Mexiko, auf Sardinien, in Deutschland

Ein Sonntagnachmittag im Park. In eleganten Roben, schmuckbehangen und vornehm schreitend die Damen; ordensgeschmückt, in feierliches Schwarz gekleidet die Herren. Doch die oberen Zehntausend sind nicht unter sich: Bettler und Diebe, verhärmte Frauen, grimmig die Faust ballende Landarbeiter schieben sich ins Bild. Und auch der Tod weilt schon mitten unter ihnen, in Gestalt eines prächtig aufgeputzten Gerippes.

Menschen bei der Arbeit in einer Zuckermühle. Schwer schleppen die abgerissenen Gestalten an den riesigen Zuckerrohrbündeln. Zwanzig gesichtslose Sklaven sind vor einen Wagen gespannt und karren Zuckerrohr in den Hof. Im Mittelpunkt der Szene: ein peitschenschwingender Aufseher auf weißem Pferd.

Cortés, der Eroberer Mexikos, und Malinche, seine indianische Gefährtin. Die Begegnung der neuen mit der alten Welt.

José David Alfaro Siqueiros stellte in seinen oft riesenhaften Wandgemälden den Klassenkampf und die Bedrohung des Menschen durch die Technik dar. Das abgebildete Kunstwerk auf dem Gelände der Universitätsstadt in Mexico City ist ein Halbrelief. Foto Schuster

Zu Füßen des ungleichen Paares eine leblose Gestalt, Sinnbild des gedemütigten Volkes, der Ureinwohner Mexikos. Der Spanier Cortés setzt, zum Zeichen des Sieges, den Fuß auf den Rücken des Indios. Malinche starrt unbewegten Blikkes vor sich hin.

Wandbilder aus Mexiko

In leuchtenden Farben und realistischer Malweise erzählen die Bilder die Geschichte des Landes, berichten von Sitten und Gebräuchen der Ureinwohner, von der Eroberung des Landes durch die Spanier, von der Jahrhunderte dauernden Unterdrückung der Indios, dem Kampf des Volkes gegen die Vorrechte der Kirche und der Großgrundbesitzer. Von der mexikanischen Revolution, von Klassenkampf und Bauernbefreiung. Die Geschichte des Muralismo, der Wandmalerei Mexikos, ist eng mit der Politik und der Geschichte des Landes verknüpft. Nach der Revolution von 1910, bei der der Diktator Díaz gestürzt wurde, versuchte die neue Regierung, dem zu 70% aus Analphabeten bestehenden Volk ein neues Nationalbewußtsein zu vermitteln. Was lag näher, als das mit den Mitteln der Malerei zu versuchen, mit Bildern, die allen gehörten: mit Wandbildern.
Der Erziehungsminister José Vasconcelos war es, der 1920 auf die Idee kam, den Künstlern des Landes Wände und Mauern zuzuweisen, auf denen sie malen konnten: Innen- und Außenwände alter Kirchen und Klöster, Schulen und Universitäten, Bibliotheken, Ministerien, Gefängnisse. Die mexikanischen Künstler folgten dem Ruf der Regierung und schufen Tausende von Werken. Die Bilder, die dazu gedacht waren, »das Volk zu erziehen«, kamen zunächst beim Mann auf der Straße überhaupt nicht an. Viele fanden die Bilder einfach häßlich; sie waren an »schöne« Bilder gewöhnt, an die Darstellung von Heiligen, an grazile Frauenbildnisse, an sanfte Farben. Jetzt wurden nicht nur ihre religiösen Gefühle verletzt durch die oft groteske Darstellung religiöser Symbole und die Verteufelung der Kirche. Auch die Riesenformate der Bilder störten sie. Viele Wandbilder wurden daher mutwillig zerstört. Erst als die ersten Touristen kamen, um diese Wandbilder zu bestaunen, begannen allmählich auch die Mexikaner selbst, stolz auf die Bilder zu werden und ihre Bedeutung zu erkennen.
Die meisten Wandmaler besaßen keine akademische Ausbildung. Deshalb vereinigt der Muralismo eine unendliche Vielfalt an Stilen und Richtungen in sich. Da gibt es Anklänge an die italienische Renaissance und an den Jugendstil, an Kubismus und Dadaismus, ebenso aber auch an die Kunst präkolumbischer Kulturen und an die mexikanische Volkskunst.

Die drei größten Künstler des Muralismo

José Clemente Orozco (1883–1949) verdiente zunächst als Zeichner in Architekturbüros seinen Lebensunterhalt. Als Karikaturist begann seine künstlerische Laufbahn, als Wandmaler errang er Weltruhm. Dunkle Erdfarben und leuchtende Rottöne herrschen in seinen Werken vor, die oft mit den Bildern deutscher Expressionisten verglichen werden. Orozco war ein tief religiöser Mensch, und so interessierten ihn auch weniger Revolutionsthemen, als vielmehr die Leiden der Menschen und ihr Kampf gegen Unrecht und Unterdrückung, gegen die Schrecknisse des Krieges, gegen das Gespenst der Armut und des Hungers.
Diego Rivera (1886–1957) zählt wie Orozco zu den Mitbegründern des Muralismo. Seit 1922 Mitglied der kommunistischen Partei, schuf er vor allem politisch engagierte Wandbilder: den Kampf der Arbeiter, Bauern und Soldaten gegen die Vorherrschaft der Reichen, der Adligen und der Kirche. Er sieht die Revolution romantisch verklärt und rückt ihre

Führer als die großen Vorbilder in den Mittelpunkt seiner Kunst. Seine vereinfachende Darstellungsweise, verbunden mit reicher Phantasie und großer Fabulierfreude, machen seine Bilder besonders eindrucksvoll.
José David Alfaro Siqueiros (1886–1974) hat mehr noch als Rivera, mit dem er ständig in Streit lebte, die Malerei in den Dienst seiner politischen Überzeugungen gestellt. Neben seinem Hauptmotiv, dem Klassenkampf in allen seinen Ausprägungen, schuf er Bilder, in denen die Bedrohung des Menschen durch die Technik unmittelbar beschworen wird. Seine Wandbilder – oft abstrakt, immer in leuchtenden, kontrastreichen Farben – haben meist riesige Formate; das größte, eine 1972 fertiggestellte Wand- und Deckendekoration, umfaßt 4600 qm.

Wandmalerei von José Clemente Orozco mit dem Titel »Zurück aufs Schlachtfeld«. Orozco stellte die Leiden des Menschen, seinen Kampf gegen Unrecht, Unterdrückung, Armut und Krieg dar. Foto Ullstein

Szenenwechsel

Im Innern Sardiniens liegt das Gennargentu-Gebirge, eine unwirtliche Gegend mit dichten Wäldern, versteckten Höhlen und kargem Weideland zwischen den zerklüfteten Berghängen. Der letzte bewohnte Ort, bevor das undurchdringliche Hochplateau des Gebirges beginnt, heißt Orgósolo. Fünftausend Menschen leben hier und fünfmal soviele Schafe. Unter den vielen Städten und Dörfern Sardi-

A TERRA SOS MALOS USOS
A TERRA SU DISPOTISMU
GHERRA GHERRA A S'EGUISMU
E GHERRA A SOS OPPRESSORES.
FRANCESCO MANNU
1796
Giov. M. ANGIOY

niens, in denen es Murales, Wandmalereien, zu bewundern gibt, nimmt Orgósolo eine Sonderstellung ein. Das Dorf gilt seit Jahrhunderten als Zentrum des bewaffneten Banditentums, als Hauptquartier aller Räuber und Gesetzesbrecher Sardiniens. Wie ist Orgósolo zu diesem üblen Leumund gekommen?

Sardinien – seit jeher Kolonie – auch heute noch

Seit über 3000 Jahren leben hier Hirten und Kleinbauern. Und so alt wie ihr Dorf ist auch ihr Kampf gegen Unterdrückung durch fremde Mächte. Einst waren es Karthager und Römer, Byzantiner und Spanier. Heute sind es die italienische Regierung, die bestechliche Bürokratie, ein brutal durchgreifender Polizeiapparat, Arbeitslosigkeit, Analphabetentum und katastrophale Lebensverhältnisse, die ein Klima der Aufsässigkeit gegen den Staat geschaffen haben.
Und stets gab es Padroni, Herren, denen das Land gehörte. Die Hirten hatten die Herden der Reichen zu hüten und besaßen selbst nur wenige Schafe. So unternahmen sie oft ausgedehnte Raubzüge in die Umgebung. Die Gewalt erzeugte Gegengewalt. Harte Bestrafungen erwarteten sie. Das von oben verordnete Gesetz stand im Gegensatz zu dem in Jahrhunderten gewachsenen Gesetz der dörflichen Gemeinschaft. Dies galt besonders für ihr angestammtes Recht auf freies Weideland, das sie mit allen Mitteln verteidigten. Vor allem dann, als im Jahr 1836 das »Gesetz der Einzäunung« erlassen wurde und in vielen Dörfern der Region die Besitzenden die Weiden mit Steinmauern einfriedeten und sie so umherziehenden Hirten wegnahmen.

Wandmalerei im sardischen Dorf Orgósolo. Die nur teilweise sichtbare Inschrift stammt aus dem sardischen Revolutionslied von Francesco Mannu (1798): »Nieder mit den schlechten Gesetzen / Nieder mit dem Despotismus / Krieg, Krieg dem Eigennutz / Krieg auch den Unterdrückern«. Foto Prometh-Verlag

Orgósolo wehrt sich

Das wichtigste Datum der Neuzeit ist für Orgósolo das Jahr 1969. Rom hatte beschlossen, das Weideland auf dem Pratobello – dem Hauptweideplatz von Orgósolo – in einen Nato-Truppenübungsplatz umzuwandeln. Das brachte das ganze Dorf auf die Beine. Sie zogen hinauf auf die Weiden, versperrten den Weg mit Steinen, blockierten Autos, rissen Wegweiser ab oder drehten sie in falsche Richtungen. Der Einsatz lohnte sich. Rom ließ seinen Plan wieder fallen. Unter dem Eindruck dieses Ereignisses sind die ersten Wandbilder im Dorf entstanden. Der Lehrer Francesco war der erste, der seinem Herzen durch Malen Luft machte. Die Kampfbilder vom Pratobello zeigen alle Phasen des Widerstandes gegen Polizei und Militär. Auch der Tagelöhner Pasquale knüpft mit seinen Wandmalereien an die Demonstration an. Immer mehr Bewohner des Dorfes, Hirten und Tagelöhner, Gelegenheitsarbeiter, Kleinbauern, Waldarbeiter, greifen zu Pinsel und Farbe und geben ihren Gefühlen in farbigen, plakativen Bildern Ausdruck. Die mit Blut geschriebene Geschichte Sardiniens bannen sie an die Wand. Der schwere Alltag der Hirten findet hier bildlichen Ausdruck. Dramatische Szenen wie Viehdiebstähle, die Verhaftung eines Hirten inmitten seiner Herde, Auseinandersetzungen zwischen Hirten und Pächtern, die Erhängung eines »Banditen« wechseln ab mit friedlich anmutenden Bildern von Tieren und Pflanzen. Neben fast ungegenständlichen Darstellungen, Picasso nachempfunden, finden sich Malereien in einfachster Linienführung, kindlich naiv und in knallbunten Farben. Und immer ergänzen Schriftzeilen die Bilder: »Privatbesitz« ist

ein Wort, das häufig vorkommt, ein Gedicht von Brecht ist dabei und ein Lied gegen das Einzäunungsgesetz, leidenschaftliche Anklagen gegen die Reichen und Mächtigen ebenso wie bewegende Briefe aus dem Gefängnis und Klagen um Gefangene und Tote . . .

Wandmalerei gibt es seit ältesten Zeiten

Die Geschichte der Wandmalerei ist so alt wie die Geschichte der Menschheit. Sie beginnt mit den steinzeitlichen Höhlenmalereien in den Pyrenäen, die zwischen 30 000 und 10 000 v. Chr. entstanden sind. Auch in der Sahara, im Niltal, in Anatolien, Südafrika, Israel, Skandinavien und der UdSSR hat man vorgeschichtliche Malereien an Felswänden und Höhlen entdeckt. Die Wandmalerei war Ausdruck der religiösen Vorstellungen der Menschen. Einen Höhepunkt dieser Kunst bilden die Wanddekorationen aus Pompeji und Herculaneum aus der Zeit zwischen dem 2. Jahrhundert v. Chr. und dem 1. Jahrhundert n. Chr. Die

Wandgemälde an einem Parkplatz in Memphis, Tennessee. Solche modernen Malereien setzen eine Tradition fort, die frühe höhlenbewohnende Menschen begonnen haben. Foto Schuster

liebevoll gestalteten Bildthemen, Darstellungen aus dem täglichen Leben, Landschafts- und Architekturbilder und mythologische Szenen, bezaubern noch heute.

Im Altertum und das ganze Mittelalter hindurch hat die Kunst der Wandmalerei eine große Rolle gespielt. In Rom wurden die Wände der Katakomben, der Versammlungsstätten der ersten Christen, mit Bildern ausgemalt – in Ravenna entstand eine besondere Form der Wandmalerei: die Mosaiken –, auf dem Balkan kennen wir die bulgarischen Moldauklöster mit ihren einmaligen Außenfresken. Für ihre herrlichen Fresken berühmt sind auch die Kirche S. Francesco in Assisi, der Herzogspalast in Mantua, der Dom von Orvieto, die Sixtinische Kapelle im

Moderne Wandmalereien in Bremen. Auf der gegenüberliegenden Seite oben die Fassade eines Hauses in der Stockholmer Straße, unten Gemälde von Prof. Dr. Rolf Thiele (1981) am Bunker in der Kornstraße. Die Wandmalerei oben von Jörn-Peter Dirx (1981) trägt den Titel »Flutwelle« (Drakenburger Straße). Der Künstler verwendete dabei ein bekanntes Motiv des japanischen Holzschnittmeisters Hokusai. Fotos Jaedicke/Kulturamt Bremen

Vatikan, um nur die wichtigsten zu nennen. Große Namen sind untrennbar mit dieser Kunst verbunden: Giotto und Piero della Francesca, Michelangelo und Raffael. Auch die prächtig ausgemalten Kirchen des Barock und des Rokoko gehören in den großen Rahmen der Wandmalerei.

Von 1935–1943: 16 000 Wandmalereien in den USA

Auch in unserem Jahrhundert haben sich immer wieder Künstler an Wandbildern versucht: der Jugendstilkünstler Gustav Klimt, Ferdinand Hodler und Edvard Munch, Oskar Schlemmer und Fernand Léger, Henri Matisse und Joan Miró in Europa. In den USA machte in den dreißiger Jahren das Federal Art Project von sich reden, ein Regierungsprogramm, das die Arbeitslosigkeit unter den amerikanischen Künstlern bekämpfte. Von 1935 bis 1943 arbeiteten in über tausend Städten mehr als 3500 Maler, Grafiker und Bildhauer gegen ein monatliches Gehalt an Wanddekorationen für öffentliche Gebäude: für Bahnhöfe und Postämter, Schulen und Flughäfen, Rundfunkanstalten und Wohnsiedlungen. Unge-

fähr 16 000 Kunstwerke sind in dieser Zeit entstanden. So mancher berühmte Künstler des 20. Jahrhunderts ist zuerst durch seine Wandmalerei bekannt geworden: Stuart Davis etwa oder Willem de Kooning, Arshile Gorky, Jackson Pollock oder Mark Rothko.
Die Themen für ihre Arbeiten fanden die Maler in den großen sozialen und politischen Fragen ihrer Zeit. Armut und Arbeitslosigkeit waren das am meisten verarbeitete Thema. Aber auch der in Europa sich ankündigende Krieg schlug sich in vielen Arbeiten nieder. Viele Künstler waren politisch aktiv und wollten mit ihren Wandbildern Botschaften vermitteln. Manche kannten die mexikanischen Wandbilder und nahmen ihre Anregungen von Malern wie Rivera und Orozco. Leider sind viele der im Rahmen des Federal Art Projects entstandenen Malereien inzwischen zerstört oder wiederum übermalt worden.

Auch unsere Städte werden bunter

»Kunst am Bau« hieß das Schlagwort, das in den sechziger Jahren die Wandmalerei wieder zu Ansehen brachte. Architekten und Künstler versuchten gemeinsam, »Licht und Farbe in eine graue Stadt« zu bringen. Die USA waren hier richtungsweisend. Die Bewegung griff aber bald auf Europa über. In Italien, Spanien und Portugal entdeckte man diese alte Kunst wieder neu. Und auch in deutschen Großstädten begann man zu begreifen, daß Wandbilder eine neue, reizvolle Möglichkeit sind, grauen Innenstädten wieder Leben einzuhauchen. Behörden und kulturelle Einrichtungen, aber auch Privat- und Geschäftsleute stellten Wände und Mauern zur Verfügung und finanzierten die Projekte.
Besonders aktiv ist man in Bremen. Im Rahmen des Programms »Kunst im öffentlichen Raum« der Stadt Bremen entstanden seit 1975 in allen Stadtteilen teils witzig-ironische, teils zum Nachdenken anregende Monumentalbilder. Da gibt es inmitten eines lärmigen, abgasstinkenden Verkehrsknotenpunkts ein gemaltes spitzgiebeliges Häuschen, aus dessen geöffnetem Fenster ein altes Ehepaar auf sein »saniertes« Stadtviertel blickt. Da gibt es kahle Bunkerwände, die in grüne Kinderspielplätze oder in blühende Wiesen verwandelt wurden oder die – wie der Bunker an der Magdeburger Straße – einem Puppenhaus gleichen, das den Blick freigibt in all seine Räume.
Namhafte Künstler haben so in den letzten Jahren, einzeln oder in Gruppen arbeitend, in deutschen Großstädten Wandbilder von bleibendem Wert gestaltet. Aber auch Laien finden Gefallen an dieser Form des Kunstschaffens. Ein gelungenes Beispiel ist die Gemeinschaftsarbeit einer Schülergruppe der Volkshochschule Freiburg. Unter der Leitung eines professionellen Künstlers haben acht Kursteilnehmer gemeinsam die Fassade eines Hochhauses in einer Vorstadtsiedlung bemalt. Die Kursteilnehmer haben dabei nicht nur die Technik des Wandmalens erlernt, sondern auch erfahren, was es heißt, gemeinsam Kunst zu schaffen.
Zum Schluß sei noch auf eine besonders liebenswerte Spielart der Wandmalerei verwiesen: auf die naive Wandmalerei. Naive Maler wollen mit ihren Wandbildern nicht Kritik an sozialen Mißständen üben, sie wollen ganz einfach Häuserfassaden schöner machen. Dies ist dem ehemaligen Bergmann Erich Grams gut gelungen, der sein Wohnhaus in der Eifel über und über mit bunten Blumen, Tieren, Häusern und Schiffen geschmückt hat; und dem Österreicher Siegfried Kratochwil, der ein burgenländisches Bauernhaus reizvoll bemalt hat.

Reinhold Trapp

»MUSIK MACHEN IST BESSER, ALS ÜBER SIE ZU REDEN«

10 Jahre Niederrheinische Musikschule der Stadt Duisburg

Stadttheater Duisburg, 26. September 1982. Das Haus ist bis zum letzten Platz besetzt. Es läutet zum dritten Mal, die Türen werden geschlossen, die Gespräche verstummen, das Licht verlöscht. Der Vorhang öffnet sich zur »Klingenden Schifferbörse«, zu einem optisch-musikalischen Bilderbuch, aufgeblättert aus Anlaß des zehnjährigen Bestehens der Niederrheinischen Musikschule der Stadt Duisburg.

Zu diesen Jubiläumsfeierlichkeiten erwartete man Ausgefallenes. In der Tat: Es gibt keine langatmigen Reden, dafür steht – naheliegend – die Musik im Vordergrund. Auch der Rahmen bewegt sich jenseits stereotyper Formen. Getreu dem Namen und der Heimstatt des Instituts – der Schifferbörse zu Duisburg-Ruhrort – ist der Bühnenraum mit Requisiten ausgestattet, die man teilweise heute noch rund um das Gebäude finden kann. Eine Reling umgrenzt den Orchestergraben. Der Moderator, der durch das Programm führt, sitzt auf einer Seemannskiste, und die Musiker werden in einem Wagen auf die Bühne gezogen, der dem letzten Raddampfer auf dem Rhein nachgebildet ist. Eine Darstellung der Schifferbörse bildet den Bühnenhintergrund. Hinter der Bühne die Schüler in den unterschiedlichsten Altersstufen. Aufgeregt und voller Spannung warten sie auf ihren Auftritt. Wer sollte da kein Lampenfieber haben?

In historischen Kostümen aus der jeweiligen Zeit werden die Musikepochen seit dem frühesten 17. Jahrhundert in Szene gesetzt. Das Studio für Alte Musik begeistert mit einer Suite von Schein, gespielt auf Renaissance-Instrumenten. Weiter geht es mit Heinrich Schütz (Knabenchor), Johann Sebastian Bach (Streichquartett) und einem Mozart-Bläserquintett. Ein Klavier-Duo spielt aus den Slawischen Tänzen von Dvořak und das Akkordeon-Orchester aus der Irischen Suite des ungarischen Komponisten Seiber. Mit Haydns »Weinchor« aus den Jahreszeiten können sich der Kammerchor und die Camerata instrumentalis dem Publikum vorstellen.

Einstimmung und Ausklang bildet eine Collage aus Bild und Ton – Bandeinspielungen vom Studio für Neue Musik, von Lichtbildern begleitet. Sphärenklänge und Hafengeräusche untermalen die optischen Eindrücke aus den Duisburg-Ruhrorter Häfen. Die gelungene Selbstdarstellung gibt einen Einblick in nahezu alle Unterrichtsbereiche der Musikschule.

Über 600 Musikschulen in der Bundesrepublik

Die Niederrheinische Musikschule der Stadt Duisburg ist eine der 651 Musikschulen in der Bundesrepublik Deutschland. Sie besteht seit nunmehr elf Jahren und setzt eine Musikerziehung fort, deren Anfänge bis zur Jahrhundertwende

Bühnenbild beim Festakt im Duisburger Stadttheater anläßlich des 10jährigen Jubiläums der Niederrheinischen Musikschule. Zeichnung F. Helck/NMS Duisburg

zurückzuverfolgen sind. Als sie 1972 gegründet wurde, hatte sie mit erheblichen Schwierigkeiten zu kämpfen. Die Unterrichtsräume waren über die ganze Stadt verteilt und teilweise unbrauchbar für die Ausbildung. Erst im Jahre 1980 erhielt die Musikschule die »Schifferbörse« als Zentralgebäude.

Die Musikschule beginnt die Ausbildung mit einer verantwortungsbewußten Breitenarbeit und beendet sie für Laienmusiker mit der Leistungsstufe, für den angehenden Berufsmusiker mit der studienvorbereitenden Ausbildung. Nahezu alle Instrumentalfächer sind vertreten, ebenso wird Gesangsunterricht erteilt, auch in Form von Stimmbildung. Die Schüler erhalten die Möglichkeit, ihre im Unterricht gesammelten Erfahrungen durch Teilnahme in den verschiedenen Ensembles praktisch zu erproben.
Das Angebot umfaßt die folgenden Bereiche: das Studio für Neue Musik, ent-

sprechend das Studio für Alte Musik, das mit historischen Instrumenten arbeitet, weiter das Percussion-Ensemble, das Blechbläser-Ensemble, das Akkordeon-Orchester und das Studio für Operngesang. Teilnahmemöglichkeit besteht ferner im Jugendchor, im Kammerchor, im Kammerorchester und in der Camerata instrumentalis.

Die Geschichte der Musikschulen

Vor dem Ersten Weltkrieg fand Musikerziehung entweder im Privatunterricht oder an Konservatorien statt, erschwinglich zumeist nur für Kinder wohlhabender Eltern. Kurz vor 1914 deutete sich eine neue Entwicklung an. Treibende Kräfte waren vor allem die Jugendbewegungen und die von Augsburg ausgehende Singschulbewegung, insbesondere im süddeutschen Raum.

Aus dem Geist der Jugendbewegung entstand nach 1920 die Musikschule für Jugend und Volk. Sie suchte, neue Ideen zu verwirklichen mit dem Endziel, jungen Menschen aller Bevölkerungsgruppen den Weg zur Musik zu öffnen, schöpferische und emotionale Kräfte durch das eigene Musizieren zu wecken und schließlich mit der Musik ein Mittel zur Bildung der gesamten Persönlichkeit zur Verfügung zu stellen.

Ihr Initiator war Fritz Jöde, der 1924 die Schrift »Musikschulen für Jugend und Volk« veröffentlichte. Er forderte eine doppelte umfassende Musikausbildung: Unterweisung gleichzeitig mit Ausübung. Diese Musikschulen breiteten sich rasch aus. Man zählte 1932 etwa 30 Schulen. Später kam die Entwicklung durch die unglücklichen politischen Verhältnisse zum Erliegen.

Die neue Entwicklung

Nach 1945 wurden die alten Ideen bald wieder aufgegriffen. Allerdings war, wie in allen Bereichen, nur ein allmählicher Neubeginn möglich. Ab 1950 vollzog sich der Aufbau immer schneller. Ständig wurden neue Musikschulen gegründet. 1970 kam es zu einem Zusammenschluß des Verbandes deutscher Musikschulen und des Verbandes bayerischer Singschulen. Heute umfaßt der Verband 651 einheitlich aufgebaute Musikschulen. Hinzu kommen etwa 100 weitere Schulen, die dem Verband nicht angeschlossen sind.

In den genannten 651 Schulen werden derzeit etwa 650 000 Kinder, Jugendliche und Erwachsene von über 25 000 Lehrkräften unterrichtet.

Musikschulen können nicht durch die allgemeinbildenden Schulen ersetzt werden. Diese bieten als Pflichtschule die Möglichkeit eines Musikunterrichts für alle Schulpflichtigen. Musikunterricht soll hier eine musikalische Grundlage vermitteln, die die Schüler befähigt, mit Musik umzugehen und an Musikereignissen wie Konzert und Oper teilzunehmen. Er soll auch zu eigenen musikalischen Aktivitäten motivieren und dadurch zur Persönlichkeitsbildung beitragen.

Ein reiches Angebot

Die Musikschule hingegen ist eine Angebotsschule und wendet sich an den einzelnen. Am Anfang steht die musikalische Früherziehung. Ihr folgen die Orientierungs- oder Unterstufe und die Mittel- oder Aufbaustufe, in die die studienvorbereitende Ausbildung integriert ist. Den Abschluß bildet für den Laienmusiker (Chor, Orchester, Kammermusik) die Ober- oder Leistungsstufe. Für die Teilnehmer an der studienvorbereitenden Ausbildung führt der Weg über die Musikhochschule zur Berufspraxis, z. B. als Orchestermusiker, Solist oder Musikpädagoge.

Das Musizieren mit anderen sollte so früh wie möglich beginnen, sobald die unerläßlichen technischen Voraussetzungen gegeben sind. Neben der Freude an der Zusammenarbeit mit anderen werden – und das ist besonders wichtig – Rücksichtnahme, Einfühlungsvermögen und Takt vermittelt, wobei mit Takt nicht nur eine rhythmische Disziplin gemeint ist. Die musikalische Früherziehung und Grundausbildung sind der Ausgangspunkt für jede musikalische Betätigung. Sie dauert etwa zwei bis zweieinhalb Jahre und soll dem Kind ein möglichst breit und tief angelegtes Fundament geben, das die Möglichkeit bietet, darauf aufzubauen. Hierzu gehören Klangexperimente, Gestaltungen und graphische Notation. Das Kind wird rhythmisch geschult und lernt, mit Grundkenntnissen wie Tempo, Dynamik, Melodik, Notenwerten und Intervallen umzugehen. Es lernt Notennamen und einfache Liedformen kennen.

Früherziehung legt Grundlagen

Die musikalische Früherziehung wendet sich ausschließlich an das Kind im Vorschulalter, etwa ab dem 4. Lebensjahr. Die musikalische Grundausbildung hingegen ist für das Grundschulalter gedacht, für Kinder also im Alter von 6 oder 7 Jahren. Beide Bereiche lassen sich nicht grundlegend voneinander trennen, da ihre Hauptanliegen weitgehend übereinstimmen.
Es wurde ein Konzept entwickelt, das sowohl die klassische Musik als auch eine Einführung in die neuere Musik beinhaltet. Hierbei geht es nicht um feststehende Gesetze, sondern auch um freigestaltete Formen. Sie beziehen sich beispielsweise auf die Eigenheit des Klanges und auf den Ausdruck von Empfindungen. Die Form des Unterrichts versetzt das Kind in die Lage, etwas wahrzunehmen, zu empfinden, und gibt ihm die Möglichkeit zum spontanen, vielgestaltigen Erleben. Dies wiederum kommt dem natürlichen Bewegungsdrang des Kindes zugute. Es lernt Bewegungs- und Reaktionsfähigkeit kennen. Das ist bedeutsam für das Spiel in der Gruppe, in der das Kind die Grundformen des Tanzes kennenlernt, wie Geh-, Lauf- und Hüpfschritte, Kreisformen und auch frei gestaltete Formen. Musik, Körper, Geist und Sprache müssen sich dabei aufeinander beziehen und eine Einheit bilden.
In der Zeit des Entdeckens werden Stimme, Hände, Füße, der ganze Körper als Instrument benutzt. Selbstgebaute Instrumente wie Rasseldosen, Flaschen, Papptrommeln und dergleichen Materialien und Geräte sind bestens geeignet, vielschichtige Klangerfahrungen zu sammeln. Später kommen hinzu: kleines Schlagwerk, Orff-Instrumentarium, Blockflöte, Melodika oder andere Melodie-Instrumente. Märchen und Alltagserlebnisse werden durch Klänge dargestellt. Bewegungsvorgänge und Stimme werden miteinbezogen und sorgen für ein besonders lebendiges Spiel. Solche Erfolgserlebnisse helfen bei der Persönlichkeitsentfaltung des Kindes.
Nach Abschluß der Grundausbildung ist das Kind im Besitz vielschichtiger Erfahrungen, die ihm helfen, sich selbst kennenzulernen und sich zu bejahen. Es verfügt über die handwerklichen Grundlagen des Musizierens und ist nunmehr gerüstet, Musik zu hören, zu erlernen und zu erleben.

Üben, Üben, Üben ...

In den folgenden Aufbaustufen bieten die Muskschulen ihren Schülern neben dem Vokalunterricht eine vielfältige instrumentale Ausbildung an. Sie werden mit den spezifischen Problemen, die mit der Instrumentenwahl auf sie zukommen, vertraut gemacht. Hierzu gehören

Proben und Aufführungen in der Niederrheinischen Musikschule in Duisburg. Fotos Presse- und Informationsamt der Stadt Duisburg

Mozart
Fagott-Konzert

neben der Körperbeherrschung die Bewältigung der technischen Probleme sowie die Erarbeitung theoretischer und musikalischer Grundbegriffe. Die Übertragung des Erlernten auf das Instrument fordert von ihnen ein erhebliches Maß an Geschicklichkeit, Konzentration und Koordinierung. Alles das setzt ein kontinuierliches Üben voraus.
Dem Schüler wird im Laufe des Unterrichts Gelegenheit gegeben, sich einem Publikum zu stellen, sich mit anderen Mitschülern zu vergleichen und sein eigenes Können selbstkritisch zu beurteilen. Diese Möglichkeit, das Erlernte zu erproben, bereitet dem Spieler erfahrungsgemäß Freude. Erfolg ist der Motor für sein weiteres Tun. Nicht zuletzt werden die ersten Ängste, das Lampenfieber, durch Auftritte im kleinen Kreis abgebaut.

In der Niederrheinischen Musikschule der Stadt Duisburg wird zu diesem Zweck das »Klassenvorspiel« und die »Musikwerkstatt« angeboten. Wenn der Schüler über eine gewisse Erfahrung verfügt, kann er in der Reihe »Die Vortragsstunde« auftreten. Es handelt sich um ausgereifte musikalische Darbietungen mit einem interessanten instrumentalen und vokalen Programm. Das Publikum setzt sich neben dem Leiter des Instituts und seinem Stellvertreter aus Schülern, Eltern, Pädagogen, Freunden und Interessenten zusammen. Der Leistungsanspruch wird deutlich spürbar, und der Vortragende kann seine Leistung an Schülern anderer Klassen messen. Lob und auch konstruktive Kritik helfen dem Schüler auf seinem weiteren Weg.

... und Konzerterfahrung

Häufige Teilnahme an solchen Veranstaltungen lassen ihn ständig an Erfahrung und Sicherheit gewinnen. Größere Konzerte folgen mit der Möglichkeit, sich mit Schülern anderer Musikschulen zu vergleichen, zu erfahren, daß auch andere Positives leisten, ja besser sein können

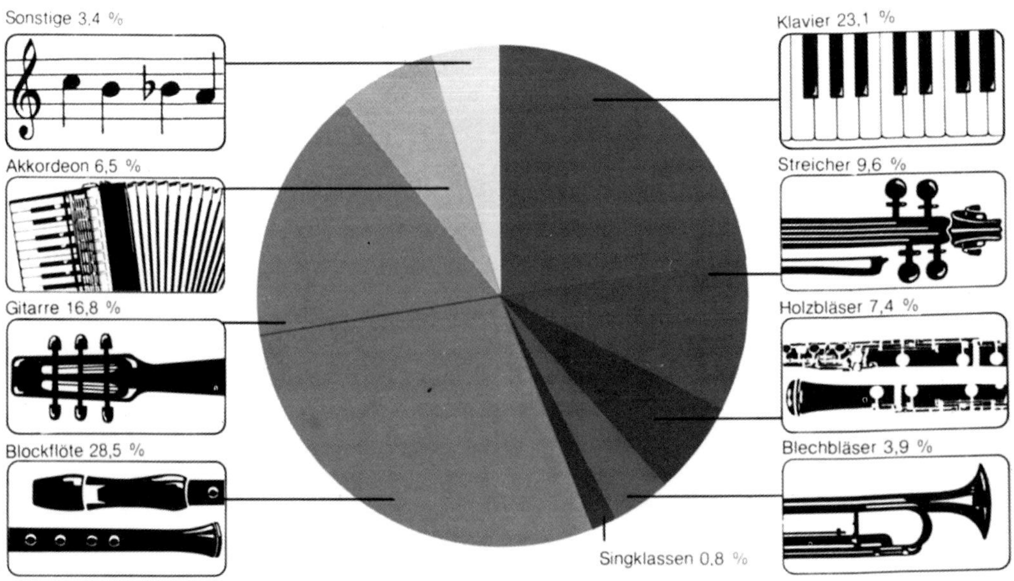

So verteilt sich das Interesse der Schüler auf die einzelnen Sparten an der Niederrheinischen Musikschule in Duisburg. Mit Abstand führen Klavier- und Blockflötenunterricht. Grafik NMS

als er, ohne daß seine eigene Persönlichkeit dabei leiden muß. Es ist ein ständiger Lernprozeß, eine Auseinandersetzung mit sich und anderen. Schließlich ist der Schüler dank der gesammelten Erfahrungen auch den Anforderungen außerschulischer Konzerte gewachsen, die ihn in seiner Arbeit bestätigen und erneut motivieren.
Schüler, die sich viele Jahre lang mit der Musik auseinandergesetzt und diese zum Beruf gewählt haben, können vor der Aufnahme an der Hochschule ihr Prüfungsprogramm in einem eigenen Konzert erproben. Dies ist ein Bestandteil der studienvorbereitenden Ausbildung für den späteren Beruf eines Musikers, sei es Orchestermusiker, Solist oder Musikpädagoge.

Studium vor dem Studium

Die Niederrheinische Musikschule der Stadt Duisburg bereitet auch auf das Musikstudium vor. Die Teilnahme an der studienvorbereitenden Ausbildung – »STUVO« –, die während der Schuljahre und der Abiturzeit stattfindet, stellt an die Schüler harte Anforderungen. Sie müssen sehr viel Idealismus und starken persönlichen Einsatz aufbringen. Der Aufnahme in die »STUVO« geht eine Eignungsprüfung voraus. Jährlich folgen weitere Überprüfungen und Leistungsnachweise. Viele Unterrichtsfächer sind verbindlich: Je ein instrumentales Haupt- und Nebenfach, eine umfassende, gründliche Unterweisung in den Fächern Musiktheorie, Harmonielehre und Gehörbildung. Ferner ist der Schüler zur Teilnahme an Musikensembles verpflichtet wie Chor, Orchester oder Kammermusik. Im Rahmen vielfältiger Konzertveranstaltungen stellen die Schüler der studienvorbereitenden Ausbildung ihr Können und ihre musikalische Entwicklung unter Beweis.

Musizieren trotz Platte und Radio

Der Musikschulgedanke ist inzwischen in Europa weit verbreitet und gewinnt ständig weiter an Boden. Inzwischen haben sich die Vertretungen der Musikschulen aus 14 europäischen Ländern zur »EMU«, einem Verband der Musikschulen in Europa zusammengeschlossen. Mit weiteren Ländern besteht eine enge Zusammenarbeit. An den in der Europäischen Musikschulunion zusammengeschlossenen Musikschulen werden heute über 2 Millionen Schüler unterrichtet. Sie haben erkannt, daß in einer Welt, in der Schallplattenspieler und Radio durch einen Knopfdruck überall und jederzeit perfekte Musik bieten, das eigene Musizieren nicht an Rang verlieren darf, da es ein grundlegend anderes Verhältnis zur Musik ermöglicht.
Vor Jahren wurde in Donaueschingen anläßlich der »Tage zeitgenössischer Musik« die Frage gestellt: Wie soll es weitergehen? Sie wurde damals nicht beantwortet, besteht heute noch und wird auch in Zukunft nicht beantwortet werden. Wüßten wir wirklich, wie es weitergehen wird, so hätte das Musikleben seinen Reiz verloren. Daß die Musik ein Geheimnis bleibt, das sich nicht lösen und nicht zwingen läßt, das macht ihre Schönheit und ihren Reiz aus. Wie es weitergeht, läßt sich nicht ermitteln, aber daß es weitergeht, beweist die Vielzahl junger Menschen, die in die Musikschulen, in die Musikhochschulen, in die Chöre und Orchester nachdrängen.

Peter Schröder

FROST BEWEGT DEN BODEN

Wer den hohen Norden liebt und ihn mit offenen Augen bereist, begegnet nicht selten eigentümlichen Bodengebilden: Die Landschaft ist wie von einem steinernen Netz mit Maschen überzogen; sie sieht wie der Fußboden eines Palastes von Riesen aus. Sind diese Strukturen das Werk von Menschen? Oder walten hier Kräfte der Natur?

Gebiete, in denen die Temperaturen während eines großen Teils des Jahres um den Gefrierpunkt schwanken, bezeichnet man als Frostwechselgebiete. Sie sind den eigentlichen polaren Dauerfrostgebieten vorgelagert, finden sich aber auch in den Hochgebirgen der gemäßigten und tropischen Breiten. Der Pflanzenwuchs ist in Frostwechselgebieten wegen der niedrigen Temperaturen sehr spärlich. Der Untergrund besteht weithin aus scharfkantigen Steinen. Sie entstehen durch den dauernden Wechsel von Auftauen und Frost; dabei werden Gesteinstrümmer von größeren Brocken abgesprengt. Man spricht von Frostsprengung und bezeichnet einen solchen Boden anschaulich als Skelettboden.

Bereits vor längerer Zeit wurden Wissenschaftler auf eigenartige Muster an der Bodenoberfläche in Frostwechselgebieten aufmerksam. Diese Muster entstehen durch Sortierung des Gesteinsschutts nach der Größe. Gröbere Bestandteile von etwa 2 bis 6 Zentimeter Kantenlänge sind in Form eines Ringes angeordnet und schließen eine Fläche mit feinerem Material ein. Der Durchmesser eines solchen Ringes beträgt oft weniger als 50 Zentimeter, kann jedoch auch mehrere Meter erreichen. Benachbarte Ringe schließen in der Regel direkt aneinander an, so daß der Boden wie von einem Netz bedeckt erscheint. Man bezeichnet diese Formen als Steinnetz- oder Frostmusterböden. Da die von einem Steinring umgrenzte Fläche meist die Form eines Vielecks hat, ist auch die Bezeichnung Polygonböden gebräuchlich. Polygon ist das griechische Wort für »Vieleck«.

»Automatisches« Sortieren

Wie kommt es nun zu dieser eigenartigen Sortierung der Gesteine nach der Größe? Es hat sich gezeigt, daß es der häufige Wechsel von Frost- und Tauperioden ist, der zur Bildung dieser Formen führt. Sinkt die Temperatur unter den Gefrierpunkt oder übersteigt sie ihn, so ändert sich der Zustand des Bodenwassers: es gefriert oder taut auf. Dabei ändert es sein Volumen: Beim Gefrieren zu Eis dehnt sich das Wasser bekanntlich um rund 9 Prozent aus; schließlich schwimmt Eis in Wasser! Da der Boden aber wassergetränkt ist, ändert auch er dauernd sein Volumen. Dabei können unter Umständen Drücke bis über 2000 Atmosphären wirksam werden. Durch die Ausdehnung werden die einzelnen Bestandteile des Bodens bewegt, und zwar dorthin, wo der geringste Gegendruck herrscht:

nach oben. An der Bodenoberfläche entstehen Aufwölbungen; solche Frostaufbrüche haben auch in unseren Breiten den Straßenbauingenieuren lange Zeit Schwierigkeiten bereitet.
Wenn der Boden wieder auftaut, verringert sich sein Volumen, und die Aufwölbung an der Oberfläche verschwindet. Größere Gesteinsstücke, die sich im Boden befinden, bewegen sich jedoch nicht im gleichen Maße wie das feinere Material. Der Tauvorgang setzt an der Oberfläche ein und dringt von oben her allmählich in die Tiefe vor. Ein größerer Stein steckt mit seiner unteren Hälfte noch fest im gefrorenen Boden, wenn das feinere Material, das ihn oben umgibt, bereits aufgetaut und somit zusammengesackt ist. Erst dann, wenn der Boden unter dem Stein aufgetaut ist, kann auch der Stein selbst nach unten sinken. Die Abwärtsbewegung setzt also beim Stein erst viel später ein als bei dem Feinmaterial, das ihn umgibt. Dadurch wird seine Abwärtsbewegung beim Auftauen geringer als seine Aufwärtsbewegung beim Gefrieren des Bodens. Der Stein macht also gewissermaßen zwei Schritt voran und einen zurück.

Das »Herauswachsen« des Steins auf dem Boden kann man bereits im Laufe eines Jahres deutlich beobachten. Auf Spitzbergen wurden Geschwindigkeiten bis zu 11 Zentimeter pro Jahr gemessen. Dieser Vorgang des Ausfrierens ist um so stärker, je größer die senkrechte Ausdehnung des Steins ist und je häufiger Tauwetter mit Frost abwechselt. Auch Zäune, Telegrafenmasten, Grabsteine und sogar Särge können, wie von ge-

Der Wechsel von Frost- und Tauperioden verursacht das Ausfrieren eines Steines aus dem Boden. a: Der Boden ist aufgetaut. b: Der Boden hat sich beim Gefrieren des Bodenwassers gehoben. c: Der Boden taut von der Oberfläche her auf. Der Stein (oben) kann noch nicht absinken, da er auf dem gefrorenen Boden ruht. d: Der Boden ist bis in größere Tiefe aufgetaut und entsprechend weiter zusammengesackt. e: Der Boden ist völlig aufgetaut und hat wieder sein ursprüngliches Volumen erreicht. Der Stein, der vorher unter der Oberfläche verborgen lag, ragt nun ein Stück aus dem Boden heraus. Grafik Schröder

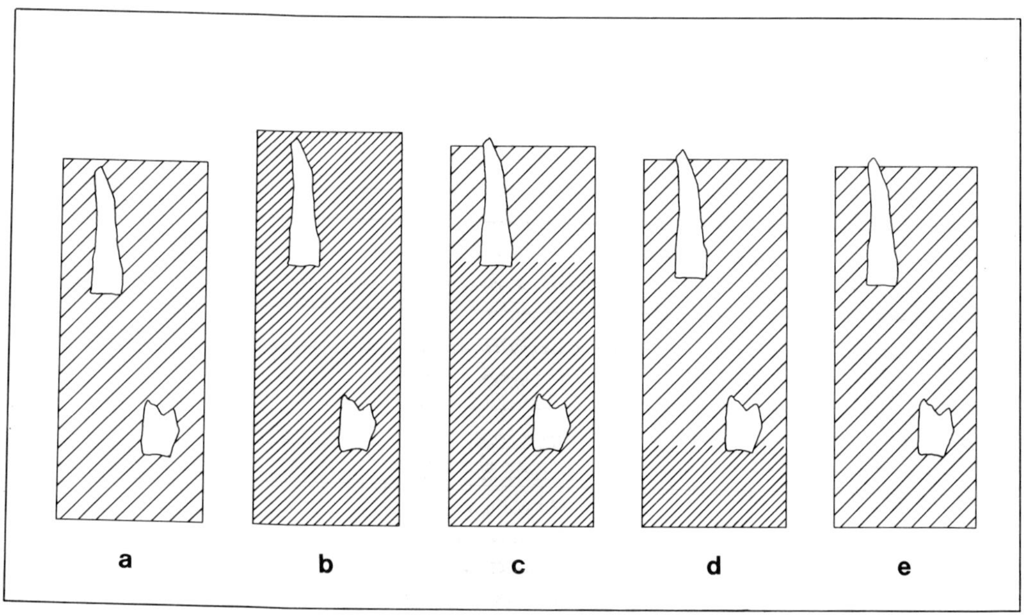

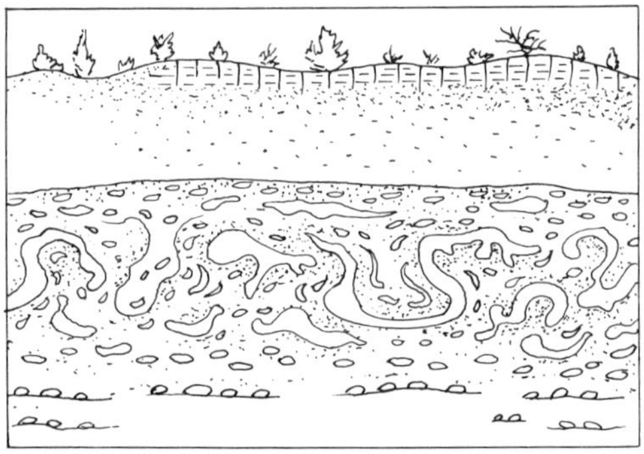

Die Kryoturbation, also die Bodenbewegungen beim Gefrieren und Wiederauftauen, führen zu typischen Bodenstrukturen, zu Verfaltungen und Verknetungen. In der Darstellung links ein Würgeboden, rechts ein Taschenboden. Solche Formen entstehen nur in Dauerfrostgebieten. Während der Eiszeiten kamen sie auch bei uns vor.

heimnisvoller Macht bewegt, aus dem Boden gedrückt werden. Beim Bau von Häusern im Bereich des Frostwechselklimas müssen besondere Techniken angewandt werden, die ein Ausfrieren der Fundamente verhindern.

Was ist Kryoturbation?

Innerhalb des Bodens wirkt der Druck des gefrierenden Wassers nach allen Seiten hin. Da sich der Boden in der Waagrechten kaum ausdehnen kann, wird er gestaucht und in seiner ursprünglichen Lagerung gestört. Das kann man besonders bei Böden beobachten, die aus mehreren deutlich unterscheidbaren Schichten bestehen. Nach dem Aussehen, das solche Böden im Profil zeigen, werden sie als Brodel- oder Würgeböden bezeichnet. Störungen dieser Art kann man auch in Mitteleuropa feststellen: Es handelt sich dabei allerdings um Böden, die in den Eiszeiten entstanden sind. Die Erdkunde hat für Bodenbewegungen und Materialsortierungen, die durch den Wechsel von Gefrieren und Auftauen entstehen, den Begriff »Kryoturbation« geprägt. Dieses Kunstwort ist aus zwei Wörtern zusammengesetzt: Das griechische »kryos« bedeutet »Frost«, das lateinische »turbatio« »Verwirrung«. So könnte man »Kryoturbation« wörtlich als »Frostumlagerungen« bezeichnen.

Die Entstehung von Frostmusterböden hängt mit der Kryoturbation eng zusammen. Durch die Ausdehnung der bereits gefrorenen Stellen im Boden werden gröbere Brocken beiseite gedrückt und senkrecht zum Druck eingeregelt. Durch das Ausfrieren gelangen diese Steine dann an die uhrglasförmig gewölbte Bodenoberfläche. Setzt Tauwetter ein, wird die oberste Schicht des Bodens stark durchfeuchtet, da die noch gefrorenen tieferen Lagen ein Versickern des Wassers verhindern. Bereits bei geringen Hangneigungen kann der Gesteinsbrei in Bewegung geraten. Größere Steine können, der Schwerkraft folgend, an den Rand einer Frostaufwölbung gleiten. Erst dann, wenn der Boden auch in größeren Tiefen aufgetaut ist, verschwindet die Aufwölbung wieder vollständig. Zurück bleibt ein ringförmiger Steinkranz. So entstehen Frostmusterböden.

Eine besondere Rolle spielt bei diesen Vorgängen die Fähigkeit des Bodeneises, aus dem umgebenden Boden Wasser anzusaugen. Das ist die Ursache dafür, daß sich das Eis an einigen Stellen im Boden sammelt, während andere Bereiche na-

Oben: Solche Bilder sieht man heute kaum mehr. Zu Beginn der fünfziger Jahre brach die Bundesstraße von München nach Buchloe infolge widerholten Frost- und Tauwetters völlig auf und wurde zum Acker, durch den sich die Autos pflügen mußten. Foto Gronefeld

Links: Frostmusterböden kommen auf den Färöer-Inseln in Höhenlagen von über 300 m allgemein vor. Meist handelt es sich jedoch nicht um ausgedehnte Flächen, sondern nur um einzelne Steinringe. Der hier abgebildete hat einen Innendurchmesser von ungefähr 50 cm. Foto Schröder hezu eis- und wasserfrei sind. Wie stark sich die Bodenoberfläche aufwölbt, hängt von der Größe der Eislinse im Boden ab. Wäre das Eis im Boden gleichmäßig verteilt, so würden die Steine zwar ausfrieren, sich jedoch nicht zu regelmäßigen Mustern anordnen.

Auch Boden fließt

Frostmusterböden in Form von Steinnetzen bilden sich nur auf ebenem Gelände. An Hängen entstehen auf ähnliche Weise Steinellipsen oder Steinstreifen, da hier der aufgetaute und durchfeuchtete Boden in Richtung des stärksten Gefälles talabwärts »fließt«.

Nur an wenigen Stellen lassen sich Frostmusterböden so bequem besichtigen wie am Galdhøpig in Norwegen. Die Steinringe haben einen Durchmesser von nahezu 2 Meter. Foto Schröder

Frostmusterböden hat es während der Eis- und Kaltzeiten auch in Mitteleuropa gegeben. Ihre Formen – sozusagen fossile Böden – sind aber nicht erhalten geblieben. Im heutigen Frostwechselklima entstehen Steinringe hingegen immer von neuem. Auf den Färöer-Inseln wurde beobachtet, daß sie sich innerhalb von nur zehn Jahren bilden können.

Wer Sinn für Superlative hat, den wird eine Norwegenfahrt sicherlich auch zu einem der höchsten Berge Skandinaviens, dem 2468 Meter hohen Galdhøpig, führen. Am Ausgangspunkt für den Aufstieg, bei der Juvvasshytta in 1817 Metern Höhe, findet man schöne Beispiele für Frostmusterböden. Auch in den höheren Lagen der Alpen kann man hier und da allerdings nicht sehr deutliche Polygone und Steinstreifen entdecken, so etwa in der Silvrettagruppe zwischen 2750 und 3000 m Höhe in unmittelbarer Nähe des Futschölpasses.

Peter Raabe

FLIEGEN MIT DEM GEISTERFLUGZEUG

Im Lautsprecher der Telemetrieanlage das übliche Gequäke und Geknacke. Dann die mit Spannung erwartete Stimme unseres Mannes: »Ich habe die Füße also runter von den Pedalen ... Eben sind wir durch eine kleine Wolke geflogen, hab' auch eine leichte Störung um die Hochachse gekriegt, der ›Vogel‹ hat aber trotzdem die Richtung wieder eingenommen. Ich habe den Eindruck, daß ein ›Heading hold mode‹ drin ist ...« Wieder Geknacke und »Zero-Zero, Echo-, Delta-« und was sonst noch für Gequäke aus dem Äther ...

»Unser Mann«: das ist Dipl.-Ing. Hans-Ludwig Meyer, Leiter der Flugversuchsabteilung der Deutschen Forschungs- und Versuchsanstalt für Luft- und Raumfahrt (DFVLR) in Braunschweig. Er flog da gerade wieder einmal den Airbus A 310, den kleinen Bruder des A 300, obgleich sein Kommentar von Bord der institutseigenen HFB 320 Hansajet kam. Des Rätsels Lösung ist, daß der Versuchspilot mit dem In-Flight-Simulator, dem Fliegenden Simulator der DFVLR, unterwegs war. Das von ihm gesteuerte »Geisterflugzeug« ist nicht etwa eine auf modern getrimmte Weiterentwicklung des von der Brockenhexe gerittenen Besens, sondern die Elektronik nahe der Schwelle des Jahres 2000 macht's möglich, den Hansajet sozusagen in einen Airbus zu verwandeln.

Flugsimulatoren am Boden spielen in der Luftfahrt längst eine unentbehrliche Rolle, sei es für die Schulung, das dauernde Training der Verkehrsflugzeugführer, sei es im Rahmen der Grundlagenforschung oder von Flugzeugneukonstruktionen. Ihr verhältnismäßig kostengünstiger Einsatz ist eines der Hauptargumente, um sich ihrer immer häufiger zu bedienen. So perfekt die Täuschung auch ist, es bleibt ein Rest von Nuancen, den man am Boden nicht simulieren kann. Die Umgebungsbedingungen, die Sicht und die Beschleunigungen beim »Fliegen im Saal« sind für erfahrene Flughasen mit denen in der Luft doch nicht bis auf die letzte Stelle hinter dem Komma zu vergleichen. Insbesondere, wo es um die »Fliegbarkeitsuntersuchungen« geht, wie sie speziell von der Luftfahrtforschung betrieben werden, kommt dem Fliegenden Simulator als entscheidende Ergänzung zum Boden-Flugsimulator ständig mehr Bedeutung zu. Mit einem solchen Simulator, der sich nicht in der Illusion, sondern tatsächlich im dreidimensionalen Raum bewegt, kann ein erstaunlicher Aufgabenkreis abgedeckt werden. Er reicht von der Untersuchung zukünftiger Steuersysteme noch gar nicht existierender Flugzeuge bis zur Lösung heute eher noch utopisch anmutender Flugsicherungsprobleme. Bedenkt man bei dem ganzen, daß eine Flugstunde mit dem Hansajet etwa 3000 Mark, mit dem Airbus dagegen um 25 000 Mark kostet, so kommt man mit dem »Geisterflugzeug« beträchtlich günstiger davon, als wenn man das gleiche mit dem geflügelten Original absolvierte. Daß der In-Flight-Simulator in kritischen Situationen konsequenter beherrscht sein will als der absolut absturzsichere Simulator am Boden, ist nicht zu leugnen. Doch seine aus erfahrenen Testpiloten und -ingenieuren bestehende Crew kalkuliert dieses Sicherheitsrisiko ebenso wie für jeden ihrer Flüge auch mit einem anderen Forschungsflugzeug.

Die Besatzung des »Zwitters« HFB 320-A 310 setzt sich aus dem Versuchspiloten, dem Sicherheitspiloten und dem Flugingenieur zusammen, der hinter den beiden in der an ein Labor erinnernden Kabine tätig ist. »Diplomingenieur Lange ist gewissermaßen der wichtigste Mann an Bord«, meint Versuchspilot Hans-Ludwig Meyer, »mit seiner elektronischen ›Klaviatur‹ zaubert er uns Flugzeuge vor, die, wie bei unserem derzeitigen Versuchsprogramm, bis zu solchen Großflugzeugen wie dem Airbus reichen ...« Dabei gibt der Versuchsingenieur das jeweilige digitale Rechnerprogramm in den Bordcomputer des Hansajet ein, wodurch dieser dann das Verhalten des viel größeren Verkehrsflugzeugs annimmt. Es kommt darauf an, ganz bestimmte »Modelle« in den Prozeßrechner einzuspeisen, die dann Reaktionen hervorrufen, wie sie dem simulierten Flugzeug entsprechen. Das Austüfteln dieser Modelle hat in unserem Fall Dipl.-Ing. Dietrich Hanke besorgt. »Das Entscheidende am Fliegenden Simulator«, so faßt er zusammen, »ist die Auslegung und Realisierung des elektronischen Regelsystems, das es erlaubt, dem Flugzeug eine vorgegebene Dynamik in allen Freiheitsgraden aufzuzwingen.«

Die Ausrüstung des »Geisterflugzeugs«

Um dieses perfekte Regelsystem zu verwirklichen – der Pilot verkörpert darin gewissermaßen nur noch einen der signalgebenden Mechanismen –, wurde die HFB 320 der DFVLR mit einer Reihe von Zusatzsystemen ausgerüstet. Zu ihnen gehören unter anderem die um alle drei Achsen – die Hoch-, Quer- und Längsachse – wirksame elektrische Primärsteuerung, die ebenfalls elektrisch statt auf mechanischem Wege angesteuerten Landeklappen und Spoiler sowie die elektrisch regulierten beziehungsweise belebten Triebwerke und Instrumente. Nicht zu vergessen sind der schon erwähnte digitale Bordrechner, das Flugdatenmeßsystem samt Datenaufzeichnungs- und -übertragungsanlage und die Überwachungs- und Sicherheitseinrichtungen des Versuchssystems.

Der flüchtige Blick ins Cockpit des DFVLR-Hansajet täuscht, es ist scheinbar eine mit den üblichen verwirrenden Armaturen und Doppelsteuersäulen versehene Pilotenkanzel. Doch dann erfährt man, daß die rechte Steuersäule von der linken völlig unabhängig funktioniert. Während der zur Überwachung mitfliegende Sicherheitspilot auf dem linken Sitz seine Kommandos über die mit dem üblichen mechanischen System ausgerüstete Steuersäule zu den Rudern hin gibt, löst der Versuchspilot rechts mit seiner Steuersäule elektrische Impulse aus. Es besteht also keine mechanische Verbindung mehr – etwa durch Bowdenzüge oder Stoßstangen – zu den Rudern, sondern über einen Potentiometer werden die durch den »Knüppel« eingeleiteten Steuerbewegungen abgegriffen und als elektrische Signale auf die jeweiligen Stellflächen übertragen. Bei den Stellflächen handelt es sich um Quer-, Höhen- und Seitenruder sowie um die Landeklappen und die Spoiler, die zum Zusammenbruch des Auftriebs führen und als Luftbremsen dienen. Die elektrischen Steuerkommandos aber rufen die Wirkungen hervor, die man im Bordrechner programmiert hat. Das bedeutet, daß der verhältnismäßig quicke Hansajet plötzlich träger und damit genau so wie das von ihm simulierte Großflugzeug reagiert.

Oben: Außenaufnahme des HFB 320 Hansajet, der von der Deutschen Forschungs- und Versuchsanstalt für Luft- und Raumfahrt (DVFLR) in Braunschweig zum »Geisterflugzeug«, zum Flugsimulator, umgebaut wurde. Foto HFB-Bild

Links: Das Cockpit der HFB 320. Hier sitzt der Versuchspilot, der das Flugzeug nach dem Rechner fliegt und von Instrumenten die Werte des zu simulierenden Fluges erhält. Der Sicherheitspilot mit den Standardinstrumenten hat seinen Platz links. Foto DFVLR

Rechts: Diplomingenieur Hans-Ludwig Meyer, der Leiter der Flugabteilung der DFVLR, bei der Erprobung der »Doppelseitengriffsteuerung« im Hansajet, die den herkömmlichen Steuerknüppel überflüssig macht. Foto Raabe

Unten: Die Anlagen und Eingabetastatur des Flugversuchsingenieurs im Hansajet; er bedient die Versuchsausrüstung wie die Hydraulikanlage, die Meßgeräte und den Rechner. Foto DFVLR

Perfekte Täuschung durch die Instrumente

Nicht nur die völlig andere Ruderwirkung, sondern auch die Instrumente gaukeln dem Versuchspiloten vor, statt mit der HFB 320 mit dem A 310 durch die weite Himmelslandschaft zu kutschieren. Zunächst ist die angezeigte Steiggeschwindigkeit eine ganz andere, dann rauscht der Hansajet – wollte man dem Armaturenbrett trauen – statt mit den üblichen 825 km/h plötzlich mit 895 km/h auf und davon, auch ist man viel höher, als es der Blick durch das Cockpitfenster glaubhaft macht, beim Landesinkflug haben Variometer und Fahrtmesser schließlich wiederum eine von der Wirklichkeit reichlich abweichende Meinung ... »Man muß da seine fünf Sinne tatsächlich ausschalten und sich voll und ganz auf die Instrumente verlassen«, wie Dipl.-Ing. Meyer dazu erklärt. Im übrigen stimmt natürlich trotz der abweichenden Instrumentenanzeigen alles bestens. Denn auch das rechte und das linke Armaturenbrett unterscheiden sich grundsätzlich voneinander: während der Versuchspilot sich unbeirrt auf seine Instrumenteninformationen konzentriert, die in diesem Falle denen des Airbus 310 entsprechen, überwacht der Sicherheitspilot neben ihm die tatsächlichen Flugdaten des Hansajet. Auch das – je nach zu simulierendem Flugzeugtyp auswechselbare – Instrumentarium vor dem Versuchspiloten ist in den allgemeinen elektronischen Regelkreis einbezogen und wird je nach Versuchsaufgabe über den Bordrechner – wie schon erwähnt elektrisch – angesteuert.

Der Sicherheitspilot greift ein

Sollte es einmal zu einer kritischen Situation kommen, daß der »Vogel« womöglich zu langsam wird, daß die Strömung abreißt und die Gefahr des »Abschmierens« besteht, oder daß zu hohe Beschleunigungen oder Schwingungen die Strukturfestigkeit des Flugzeugs gefährdeten, dann greift der Sicherheitspilot sofort ein. Mit Hilfe einer sinnreichen, als Scherstift bezeichneten Vorrichtung kann er, wenn es nicht mehr anders geht, den zum bösen Geist des »Geisterflugzeugs« gewordenen Rechner samt dem von ihm beherrschten Regelkreis schachmatt setzen. Der Hansajet wäre so im Nu – zur Rechten wie zur Linken – wieder vollkommen »er selbst«. Wie lebenswichtig solche Vorsichtsmaßnahmen sind, erläuterte Dipl.-Ing. Meyer an einem Beispiel: »Der Versuchsingenieur, der mir das vorn zu steuernde Programm in den Rechner füttert, hat an die 30 bis 40 Tasten zur Verfügung. Infolge heftiger Turbulenzen und mit ihnen verbundener Beschleunigungen hat er gelegentlich eine falsche erwischt, und die Maschine fing wie verrückt zu schwingen und zu ›rollen‹ an, und das schaukelte sich beträchtlich auf. In solchem Falle ist es gut, den Scherstift knacken zu können ...«

Zu den Sicherheitsmaßnahmen der In-Flight-Tests gehört es auch, daß sie in ausreichender Flughöhe stattfinden. Erinnern wir uns, unser Versuchspilot hatte zu Beginn dieses Berichts »die Füße von den Pedalen runtergenommen«, nach einer leichten Kursstörung, die der Hansajet beim Durchqueren einer Wolke erfuhr, nahm das Flugzeug dann automatisch eine Ausgleichskorrektur vor. Der Pilot hatte den Eindruck, daß ein »Heading hold mode drin ist ...« Das heißt, aus dem deutsch-englischen Fliegerchinesisch grob übersetzt soviel, daß der Pilot das Gefühl hatte, der Bordrechner hätte dafür gesorgt, daß das Flugzeug speziell für sein gerade vorgenommenes Manöver die Richtungsstabilität überwachte. Bei dieser Versuchsreihe ging es darum, eine für den Airbus 310 geplante »Direkte Auftriebssteuerung« (»Direct Lift Control – DLC«) zu testen. Bei diesem Konzept werden durch ein Steuerkommando des Piloten gleichzeitig das Höhenruder und die Spoiler betätigt, was den Landeanflug verbessern und den Flugzeugführer entlasten soll.

Landung in der Luft ...

Diese Landeanflüge finden unter den normalen Instrumentenflug-Landebedingungen »ILS« statt, weil sie ohnedies ein Höchstmaß an Konzentration beim Piloten erfordern. Und stellt sich bei dieser Versuchsprozedur heraus, daß alles wie vorgesehen oder gar noch besser klappt, so hat der Fliegende Simulator seinen Zweck einmal mehr erfüllt. Denn dann muß theoretisch auch später im praktischen Linienflugbetrieb mit dem von vornherein auf die entsprechende Zielrichtung hin gebauten Verkehrsflugzeug alles einwandfrei funktionieren. Mit einem schon angedeuteten Unterschied: nämlich dem, daß der DFVLR-Airbus alias Hansajet seine Landungen statt auf der Flughafenpiste stets in gebührlicher Sicherheitshöhe beendet und dann jeweils einen »Overshoot« macht, also durchstartet. Dipl.-Ing. Meyer: »Weil wir so das Flugzeug notfalls noch ›recovern‹ können ...«, wobei »recovern« die englische Vokabel für das deutsche Wort »abfangen« ist.

Ein anderes Flugzeugprogramm der HFB 320 als Airbus-Imitator besteht in der Untersuchung, wie sich die flugmechanische Stabilität bei weiter nach hinten verlegtem Schwerpunkt auswirkt. Die Airbus-Leute in Toulouse haben vorgesehen, die Leitwerksflächen einer späteren Airbus-Variante voll Kraftstoff zu pumpen; das aber wäre mit einer Schwerpunktverschiebung verbunden. Vorteilhaft wäre es, wenn sich durch die Rückverlegung des Schwerpunktes günstigere Widerstandsverhältnisse ergäben; damit könnte man Sprit sparen. Dieser Gesichtspunkt spielt unter anderem auch beim sogenannten Control Configured Vehicle »CCV« eine entscheidende Rolle. Hier geht es um ein Flugzeug, das aufgrund seiner unkonventionellen, unterproportionierten Leitwerksflächen trotz seines Piloten praktisch nur noch von einem raffinierten elektronischen Regelsystem geflogen werden kann (Vergleiche »das neue universum« Band 98). Auch die dazu erforderlichen Versuche – die erste Phase hat inzwischen schon ein zu einem »CCV« umfrisierter F-104 Starfighter absolviert – dürften eine typische Aufgabe für den Fliegenden Simulator sein.

Ab 1986 ein neues Testflugzeug

Alle diese Programme, die schon das Morgen und Übermorgen vorwegnehmen, werden von der Deutschen Forschungs- und Versuchsanstalt für Luft- und Raumfahrt (DFVLR) in enger Zusammenarbeit mit Luftfahrtbehörden, Hochschulen und industriellen Forschungsabteilungen betrieben. Im Rahmen einer solchen Kooperation mit der Bundesanstalt für Flugsicherung wird der Hansajet so programmiert, daß er bei bestimmten Zeiteingaben auf die Sekunde pünktlich auf einem bestimmten Flughafen landet. Das bedeutet, daß das Versuchsflugzeug unter navigatorischen Bedingungen fliegt, wie sie in Wirklichkeit vorerst noch Gegenstand von Forschung und Entwicklung sind. Mit ihnen soll erreicht werden, daß die zeitliche und räumliche Staffelung zwischen den Flugzeugen im immer dichter bevölkerten Luftraum bestens aufeinander abgestimmt wird. Dadurch verbessert sich der Verkehrsfluß vor allem in Flughafennähe.

Einiges deutet darauf hin, daß die Flugzeuge der Zukunft – ähnlich den Weltraumschiffen – statt vom Steuerknüppel nur noch »per Knopfdruck« dirigiert werden. Auch solche Untersuchungen laufen längst in den Instituten der DFVLR, und der Fliegende Simulator bietet sich besonders hier als ein äußerst geeignetes Testflugzeug an.

Eine mit zwei Strahltriebwerken bestückte VFW 614, die zum ATTAS (»Advanced Technologies Test Aircraft System«), also zum »Testflugzeug für fortschrittliche Technologien« umgerüstet wird. Foto DFVLR

Schon ist man in Braunschweig dabei, einen Nachfolger für die allmählich zu klein, zu alt und zu laut gewordene HFB 320 Hansajet auf die Fahrwerksbeine zu stellen, eine ebenfalls mit zwei Strahltriebwerken ausgerüstete VFW 614. Als »ATTAS«, das heißt als »Advanced Technologies Test Aircraft System« (»Testflugzeug für fortschrittliche Technologien«) soll sie das Spektrum des fliegerischen »Bluffs« noch wesentlich erweitern. Daß es sich bei der »614« um das letzte Exemplar des nur in wenigen Stückzahlen gebauten und dann aufgegebenen ersten deutschen Düsenverkehrsflugzeugs handelt, sei als Kuriosum nur am Rande vermerkt. Während die einstigen Hersteller, die inzwischen zu Messerschmitt-Bölkow-Blohm gehörenden Vereinigten Flugtechnischen Werke »VFW« das zukünftige deutsche »Geisterflugzeug« entsprechend seiner wissenschaftlichen Bestimmung umbauen – auch spezielle Windkanaluntersuchungen sind dazu nochmals notwendig –, ist man bei der DFVLR vollauf damit beschäftigt, die ihm zu übertragenden Flugprogramme zu entwickeln. Ab 1986 soll der »Vogel« flügge sein.

Hermann J. Gruhl

ABU GURUSCH – VATER DES HAIS

Donnerstag, 24. April, 7.15 Uhr morgens, Südspitze des Korallenatolls Sha'ab Rumi (aus dem Arabischen übersetzt: »Römerriff«), etwa 30 Meilen nordöstlich von Port Sudan im Roten Meer.

Gurgelnd schlägt das Wasser über unseren Köpfen zusammen, und im selben Moment packt uns ein mächtiger Südoststrom, der nicht nur den Körper beansprucht, sondern auch an den Nerven zerrt. Zwar herrscht kein nennenswerter Seegang, doch wir ahnen, daß das Tauchen heute kein Kinderspiel sein wird. Die Motorbarkasse, die wir in Port Sudan für unsere Tauchexkursion gechartert haben, reißt an ihrem Anker. Diesen hatten wir kurz zuvor unter Schwierigkeiten von Hand auf das flache Riffplateau hinübergebracht und dort zwischen den Korallenfelsen fest verkeilt. Nur wenige Meter vor dem Bug fällt das Außenriff lotrecht 20 bis 25 Meter ab und geht dann in einen langgestreckten Sockel über, der sich weit ins offene Meer hinauszieht. Die herrschende Strömung läßt es nicht zu, daß wir durch freies Wasser zu dem unterseeischen Bergrücken absteigen. Wir haben deswegen am Heck einen zweiten Anker ausgelegt, an dessen Tau wir uns mühsam abwärtshangeln. Jeder trägt rund 4500 Liter auf 225 atü komprimierte Atemluft in zwei Stahlflaschen auf dem Rücken. An der Oberfläche reichte diese Menge für mehr als zwei Stunden aus. Da aber unter Wasser der Außendruck alle zehn Tiefenmeter um eine Atmosphäre zunimmt, steigt auch der Luftbedarf in entsprechender Weise. In 50 Meter Tiefe reicht dieselbe Atemluft gerade 30 Minuten, den Bedarf für Abstieg und Rückkehr und die dabei nötigen Auftauchpausen nicht eingerechnet.

In 22 Meter Tiefe treffen wir auf Korallengrund und ziehen gegen die Strömung von Hand an den Blöcken quer über das Plateau hinweg zum Westabfall. Von dort hoffen wir einigermaßen gefahrlos zur südlichsten Spitze vorstoßen zu können. Schließlich schwimmen wir über die Westkante hinunter, gelangen bei 45 Tiefenmeter in ruhigeres Wasser und lassen uns luft- und kräftesparend von der Strömung südwärts tragen.

Die erste Begegnung

Vor dem Steilabfall patrouillieren Haie unterschiedlichster Körpergröße. Von kaum Armeslänge bis zu Größen über zwei Meter reicht die Skala der Schwarz- und Weißspitzenhaie und anderer Arten, die man in der Aufregung nicht zu be-

Ein Schwarzspitzen-Riffhai auf Beutesuche. Als Abu Gurusch bezeichnen sudanesische Küstenschiffer Menschen, die sich mit Haien befassen, sei es als Fischer oder als Taucher. Foto Gruhl

stimmen vermag. Lautlos schwimmen sie tief unter meinen Flossen daher, tauchen hinterrücks über der Riffplatte auf oder gleiten, aus der Weite des offenen Meeres kommend, frontal auf mich zu. Einige fliehen jäh, wenn ich ausatme und der Luftschwall zur Oberfläche aufsteigt, andere durchtrennen unerschrocken den Blasenvorhang meiner Atemluft. Alles bisher über Haie Gelesene und auch meine eigenen Erfahrungen werden auf einmal zweifelhaft, denn nicht jeder kleine Hai erweist sich als furchtsam. Dafür zeigt sich mancher kapitale Brocken erstaunlich schreckhaft. Die meisten ziehen, teilweise dicht mit blauen Schiffshaltern bepackt, scheinbar unbeteiligt an mir vorbei und verschwinden ebenso geisterhaft, wie sie aufgetaucht sind. Andere patrouillieren, stummen Wächtern gleich, vor uns auf und ab. Im Rhythmus ihrer Jagd durch das Meer wenden sie den Kopf beständig von rechts nach links und links nach rechts, während die starren Augen unablässig auf dem Eindringling ruhen und die Bewegungen des geschmeidig-muskulösen, gelblich leuchtenden Körpers nicht mitmachen. Am Horizont stehen große Hochseehaie. Sie folgen Pfaden im Meer, deren Vorhandensein wir nur ahnen können und deren Verlauf wir nicht kennen. Ich unterscheide Hammerhaie und den Weißspitzenhai, »Häuptling Lange Hand«, wie der französische Forscher Cousteau ihn wegen seiner langen Brustflosse getauft hat. Je weiter wir der Südspitze entgegentreiben, desto zahlreicher und dreister werden die Haie. Ein kleiner Riffhai umschwimmt wie ein bösartiger Pinscher meine unbedeckten Beine. Mehrmals muß ich nach ihm treten, um ihn zu vertreiben, und als ich mich plötzlich umwende, schießt ein wahrhaft furchterregendes Exemplar um Haaresbreite über meinen Kopf hinweg. Wie viele Haie sich um uns versammelt haben, ist in dem herrschenden Tohuwabohu schwer abzuschätzen. Darum konzentriere ich den Blick auf einen bestimmten Punkt und zähle dann die Tiere im Gesichtskreis meiner Taucherbrille. Einmal komme ich auf 12, ein andermal auf 16. Mit etwa 30 Haien in unserer unmittelbaren Umgebung können wir also bestimmt rechnen. Mit mir selbst geht auf einmal ein merkwürdiger Wandel vor: die Angst und Nervosität der ersten Minuten sind verflogen, sie haben einem übersteigerten Glücksgefühl Platz gemacht. Ich löse mich von der schützenden Felswand und gleite mitten unter die Haie, ich hetze sie und suche den engstmöglichen Kontakt, die Berührung. Wie benommen fuchtele ich mit der Kamera umher und finde im Rausch der Tiefe und der Gefahr zu urtümlichen Jagdinstinkten zurück.

Auf einmal tauchen, ich weiß nicht woher, zwei blaue Schiffshalter auf und saugen sich an mir fest. Wahrscheinlich sind sie von einem vorbeiziehenden Hai zu ihrem neuen Wirt übergewechselt. Sie belästigen mich so sehr, daß ich erregt um mich schlagend in die Wirklichkeit zurückfinde; die harmlosen Saugfische erschienen mir einen Augenblick lang gefährlicher als alle Haie. Mit schnellen Flossenschlägen strebe ich dem schützenden Riff entgegen, und als ich dabei die Bahn eines mächtigen Hais kreuze, verlassen meine unerwünschten Begleiter den schwarzen Neopren-Anzug und kehren zu der in der Tiefe gelblich scheinenden Haihaut zurück. Von meinen Kameraden ist weit und breit niemand mehr zu sehen, wir haben jeglichen Kontakt in der Aufregung verloren, und die Strömung hat uns auseinandergetrieben.

Hammerhaie!

Plötzlich verfinstert sich der Himmel: etwa 20 Meter über mir zieht eine Armada gewaltiger Hammerhaie dahin. Die einzelnen Tiere schätze ich auf drei bis vier Meter Länge. Ihre blauschimmernden Körper glänzen silbrig, sobald sich das Licht der frühen Morgensonne an ihnen

bricht. Fasziniert, aber auch tief beunruhigt starre ich minutenlang auf die gespenstische Szene, und es dauert geraume Zeit, bis mir bewußt wird, daß die Hammerhaie einschwenken und genau auf mich zusteuern. Schließlich lösen sich einzelne Tiere aus der Meute und schwimmen zu mir herunter. Der Anblick läßt das Blut in meinen Adern stokken, mit einem Male hat die Umgebung aufgehört zu existieren, ich sehe nur noch die Bestien auf mich zuschießen. Kräftige muskulöse, weit ausladende Rückenflossen, fette Bäuche, mächtige Schädel und

Durchaus ungemütlich wirken die dolchähnlichen Zähne dieses Hais. Sie wachsen übrigens bei allen Arten vom Maulinneren her dauernd nach. Bisher wurde noch kein sicheres Abschreckungsmittel gegen Haie gefunden. Foto Gruhl

kalt blickende kleine Augen sind meine nächsten Eindrücke. Binnen Sekunden schließt sich der Kreis aus stahlfarbenen Riesenleibern um mich, so eng, daß ein Entkommen aussichtslos ist. Soll dies der Höhepunkt und das Ende einer langjährigen Taucherlaufbahn sein? In der reißenden Strömung Halt suchend, krallen sich die klammen Finger der Linken in den kalkigen Untergrund, während die Rechte, so als gehörte sie nicht mehr zu mir, wie wild mit der Kamera herumschlägt. Das Wasser verwandelt meine gellenden Schreie in mühsam gurgelndes Keuchen, und mit Entsetzen werde ich gewahr, daß die Haie überhaupt keine Notiz davon nehmen. Im Abstand von fünf bis sechs Metern ziehen sie ruhig und beständig, gleichsam abwartend, ihre Kreise, und gerade diese scheinbare Teilnahmslosigkeit ihres Verhaltens wirkt besonders erschreckend.

Der einen Gefahr entronnen

Angesichts der Hoffnungslosigkeit der Situation überkommt mich mit einem Mal ein Gefühl seltener Ruhe, weit jenseits aller Furcht, und ich beginne, kaltblütig meine Chancen auszurechnen: An dieser Stelle aufzutauchen, wäre aussichtslos, Flucht nach oben würde nur sofortigen Beutefangreflex in den Hirnen der hungrigen Tiere auslösen. Zudem liegen mehr als 40 Meter strömungsreiches Wasser über mir. Selbst wenn mich die Haie unbehelligt aus ihrer Umklammerung entließen, würde mich das rasch fließende Wasser kilometerweit ins offene Meer davontragen, weil der Aufstieg nur sehr langsam und mit Dekompressionspausen erfolgen darf. Andererseits ist aber an ein weiteres Verbleiben an diesem Platz, wo ich mich mühsam auf dem Plateau liegend kaum verteidigen kann, wegen Luftmangels nicht zu denken. Allein die sofortige Rückkehr auf der ursprünglichen Route verspricht Aussicht auf Überleben. So schwimme ich der Phalanx der Haie entgegen, und während sich die Sekunden zu schierer Unendlichkeit dehnen, weichen die Tiere aus und entlassen mich unbeschadet aus ihrem Todeszirkel. Angestrengt arbeite ich mich gegen die Strömung voran, bis ich einen großen Korallenpilz, Ausgangspunkt unserer verrückten Treibfahrt entlang der Riffkante, erreiche.
Von den Hammerhaien fehlt jede Spur.

Ein Blauhai!

Jetzt brauche ich mich nur noch über das Plateau hinwegtreiben zu lassen. Die Strömung wird mich direkt zum Ankertau führen, und auch die Preßluft meines Gerätes wird für die notwendige Dekompression gerade noch ausreichen. Rasch steige ich ein paar Meter auf und schwebe wie eine Feder im Wind meinem Ziel entgegen. Da löst sich aus dem Blau des Wassers ein metallisch glänzender, spitzer Körper mit hoher Rückenflosse, breitem Maul und kleinen Augen: ein Blauhai! Und ausgerechnet in meiner Bahn! Ausweichen ist nicht möglich, und auch den rettenden Meeresgrund werde ich kaum noch rechtzeitig erreichen. Da, kurz vor dem vermeintlichen Zusammenprall, wendet mir das Tier seine Breitseite zu und erweist sich zu meiner ungeheuren Erleichterung als Zwei-Zentner-Thun.
Mit ausgebreiteten Armen umschlinge ich das Ankertau und klammere mich an dem faserigen Hanf fest. Während ich mich emporziehe und über mir in der Dünung der Kutter dümpelt, schwimmt ein ausgewachsener Hammerhai die Riffkante entlang. Suchend wie ein Jagdhund auf der Spur der Beute zieht er zwischen den Korallenblöcken zu meinen Füßen umher. Such' dir dein Frühstück anderswo, du elendes Scheusal!

Ein Hammerhai genau von vorne gesehen. Welche Bedeutung die verbreiterte Schnauze hat, ist noch nicht bekannt. Eine Hypothese behauptet, sie erlaube dem Tier ein Richtungsriechen, so wie wir mit unseren beiden Ohren wahrnehmen können, woher ein Geräusch stammt. Foto Ardea London

Arturo Wesley

RINDERMARKIERUNG IN ARGENTINIEN

Argentiniens Süden ist unter dem Namen Patagonien bekannt. Wer dieses Wort hört, denkt an die Pampa, die Graswüste, und den Gaucho, den südamerikanischen Cowboy. Der argentinische Teil Patagoniens grenzt im Osten an den Atlantik, im Westen an den Rand der Anden, im Süden an das unwirtliche Feuerland. Es ist ein Land mit minderwertigem, versteptem Boden, der fast ausschließlich für die Viehzucht genutzt wird. Nur entlang den Anden zieht sich ein breiter Streifen fruchtbaren Landes, der ursprünglich mit dichtem Wald bewachsen ist.

Die Farmen, auf spanisch »Estancias«, sind hier von einer für europäische Vorstellungen unglaublichen Größe; oft umfaßt ihr Grund und Boden mehr als 100 000 Hektar – Land genug für Rinder und Schafe. Die Gauchos, die hier leben und arbeiten, sind harte Burschen – gewöhnt an strenge Winter und schwere Arbeit. Viele von ihnen haben Indianerblut in ihren Adern. Doch ist Argentinien das Land in Südamerika mit der geringsten Anzahl von Indianern in der Gesamtbevölkerung. Im Jahre 1879 hatte nämlich Julio A. Roca in einem brutalen Feldzug fast alle dort lebenden Indianerstämme vernichtet, die bis zu jenem Zeitpunkt Patagonien fest in ihrer Hand hatten und die Europäer daran hinderten, sich hier anzusiedeln.

Der Gaucho treibt das Vieh in den Korral – eine harte, staubige Arbeit, die nicht viel mit der Cowboy-Romantik der Werbung zu tun hat. Foto Collignon

Aufbruch am frühen Morgen

Gegen 5.00 Uhr morgens gehe ich quer über den Hof »meiner« Estancia zu den Unterkünften der Gauchos. Durch die Dunkelheit kann ich deutlich die Lichter in der Küche erkennen. In dem großen Raum, in dem einige Dutzend Männer sitzen, werde ich erst einmal eingehend bestaunt. Ich hatte mich mit dem »Capataz«, dem Vorarbeiter, verabredet. Doch er erschien nicht, um mich zu begrüßen, und so ist es nicht verwunderlich, daß ich – ein völlig fremder Mann in städtischer Aufmachung – auffalle und erst einmal von oben bis unten gemustert werde. Trotzdem bieten mir die Männer sofort einen Platz an und fordern mich auf, mit ihnen zu essen. Während ich mit meinem Frühstück – Steak und gekochte Kartoffeln! – kämpfe, entwickelt sich schnell eine Unterhaltung. Nachdem ich den Männern alles von mir und meiner Familie erzählt und ihnen auch klargemacht habe, daß ich sie bei ihrer Arbeit fotografieren möchte, schließen wir schnell Freundschaft miteinander.

Meine Kamera wird kritisch begutachtet, und es werden Witze gerissen: »Hey, Ju an, guck mal ein bißchen freundlicher, dein Konterfei kannst du bald in ›Gente‹ wiedersehen.« (Gente ist eine in Argentinien weit verbreitete Illustrierte.) »Diese Büffel werden noch deine Kamera kaputtmachen, wenn du nicht aufpaßt.« Alle brechen in lautes Gebrüll aus, und auch Juan, der mich zuerst verdutzt angestarrt hatte, zieht mit seinem zahnlosen Mund eine Grimasse, die wohl ein Lächeln sein soll.

Allmählich wird es heller, und wir verlassen die Küche. Drüben im Korral stehen die Pferde, die dort die Nacht verbracht haben und jetzt auf uns warten. Jeder sattelt sein Pferd mit äußerster Sorgfalt und Liebe. Die Gauchos sind vernarrt in ihre Pferde und haben einen wahren Pferdeverstand. Die Tiere sind zwar klein, aber äußerst zäh und widerstandsfähig. Fast alle Pferde sind »Criollos«, Nachfahren der vor langer Zeit von den Spaniern mitgebrachten edlen Pferde, die später verwilderten. Dabei lernten sie schnell, sich den verschiedensten Umweltbedingungen anzupassen. Die Reitpferde, die aus ihnen hervorgingen, sind kompakt, schnell und wendig. Sie helfen dem Gaucho bei allen möglichen Arbeiten und sind auf dem Lande auch heute noch das einzige Transportmittel.

Ich bestehe darauf, mein Pferd selbst einzufangen und auch selbst zu satteln. Daß ich dies genauso gut beherrsche wie die Gauchos, ringt ihnen große Bewunderung ab. Meistens amüsieren sie sich nämlich über die Besucher aus der Stadt, die linkisch und ungeschickt mit den Pferden umgehen.

Wir reiten in der Stille des frühen Morgens – außer dem Tschilpen der Vögel ist nichts zu hören – auf staubiger Straße, entlang an hohen Eukalyptusbäumen, passieren eine Holzbrücke, die einen kleinen Fluß überspannt, und dann geht es hinüber zu den Hügeln. Die Estancia liegt nun weit hinter uns.

Der Sattel, den die Gauchos in diesem Teil des Landes benutzen, heißt »Recado« und besteht aus einem Holz- und Lederrahmen – dem Sattelbaum – und vielen Schaffellen. In diesen Sätteln hat man ein ausgesprochen komfortables Sitzgefühl, wozu allerdings auch die »bequemen« Gangarten der Pferde das ihre beitragen.

Einmal im Jahr, während der Sommermonate, werden die Viehherden eingekreist, die einzelnen Tiere gezählt, ausgesondert und markiert. Bei reichen Estanzias kann sich diese Arbeit über einen ganzen Monat hinziehen, vor allem wenn die Herden an weit auseinanderliegenden Plätzen grasen.

Wir reiten ungefähr eine Stunde über das hügelige Land und erreichen dann einen großen Korral, worin sich bereits die Viehherde befindet. Als erstes machen wir Feuer, versammeln uns darum, trinken »Mate« und warten auf die Männer anderer Estancias, die versprochen haben, uns zu helfen. »Mate« ist ein sehr guter Tee, der in ganz Argentinien, aber auch in Uruguay, Chile, Paraguay und Brasilien getrunken wird. Da er Koffein enthält, wirkt er aufmunternd und erfrischend. Er ist das Hauptgetränk der Gauchos und wird von einer Stechpalmenart gewonnen. Yerba-Mate soll besonders reich an Vitaminen und Mineralstoffen sein, ein unbedingt notwendiger Zusatz zur eintönigen Nahrung der Gauchos, die fast nur aus Fleisch besteht.

Es geht los

Bald kommen noch zehn Männer, und es wird Zeit, sich an die Arbeit zu machen. Der jüngste von ihnen muß am Platz bleiben und das »Asado« vorbereiten, das mittags pünktlich »auf dem Tisch« stehen soll.

Zwei Männer sondern nun mit Hilfe ihrer Pferde etwa 200 Rinder ab und bringen sie in einen kleineren Korral, wo es sich leichter arbeiten läßt. Unabhängig voneinander fängt jeder mit dem Lasso ein Kalb und zieht es von der Herde weg,

Argentinische Gauchos auf ihren »Criollos«, den Nachfahren edler spanischer Pferde, halten nach nahezu wild lebenden Rindern Ausschau. Foto Collignon

wobei vom Pferd verlangt wird, daß es »mitdenkt« und seinem Reiter hilft. In der nordamerikanischen Westernreiterei nennt man das übrigens »Roping« – eine Glanznummer jeder Rodeo-Show.

Die anderen Männer zwingen das Tier zu Boden, stutzen die Hörner, damit sie nicht zu lang werden, markieren das Rind auf der Wange, so daß der Hauptteil des Fells nicht verunstaltet wird und später für gutes Geld verkauft werden kann, markieren die Ohren und kastrieren die männlichen Tiere. Nach dieser Prozedur, die mit größter Geschwindigkeit und viel Geschick abläuft, kommt das Kalb wieder frei und beeilt sich, zur Herde zurückzufinden. Inzwischen haben die Männer schon das nächste Tier unter den Händen. Die Gauchos lieben ihre Arbeit, obwohl sie sehr hart ist. Wenn sie ein kräftiges Kalb zu fassen kriegen, versuchen sie, auf ihm zu reiten, sobald sie es wieder freilassen. In rasendem Galopp geht es dahin, wobei sich die Männer irgendwo – an den Hörnern, an den Ohren, im Nackenfell – festhalten und letzten Endes doch nicht verhindern können, hinunterzufallen und eine Staubwolke aufzuwirbeln, während sich die anderen Männer halb totlachen über dieses Spektakel.

Während die Gauchos ihre Arbeit verrichten, renne ich hin und her und versuche, alle Phasen im Bild festzuhalten. Sie amüsieren sich jedes Mal, wenn ich versuche, ein Porträtbild von ihnen zu machen – eine typische Reaktion aller Menschen, die nicht gewöhnt sind, fotografiert zu werden. Sie bleiben absolut ernst, wenn ich die Kamera auf sie richte, und brechen nach dem »Klick« in schallendes Gelächter aus.

Mittags machen wir Pause und nehmen unser »Asado« ein. Die Gauchos benut-

Vorhergehende Doppelseite: Diese Kuh mußte gefangen werden, weil ihr ein Horn krumm heranwuchs. Die Gauchos sägten es ab. Das Einfangen des Tiers machte den Männern erheblich zu schaffen.

Gegenüberliegende Seite oben: Das Tier ist eingefangen, bewegungslos gemacht worden und kann nun markiert werden.
Gegenüberliegende Seite unten: Gauchos drücken ein Kalb für die Markierung zu Boden.

Links: Bevor sie den Asado, den Braten, verspeisen, trinken die Gauchos gerne Mate-Tee. Er wird aus Blättern einer Pflanze gewonnen, die mit unserer Stechpalme nahe verwandt ist. Fotos Collignon

zen dazu ein großes Messer, das »Facón«, das sie immer an ihrem Gürtel bei sich tragen. Damit schneiden sie ein Stück Fleisch vom Rind ab, das über dem Feuer brutzelt, legen es auf ein Stück Brot und schneiden beides mit dem Messer direkt vor ihrem Mund ab. Die Männer können riesige Mengen von Fleisch verdrücken; danach gibt es wieder Mate, damit »das Fett besser verteilt wird«, wie sie sagen.

Am Nachmittag geht die Arbeit weiter. Gegen sechs Uhr abends hören die Männer auf – sie haben genug getan für diesen Tag. Wir reiten zurück zur Estancia, keiner sagt ein Wort, alle sind hundemüde und überlassen es dem gesunden Instinkt der Pferde, den Weg nach Hause ohne Hilfe zu finden.

Wieder überqueren wir den kleinen Fluß und reiten an den Eukalyptusbäumen entlang, bis wir zur friedlich daliegenden Estancia kommen. Wir satteln die Pferde ab und lassen sie frei, jeder Gaucho bekommt seinen Mate, und dann werden Witze und Geschichten erzählt, während wir auf das abendliche Asado warten.

Der Gaucho ist gewöhnlich ein einfacher, bescheidener Mann, der nur wenig redet oder mit seinen Talenten angibt. Wenn er sich jedoch unter Freunden befindet, erzählt er gern humorvolle Geschichten und trägt so zur lebhaften Unterhaltung bei. Viele Gauchos sind große Könner im Gitarrespielen, wobei sie den alten Stil des »Payador« bevorzugen, des umherziehenden Musikanten, der Geschichten aus aller Welt erzählt, Geschichten über andere Menschen, andere Völker, andere Gebräuche.

Es wird noch lange dauern, bis die Markierung – die »Marcación« – beendet sein wird. Die Männer werden dann wieder nach Hause zurückkehren und dort ihre Arbeit verrichten. Im nächsten Jahr werden sie sich alle wieder treffen, um einen ganzen Monat lang hart zu arbeiten, aber auch um viel Spaß und Freude zu haben.

Eva Merz

ALPENBLUMEN-SAGA ODER »DES HAMMA GLEI WIEDER GRÜN!«

Skilaufen ist etwas Wunderbares. Und wenn die Sommersportler sagen, ein Skiläufer sei ein Mensch, mit dem es unaufhaltsam bergab geht, dann ist das erstens ein Kalauer und zweitens eine Verdrehung der Tatsachen. Das Problem beim Skilauf ist ganz im Gegenteil, daß es unaufhaltsam bergauf geht damit. Dabei hat es ganz harmlos angefangen. Manch ein Bergdorf, wie St. Moritz vor hundert Jahres eines war, hat seinen Wintergästen eine Schneeschuhbahn hergerichtet, damit sie einen zusätzlichen Spaß hatten. Und – natürlich – damit sie aufhörten, den Bauern vor den Füßen herumzurutschen. Man zog über Winter die Zaunpfähle aus den Wiesen und hoffte im übrigen, daß auch ein Städter einen Baum erkennt, wenn er ihn sieht. Dazu noch die segensreiche Erfindung des Idiotenhügels, und die Wintersportler konnten kommen.
Sie kamen, und es wurden von Jahr zu Jahr mehr. Das ging lange Zeit gut, weil sich der Skisport der Landschaft anpaßte. Dann, bei der Winterolympiade 1964 in Innsbruck, wurde vorgeführt, wie man eine Landschaft dem Skilauf anpaßt. Das leuchtete den Leuten gewaltig ein, und den Bergdörfern blieb nichts anderes übrig, als sich ein Beispiel zu nehmen. Manchem Gemeindesäckel wäre das schlecht bekommen, wenn sich nicht auswärtige Baugesellschaften und Spezialunternehmen gefunden hätten. Der Landschaft bekam es noch viel schlechter, aber das hat damals kaum einer gewußt und seither manch einer nicht beachtet.

Wer wie der Gletscherhahnenfuß im Gesteinsschutt der obersten Felsregion lebt, der ist schon an der Grenze seiner Möglichkeiten. Jede zusätzliche Belastung wie ein Pistenbau bringt ihn um. Foto Mauritius

Reißbrettpisten

Man nahm sich die Berge vor, auf dem Reißbrett, mit Dynamit und Planierraupen, und mit keiner schlimmeren Absicht als der, die notwendigen schiefen Ebenen herzustellen. Auf dem Reißbrett war das einfach: leicht erreichbare Abfahrten im Wiesenbereich, grob gerechnet bis etwa 1000 m, lange in den Waldgürtel hinauf, bis zu 1500 m, und schneesichere Profi-Strecken im Gletscher- und Felsbereich bis 2500 m.
Auf Wiesen und Weiden konnte der Rasen meist erhalten bleiben. Es wurden, in der üblichen Pistenbreite zwischen 40 und 60 m, nur Felsblöcke gesprengt, Gebüsche gerodet, Buckel weggeschoben und Mulden aufgefüllt. Das riß zwar Lücken in die Pflanzendecke, aber die Zahl der Arten blieb großenteils erhalten. Bei Bauten in den Waldgürtel hinauf mußten die Bäume geschlagen und abgefahren, Stümpfe gerodet und das Gelände glattgeschoben werden. Die

Humusschicht aus dem Laubfall von Jahrhunderten, festgehalten von Flechten und Moosen, von den Wurzeln der Zwergsträucher und Gräser, wurde zwangsläufig abgeschält, untergemischt und vernichtet.

Jenseits der Baumgrenze, zwischen Gletschern, Felsen und Gesteinsschutt, tat man dann offenbar keiner Nutzpflanze mehr weh. Man mußte auf die Landschaft nur noch so viel Rücksicht nehmen, daß keiner ihrer Bestandteile den Leuten auf den Kopf fiel oder mit ihnen zutal fuhr. Entsprechend gehen die Pisten dort droben denn auch bis zu 90 m in die Breite. Die Latschen und Kriechweiden, Zwergstrauchheiden und Grasbänke hat man vermutlich nicht einmal bemerkt.

Überall Pisten ... und Zerstörung

Der nächste Akt ist ein Zwischenspiel mit Petrus: Es schneit. Danach bekommen die Pisten den letzten Schliff. Der Neuschnee wird durch Überfahren gepreßt, und für schwierige Fälle gibt es Schneefestiger und Schneezement, die zum Stolz ihrer Hersteller auch noch Stickstoff enthalten. Der düngt, wie jedermann vom heimischen Gummibaum weiß, und ist deshalb etwas besonders Feines. Die wenigsten Wildpflanzen vertragen Düngung – aber wer weiß das? Das Ergebnis aller Bemühungen ist dann eine richtige Skipiste, laut Tiroler Landesregierung »... eine Strecke, die ... markiert, präpariert, kontrolliert und vor allen alpinen Gefahren gesichert ist«. Und die Aufstiegshilfen, die Sesselbahnen und Skilifts, mit Masten und Stationen, Zufahrten, Parkplätzen und Restaurants gehören natürlich auch dazu. Das Angebot ist reichlich. Die 1287 Pisten, die es 1980 in Tirol gab, beanspruchten ebensoviel Boden wie andererseits der gesamte Auto-, Eisenbahn- und Flugverkehr im Lande. Und in der Schweiz könnten, wie die »Schweizer Illustrierte« errechnet hat, die vorhandenen Seilbahnen und Lifts das ganze Schweizervolk innerhalb von fünf Stunden auf einen Berg hinauftragen. Die größte Seilbahnkabine, die daran beteiligt wäre, faßt 125 Personen auf einmal.

Jeder Skiläufer freut sich, wenn er eine schöne lange Abfahrt hat. Er kann gar nicht anders, auch wenn er weiß, was dafür hat geopfert werden müssen. Zu sehen bekommt er das kaum, denn wer Sommerurlaub macht, geht selten in eine der großen Skiregionen. Er würde sich wundern.

Skifahren verhärtet die Schneedecke ...

Als erstes erweist sich die vielberufene »schützende Schneedecke« als fauler Zauber. Oft schützt sie so wenig, daß ganze Bergflanken zerschunden und zerfurcht sind, als hätten dort Panzer geübt. Wenn der Schnee aber hält, ist er auf der ganzen Piste zu bretthartem Eis zusammengefahren, das weder Licht noch Luft durchläßt und vier Wochen später schmilzt als der locker geschichtete Schnee ringsum. Was dann erst zu wachsen beginnt, hat im kurzen Bergsommer oft keine Chance mehr. Wo aber blankes Geröll zutage planiert ist, waschen Schmelzwasser und Regen die letzten Erdreste weg. Der Rasen wird unterspült, reißt in großen Fetzen ab und rutscht zutal. Auf den Waldpisten, wo der Humusboden früher ganze Gewittergüsse schluckte, genügt jetzt ein Zentimeter Niederschlag, um die Steine in Bewegung zu bringen. So zahm kommt aber hier das Wasser selten, Schneeschmelze und Sommerregen reißen tiefe Rinnen, brechen Ränder und Böschungen ab, spülen den Randbäumen das Erdreich unter den Wurzeln weg. Und weil die den freien Stand nicht gewöhnt und oft schon von Sonne und Trockenheit geschädigt sind, wirft der nächste Sturm sie um.

Über der Waldgrenze, wo die Landschaft am allermeisten nach kahler Pistenzone

aussieht, ist sie es am allerwenigsten. Den Hochgebirgspflanzen wird ihr Standort zwar von keinem Allerweltskraut streitig gemacht, aber dafür haben sie sich mit den unbelebten Kräften, mit Wasser, Wind und Gestein, auseinandersetzen müssen. Sie haben gelernt, sich ihren dauernd bedrohten Standort selber zu sichern. Jeder Pistenbauer würde grün vor Neid, wenn er sähe, wie sie mit Geländeschwierigkeiten fertigwerden. Nachmachen läßt sich das nicht, denn sie arbeiten mit Jahrtausendplanung und

Schnee ist nur so lange ein Schutz für die Pflanzen, als er leicht und luftig darüberliegt und im Frühling rasch zu Wasser wird. Gepreßter Schnee ist ein alles zerstörender Bergrutsch auf Raten. Foto Schauer

zum Selbstkostenpreis. Keiner wächst unnötig in die Höhe, sie bleiben am wärmeabstrahlenden Boden und leisten sich lieber ein weitverzweigtes Wurzelwerk. Rutschendes Gestein, das sie nieder-

drückt, wird neu durchwachsen und zu vielen kleinen Terrassen gestaut. Ein daumendicker Silberwurzelstamm, wohl hundert Jahre alt, hält mit seinen Wurzeln viele Quadratmeter Geröll; ein Pelz aus Gras verhindert, daß der Frost eine Felsplatte sprengt. Das alles hat sich in einer langen Zeit eingespielt – genau dort, wo die schneereichsten, längsten, hindernisärmsten Pisten sich anbieten. Die Pflanzen dort oben halten eine Menge aus, aber nichts von dem, was die pistenbauende und skilaufende Menschheit unternimmt. Und wo ihre Stämme und Wurzeln den Berg nicht festhalten, da hält ihn gar nichts.

... und zerstört die Pflanzenwelt

Wer also seine Piste im Herbst wiederfinden will, der muß sich als Ersatz für die abrasierte Vegetation etwas anderes einfallen lassen. Im Fachjargon nennt man das »Begrünen«, ein Wort, das einmal bei der Bearbeitung von Müllkippen auftauchte und vielleicht besser dorthin zurückkehren sollte. Jedenfalls dann, wenn es, wie meistens, nichts anderes bedeutet als die Ansaat einer handelsüblichen Rasenmischung. Die braven Flachlandgräser kämpfen zwar hart ums Überleben, aber was hier oben verlangt wird, das haben sie einfach nicht gelernt. Schon der Same wird weggeweht und weggeschwemmt, das geringe Wurzelwerk hält keiner Bodenbewegung stand, und ehe sich auch im günstigsten Fall ein fester Rasen bilden konnte, beginnt die neue Skisaison.

In unteren Lagen, wo die Wiesengräser ohnehin zu Hause sind, kommt meist noch eine geschlossene Rasendecke zustande. Aber je schwieriger das Gelände, je höher die Bergstufen, desto kümmerlicher wird der Erfolg. Von den Bergpflanzen selber ist keine darauf eingerichtet, irgend etwas rasch zu »begrünen«. Im Gegensatz zu manchem Pistenpfleger sind sie längst darauf gekommen, daß hier oben mit schnellkeimenden Samen wenig zu machen ist. Sie vermehren sich weit wirkungsvoller mit Ausläufern und Wurzelsprossen, langsam, solide und nachhaltig. Und natürlich nur auf ihrem jahrhundertelang gewachsenen Boden. Eine Pistenfläche bietet für eine lange Liste von Bergblumen und Zwergsträuchern einfach keine Lebensmöglichkeit mehr.

Abhilfe – ein Tropfen auf den heißen Stein

Dafür erkennen alte Bekannte aus dem Flachland mit sichtlichem Vergnügen, daß so eine schottrige, lückige Kultur-

Wenn im flacheren Land der Boden vom Menschen schlecht behandelt, aber doch zeitweise in Ruhe gelassen wird, haben wenigstens viele einjährige Pflanzen eine Lebensmöglichkeit. Im Gebirge mit seinen kurzen Sommern können sich langlebige Stauden besser halten. Die richten sich dann auf Dauer dort ein, wo es ihnen ganz genau paßt. Wird solch ein Standort zerstört, so kann er sich schwer erholen. Links Bewimperte Alpenrose, Mitte Großblütiger Enzian, rechts Alpenpestwurz, alles Kalkpflanzen. Fotos Wolfstetter

grasfläche nicht viel anders ist als die heimischen Wegränder, Bahndämme und Schutthalden. Im unteren Pistenbereich wandern Löwenzahn und Brennessel ein, Hahnenfuß und Wegerich, Distel und Quecke. Das sind alles sehr ehrenwerte Gewächse, aber kein Wanderer wird sie als Alpenblumen begrüßen.

In den Hochlagen wird das Leben für solche Kulturfolger und Menschenbegleiter zu hart. Auf der Pistenflur wachsen dann jene Pflanzen, die sonst am Berg auf natürliche Schuttflächen spezialisiert sind, auf Erdrutsch- oder Bergsturzmaterial. In ganzen Trupps genießen sie den freien Platz zwischen den kümmerlichen Gräsern, die Weiße Zahnwurz und der Bergbaldrian, der Rundblättrige Steinbrech und verschiedene Habichtskräuter und Kreuzblütler.

Mit der Grasbegrünung ist es ein ganzes Stück vorwärts gegangen, seit man eine Methode ausgetüftelt hat, den Grassamen gleich bei der Aussaat mit Schatten, Feuchtigkeit und einer Art Keimbett zu versorgen. Man bringt ihn mit einer klebrigen Mischung aus Bitumen und gehäckseltem Stroh auf die kahle, steinige Unterlage. Da bleibt er kleben, bis die Graspflanzen sich selber halten können, das Strohbett ersetzt den Humus. Ein ähnliches Verfahren wird ja auch beim Begrünen der Autobahnböschungen angewendet. Wer gesehen hat, was vorher an solchen Standorten wuchs, der wird von der Patentrasenmischung nicht sehr begeistert sein, nicht einmal bei einer gutgemeinten Zugabe von Wildkräutersamen. Immerhin ist es so besser, als die geschundenen Hänge sich selbst zu überlassen. Es könnte sogar der Neubeginn einer Humusbildung sein, den später einmal wieder die Alpenpflanzen nutzen.

Denen kommt eine andere neue Methode zu Hilfe, die aber erst im Versuchsstadium ist. Von den natürlichen Nachbarstandorten der Pistenbereiche wird Pflanzensamen gewonnen und in Gärtnereien, die sich in großer Zahl an dem Versuch beteiligen, ausgesät und kultiviert. Als kräftige Pflanze mit einem ordentlichen Wurzelballen kommt der Bergbewohner an seinen Hang zurück. Bisher scheint dies Verfahren recht erfolgreich. Freilich führt es zu einer neuen Besiedelung mit Alpenpflanzen und nicht zu einer verbesserten Skipisten-Grundlage. Aber das Heilen der Wunden am Berg und die bessere Pflege der vorhandenen Pisten scheint allmählich auch beliebter zu werden als das Anlegen immer neuer Abfahrtsstrecken. Zwei sehr renommierte Sportorte haben das Angebot, die Winterolympiade auszurichten, mit Hinweis auch auf die bleibenden Zerstörungen abgelehnt.

MARTHA RUSS

Herbert Ruland

KONVOI NACH HELSINKI

Schiffahrt im Eis der Ostsee

In jedem Jahr wird Finnland vom Eis belagert. Zu Beginn des Winters rückt es von zwei Seiten gegen die Küste und die ihr vorgelagerten Felseninseln, den Schärengürtel, vor: aus der Tiefe des Finnischen Meerbusens westwärts und aus dem hohen Norden der Bottensee gegen Süden. So wird die finnische Wasserfront mit ihren Häfen allmählich vom Eis völlig eingeschlossen, bis es sich im späten Frühjahr langsam wieder zurückzieht. Aber die Finnen verteidigen sich gegen ihren natürlichen Feind. Sie wollen ihr Land, das einer riesigen Halbinsel gleicht, nicht abschneiden lassen von der Außenwelt, mit der sie Seehandel treiben; sie müssen für Schiffe vieler Herren Länder die Häfen auch im Winter offen halten. Doch alles, was sie gegen den mächtigen Gegner ins Feld schicken können, ist ein Flotte kraftstrotzender Eisbrecher. Tag und Nacht sind sie im Einsatz, so wie es das Hauptquartier des Eisbrecherdienstes im Seefahrtsamt zu Helsinki befiehlt.

An einem Kai im Hamburger Hafen liegt die »Brook«. An ihrem Mast flattert im böigen Februarwind der »Blaue Peter«; er signalisiert: »Dieses Schiff ist bereit, in See zu gehen.« Die Luken sind gefüllt mit elfhundert Tonnen Ladung für Helsinki: Maschinen und Elektromotoren, Werkzeuge, Arzneimittel, Chemikalien, Kaffee und einige hundert Kisten Äpfel, Birnen und Apfelsinen. Sie sind mit Stroh gegen eindringende Kälte geschützt. Auf der Heimreise wird die »Brook« finnische Exportgüter tragen: Papierrollen für die Rotationsmaschinen einer Hamburger Zeitungsdruckerei, Zellulose und Birkenstämme.

Das Schiff ist ein moderner Küstenfrachter, knapp hundert Meter lang. Es gehört zur Flotte der Hamburger Reederei H. M. Gehrkens, die seit mehr als hundert Jahren ihre Hausflagge über der Ostsee wehen läßt und im Finnlandverkehr groß geworden ist. Ihre Kapitäne kennen die Seewege und ihre Tücken aus langer Erfahrung. »Im Sommer ist die Reise für uns ein Vergnügen, aber jetzt im Winter ...! Dann liegt Finsternis über den Wassern, da wird es auch bei Tag kaum hell, oft brausen Schneestürme über die See. Die schwimmenden Wegweiser vor der Küste, die Leuchtbojen und Markierungstonnen, sind eingezogen, weil treibendes Eis sie aus ihren Verankerungen reißen oder zerstören würde. Und die unbemannten Leuchtfeuer auf den Schären sind verdunkelt von Eiskrusten. Da wird die Navigation schwierig.« Unter solchen Aussichten scheint es mir kühn, ins Eis des Nordens zu fahren, aber der

Zu Beginn des Winters vereisen die Küsten Finnlands, und die normale Schiffahrt muß eingestellt werden. Um aber nicht völlig von der Umwelt abgeschnitten zu werden, setzen die Finnen mächtige Eisbrecher ein. Foto Ruland

Käpt'n nimmt mir lachend meine Bedenken. »Keine Bange«, sagt er, »wir haben die höchste Eisklasse, das bedeutet einen verstärkten Bug, einen besonders festen Rumpf und mehr PS, als es bei gewöhnlichen Frachtern unserer Größe üblich ist. So verlangen es die Finnen, damit wir ihren Eisbrechern nicht noch mehr Arbeit machen, als sie ohnehin schon haben. Trotzdem, auch wir könnten in Bedrängnis geraten, wenn plötzlich der Wind umspringt und ein Sturm die treibenden Eisfelder zusammenschiebt und sie viele Meter hoch übereinanderpackt. Dann sitzen wir in der Falle, und selbst ein Eisbrecher hätte alle Mühe, uns wieder freizuboxen. Was wir ebenso fürchten, ist ein Sturm über offenem Wasser bei starkem Frost. Dann wird über die Reeling brechendes Wasser sofort zu Eis – der Salzgehalt der Ostsee ist ja sehr gering –, und das ganze Schiff wird im Nu von einem Eispanzer überzogen. Da hat die Mannschaft alle Hände voll zu tun, es loszuhacken und über Bord zu schaffen. Eine schwere und gefährliche Arbeit! Wenn ein Schiff mit einer hohen Deckslast Holz plötzlich vereist und dabei ein paar hundert Tonnen schwerer wird, gerät es in Gefahr zu kentern. Früher ist das vorgekommen, aber heute könnte nur Leichtsinn dazu führen, weil Wettervorhersagen und Eisberichte vor bösen Überraschungen warnen. Trotzdem – in der Eisfahrt nach Finnland muß man auf alles gefaßt sein.«

Zum Abschied den Eisbericht

Die frühe Dämmerung senkt sich über den Hafen, als die »Brook« klar zum Auslaufen ist. Der Inspektor der Reederei kommt mit den Ladungspapieren und bringt den neuesten Eisbericht mit der Eiskarte, die täglich vom Deutschen Hydrographischen Institut in Hamburg herausgegeben werden. Daraus erfahren die Kapitäne der Schiffe, die Order für die nordischen Ostseehäfen haben, alles, was sich an der Eisfront tut und wie sich die Lage voraussichtlich entwickeln wird, – vorausgesetzt, die Meteorologen ziehen aus der Großwetterlage über Nordeuropa und dem arktischen Seeraum die richtigen Schlüsse. Während die beiden noch einen kleinen Abschiedsschwatz halten, meldet sich der Lotse an Bord. Befehl an die Mannschaft: »Klar vorn und achtern!« Eine halbe Stunde später schwimmt die »Brook« elbabwärts, passiert während der Nacht den Nord-Ostsee-Kanal und steht im Morgengrauen des nächsten Tages in der südlichen Ostsee. Kurs Finnland!

Seit Kiel sind sechsunddreißig Stunden vergangen. Nach einer stürmischen Nacht begrüßt uns der neue Morgen mit ruhiger See und eiskalter, fast windstiller Luft. Weit voraus, eine Handbreit unter der Kimm, eine scharfe Linie: die Eisgrenze! Das Eis ist zunächst nur wie ein Hauch, der das Wasser glättet. Fast lautlos gleitet das Schiff hindurch, aber schon bald wird das Eis fester, unter dem Bug zerbricht es wie Fensterglas. Noch ein paar Seemeilen weiter, und kleine Schollen werden zur Seite geschleudert, sie flitzen weit hinaus über die feste spiegelglatte Eisebene, und das Kielwasser wird zu einer schmalen Gasse darin, genauso breit wie das Schiff, sehr zum Mißvergnügen des Matrosen am Ruder, denn jede Unaufmerksamkeit am Kompaß läßt die Kielwasserspur zu einer verräterischen Schlangenlinie werden, die der Wachoffizier nicht übersehen kann. Kein Land in Sicht, kein fremdes Schiff. Selbst die Linie zwischen Himmel und Eis ist ausgelöscht vom winterlichen Dunst. Die Sonne wandert wie ein fahler Fleck auf ihrer niedrigen Bahn.

Rendezvous im Eis

Plötzlich ertönt aus einem Lautsprecher auf der Kommandobrücke zwischen atmosphärischen Geräuschen eine Stimme. Jemand ruft die »Brook«. Der Kapitän

meldet sich über das Funktelefon und beginnt auf englisch eine Unterhaltung mit der knarrenden Geisterstimme. Ich unterscheide fremde Namen, Zahlen, Uhrzeiten, kann mir aber keinen Reim darauf machen. »Das war der Kapitän vom Eisbrecher ›Karhu‹, ein guter alter Bekannter. Er hat uns die Position gegeben, wo sich der nächste Konvoi nach Helsinki sammelt. Um vierzehn Uhr ist Rendezvous. Vor uns sind zwei andere Schiffe mit von der Partie, ein Engländer und ein Pole.«
»Woher weiß der Eisbrecher, daß wir im Anmarsch sind?« will ich wissen. »Die Eisbrecherzentrale in Helsinki hat die erste Meldung über uns bekommen, als wir Hamburg verlassen haben, und ein zweites Fernschreiben, als wir die Schleuse in Kiel-Holtenau passierten. Da man in

Ein Eisbrecher schafft Luft für steckengebliebene Frachter. Schiffe, die im Winter nach Finnland fahren, müssen einen verstärkten Bug, einen besonders festen Rumpf und leistungsfähigere Motoren haben, um im dichten Gewühl der Eisschollen vorwärtszukommen. Foto Ruland

Helsinki alle Daten über unser Schiff kennt, läßt sich leicht berechnen, wo wir gerade stecken. Solche Vorausmeldungen bekommt die Zentrale von allen Schiffen, wenn sie zu einem finnischen Hafen unterwegs sind, der noch offen gehalten wird. Anhand der Meldungen werden dann die Eisbrecher über Funk informiert und die Konvois zusammengestellt. Die Sammelpunkte ändern sich natürlich dauernd, sie richten sich nach der Eislage.«

Oben: Der finnische Eisbrecher »Karhu«, der »Bär«. Die Wirkung von Eisbrechern beruht darauf, daß sie ihren schweren gepanzerten Bug aufs Eis schieben und dieses mit ihrem Gewicht eindrücken. Oft haben Eisbrecher am Bug eine zusätzliche Schiffsschraube.

Rechts: Der Lotse, der die Schiffe in den Hafen dirigiert, kommt an Bord – zu Fuß über das Eis! Fotos Ruland

Erster Kampf mit dem Eis

Das Eis wird immer stärker, die »Brook« fährt mit voller Maschinenkraft, um sich den Weg zu bahnen. Die hochgepflügten Schollen treiben nicht mehr auseinander, sondern wälzen sich schwerfällig an den Flanken entlang. Unter Deck hört es sich furchterregend an, ein ohrenbetäubendes Getöse, Poltern, Knirschen, Krachen. Aber der Rumpf ist ja für diesen Kampf gebaut, er muß das aushalten können, beruhige ich mich selber, und so fühle ich mich hinter der stählernen Bordwand in meiner Koje einigermaßen sicher.

Wir kommen rechtzeitig zum Stelldichein. Drei Schiffe warten auf uns, sie liegen, von weitem sichtbar, wie kleine schwarze Punkte bewegungslos in der weißen Einsamkeit. Eines davon ist der mächtige Eisbrecher »Karhu«, was »der Bär« heißt. Kaum haben wir unsere Position erreicht, als sich die Prozession formiert und in Marsch setzt: »Karhu« voran, ihm folgt der Engländer, ein kapitaler Frachter. Dann kommt der Pole, die »Brook« beschließt die Reihe, auch sie hält sich im Kielwasser ihres Vordermannes. Von Wasser ist allerdings nichts zu bemerken, gleich hinter dem Achtersteven des Polen schließt sich das aufgewühlte Eis zu einem zähen Schollenbrei.

Der Gegenkonvoi kommt

So fahren wir in den Abend hinein, quer über den Finnischen Meerbusen. Die Sonne verschwindet blutrot im Südwesten, die Temperatur fällt schnell auf minus fünfzehn Grad. Am wolkenlosen Himmel funkeln die Sterne in wunderbarer Klarheit. Gegen zwanzig Uhr kommen voraus Lichter in Sicht, sie bewegen sich auf uns zu. Es ist der Gegenkonvoi aus Helsinki, vier Schiffe im Gänsemarsch hinter ihrem Eisbrecher. Ein rundum strahlendes rotes Licht auf seiner Mastspitze ist sein Erkennungszeichen bei Nacht.

»Das ist die ›Hanse‹«, sagt der Käptn, »ein deutscher Eisbrecher unter finnischer Flagge mit finnischer Besatzung. Er ist nur ausgeliehen, weil wir ihn in unseren eigenen Gewässern nur selten brauchen, Gott sei Dank. In der südlichen Ostsee ist der Winter im Durchschnitt nur alle sieben Jahre so streng, daß sie vereist. Ohne Eisbrecher müßte dann die Schiffahrt eingestellt werden, was einen volkswirtschaftlichen Schaden von Milliarden zur Folge hätte. So war es im Winter 1962/63. Nun wäre es unrentabel, in Kiel, Flensburg oder Lübeck Super-Eisbrecher zu unterhalten, wenn sie nur selten gebraucht werden und in der übrigen Zeit Rost ansetzen. So kam man vor Jahren im Bundesverkehrsministerium auf die Idee mit der ›Hanse‹. Die Finnen haben sie gebaut, und wir haben sie bezahlt. Für die Finnen ist die ›Hanse‹ eine willkommene Verstärkung, aber sie sind verpflichtet, sie in deutsche Gewässer zu schicken, wenn dort Not am Mann ist; sie setzt dann die Flagge schwarz-rot-gold. Für die Finnen ist der Ausflug kein Opfer, denn wenn es so weit kommt, ist die nördliche Ostsee absolut unpassierbar, da sind auch die stärksten Eisbrecher ohnmächtig, und Finnland muß vor dem Eis kapitulieren.«

Letzte Anstrengung im Schärengebiet

Als beide Geleitzüge sich auf gleicher Höhe passieren, drehen »Karhu« und »Hanse« bei und machen kehrt. »Karhu« übernimmt den auslaufenden Konvoi und »Hanse« den nach Helsinki bestimmten. Auf einer Leiter klettert der Lotse zu uns an Bord, er wird uns ans Ziel bringen. Dann geht die Fahrt weiter in der aufgebrochenen Rinne, die der Gegenkonvoi hinterlassen hat.

Nicht lange darauf tauchen an Backbord und Steuerbord, nah und fern, niedrige Inseln auf, schwarz heben sie sich aus der vereisten See. Wir haben das Schärengebiet vor der Küste erreicht. Immer langsamer geht es voran, hier ist das Eis so dick, daß wir kaum noch von der Stelle kommen.

»Mit einem Stop müssen wir immer rechnen«, sagt der Käpt'n gleichmütig, »aber das ist kein Unglück, abgesehen davon, daß unser Fahrplan durcheinandergerät. Dann bleiben wir eben liegen und warten geduldig, bis ein Eisbrecher kommt und uns freiboxt. Gelingt das nicht, nimmt er uns Huckepack. Alle finnischen Eisbrecher haben am Heck einen Einschnitt wie ein Schwalbenschwanz. Darin kann ein Schiff mit dem Bug festmachen, so daß es mit dem Eisbrecher eine Einheit bildet. Die »Hanse« hat noch einen anderen Trumpf in der Hand, die Schlingeranlage. Dazu gehören eingebaute Tanks im Innern, auf beide Seiten verteilt. Sie werden abwechselnd geflutet und wieder entleert. Auf der »Hanse« können auf diese Weise 110 Tonnen Wasser in 45 Sekunden von einer Seite zur anderen gepumpt werden. Die schnelle Gewichtsverlagerung bewirkt, daß der Eisbrecher heftig zu schlingern beginnt, er schaukelt um seine Längsachse, während sich seine beiden Heckpropeller drehen. Dadurch wühlt er sich frei und kommt in Fahrt.«

Aber die »Brook« hält Anschluß. Bei Tagesanbruch erreicht der Konvoi die Einfahrt in den Hafen von Helsinki. Die »Hanse« hat ihre Arbeit getan und überläßt uns einem Hafeneisbrecher, der uns den Weg zum Liegeplatz freiräumt. Mit häufigem Vor und Zurück, mit Hilfe des Eisbrechers und der Männer am Kai, die mit langen Stangen die losgebrochenen, zwischen Bordwand und Kaimauer eingeklemmten Schollen bis hinter das Heck stoßen, erobert sich die »Brook« endlich ihren Platz unter den Kränen. Sie ist am Ziel.

Der Hafen der ostfinnischen Stadt Hamina im Winter. Von Schiff zu Schiff geht man trockenen Fußes. Foto Ruland

Gerhard Gronefeld

RIESENKRÖTEN ÜBERSCHWEMMEN EINEN KONTINENT

Bei Zuckerrohr denkt man meist an Cuba, die Zuckerinsel, und an Lateinamerika. Tatsächlich wird dort ein großer Teil des ursprünglich in Südostasien beheimateten Zuckerrohrs angebaut. Der größte Produzent ist jedoch erstaunlicherweise Indien. Weitere Länder mit bedeutendem Zuckerrohranbau sind die USA, China, Pakistan und auch Australien. Man begann dort zur Jahrhundertwende mit dem Zuckerrohranbau. Bald zeigten sich jedoch große Schwierigkeiten.

Die Engerlinge zweier Maikäferarten verschmähten plötzlich ihre herkömmliche Nahrung und begannen, sich an die Wurzeln der Zuckerrohrpflanzen heranzumachen und diese zu durchnagen. Die gekappten Wurzeln hielten das bis 5 Meter hohe Zuckerrohr aber nicht mehr aufrecht und konnten auch kein Wasser und keine Nährstoffe mehr aufnehmen. Die Pflanze ging ein. Die eine dieser schädlichen Maikäferarten nennen die Australier Christmas-beetle, »Weihnachtskäfer«, weil er weißbestäubte Flügeldecken hat, die an winterlichen Schnee erinnern. Da dieser Käfer auf den wissenschaftlichen Namen Lepidiota frenchi – nach einem Herrn French – hört, heißt er auch salopp »Frenchi-beetle«. Ebenso schädlich wie dieser werden die Engerlinge des Greyback-beetles, der seinen Namen wiederum der weißgrauen Behaarung der Flügeldecken verdankt und der den Wissenschaftlern unter dem Namen Dermolepida albohirtum bekannt ist.

Im Jahre 1920 wurden Agakröten auf der Insel Puerto Rico, später auch auf Jamaika und Hawaii ausgesetzt. Sie sollten dort maikäferartige Zuckerrohrschädlinge dezimieren. 1932 berichtete ein Herr Dexter, wie erfolgreich diese biologische Schädlingsbekämpfung auf Puerto Rico funktioniere. Dieser und andere Berichte bewogen 1935 die Australier, die Agakröte auch auf ihrem Kontinent einzuführen. Man holte sich also diese Riesenkröte aus Hawaii und setzte sie an verschiedenen Stellen in Queensland aus. Leider fanden die Kröten aber keinen Gefallen an den australischen Zuckerrohrkäfern, und sie begannen, sich andere Beutetiere unter Queenslands Insekten zu suchen, besonders Kakerlaken. Der Schuß war also nach hinten losgegangen.

Die amerikanische Agakröte wiegt in großen Exemplaren 200–300 Gramm und erreicht oft eine Körperlänge von 20 Zentimeter und mehr. Bald nach ihrem Aussetzen in Australien traf man sie in Farmhäusern, Hühnerställen, auf Kinderspielplätzen und Müllhalden, in Waschküchen und Bars, sogar in Futternäpfen der Hunde und Katzen. Dort fressen sie – eine einzigartige Ausnahme unter allen Lurchen – auch pflanzliche Nahrung. Die Tiere blieben nicht an den Plätzen, wo man sie ausgesetzt hatte. Sie zogen übers Land von Feuchtstelle zu Feuchtstelle und begannen, sich langsam aber stetig wie ein Lavastrom und genauso unaufhaltsam zu verbreiten. Überall,

wo sich Tümpel während der Regenzeit mit Wasser füllten, setzten die Weibchen ihre Eier ab. Von der ungeheuren Fruchtbarkeit zeugt eine Zahl, die man bei Untersuchungen in Nordqueensland ermittelt hat: 9 Weibchen legten an einem einzigen Morgen insgesamt 125 000 Eier in langen Eischnüren ab.
Heute hat die Agakröte fast den ganzen, rund 100 Kilometer breiten Küstenstreifen Ostaustraliens erobert und in ihren Besitz genommen. Er erstreckt sich fast 3000 Kilometer lang von der Cape-York-Halbinsel bis in den Süden von Neusüdwales. Von der Cape-York-Halbinsel wanderte sie noch weiter westwärts und ist bereits in der Gegend von Normanton am Golf von Carpentaria angelangt. Meldungen über ihr Auftreten kommen – wenn auch vorerst nur vereinzelt – bereits aus Darwin und Westaustralien.
Diesem Zug der Agas ist nichts entgegenzusetzen. Bald werden sie ganz Australien in den Gebieten überschwemmt haben, in denen sie Existenzmöglichkeiten finden, nämlich in den Feuchtgebieten des Kontinents.
Die Anwesenheit der Agakröten stört an sich kaum jemand. Die Kinder in den Küstengebieten Ostaustraliens wachsen mit den Kröten auf, ja sie spielen sogar mit ihnen, wenn sie welche in ihrem Buddelkasten finden. Und für Hund und Katze ist es ganz natürlich, erst einmal die Kröten aus dem Futternapf zu vertreiben, wenn sie fressen wollen. Ist eine Kröte besonders hartnäckig und bleibt im Napf hocken, wenn schon der Hunde- oder Katzenkopf über ihr ist, so kann sie nur ein Nasenstüber vertreiben. Weder Hunde noch Katzen getrauen sich jedoch, die ungebetenen Kostgänger durch Bisse zum Verlassen der Näpfe zu bewegen. Sie haben böse Erfahrungen mit den Kröten gemacht. Die Agas sind nämlich giftig. So mancher von ihnen, der zubiß, verendete elend mit Schaum vor dem Mund. Das Krötengift verätzte die Schleimhäute und Magenwände.
Die Hausfrauen in den Krötengegenden und die Besitzer von Hühnerfarmen und Legebatterien indessen sehen die Agas nicht ungern, fangen sie doch Asseln, Kakerlaken und Hühnermistkäfer weg.
Die Gefährlichkeit der sanften Invasoren liegt auf einem anderen Gebiet. Sie springen nicht giftspritzend durchs Land, sie verbreiten es passiv. Nicht nur die erwachsenen Tiere, auch ihre Eier, die Kaulquappen und Kleinstkröten sind von höchster Giftigkeit. Welcher Beutegreifer auch immer von den Agas und ihrer Nachkommenschaft nascht, er ist ein Kind des Todes. Es sind dies Warane, Schlangen, Milane und andere Greifvögel, Kraniche, Reiher, Eisvögel, um nur einige zu nennen. Sie alle gehen nach dem Genuß der giftigen Beute elend zugrunde oder siechen dahin. Nur die Wasserratten haben es inzwischen gelernt, die Kröten nur dort anzuknabbern, wo sie nicht giftig sind. Sogar der Dingo rührt die Tiere nicht an. In welchem Maße die Agakröte die australische Tierwelt beeinträchtigt, ist noch nicht wissenschaftlich und systematisch untersucht worden, der Schaden muß allerdings enorm sein.
Eine weitere Gefahr der Agakröte liegt in der ungeheuren Anpassungsfähigkeit und der unvorstellbaren Fortpflanzungsrate. Mit diesen beiden Eigenschaften verdrängt sie ganz undramatisch die australischen Amphibienarten aus ihren angestammten Brut- und Wohngebieten. Mit ihrer überquellenden Zahl nehmen die Agas diesen Tieren ganz einfach den Lebensraum weg. Und das ist besonders gefährlich für jene australischen Lurche, die kleine und höchst spezialisierte Vorkommen haben. Sind sie einmal aus ihren Biotopen verdrängt, so gibt es kein Überleben mehr für sie. Ihre Art ist von dieser Erde dann ein für allemal verschwunden. Niemand kann dagegen etwas tun. Und trotzdem versuchen ein paar Leute – in ganz Australien ist es vielleicht ein Dutzend Menschen –, einzugreifen und das

Oben: Die Agakröte hat sich in Australien unglaublich vermehrt. Dank ihrer Anpassungsfähigkeit konnte sie sich fast überallhin ausbreiten. Die Tiere gehen in der Dämmerung oder nachts auf Jagd. Den Tag verbringen sie in Schlafstellen, wo man oft mehrere hundert Agas versammelt finden kann.

Das sind die maikäferartigen Zuckerrohrschädlinge, um derentwillen die Australier die Agakröte eingeführt haben. Heute wären sie sie gerne wieder los. Fotos Gronefeld

Gegenüberliegende Seite: Mit ihrer ungeheuren Vermehrungs- und Ausbreitungskraft verdrängen Agakröten in Australien die einheimischen Lurcharten. Agas werden heute als Versuchs- und Unterrichtsobjekte verwendet. Die gefangenen Tiere werden gewogen und sortiert. Rechts: Will ein Auftraggeber Krötengift, so macht sich Peter Krauss ans Melken. Unter einer Glasplatte drückt er die Giftdrüsen aus. Das Gift spritzt an die Glasscheibe, trocknet und gerinnt. Fotos Gronefeld

Schlimmste zu verhüten. Die australischen Universitäten, die medizinischen Institute und die Arzneimittelindustrie sind an lebenden Kröten und oft auch nur an deren Gift interessiert. So sind Jahr für Jahr Fängertrupps in Queensland und Neusüdwales unterwegs, um Kröten einzusammeln und an die Interessenten zu verschicken. Es haben bereits deutsche Universitäten Interesse gezeigt, weil sie gerne unsere einheimischen Lurche schonen und deswegen auf die Agas zurückgreifen möchten.

Auf Anforderung sind die Fängertrupps auch bereit, die Kröten durch Melken von ihrem Gift zu befreien. Man drückt dabei sachte auf eine dicke Drüse, die hinter der Ohröffnung liegt. Das Gift spritzt an eine Glasscheibe, trocknet dort ein, wird abgeschabt und pulverisiert verkauft. Das Gift der Agakröte, die wissenschaftlich Bufo marinus heißt, enthält zwei wichtige Komponenten, das Bufotoxin und das Bufogenin. Beide sind äußerst starke Gifte, die übrigens auch in unserer sympathischen Erdkröte vorhanden sind. Besäße diese einen Giftstachel oder ein ähnliches Instrument, so gehörte sie zu den giftigsten Tieren überhaupt, gefährlicher als manch eine Giftschlange! Zu pharmazeutischen Zwecken verwendet man vor allem den Stoff Bufogenin; er ist in seiner Wirkung dem Digitalin, dem Wirkstoff des Fingerhuts, ähnlich und gilt als Mittel zur Herzstärkung. Krötengift wird auch von deutschen Firmen in ganz geringen Mengen zu Heilmitteln verarbeitet. Ganz besonders interessiert sind jedoch Arzneimittelfabriken in Japan und China. Hier fabriziert man mit Krötengift eine weiche, runde und dunkelbraune Tablette, 1 Zentimeter dick und 7 Zentimeter im Durchmesser. In Japan heißt sie Senso, in China Ch'an Su. Man kann diese Tabletten beispielsweise in den Apotheken von Hongkong für siebzig Hongkong-Dollar das Stück, für rund 20 Mark, kaufen. Diese Medizin findet einen rasenden Absatz, soll sie doch zuverlässig helfen gegen Rheuma, Ischias, Gicht, gegen Leber- und Nierenleiden, gegen Gallensteine, Erkältung, Fieber, Wassersucht und zu hohen Blutdruck. Und schließlich gilt sie – wen wundert es – auch noch als Liebesmittel.

Einer der Männer, die Kröten fangen und ihr Gift melken, ist Peter Krauss aus Upper Barron bei Atherton im Queensländer Tableland. Krauss ist Deutscher und lebt seit über 25 Jahren in Australien. Von Beruf ist er Tierpfleger – er lernte in der Stuttgarter Wilhelma – und heute ein international anerkannter Reptilienfachmann. Krauss fängt und verschickt jährlich 30 000 lebende Agakröten. Er sieht seine Tätigkeit als einen kleinen Beitrag zur Erhaltung der einheimischen australischen Tierwelt.

Walter Baier

GLÄSER AUS METALL

Im Energieversorgungsnetz der Vereinigten Staaten gibt es rund 40 Millionen Verteil-Transformatoren aller Größen. Jährlich gehen in ihnen 31 Milliarden Kilowattstunden (kWh) in Form von Wärme verloren. Wollte man sie zu einem Haushaltstarif von 15 Pfennig je kWh abrechnen, ergäben sie einen Wert von 4,65 Milliarden Mark. In den Vereinigten Staaten gibt es außerdem etwa 70 Millionen kommerzielle Elektromotoren mit Leistungen zwischen 0,75 und 95 Kilowatt. Ihre Energieverluste liegen bei jährlich 20 Milliarden Kilowattstunden, die nach unserem Tarif drei Milliarden Mark wert sind. Zehn Großkraftwerke von jeweils 1000 Megawatt sind notwendig, um die Verluste in Transformatoren und Motoren auszugleichen.

Diese Zahlen hat der amerikanische Konzern General Electric errechnet, um Zweiflern zu erklären, warum er unter erheblichem Aufwand neue Werkstoffe erforscht, die in den siebziger Jahren noch eine Laborkuriosität waren: amorphe Metalle, auch metallische Gläser genannt. Ersetzt man nämlich die Silizium-Eisenbleche, aus denen Transformatorkerne und Statoren von Elektromotoren aufgebaut sind, durch metallische Gläser, lassen sich die Verluste um 70 Prozent senken. Bezogen auf die Rechnung der General Electric entspricht das einer jährlichen Ersparnis von fast 5,4 Milliarden Mark oder der Erzeugung von sieben Großkraftwerken.

Für Europa sind vergleichbare Zahlenangaben nicht erhältlich. Die Verringerung von Energieverlusten um 70 Prozent ist freilich auch hierzulande ein mächtiger Anreiz. Daher ist das weltweite Interesse an metallischen Gläsern leicht zu verstehen.

Was ist Glas?

Gläser werden hergestellt, indem man Schmelzen sehr rasch abkühlt. Das gilt auch für Metalle; doch muß hier die Abkühlgeschwindigkeit bei einer Million Grad Celsius je Sekunde liegen! Unter diesen Bedingungen haben die Atome bestimmter metallischer Legierungen nicht genug Zeit, sich zu Kristallen anzuordnen. Die Schmelze erstarrt in der atomaren Unordnung des flüssigen Zustandes. Das ist das allgemeine Kennzeichen aller Gläser.

Metallgläser werden stets aus Legierungen hergestellt, in die außer Eisen (Fe) entweder Nickel (Ni) oder Kobalt (Co) eingehen; diese Metalle sind ferromagnetisch. Gelegentlich werden auch andere Metalle verwendet, zum Beispiel Chrom,

Glasartig erstarrte amorphe Metalle werden auf eine geniale Weise hergestellt. Eine Düse spritzt einen Strahl der flüssigen Schmelze auf eine schnell rotierende Walze. In Sekundenbruchteilen erstarrt das Metall. Foto Vacuumschmelze GmbH

Molybdän, Vanadin oder Palladium. Um sicherzustellen, daß der amorphe Zustand nach dem Abkühlen wirklich erhalten bleibt, enthält die Legierung im allgemeinen 20 bis 40 Prozent Metalloide oder Metalle wie Silizium (Si), Beryllium (Be), Bor (B), Phosphor (P), Kohlenstoff (C) oder Molybdän (Mo). Ihre unterschiedlich großen Atome haben die Aufgabe, die Einordnung in Kristallverbände zu erschweren, da sie sich gegenseitig behindern.

Die amorphen Metalle werden in Form sehr dünner Bänder hergestellt. Ihre Stärke liegt üblicherweise zwischen 0,025 und 0,05 Millimeter; die Breite schwankt von einem Millimeter bis zu mehreren Zentimeter. Bei wesentlich stärkeren Bändern würde es schwierig und bald auch unmöglich, die Wärme der Schmelze rasch genug abzuführen, um amorphes Metall zu erhalten.

Metallgläser gibt es noch nicht in Läden zu kaufen. Die technischen Möglichkeiten, die sie bieten, werden überwiegend erst in den Entwicklungslabors ausgelotet. Sobald großtechnische Anwendungen beginnen können, läßt sich die Produktion freilich sprunghaft steigern. Das gewährleisten die Herstellungsverfahren.

Einfache Herstellung

So wird bei der Firma Hanauer Vacuumschmelze die geschmolzene, etwa 1000 Grad Celsius heiße Legierung durch Düsen auf eine Kupfertrommel von 60 Zentimeter Durchmesser gespritzt, die mit rund 100 Kilometer je Stunde Umfangsgeschwindigkeit rotiert. Kupfer ist ein guter Wärmeleiter. Die Legierung ist schon nach einem halben bis einem Zentimeter Weg auf der Trommel erstarrt. Das entstandene Band braucht nun nur noch abgenommen und aufgewickelt zu werden. Es ist auch schon vorgeschlagen worden, die Schmelze in einen Spalt zwischen zwei Walzen zu spritzen, um das

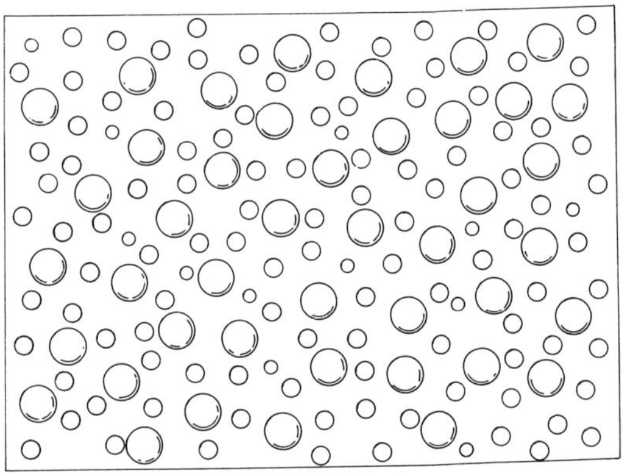

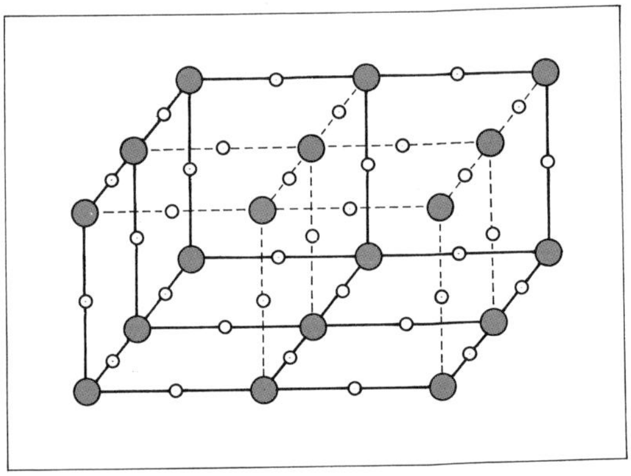

Materie tritt in drei Aggregatzuständen auf. Die Atome oder Moleküle eine Gases (ganz oben) bewegen sich frei nach allen Seiten und dehnen sich unbegrenzt aus. Die Moleküle von Flüssigkeiten (Mitte) bewegen sich noch ziemlich frei, behalten aber ein bestimmtes Volumen. In Festkörpern (unten) herrschen starke Bindungskräfte zwischen den Molekülen, und alle haben ihren Platz in einem Kristallgitter. Gläser zeichnen sich dadurch aus, daß die Atome oder Moleküle trotz der Festigkeit regellos angeordnet sind.

sich bildende Band von beiden Seiten zu kühlen. Als unbedingt notwendig hat sich das bisher nicht erwiesen.
Solche Verfahren muten zwar an, als seien sie nur für Laborzwecke gebaut. Aber der Anschein trügt. Auf der Kupfertrommel in Hanau entsteht jede Minute ein zwei Kilometer langes Band Metallglas von 0,05 Millimeter Stärke und 25 Millimeter Breite. Im Dauerbetrieb einer Acht-Stunden-Schicht lassen sich so rund zehn Tonnen Band herstellen. Wie genial einfach dieses Verfahren tatsächlich ist, zeigt am besten der Vergleich mit den bis heute üblichen Techniken. Um dasselbe Band aus rostfreiem Nickeleisen herzustellen, müßten die üblichen 35 Zentimeter dicken Gußbrammen rund 60mal gewalzt und mehrfach zwischengeglüht werden. Der dafür notwendige technische Aufwand wäre unvergleichlich höher.

Die Eigenschaften von Metallgläsern

Metallgläser sind ungewöhnlich hart, haben aber eine hohe Biegewechselfähigkeit: Sie können sehr oft hin und her gebogen werden, bevor sie zu Bruch gehen. Die elektrische Leitfähigkeit ist um 15 bis 30 Prozent geringer als die der kristallinen Legierung, dafür ist ihre magnetische Leitfähigkeit (Permeabilität) ungewöhnlich hoch. Im Prinzip kann man Metallgläser walzen und schmieden, wegen ihrer geringen Dicke ist dies in der Praxis aber fast ausgeschlossen. Auch Stanzen ist möglich, obwohl sich die Stanzwerkzeuge wegen der Härte der Metallgläser rasch abnützen. Spanabhebende Bearbeitungsverfahren wie Fräsen sind wegen der geringen Schichtdicke nicht anwendbar; Metallgläser lassen sich nur durch Ätzen bearbeiten.
Technisch am bedeutsamsten sind die magnetischen Eigenschaften der metallischen Gläser. Ihre hohe Permeabilität sorgt dafür, daß sie Magnetfelder gleichsam in sich hineinziehen, ungefähr so, wie metallische Blitzableiter wegen ihrer guten elektrischen Leitfähigkeit luftelektrische Felder und damit Blitze auf sich ziehen. Das macht metallische Gläser zu vorzüglichen Abschirmmaterialien. Ihre im Vergleich mit kristallinen Metallen verringerte elektrische Leitfähigkeit erweist sich für Abschirmungen sogar als Vorzug, weil sie die Bildung von Wirbelströmen behindert. Bänder aus Metallglas können spiralig um Leitungen oder Kabel gewickelt werden. Sind Teile oder Geräte mit komplizierten Formen abzuschirmen, werden aus schmalen Metallglas-Bändern Gewebe hergestellt, in die man die abzuschirmenden Teile einwikkelt.
Sehr viele Metallgläser können leicht magnetisiert und entmagnetisiert werden. Diese Eigenschaft nun verringert die Energieverluste in Transformatoren und Elektromotoren. Denn üblicherweise wird Energie verbraucht, um ein magnetisiertes Material zu magnetisieren, und im Takt des Wechsel- oder Drehstroms wird ständig ummagnetisiert. Zwar bringt die geringe Stärke der Metallglasbänder auch einige Nachteile mit sich. Vor allem sind die Kerne aus den dünnen Bändern schwieriger aufzubauen. Die Isolation zwischen den Blättern nimmt im Verhältnis mehr Platz ein als bei der Verwendung der klassischen Siliziumeisenbleche. Versuchskonstruktionen der General Electric haben aber gezeigt, daß die Vorzüge dadurch nicht aufgehoben werden.
Bei der Hanauer Vacuumschmelze hat man sich eher auf die Anwendung als Übertrager (bestimmte kleine Transformatoren) in Schaltnetzteilen für die moderne Nachrichten- und Datentechnik konzentriert. Diese Schaltnetzteile lassen sich kleiner bauen als herkömmliche Netzteile, zeichnen sich durch höheren Wirkungsgrad aus und sind leicht zu regeln. Dasselbe gilt für Transduktoren in Gleichspannungswandlern.

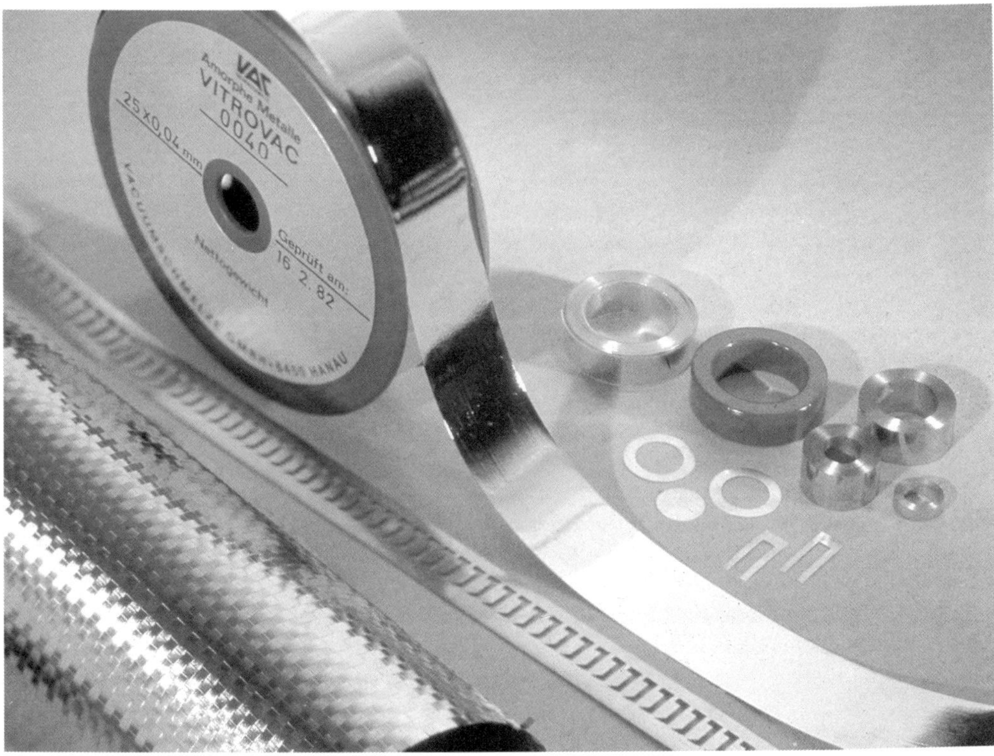

Verschiedene Bänder und Teile aus amorphen Metallen. Noch sind Zahl und Vielfalt der Anwendungsgebiete solcher Metalle noch nicht abzusehen. Foto Vacuumschmelze GmbH

Metallgläser zur Abschirmung

Für solche Zwecke eignen sich eisenreiche amorphe Legierungen am besten, da sie einerseits aus billigen Rohstoffen wie Eisen (Fe), Silizium (Si), Kohlenstoff (C) und Bor (B) bestehen und andererseits unter den bekannten amorphen Legierungen die höchste Sättigungsinduktion aufweisen. Ein typisches Metallglas dieser Art hat die Zusammensetzung $Fe_{81}B_{13}Si_4C_2$ – die Zahlen geben dabei die Atomprozente an. Dieser Stoff ist allerdings von allen Metallgläsern am stärksten der Magnetostriktion unterworfen, das heißt der umkehrbaren Formveränderung in Magnetfeldern. Metallgläser heben die alte Regel auf, daß weichmagnetische Metalle, die sich leicht ummagnetisieren lassen, auch mechanisch weich und damit empfindlich sind. Daß magnetische Materialien in einem Magnetfeld ihre Form verändern, kann bei normalen Metallen sogar stören, weil sich umgekehrt bei mechanischen Belastungen auch ihre magnetischen Eigenschaften verändern. Bei Nickeleisen-Metallgläsern wie $Fe_{39}Ni_{39}Mo_4Si_6B_{12}$ ist diese Magnetostriktion im Vergleich mit eisenreichen Metallgläsern schon auf ein rundes Viertel verringert, bei Metallgläsern auf Kobaltbasis ($Co_{66}Fe_4$ [MoSiB]$_{30}$) tritt sie so gut wie nicht mehr in Erscheinung. Metallgläser auf Kobaltbasis sind deshalb nahezu ideale Abschirmmaterialien, wie sie zum Beispiel für hochwertige elektronische Geräte mit empfindlichen Bauelementen gebraucht werden.

Metallgläser in Schaltern

Man kann auch Metallgläser herstellen, die sehr empfindlich auf mechanische Belastungen reagieren und sie in Form von Induktivitätsänderungen meßbar machen. Diese magnetoelastischen Sensoren mögen in der Automatisierungstechnik eine große Bedeutung gewinnen. Zug- und Druckaufnehmer lassen sich durch einen Kreisring aus Metallglasband verwirklichen, der durch Zug oder Druck zur Ellipse verformt wird. Nach demselben Gedanken lassen sich Wegaufnehmer bauen. Der gleiche Ring läßt sich auch in elektronischen Drucktastenschaltern verwenden, wobei die Induktivitätsänderung das Schaltsignal liefert. Weil dadurch keine leitende Verbindung zur geschalteten Spannung besteht, sprechen nicht zuletzt Sicherheitsüberlegungen für solche Schalter.

Metallgläser in Tonköpfen

In der Magnetbandtechnik eignen sich Metallglasbänder als Tonkopflamellen, da sie einerseits weichmagnetisch und andererseits wegen ihrer Härte sehr abriebfest sind. In ihren Eigenschaften reichen sie für diese Zwecke an »SENDUST«-Tonköpfe heran, die in hochwertigen und sehr teuren Magnetbandgeräten verwendet werden. Zwar eignen sie sich nicht für Reineisenbänder, da sich mit ihnen die nötige Sättigungsinduktion nicht erreichen läßt. SENDUST läßt sich aber nur durch Gießen und Schleifen bearbeiten. Lamellen aus SENDUST können aus praktisch-technischen Gründen nicht dünner als 0,25 Millimeter hergestellt werden, während 0,025 Millimeter starke Bänder aus metallischen Gläsern unproblematisch sind. Gerade in der Videotechnik, die mit sehr schmalen Spuren arbeiten muß, ist das ein entscheidender Vorteil.

Metallgläser in Relais

Eine völlig neue Anwendung für amorphe Metalle sind magnetische Federn. Hier ist es besonders wichtig, daß Metallgläser nicht wie kristalline Metalle an mechanischer Festigkeit verlieren, je empfindlicher sie auf Magnetfelder ansprechen. Sie kombinieren also erstmals gute Federeigenschaften mit guten weichmagnetischen Eigenschaften. Das macht Federn aus metallischen Gläsern, die auf Magnetfelder ansprechen, zu aussichtsreichen Bauelementen für Relais und fernbedienbare Schalter in der Automatisierungstechnik.

Und, und, und ...

Freilich ist alles dies nur ein Anfang. Metallische Gläser sind noch so neu, daß niemand guten Gewissens behaupten kann, alle ihre möglichen Einsatzbereiche zu übersehen. In manchen Anwendungsgebieten mag es lange dauern, bis sich amorphe Metalle durchsetzen. Und es werden noch viele Überraschungen auf uns warten. Das hat sich auch am Beispiel des Lasers gezeigt: Als Theodore Maiman den ersten Laser vorführte, konnte er zahlreiche Gebiete nennen, auf denen der Laser Nutzen bringen würde. Das heute vielleicht wichtigste Gebiet, die Nachrichtentechnik mit ihren digitalen Schall- und Bildplatten oder mit der Übertragung von Signalen durch Glasfasern, hat Maiman damals nicht erkannt.

Karl Gähwyler

STROHKUNST IM SÜDEN DER SAHARA

Ore Kodaye stellt mit seinem Bruder ein Strohdach für sein neues Rundhaus her, dessen Wände er aus nasser, lehmhaltiger Erde zu einem exakten Kreis gefügt hat. Wir würden wahrscheinlich die Strohhalme bündeln und sie fächerartig von einer Stütze im Mittelpunkt auf die Kante der Lehmmauer legen. Ein solches Dach wäre für Ore jedoch nicht stabil genug, nicht schön und kunstvoll genug, und es würde vor allem nicht der architektonischen Tradition seines Stammes entsprechen. Ore flicht mit dem Stroh eine Kuppel! Schicht um Schicht hebt sich die etwa zwei Zentimeter dicke, webmusterförmig ineinanderverflochtene Strohhaut zur Kuppelmitte. Ore arbeitet ruhig, mit sicheren Bewegungen. Natürlich mußte er diese schwierige Arbeit auch erst lernen – sein Vater zeigte sie ihm, doch seine Hand wird nicht nur vom Kopf, vom Wissen geführt, mehr noch vom fast angeborenen Können einer jahrhundertealten Tradition.

Nachdem etwa 15 Männer das Dach auf den Rand der Lehmmauer gehoben hatten – das Dach hat sein Gewicht –, schlüpfte ich ins Haus. Über mir wölbte sich eine vollendete Kuppel mit einem Durchmesser von gut vier Metern. Ich wurde an den Sternenhimmel erinnert, denn durch millimeterfeine Löcher blitzte die afrikanische Sonne ins Halbdunkel des Raumes. Später wird das Dach noch eine Verstärkung und einen Strohmantel erhalten, der es regendicht für die nächsten sechs bis neun Jahre macht; dann muß man es durch ein neues ersetzen.

Die fünf Elemente des Lebens

Hätte ich Ore gefragt: »Bist du ein Künstler? Ist das, was du machst, Kunst?«, dann hätte er lange nicht begriffen, was ich damit meine. Wenn er dann zuletzt verstanden hätte, daß für mich seine Arbeit wundervoll und von hohem Wert ist, hätte er wohl etwas verlegen den Schweiß aus dem Gesicht gewischt und geantwortet: »Ich habe ja nur ein ganz gewöhnliches Dach gemacht und ich hoffe, daß es über einige Regenzeiten hält.«

Die Frage nach der Kunst wurde also nicht gestellt, man kann dennoch vieles, was die Moundang, die Banana und viele andere Stämme im Süden des zentralafrikanischen Landes Tschad aus Stroh herstellen, als Kunst, als echte Volkskunst bezeichnen.

Fünf Elemente bilden die Grundlage des traditionellen Lebens in diesem Gebiet: die Erde für Hausbau und Töpferei, die Hirse als tägliche Hauptnahrung, das Wasser, die Tiere als Fleischlieferanten –

In solchen kunstvoll geflochtenen Speichern bewahren viele Stämme des zentralafrikanischen Staates Tschad die Hirse auf. Sie ist dort das Volksnahrungsmittel. Kurz vor der neuen Ernte wird die alte Hirse mit Gewinn verkauft. Foto Gähwyler

Gegenüberliegende Seite: Dem zweiten Hirsespeicher wird gerade die geflochtene Strohkuppel aufgesetzt.

Rechts: Hirsespeicher bestehen zunächst aus Lehm, der nicht gebrannt, sondern nur getrocknet wird. In Wasser quillt er auf und zerfließt. Deswegen brauchen die Speicher einen Mantel aus geflochtenem Stroh. Fotos Gähwyler

und das Stroh, in dessen vielseitiger Verwendung und Verarbeitung es diese Stämme zu einer wahren Meisterschaft gebracht haben. Auf soliden und sauberen Strohmatten wird gegessen und geschlafen. Es sind Betten, die man unter den Arm nehmen kann. In verschiedenen Strohbehältern werden Nahrungsmittel und Dinge des täglichen Bedarfs aufbewahrt oder transportiert. Fische werden in Reusen gefangen, die aus kräftigem Stroh geflochten sind. Als Schutz gegen die stechende Sonne – die Temperaturen steigen bis zu 45°C im Schatten – werden aus besonders feinem Strohgras Hüte hergestellt. Prächtige, bis über 10 Meter lange mannshohe Strohmatten sind der Stolz jeder »Consession«, jedes Gehöftes, und dienen als Zaun zum Schutz für Ziegen und Schafe, und schließlich haben wir die großartigen Speicher, die »Greniers«, von denen noch die Rede sein wird. Vor allem bei ihnen kann man wirklich von Strohkunst sprechen.

Nur die Männer flechten

Eigentlich ist »Stroh« für dieses Material eine falsche Bezeichnung, denn es besteht nicht aus den Halmen einer Getreideart, auch nicht der Hirse, sondern ist Wildgras, das in verschiedenen Arten und Stärken mannshoch und dicht wie eine Wand vor allem in flachen Senken wächst. Weil niemand dieses Gras sät und pflegt, gehört es der Allgemeinheit. Jeder darf es für seinen Bedarf schneiden. In Bündeln wird es nach Hause getragen, übrigens noch leicht grün, denn es muß zum Flechten biegsam sein. Jedes Dorf hat seine Wildgrasflächen, die es jedes Jahr in einem »Palaver«, also in einem demokratischen Vorgang, neu festlegt und für die es – früher vor allem, heute lösen sich leider diese alten Strukturen mehr und mehr auf – einen Verantwortlichen bestimmte. Er mußte das so wichtige Rohmaterial gegen Viehfraß und gegen Buschbrände schützen. Er tat

es, indem er Brandschneisen um die Felder legte. Mit dem zunehmenden Vordringen der Zivilisation übernahm die Regierung, das »Forstministerium«, diese Überwachungsarbeit. Es zeigte sich jedoch, daß die staatlichen Beamten vollkommen überfordert waren. Die Dörfer setzten sich zum eigenen Schaden über deren Verordnungen hinweg, die Kontrolle brach zusammen. Heute versucht die Mission, die im Tschad ein sehr feines Gespür für die Werte der alten Strukturen entwickelt hat, vor allem durch Aufklärung und neue Verantwortung für die Güter der Allgemeinheit zu wecken, zu denen auch die Wälder gehören.
Auch im Tschad wird mehr und mehr die Macht des Geldes spürbar, weil die traditionelle Tauschwirtschaft von der Geldwirtschaft verdrängt wird. So kann es vorkommen, daß gewissenlose Burschen zu Beginn der Ernte das Gras schneiden, es bündeln und den stehenden Rest anzünden, um so die anderen zum Kauf zu zwingen. Doch das ist selten. Noch immer sieht man reihenweise die Schnitter und Schnitterinnen mit ihren riesigen Strohbündeln auf dem Kopf aufrecht und elegant ihren Behausungen zustreben. Unten werden die Bündel dann angesengt, das verhindert den Termitenfraß, und dann hebt das große Strohflechten an, das vor allem Männerarbeit ist. Die Arbeitsverteilung ist in dieser Gesellschaft noch klar geregelt. Nie würde beispielsweise ein Mann töpfern. Das ist Sache der Frauen, die auf diesem Gebiet zu großartigen Leistungen fähig sind. Die Männer verarbeiten Baumwolle, sie spinnen, zwirnen, weben und flechten das Stroh.

Geborgenheit im Stamm

»Was langsam entsteht, ist bewährt und gut; man muß ihm Sorge tragen, indem man es sorgfältig übernimmt und weiterträgt.« Das ist ein Leitsatz, an den sich, wenn auch unbewußt, die Stämme Afrikas ganz allgemein halten. Jeder Stamm hat seine eigene Sprache, seinen Schmuck, seine Lieder, seine eigenen Tänze, seine besonderen Totenfeierlichkeiten. So haben die Moundang andere Strohgegenstände und Flechtmuster als die Banana. Die Strohhüllen der Hirsespeicher beispielsweise sind bei den Banana viel größer und viel prächtiger als bei den Moundang. Obwohl beide Stämme Kontakt miteinander haben und viel voneinander wissen, würde nie ein Moundang auf die Idee kommen, eine Strohhülle so zu flechten, wie es die Banana tun, nur weil das größere und prächtigere Muster ihm besser gefällt. Wenn er das Undenkbare täte, hätte er wohl das Gefühl, kein Moundang mehr zu sein. Er hätte dann gleichsam den Stamm verlassen, und das bedeutet für einen Menschen in dieser tiefverwurzelten Kultur, in ein bodenloses Nichts zu sinken.

Bei uns in der westlichen Welt ist das anders. Wir basteln, schmücken unsere Zimmer, gestalten unseren Garten, wählen unsere Kleider, gestalten unsere Umgebung aus einer persönlichen Überlegung heraus. Wir tun etwas, weil wir es so wollen, weil wir es schön finden. Wir sind Einzelpersönlichkeiten, Individuen mit einer großen persönlichen Freiheit. Oftmals müssen wir jedoch diese Freiheit mit Unsicherheit, Angst und Einsamkeit bezahlen, denn wir stehen allein. Wir können uns ausgesetzt fühlen, wie wir nur wir selber sind. Wenn wir uns nicht auch voneinander, von einer Gemeinschaft getragen und angenommen fühlen, leiden wir unter der fehlenden Geborgenheit.

In den noch ungebrochenen afrikanischen Stämmen und gerade auch bei den Moundang und Banana ist der ganze Stamm wichtiger als der einzelne. Alles Lebendige in der Musik, den Tänzen und Festen, der Schnitzkunst, Töpferei, Web- und Flechtkunst kommt aus dem Stamm und nicht aus dem einzelnen und gehört somit zur Identität der Stammesgemeinschaft. Oder anders gesagt: Das Schöpferische, die Kreativität entspringt der Seele des Stammes und nicht der persönlichen Fähigkeit eines Mannes oder einer Frau. Daher kommt es einem Moundang nicht in den Sinn, ein Flechtmuster zu ändern oder von einem anderen Stamm zu übernehmen.

Meister ihres Faches

Wenn so alles beim alten bleibt, heißt das nun ganz und gar nicht, daß es dem einzelnen Strohflechter gleichgültig ist, wie er seine Arbeit verrichtet. Die meisten Flechtarbeiten sind schließlich allen Blicken preisgegeben, und man legt seinen persönlichen Stolz hinein, eine saubere, perfekte Arbeit vorweisen zu können. »Das Werk ehrt den Meister«, das gilt auch in diesen Dörfern, wo keiner vor dem anderen ein Geheimnis hat.

Das Flechtwerk weist viele recht schwierige Techniken auf, und daher sind ältere, erfahrene Männer meist am geschicktesten. Sie wissen, auf welchem Feld und an welcher Stelle dieses oder jenes Gras steht, das sich für eine besonders feine und schwierige Arbeit am besten eignet. Sie beobachten den Wuchs des Grases und wissen genau, wann der beste Zeitpunkt für den Schnitt gekommen ist. Für sehr feine Arbeiten muß das Stroh in Wasser gelegt und etwas aufgeweicht werden; auch hier braucht man sehr viel Erfahrung, um nichts zu verderben.

Eine Bodenmatte oder einen Strohzaun zu flechten, ist nicht allzu schwierig, das können sogar wir in einigen Tagen lernen. Doch den Mantel eines Hirsespeichers herzustellen, stellt derartige Anforderungen an Wissen und Können, daß man sich nur wundern kann, mit welcher Leichtigkeit diese Hüllen entstehen, denn – und das ist das Überraschende – es gibt keine schriftlichen Anweisungen, keine »Strick«muster und keine Zeich-

Links: Die Männer der Moundang sind große Meister im Strohflechten. Das Rohmaterial wird aus Gräsern gewonnen, die nur an bestimmten Stellen wachsen. Der Zeitpunkt des Schnittes ist wichtig für die Qualität. Das Stroh muß bei der Verarbeitung noch elastisch sein; für sehr feine Arbeiten wird es in Wasser eingelegt und etwas eingeweicht.

Unten: Frauen der Moundang beim Hirsestampfen. Auch die Zäune sind aus Stroh geflochten. Das ist ziemlich leicht im Vergleich zu den Anforderungen, die das Flechten eines Hirsespeichers stellt. Fotos Gähwyler

nungen. Die jungen Leute lernen es durch Zusehen, durch Dabeisein, Üben und durch Mitempfinden. Die Flechtkunst wird vor allem innerhalb der Großfamilie weitergegeben, meist vom Vater auf den Sohn. Eine besonders geschickte Flechterfamilie ist bemüht, ihren Ruf zu bewahren.

Hirsespeicher – kleine Tempel

Besonders bei den Hirsespeichern wird die Stroharbeit zur Volkskunst. Es gibt kleine Speicher, die nur aus Stroh bestehen, doch sind sie verhältnismäßig selten. Ein durchschnittlicher Speicher wird drei bis fünf Meter hoch und besteht aus einem riesigen, ungebrannten Tonerdegefäß. Zur Verstärkung wird der feuchten Erde kurzgeschnittenes Stroh beigemengt. Die Speicher, die je nach Stamm verschiedene Formen aufweisen – bei den Banana sehen sie wie gewaltige dickbauchige Flaschen aus –, müssen vor Sonne und vor den gewaltigen Regengüssen geschützt werden, denn der Regen ließe den Lehm einfach zerfließen. Die Strohverkleidung hat die Aufgabe eines Regenhutes. Es sind einmalige Regenmäntel, weil sie mit größter Sorgfalt geflochten sind und uns mit ihren Webmustern, Girlanden- und Zöpfchenverzierungen erfreuen. Die religiöse Verehrung der Hirse hat diese wunderschönen Kunstbauten geschaffen, die eigentlich kleine Tempel für dieses Getreide darstellen. Jahrhundertealte Erfahrung hat diese Stämme gelehrt, daß Hirse Leben, keine Hirse Tod bedeutet. Die langandauernde afrikanische Trockenzeit, in der kein Grashalm mehr wächst, zwang die Menschen zur Vorratshaltung. So entstanden die Speicher und mit ihnen die Strohkunst.

»Moderne« Hirsebanken

Daß volle Speicher in der Trockenzeit auch heute noch Leben, leere Speicher Hungertod bedeuten, darauf machte mich Schwester Dominique, eine Luzerner Missionshelferin, aufmerksam. Sie berichtet: »Die sehr schwere Regenperiode von 1978 hatte unser Gebiet besonders schwer getroffen. Im folgenden Jahr zeichnete sich eine Hungersnot ab. Doch nicht allein der fehlende Regen war schuld an der Katastrophe, auch der unsinnige Ausverkauf der Hirse an das Nachbarland Kamerun, weil dort höhere Preise geboten wurden. Nachdem unsere Stationen Hirse verteilt hatten und so fürs erste die Gefahr des Hungertodes bannen konnten, überlegten wir, was wir zur Vorbeugung tun konnten. Zusammen mit der Bevölkerung entwickelten wir die »Aktion Hirsespeicher«, die eigentlich die Idee einer »Hirsebank« ist. In rund hundert Dörfern stehen heute besonders große, neue, von der Dorfgemeinschaft errichtete Speicher, in denen Hirse gelagert wird, die der Gemeinschaft und nicht mehr einzelnen gehört. Dies ist der eiserne Notvorrat, der erst dann angebrochen werden darf, wenn die Hirse rar wird und die Preise in unerschwingliche Höhe klettern. Muß der Vorrat nicht gebraucht werden, wird das Nahrungsmittel kurz vor der neuen Ernte mit Gewinn verkauft. Nach der Ernte legen die Mitglieder der Hirsegenossenschaft wieder einen frischen Vorrat an. Diese Aktion, die an der Tradition des Speicherbaus und der Stroharbeit anknüpft, beugt dem Ausverkauf der Hauptnahrung und damit dem Hunger vor und sie wehrt auch der schamlosen Ausbeutung durch fremdstämmige Hirsehändler.«
Schwester Dominique machte mich im Zusammenhang mit dem Stroh noch auf etwas anderes aufmerksam. In der staatlichen Schule von Bissi-Mafou, die heute von der Mission getragen wird, weil der Staat im langjährigen Bürgerkrieg die Gehälter der Lehrer nicht mehr bezahlte, ist jeder Samstagvormittag der handwerklichen Arbeit gewidmet. Im großen

Areal sitzen die Knabenklassen auf dem Boden und flechten fleißig und geschickt Stricke, Taschen und Matten. »Wir wollen nicht«, sagt die Schwester, »daß das Handwerk, vorab die Stroharbeit, in Vergessenheit gerät oder abgewertet wird. Wir haben sie bewußt in die Schule eingeführt, denn ohne Strohkunst würde dieses Leben nicht nur ärmer, es würde vielleicht ganz untergehen.«

Wie fast alle Künste und Handwerkstechniken auf der ganzen Welt gerät auch die Strohkunst langsam in Vergessenheit oder wird abgewertet. Entwicklungshelfer oder Missionare kämpfen darum, daß man Bilder wie dieses noch lange zu sehen bekommt. Sie haben das Strohflechten in den Schulen zum Pflichtfach für die Jungen gemacht. Foto Gähwyler

Peter Regen

VERSCHIEDENE AUTOTYPEN VOM GLEICHEN BAND

Moderne Fertigungsstraßen mit Robotern

»Flexibilität, Anpassungsfähigkeit, ist heute eine der wichtigsten Anforderungen an die moderne Fertigungstechnik«, erklärt Josef Kraus, der bei einem namhaften Roboter- und Schweißanlagenhersteller in Augsburg arbeitet. »Mit automatischen Fertigungsstraßen lassen sich komplizierte Teile in mehreren aufeinanderfolgenden Arbeitsgängen herstellen. Dabei werden überwiegend Blechteile durch Schweißen verbunden. Mit diesen Einrichtungen wurde früher nur ein einziger Fahrzeugtyp in sehr großer Serie gebaut. Heute müssen sich mit diesen Fertigungsstraßen unterschiedliche Karosserietypen herstellen lassen.« Josef Kraus erklärt, warum die Flexibilität heute so wichtig ist: »Die Automobilhersteller bringen in Abständen neue Modelle mit geänderten Karosserien auf den Markt. Diese werden aus einzelnen Baugruppen zusammengeschweißt, die wiederum aus mehreren Einzelteilen bestehen. Dazu setzte man bisher fast ausschließlich Vielpunkt-Schweißanlagen ein. Diese verbinden Bleche und Profile gleichzeitig durch zahlreiche Schweißpunkte von je einigen Millimeter Durchmesser. Die Werkzeuge der Vielpunkt-Schweißanlagen mußten bei jedem Modellwechsel kostspielig erneuert werden. Es war kaum möglich, verschiedene Fahrzeugtypen in derselben Fertigungslinie zu schweißen. Die Idee der flexiblen Fertigung basiert nun darauf, daß durch den Einsatz der einfach programmierbaren Industrieroboter nicht nur Modelländerungen verbilligt und beschleunigt werden können, sondern sich in dieser Linie gleichzeitig auch unterschiedliche Fahrzeugtypen schweißen lassen. Kurz gesagt: die flexible Fertigung spart Zeit und Geld.«

Blick auf die fertige, automatisch geschweißte Bodengruppe. Industrieroboter haben gegenüber Arbeitern den Vorteil, daß sie nicht ermüden und immer genau arbeiten. Sie werden wohl bald auf vielen Gebieten vermehrt zum Einsatz kommen.
Foto Kuka

Eine zukunftsweisende Entwicklung

Als bei BMW in München die Entwicklung der neuen 3er-Reihe so weit fortgeschritten war, daß man über neue Fertigungslinien entscheiden mußte, wagten die Techniker der weiß-blauen Marke einen Schritt in die Zukunft. Erstmals sollte ein Traum der Planer verwirklicht werden: Eine flexible Fertigungslinie für das Zusammenschweißen der unteren Teile der Karosserie, zum Beispiel für die Bodengruppe. BMW arbeitete bereits mit einigen flexiblen Stationen, etwa für das Schweißen der Seitenwände und der Radhäuser der 5er-Reihe.
So hatten die Bayern schon Erfahrungen mit Schweißanlagen und Industrierobotern. Für die flexible Fertigung gibt es zwei sehr unterschiedliche Systeme. Bei

dem ersten werden die Einzelteile mit einer »Geisterbahn«, mit automatischen Elektrokarren, von einer Roboter-Schweißstation zur nächsten transportiert. Das zweite System benötigt wesentlich weniger Platz: eine Linie, in der Vielpunkt-Schweißwerkzeuge und Industrieroboter arbeiten. Die Einzelteile und die Baugruppen werden mit Elektro-Hängebahnen zu dieser Linie gebracht und in der Linie von »Shuttles« transportiert. »Shuttles« sind hin- und herfahrende Vorrichtungen, die wie auf dem Boden liegende Leitern aussehen. Das zu bearbeitende Werkstück wird daraufgesetzt, und das Shuttle fährt vor. Das Werkstück wird heruntergehoben, und das Shuttle fährt leer wieder zurück. Ein neues Bauteil wird aufgesetzt, vortransportiert und so fort.
Weil das BMW-Werk mitten in der Stadt München, direkt neben dem Olympia-Gelände, aus allen Nähten platzt und es keine Erweiterungsmöglichkeiten gibt, brauchte das Unternehmen eine Lösung, die wenig Fläche benötigt. Gemeinsam entwickelten die Fertigungsplaner von BMW und die Spezialisten für die flexible Fertigung der Augsburger Firma Kuka eine neue, möglichst raumsparende Schweißlinie für die Bodengruppe der neuen 3er-Reihe.

»Kollege Blecharm« ist kein »Ersatzmensch«

Wer heute in die Halle mit der Bodengruppen-Schweißstraße kommt, sieht zunächst eine einzige langgestreckte Konstruktion, die von etwa 2 Meter hohen Schutzgittern umgeben ist. Eine Vielzahl von orangefarbenen Geräten mit Greifarmen bewegt sich summend hin und her; ab und zu sprühen Funken. Beim Näherkommen ist zu erkennen, daß große Blechstücke wie von Geisterhand bewegt im Takt durch die Anlage fahren. Das sind Teile einer Pkw-Bodengruppe. Immer wenn sie anhalten, senkt sich ein orangefarbener Arm mit einer großen Schweißzange am vorderen Ende und schweißt Bleche zusammen. Industrieroboter sind hier am Werk!
Josef Kraus erklärt dem Besucher: »Wenn man Pkw-Bodengruppen in einer flexiblen Fertigungsanlage schweißen will, dann geht das nur mit Robotern. Diese Handhabungsgeräte oder Manipulatoren, die oft etwas abschätzig ›Kollege Blecharm‹ genannt werden, lassen sich sehr leicht auf andere und neue Aufgaben umstellen.« Er zeigt auf einen etwa 2 Meter hohen und rund 1,5 Meter breiten Schrank, an dessen Vorderseite kleine Lampen und Zahlen blinken. »Das ist das ›Gehirn‹ des Roboters, die Steuerung. Von hier erhält der Roboter seine Befehle, und mit dem kleinen Programmiergerät können wir neue Programme eingeben.«
Diese Industrieroboter zum Schweißen haben keine Ähnlichkeit mit C3PO oder R2D2 aus dem Film »Krieg der Sterne«. Sie sehen nicht wie Menschen aus und sind nicht klug. Sie können nur Befehle ausführen, die vorher über das Programmiergerät eingegeben wurden. Ihre Aufgabe erledigen sie stur, gewissenhaft und genau. Die heutigen Industrieroboter sind »geniale Idioten«. Josef Kraus: »Die Roboter sind noch blind, taub und nahezu gefühllos. Zwar macht die Technik erhebliche Fortschritte, aber es wird noch einige Zeit dauern, bis die Roboter mit Sensoren arbeiten.«

Zuerst der Hinterbau

Die Bodengruppenstraße, die im Werk »Zsb (für Zusammenbau) Bodengruppe« heißt, besteht aus drei Abschnitten. Weil noch Platz frei war, haben die Planer vor dieser Linie eine ebenfalls flexibel angelegte Anlage für das Schweißen des Hinterbaus vorgesehen. Diese besteht aus einer Vielpunkt-Schweißanlage und zwei Roboterstationen, in denen jeweils ein Portalroboter, der an einem Gerüst

hängt, und zwei Standroboter, die auf dem Boden stehen, alle restlichen Schweißpunkte setzen. Beide Roboterstationen sind genau gleich aufgebaut. Beim Ausfall einer Station kann die einsatzbereite zweite einspringen. Selbstverständlich verlängert sich dadurch die Gesamttaktzeit. Diese Möglichkeit des Ausweichens auf einen anderen Abschnitt in der Fertigungshalle wird Redundanz genannt, man spricht auch von redundanten Anlagen.

»Kollege Blecharm« im Einsatz. Die Industrieroboter arbeiten ohne Kreativität stur so, wie es ihnen die Steuerungszentrale vorgibt. Dennoch lassen sie sich leicht auf andere Aufgaben umprogrammieren. Foto Kuka

Auch Roboter haben ihre Grenzen

Wenn der Hinterbau fertig ausgeschweißt ist, wird er automatisch an die Bodengruppen-Schweißstraße übergeben. Die Elektro-Hängebahn schafft das Bodenblech und den Vorbau herbei; beide wurden an anderer Stelle ebenfalls in flexiblen Fertigungsstationen zusammengefügt. Eine Spannvorrichtung nimmt alle drei Teile und das hintere Kofferraum-Abschlußblech auf. Zunächst fährt die Vorrichtung wieder in eine Vielpunkt-Schweißstation, wo die Schweißpunkte gesetzt werden, die sicherstellen, daß die Bodengruppe nach Lösen der Spannvorrichtung nicht auseinanderfällt. Diesen Schweißvorgang nennt man »Heften«. Eigentlich sollten Industrieroboter – Spezialisten sagen oft »IR« – die herkömmlichen Vielpunkt-Schweißanlagen ablösen. Warum setzt man diese für das Heften trotzdem noch ein? Hier stoßen die Roboter an ihre Grenzen: Eine Fahrzeug-Bodengruppe ist ein sehr kompliziertes Gebilde mit Ecken und Winkeln, die mit der Schweißzange eines Industrierobo-

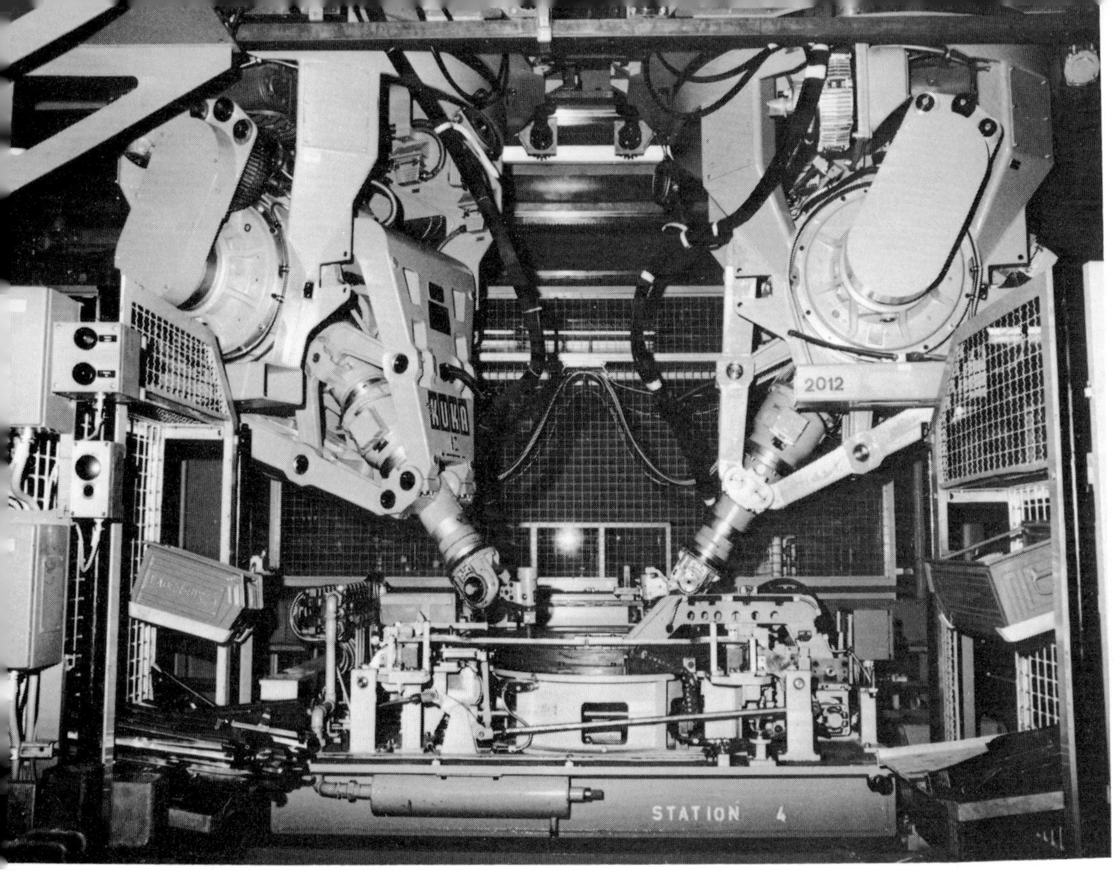

Da sich Industrieroboter schnell auf neue Aufgaben umstellen lassen – dazu muß man nur ihr Programm ändern –, erlauben sie eine kostengünstige Produktion mehrerer Modelle. Am Ende profitiert also auch der Autokäufer davon. Foto Kuka

ters gar nicht zu erreichen sind. Auch wären die vielen Spannvorrichtungen den Robotern sehr im Wege. Deshalb setzt man für diese Arbeiten nach wie vor Vielpunkt-Schweißanlagen ein.
Die erste geheftete Bodengruppe fährt in die erste Ausschweißlinie. Die nächste Bodengruppe wird in den Keller abgesenkt, läuft dann unter der ersten Ausschweißlinie hindurch und wird danach wieder angehoben. Die zweite Ausschweißlinie, die ganz genau so aufgebaut ist wie die erste, schweißt dann jede zweite Bodengruppe.
Jeder Roboter schweißt mehrere Punkte. Die Fertigungsplaner haben darauf geachtet, daß kein Roboter mehr zu tun hat als ein anderer. Das bezieht sich weniger auf die Zahl der Schweißpunkte als vielmehr auf die Arbeits- oder Taktzeit, in der der einzelne Roboter sein Programm abarbeitet. Sonst würde der eine oder andere Roboter nämlich warten müssen, bis sein »Kollege« mit der Arbeit fertig ist. Das wäre aber unwirtschaftlich.
Auch die beiden Ausschweißlinien der Bodengruppe sind redundant aufgebaut. Fällt in einer Linie ein Roboter aus, so kann die andere Ausschweißlinie die gesamte Arbeit übernehmen. Auch hierbei verlängern sich selbstverständlich die Taktzeiten.

Vorteile auch für den Autokäufer

Die besseren Fertigungsmöglichkeiten nützen in erster Linie dem Autohersteller. Aber haben auch die Autokäufer etwas davon? Und vernichtet die Elektronik nicht Arbeitsplätze? Josef Kraus

Punktschweißen

Wenn in der Automobilindustrie geschweißt wird, setzt man überwiegend das Punktschweiß-Verfahren ein. Damit erreicht man eine hohe Festigkeit der Karosse, ohne daß die Schweißstelle bei Schwingungen reißt.
Zum Punktschweißen benutzt man Zangen, die an ihren vorderen Enden Elektroden aus Kupfer tragen. Diese sind an einen Transformator angeschlossen. Die Kupferstifte pressen die Bleche zusammen, die miteinander verbunden werden sollen. Dann schaltet die Schweißsteuerung einen hohen Strom ein, der durch die Elektroden und die Bleche fließt. Weil die Bleche einen wesentlich höheren elektrischen Widerstand als die Kupferelektroden haben, werden sie sehr heiß und schmelzen an. Unter dem Druck der Schweißzange fließen die Schmelzen ineinander. Dann wird der Schweißstrom abgeschaltet und die Zange gelöst. Die abkühlenden Schweißpunkte halten die Bleche zusammen. Der gesamte Schweißvorgang dauert pro Schweißpunkt weniger als eine Sekunde. Für Portalroboter wurde eine etwas andere Art der Punktschweißung entwickelt, die es erlaubt, auch die inneren Teile großer Flächen oder sehr zerklüftete Bauteile miteinander zu verbinden. Das technische Prinzip ist aber dasselbe geblieben.

beantwortet die zweite Frage zuerst: »Bei BMW wurden keine Arbeitsplätze vernichtet, denn auch der bisherige Typ 3 wurde teilweise automatisch gefertigt. Das Unternehmen hat lediglich die eine Art der Automatisierung durch eine bessere flexible ersetzt. Für Fertigungseinrichtungen werden gut ausgebildete Elektriker, Elektroniker und Mechaniker gebraucht, damit die ›kleinen‹ BMW stets zügig und möglichst ohne Unterbrechung vom Band laufen. Zwar legen diese Männer nicht Hand an das Auto, doch sie sorgen dafür, daß die automatische Schweißlinie zuverlässig arbeitet.«
Aber auch der Kunde profitiert von der automatisierten Fertigung durch eine wesentlich verbesserte Qualität. Das läßt sich am Beispiel des Punktschweißens gut erklären. Die Punktschweißzangen, die bis vor nicht allzu langer Zeit von Werkern geführt wurden, sind sehr schwer. Die Arbeitsplätze, an denen geschweißt wurde, waren deshalb nicht beliebt, denn es ist kaum möglich, diese schweren Werkzeuge Tag für Tag, Schicht für Schicht mit der gleichen Präzision zu führen.
Es konnte schon einmal vorkommen, daß Arbeiter die Elektroden nicht senkrecht zum Blech aufsetzten oder Schweißpunkte sogar einfach vergaßen. Niemand machte das den Schweißern zum Vorwurf, denn Menschen werden nun einmal müde und lassen in der Konzentration nach. Industrieroboter aber werden nicht müde. Wenn die Schweißelektroden, die sich langsam abnutzen, regelmäßig nachgestellt, nachgeschliffen oder erneuert werden und wenn die Roboter- und Schweißprogramme stimmen, dann ist gewährleistet, daß jedes Auto sicher und dauerhaft zusammengeschweißt wird.

Barbara Eriksson

GRAPHOLOGIE – EINE WISSENSCHAFT?

Immer häufiger liest man als Berufsbezeichnung auf Anzeigen, Hausschildern oder im Telefonbuch »Diplompsychologe – Graphologe«. Offenbar hat die Graphologie eine Blütezeit. Aber was ist Graphologie? Ist es eine ernstzunehmende Kunst, gar eine Wissenschaft, oder ein Hokuspokus wie die Wahrsagerei oder das Zinngießen, die uns die Ereignisse jedes Tages und sogar die Zukunft voraussagen wollen?

Das Wort Graphologie stammt aus dem Griechischen und ist aus zwei Wörtern zusammengesetzt: »graphein« heißt »schreiben« und »logos« die »Lehre«. Die Graphologie ist aber nicht die Lehre vom Schreiben, vom mehr oder minder gekonnten Aneinanderreihen von Buchstaben. Graphologie ist die Lehre vom Ausdrucksgehalt einer Schrift. Der Graphologe erfaßt die Schrift eines ihm unbekannten Menschen und will über dessen Charakter etwas aussagen.

Ein Zusammenhang zwischen Schrift und Charakter?

Alle Schreibbewegungen beruhen auf Kontraktionen der Hand- und Armmuskeln. Diese werden aber nur dann tätig, wenn sie vom Gehirn entsprechende Befehle erhalten. Somit ist einleuchtend, daß sich in der Handschrift die Persönlichkeit des Schreibers zeigt. Diese drückt sich in der Schrift um so mehr aus, je automatischer man schreibt. Während unser Wille nämlich damit beschäftigt ist, Gedanken zu Papier zu bringen, drückt sich in der Handschrift unwillentlich unser Wesen aus. Gerade wenn wir nicht darauf achten, welche äußere Form wir der Schrift geben, drückt sich in ihr am deutlichsten unsere Persönlichkeit aus. Auch das Gehen und die Gesten eines Menschen erfolgen automatisch, und doch vermögen wir einen Menschen an seinem Gang und seinen Bewegungen zu erkennen, ja wir können seinen Charakter damit einschätzen.

Jeder Mensch hat seine eigene, individuelle Handschrift, ähnlich wie jeder seine Fingerabdrücke hat. So wie es keine zwei genau gleichen Menschen auf der Welt gibt, so gibt es auch keine zwei genau gleichen Handschriften. Der Gesetzgeber erkennt die eigenhändige Unterschrift als stellvertretend für die Person an. Die Gestaltung der Buchstaben ist schon bei Kindern im ersten Schuljahr individuell verschieden. Der Lehrer erkennt seine Abc-Schützen bereits an ihrer Handschrift. Jedes Kind macht etwas anderes aus der Schulvorlage, das eine schreibt schnell, sicher und prägnant, das andere langsam, unsicher und zittrig.

Kann man seine Handschrift fälschen?

Die individuelle, für jeden typische Handschrift ändert sich zwar im Laufe der Jahre, so wie sich auch die Persönlichkeit weiterentwickelt. Sie ändert sich aber nicht grundlegend, selbst wenn man nach entsprechender Übung mit der linken Hand, mit dem Fuß oder mit dem Mund schreibt. Es gelingt auch kaum, einen guten Graphologen hinters Licht zu führen, indem man seine eigene Handschrift zu verändern oder zu fälschen versucht. Die charakteristischen Züge der eigenen Handschrift bleiben bestehen, weil wir sie eben unwillentlich auf das Papier bringen. Oft hört man die Behauptung: »Ich habe zwei Schriften, eine schöne langsame und eine schnelle nachlässige. Welche ist für die Beurteilung aussagekräftig?« Natürlich beide – für den Graphologen unterscheiden sich die beiden Handschriften ohnhin nicht stark. Er läßt sich von mehr oder minder großer Eile nicht in die Irre führen.

Der Graphologe geht also davon aus, daß sich in der Handschrift die Persönlichkeit widerspiegelt. Seine Aufgabe ist es nun, aus der Schrift, die vor ihm liegt, diese Persönlichkeit und ihre Charaktereigenschaften zu analysieren. Dazu muß er eine ausgesprochene Begabung, Intuition, sehr gute Kenntnisse der Psychologie und das haben, was die Graphologen den kinästhetischen Sinn nennen. Sie verstehen darunter die Fähigkeit, den Bewegungsablauf einer Schrift nachzuvollziehen und in sich aufzunehmen.

Geschichte der Graphologie

Die Renaissance war die erste große Blütezeit der persönlichen Handschrift. Damals pflegten geistig bedeutende Menschen einen intensiven Briefwechsel. Es war das einzige Mittel, mit jemandem in Verbindung zu treten und ihm seine Gedanken darzulegen. In der heutigen Zeit hat man dafür Telefon, Autos, Flugzeuge, Schreibmaschinen, Fernschreiber. Dementsprechend ist bei vielen Menschen ein Verfall der Handschrift zu erkennen. Schriften aus der Renaissance sind sehr geübt, dementsprechend automatisiert und lassen sich dank ihres reichhaltigen Ausdrucks sehr gut analysieren. In Deutschland interessierten sich Johann Wolfgang von Goethe (1749–1832) und Johann Caspar Lavater (1741–1801) sehr für Schriften und die darin enthaltenen Ausdrucksmöglichkeiten. Lavater vertrat gar eine Lehre, die Physiognomik, nach der sich die Merkmale der Seele auch im Gesicht und Schädel ausprägen. Der berühmte Naturforscher Alexander von Humboldt (1769–1859) soll imstande gewesen sein, bei den verschiedensten Schriften intuitiv treffende Angaben über die Charaktereigenschaften der Schreiber zu machen. Die Graphologie als ernstzunehmende Wissenschaft entstand in Frankreich jedoch erst um 1870 und in Deutschland um 1900.

In Frankreich begründete der Schriftsteller Jean-Hippolyte Michon die Graphologie und gab ihr diesen Namen. Er ordnete bestimmten graphischen Zeichen, den »signes fixes«, Charaktereigenschaften zu. Ein Beispiel: Ein spitzwinkeliger statt eines runden Hakens beim »g« soll ein Zeichen von Jähzorn, das Weglassen der Schleife beim »g« ein Zeichen der Sinnlichkeit sein. Damit wurde die Schrift zu einer Sammlung von einzelnen Zeichen, jedes davon mit einer bestimmten Bedeutung. Michon zeigte bei seinen Versuchen, Schriften zu erfassen, eine ausgeprägte intuitive Begabung: er erfühlte, wer hinter der Schrift stand. Und so sprengte er selbst sein starres System der »festen« Zeichen.

In Deutschland war es Professor W. Preyer (1811–1897) der erkannte, daß die Handschrift eigentlich eine Gehirn- und Seelenschrift ist. Er sah die Schrift als Ausdruck des ganzen Menschen und wandte sich damit von der französischen Zeichendeuterei ab. Die heutige Graphologie verdankt einen Großteil ihres Gedankengebäudes dem deutschen Philosophen Ludwig Klages (1872–1956). Für ihn war die Erfassung des gesamten Schriftbildes wichtiger, als die Bedeutung einzelner Merkmale und Zeichen ausfin-

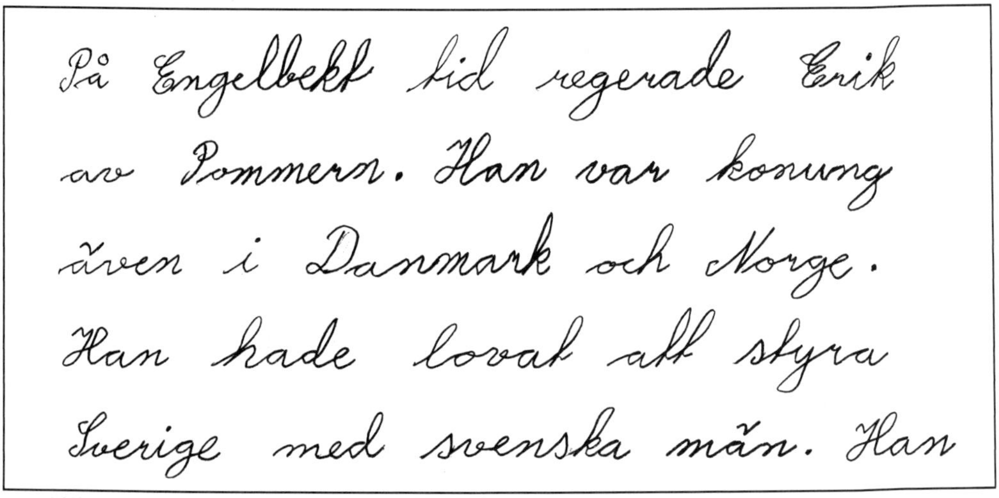

Schriftanalyse: Männlich, 10 Jahre alt, Schüler der vierten Klasse

Erfassung der Merkmale

Bei der Schrift des 10jährigen steht die gute Harmonie des Schriftbildes im Vordergrund. Der Schüler hält jeweils bis zum Schlußpunkt selbstdiszipliniert durch – ohne oberflächlich oder gar gleichgültig die Buchstaben auf das Papier zu schreiben. Weitgehend ausgewogene und fast selbstverständliche Wortabstände tragen zur guten und klaren Gliederung bei. Da die Zeilenabstände und Randbegrenzungen vorschriftsmäßig eingehalten werden, wirkt das Raumbild gepflegt, übersichtlich und sehr geordnet.
Die einzelnen Buchstaben werden noch mit starker Absichtlichkeit geschrieben: das heißt, die Formgebung ist pedantisch genau, korrekt, an die Schulvorlage angelehnt und druckstark. Die Ober- und Unterlängen sind betont. Sie besitzen jedoch einen ausreichenden Halt in der Mittelzone und werden von dieser getragen. Die Schreibbewegungen sind für einen 10jährigen zügig und kraftvoll. Ebenso stoßen wir auf Formfestigkeit – im Sinne einer Gründlichkeit der Buchstabengestaltung. Der 10jährige Schüler gibt sich große Mühe, damit man seine Schrift gut lesen kann und sie regelmäßig ist. Dies läßt den guten Willen des Kindes zur Bewältigung seiner Aufgaben erkennen.

Deutung der Merkmale

Gründlichkeit, Gewissenhaftigkeit, Sorgfalt, Genauigkeit und Pedanterie sind Charaktereigenschaften dieses Musterschülers. Er möchte in der Schule sehr gute Arbeiten schreiben. Daher strengt er sich übermäßig an. Was Lehrer oder andere Autoritätspersonen von ihm verlangen, erledigt er mit Fleiß und gutem Durchhaltevermögen. In seinen Aufgaben läßt der Junge sich niemals ablenken, sondern er konzentriert sich auf seine Pflichten. Der 10jährige möchte es allen möglichst recht machen. Da er genau das tut, was man von ihm verlangt, geht ein Teil seiner Eigenständigkeit verloren. Bereits mit seinen 10 Jahren kann er seine Stimmungen wie Wut, Zorn, Enttäuschung und Freude weitgehend unter Kontrolle halten. Er wirkt daher sehr ausgeglichen und diszipliniert. Im Gegensatz zu vielen Alterskameraden hat er sich schon fest in der Hand.

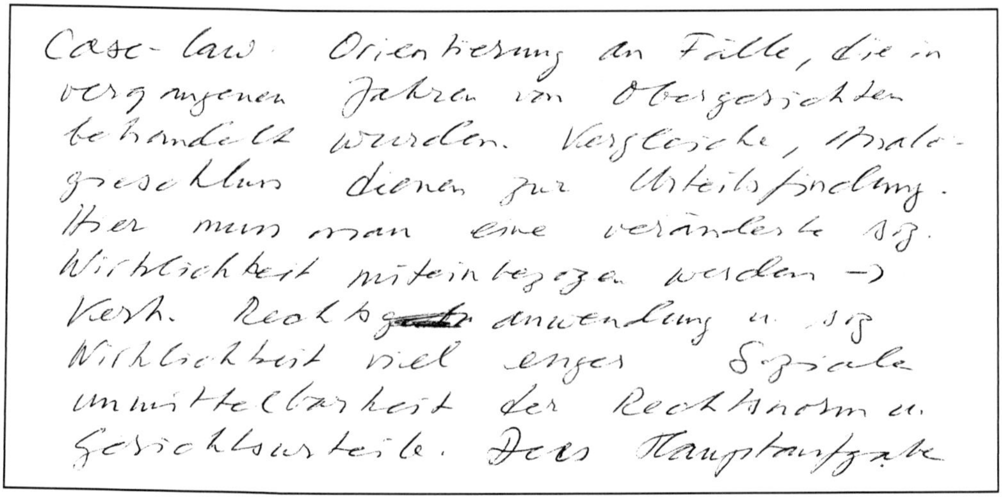
Case-law: Orientierung an Fälle, die in vergangenen Jahren von Obergerichten behandelt wurden. Vergleiche, Analogieschluss dienen zur Urteilsfindung. Hier muss man eine veränderte sog. Wirklichkeit miteinbezogen werden -> Verh. Rechtsanwendung u. sog. Wirklichkeit viel enger Soziale Unmittelbarkeit der Rechtsnorm u. Gerichtsurteile. Deren Hauptaufgabe

Schriftanalyse: Männlich, 23 Jahre alt, Student der Wirtschaftswissenschaften

Erfassung der Merkmale

Folgen wir den Bewegungen dieser Schrift, so sehen wir, daß sie stark, aber unruhig sind. In der Mittelzone stoßen wir auf unrhythmische Schwankungen. Das heißt: die Größe, Weite und Lage der einzelnen Buchstaben sind sehr unregelmäßig. Der Schreibablauf wirkt ungezügelt und ungenau, die Bewegungen sind nicht stetig und gleichmäßig, sondern ausfahrend und abrupt. Die Formen der Buchstaben wirken unleserlich, teilweise sogar aufgelöst. Dieser Student schreibt sehr schnell und nimmt sich keine Zeit für eine sorgfältige Ausführung einzelner Buchstabenformen. Er möchte Zeit und Energie sparen und läßt alles Unwichtige und alle Verschnörkelungen der Buchstaben weg, z. B. die Verknotungen des f und t. Dabei wird die Buchstabengestaltung ungenau, was auch die Leserlichkeit einschränkt.

Deutung der Merkmale

Der 23jährige kann impulsiv und aggressiv werden. Es mangelt ihm an Selbstbeherrschung. Dadurch kommt es oft zu Kurzschlußreaktionen. Er wirkt unausgeglichen. Sobald der Student jemanden als sympathisch empfindet, ist der Schreiber betont kontaktfähig. Dabei kann er hemmungslos werden, was sich dann in Taktlosigkeit und Aufdringlichkeit bemerkbar macht. Sobald der 23jährige aber eine Person nicht ausstehen kann, kann er sich auch nicht anpassen. Er ist abweisend und zeitweise sogar hochnäsig. Dort wo der Schrifturheber aber Vorteile für seine Person erwartet, gibt er sich liebenswürdig. In einem solchen Moment ist er darauf bedacht, sich ins beste Licht zu rükken. In seinem Elan und Schwung jagt der Student ruhelos seinen beruflichen Erfolgen nach. Seine Gefühle und sein Innenleben sind abgeflacht.

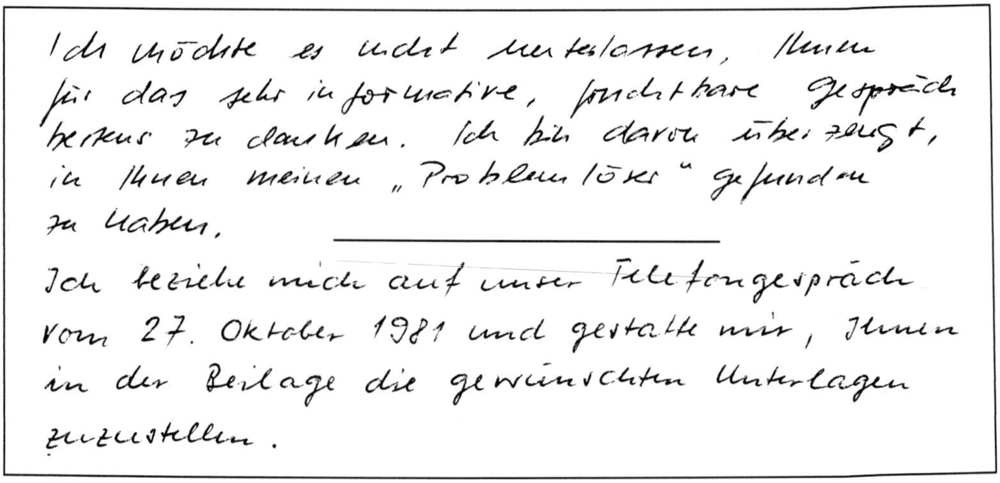
Ich möchte es nicht unterlassen, Ihnen für das sehr informative, fruchtbare Gespräch bestens zu danken. Ich bin davon überzeugt, in Ihnen meinen „Problemlöser" gefunden zu haben.

Ich beziehe mich auf unser Telefongespräch vom 27. Oktober 1981 und gestatte mir, Ihnen in der Beilage die gewünschten Unterlagen zuzustellen.

Schriftanalyse:
Männlich: 38 Jahre alt, Geschäftsführer (oben)
Männlich, 47 Jahre alt, Geschäftsführer (unten)

Erfassung der Merkmale

Die beiden Vorlagen zeigen die vollautomatisierte, routinierte und ausgewogene Handschrift zweier erfolgreicher Geschäftsleute. Beide Schriften werden durch Einheitlichkeit, Ausgewogenheit, Geordnetheit, Eigenständigkeit und absolute Übersichtlichkeit geprägt. Bewegungen und Formen der Buchstaben, Wörter, Zeilen schmelzen zusammen und bilden eine Harmonie. Der gute Grundrhythmus ist durchgehend.

Deutung der Merkmale

Beide Schreiber sind reife und eigenständige Persönlichkeiten, die nach ihren Grundsätzen leben. Grundsatztreue, Gesinnungsstärke und Charakterfestigkeit lassen sie souverän in Erscheinung treten. Ihr Wille ist betont eingreifbereit, vor allem der ordnende, beharrliche und ausgleichende Wille. Die beiden Geschäftsführer verfolgen aktiv ihre Ziele. Sie möchten sich vervollkommnen, arbeiten stets an sich und möchten sich stetig verbessern. Ein Stillstand würde für sie einen Rückschritt bedeuten. In ihrem starken Pflichtgefühl können die beiden pedantisch auf Gegebenheiten herumreiten, um ja nicht falsch verstanden zu werden. Der allgemeine Intelligenzgrad ist sehr gut. Er basiert vor allem auf geistiger Selbständigkeit, guter Abstraktions- und Differenzierungsfähigkeit und Geistesklarheit. Es wird immer in Sinnzusammenhängen gedacht und überlegt. Die Führungsqualitäten sind sehr gut, verstehen es doch beide, Mitarbeiter zu motivieren und sich in diese einzufühlen. Dabei werden die Zügel aber niemals aus der Hand gegeben.

Mit diesen beiden Schriftproben sei gezeigt, daß sich gleiche Charaktereigenschaften finden lassen, auch wenn die Buchstaben und Bewegungsabläufe teilweise anders gestaltet sind.

Mit folgendem Versuch wollten wir es genau wissen: Barbara Eriksson erhielt eine Schrift ohne weitere Angaben zur Begutachtung. Die Schreiberin ist dem Herausgeber bekannt, und er kann nur feststellen, daß das kurze graphologische Gutachten sehr treffend ausgefallen ist.

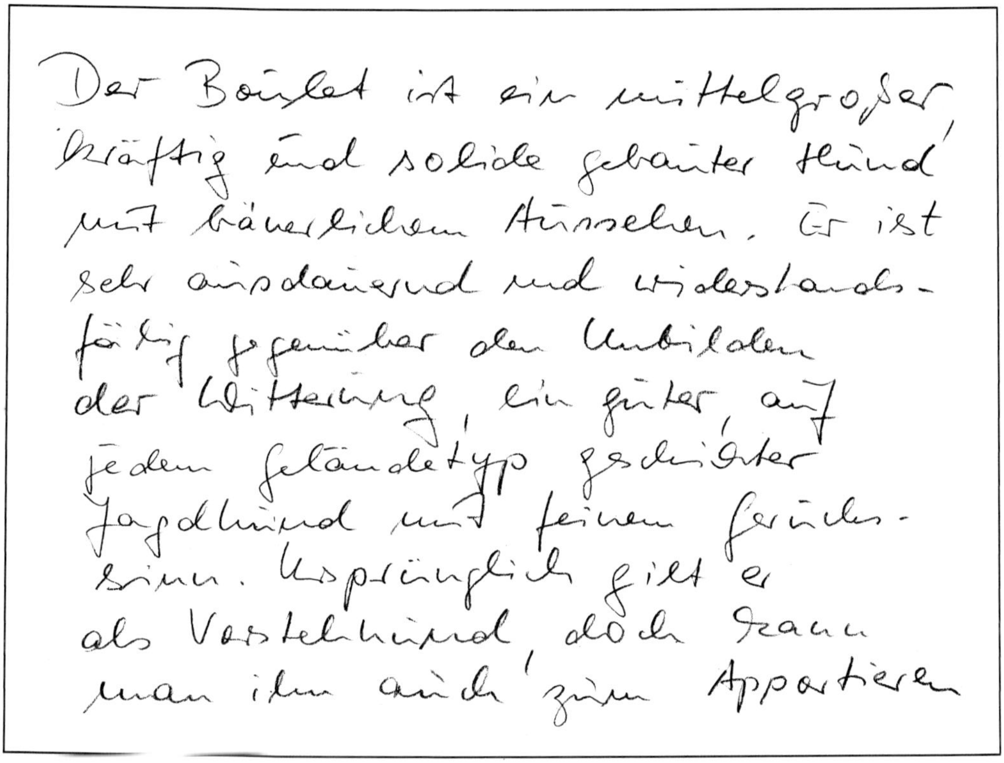
Der Boulet ist ein mittelgroßer,
kräftig und solide gebauter Hund
mit bäuerlichem Aussehen. Er ist
sehr ausdauernd und widerstands-
fähig gegenüber den Unbilden
der Witterung, ein guter, auf
jedem Geländetyp geschickter
Jagdhund mit feinem Geruchs-
sinn. Ursprünglich gilt er
als Vorstehhund, doch kann
man ihn auch zum Apportieren

Kurzgutachten
Handschrift einer Frau

Die Schreiberin ist eine impulsive und leicht erregbare Persönlichkeit. In der Lebhaftigkeit ihrer Gefühle hängt sie von Stimmungen ab. Einerseits begegnet sie uns als froher, unkomplizierter, unbekümmerter und lebensoffener Mensch. In solchen Augenblicken kann sie sich bestens anpassen und umstellen. Sie begeistert sich für die unterschiedlichsten Dinge und gerät bisweilen ins Schwärmen. Sie genießt das Leben in vollen Zügen und baut bisweilen auch noch kleine Luftschlösser.

Andererseits können die Lebhaftigkeit der Gefühle und das gute Einfühlungsvermögen zu Empfindlichkeit und Reizbarkeit führen. Dann wirkt die Schreiberin betrübt, doch versteht sie es gut, diese Betrübtheit zu verdecken, indem sie sich lustig gibt. In einer solchen Stimmung vermeidet sie Konflikte, denn sie möchte das Leben ja in vollen Zügen genießen. Ist sie jedoch gereizt, dann geht sie mit dem Kopf durch die Wand und nimmt kaum Rücksicht auf ihre Mitmenschen.

Die Schreiberin arbeitet sehr gut. Mit Tatkraft und Schwung geht sie Aufgaben an. In ihrer Umgebung verträgt sie dabei keine Pausen oder Unterbrechungen. Es sind ihr viele gute Ideen und eine künstlerische Begabung eigen. Der Wille ist lebendig und konstruktiv. Sie ist unternehmungslustig, und es muß immer etwas laufen.

Der allgemeine Intelligenzgrad ist gut, die Denkweise stützt sich mehr auf das Bildhafte und Anschauliche als auf das Abstrakte.

dig zu machen. Diese spielen zwar eine Rolle, doch bekommen sie ihre Bedeutung erst im Gesamtzusammenhang, da jedes einzelne Merkmal mehrdeutig sein kann.

Wie geht der Graphologe bei der Analyse vor?

Die große Versuchung der Graphologie besteht seit jeher darin zu glauben, jedem Schriftzeichen könne man eine bestimmte Charaktereigenschaft zuordnen und umgekehrt. Wäre dem so, so könnte jeder von uns mit Hilfe eines entsprechenden Nachschlagewerkes die Graphologie erlernen. Wir würden Zeichen für Zeichen deuten und in die entsprechenden Eigenschaften »übersetzen«; schließlich stünde das Bild des betreffenden Menschen vor uns. So einfach ist der Mensch aber nicht. Zwar hat jeder Schriftzug und jedes Einzelzeichen seine Bedeutung in der Handschrift: bedeutungslose Zeichen gibt es nicht. Worin diese Bedeutung jedoch genau liegt, hängt vom gesamten Schriftbild ab. So ist es möglich, daß Schriften, die dem Laien ähnlich erscheinen, von charakterlich ganz unterschiedlichen Menschen stammen. Und gleichzeitig können zwei ähnliche Menschen recht unterschiedliche Schriften aufweisen.

Jedes einzelne Merkmal der Schrift ist also nur aus dem ganzen Schriftbild her zu verstehen. Dieselbe Erfahrung machen wir täglich: Die Eigenschaften eines Menschen begreifen wir erst dann, wenn wir sie im Zusammenhang mit seiner ganzen Persönlichkeit sehen.

Wo wird die Graphologie eingesetzt?

Am Ende jeder graphologischen Analyse steht das mündliche oder schriftliche Gutachten. Darin werden alle einzelnen Daten der analysierten Schrift zusammengetragen und zu einem Bild von der Persönlichkeit geformt.

Der Graphologe kennt den Menschen nicht, den er beurteilt. Er muß sich vielmehr an dessen Schrift entlangtasten. Daß mehrere Graphologen bei der Analyse ein und derselben Schrift zu ähnlichen, aber niemals absolut gleichen Ergebnissen kommen, ist nur natürlich. Ist es nicht auch so, wenn zwei Menschen einen gemeinsamen Freund beurteilen?

Wenn die ernsthafte Graphologie ein derart großes Gewicht auf das gesamte Schriftbild und weniger auf die Deutung von Einzelzeichen legt, so bedeutet dies auch, daß eine graphologische Analyse mit Hilfe eines Schrifterkennungscomputers nicht ernstzunehmen ist. Der Computer kann kein Gedicht vernünftig übersetzen und auch keine Schrift selbständig beurteilen.

Das graphologische Gutachten gibt Auskunft über Charakterzüge, über das Verhalten in der Gesellschaft, über die Leistung, die Kontaktfähigkeit und die Intelligenz eines Menschen. Eine solche Beurteilung braucht man vor allem im Geschäftsleben, bei der Personalberatung, wenn es darum geht, für einen Arbeitsplatz den geeigneten Mann oder die geeignete Frau zu finden. Mit graphologischen Methoden kann man auch gewisse seelische Konflikte, sei es in der Ehe oder im Beruf, erforschen und erkennbar machen. Nicht zuletzt machen auch Gerichte von solchen Gutachten über Angeklagte und Zeugen Gebrauch.

Wer auch immer sich mit Graphologie beschäftigt, darf eines jedoch nicht vergessen: die Graphologie gibt keine Auskunft über Neigungen und Interessen, über Religionszugehörigkeit und Abstammung, und schon gar nicht über die zukünftigen Ereignisse im Leben eines Menschen.

REGISTER

Gesucht und gefunden

From Tasha

This book isn't just about my bipolar, it's about my experience with my life in itself.

It's about those wrong relationships, about trying to accept who you are *and* your illness. It's about the ups and downs of living with a happy soul but a chaotic mind. It's about baring my all to heal and accept all the madness, pain and mistakes. It's about laughing 'til you cry and crying 'til you're laughing. It's about people being able to relate and not feel alone in this crazy life with a chaotic mind. It's about finding what makes your soul happy. It's about closing the door on the past, accepting yourself fully and knowing that despite the hard times there is always something to laugh about.

If one person picks this up and it helps them to not feel as crazy and alone then in the world then it's done its job. This book has been my light through so much darkness and my wish is that it brings you whatever you need right now in your life. Let's turn the madness into magic and be proud of who we are, warts and all.

So yeah, it's about Me, Myself and *Bipolar Brenda* and it's one hell of a ride, so put the kettle on our kid!

Namaste xxx

To my son.
My champ.
My Lucky, and the Light of my life.
Thank you for keeping me alive, teaching me to never give up. Thank you for lifting me up, you're a special soul.

This book is also dedicated to any human that's suffered with mental illness and has been made to feel ashamed. This book is for you to stand proud and use your voice to end the stigma around mental health. We may be different but at least we don't just blend in! Remember the universe gives its hardest battles to the best souls, the ones who can make a change in the world.

Let's use that and help people, let's lift people up and be loud and proud of who we are.

Much love to you all,
Tasha xox

About the book

"You're not bipolar, you're Natasha. You *have* bipolar."

'*Gravely honest*, *emotional* and *open*. Natasha's story is *intensely personal & captivating*' – *USA Today* Bestselling Author **Claire C. Riley**

Me, Myself and Bipolar Brenda **tells us the story of actress Natasha Naomi Rea and her journey through bipolar, single motherhood and trying to live the best life possible.**

Natasha takes us on a heartbreaking, gutsy and truth-filled journey of living life with a chemical imbalance. Filled with poignant and passionate diary entries, she gives us a dark insight on the triggers of mental health. She speaks from the heart and learn the ups and downs of life with bipolar, but most importantly that creativity is the best medication you can take.

Me, Myself & *Bipolar Brenda*

By

Natasha Naomi Rea

I AM NOT A MEDICAL PROFESSIONAL

This isn't one of those books about the science of bipolar disorder. Nor am I a medical professional. I am, however, someone that has been to hell and back with bipolar disorder, anxiety, paranoia and compulsive thoughts for well over a decade and exited through the flipping gift shop loaded with all of the above and much, much more.

And whilst I'm being honest, I also have no bloody idea how to write a book. I am – by trade - a working class actress enduring a million missed opportunities, a single mother winging parenthood with my gorgeous son Louis as my wing-man and an integral and interested human-being fascinated and intrigued endlessly by the power of heart and mind. LIFE. All of which nudged me to write this book - I had no idea what it was going to be about, and as I write I still don't.

They – whoever 'they' may be – often say that the smartest way to write is to write about what you know and from the heart so that's what I am going to do, so best get comfy.

On a recent Kundalini yoga retreat I was told that 'I had been given an extra special gift in healing other people, and through that healing I would, eventually, heal myself.' Although, and at that time, I was already flying far on my own spiritual journey, so the thought of not fulfilling my dream of being a much-loved regular face as an actress on the cobbles of Coronation Street to become a healer didn't really sit right with me! It wasn't until I realized that the healing was my purpose, and that my passion/dream was my acting that I started to kind of understand and accept it… kind of! Although I fell in love with reading and practicing healing and educating myself as much on it as possible, I still had my wicked and wild side, which, after nearly three years of both spiritual and cerebral selfcare, came into full brute and maniacal force this year when 'she' raised her crazy head again. 'She' being 'Me' of course, and ME being the self-titled '*Bipolar Brenda*'.

And so, a mad one courtesy of 'Brenda' that lasted the majority of the summer took me completely out of control and then back down to life with a bang so all I could do to ease my despair was to turn to my trusted spiritual path and write. I am not Oprah, Esther Hicks or any of the gifted educators from The Secret. I am someone who is very much always learning. I have personally evolved and indulged in so much information as I journey on this path, despite falling backwards and facing some major obstacles this past year more than ever before. And it feels great.

It doesn't matter one jot if one or one million people read this book. If I help one person master or at least start to become more in control of their mind, go after what they truly want, face their own fears, embrace positivity and take up meditation, exercise, well-being, healing and all the goodness that is out there as opposed to medication and maybe, just maybe can start to live life with joy and an abundance of great stuff, then I have done exactly what I set out to do. That and itching that bloody scratch to share my journals, thoughts and rants with you all.

I was diagnosed with bipolar disorder shortly after having my little boy around the age of 22 -although I have always been what you would politely call 'a bit too much.' I also was a depressive, staying in bed for days, wagging school and at 14 years old attempted suicide. Initially I was pleased when I finally received my diagnosis, thank fuck I actually have a bona-fide excuse for being a crazed crank for all of my living years! However, a deep sadness and confusion was still blatant as, integrally, I still felt as if I didn't know who I truly was, or, if indeed, anything I had experienced in my life was actually REAL. I couldn't distinguish the difference between myself and 'Brenda' back then. And it was ruining my life.

Even then, literally just under a decade ago, mental health wasn't the huge health concern it is seen by the majority as today, and although my own experience with the mental health service has been pretty shabby to say the least, I think it- and everything in this book - happened for a very specific reason. That reason alone was clearly a sign-post for me to embark on this mammoth journey I am on and the sole reason I am sat here writing this book and picking at my full set of acrylics as, deep down, I dare myself to tell all.

'Bipolar disorder is a chemical imbalance in the brain'. That's the very first thing I took in and remembered after my diagnosis. I learnt that my brain doesn't work the same way as others do.

Acceptance at my differences followed, so what, I was and am and probably always will be 'too much'. I couldn't cope with myself let alone any other poor sod, and as I went through so many different ways to try and justify why I was the way I was, at least now I had an answer for my 'Brenda' behaviour. Every single boyfriend I had would comment on my 'too-muchness', it's a wonder any of them made it out alive after having to put up with me! Honestly, I could be here all day with the ways I tried to prove I wasn't 'normal' posting 'who wants to be normal anyway' as a snap-back at those that criticized me. I have learnt the toughest way and that each and every single one of us have issues of some sort, whether we get diagnosed or live with it undetected for the most of our lives. My ex is an utter control freak with terrible obsessive-compulsive disorder, who at the age of 34 still has a label he plays with. I mean if you put that in front of a therapist they'd probably have a field day! Although if you ask my ex, he is adamant that he is and always has been absolutely normal… whatever 'normal' may be!

All jokes aside, when the manic side kicks in, and you start buying everything with more energy than a 1,000 Duracell bunnies whilst believing you can literally take on the world then suddenly flips to the very worst in panic attacks, you find yourself hiding in the wardrobe, trying to jump out of the window or being so paralyzed you are unable to leave the comfort of your own bed, it's not easy. Not easy in the slightest and often leaving the most drastic of aftermaths. I would blame all of my actions, choices and anything or out of hand I did on bipolar. It was a great excuse! But as I started to not only understand it, but accept it and stop battling it, it, of course, actually started to make things a lot better for me. There is only so many times you yourself can blame the 30 manic rambling texts on your bipolar diagnosis. YOU have to take control of YOUR mental health to stop it from controlling every aspect of you. You can't run from your mind or yourself. You have to face it head on and I can tell you firsthand, it ain't bloody easy. Far from it. Within all of this, from the meditation and the reiki, the self-care and all of the gifts I was experiencing from allowing myself to accept, in turn I found it was through that acceptance that I finally started to find me.

I believe you have to find something that challenges you mentally and physically, that scares, challenges and pushes you to grow, that's the absolute key to mental health for me. And for me, that 'key' was powerlifting. I take no medication, choosing to heal through meditation and by lobbing around heavy weights and although I am far, far from being 'cured' and I can act like a crazed lunatic on my very baddest bad days I promise you this. If you find something that challenges you, pushes you out of your comfort zone and makes you take chances, gradually and over time you will strengthen your mind beyond your own limits.

People think bipolar is you're either happy or sad - someone laughing one minute and then crying the next - which don't get me wrong can and does happen, but, by the Christ, I only wish it was that fucking simple!

I can be up and down at the same time or cycle in the day, experiencing many different intense moods within 12 hours. Which is knackering. Mornings, I can be in absolute despair, then by 11pm I have made life plans, sought new employment, ordered £500 worth of clothes I don't need or want, read furiously my brain feel like it's going to explode, sent a million texts going on about some daft thing or some dafter lad, then being and out of consciousness as I attempt to get some kip whilst worrying about everything and anything, only to wake up again the next morning too scared and again too paralyzed to even step foot out of my bed.

That's another thing that exhausts me with my diagnosis, this ongoing struggle to let go of things that I have no control over because my manic and mithered mind keeps replaying crap over and over, again and again. I can't stop my mind. Impossible. Sometimes it's like someone's running away from you and you're trying to catch them, but they are so fast they would beat Usain Bolt to the finish line. I know from other people close to me, and I'm sure you can tell this soon in that I talk a zillion miles an hour and I jump from one thing to the next in a conversation. Sometimes, I can be talking to someone and I just jump in and start talking about something completely different (no doubt that will become apparent as you read on. Yeah sorry about that!) But trust me, I am not, not listening or not caring, far from it. I also think it's probably why I tend to start things and then procrastinate like many of us out there, because I definitely want to be an all or nothing type of person with this, which can be a really good thing because you don't do anything with half a heart. I would never choose to do anything without wanting to give it my all.

Balance is an issue I struggle with consistently. It's like a full-time fucking job trying to regulate your life with bipolar because my mind and emotions are, guess what, not regular in the bleeding slightest! I ache for balance in my life, but never experience it in the abundance I wish for as I am always obsessed with something. Don't get me wrong, I am and have been obsessed with writing this book but that is a good thing because I finally got it out. There have been times throughout this process that I would be so scared I would slip back into a hole and not finish it, as when you start something with bipolar it could only be a matter of time until you slip back into depression or something else takes your attention and – Bang! - that's it your off and back down that hole. I struggle to give each and everything I do valued time, that's something that really gets to me to be honest, I absolutely crave routine. I don't even know what 'regular' is or means, because with things like diet and meditation it's either all in or all out when I am 'bi-ping'.

I often get absolutely and overly consumed by a fucking text message - I hate the little bastards! I can re-read them over and over again and then spend my day thinking about pointless bloody words on a screen. I mean one fucking text message. I'd send messages to five different people screaming: 'what does that mean, what do they mean by that?' when it's there in black and white for all to see if you actually don't read into things. WhatsApp I find horrendously anxiety-loaded, so much that I find myself that drained I feel I have worked a full day, been the gym, cleaned the house from top to bottom and dealt with my Mum and Louis… when in fact I have just been staring at a phone at a text message for the best part of the day frantically figuring out what it's NOT saying, because when you're like that your mind will twist things beyond comprehension. It's absolutely fucking draining to say the least.

When your mind's racing and you get fixated on something you're fucked. I can see a mole on my arm and most of my contacts are blessed with a photograph and "I think I've got cancer!". I will then, of course, start picking at the mole making it worse and literally digging an even deeper metaphorical 'mole hole' for myself. I don't check my boobs once for lumps, oh no! I will spend a month doing it, filling myself with anxiety and convincing myself the next step is a double

mastectomy. It's like when I have anxiety attacks, for weeks after I am still convinced I will have a heart attack and then because I know all about 'thoughts become things' I then worry even more I am putting it out there and it will happen. It's a never-ending circle.

Worrying is a major part of bipolar, you will worry over the stupidest of things. No wonder I developed an anxiety disorder, I was a nervous wreck as a child, checking the main door was locked again and again. Again, and again.

Being depressed and having racing thoughts at the same time is like worrying about all what you have to do but having no energy to do it. Frantically wanting to understand something or get something done but having zero energy to do anything about it is horrendous for me, because you become so drained and your energy is so low you feel like you're never going to be able to get to achieve anything, but still they run over and over in your mind. I feel exactly like that now as I write these words, not getting out what I want to on the page, frustrating me and making my breathing heavy, my inhalations turning to anger as I battle inside. I could close my eyes and go to sleep. Right now. Just rest my head and sleep long and deep. I felt unstoppable last night. UNSTOPPABLE. If only I could control that feeling, bottle it, learn to use it. I'd be like a superhero…*Bipolar Brenda* in her shiny, light-filled cape. Her quest is to make people see bipolar as an actual superpower. I'd like that a lot.

I like to think I'm funny. I definitely have always found comfort in looking for the funny side of this illness, that's for sure. I think you have to. Absolutely! Depression isn't fucking funny at all. I get upset sometimes when I think of all the days I have spent in bed over the years. Especially when you know how much you can achieve in 24 hours if you're not feeling like you want the world to open up and let you out. In all honesty, I write this now depressed. I have not much interest in anything at the minute to be honest, the only thing getting me through is this writing of my innermost everything. I learnt early on that I had to grab hold of anything that gives me a little bit of light no matter how dark I felt. As I said before, even if you are the only person that ever reads this book that's okay… because this book has been my light. And I hope it shines on you.

'ALL SHITS AND GIGGLES ('TILL SOMEBODY GIGGLES AND SHITS)'

I had this idea to get all my journals together and share the bizarre chaotic mindfucks and mixed emotions in Me, Myself and *Bipolar Brenda*, ironic also that I decided to do this during one of the most difficult years of my life, a year in which had more trips to 'A&E' than I have had nights out! When they just start handing you an ECG card soon as you get to A&E reception, you know life is pretty fucked.

Becoming a monthly thing this, me thinking I am dying. Hitting 30 has not been all 'shits and giggles.' To be honest, it's been a hell of a lot of shits, because the physical anxiety I have had this year doesn't care if you're stood in Tesco's bread aisle and your stomach goes to literal shit as you convince yourself you are either going to die or just have a heart attack. Shitting yourself seems a less painful option really - just does absolutely nothing for your image though!

I do that a lot you know, I make jokes about myself and my illness to try and cover up how I am really feeling, i.e. scared really, to bare my soul to you and to come across even more nuts than already I am. If I tell you I am damaged will you love or leave me, that kind of thing I suppose. Fucking hell Tasha, you're not writing a love song, ease off on the quotes, that copyright stuff is a fucking minefield! Anyway, back to shitting myself… No, seriously though and all jokes aside, anxiety isn't fucking funny at all, it really isn't. I have never written a book before, and doubt I will again, so I may as well say what I want and get as much out as I can. I have changed my mind a million times about the layout, I didn't want people to get confused reading it, didn't want to jump from one thing to another then back to something else. However, for you to read this it's only fair it's delivered to you the way my mind and emotions are. I am not being lazy but if I sat down with a beginning, middle and end, with the perfect extracts from my journals at the right chapters, I wouldn't be being truthful with you on how I am. It's really hard for me because I have had to also come to terms with a few things while doing this, admitting things that are embarrassing and painful. This year I have been taken out of my comfort zone so much and had a…… see I am getting stressed now because I need to open up and it is making me feel so

Un-comfortable. I have never felt so lost, abandoned and scared as I have this year. There, I have said it. 2019 ripped my soul out, crushed my heart and give me an anxiety disorder to add to the bipolar…. Dirty 30's you say? Hmm, definitely not that kind of `Dirty 30' anyway. Oh well!

If you would have told me this time last year that I would be stood in Tesco pharmacy demanding an emergency supply of anxiety tablets, I would have outright told you to get on your bike and fuck off. I felt like an addict begging for their next fix. I was shouting "I need those tablets! If I don't get them, I will be back in hospital thinking I am dying, then back to Mental Health and probably be sectioned!" In which, the pharmacist replied: "They can't section you without your permission." I yelled at her: "Are you having a fucking laugh, don't you try and tell me about the mental health system. All

I want is an emergency supply and I will go!" She was point blank refusing in which resulted in me calling her a cunt, stomping off down the booze aisle and opting for a bottle of pink gin! I mean, can you imagine! Saturday afternoon and there I am, causing World War 3 with some gob-smacked trainee girl because they won't give me a cheeky dosage of a 10 mg anxiety tablet. Funny really, when they want to throw all-sorts of tablets for bipolar at you when diagnosed.

I don't mean to lose my temper but sometimes I just think what a fucking shit show. I am already mentally unstable, and I am dealing with absolute cunts. Like the woman in A&E. I mean, I am not posh in the slightest by any means, as an actress most of my roles have been set in bloody prisons or as fucked up, trouble-causing bad girls from the gutter (not that I'm playing to type or anything…honestly!). But trust me, when I say she was rough, I mean rough. A face like a one -eyed pug licking piss of a thistle! I had been taken in by ambulance (I had taken far too many anxiety tablets and had Valium for the first time, which didn't stop my anxiety just made me feel more like I was dying, made me piss my knickers and lose all feeling in my legs) and they're giving it "just breathe". Just fucking breathe!!! "I would breathe through my arsehole right now if it would help!" I yelled, "Telling me to just breathe isn't helping me breathe is it!"

Then she waddled over to me stinking of garlic and I was like, "I can't fucking walk!" - I was shaking and couldn't move. I'll tell you something an' all, A&E on a Saturday is just not the one, especially with tubby Sandra rushing you into a side room to give you an ECG. I hold my hand over my mouth and nose, and she shouts in a loud Manc accent:

"Are you going be sick because I am off shift in half hour, and I am not cleaning sick up". "I'm fine" I replied, whilst in my head convincing myself `I couldn't breathe as it is, and that French breath stench is making me feel like I am about to pass out. She takes my blood, drenching me of course and all over my brand, new Victoria Secret tracksuit! She then gives me said ECG and finally, turns to me and tells me my heart is just fine. "Says your bipolar here, it's probably that. Do you know your bipolar?" I reply, "No I didn't know I was mentally ill, thanks for that Sandra!". Sandra then plonks me out in the waiting room from hell and goes off to eat her Hob-Nobs.

Have you ever been to North Manchester A&E on a Saturday night? No? Well, let me tell you, you don't want to, especially during a massive anxiety attack. Cut to a Polish man screaming, the Scally with the broken leg jumping up best he can: "Outside now! I will have you!" Can you imagine, I have gone in with an anxiety attack, I have almost over dosed on Valium and I am sat in this. I hid in the side room and went to the main desk and said "I have bipolar. I have been brought in with anxiety and it's all kicking off out there." She simply turned to me and stated: "Take a seat love, it's always like this here." Great! Fucking great! I'll remember that for TripAdvisor!

I wish I could say that that was the last time I ended up in that hole, but my attacks this year have been off the scale.

I guess the best place to start, the beginning of my journey with you, is to share my life from the secrets of my own personal journals all the way to the relationships, friendships, suicide attempts, daddy issues, motherhood with a great big dollop of mental health issues, stigma, achievements, right & wrong paths and everything else I fancy in-between.

Along the way you will meet the likes of 'Manic Mandy', 'Anxiety Annie', "OCD Doris', 'Depressed Debbie', 'Harley Quinn', 'Emily Rose', the ubiquitous '*Bipolar Brenda*' and, of course… Natasha. That's me. Join me as I let go of the last decade, get to grips with myself and reach that point where I can stand tall and state that I am truly proud of myself, sides an' all!.

So, get that bloody kettle on, and best make it a 'Builders Brew', as it's gonna be one hell of a ride, r kid!

"HEY, THEY CALL ME LUCKY…. LUCKY LOUIS."

If it wasn't for Louis, my beautiful son, I can hand on heart tell you I wouldn't be sat here writing this now. My little boy has kept me going, kept me alive. I owe him my life.

Should that be the responsibility of an 8-year-old? NO. Do I live with guilt that he has had to grow up and witness his own Mum go through episodes of bipolar all of his life? YES.

It's not enough to rob me of a normal existence, but for my own baby boy to have that snatched from him without his consent, that's how cruel this disease is. Louis has never known any different, and that hurts just as much. I feel ashamed even now, because of the anxiety attacks that come on out of absolutely nowhere. I have been relying on him a lot more also. Sometimes I feel like I am the child, he the parent. I know, I know. I need to nip this in the bud before it gets completely out of hand. I almost didn't go to a casting the other day because I felt that bad. My anxiety has been horrible for over a week now, waking me up and I jump up out of bed, and for a split second I open my eyes wide and I cannot breathe. I am dead. I hear his voice. I am not dead. 'Mama! You have got to go to your audition! Don't miss it!" I will go. For him. I took him out of school to come to a casting with me to Liverpool. I did it because I was scared. Scared I would have an attack on the way and scared if I'd have gone and my mum would have forgotten to pick him up. Scared about everything bar the bloody audition!

I am sat here with it all running through my body again and asked him, again, if he would come to another casting with me tomorrow I had confirmed on, and he replied "Mama. I just want a lie in". And what do I do? I sulk like a petulant child. Listen I have to be honest in this book because I am looking to heal this shit and try and start to be a better mum, I really, I am.

He then turns to me and says, "You need me to come as your 'comfort' for your anxiety, don't you?" SHIT! This needs to stop now! I have tried to cover it as much as I could while when he was little and I am still being honest about it. I didn't even see how much it had affected him having a Mama with bipolar disorder, until recently. The anxiety is hard for us both because I know I have let him down so many times when even I can't venture out at all, thanks to the anxiety. I would be lying if I said sometimes, I think to myself that he would be better off without me.

Kids need a routine, don't they? Louis has never had that with me.

He doesn't even have me really.

I can be on a completely different planet most days. I become that obsessed with trying to manage my illness, Louis misses out on everything. It's actually really hard to write about this because, if you really think about it, I can't take back the time I have stayed stuck to my bed for days on end, not even been bothering to even ask what he had for his school dinner. The times when he wants to play, and I am too consumed with rubbish. And my phone. 'One minute' from me would gain the response: "Well, you said that ages ago".

I struggle with concentration with him. I really do. He FULLY concentrates on me. All the time. Eagle eyed. Whereas I am away with the fairies.

I have found being a mum really hard,

I feel like I am failing every day.

The most guilt and regret I have ever, EVER felt from bipolar is because of Louis. Even now, when I accept and understand it, I never think I will ever fully forgive it for the time it's wrenched from me being able to be a mum. The hardest part of my bipolar diagnosis is how it has tried to stop me being the best mum I can be to my boy. I think most mums are hard on themselves, no-one really knows what is 'right or wrong'. It's a minefield this parent lark for everyone but, fuck me, it's so much harder when you have a mental illness. A complete shit show, to be fair.

‘I AM NOT FUCKING WELL! THERE IS SOMETHING WRONG WITH ME!
I NEED HELP’

2013 Diary entry;

I had to let Louis’ Nanna take him today because I just don’t feel I can look after him. I am just no good at being a mum. I can’t even spend time with him. I just want to stay in bed. I got in the wardrobe last night because my mind was racing with that much shit, I couldn’t breathe. I feel safe in the wardrobe. I can cry in there and he doesn’t get to see me in so much pain.

I have started pulling the back of my hair and I don’t know why I am doing it. I haven’t got much fucking natural hair as it is, as I can’t live without my extensions, but when I pull at the back it stops what’s going on in the front, if only for a few, spare minutes. It gives me a release.

Louis knocked on the wardrobe and ask if I wanted to play ‘Hide & Seek’ with him, ‘Roo’ and ‘Tigger’. I started to cry uncontrollably. I feel so alone. I can’t cope, everything feels so fucking intense and I am so angry at his Dad. I need help and he just won’t help me. I am useless to him. He said I will always be alone not just because I am nuts, I am also vile to look at.

I want to change everything, inside and out.

I didn’t want Louis not to have a proper Mum and Dad like most kids. I get so angry at his Dad. I hate him one

minute and then when I look at Louis' face, I see him staring right back.

''Mummy do you want me and Roo to sit with you in there?" He's now sat in the wardrobe with me, holding my hand. It's the calmest I have felt in weeks.

I can't carry on like this
I don't want him to see me like this
I don't think I can keep him with me
He will be better off with them.

*

Looking back at this time of my life I realise I was a raging, overemotional, guilt-ridden nut job. Surely post-natal depression can't last this long? When I was pregnant with Louis, I bought Dior dummies and Fendi baby-booties! I moved and worked solidly and every single day right up until the week before I was due. Looking back, I was manic as fuck. I spent the first 2 years of Louis' life 'up and down more times than the lifts at the crown court'. I use that phrase a lot.

I remember feeling sadness when pregnant, feeling like someone was repeatedly booting me in my body daily was another regular one. I was so very sad.

I would usually go and spend a fortune in Mothercare, obsessed with the place. Reece – my best friend who stood by me throughout my pregnancy and beyond and my absolute rock and the best soul mate – hated the place though especially after the alarms went off once on a regular visit as he was carrying a baby bath out. I don't think he saw the funny side that day. He was so fucking done with Mothercare.

I was going a million miles an hour at that time, even once driving round North Manchester looking for a dry-cleaners at 10.30 at night just to get a pair of Winnie the Pooh bears washed that I had bought off eBay, and only from there because the Disney shop didn't have any! I was so consumed with having everything there and then.

I struggled being a mum massively from the off as I adored him so, so much, but I started to feel a real low, out of control like I couldn't handle my emotions at all. I really developed a strong fear for life around this time looking back. I couldn't handle my moods and one minute up, the next down. I never knew how I was going to wake, what tomorrow would bring.

Before I was diagnosed bipolar, I was prescribed anti-depressants which, naturally, sent me high as a fucking kite. I don't remember much. I was always buying things, designer handbags, the lot. Shopping like a bastard Duracell bunny.

Manic. High.

When I am in my 'high', my body just doesn't sit well with any form of medication at all, the side effects horrific. I wasn't there. I had gone from feeling everything to feeling fucking nothing.

I wasn't sad, I wasn't happy. I was just…nothing.

I don't remember that much about the time when I overdosed at 14. I just remember waking up in the hospital, banging against the metal sides of the bed, feeling really sick, my mum looking straight at me. I was unstable. Well, clearly Natasha you're unstable – you just took half of your Mums painkillers and full bottle of vodka with orange! It took me years to even smell vodka again, let alone drink it. Bipolar took all that away from me but it's also given me a lot of fight and strength. It's taken a lot of time away from my son, which I know I can't get back, but it's also taught him a lot and he is such a credit to who he has not only become as a young lad but also for the unconditional respect and understanding he has towards mental health. And in this day and age, I think that's very important.

'YOU ARE NOT BIPOLAR, YOU ARE NATASHA'

Summer 2013

I got up late this morning and I felt really agitated, as I did yesterday. It's the first time in a long time since being labelled bipolar that I have felt this agitated. The medication was worse for me than the mood swings, I don't want to go back onto medication ever again. Fuck that, absolute shit show it was, feeling like a zombie, dribbling and the shakes. I know I need to do something. I am looking into it and the writing seems to be helping a little.

I think I made a bit of a tit of myself last week. I feel like cringing sometimes. I feel so much of myself, like I can't keep myself contained. I feel like some unpredictable lunatic. I am still figuring out all this bipolar, manic depressive, whatever you want to call it stuff. I suppose I now have a label to justify all the times I have been called a weirdo and a crank. It's not made it any easier for me to understand though. I have actually taken my Dad's advice and done that meditation thing he talked about…

*

My dad gave me a journal when I was 18, it's beautiful, that someone gifted to him. It said: 'May your backyard always be the entire world, here's wishing you an entire future worth writing about. Many wonderful journeys to you my good friend it's been a pleasure knowing you….'

It's pretty funny I started to write in it when I didn't know who the fuck I was, who I'd been, and if anything I had ever felt was actually real. Yeah pleasure knowing who you thought you was, Tasha! Here's to a journey of absolute carnage, the ups and downs of bipolar disorder and of not getting to just figure out who 'you' are, but also your alter ego some may call it!

My Dad was never really in my life, very young when I was born. So yeah, I have also started to realise that I have 'Daddy Issues' to top it off as well. I think most 'normal' people with 'Daddy Issues' and abandonment issues are probably slightly fucked up without having a chemical imbalance to top it off as well! It wasn't until 2018 I actually sat down with my dad and spoke about our relationship (or lack of it) for the first time. Don't get me wrong, it answered a lot of questions but I couldn't help blaming my dad for my relationships with men and the fact I had a fucked-up mind that gets fixated on everything. I never knew my Dad was a depressive, nor did I know his mother was a manic depressive. I knew they were both addicts, but I never actually knew why. His Mum fell down the stairs and died, and in turn he became a raving coke-addict. A well-off, fully functioning one, travelling and working the world over. He couldn't pay for my drama school fees as a kid because he'd paid out £12,000 for rehab in Canada, where he eventually settled, and he's not drank or used drugs for decades. He found his spiritual path, and through that and rehab he's no longer an addict- but a recovering one. However, from when I had the long-awaited therapy conversation with him in 2018, I still don't feel he's happy in his soul. I understand him a lot more now, but I doubt my inner child forgives him though. Maybe I need some more therapy.

I have always been worried that I could get addicted to drugs and drink like Dad. Well I overthink like him- he calls it 'OTCD', as in 'over thinking compulsive disorder'. And he's a depressive. I have the tendency to rely on drink a lot more than previous, to the point sometimes that I have to buy a small bottle of Prosecco, because I know if I get a large one, I would drink every last drop. I do have some awareness though. I should stop drinking at home. In the back of my mind I am becoming dependent. My Dad always told me to be careful because of my addictive personality. No shit, Sherlock! Despite the fact Dad left me and was never really in my life I do kind of understand why now, but it doesn't make it any easier. If it wasn't for my Dad I actually wouldn't be here, and I don't mean due to the obvious reasons. I mean because he found me when I had passed out, knocked out as I hit the TV stand, choking on my own sick. Funny thing about that night, my Dad hadn't taken his usual dose of sleeping tablets that night, so he heard me fall hard to the deck. I obviously don't remember any of this, and to be honest, the only thing I actually remember was waking up in the hospital.

If you ask me why I did it and was it a cry for help, well I clearly didn't think I could be helped. At 14 I had never even thought of killing myself. Well, I don't think I did. The only thing I remember is that feeling of 'I just don't want to be here.' Everything felt so intense, I felt like I couldn't keep up with it. I suppose it was then I experienced my first episode of severe depression. I was under a child psychologist, my first one a lovely Jewish man that used to tell me to count up to 10 purple elephants, just before I was having a bad thought, or I felt I was going to get angry or worry about something. I am not sure why elephants, and why purple, but he was so lovely I didn't ever have the heart to tell him it didn't work. So used my acting skills to good effect! When I got to 16 though, I just became really self-obsessed, if I'm honest. I was out every weekend and I didn't think there was anything wrong with me. I had forgotten about the overdose and the fact that there could be something wrong with my mind. I was just all or nothing.

That's ok isn't it?

*

Summer 2013

I decided to go to the Buddhist Centre in Manchester City Centre on my own last week to ask about this meditation thing Dad had been on at me to do. I felt a bit out of place, and the man behind the desk was looking at me like I had strolled in all lost land confused. Which I was. I had a new weave in and face full of make-up, so I must have looked like an alien in an even aliener place! I didn't know what to expect, so I thought I'd best make an effort! Even though I have felt like a Gremlin weaning off crack for the last few months – may I just confirm I would never try crack, the bipolar meds was enough of an experience for me – I am not sure who felt more uncomfortable, him or me. I just felt really fucking daft to be honest, staring at him.

"Can I help you?" he said.

I don't think he expected what I was about to vomit out.

"I don't know if you can help me, mate, but I haven't been well, I have a chemical imbalance in my head, it's called bipolar disorder and they put me on medication and well I went from feeling too much to nothing at all, my moods are all over, I am angry all the time, sometimes I am really happy but I can be wild and I get obsessed with buying clothes I don't need and bags. I feel like I am pushing everyone away and I have a baby and I struggle to bond with him. My Dad was an addict and he turned to Buddhism. Well, I just thought it was all shit and watched 'The Secret' and well they spoke about meditation and I looked into it and well just wanted to…I think, you know…well, can you teach me?" And breathe Natasha!

He looked petrified, poor bugger. I bet he wanted to ring someone to have me removed.

"I can't teach you. I am just a volunteer who works here in the shop."

Oh, just fucking great! I've just told a random stranger I am basically nuts and he don't even work in this flipping meditation thing. Thank fuck, he then introduces me to another man who gives me a leaflet and explained that they run a course for 6 weeks that is for beginners and to come along and try it. And off I trotted into the darkness of the Northern Quarters. Hair, nails and face on point an' all.

I went along today, to the meditation thing. I don't know if I meditated or not. I was sat next to a man who was snoring that loud he was waking him up with his snores, with a woman on the other side of me coughing up her lung.

I wanted to toe kick them both in the ribs, but I kind of figured it wasn't that sort of establishment. I liked the meditation thing. I have actually started doing it daily already. I have bought them sticks that smell like India and some candles. I have bought CDs of Mindfulness and Meta Bhavna. I don't know if I am doing it right, but I feel more relaxed recently and I look forward to lying down and having that time now. I seem to feel ok when I meditate. I can't spend my days lying on the floor with sticks and candles though, can I? I think it's confusing me because I get all the 'think positive' stuff they mention but then I read somewhere you have a subconscious mind which basically is more powerful than the conscious. As much as I am really trying hard with all this meditation and books on my development towards a path of enlightenment, I am still overthinking things. It's like, no matter how hard I try, I still feel angry, overwhelmed and negative. I read the books over and over again and take notes, but I struggle when I am not lying on my yoga mat. That's another thing, I am sure I should be sat up on a cushion, but it's uncomfortable for me. It's not as easy as it looks this 'being present in the present moment' lark, especially when your minds like a hamster on a wheel with no filter off its tits on whizz.

*

Meditation for me became the door that opened me up to a way of not only starting to manage my bipolar but to really gain an understanding of my emotions and moods. It also opened the door to my 'spiritual journey,' because from that day when I first walked into the Buddhist Centre I actually never looked back. I became obsessed with meditation and even though I didn't really understand it all, I knew it was changing me for the better and helping me for the first time to begin to help this chemical imbalance. I became completely infatuated with finding any meditations to practice, read about or talk about. It's mad to think that I went on to teach meditation classes and write my own meditation manuals. I loved everything about teaching people the wisdom I had learnt, and I had never worked so hard on something in my life as with those manuals. I think the door to all this really opened for me when I met a lady called Ethel, a Reiki Master.

Life never did ever go back to how it was after that day…

*

Saturday 26th July 2014

I have been weight training now for a couple months, which I am really enjoying, and my body has changed completely. I think I have probably got a little obsessed with it, but I don't care because I feel like it's really helping me focus on something positive. I've been training with this guy and I was telling him all about my meditation, and he mentioned I may like this thing called 'reiki', telling me that he goes with his Nana, as she sadly has cancer. Apparently, you just lie there whilst this woman puts her hands on you, and you start to see colour. I was like, 'what the actual fuck?!'

So, me being unable to hold my own piss for two seconds, today I went and had this 'reiki' thing done. My experience turned out to be something I have never experienced in my life. Ever.

The feeling was so strong and frightened me. On the way there I was thinking about Joe and his poor Nana, so I don't know if that had some sort of 'reflection' on what happened. Joe told me was that it was relaxing, but what happened to me was very fucking far from relaxing to say the least! Ethel, the Reiki Master-Lady, started at the top of my head and within minutes I started to feel really upset. Upset beyond words. Now, I am not being funny, but I don't even know this woman and I was obsessed with not crying, obsessed with looking like a right dick.

I started to see a face, but I couldn't make out if it was a woman or a man. I kept hearing this voice in my head. It got louder:

"Give them the book."

The feeling was so strong I felt like something had took over my body. Ethel then said, quietly. "Give the book to Joe and Racheal". Racheal is Joes mum. Ethel then explained that when someone passes and they want to get a message to their loved ones, they will do it through someone who is open to listening. Which, you know, is fine most of the time, but I absolutely almost full-on shit myself on a reiki bed in front of a woman I had never met before! To be honest though, I have felt a lot calmer and more relaxed since I went, not really sure how. But it doesn't matter. I am on the right path with all of this, and curious to see where it takes me next.

*

22nd September 2014

I first wrote in this book regarding my reiki 2 months ago and since then I have been every week. I think people think I am getting a little obsessed with it, because someone said the other day that it's all I talk about nowadays. The second time wasn't as scary as the first, and guess what? I did actually experience colours! I am still really struggling with my moods though, very up and down and I only feel ok when meditating, reading or at reiki. I can't just live my life doing that every day all day, I know that. It's finding a balance isn't it? I'm not really sure how to find one though. As the weeks have gone on I have started to feel a lot more grounded and I feel like I am having a breakthrough with my meditation, because I am starting to find moments in the day where I feel calm now, not just when I meditate. I have learnt more from Ethel in a few months than I ever learnt at school. I did my 'Reiki One' a few weeks ago and I have to say, for one of the first times in my life, I have felt so happy and content since. I don't know how long it will last. I could be overthinking everything again next week. At the minute though, I feel like I have something every day for myself to get up to do. I feel like it's a start of a magical journey, and not the type where you're up for days and then feel like death on earth for a week after. I feel learning reiki could help me, even in the hardest times. I feel like I have something now that can help me. Really help me. I have even helped other people giving them reiki myself. Some

people think it's all bullshit and to be fair, I don't think you can explain it or understand it until you try it. So try it. I still don't think I fully understand it, but I suppose not everything can be understood. Sometimes you just have to accept that some things are just what they are.

*

8th November 2014

I remember a psychologist (not the purple elephant one) said to me once: "Set yourself a small task a day to focus on." This one spoke a lot of sense, because I learnt that setting yourself a challenge each day towards something actually is like training your mind. Well, either that or I have just got obsessed again with being able to do the challenges that I set myself. To be fair it's probably that, isn't it? I get fixated on something and that's it, nothing else matters. I was feeling a little bit confused about things regarding relationships and the time spent with 'Jamie' this year, how it went from being so intense to me not really feeling anything at all towards him. It got me thinking about Louis' dad and how I struggle with letting go, being too much then not being interested. I decided to set myself a challenge to do the 'pose of a crow' in yoga. I have given myself till Xmas to perfect it. I have practiced every single day and to be honest I have never fell on my face so much in my life and it fucking hurts falling forward, splattering face first on the floor. Once I got over the fear of hitting the deck, I have kept at it. Today, I finally did it. I felt so proud

of myself because I have done all of this in just 2 weeks. I have a very long way to go, but I am starting to see that with small steps the mind can be changed and so can the body. I do feel since starting on this journey of trying to self-heal my chemical imbalance without medication, that I am losing the parts of me that I didn't like, that aren't really me. The jealousy, the hurt and the anger.

*

11th November 2014

After all the excitement of doing 'pose of a crow' last week, I have now gone back to feeling really agitated. I couldn't get out of bed today. I dunno why, I just felt so sad but also annoyed that I felt sad, because I felt so happy at what I had achieved with the yoga pose. Swings and fucking roundabouts.

I have read so many books on the bastards this year, but I still seem to really struggle with relationships and men. I have something that needs healing and I want to heal it, but I don't know where it come from or where it started. I know to 'heal' means to 'bare all', but I feel stuck now to know where to find the right new book to learn something new and find a breakthrough with my meditation practice. I want to find a deeper understanding of my reiki healing, and my mind's now racing because I just want to learn more and do more, but I don't know today which to do first. I think, I feel like I want to do loads and yet, I feel too down today to think straight. I feel sad even when I am enjoying

things, as those feelings take over and consume me to the point where my mind's racing to what to do next.

*

I definitely have an addictive personality when I am manic, I just want more and more. I would say, that when I got consumed by things like the gym, meditation and books that I became and felt healthy, especially where my diet was concerned because it helped me massively, however, I knew it was feeding my manic phase because the obsession to either learn more or see more or do more would always be carried along by anxiety - just more, more, more!

Onc of the moments that especially sticks out is the 45 picture messages of trainers I once sent to Reece in the space of ten minutes. Now, I have broken down in shops before now finding matching trainers to an outfit. It's much safer to do that online isn't it than out in public! The 'coral phase' sticks out to me also. Fucking obsessed with buying coral-coloured clothes!

I will give Jamie one thing, when he used to say: "When you get your claws into something, you defo get your claws in." And WOW! Did I get my claws into coral fucking clothes! So much so that on a manic shopping trip I went into a shop and spent around £200 on everything coral - even coral knickers. Now this particular shop you can get a hell of a lot of prime stuff for £200, if you know what I mean! I went off proud as punch with my new purchases to meet Reece, and as he was putting them in the car for me, he says: "Tashi how much have you bought? It's all coral!" I was really happy about it all until he looked at me like 'no Tashi no!' He was always so good at bringing me slightly back into reality, even when I was away with the fairy's (in this case dressed in coral tutu's also!)

"I can't take them back I feel daft," I said

"Come on I will do it for you, you daft cow" replied Reece.

We laugh about it now, that's the thing you can laugh about it when it's over most of the time, even the incident with the window I can laugh about now (I will get to that shortly, the fucking window! Good god that one stands alone for a Brenda part 2 does that one!

*

Journal entry 11th November 2014

It's 2am. I got myself really worked up before, after reading that last journal entry back. I felt like I was manic as fuck, but sad at the same time. I managed to sit and just do a body scan meditation and read one of my books: 'Ask and it is Given.' It's mad that book, I feel like it carries this energy within it. I can't explain, but it makes me feel positive, my mind less hectic. I know I won't sleep much tonight because I was in-and-out of sleep all day. It's a bit shit, because deep down I feel like I have flown this year. I only really had that bad episode at the beginning of the year, but I think that was triggered by the fact I got involved in an absolute whirlwind with Jamie. I realize now having something that intense, and then it ending badly with me just moving on as quick as I did probably wasn't good for

my mind. I am starting to sit here and think was all this with my reiki and meditation just covering up all that upset I felt? One good thing is though I haven't had a panic attack since April. This is what pisses me off, I can't cope with having this label. I am constantly thinking anytime I enjoy things and am happy, it's just my illness doing the rounds again? Everything I enjoy or I feel is helping me, it makes me feel it's short lived. I feel really confused today because I thought I had finally started to make sense of it all and help myself heal. I think I just need to try and take a step back. Maybe it's a test, because I can feel my ego wanting to rush ahead. I need to remember I am being guided and everything happens for a reason and at the right time. I suppose I am not going to completely take away bipolar, and I have learnt to manage it a lot better since I started on this journey. Maybe this week has just been a hard one, but it will pass.

Won't it?

*

25th December 2014

Hello again. I haven't really been doing much writing, as I have been struggling a little bit with everything again. My mind is so busy, I want to be doing everything at once and I just can't keep up. I feel really low today, and I shouldn't because it's Christmas, but I suppose bipolar doesn't care if it's Christmas or bloody Valentines Day, does it? I then start to feel guilty because I can't interact

with Louis. Having spent the morning with him and his dad just makes me feel more of a failure in the fact that we can't be a proper family. I think it affects me more at this time of year than any. Same with most. If I wasn't so much hassle, maybe things could have worked out, but deep down I don't really think I love his Dad. I care about him, but he's not really someone I would have 'picked'. Which frustrates me so much, because I am so obsessed with trying to be with him and it's just sad because all I want is Louis to have what I never had. A tight family unit. Mum, Dad and him.

I have had to let go of that this year. I feel Jamie took me away from that, and I needed that to happen because from as early as 2010 I have been so consumed with his Dad, mostly because he didn't want anything to do with it. I found that so hard going through my pregnancy alone and then the first 6 months. I think sometimes: 'Is this why I have bipolar because I didn't have a mum and dad together?'

I do think meeting Jamie this year really did open my heart again, because I think since having Louis, it's been closed off. Although even that ended up hurting me and making me feel like a woman possessed. I have been struggling terribly with a bladder infection since September, and apparently the bladder represents holding onto the past. I do think I have a problem with that you know, shit can consume me a lot for a long time. I think that is the bipolar because your mind gets fixated on anything from a person to a new pair of Alexander McQueen trainers. I just don't know how I am supposed to stop that because the meditation and reiki have helped me

so much, but I can get consumed on finding a new meditation and that can cause me frustration, which I don't think that's what meditation is about is it? Natasha!

I went to Kundalini yoga this week for the first time. I went on my own and there was a teacher and some other hippy type guy. I felt a bit of a twat really, didn't know what to expect. I put my mat down, popped to the loo and when I came back in the hippy guy was sat on my mat! I really don't like anyone sitting on my mat because I don't want any one's energy or, even worse, manky sweat on my mat. My yoga mat has become a really precious thing to me, because when I am struggling in the day I simply just take to my mat. Kundalini yoga is a yoga that you do with your eyes closed, so you're in a meditative state throughout. I don't know much else about it, but you chant a lot, which I like. I managed to get through it, it's not as physically demanding as normal yoga. She even had us dancing about with our eyes closed. I felt like a 90's raver at a festival on acid. What the fuck am I doing? Although afterwards, I just came out on a really happy high. And just let me just clear up I definitely have never had any acid. That would be way too much of a head fuck, even for me!

I have felt really on edge the last couple of weeks, and I am recognizing more different moods and emotions that I go through now. Maybe it's hormonal, and not just my mad head! I was thinking of two guys that I met this year, Joe and Jamie, and I got burnt off both. But even so, I am still friends with Joe and to be honest I think we always will be, and with his Mum. If it wasn't for meeting Joe, I wouldn't have met Ethel and embraced reiki into my life. I now kind

of accept that the Joe thing was never meant to be. I still don't really understand why I met Jamie, barring it opened my heart up, as it also sent me into a really bad bipolar mess. I don't get it, if he was the reason to show me how to love again, then why has it ended in me feeling so closed off again? I have become so obsessed now about not running into the arms of anyone else, in a bid to cover up the hurt that I felt from the last one. I feel really closed off again and lonely. I am scared to love again now after Jamie, because I don't want to get hurt as it affects me so much more than a 'normal' person. I don't know if that's the bipolar or 'Daddy Issues' or both. I have become so focused on not wanting to be with another. I know I didn't really keep a journal about the whole Jamie thing, but I now keep thinking did he actually open my heart to love, or was I just having another manic episode? Like now, thinking back, as soon as it all blew up and ended, I seemed to have got over it all pretty quick. Although I've become obsessed with training, which could have replaced all of that stuff. I feel really closed off from love again, but it's not like I'm scared to love someone. I am scared they won't love me back, and if they do, then it will just end as it did with Jamie. I am working on this 'loving yourself thing', I really am, but today I just feel really lonely as everyone around me who isn't on this path of practicing peace and self-love all seem to be happy with someone, and yet I still seem to be floating about.

I know it could all end tomorrow, and that they will be heartbroken, but isn't that what life is about? Light and dark, love and sorrow? I am terrified of getting hurt again,

it makes me feel sick. Just the very thought of it affects me to the point where I can't get over it, or I get over it just by being obsessed with something else or someone else, and that's not healthy, is it? I see pictures of Louis' Dad all happy and in love, and it's not that I want him because I don't, it's because I just want someone.

I feel the past few weeks I have fallen backwards. I am not naïve. I didn't think I could cure myself of this illness. I just wanted to manage it and eventually become more aware of it. I didn't want to feel so lost and sad. I wanted to not just get to understand bipolar, but I wanted to get to know myself. I feel like despite the setbacks with what happened with Jamie and then getting obsessed with Joe, that it was a fresh start for me, like I had found a way of living and being that didn't make me want to top myself every day. I don't know, I feel a little lost today too. I said I wouldn't waffle in this journal, but I am so scared of next year. Like, what if all I have been doing has just been an obsession and it stops helping me next year, has the worst effect on me? I know. I know. I am overthinking the fucking shit out of shit again.

I stopped writing and I did an emotional release meditation. I felt like there was something heavy on my chest, my mind has just been running every negative scenario today possible. I need to remember that I have worked hard this year and I have come a long way too since I was diagnosed. I have learnt things I didn't know about myself and bipolar, and obviously there are many things I still have, and still want to learn. These Joe's, Jamie's and my Son's Fathers of this world still make me go from one

extreme to the other. I just need to keep looking after myself and continuing to look forward, being happy for myself, and for others. If I choose good energy over any negative energy, then surely it will start to come back to me?

I will bounce back from this, just like Tara Brach said in her meditation:

"The heart gets what it prays for the most."

I will check in with you soon, hopefully I think I might have just fell forward a little recently, but as long as I fall forward and not back on my arse, all will be ok.

I just keep thinking if I hadn't have gotten mixed up with Joe and Jamie, then I wouldn't have had the setback. Not everyone you meet is meant for you, and I get that, but I think I feel happy to know already that I met Joe and all that good it brought for me personally. Obviously meeting Louis' Dad give me my beautiful son, but I still don't get why I met Jamie. It was so intense, it hurt another person and it made me act in a way I am not proud of, but I was so head over heels with him. And now, to not be at all. You know what you want Tasha, a love like they have on insta ha ha… I really don't think you meet people by accident, and I get sometimes you don't know why you meet a person 'til years after. I think if Jamie was supposed to come into my life to show me love then why has it closed me off again? I feel a little better getting all this waffle out of my head and on here. Some of the shit that goes on in my head, even I think what the actual fuck.

*

New Year's Eve 2014

I really don't know how to start this. I think I am pleased that I am not a manic/low mess sitting in a wardrobe pulling at the back of my hair a year on, so if I have achieved one thing it's stopping that. I have to say despite the love triangles I got myself caught up in, this year for me has been pretty magical. From learning skills to help me not be on medication, to dream-catching. It's been an emotional year, but I really feel I am starting to get to know myself now, as well as Bipolar Brenda. Yeah, I have given her a name! Ever since Ethel said to me: "You're not bipolar, you're Natasha. You have bipolar," I have come to terms this year with the notion that this illness isn't who I am completely, it's just a singular part of me.

January was an absolute whirlwind for me. I know I wasn't keeping journals this time last year, but it was a hard year because the medication really fucked with me. Finally getting with an agent this year, one that I really wanted to be with after my rocky road of previous agents was an achievement in itself, but to get my first guest lead in a TV drama called Doctors was like a real-life dream come true. Someone actually believed in me and in my ability. Finally. I lost a lot of confidence with my acting after having Louis, and with the setbacks of the big jobs I missed out on as a teen that used to really make me doubt myself. This opportunity not only gave me my confidence back, but my firm belief that I can actually do this. I felt the role was quite fitting also, as the character was an absolute emotional mess, so I suppose it suited me pretty well!

I was very overwhelmed after it aired in May because of the positive feedback I got. Like, shit! I could start to really move now and become the actress I wanted to be, but am I even ready? I think I was very much still on a high from filming, being up and down from Birmingham and the part was emotionally and physically draining. But I loved it! I think acting for me is a way to express myself. Always wondered why I was drawn to it so much, maybe that's it. I went through a hard time because Louis' dad and I hadn't been on good terms and he refused point blank to have him whilst I was away filming. I fucking hated him for that. I had forgiven him for all the pain and trauma he caused me when I was pregnant, and all the games over the first couple of years of my son's life. However, to now stop and stand in the way of my dream I thought was spiteful.

I worry about leaving Louis all the time, I felt this year was the first year he actually got his Mummy, the actual me. He's not sat with me in a wardrobe now for well over a year, and I hope he don't ever have to see me in there ever again. I worry if I had to leave him for longer, then I couldn't because I wouldn't have the support from his Dad to do so. I still have awful thoughts and worry about my Mum, ever since her heart-attack. It's like I am just waiting for her now to die. It's awful, I wake up with panic attacks about it because once the thought comes into my head, it won't go away at all. I know that's the bipolar because there is no way one thought like that can spiral you out of absolute control.

Another thing that's absolutely consuming me has been the horrific water infection, which I am obviously thinking

the worst about. I was convinced I had bladder cancer and that I was going to have to have my bladder removed. The craziest thing about this mystery bladder problem is my water comes back clear, yes, no infection. I can imagine the doctor probably thinking it's all in my head. I can't seem to ever have anything physically wrong because he just tells me I am overthinking it, even when I have a cold: "It's probably all in your head." And then give you pills. I'd be on allsorts me if I took everything that they offered me.

I don't know if the bladder thing is to do with my bipolar. I read that when your moods change rapidly it can have an effect on the fight or flight reaction in your body. I was really manic after I filmed Doctors, I felt like it was one high after the other. I remember being sat on Reece's sofa, the beginning of February and saying I felt content and didn't feel like I needed to be seeing anyone.

What happened next couldn't have pulled me further away from my perfect little bubble.

*

March 2014

I have just got back from Disneyland Paris, celebrating my son's 3rd birthday. As much as it was amazing and magical, it was bloody hard work. I felt really guilty at the airport because I was really nasty to him and my mum. I get like that, so angry and upset and the smallest things make me react in such a horrible way. I was like that myself when

younger, I would snap, smash things up and then cry after it.

I haven't been sleeping well the last month. I have been in an absolute whirlwind.

I think I have fallen in love.

I feel a little vulnerable about it. I met this guy who at yoga and we were just harmlessly chatting. After about a week of staying up all night on WhatsApp talking, I went and met him. We sat in my car for 7 hours talking. What the actual fuck! Who even has that much to talk about! It's mad, it's like we have known each other for years. I haven't told anyone half the stuff I have him, and him me. I just feel so happy when I am around him, I really missed him being away in Disney with Louis and Mum. Soon as I got back today, I couldn't wait to see him. I didn't even get any sleep the night before I was flying out because we sat up together till 3am. I can't even explain how he makes me feel. If we are not talking on the phone, we are together. It's been like this for a full month. I haven't felt like this since I was 14 with my boyfriend Ged, when I was all young and in love. Until now.

My Mum's back went a day into the holiday, what a nightmare that was! Had the best day, was sat up talking all night to my Mum about how happy he makes me feel when I am with him - because when she met him in the hall she closed the living room door on him, she said he had lying eyes - I really wanted her to see that he just makes me feel loved, and isn't that what everyone deserves? Especially after Louis' dad just causing me to not have any confidence at all. Oh yeah, my Mums back. I finally nodded off, and I

thought I was dreaming, when I heard "Help!" her fucking back had gone! Honestly, I was a manic mess over there, thank god I had holiday insurance! She had to spend a day/night in hospital, so you can imagine how scared I felt. Obviously, I am thinking the worst that we won't be able to fly home. It's put me right off going anywhere with my Mum, and that's bad I know, but ever since her heart attack, I worry enough as it is. Jamie was so good with me, calming me down on the phone, reassuring me. It's like we have been together for years the way we are with each other, even got a treat box beside the bed, and by treat I mean chocolate!

The trouble is I know what I am doing is wrong in a way. But I didn't plan this at all, it's just happened so fast. I really think I have fallen for him and I am scared now being this happy, because what if it's not the end with his girlfriend? What if he's not telling the truth? Yeah, he has a girlfriend. But he said it's 'on and off' and coming to an end. I hope I am not being naïve here. I just think how could he spend so much time with me and it be so amazing so soon, if he wasn't telling the truth?

I just love the way we sit up and drive around for hours talking about everything. I have also got addicted to having a lot of great sex with him. I don't know if it's normal for two people to be this obsessed with each other this so soon. Like it's been a month and we have spent almost every minute together. He doesn't have much, no car or much money, but I don't even care about any of that. He bought me some Roses and tub of Ben and Jerrys ice cream the other day. I think he suffers with depression too. I was

worried about him because he hasn't been going in work, just staying in bed. He told me he had no food in the house either, so I left him a full chicken and some veg outside his front door. He does seem to be a little up and down, like me really. At this very minute - even with the lack of sleep -I just feel happy.

*

April 2014

I have fucked up massively here.

I told his girlfriend I have been seeing him.

I wish I hadn't because my worst nightmare has now come true.

I have been a fucking idiot and I feel utterly ashamed of what I have done to another girl. Of course, she had no idea their relationship was 'almost' over, it was news to her. I should have stopped this the other week. I remember that I had been out, but I got him to drive my car to the garage to get alcohol to come home and have a drink together. For the first time I started to feel uncomfortable around him. It was the first time we had drank together. I was stood at the door and he was off his head, sat behind me on the stairs. I suppose its right what they say? See someone off their head before you fall for them? He was going on about how he didn't think he would ever meet anyone like me, that girls like me don't exist in his world and that he feels inferior to me because of my car, bags and clothes. I was taken aback because no one has ever said that, and it actually made me

feel uncomfortable. Honestly for the first time since meeting him I looked at him and thought: 'Wow! What am I doing?'

I don't think I am better than anyone, but he made me feel like guilty that I had a Gucci bag and a Mini. I thought it isn't really anything special, I bought the bag because I was on one of my manic spending sprees and my car's on finance. I started to feel there was more to him. I lent him some money for clothes for the gym, it had only been a few weeks. His job story didn't ring right either, saying he was depressed, not going in. What seemed to be love at first sight started to feel like this person had become dependent on me. I started to feel depressed.

After I told his girlfriend, he threatened to kill himself, but then the next day carried on talking to me like nothing had even happened. First time in a year I had a massive panic attack. I don't feel in love now, I feel ill. What the fuck did I just get myself mixed up in and how have I been a part of hurting someone? Did I do right, or have I just been in some manic episode? Was I in love or what?

Fuck I don't know.

I told her because I felt hurt and taken the piss out of, but on the other side I felt he'd lied to us both. I know, deep down, he was still with her, but he told me it was done. And I believed him over my gut. I am wrong for what I have got messed up in but I thought I was in love, and now I don't know what the fuck to do.

Is there a meditation for this?

Meeting Joe's mum this year was mad because I feel really connected to her, like I knew her in a past life. I keep

thinking I have met Ethel and Racheal because they will be here for me when I lose my mum. I don't understand why my mind does this. It's like I am scared of something all the time and when I feel low or 'not right' I have to find something negative to make me feel worse, I just don't get it.

I hate when this happens because really all this year from April onward, I have adopted a much better and positive attitude towards life, even with all that Jamie stuff. Maybe it will be something I learn in 2015, maybe all these unanswered questions will be answered. I feel really blessed this year because I do feel there has been more highs than lows and I feel I have started to understand bipolar a little more and myself. I feel I have worked too hard on myself this year to fall back into old patterns. Saying that though, it's me and you just never know. That's one thing I have learnt, I still just don't know when a low or high will hit me. March was magical in Disneyland even with my mum being ill, but I was overwhelmed with anger and nerves. I do look back on that and feel emotional. My training this year has made me disciplined but maybe it has taken away a lot of time I could have spent with Louis. I am sure I will find a balance with my time. I will pray and meditate that I find balance, although it seems when you have this illness you are an all-or-nothing kind of person. I can definitely relate to this.

2015 - AM I NORMAL NOW?

2nd March 2015

I did say it would be a while until I caught up with you again. To be honest I have become a major book whore, anything I can get my hands on really. I have never read so much in my life, I have totally fallen in love with books, they have become such a comfort to me. I am now a qualified Level 2 reiki practitioner, I did it at the end of January. I thought I would have written in you then, but maybe it wasn't the right time? I feel like this spiritual path has for the first time in my life kept me on the right path, as I seem to be more balanced. I think the reiki healing has really give me that, and I know most of my mates thinks it makes me sound more nuts, but it is healing me.

It was pretty intense the Level 2, I didn't feel as on top of the world as the Level 1, a lot of shit came to the surface. I also turned 26 and on my birthday, I had a reiki healing session off Ethel: I could see a long path and there was someone standing at the end of the path. She told me to tell him to come forward. He did and it was a little monk. He handed me a scroll and he said:

"Everything in here is all you need to know, teach it to yourself and then teach it to others."

He then took me to the top of a mountain and said: "You will come here one day, and you will be one of the best meditation teachers" and also, to "go forth on my path". He appeared again on my Level 2. He's lovely, makes me feel happy and at ease. I could see myself looking back on the

chair I was sat on, like all my past was behind me. I didn't come away feeling like I did after my Level one. I came away like I had lost a lot, not gained. However, I do still think back in 2014I was manic as fuck. things changed completely over those two days of Reiki 2. Even though I feel like I have changed a lot from the first day I walked into Ethel's (I definitely understand myself and Bipolar Brenda more than before I started reiki and meditation), I just feel a lot of my past left me in those two days, and I guess this massive shift in energy takes time to adjust to also.

There is a quote from the Buddha:

"I have not gained anything (from this spiritual path) but let me tell you what I have lost. Anger, pain, guilt, fear, jealousy and fear of death".

I never understood that, and I do now. Meditation and reiki do not change you to be better or to be someone else, it brings you back to what you truly are. I know I sound like some bible-pusher, but it's not bullshit, it really isn't. It's mad because I see myself as someone I never have. I never really related to people and things. I am a lot calmer than I was a year ago and I have even started teaching my own meditation classes and even wrote my own manual for it. I have learnt so much from doing them, I can sit and concentrate and not let my mind wander onto things. I get caught up with finding out certain things to do with meditation, like I can still sit there for hours trying to figure out why Buddha said what he did. I allow that to float in my head for more than a minute, I am right back there

obsessing over it. I tend to do it when I am looking for a meditation now or a new book, I get really frustrated still, especially if I don't understand something. That's not very Buddha of me is it?

Anyway, how mad is it me teaching people double my age to meditate… crazy I know! Eighteen months ago, I was almost sectioned, off my face on medication, to now teaching meditation. I can't help but laugh really, talk about extremes! For the first time in my life I am starting to believe if you change the way you look at things, the things you look at change. I even seem to not be too ruffled by Louis' Dad anymore, either. Even finding out he was having another baby this year didn't send me off on one. Well, actually it did for about 24 hours! It's nice for me though because I forgive him now for leaving me on my own when I was pregnant. Obviously, I didn't at the time, I was consumed by it for so long, but It kind of all went when I met Jamie. I don't know where it went, or if I just subconsciously buried it because I fell for someone else, but I am not at all arsed about him now either. I am just really enjoying my new little Buddha journey.

*

Looking back on this journal, it makes me think about what Reece said in his interview about carrying 'companions' (i.e. pain) around with me without healing the previous pain first. Therefore, it's just adding to it, so maybe that is why it is starting to manifest physically. I wouldn't say I have a terrible relationship with my sons' father; although we defiantly are not best mates. I do forgive him and don't hold anything against him for the past. However, being on my own pregnant at 21 was pretty scary. Looking back to the men I have loved, (or thought I have) most of them left me when I needed them the most. Maybe that's a little dramatic…actually no its not. It's like a cycle, and it makes me think of my dad again, how he was more out than in my life and same with all my male relationships. I remember Jamie saying that it's like 'he has a sand timer with me'. Basically means, he can only come back for a while before it all gets too much for him.

"I miss you when I am not around you, but then it gets too much for me." Fucking ell, me too much though! To be fair though Jerome said the same as well. Oh fuck! I am cursed! What if this is karma for a past life- I am fucking doomed if it is!

I have had to look back and see that I have been going around in circles with the same men for 10 years. Now they are all out of my life, it has taken me till now to actually see the patterns. Also, it's made me wonder if actually it is me that's the problem with them. I mean why keep getting caught up in drama with men that hurt you. what normal person would keep going back to that? (side note, you're not normal Tasha) I started to read the book, 'It Didn't Start with You'. But I am wondering if I should even bother. What if it didn't start with me? It's still happening to me, isn't it? See this sort of shit really plays with my head and I think why I cannot just be fucking normal. Feel like putting a sign on my head 'Keep away!' I will drag you into my reality and drain the life out of you. Slightly over dramatic, but you get where I am coming from, I am intense.

I have this fear about money and never being settled. I still crave security. It really plays on my mind at times and if I watch something or read about a single mum not affording to feed her children, then that will be it. I convince myself that will happen to me. I know you have to be aware of triggers, but my own thoughts can trigger me downwards. I don't know how my mind can hold as much as it does, and that's just my conscious mind! I am a psychologist's wet dream I'm telling you! But even a fucking psychologist doesn't stay with me when I need them the most. To be fair, that is my fault. When I think I am no longer mental, and I can take on the world - and probably have the idea I could be a psychologist - I don't go to meetings and am off trying to change the world single handedly.

*

Journal entry

I have had a different type of therapy this year, it's called EFT -Emotional Freedom Technique. You tap on certain parts of your body and repeat the issues you have. You start with the side of your hand and it starts with 'even though I am a fully blown nutjob I fully love and accept myself anyway,' moving around your body until the intensity of the energy around what you're saying starts to lessen. To be honest it does really make you feel better and stuff comes up, you can feel it moving around in your body. I always

end up sobbing! Why does that always happen to me when I first meet a healer or therapist? Absolute emotional mess! By the way, I didn't actually tap about accepting I am a nut job, I tapped on trying to clear things from the past. Loads come up about my Dad though and to be honest I feel better, I feel like it cleared a lot of shit out of my system. It will probably build up again though, I am sure.

*

Journal entry 2015

I really need to nip this worrying in the bud though, it's like this big green monster pops up in my head and when it does, I can't stop it. It chats on more than me and that's saying something! I can't use the tapping to stop it- I can't start walking the streets tapping myself shouting "I love and accept myself anyway!"

I know it's all about acceptance and self-love but they might think I am having a full blown psychotic episode and medication and a trip to Park House is not where I fancy right now. I am on my magical cushion right now going through books like I used to go through boxers and footballers! I was addicted to sex massively. I didn't have one night stands, but I had a few on the go, one manwasn't enough for me! I have found gratitude journals to be really good for trying to challenge my negative thoughts. I read a book this year 'Ask and it is given.' A million times better than 'The Secret.' I am obsessed with it. Esther Hicks, the

author, talks about how to learn the Law of Attraction. I have been buying it everyone and telling anyone who will listen about it. I like writing in the gratitude book after I have meditated in the morning, I feel like it stops the negative thoughts. I definitely think I am managing better with it all now, I don't seem to feel as angry or agitated. I then started to think is my heart closed off and hard now towards love, because when Jamie came back into my life I really didn't want to be with him, even though at first I thought I did, especially now Louis Dad is settled, but deep down, I didn't really feel anything towards him at all anymore. I used him really, I was too wrapped up in my little spiritual path.

*

I think this was one of the best years for me, especially with managing my moods. I know I was totally infatuated with my newfound faith, but it did so much for me. I felt happy and content for one of the first times in my life and I desperately wanted to learn more and do more. Even when you're OK and not bi-ping your back out it probably looks manic and obsessive to the outside still, swapping being obsessed with a man to being obsessed with healing and reading. One extreme to the other. I found something though that give me a reason to want to live again. I felt like I had found a purpose to all the shit and all the pain inside me. I wasn't sad. Do you know how many days of my life I have felt sad? More than I have ever been happy anyway. You're constantly worried when you're doing ok, thinking how long until my brain decides to, "hang on a minute your way too balanced Tasha! Let's tip your chemicals and send you into a whirlwind for a few months- or in this case 12 months almost-, let's take you so far into all your past pain and trauma that it takes over your body not just your mind and emotions, and lets drag you back into a deep dark hole, but let's make it worse this time and take everyone you thought wouldn't leave you away at the same time, so this time you have no confidence and it's like you are drowning". Brenda is a right fucking whore bag at times let me tell you!

Anyway, back to 2015 (I get little flame in my belly talking about how much my spiritual journey did for me in 2015 and bringing me back to talking about this year which I am not ready to do really yet). Right now, it brings me joy thinking back and looking back at how much I felt such an excitement for life and so eager to learn…obviously it didn't last, it's me and Brenda, remember?

*

Journal entry 2015

I feel like I have been able to be a proper mummy this year for the first time, I can sit down and play and read with Louis and not have my mind somewhere else. So, if all this meditation and reiki has done is give me this relationship with my son, I don't really give a fuck about anything else. He even sits with me and meditates, a 4-year-old boy meditating!

I feel like I am falling in love with myself and trusting the universe.

*

Louis' 8 years old now, and although he doesn't meditate that much with me anymore, every now then he will. Last night we both did a Kundalini relaxation and it was so nice because I was so 'in the moment with him', which for most of this year is rare. We sat and we chanted together, and it just made me think this is one of the first times in a long time I have felt fully present with Louis this year, reminding me so much to the time when I was first diagnosed and I just couldn't connect to him. That's why I feel sorry for him, can you imagine not knowing what side of your Mama you will get each day? I just hope through this book and being back on my spiritual path, being creative and hopefully working as an actor, that it makes me look and see all the same mistakes that trigger me, and that I will finally find a way to let it all go and be some sort of normal mum. But then Louis has always been very aware. I remember him saying to me, "I chose you to be my Mummy when I was in the sky. They showed me three girls and I said I want her to be my Mama." He clearly didn't realize what he was getting himself into at the time, did he? Poor kid.

*

Journal entry 2015

I don't want anything to take me out of this bubble. I don't know what I think about love, I just know that real love will not be questioned. It will be pure, the kind you have with your first love. It won't come from an ego perspective. I don't think you can go looking for that kind of love, it will just come when your soul is ready. Also pray, really pray hard because I believe the heart will get what it prays for the most. This worrying about money, being on my own forever, or ending up back on medication or basically dying isn't going to change any of that. My heart feels warmer to life and Louis and I just want it to stay that way. I know I am always going to have this label, but I can try and choose how I react to it.

*

I still believe that so much now: 'The heart will get what it prays for the most.' I wouldn't say I was religious, but I have always prayed to St Anthony when I can't find something and it always, every time, appears. I remember thinking at a young age he can hear me; I think I have always believed that prayers are heard. I still pray. Fuck me when I am ready to end it all I pray hard on my knees – literally! Especially with these anxiety attacks when you think you're about to die. I always believe my own Nonna is around me, helping me. It's funny, because despite how ill I have been and how scared I get, *Bipolar Brenda* and her sidekick Anxiety Annie have never taken that faith away from me, not fully. I cry and scream sometimes to God and to the universe. I will roll around on the floor screaming for help. I am still here, I am still writing this, and for that I am grateful and will always believe that prayers are answered for your greater good, and, your soul's purpose.

*

October 2015

I really shouldn't leave it this long. I have been keeping a different type of journal to help with my moods, a gratitude one. It also puts me into a more positive frame of mind. It's funny looking back at March, a lot has happened, a full summer. Bipolar Brenda was in full force. I felt I was in a really good place before I let Jamie back in my life. It threw me into a trigger. I knew it would and then I just couldn't seem to shake it off. I had the worse manic episode from May to July. I haven't finished anything, not even my books. I seem to start one and then get halfway through and start another. My drama teacher, David, asked me for a copy of a book I mentioned, and said it was lovely to finally see the lady he always knew I could be. 'The Ugly Duckling that grew into a beautiful swan. I do believe that one day despite all the setbacks I will get where I finally want, so long as it feeds your soul and not your ego.

*

I started with the one and only David Johnson, Director of the Oldham Theatre Workshop, when I was 7 years old. When I say he was strict, I mean strict! I have seen that man make full grown men cry. He taught me everything I know about acting. I am the actress I am because of that man. He taught me my tools and my discipline within the art and industry. That's one thing I am grateful for despite this illness, I have always conducted myself well in the industry. He was like a father figure to me. I always remember him saying I was very talented, but everything wasn't controlled. Makes sense that I was always good at emotional work but could never control it. I think he always saw something in me because he is someone who never gave up on me, even when I would get halfway through something then run off. He says when it gets hard, I disappear. Goes back to what I said about I never seem to finish things, then end up self-destructing. "You need to change, come away from acting, go and do a degree in something completely different. Go and read The Times!" David was always going on about changing, I always thought he meant my image.

My temper has always been bad and my emotions all over the place as I think you will have already established. Maybe they would have been worse if I didn't have acting, I suppose it covered up what was actually wrong with me for a long time. I just thought back then I was an over emotional person with a fiery side. I remember being at college, I lasted a month and then got a part in a BBC1 drama. The college told me I couldn't do the part. I turned around to the principle told her to go fuck herself and her college, picked my Paul's boutique bag up and off I went. Bearing in mind this job wasn't a regular part, just a couple days work. I had taken a student loan out and as the months went on, I thought shit now what.? So back to David I trotted, hoping he would have the answers to what to do now.

"Natasha once the inside changes, the outside will follow." I didn't know what he meant. I was so confused by him at times. It's only when I did what he said and went and studied something else that it all made sense. "Find your purpose. You're floating from one thing to another. You're focusing on the outside and not the inside."

I received an answer phone message and to this day I will never forget it:

"Natasha, life's like rowing a boat. You can row very well in a circle, but you need a destination, a purpose, so you can get in your boat and reach that destination. When you get there, you may question your motives, so just get in your little boat again and go to the next destination. But you will never, ever get anywhere fast just rowing round in a circle."

He was very much to the point David. He has produced some of the best actors in theatre and television though, so there is definitely a method in terrifying people! Although you have to have tough skin in this industry, I think if you survive David, you can survive everything. He is one of my dearest friends and he has always been here for me, and in my eyes, he still is and always will be the best acting teacher in England, full stop. He is right though why do I not always finish things, because when I do finish what I start I always do well. I once played Mother Teresa in a character study session, and it was probably one of the best pieces of acting work I have ever done. You know why because I worked at it and I put everything into it. I remember he said, 'Look what you can achieve when you don't run off when it gets hard'

He has always said 'You have a natural rawness about you Natasha, that's something that cannot be taught.' Oh, but did he teach me the best technique toolbox for an actress you can have. I do sometimes wonder why when I have started to do well with my acting why I run off? Is it because it gets hard or is it because I am scared of actually succeeding? I think sometimes I get scared of doing well and then I will get ill and fuck it all up. I am figuring all this out as I am going along while writing it with you as your reading it.

Do you know what is really interesting about David? He has never really mentioned about me having bipolar, he has just always seen me as Natasha and that I have a lot of energy, that's how he describes me. He sees that it's all about discipline and if you have that then you get through anything. He has no pity for me: "Just get on with it Natasha." You need people like that because if everyone felt sorry for you, you wouldn't get out of any of this shit. He's nearly 80 now, still smashing it although not being in great health. I adore you David so much and thank you for teaching me everything I know as an actress, and life lessons.

*

August 2015

I am 5 weeks knee deep into a Bipolar Brenda episode. I was really starting to think I was in control now. I think I have been living a happy life. I am so confused, because now I just feel it's all been for fuck all. When I am enjoying things like meditation, reading and training it's just an

obsession of Bipolar Brenda. What about me? What about what makes me happy? I thought I had found a little path for me, things that make me happy but again I'm questioning all of it. I have been reading that it's normal to go for 12 months without an episode. This is what I mean, I don't know what is fucking real and now how can I be alright doing so much and then go back to this! I feel like a worthless piece of shit and am not enjoying anything. I'm not going into work, I have been in bed just sleeping the days away, late for school, dragging my feet to even brush my teeth. I am angry and anxious, my mind's going over and over, but I am tired, I am so tired all the time. I can't even cry, it's like it's all just stuck in my body and I don't even know why. I am just lashing out. I push everyone away.

I am never going to be normal?

I really fucking hate bipolar. I would be OK if I could just sleep it away. My son has had me so happy and content and now look at me again, fucking useless. I hate everyone and I am jealous of everyone that's got a 'normal head'. It's filling me with so much anger I just want to rip my head off. I want to hide away 'til it comes back to clarity and a place where I can be happy again. I am a mess again, a failure with everything. How can I keep a relationship when I can't even keep myself or keep up with being a mother? I am too much for people. I can't put this on someone, there is no balance in my life. It's only a matter of time 'til it's all gone, and I am left alone with my own damaged head desperately trying to piece back together the lost moments. I just want

to be happy again. Was I even happy though or was I just having a year of being manic?

Fuck knows! Fuck this, and FUCK YOU BIPOLAR!

*

31st December 2015

As we reach the end of the year, it's always interesting to read back what I have wrote. I have been feeling really anxious and worried about my mum ever since she had that heart attack when Louis was little, I am always waiting for the phone to ring and someone to tell me she's died. You can't really live like that can you? I sometimes think I'm more scared of the thoughts in my head than them actually happening.

I am going to LA to visit Reece in February on my own. I rarely go anywhere on my own. I am so worried though something will happen to my Mum when I'm away. All the books I have read should have stopped this, surely? My head's battered tonight, I feel very on edge of late, like my life is about to crash down. I look back on the last 2 years of managing this illness the best I can without medication, but sometimes it just gets a bit too much, my head gets too much, and the thoughts just will not shut the fuck up. Summer was bad, I remember Reece saying he seems to feel the same emotions at the same time of year. This water infection seems to get worse at certain times of the year also. It's fucking painful, and this is the mad thing they can't

seem to find anything wrong with my bladder, like it's all in my head. I piss fifty times a day when it's bad. The doctor said it may be linked to my bipolar, as when I get it there is no infection. I have noticed if I go to my Doctor with something other than my head, they seem to always bring it back to my head.

I thought I was dying of bladder cancer and the doctors was out to get me. Yeah, I started to think they was lying. I remember Jamie having to take me to Rochdale (which is on the motorway so obviously I couldn't get there myself), just before Christmas, to see a urologist specialist. Now I don't know if I mentioned but I had an awful fear of being in hospitals up until this bladder issue.

I have been back and forth with it to A&E, dragging Reece along with me, demanding an ultrasound 'or I am not leaving' (to be fair on one occasion it was trapped wind, so that was slightly awkward.) I tell you what though, an A&E waiting room is perfect for character watching because Jesus is there some characters in that place- says the person who was reading a book called 'Feed Your Demons,' telling the doctor how in this meditation practice you offer yourself as food. I'll be getting taken into Mental Health me won't I some of the shit I come out with. It's not in my head this though, I keep feeling like my bladder is going to explode, how can they not find anything wrong with me! It floors me the pain is so bad. I have even been blaming Jamie, I just need an answer to why this keeps happening. Gone from keeping mood journals to gratitude ones, to fucking toilet bladder ones

This year I made a 'vision board' and to be fair I never thought anything of it, but I kept reading and hearing about them, so I thought I am going to make one. I put things on it that I really want, including a role in a TV show a friend of mine is producing. I gets a casting the very next day for it. I didn't get it, but the best thing was I didn't get down, or torture myself about it. Since things came to a head in May with Jamie, I just threw myself back into my acting and meditation. I ended up getting an offer for a smaller part, but as my drama teacher used to say: "There are no small parts, only small actors," and even though I am only 5ft, I am not a small actor! But you know what, it didn't matter. What mattered was my attitude towards the whole process of wanting it and seeing it in my mind and manifesting it, even in the smallest way.

*

The TV Producer has always kept in touch with me from me being 14, from the first ever job I did. He always made time for me and even now, all these years on, he gives me advice and encouraged me to go forth with this story. We need people like that, who believe in you and push you to be better and aim for what you want. I am so grateful for the people that have stuck around and supported me. The 'magic in the madness' people, the 'once in a lifetime' types.

*

September 2015

I ended up back with Jamie. I am sat here tonight though wondering why, because when we departed again in May, I seemed to fly high with acting and my meditation classes. He's been out all over Christmas, barely seen him. His presents are still under the tree. He caused World War 3 in Summer. I was so happy because I had just landed a role in a great TV show, Prey, and he just didn't seem arsed or pleased for me at all. Came up to me, accusing me of shagging my cousin's mate! I don't know if it's that he's depressed or it's my bipolar head, but something just doesn't seem right. Hopefully LA and the New Year will take me away from him.

He's out on 'benders' more than he's here. I have noticed also that I am having a serious issue with saving money. I think if I don't save and something bad happens, I will be in a right mess. Jamie calls me a 'Jew', but I am not tight – especially when I want a new designer bag! I really hope travelling to LA makes me lose some of my fears. I really hope I can enjoy it without worrying about back home. As much as she does my head in with all her clutter and I really wish I had a house of my own, she's a special soul my Mama, and she's put up with a lot bringing me up all on her own.

*

My Mama! The Italian soul queen that travelled the world singing and sounded like Aretha! She was told she could never have children, and at 39 she had me. I never really had much routine with her either - talk about the domino effect! My Mama doesn't throw anything out, each house I have cleared out has probably added to my OCD. She's had it hard with me, saying: "No people don't understand, you been like this since you were little."

I feel sorry for her that the only child she ever had turned out to be 'all over the place'. She drives me insane my Mum, sat in her chair, not really leaving the house. It's hard now, because since this anxiety I have struggled leaving the house so much also. I used to work in an office and be out every day so her daily text messages wasn't so bad. This year has made me think I am really alone, it's just me, myself, *Bipolar Brenda*, my old Mum and my Son and my one-eyed pug. Mental health really doesn't give a fuck who you put on, or what responsibilities you have, it doesn't care. It will let you fall fully to the floor if you let it and take everyone down around you at the same time. I am needed, I need to look after my son and my Mama, and some days I can't even look after myself.

This is what terrifies me, how will I cope when the time comes that she's not here anymore? Also, how will that affect my bipolar? I think about this so much when I am in a low, I am terrified of this, it consumes me like you wouldn't believe. I just don't know if I will have that much strength left in me.

*

The last 3 months I haven't really been going to reiki as much, maybe I have let things slip a little? Sounds all negative doesn't it, but this is the only place I can get out all that goes on in my head. When I look like I am OK on this new spiritual path, I still have this illness hanging over me that can just come out any time. Maybe I should go and meditate, take some time to leave all this behind?

*

2nd January 2016

Well I left it a couple days to work on my bipolar head and I feel more happy and grateful. Excited for the year ahead. That's more like it Tasha, you can do this! I can keep working on myself. I know that if I keep on this path 'Brenda' won't take over. I have so much inside me I need to show the world, I need to show that we can keep going despite the cards we have been dealt. I am still learning. I am not an expert. I want to keep moving forward. I can do this. I am not this illness it's just part of me.

2016 come at me!

2016 - "SOMETIMES LOVE ISN'T ENOUGH…. RIDE OR DIE IS OVER… YOU'RE NO GOOD FOR ME DARLING"

Having bipolar disorder mixed with 'Daddy Issues', it's probably no surprise that my relationships with men have likely been one of the main triggers. The one that has had the most effect on me mentally is Jamie, and when I say I have been putting this part off I mean I have been closing my Mac and not even attempting writing the words. If I could have skipped over this part and left it out, I would have, but then I wouldn't be being honest and that's what I promised myself. This is the first time I have allowed myself to sit and look back at this, because every time I have tried to I have got really uncomfortable, mainly because I feel like I have since repeated the same pattern of things… and sadly not just the L.A and Ibiza trips

*

December 2016

I can't say this year has been the worst year ever because it actually hasn't. Although at times it has felt like it. I mean I have had the best experiences of my life this year, but also had the worse experiences, flying high or flying low and almost out of the window.

Looking back on the last 2 years Jamie wasn't really mentioned at all, and now he's consumed me in every which way possible and to be honest as much as it pains me to admit this, it's been fucking catastrophic. I am not going to sit here and completely blame him for feeling like I have lost my way massively this year at times. I am not going to sit here and feel sorry for myself either because I have done enough of that this year. I know deep in my heart that we should never have come back together, he cut me deep then handled the situation badly, but I just kept going back for more. I actually think it's given me some peace reading back over the last 2 years, but once again I am back here. You would think finding out at the beginning of the year, a week before I am about to go on an adventure to L.A, that he had a baby on the way that I had no idea about, it couldn't get any worse. But it gets better, as this new girl is living in his house and has been since she found out she was pregnant!

I remember how I found out, I 'catfished' him on a fake Instagram profile to see if he would start talking to a random girl, and he was all over it. How he found the time with me and a pregnant girl he had just met living in his house is beyond me, but now nothing shocks me about that boy. Anyway, I noticed a girl kept commenting and also noticed that she was pregnant. I got this feeling in my gut, and there and then I just knew. I messaged him the week before I went to L.A and confronted him about the baby after seeing a picture of him in a club all over a girl and about to kiss her. He managed to get out of that, telling me

she 'got off with his mate' and was a weird girl. Then, the real bombshell came. I asked him outright and of course he told me I am getting ridiculous now and it's my bipolar. I said I will ask you one more time or I will ask her myself, do not fucking lie to me. He apologized, saying 'it's not what you think'. He hardly knew her, slept with her a couple of times and didn't want to tell me because he didn't want to lose me. But since the end of the year something didn't feel quite right. He once wouldn't even let me go use his toilet, which I remember thinking was really odd. Loads of little things really that I didn't pay attention to. Looking back, I probably did, but he would claim I was paranoid and that I made shit up in my head. Obviously! I have always had trust issues with him, it's not exactly like we started out with trust. Anyway, I should have gone to LA when he dropped me at the airport and never looked back, but no matter what kept coming out the woodwork - and believe me more and more shit did this year - I just couldn't seem to leave him. I think we have both tried to leave each other but somehow it just didn't last very long. It just got worse and worse, finding out she lived in the house to her telling me she was in a serious relationship with him, the more I found out the more I held on. He ended up telling her that he was still seeing me and I presumed that was it, because he was here most of the time and said that she had nowhere else to go so she had to live at the house and he was just doing it all for the baby.

I remember the day the baby was born, he still came round here that night. I don't know why I believed him, but

I continued to. Me and her had still never spoke until she ended up contacting me and asking me how I could be with someone knowing he has a baby, a business and a house with someone else. He still managed to get around me by bringing the baby round to meet me and my Mum, telling me how much I mean to him and it's me he loves. He used the baby to get around me and me being naïve, I believed him again.

You believe what you want to believe when you love someone and the hardest thing is I still really do love him, no matter how much I know he's lied and lived a double life. I carried on with all this until she contacted me in May telling me what I feared the most, that she was still with him and he was sleeping with her. I know I was daft to think he was living there, and they weren't sleeping together but I didn't want to believe it, I just wanted to believe he was telling me the truth. This sent me off into the worst episode, I went absolutely mental, it tipped me over the edge this time and I lost complete control. To be honest it was probably coming, I was consumed by him and the way my head works I was constantly questioning the situation I was still in. He broke my heart, but I just couldn't let him go, I didn't want to be without him again. He couldn't talk his way out of this one, telling her I was a psychopath and unstable. He made lies up about me to her to cover his own back once again, turned on me and this time I had spent that much time trying to keep hold of him I ended up losing myself. I wasn't mentally prepared for this. I think all this would have sent

anyone over the edge but for me it was a million times worse.

I was lucky because I have good friends, but I think the truth finally caught up with me. He had spent so much time trying to convince me, I didn't know if I was coming or going. I sat in my room and I cried and cried like a baby, my head and heart couldn't take the pain and I felt like I had been stabbed in my stomach repeatedly, I just wanted a way out. I just drank and drank. I had no clear thought process, everything just stopped. I had not felt in that darkness since I was 14, where I just wanted the pain in my head to stop. The craziest thing is I have always been scared of standing near windows in case I just decided to get the urge to jump, in my head I would stand near one and think… I wonder if I would die if I jump out. That thought use to scare me so much, I wouldn't go near one especially with louis. Obviously in that pain and darkness that thought got louder to go and stand near the window. I thought he loved me. I was so confused and hurt I climbed up onto the window ledge and I don't even know how because I could barely stand, but all I remember is being thrown back and falling onto the sofa. Someone was watching over me that day for sure. I needed a rest. I know what you're thinking, everyone has a hard time, but they don't try to jump out of a window. It's not fair because then it's like 'no you haven't been lied, cheated on and had your heart broken'. 'Your just depressed and suicidal.' It's not him that's done this or caused it, it's the bipolar. Sorry yeah you can't be heartbroken with bipolar can you, it's all in my head. It

triggered me into a depressive state, and I feel things a million more times intensely than the 'normal' person. Just because I have had a psychotic episode does not mean what I my feeling isn't real! I was hurt and betrayed like anyone would have felt in this shit situation. I don't remember much about this time with the window or the weeks after it, I was so far out of my mind I didn't pick a journal up. I remember thinking how the fuck was I in LA a couple months ago with my best friend and now I am sat in A&E, waiting to be seen by the crisis's mental health team.

My friend contacted him and told him I was really ill, but he just left me and carried on with her up until the July of that year. I had just started to get myself back on my feet, doing reiki and meditating and I had booked to go to Ibiza to do a Kundalini yoga retreat. He came back, telling me how much he loved me and that it's always been me and what did I do- welcome him back with open arms! Told me he had found a flat to move in to and that it would be a new start for us. I was so happy because I felt like for the first time we were actually just going to be normal and not have any drama. I remember the day he got the keys for the flat and said that this was a fresh start for us. I felt after all the shit of the past we could finally be normal, as we had been hanging on to each other for months by a thread. I was so happy that day walking round Tesco's buying new plates and cups. I remember that first night in the flat, as it had absolutely nothing in it, not even a bed. All we had was this big space and each other. I felt like after three years we could finally be together and be normal. We slept that night

on the living room floor, just him and I. I lent him the deposit and the first month's rent and paid for the bed and the sofa. I didn't mind though, because finally we had somewhere just for me and him. I picked the bed, a low one, an Italian one.

*

That bed is still the same bed that he has slept with every girl in to this very day.

*

It didn't last, it never fucking does, I was paranoid out my head. I had waited three years for us to just be normal and do normal things, but it wasn't going to happen. For over a year he was constantly on benders and moving in the flat didn't change any of that, if anything it just made it worse. I had this idea I think that we were always supposed to be together and no matter what we would be, but I guess that she had the same idea as well.

She contacted me again to tell me she was still sleeping with him and even though he has moved out the house they were still together. This time it was me he stayed with though. She said to me he will always come back to one of us, I remember thinking she's right but it's because we are both allowing it. I think we were both brainwashed by him and regardless of what we told each other secretly we both just wanted to be the one he stayed with. I was obsessed by

the whole situation and he had just been going back and forth between us both for over a year and a half. I found out that he come back from working away one night, stayed there and slept with her and then come straight to me in the morning. It got to the point where it got so bad before the end of this year that he was physically cruel with me, he cried in the corner, blaming me. I knew then it was time to go. I don't know who he is and don't think I ever have.

I think we have always been the same: can't live with each other, can't live without each other. All it's ever been is painful and caused my bipolar to spin. I have been consumed by it this year and heartbroken and I still am. I have wasted a full year on fighting to keep someone that has just lied and cheated. He was never available to me, not really from the moment I met him. He always manages to bring out the worst in me and sweep me into his world which always involved drama, but maybe I liked that? I must have, because why stay?

I had to go to a sex and love addiction meeting this year as a result. Every time I relapsed with him it seemed to be worse on me every time. What a fucking show, but I had to face facts he was my drug and no matter how much it destroyed me I craved how he made me feel when it was just me and him. Was it all a game to him? He always seems to wait till I am back doing well and then re-appears.

*

This didn't cause my mental health or my highs and lows, but it definitely triggered them. It fed my compulsive thinking. That reoccurring appearance of hope. He's like a bad addiction that I couldn't seem to say no to. I always ended up worse off after him, bitter and destroying myself while he had already moved on. He brought out the worst in me and used my mental health as a reason why things were the way they were. Although truthfully, I don't think he ever pictured himself with just me and him. He actually said it to me this year. "I miss you when I am not with you, but I have a 'sand timer 'with you Tasha." I

It's hard for me to read over this part of my life because I felt I had closed the door on him back in 2016, but he always seems to keep in touch with me and even though I thought it was just as a friend it wasn't. I know now that he just always wanted me there. He just couldn't ever give me what I wanted and he had issues as well. I'm no Angel, I would make his life hell every time he hurt me or did me wrong, but it always seems what he did with cheating and lying wasn't as bad as me telling people and exposing him. It's so fucking hard writing this because it is bringing up things that really I don't want to experience again and I don't think I ever will with him after this year and I have not been in the mental or emotional state this year to even try and look back at this part. I said I wanted to write this book for myself to finally accept the past, accept that I am always going to have an illness, but also to accept that even though there are bad times, there are good.

I think this book is starting to make me look at things differently, even with him. I am sat here now praying my editor will come back and stating that 'we don't need any of this.' I was filming yesterday, and I got up today thinking if I don't get this part right I will stop again and it will be another excuse. I am scared of not so much exposing my story and myself, but more just giving up again. I can feel myself wanting to stop.

2016 - 'YOU MAKE ME FEEL WEAK'

Diary entry:

I hadn't spoken to Jamie for over a week, although I bet he probably hadn't really noticed. I am starting to think that woman I met at the AA meeting for 'Sex and Love Addiction' is right.

Maybe he is a narcissist?

I hate that one day you think you're over it and doing well and then the next it hits you that you're actually not. I have been reading over messages which I know I shouldn't do, but it's made me see how much he says one thing then says another. I think I need to accept that you will never know the truth when it comes to Jamie and I just send myself insane trying to figure out what it's all been about, and for.

My raging ego came out yesterday to the point my mind was racing and I couldn't sleep nor concentrate on anything. Again, this was my own fault asking someone I work with if he had posted anything online. I think we are all guilty of this, but it makes no sense. If you don't look then you can't hurt your own feelings. This is how it's got me though, because even though it's over with him now I deserve the truth for once.

Why am I so weak and hell bent on searching for proof, when the past just tells me even when you see it with your own eye's he would still turn it around?

He was supposed to be moving and having that flat so we could have a fresh start and now she's sat in it. The thoughts in my mind torture me thinking of her in that bed, like 'how can she'? Knowing that's the exact bed he's been sleeping with me in! That soon fucking changed.

That's the thing, it is like he has a way of making you forget all what he does, but deep down it's still always there, the damage is already done. Fucking fat lying cunt he is, but you still go back. What the actual fuck! If it weren't for my L.A and Ibiza trips this year, I doubt I would have actually got through this, it's sent me insane. This isn't love at all, this is fucking bad toxic shit and I need to get away from it. I feel like whoever is in the bed is the winner, like how egotistical is that? Knocks me sick the thought of it, I just get so caught up in it that I can barely see straight, never mind think straight. I am so weak. I am kicking myself because I really believed him, I just thought, because she was so young and the situation he had gotten into with her, that he had to stand by her. He tortures me, like he will never give me a straight answer and he knows how my mind works. It really has become a competition this between me and her and right now I am losing it and losing my mind in the process.

I have done enough meditation and read enough books to know that a lot of this is my bipolar ego, I am completely aware of that, doesn't stop me being in it though. Like the message I wanted to send her, asking her was she comfy in my bed. I mean really this is just getting daft now this, but I feel like I cannot let go and I don't even know why because I actually don't want him back. Just my mind is over playing

everything and what the whole thing was and actually is this really it between us? Was he always telling her the same things he was telling me? It got to the point he got that clever with it, that me and her didn't even believe each other. I can't stop thinking about when she said: "Well, he will always come back to one of us."

Why after everything am I still holding on, even though I don't want him?

Why am I scared he won't ever come back?

He must be loving it, 17 stone with a belly that bangs off the back of you, and two girls are fighting over him after all he's done? Leaving him was hard, but him not running after me is even harder. This pain is a joke, I don't know what to do with it or what to do to stop it. I was so addicted to him. I am addicted to him. But to what? Being lied to all the time? Having your sanity questioned? I want so much for all of this to go away and not be in this frame of mind anymore, but I just keep pulling myself backwards with it all. All I want from him is the truth and to tell me what's going on, mainly so I can confirm it's not just me and compulsive thinking. After ruining my Christmas once again with him, I felt like I was having a good few days into the new year, then it came, the final nail in the coffin.

"Tasha, she is at the flat, her house is being done up."

"You back with her?"

"Who said that?"

"I am asking you. I think you have been sleeping with her."

"So, what if I am? She's my baby's Mum! Stranger things have happened, doesn't mean I am back with her and

she's going back home. And, I am not with you anymore, you made your feelings very clear before Xmas."

Then it came.

"I am sleeping with her Tasha. YOU ruined it, YOU pushed me away. I tried and tried Tasha."

Tried?! You have always been fucking someone else or living a double life the whole time you have known me and you have never tried!. I text him:

"I will say this one last thing Jamie, because after 3 years I don't want to carry any more pain or bitterness with me, whether you believe that or not.

I loved you more than I have ever loved any man, barr my son and Reece. When you were down it upset me, I always made your troubles my own, even though you know I suffer with my mental health. I still always tried to be there for you, I stood by you when you had your son even though it was done behind my back and I have helped you out financially. When you did well, I was proud of you and I never wanted to see you sad, I always wanted to make you feel better. When you used to disappear for days I would still drive round looking to find you making sure you wasn't off your head in some ditch somewhere. I have lost myself and my mind over you time and time again. I met you in the wrong circumstances and for that I have always felt like you have punished me for it. I don't know any more if what you said was real or not, but it doesn't matter anymore, you have already taken so much of my peace of mind. The only thing what matters is I know I loved you and only wanted you to be happy. Although everything you did to me with her and

in the past, I could never forget no matter how hard I tried, it was always there at the back of mind. I would have given my right arm to trust you but every time I tried you would do something else to break it time and time again. I was wrong because I stayed knowing I couldn't and wouldn't ever trust you again. You're right, me and her have both made it an ego battle, it's not healthy and it's not love. She's more forgiving than me, I couldn't be in that bed after her".

His reply?

"Change the sheets, 'Tasha. All I wanted was to take things one day at a time with no drama, I didn't want all the shit that comes with it. It was hard, I fucked up massively, but you made it more difficult than it needed to be, and this with me and her you're misreading it completely. You're making things up in your head to make you feel better that you pushed me away. I love you 'Tasha but you can't keep holding a gun to my head over what I have done".

I just replied back:

"Your love is no good for me".

The thing is, why am I even entertaining it or listening to it, I wouldn't go back to his dick anyway or him. Anyway, I need to let this shit go.

'LA TO IBIZA'

Diary Entry 2016;

Los Angeles.

Yeah I actually did it.

I travelled there on a connecting flight from London and nearly missed my fight and had to be called out over the tannoy, typical Brenda! I immediately fell in love with L.A, that place is unreal, it really is. I hiked up canyons and mountains which was terrifying, especially when Reece made me make my own way back down. I kept falling on my arse and was split with two paths to take back down to the bottom, but luckily, I took the right one and made it back down in one piece. I had this idea in my head about eating a KitKat in sections and got myself one on my way to the hike. But I don't really eat chocolate, I had just seen the Kardashians eating a KitKat layer by layer on a TV show and really wanted to try it. Well, I wish I wouldn't have bothered. I put it back in my rucksack and went on the hike in 30 degrees heat and insisted to Reece that he put his phone in the bag to save him carrying it when I had a backpack. I forgot about my half-eaten KitKat, so obviously it melted all in my backpack and all over his new phone.

If looks could kill!

I felt when I stood at the top like everything just stopped, I felt like it was just me and the universe, together, and it's the calmest I have felt in a long time. I hiked to the top of

the Hollywood sign too, it was much easier than the first one and it gave me a chance to really chat and spend time with Reece without him being pissed off about melted chocolate!

I learnt after speaking to one of Reece's friends in LA, that you can become addicted to a person even when they are bad for you, just like a drug addict is with heroin.

Well, that's great to know isn't it? And people wonder how these bad men can tear women down, and normal women not just mentally ill ones like myself! Reece and I didn't really get on well, I think I was very erratic while I was there. He said he had seen a stunt in my growth being back around Jamie and I was 'covered in his energy'. Damn this boy really isn't good for me at all!

Sitting here tonight looking back at this year, I was scared of writing because it just makes me feel how much I have fallen . I had a chance when I went to LA to leave it all behind and I didn't. I came back and just carried on falling deeper and deeper into a hole that almost took my life. I know I always have someone above looking over me – well, I am still here so someone must be! I am terrified of leaving 2016 behind, no big plans, no big aims. Scared to leave Jamie behind, scared of rejection and him not chasing after me, but I am scared more so about the amount of people that keep saying you would fly without him around you and your life will be so much better without him in it. Well what if it isn't, what if my life doesn't change at all letting him go?

I am still feeling really depressed and confused about life in general, I am scared of 2017 and I am scared if I end up

as low again like I did in the Summer and the next time I won't be able to sit here writing about it. I am scared I will keep going back to that darkness and one day what if it's too much and I don't live to tell the tale. But everything changes, even when it hurts you learn from it and you grow.

I loved that boy I did, but it wasn't meant to be, I don't think it ever really was. I have always worried about staying stuck, but I stayed with someone who kept me stuck. He carried a lot of sadness with him and I think I have always thought I could fix him, but I seriously ended up breaking my own self.

I am not as scared of life as I was. I think Ibiza made me face a few fears. All the time I was there, I was arguing with him and I was on my Kundalini retreat, that I had wanted to do for so, so long. Here, the cracks of having to face myself started to show. It's the difference in 'falling in love' and 'rising in love'. If you fall in love, you're unaware, and it's not conscious love. Where if you rise in love, you rise together with awareness. I suppose what it means is, that if you fall well that's it isn't it, you fall and no one really chooses to fall. But, if you choose to rise, you do that with a purpose. I clearly fell in love and fell flat on my face, right into a ditch., I have started reading Osho this year. My Reece took me to this little book stall in Little Venice and handed me an Osho book, on courage and how to continue on your journey of facing your fears. L.A was special to me even if I was still obsessing over him, I would meditate on the beach at night in Venice and I pray I could let him go and move on, Florence and the Machine's 'Shake It Off'

playing in the background as I walked back to the apartment.

"It's hard to dance with the Devil on your back…so shake him off"

L.A taught me that there is a big wide world out there and on my last night, while eating normal food, after mostly eating raw meals, in which everything tasted of jasmine, I have never been so happy to have prawns and a Cherry Coke!

I still hold my vision of being settled in a house with no clutter, being able to manage my bipolar, have a normal relationship where they don't use my mental health as a reason to mistreat me, lie to me and reject me because I am too much. I know life is going to change in 2017, I can't say I feel like a total failure because I have achieved things but I know I have also caused myself a lot of pain and also not looked at taking care of my mental state this year as much as I have in the last two years. I have grown, but I have also had set backs and took detours, but the universe has had my back in some way - well literally - especially when I found myself sat on that window ledge.

I feel like life is dragging me forward, kicking and screaming, and I don't know why I am so scared of 2017, even if you try to stay still it pulls you right in. I really want to write more about my Kundalini retreat, but it's almost time to go and meditate and bring the New Year in and I suppose let the old one go. That's if I can.

It's funny because my Ibiza trip literally came out of nowhere, as did all my little manifestations this year, despite being things I really did want to happen. As I said, I have

always dreamt of doing a Kundalini yoga retreat, it was on one of my little vision boards I did, back in 2014. It was a picture of India but when I was in the 'self-realisation meditation gardens' in L.A, it looked so much like the picture on my board! I remember saying to myself that I felt I have been here before.

Anyway back to Ibiza- It was amazing!

From my little yurt, the teacher, the people I met, even the raw vegan food, to a degree. Actually, I struggled like fuck with the food to be honest, or lack of it. I was constantly sneaking out to buy Fanta Lemon and Cheetos and hiding in my room and eating them. I think as amazing as it was, it really challenged me, and I felt a bit in and over my head at times. For the first three days I really struggled, I was so hungry, and it was a lot of yoga and trust me, Kundalini yoga is intense, which is probably why I like it so much! I remember at tea time around the third day, the only guy on the retreat brought me my dessert to my room, as by the third day I wasn't sitting with people for meals. I felt daft, just sat there playing with my food like a spoilt child, but I really couldn't stomach the food. I wasn't used to it at all. He knocks on my yurt flaps and I hide my Fanta Lemon and crisps under my bedcover. He had brought me the raw vegan moose, but he had decorated the plate with rose petals for me! I actually liked the moose, first thing in three days I had liked bar my pop and crisps.

I was turning up to 3 hour classes in the afternoon, the morning 'Sadhana' and evening meditations. I liked the evening meditations, I didn't struggle with them as much have to sit for 31 minutes. I like the mantra: sa-ta-na-ma. It

means 'truth is my name-truth is my identity'. I want to live by that, how powerful. I still have Louis sat there, on my meditation cushion at night, doing the hand mudras with me. The teacher of the retreat was a Dutch man and up to the third night I hadn't really interacted with him to be honest. I really felt like the odd one out. I was the youngest of the group and the only one getting about with a 22-inch weave and 12-colourful bikinis. Anyway, this night in the yurt he calls me out and says, "I see something has pulled you here for a reason, you can't keep running from it, you can't keep running from yourself, your shell is breaking. The light wants to come out now. It's like a flower coming into bloom". Just like that.

My time in Ibiza at the retreat was one of the most rewarding things that I have ever done for my soul. It's like I have had to lose my power to gain it and hopefully I will this year. I have felt in utter despair at times this year, so writing this my moods have been more up and down than ever. I struggle so much between the two lives, my life and this spiritual path I am on, I really do.

My teacher there said I was a natural healer and I have been given a gift, and to heal myself I was to share that gift and heal others. He was really speaking to my soul, and as the week went on I didn't feel all too different to him. I feel we actually shared a similar soul, one that wanted peace to be wild, torn between the two. He's so successful in his business, but he's dedicated his life to it and isn't married or has any children. I was explaining my struggles to him with Jamie because while I there, he seemed like he was so depressed again with money but still going out on benders.

My yoga teacher said: "What you need to learn, Natasha, is that you can only help people that actually want to be helped." Which is true.

I always used to sit at home and vision myself meditating one day in rocks by the sea. Be careful what you wish for! One morning, we woke at 4am, carried our sheepskin yoga mats and breakfast and walked a trail across a beach. To put it this way, it was dark when we started and light by the time we got to the mountain, which I had to climb down into rocks, which at first, I point blanked refused. You have no chance of me climbing down there, pal! I was starving, I am scared of heights and now I am being told to climb down a fucking mountain!

It was weird after I returned from Ibiza. I remember being sat at home, feeling different, and he was phoning me all the time. I was just really nasty, pushing him away and to be fair, he hadn't actually done anything to me, but I felt like my 'soul had come up' and what was going on in my physical world didn't match what I had developed in Ibiza. I remember him saying, "What have I done? You're just hell bent on pissing me off Tasha!" I ignored him, and he said: "Ok ! I will just block you." We loved blocking each other, never lasted and always resulted in a bloody email thread anyhow. He only said that because I think I was just acting like I didn't care to see or talk to him that day. I dunno, I just felt different and to be honest that's when things really started to fall apart, and it wasn't much longer till it ended. I think my soul was indeed 'coming up' and it just wasn't what I wanted anymore.

Also something else and I don't know if it's me or Brenda, but I never seem to see things to the full potential, like my meditation classes and reiki. Although I have helped and inspired a fair few since I started them. I should be grateful for what I have achieved and experienced despite being in that low in the early Summer, it has been seriously very up and down to put it nicely. I said to Reece if I could sum it up it's been intense, all of it's been very fucking intense. Everything has been felt deeply in 2016 to the point one time I couldn't handle it. I know that would of made it a bad year but I'm sitting here now alive!!! I made it another year with this chaotic mind and emotions. My Seeing my Reece leave for LA this year will be so hard for me. I mean, he's been my soul mate, best mate, Lou's Surrogate Dad. He's the one person that really tried to help me and understand this illness, understand me. I trust this change will create space for the new and that I don't keep going backwards. I really want to be a good mum again and even take Louis to L.A one day. That's what I am, an actress and a mum, not this crazy out of control Bipolar Brenda that's been here more than she should have this year.

2017 I am coming into the unknown!

I trust the universe and I thank above that I made it, me and Bipolar Brenda.

"I AM A PSYCHOLOGISTS WET DREAM"

I totally get it, that if something has brought you love joy and happiness then it's fucking hard to let that go.

My question is, why is it so hard to let go of something that brings you nothing but pain, anxiety, doubt and uncertainty? We are all programmed from an early age subconsciously to certain ways of being. On my journey I have learnt that, as much as we like to hold onto the good times, we also really enjoy the bad. I must do clearly. We don't consciously enjoy bad things, but subconsciously we do. It's like someone that keeps committing the same crime and getting caught for it, then they go back to jail swearing that this is the last time, a constant replay of pain for everyone and total fuckups. I don't know about you but that scares the shit out of me. How many times do we say, right! I am changing! You wake up one morning, swearing that 'I am not doing that anymore'. I know I do. I have done the same bad shit for many fucking years.

My Dad was emotionally unavailable and was in and out my life till he left for good. I remember Jamie saying that 'no wonder your Dad moved to the other side of the world, you for a daughter!' I never ever tried to hold onto my Dad, but I have held on for dear life to other men who leave me. Well one man, in particular. A man like a fire, and I know that if I put my hands in, I will burn. But I still do it anyway. My therapist said most people do that; well I suppose that's good to know it's not just me that likes to keep themselves in pain.

How do I stop going for emotionally unavailable men with more issues than *Bipolar Brenda* on a cycling week? If all this is stored in my subconscious from my dad, then I am fucked. I can't decide if this therapy is helping me or making me worse. I mean I already think the shit out of shit, I am writing this in a black pen, does that mean I am feeling sad? Wow see what I mean? This is the sort of stuff that goes on in my head. Your dealing with a girl who even in a taxi on the way to Ibiza, I am counting the minutes from when I last got a text message. Seriously that's no joke that you know, I need to tell her about that at the next session. I sit there looking across at her at times thinking how we are going to solve all this really? I am a full-on nut job, bipolar, anxiety riddled, OCD thinking Harley quin now with daddy issues to top it off. She tells the first thing is to bring awareness to it, it's the first step to changing anything. I came in with overthinking and anxiety and guess what I am overthinking even bloody more now.

Let's not sugar coat this shit! 'change your thoughts change your life' Your telling me I have thoughts I am not even aware of! I will never be fucking normal; I will forever be a psychologist wet dream me. How the fuck am I supposed to change shit I didn't even know I had wrong with me? This is exactly why people don't go into therapy it's like lifting flags up and loads of ants coming out, once they are out those fuckers are not going back in. What I mean is if it's not broken don't fix it, well obviously I am fucking broken I pay for private therapy over saving for a nose job.

My Dad did explain, when I decided to address all this, that it wasn't my fault. He was never really given any love from his Mum and Dad, so he didn't know how to love me. I kind of wish that I could be like him sometimes, and not get attached to anyone. I would love to be someone who when hurt, just stays silent. I am not though; I want to go around fixing broken men and in return end up more fucking broken than I already am.

I know it's not my dad's fault how he treated me, even when you get that understanding you can't help screaming why can it not all be fucking simple and just love each other and that be it. Imagine the world we would live in if none of us had issues from childhood. I suppose there would be a lot of psychologist out of jobs though to be fair and I would already have my pretty little nose.

I did a meditation practice today on change. I had to sit and bring up a situation that involved the changing of someone or something, to notice how my body reacts when I do this. When I am resisting. What are we covering up? I am resisting who I am. I had to bring this uncomfortable feeling right up into my conscience and float into it as witness. The more aware we are and how we respond is the key to the power we hold inside of us. When we are reacting, we are unaware. It's really hard to adapt to a 'change of pain', more so when it's about you, yourself changing or at least attempting to. I do believe we can create our own lives if most of us weren't stuck on autopilot

The fact is change is hard but staying the same is way more uncomfortable, I am still dealing with the daddy and abandonment issues... I will let you know how it pans out…. Wow it has stirred some shit looking back at these therapy sessions. Healing and facing yourself is fucking messy.

Prosecco anyone???

"HARD TO LOVE EASY TO LEAVE." 'THEY JUST SEE MADNESS IN HER SMILE BUT DON'T SEE THE PAIN IN HER EYES"

I told my therapist today that I must be hard to love.

She reckons that this is nothing to do with me and more about others that, judging me as hard to love. My first boyfriend, who worshipped the ground I walked on, I treated like shit. He couldn't have loved me more or done more for me if he tried, and whatever he did do, all I did was push him away further. He was the only one that really loved me, and I destroyed him. I feel like it's me that's been destroyed. I don't think I know how to show love, maybe? I just don't know. She asked me for my letters, I have kept these letters since I my teens and it's only looking back at them now do I actually see that, maybe after all these years, I have always been too much and no matter what someone does, it's just never enough.

"I am going to read these to you and tell me how you feel" she said.

To Natasha (the star),

Well even though you was tired this morning you managed to get up. I know you are always scared of getting hurt and I come into your life and tell you I love you, the fact is I do and I care for you so much and I think you didn't know how to react because you didn't want to get hurt, you have treated me like shit at times and even though I said I took you for granted I don't think I did. I wanted to just

chill out, I was always at yours but every time I went to leave you made it out like I was doing something wrong. I never reacted and just felt guilty instead. We came to an agreement we would just spend weekends together. I rang you every day and by Wednesday you said you was getting bad vibes, but how can you when I was ringing you. You demand and expect so much from me and if I don't meet your needs then it's my fault. I am confused and frustrated. We both have our acting to focus on and I thought I could handle my lady as well, but I can't. I thought I could handle this but I can't, but I will always want you whether you're here or not and if it is meant to be it will be, but you have hurt me so much at times Tasha but I still love you so much and I always will.

X

I burst into tears.

All the shit things I did to him. The men I ended up with after him must have been my fucking karma! No wonder I have been like I have with the ones who 'half love' me, if I was like that with someone who fully and unconditionally loved me!

I remember once: "Tasha! I am not your father figure. I am your boyfriend."

Am I searching for my Dad in all of these men? None of this makes any sense to me. I am fucked. I will never be able to have a normal relationship. I don't know if this is making me worse or better. People always say that it's like walking on eggshells with me.

Well, try being me. I know it's not easy to ask someone to be a part of my life, to love me and my mood disorder. I

have been putting my love into the hands of people that don't understand my mental health and look at me different for it or use it as a way to throw responsibility onto me for the way things are.

I got the chance after years to see my first boyfriend at the theatre. We bumped into each other and I just blurted out: "I am deeply sorry for how I was. I have always wanted you to know that I found out I have bipolar disorder." He looked at me like I was 'just Tasha', a look that took me back to happiness. I bet that gave him a lot of understanding, when I told him. He knew me. He was one of those people that sees 'you'. Your soul. The real you.

So as hard as this therapy session was it made me bring up a lot of stuff, but it shown me that I am not hard to love, some people just are not strong enough to love me. And that's OK.

*

I am far from healed, but I have accepted myself now because if I don't, then no one else will. I have to love myself and let go of the fear that I will be rejected because of this side of me. It's part of me and if you love someone, you love them fully. Even if I am slightly crazy, and hard work. I am more than worth it. If I take anything from this book it's to just keep being me.

'BRENDA AND LOUIS SCHOOL'

I am always late for school when I take Louis in the morning. As you have probably gathered, I don't have much of a routine. Some days I will get up at 5am, do my yoga and wake Louis up to music playing full pelt. I have a full breakfast made for him, his uniform hung up and I take him to school by 8.45am, singing together in the car as we arrive. Or, instead, I wake up at 7am, a gigantic dark cloud raining down over my head, my chest heavy and too terrified to even lift my head off the pillow.

I started to feel a lot better when Louis started Juniors, and I was getting him to Breakfast Club at 8am. Which worked perfectly for me as I hated the crowds at the gates. I used to ask to collect him from reception after school also, nothing to do with the bipolar, I am just not into standing there talking to other parents. It baffles me that I would turn up 45 minutes late in the morning, and they would all still be stood about chatting. Fuck that! What can they possibly have to talk about?!

When Louis was in Primary School, I would see the pleasant lady on reception more times than I saw my friends. I have used every single excuse going as to why he was either late, or off. It could be we had overslept, lost keys, Louis was on the toilet, we had to dress my mum, I can't drive in the snow, I got stuck when someone has blocked me in on my drive. You name it, I said it. Even got rumbled with the drive excuse when Louis, god bless him, piped up: "But Mama! We ain't even got a drive!"

I only realized how bad things had got when I received a letter about Louis' school attendance. They had printed out every excuse I had said. One day I rushed Louis in, late as usual and in my pyjamas, and was asked to stay behind of possible to chat with the Deputy Head. I decline, and as I walk to my car, I hear the Deputy Head shouting me, her shit kitten heels scraping on the gravel. I had been up all night arguing with my ex on Whatsapp, I felt like utter shit and I looked like I had been on a bender for days. So, I get in the car. She then starts tapping at the window with her fucking pen. "Mrs Rea. We have been trying to get hold of you. Do you have 5 minutes now? It's really important we speak."

She takes me into a room, and I am met with Louis' teacher and Headmaster. I hadn't even brushed my teeth. She pulls out a big file with print-offs of all his lates, days-off and my excuses. Here we fucking go. They all had old fashion haircuts, which screams 'I am a patronizing cunt and I am much better than you', whilst pushing their glasses up their big interfering noses.

"We are really concerned about Louis and we just want to know if we can help in any way?"

"Yeah," I reply, "I have just had a lot on, but I will make sure he's on time. Is that everything?"

"Louis said that sometimes you are sad?"

I wanted the floor to open up and swallow me, this was not happening,

"I am not sad, I am fine. I have just had a lot on"

"Well, can his Dad not help you? Or your Mum?"

"No, they can't. His Dad's the other side of Manchester, and my Mum can barely walk."

"Do you feel like you're struggling to cope?"

That was it I was going to end up dropping this bitch.

"Listen, I have bipolar disorder. Sometimes it's hard for me to get out the house, and if it's too busy for me I have to wait 'til after half nine 'til all the busybody mums have finished chatting outside. I cope just fine thank you. And, to be honest, I didn't realize that 9.45 was such an issue, to be honest!"

I was not ready for what came next.

"So how are you managing with medication, does that not help?"

I am thinking listen love if I wanted to go and have a therapy session or I felt like I couldn't look after my son, I would let his Dad take him. I don't need you and your patronizing, interfering, annoying-as-fuck tone, telling me about my meds.

"I don't take any medication. I manage it in different ways through meditation and training. I am just having a setback."

"Well, maybe, think about going back on them?"

I had to hold my tongue because by this point. I was ready to go fully 'in' on her. How I didn't, I will never know.

I started to take him to Math club at 8am when no one else was around. It worked for me, especially on the days when I felt too anxious to see people. She got me again, and when I was about to get in my car. And still with her shitty heels and haircut. I don't like her. She doesn't know me, or my life. And she most certainly doesn't understand how my head works. I might be late for school and be a total mess sometimes, but that boy is loved and I do my best by him, even on days I feel like I am a waste of space. That boy is happy and that's what matters.

"Excuse me what do you mean?" I said

"Well his hair doesn't always look like it's been brushed," she replied.

"Bedraggled! He gets about with Gucci sandals and a Gucci belt, his hair waxed that he pays £15 for himself! He's the smartest little boy I have seen in here, and the reason his hair is like that is he will only go to one barber, and he's been booked up! Also, he's mixed race, his hair is coarse! You brush it and it just flies back up!"

I was fucking livid! I totally lost my shit. I told her I will be complaining about her because her remark about his hair was racist. I'm not too sure of that now, to be honest.

I have to hold my hands up and say they was trying to help me; I was just too stubborn at times to want to admit I was struggling. They really went above and beyond this year to help me. I think they caught me on my Brenda days where I was trying to hide the fact, I was mentally ill single mother. I have learnt now there is no shame in admitting you need help.

Louis is one of a kind and mentally a lot older than his 8 years. He has to be, having me as his mum. He is the sweetest boy, but he does have anger issues and I really do try to guide him not to just lash out, even though I am exactly the same. He will say to me: "I really need to get this anger under control really, don't I Mum?" Mel, the lady who runs his after-school club,was laughing telling me that when he gets angry he says: "But you know what I am like Mel. Things just get to me now and then. I just need to take some time out" and he will just go and sit on a cushion. He is my number one fan, he supports me in everything I do, but it's unfair on him how much he worries about me. He even went up to Mel and asked how much his fees were for the week, saying he hadn't got enough to pay her but he will get it and pay his fees for me. Gobsmacked. I asked him why he did that?

"I just wanted to help you mum, so you don't have to stress at work to get sales."When I say he's special and I am so lucky to have him it's an understatement. He's like my best friend and he keeps me alive. I don't know if he is old headed because he's grown up with me and my Mum, but he has been here before. My own sage.

'SEX, PROSECCO AND POWERLIFTING'

My 2018 New Year List

Shine happy, strong and healthy.
Be happy
Drink more water and green tea
Get my passport
Jerome to get a deal
Louis at football and boxing without me getting anxious
Do more yoga
Ethel to get better
To enjoy my normal job
To stay off medication
Get stronger mentally
To be settled in love and happy
To qualify for the British
To get to the Worlds
Book a holiday
Mamma to be happy
Get more auditions
Get in a happy healthy routine
Learn to do the splits again
Get up early and do my Kundalini at 5am instead of 10am.
Kundalini meditation at night.

*

Looking back on this little list, I really should make more of these because to be honest there is more ticked off it than not. I have found that writing down things you really want really is so powerful. I also think lists are good for someone like me because it gives me a structure, as my mind definitely needs structure. I feel quite happy looking at the list, because I did achieve a fair a bit of it. Obviously not all of it, and some I did achieve and then fell backwards again. I think that when the slightest something sets me back, everything else turns to shit. It just takes me longer to put things back right, because I have to deal with Brenda and myself. I will get to it, but like I said, I am not always writing this book from a good place. I did warn you that it was up and down this book more times than the lifts of the Empire State Building!

*

December 2017

Where has the year gone?!

I sit here now a lot fatter, having consumed more Prosecco than I would care to ever have imagined. I said last year I was going into the unknown, I just wanted to have more fun and not be caught up over Jamie, and just try to stay alive. Well, careful what you wish for, because I have learnt that my words are very powerful and I took that statement to the fucking extreme.

On a serious note I have drank way too much and dabbled with 'devils dandruff' and the 'magic bus' again, which I haven't done for nearly 4 years. It started on my birthday in January, the first month without Jamie, so I was on a mission to look, feel and do my best. I have lost and gained people all year, but I seriously had so much fun with my friends on my birthday. One of my best friends Jack went back to jail, and my Reece left for LA. I lost my sidekick. I think losing both of those massive male influences, plus Jamie, has had an effect on me, and I suppose you could say I have been somewhat wild, if not manic. But I have just felt really happy, and most of the time positive so what's the harm in that! I haven't even thought about the consequences of my actions all that much to be honest. Well, until it was too late.

I found myself back talking to an ex Jerome , who I was caught up with when I was 19 when in my real manic days. He had been in jail most of the time since then. I suppose I thought this was a good way to let Jamie go, and be focusing on myself, but again, moving onto someone who isn't good for me. We were getting on really well to be honest, well as well as you can when someone is behind bars that is! Don't ask me why, but my head kept wondering if he was still in contact with his ex, I think after all the Jamie stuff I was overthinking situations more than ever, so I took it upon myself to contact his best friend who I have always got on with and thought was a nice guy.

Three months had gone by, I was obsessed with someone else now, I didn't give a fuck. I don't think I gave a fuck

about much to be honest, bar having fun. Anyway, that weekend after sleeping with Jamie pissed on the Wednesday, I decided to invite Jerome's friend up, which was not the best idea and ended up in me sleeping with him and taking 'devils' dandruff' for the first time in almost four years. I was so upset, I had fucked up massively here, but this carried on. I couldn't seem to get myself out of it and every time he said he was going to speak to Jerome, I would worry he would tell him. So, I kept seeing him. I felt guilty, I knew I was doing wrong, I am not that kind of person at all. I would be driving to the gym and I would start to panic thinking about the mess I got myself in, but the more I tried to get out of it the more I was secretly clearly loving the thrill of it. I was on an absolute mad one and as soon as the panic went and the chance for more fun came my way, I was taking it! I just wanted to be out all the time drinking and having sex, I couldn't get enough of it! Then reality hit me, and I kept thinking Jerome knew, but instead of reigning myself in I just became totally wild. I was in the best shape of my life, training twice a day and on intense diets. I suppose that's how I got away with the gallons of prosecco and cocktails. You thought I was going to say cock then, didn't you?

It's a shame though because Jerome have always got on since we got older and he was always there for me if I needed someone to talk to, but I suppose you have a lot of time on your hands in jail, especially for someone as intense as me. He came out for a few months before he went back in again, and I will never forget how I realized that I had been thrown under the bus. He asked me to put some cream

on a tattoo that he had had done, and I went to read it. I couldn't make out what it said at first, then it became clear. I read it out. "Loyalty is everything."

You know where you start to get really hot and you think 'run just fucking run?' My legs wouldn't move, I am thinking 'please, don't throw me in the bin'.

He replied: "Yeah, that's not something you know anything about."

Jerome was someone that when you cross there is absolutely no return. I think I always knew that. Even when I admitted cheating, I still was lying because it hadn't happened just the one time. I was fucked, so off I went back out to have some more fun. I definitely think the guilt of what I did made my Prosecco consumption turn into an addiction. I was addicted to anything that gave me a high and a thrill this year, even when I started to feel bad about stuff. I'd just think: 'Fuck it! Let's go out!'

I had my first holiday abroad with Louis, and a friend came along also. We went to Marbella, to be fair I was drinking any chance that I could get, I don't think I realized that I had developed a little bit of an addiction to Prosecco. At least I am not on crack, every cloud and all that! It was so special for me though being abroad with my little man, watching him have so much fun on the beach, I really want more adventures with him. I hope now that I have actually done it, I won't be scared to go again, just me and him together next time.

I always worry that I achieve things and then I fall backwards again, I know I have said it before, but it really

plays on my mind. I thought I would have spent a lot of time talking about the Jerome situation, but this has taken me long enough to write AND I have drank a full bottle of Prosecco. Sue me. I know this is something I really don't want to take into the New W ear with me, this drinking. I would like to go back to just having a drink when I go out. Listen, I have taken having fun to the extreme this year, I have betrayed someone I care about, but I have had so much fun in the process. The jail visits weren't all that great either, I think I have realized that jail visits are not for me. They remind me of being closed in like when you have to see the Crisis Team at Mental Health. I know it's a jail, and they can't keep me in there for being crazy, but honestly from going in I can't wait to get out of there.

I was probably more anxious than normal because I knew I had slept with his best friend and here I was sat across a table sharing a bag of Salt and Vinegar crisps and cake with him, like I was still the innocent, 19 year old. I kept rubbing my stomach, nerves, the guard asked if I had something 'down there!' Jerome told him: "She be the last person I would get to bring something in for me, she's scared of her own shadow." I can laugh about it now, but jail visits are not for me, especially when you're lying through your back teeth. Really made me think that I don't know how Jamie kept up all his lies, I had done this one thing, and know I was hanging out of my arse. He was awful to me when he got out, but wouldn't anyone be really? It only got better when he went back into jail. Even then though I was pushing to make it right, I remember someone said to me 'once things are broken and the boundaries have

been crossed you need to leave it,' I realized it's me and I love holding onto broken places, people and things. I found myself this year towards the end consumed by my phone and putting things right with him. I kept asking him if we could put it behind us, he said he'd forgive me but hasn't forgot. I think I had fallen out of one hole with one and back into another.

I became obsessed this year again with him, and it's now as if Jamie didn't exist. I have always had a soft spot for him but he's more of a bad habit than an addiction really. It's just a bit fucked at the minute. Looking back at this year from last year I haven't felt depressed at all, I've just been flying high… a million miles away from wanting to jump out of a window.

*

Looking back at this journal is quite uncomfortable for me. I mean I don't think I realize how out of control I had actually got.

It also makes me pretty sad to be honest because I think that year was when I became much more dependent on drink. I wouldn't say I have a drink problem, but I do seem to run for a couple of drinks at the end of the day now. When something goes really wrong or like the end of 2018 where my world crashed down around me, cigarettes and gin became my go to. In all the years I have suffered with this illness I have never really been a huge drinker. I know the occasions where I have tried to end it all have involved drink, but I have never been drink dependent. I see what self-medicating did to my dad and his mum and I don't want to go out that way, definitely not.

After the year I had in 2016 I was just really enjoying myself, but again it was just too much as per usual. Once I get addicted to something, well that's it I just want more of it. It was this year I really first started to encounter physical anxiety. I knew what I was doing was wrong and it wasn't my character, but the lies did me in. You can't burn the candle at both ends and that's exactly what I did that year. I was so wrapped up on being on a high that I would do anything for it: sex, partying and powerlifting. Powerlifting gave me a real buzz, but I think if it wasn't for the powerlifting that year I probably would have ended up really out of control.

My best friend in the whole wide world was leaving for LA, my other best friend had gone back to jail and I just seemed to be running wild. I am not condoning what I did with Jerome's friend, but all the male influences had gone out of my life and I suppose looking back now I was pretty vulnerable. I hadn't dealt with what had gone on the year before, as soon as I walked from Jamie I went back to Jerome and that's not healthy. Jamie said to me that year,

"You just bounce back and forth between us." I didn't see it back then but now after this year and going through everything, with none of them male figures really in my life anymore, I was just not in a great place. On the outside I would have said that year I was having a blast, partying and powerlifting, but inside I was clearly not. I think I had just found something to cover up what was really going on and I have had to face it this year, hence this book, hence me having the worst possible year with regards to mental health. I haven't had a break this year from my mind and emotions, I couldn't keep running from myself or Brenda, covering it up. If you would have asked me was I manic that year, I would have said no, but obviously I clearly was. But I will not blame the bipolar on the fact that I can be a little cunt at times, I think that's something I have accepted this year. Sometimes yeah, I do behave extreme because of the illness, but sometimes I can be wrong as a human being. I look back at this time and I was fun and exciting, but the consequences of chasing them highs upset people. It made me dependent on drink more than I had ever been. I was wild I really was. Sex just became part of the highs, it didn't mean anything to me. I mean I slept with Jamie and I was devastated over him in 2016, but you wouldn't have thought it the way I just cracked on, a few days later I was sleeping with Jerome's friend.

That's not who I am at all, I see how being manic can really create a world of chaos and then when you start to come down from it, you're filled with anxiety, regret and guilt. I remember Jamie said once,

"You go a million miles an hour on a mad one." Even Reece has said it. I used to turn their worlds inside out; they'd still be trying to digest my full-blown mayhem and I'd have already forgot about it and be talking like it's not even happened. I slept with people I shouldn't have and I spent most of the year just in a hectic bubble which was destroying my morals and character. That's not something you look back on and are proud of. I couldn't't stop, I was in full force and the more excitement I felt the more I craved it, not thinking of the consequences or of course the downer to follow. I mean looking at this year it was just full-blown mayhem really, reading it back I was thinking god I am a million miles away from that this year in every sense of the word. I struggled for a really long time with my behavior with certain people and situations.

That's the thing, it's all very well and good being in a high, but it's not the excessive spending people relate a manic episode to, it's more the total out of character things you do. The only thing that really kept me on the right path that year was the powerlifting, but I think I was even obsessed with that, but it was a healthy obsession. I don't think healthy obsessions are bad I really don't, people may disagree but for me the times I have been obsessed with training, diet, meditation, books or acting it's probably some of my most emotional and mental stable states looking back. Although I always seem to self-sabotage when I am on a roll. Partly me and partly Brenda. That's always the hard thing with me, as soon as I am on the right path and managing my mind something will come and test me and sometimes it is Brenda. Sometimes, as I have already stated, she floors me and she gets a hold, and well that's that. I have always managed to pull myself out though, I always fight to get myself back on track even when I am in the depths of dark depressions.

This year was a lot harder to do because the end of 2018 ripped my soul and heart out, I still haven't come back from that, even now sat here. 2017 I also pretty much didn't really push or do anything with my acting, nor really keep a connection with my industry friends. I think I just went back to my old agent because it was easy but then it just reminded me of the hectic teen that I was when I was with them and the bad boy I was wrapped up in, I was back there again.

I had a lot of guilt reading it back, also I wasn't sure if I wanted to expose the fact I was on an absolute mad one, but I also didn't know why I was. I thought this year was just fun, but I have learnt that I didn't deal with the previous pain, I learnt I wasn't aware that bipolar had gone into Manic Mandy and I have also learnt that flying high like that and drinking isn't good for me. I know now drink isn't, reading this back I have seen how when this illness latches on to something it doesn't let go very easily. The one thing I am grateful for in this year is the fact I faced my fear of doing a powerlifting competition and did well and that I still managed to take my son on holiday and enjoy that time. It's funny sitting here now writing this, because even though I have still consumed a fair bit of drink I haven't been near anyone (well only one person) and have not been out at all really, I think about three times which resulted in me coming home early because I felt anxious. I didn't end that year sad, I was still pretty high when I wrote it really. It just shows me how out of control I can get, which does scare me because it's not even about me, it's who you hurt and how much you're just so wrapped up in yourself at times with it. I didn't write this book to blame everything on bipolar, I wrote it to look back and bring an awareness to what's helped and what's not, and as fun as it was this manic phase was it did absolutely nothing for my character and mind, however the powerlifting did a lot for my soul and continues to even with the setbacks. I have more happy memories of this year than sad though.

*

Journal entry:

I did manage to get one of my manifestations- my lovely black pug with his one eye. I always thought I would have to have a perfect home before I got my pug, but I suppose life doesn't always go to plan, but it always works out in the end. I adore this dog, I am completely in love with him and I think everyone needs a dog in their life, especially a pug. I feel like L.A and Ibiza was actually years ago, as this year has gone so fast! Maybe it's because I have spent most of it pissed.

However, I did fall in love with a massive passion and saviour this year that help my mental health a lot. Powerlifting. Powerlifting would be something I would probably write about if I ever did get around to write a book one day. I did get a laptop, but spell check and grammar are not my thing. Also, really what would I even write about? Anyway, back to the powerlifting. I didn't really mention much last year, but I have kind of gotten a thing now for lifting heavy weights. Obviously, I have been weight training since 2014 but I wasn't doing it properly, and I really wanted to learn how to. I had heard about this trainer, Anthony, that was a powerlifter and he had been to the 'Worlds 'in Miami. So, I approached him one day in the gym as he was walking to the toilets

"Excuse me mate are you the guy who does the deadlifting?"

"Yeah that's me," as he's rushing towards the toilet,

"Well can you teach me how to deadlift please? My name's Tasha by the way."

He looked terrified, I don't know if that was me or that he was touching cloth maybe, but he seems to want to get to the toilet and he didn't know me by this point so he couldn't have been wanting to run away from me.

"Yeah add me on Facebook"

"Ok what's your name?"

"Anthony"

"Anthony what?"

It's mad thinking of that moment because sitting here now with what I achieved this year is pretty impressive, even with my antics.

Powerlifting hasn't just made me feel physically strong, it made me feel mentally strong as well. Someone said to Ant 'she's strong for a little person'. He replied, 'she has become a different kind of strong, she's mentally strong.'

I have had to really overcome a lot of fears with it, I mean I wouldn't even jump on one of them smaller boxes when I walked in that gym, now I'm hurdling up the big buggers! Anthony, who trains me has been a life saver. It's probably one of the hardest things I have ever done, but the most rewarding. Lifting weights doubles your body weight -not right at this moment while I am sat here with a double chin and no abs like- but it really gives you a feeling like no other, especially when you have always felt like you fail at

everything else in life. It really gave me a purpose and routine. I think that gym is one of the major things that's kept me going over the last few years with Bipolar Brenda and the situations I have found myself tangled up in. When you're lifting weights it takes you away from everything, all you can focus on is lifting it up. I have gone to hell and back in that gym this year, fighting my mind to push myself physically and mentally. Anthony pushes me, he never gave up on me, the world defo needs more people like him. He seen something in me I didn't see in myself and he brought it out of me. I had to finish this, I really had too.

I have been in pretty good shape for the most of this year and running up to the competition in October I was entering. I feel like I want to be obsessed with it again like I was at the beginning of the year, I was in such good shape and my eating was so good and now I think the drinking and partying has caught up on me. I feel really out of control with food and drink now, I would really like a healthier year next year, back to my diet and training twice a day. I want to enjoy 2018 without so much drink. This year ahead, 2018, has always been a year where I hope I would really shine. I feel a little deflated thinking back at how much I achieved with L.A and Ibiza last year and the fact I survived that bipolar episode that nearly took me out. I really want to get confident next year with travelling with Louis on my own. I loved that time in Marbella with him, it was priceless seeing him so happy just enjoying the sea and sand. It makes me so happy when I see he's happy. I owe him more time, I just struggle doing mum things, I am not good at it. I do try though, I really do. It's scary though

going away on your own with a child, I can't be the only single parent that thinks that?

I think I do want another baby one day though, not because I have failed this time but to try and be more that 'mum type', maybe two children would give me that? It's strange because I seem to have gone backwards this year from my teens, even back to my old agent. I sometimes think I do that a lot, and then anxious feelings kick in. I keep thinking I am going to have a heart attack. Well you know, once I get something in my head, then that's it. I was even thinking about all the things that could go wrong with the comp. I actually at one point said I don't want to do it ant, but of course he wasn't letting me quit. I think I am bit of a teacher's pet, Anthony seems to really believe in me, and I started to believe in me as well for the first time in a really long time. I astonished myself to tell you the truth. The training camp for the competition was so intense but I loved it. I was achieving something most days, which is an amazing feeling to have, to be doing better each day at something isn't it? Overcoming your mind each day.

You know what, when most days you feel like your mind is beating you up over shit, to be doing something you can be proud of every day is priceless. It's funny, my friend Chels said to me this year: "That's the thing with you Tasha, when you put your mind to something and don't let anything get in your way, your unstoppable." Another girl in work called me a 'go-getter.' The thing is though, I really want consistency. I did finish the competition and I actually fucking won, I won against a girl who was World Champion, madness I know! I think it really overwhelmed

me to be honest, my body and mind went through a lot and it's a hell of a lot of adrenaline and excitement. But like I say, my body and mind went to the extreme to even finish it, never mind win it. I was really poorly after the competition though. Burning the Bipolar Brenda and Tasha firestick at both ends had caught up on me massively! It had come. The high had been here a little longer than normal and it was time to crash. You ready? Nope? Tough shit here it comes! However, I personally don't think it was the best thing for anxiety Annie, Manic Mandy on absolute mad one. Drinking, sleeping with one of your ex's best mates, both your ex's and a fair few in between. The low was coming, and it come hard and fast.

Honestly it was one thing after another and was really hard for me because lifting weights really kept me sane and then – surprise, surprise! - made me ill. I just felt so low, I had crashed, and I fell of love with the thing that had been my saviour and aim for so long. I wanted to give up. Anthony said, "I think your very talented Natasha, and it would be a waste not to do it. It's a once in a lifetime opportunity." He really believed he could get me to the Worlds, and I will do it, that is if I can apply the same focus again. That's the consistency thing again though and Brenda doesn't seem to like consistency does she? You know what though, my aim for the comp was to deadlift 120 kilos when I had never even pulled 110 kilos. One day in the gym in training, weeks before the actual competition, I pulled 110 and 120 straight after, honestly I have never been so proud of myself in my little life. I really wanted to get the 130 kilos at the comp but I managed 122.5 kilos. I

just wish I didn't worry about hurting myself and the fear of something going wrong. I feel like I lost the fear for a while, but after the comp it come back again, and so did the doubt of my ability with it. I suppose it's like bipolar though, you just have to keep facing it head on or it will eat you up. Or you'll fall and die with 120 kilos across your tits, on your fucking back.

I really want to refocus my energy because I had an assessment in the Summer, and they said I was in a manic phase, my speech rapid and advised that I see the pharmacist to discuss medication again. Those reports make me laugh when they describe how you come across to them and the antics you tell them you have been up to. Seems so much worse when you read it on a hospital letter: 'Natasha has been drinking, spending a lot and having excess sex in the last few months.' Wow! You don't want to leave a letter like that hanging around for people to see do you! Fuck sake. Imagine it got posted through someone else's door? They should send those things recorded delivery! I want to refocus my energy on Louis also, stay off anti-psychotics and have a little bit of balance with more water and less Prosecco. It's quite sad though this year, as Ethel hasn't been too well, so I haven't seen her for ages. Maybe that's what sent me off the fucking rails and into a manic 'Randy Mandy with the morals of Jamie!' I just want to go back into my healing bubble, I am sat here listening to the rain outside with a candle after a really nice meditation. See I really do sometimes love when I feel like

this, I appreciate the small things in life, the quiet when everything isn't so loud and crazy in my head.

It's the last year of my 20's, I really do want to be settled, stop making the same mistakes and have a normal functional relationship with no lies. I really want to get my mind back in some sort of normal state, this year has been high speed, fast, manic and wild. A lot of people seem to have had a bad 2017 but I seem to have dealt with it with Prosecco, sex and powerlifting.

We'll see next year I suppose when I trail through 2018, I will see if I make it to the British and Worlds for powerlifting, if Brenda lets me. I really think the key to life and bipolar is to have purpose. I think we all need something like a hobby or interest to keep us on track and out of the mental health hospital, and I suppose mine has become even more powerlifting. I keep thinking about death, not with anyone else but me, my death. I keep thinking that one day I will die. Understanding. Maybe it's just symbolic to push me to do more things? I pray I will be OK and that I can keep Brenda in her cage, on her perch. Makes me laugh actually how Anthony described me before the comp 'You're like a little Pitbull, I am keeping you on a lead and I will let you off the day of the comp. I suppose I have defiantly been called a lot worse over the years

When I won the competition, and Louis stood on the little platform thing, he looked up at me and said, "I am so proud of you Mamma, I knew you would do it." You know what, for the first time in my life that day I thought I had actually succeeded at being a mum, finally, and a human being. He's proud of me. It didn't matter what anyone else

thought, I didn't even care about the medal, nothing compared to my little boy looking at me and saying that. I have from that moment on made it my aim to keep trying to do that because he deserves a mum he can be proud of, he really does, because I am so proud of him and not because he's from me, but for who he is in his little soul. So even with the assessment at the psychologist and their kind words of trying to get me back on meds, I made another year out of hospital and I'm still here to tell the tale even if some of it was a little embarrassing. Fuck it though, I know where I went wrong and no-one's perfect, especially not fucking me. I am just trying like the rest us are. Well, winging it, I suppose.

2018 - 'ALL THE WORLDS A STAGE"

This year started really well for me as I achieved a childhood dream, and also where my life fell apart. I am getting closer and closer to the bone now. I am still dealing with things that happened in 2018 as it carried into this year.

However, looking back at the notes I made in my journal, I think I probably am a little hard on myself at times, because even when I am really struggling with bipolar, I still always manage to achieve something. I think that's something we really overlook when we are going through hard times, we look at all the bad, and none of the good that do we. I forget how strong I can be and how much I fight to keep going. The journal I have for this year is pretty negative because it was written at one of the lowest times of my life, I have been dreading getting to this point because I know it's time to open up now about things that are still too painful, that I still think about compulsively. It started really well for me, and I was happy and balanced. I had the best time with my friends, even if I was still obsessing over my phone and Jerome.

I have learnt that when someone tells me the truth and it is what it is and then leaves me alone, I am perfectly fine, I just crack on. Makes sense. That is a major lesson I have learnt this year. I think it's just the way *Bipolar Brenda* is though, she needs to understand every aspect of something or know right there and then the answer, because well if she doesn't she will just torture me until either something else takes her attention or I manage to kick her to the curb. I do feel though that she stores painful things and holds my insecurities and the things that bother me, she will bring them up when she wants attention. I really think that's one of the reasons it takes me so long to let something go, mine and Brenda's mind has to be fixated on something, constantly rushing to change the world in one day.

When you put your mind to something with this illness which is positive, you are like a dog with a bone. That year I wanted to make my back better. I was in horrific pain with my back, which was stopping me lift weights like I wanted to and triggered me into feeling low. I am really grateful for the Osteopath's help and Anthony's care. I did his fucking head in though, stinking his gym out with Tiger Balm! I had developed a disc problem and became obsessed with fixing it any which way I could. Creams, pillows, belts, chairs, private scans, the lot! God knows how much money I spent on things to make it better. I even wore toe-separators, and I have awful Hobbit toes as it is, so I didn't want to draw more attention to them. I even started swimming – well, walking in water at first because I can't actually swim. I went to a local swimming baths, a public one, it wasn't for me. I could only go in the shallow end as there were weird men with hairy backs, and it all stunk of piss.

*

January 2018

I have had the best birthday weekend with the girls, they really went above and beyond even with it being a January

birthday and I have started to make my weight for the British qualifiers, so I treated myself to enjoying myself. It's mad how things change in a year, Jamie and I weren't even talking this time last year, and this year he asked me if I wanted to go for food, but I said I had a packed weekend planned so declined.

I feel like I can be mates with him now and it's so nice for me that I can be, especially after all we have been through. He texted me before, saying 'you have done something to me today, I felt like I have wanted to be with you all day'. I didn't really respond, didn't know what to say. He does things for me all the time, once he drove all the way to Didsbury to pick me up whilst I was out on one of my mad ones, had me pissing down the side of his car! I wonder if we will always be in each other's lives now because we never go a couple months without speaking, he even listens to me go on about Jerome! I don't feel bad towards him anymore, it's like all he did to me has gone and I just see him as one of my best mates. I am just really looking forward to the British now, but just worried about my back because it keeps going tight when I walk far, I hope I haven't done anything to it?

If I am honest, I will always regret what I did to Jerome. I have learnt lies are the worst possible thing for a human being's mental and emotional state. I know lies have sent my mind into some of the biggest bipolar spins. My mind fixates on things, so you can imagine how it sends me when there are lies and betrayal involved. I don't know how a 'normal' person feels when they have lied or have been lied

to, but I know that for me it triggers me into a bad mental state, especially when the truth is never the truth.

*

2018 journal

With my back injury still apparent, it really consumed me, I kept thinking I had pulled a muscle in my bum. I was going to the Park Life festival and I was in so much pain I knew something wasn't right. It didn't stop me trotting out in bright pink hot pants and dancing away in the rain, but it did stop me doing my yoga, which I think really did have an effect on me. I had to also change my whole training around. I still managed to step up on the platform though to qualify for the British.

I will never forget that day, my mood was really starting to drop into a low, I had also lost a lot of weight very quickly, which probably wasn't for the best. I went from 64 kilos at the start of December to 54 kilos in March. I wasn't feeling good, I could feel Brenda creeping in. I remember feeling really upset because Jerome hadn't messaged to wish me luck. It didn't help either, when

I got a message off Jamie asking if I had won. Yeah, I fucking won. He called me 'a beast'. Ant said it took balls to fail my warm-up lift and still step out on the platform. I will never forget his face, when I couldn't pull my opening lift in the warmup area. He went white and look like steam was coming out of his ears. He pulled me to one side 'Tasha

get a fucking grip of yourself and sort your head out'. If he tells you to sort your head out before a lift, then you sort your head out.

It wasn't my best performance. I qualified by the skin of my teeth and to be honest the weight cut made me feel so ill, especially the refuel after it. Have you ever eaten five big bars of Cadburys chocolate and six meals in one day? Well, let me tell you, it wasn't pleasant, and I don't even like chocolate me. I just knew then I wasn't going to finish this time round, I didn't see myself getting to the British. But it was amazing getting the email saying that I had qualified for the British Championships and selected to represent GB at the European Championships.

*

September 2018

Jamie came to watch the Anthony Joshua fight with me and some friends, and it was a good night. Anyway, I ended up going to the flat with him to pick up some 'balloons' for a buzz. I had been in the flat just once since his baby's mum left and I didn't like going in there as it brought back too many memories, so I waited in the car. I then, of course, ended up going inside and sleeping with him, which was also the worst sex I had ever had in my life. Fucking typical Tasha!

Even in the car on the journey back, his phone kept ringing. Now, I don't know if it was the fact I had now his 'devil dick' back inside me and I suddenly switch to psycho mode, but I was furious he wouldn't answer it. It was his 'mates missus', apparently. I was on one, and I so annoyed at myself. I hadn't slept with him for over 18 months, and it knocked me sick. I woke the next day feeling like death, to a message off him asking if I was OK? I didn't reply until late and said I just couldn't be arsed doing this. I don't hate him, but I don't want to end up caught back into what we had. I was soon over it, I just remember thinking he's definitely not for me anymore, it made me cringe inside.

*

August 11th.

A little note to myself.

'When you have physical setbacks from doing what you love, the only thing you have is the strength of your mind. Don't look at where you are, look at where you want to get back to. No matter how slow it seems keep taking those steps forward. Eventually your body will catch back up to your mind, but you must keep your mind strong and your energy right.

Looking back at the years I spent on and off with Jamie he's never ever been out of my life fully, even now, when we don't talk anymore, his energy

*

17th October 2018

I went training tonight and I feel like I am getting my confidence back. Jamie messaged me while I was in the gym asking if I wanted to go around to his for some tea. You know what, it's brought up shit tonight. I am starting to feel uneasy about this since Summer, I don't get why he keeps popping up so much. It's all starting to remind me of what he did, and I don't want to go back to those feelings. Also, he always seems to pop up and know how I am feeling without me even saying anything.

My friend Deana's Nana had died, and it's made me think a lot about things, but it's also made me realize I have become quite hard I said to him. I don't know why I always seem to open up to him still, like I always feel he's there when I need a shoulder. I started to pour my heart out saying how I think I will be on my own forever because I am so wary of men now. He said I make bad choices when it comes to men, and he wasn't in the position that he should have been when we met, and that he was not using that as an excuse for everything that went on, as it was a 'bad foundation'. A bad foundation! You sent me even fucking more insane than I was to start with and lied to me more than a beeping fucking lie detector on Jeremy Kyle. Bad foundation! There was no foundation!

He said, "Don't worry about it though, you will be fine".

I said, "You were a bad choice though, you fucked me up bad Jamie! Jerome fucked with me but not as bad as you, I just think you was supposed to love me but thinking about it neither of you took my mental health or best interests to heart."

He replied, "You have to understand, I didn't know you when we met, I didn't know how you would act over certain things, I was oblivious to it all, it was a bit of a shock, I broke up with the girl I had been with for 5 years over it, I didn't know if I was coming or going. My head was fucked with it all too!".

"You knew after it though, and you still did it again and again. How would anyone react when you've been lied to?", I replied. I am sure even the most stable person wouldn't take well to finding out you're being lied to and mugged off.

He said, "I am really sorry Tasha, for the way I treated you. It was a mad few years, and I apologize you got hurt.".

I started to think about all the shit with everything then and it just made me question as to why people lie to the extent that it can actually cause you to go insane? It's not fair because now I will never trust anyone again. I have a negative view on men now.

I said to him, "I think you both did me dirty, you more than anyone. The two people I loved both hurt me and came in and out my life leaving me hanging. It's hard for me because I always thought you were my best friend, and I think, looking back, it was all fake". He said to me, "You think I treated you bad, but you were never squeaky clean

yourself, you told me you would always fuck me off for Jerome". Fuck sake! Is he for real? He had a baby behind my back, and I stood by him while he continued to lie to me after it. I might not be squeaky clean, but I haven't ever lied to him. If anything, I have been too honest with him. It's my own fault because I have always thought he has always not liked the fact he saw me obsessed over someone else and I have felt he has just wanted to prove he could still get me back and I told him that. He's dangerous for me to get close to and, I don't want to, and I feel these conversations are bringing up old feelings I felt I had let go of, I am sat here replaying shit from the last five years in my head. 'I don't want this', I thought to myself. 'I don't want to get hurt again'.

That night reminded me of how insane he makes my mind, having spent just one day with him, and soon as his phone rings it brings me right back to where I was years ago. It's not that I am arsed about who it is or what he's been doing, I can't ever trust him no matter how much I have ever tried. He said that it would have been nice to go out again until I turned sly. I am sat here, head twatted, as he's got me thinking over and over about it all now. Fuck this! I finally said to him: "Listen. This won't work and we won't be having sex again. Then he comes back with, "Well that's sorted then! But, I will tell you why it won't work because you can't let go of the past, I don't think you ever wanted me 'Tasha".

Oh, here we go! No, I never wanted you. I just stayed around for three years while you lied to me all the time, broke my heart and humiliated me when all I wanted was a normal relationship which you couldn't give me. I can't be fucking arsed with all this as it just triggers me right fucking off. I shouldn't of fucking banged him, now fucking look at the mess I'm in!

I told him I have been happy this year, working on myself, I don't want to be getting caught up in old shit. He messaged again, saying 'I want you to keep working on yourself and I want you to be happy'. I just thought we were mates and it was done? All this is fucking with my head. So, all this time he's kept in touch and done things for me because all he wanted me to choose him over someone else, he didn't like that I was seeing someone else. This is absolutely fucked! I feel like it's all been part of a plan this now. I don't need to go out for meals with you, and see how things go, because when I do you just back off as soon as I get my hopes up. It's not fucking good that I have gone a full year with no major episode, and I don't want one either.

*

Looking back at this I could fucking kick myself with a toe-boot straight in the fanny. I was back seeing him again. If I could go back to this moment last year, I wouldn't have responded to him at all. I ended up going right in on him, and one thing he hates is bringing up the past, but I felt like all this was because he didn't like that I was seeing someone else.

To be honest, we are both the same with this, we don't want each other but don't want anyone else to have each other. It's not healthy, we were never healthy for each other regardless who was right or wrong, there was too much water under the bridge. I know this part of the book is going to be the most difficult for me because the universe must have wanted to teach me the same lesson, but a million times worse. I have had to look back at messages and see how I ended up back here, I am still accepting what's happened in the last twelve months with me and him. It's been hard because I still can't make sense of some of it, I still replay things over in my head. I fucked up. I was up for a lead in a new TV drama and what did I do the night before? Get smashed and bang him all night.

You know what I messaged him, and I deleted the messages because I thought I can't see him tonight I have a big chance with this part. I felt, and still do feel like it was a test to see if I was ready to let the past go and take the future of what I really wanted, what I had always wanted. I chose the wrong fucking path I really fucking did. This year could have been so different, but he would have probably still always been in the background. Maybe, I needed this one big last lesson to keep me away from him one last time. Although fuck me, did it fuck me up this time! I felt like someone else was on the scene, I could just feel it. Then I convinced myself because I went back to him that I won't get my part now. You know when you are doing really well, I was flying in 2018 with my acting, never have I done so well in such a short space of time.

Why did I go back to him! I remember Reece said to me that he thinks that 'everyone is guilty of it when you start to do well, it's like you get scared of success and self-sabotage'.

*

10TH November 2018

I was in the fucking TV Times this week and online on Digital Spy!

This week has probably been one of the best weeks of my life! It feels so nice to write that, it really fucking does! I am on a total high this week and I feel like it's a natural one, not a 'Manic Mandy' one. Honestly watching yourself on the show you have wanted to do since you were a little girl was something else! Since May, when I decided to get back moving with my acting, everything has just gone my way, and although I haven't got every casting I went for, I have reconnected with the people I needed to in the industry.

*

I was flying high; my episode of Coronation Street aired that year on Bonfire Night. I looked up at the fireworks this year and as they lit up the sky thought to myself: 'Keep aiming Tasha! Keep going and lighting up your sky, baby girl. You got this.' I was present in the moment and I just wanted to stand and watch them and remember that moment. I will reach for the stars and light up that motherfucking sky, stay on my own shit, run like fuck after my own dreams.

*

November was the best month for me, but the beginning of the Xmas celebrations came crashing down around me. I'm not even going to lie, for what I now have to open up about I will be having a Prosecco, I need to as this is getting to my fucking core. I went from being so happy and successful into the worst twelve months of my life, literally, and I am still going through it. When you think you're out of the war and you're healed don't be fooled, that's what I have learnt. Don't be naïve and dance with the devil again, and think it will be any different, because it never is. It brought out Bipolar Brenda, Emily Rose and Harley Quinn all mixed into one in full force! What's coming next isn't pleasant, but it's time to face it now.

I was sat at my mates and I said I haven't been feeling right me at all, feeling really sick all the time. He said, "You might be preggers." I just started laughing.

"Definitely not."

I went about my day getting my new living room bits from Dunelm Mill, but it was playing on my mind. I took a test to make sure, left it on the side and was happy and content putting my new lantern together and my new wall fairy lights. I went back into the toilet to have a wee and didn't even think about the test. As I picked up the loo-roll I glanced at my test.

Pregnant. 3 weeks+.

You know what, as dramatic as it sounds, my life has never been the same since that fucking piss! I didn't even realize it's exactly a year this week as I am writing and looking back at all this. I have been writing this book for almost a year and it's only now I can talk about this? I don't even know the answer to that question.

My head went, obviously, and whilst 'he' seemed more interested in sorting work stuff out, I really didn't know what to do, I went to the shop and bought three more tests to double check. He just acted like I had told him I had constipation or something!

"Thought you had the morning after pill?"

"Yeah I did."

I felt like he was accusing me of not taking it. My head was fucked. He did say it was my choice, I won't sit here and say he was a cunt about it, at first the thought of an

abortion wasn't sitting even in my thoughts right now. I had my son at 21 and on my own, I was in a better position now than I was then and I also didn't feel it was something I I could bring myself to do. When I say it triggered my mood, I mean it triggered my mood. Anything he said or did wasn't right, I just couldn't control myself at all.

Him: "All you have done Tasha before you even got pregnant is push me away."

Me: "Because I know that as soon as I let you back in you will hurt me so I may as well push you away so you can't hurt me. You have hurt me too many times."

Him: "I know I am sorry I was a cunt, I loved you don't think I didn't. I just don't want us to get into a situation where we end up hating each other. You know I am not a cunt intentionally. I am sorry for the way I have been in the past."

I told him to go and drop a plate and say sorry to it,

Him: "I know what you are getting at, I understand the reference to the plate we have both hurt each other Tasha. I am not sitting here analyzing the past five years. Don't destroy people you love. You have done and said horrible things to me Tasha."

Me: "Yeah I have always had to treat you that way because I show I love you and you run."

Him "Yeah but you don't love me anymore, you have told me that. Me and my Baby's mum are not together, we got pushed together and I am happy on my own now, I am run down. I like my own space and have stuff going on you will say is bullshit."

I felt like I was back to three years ago and all what he had done was coming up inside me, it's like the wounds I thought I had closed was getting raw again. I don't know if it was my hormones, Brenda or what, my head was fucked. He was right I was never going to be able to trust him and I was right not to because what came next, well put it this way the new relationship he's in now I seen it all coming, but the bombshell I got a week after finding out I was pregnant was in his own words 'a whole new low for him.' That's when being pregnant, bipolar and having a bad past with someone will tip anyone over the fucking edge. Honestly, I feel like saying you can't write this, but I suppose I am and it's helping, it's uncomfortable but I have to get it out now once and for all…

*

5th December

I have had a right day!

I am worried now they can't see the baby on the scan, and I have had murders with my friend Lauren. I know she's never liked Jamie from back when we fell out over

him sleeping with her mate behind my back, and I was horrible to her. I just can't deal with it right now, anyone saying anything. I haven't had any really bad mood changes this year and I am starting to feel like I am slipping. I don't know if it's hormones, but I won't deal with an episode as well as being pregnant. I am worried now, what if it's in my tubes?

Why the fuck is nothing ever straight forward for me? This time last month I was on Corrie, and now I am sat here pregnant with my ex, and I don't think I want to be with him, but at the minute I don't know what else to do. I know what he is, I don't need people telling me what he is right now, it's not going change the situation I am in now is it? I don't know why I had this feeling he's been seeing someone I know, and anyway, I was fucking right. His baby's mum's best mate tried befriending me years ago, I thought she was awful. She basically told me everything about him and his baby's mum's private life. They ended up friends, even she would stay over at the flat. I don't know who I feel worse for, his baby's mum or myself.? What the actual fuck, my head's gone and the worst of it is he seems really caught up with her, he's talking to me like I am some agony aunt. He realizes he's fucked up and she's not a nice person and only wanted to hurt his baby's mum. She has basically turned on him saying she's going to tell his baby's mum and me!

What on earth have I got myself caught up in here?!

Fuck he always comes back to me with drama and baggage. You know what's got to me, he seems really caught up over her, like I have never known anyone to get to him other than me and it's hard to listen to. He said she would block him and unblock him, I used to do that. He's even asking me if I think she's been seeing someone as well as him, and that's why she's turned on him as a way out. A way out? What the fuck is going on here? You've been trying to get around me since the Summer and you're seeing your baby's mum's best mate? I told him he needs a therapist!

"I think I do. I just fuck things up with women, I am sorry Tasha you have been dragged into this, she might message you, she's threatening to tell you and my baby's mum."

Well, I will fucking message her before she does! I am gutted I have fallen out with my friend Lauren again over him, and he's been doing this.

"I am sorry Tasha I am gutted I didn't want this.

"You never fucking do Jamie".

"I am never going to fall out with you Tasha, I have fucked up thinking with my dick again and I have been played like a fish."

I asked him how long it had been going on. "a few months." I can't cope with this, he's not changed at all, he's fucking worse. I told him I really thought he'd changed, and he said:

"I know I am sorry I don't think I am cut out for this relationship life."

I replied, "Why? Were you in a relationship?"

He said, "No I just mean girls."

I said, "I would have had you back you know, but that night in the car when you said it was your mate's missus ringing, I knew then you hadn't changed."

"I know, I am sorry I realize how much of a mug I have been," he replied. "She used to say things to me only you would say, I knew she used to speak to you."

I told him, "Well, isn't that enough to know she's not a decent person, she tried to befriend me and told me all sorts about your baby's mum."

I knew he was caught up with this one though, I won't lie I didn't like it especially when he said "I can't lie, as I did have feelings for her"

I think she did play him, I thought I was crazy, but she's played a blinder here at getting at him. He said she said he's

a little bitch and she feels sorry for me because he's a cunt. Well, he can't be that much of a cunt if you have been bouncing on him for months, love! These girls seriously! I am sat here looking like Peppa Pig. He kept going on, and the more he went on the more it was getting to me because I was getting jealous. I have never heard him be like this over anyone only me. Wow, this is a fucking bad mess this! It's just made me think that now if he can shit on his own doorstep like that, to be this sneaky to the mother of his child, he can do anything can't he? He's capable of anything and I am sat here carrying his baby. This was going on the whole time he was messaging me telling me I don't want to work things out because I don't trust him and all along, he was hooked on his baby's mum's best mate. He said he realizes she's not who she is from talking to me, but how I am I back here now? He upset me so much, I was with him when he had nothing and he's telling me how well he treated her. It fucking got to me bad, now he's got money he's not the same.

Using it to impress girls that don't give a fuck about him.

*

Looking back at this is really hard for me because this sent me loopy, I got obsessed with thinking he was still seeing her, this went on for the whole of December. See I was done with him, I knew it in my heart. I was gutted he had done this, more so that he could do it to the mother of his child and that girl could do that to her friend.

I am so lucky that I can, hand on heart, say none of my girl mates would do that to me. Can you imagine how that must have felt? I look back and think how I ended up in that mess again, it's the same scenes with completely different characters. His ego had been really damaged on this one, he couldn't seem to shake it off, I know him, and I know when someone or something gets to him. He kept saying 'she's took me for a right mug'.

It sent my bipolar into a spin, I went from sticking up for him to turning on him, I was consumed by whether he was still talking to her or not. You know what, looking back, I don't think I would have been like that. I have to hold my hands up and say I didn't like the fact someone else had got in his head. I was just giving him abuse 24\7. I was struggling with morning sickness. I was retaining water like a blue whale. He's only ever hit me once years ago, and that was when I left him and that was it for me. Well, I say that but clearly it wasn't as three years on I was pregnant to him obsessing over what he was doing and if he was telling me the truth. I had been arguing all day with him and he turned up here and belted me round the head. It was bad you know, in front of Louis and my mum, he just lost control. I pushed and pushed him that day, I will not say I didn't, but I was pregnant. You know what, how fucked me and him were, we were sat eating pizza the next night! Looking back at all this, we were no good for each other at all and he definitely hasn't been good for me. My bipolar had come in full swing, plus hormones, and I decided while not in the right frame of mind,

I had to have an abortion. I just dropped it on him two days before.

*

Monday 31st December 2018

Please, please let this be the last year of feeling like I am total fuck up! That love is painful and all it ends up bringing is rejection. Is that too negative? This is the last year of my 20s, and I have not had a healthy relationship in this past decade. Please let this be the last, I just want a normal loving relationship. I can't go on like this anymore. It's hit me harder this because I turn 30 in a few weeks. I had potential and now what? I don't want to settle. I just want someone that I want the same thing with. I am too much aren't I? I can't take it anymore, the lies. Why is there always someone else? Why am I not enough? Why is there always someone else? You can probably tell by this, that like a fucking idiot I got back involved with Jamie. I hate myself. I have never felt this bad for so long, I can't see a way out and I just want him, that's all I want. I don't get why I am back like this and I am so low but my mind's racing at the same time. Fuck this, I am going bed.

*

31st December 2018- Instagram post

You know what, even with all the ups and downs, I achieved a childhood dream, my agent saved me and give me the best 6 months of my career in 2018. I went into the new year with an ex, and ended the year with one. Lessons learnt, and I am much better when I am in the gym and acting a million percent, I like dancing with the devil clearly. Blessed to have the best mates and family ever, some of you have really pulled through for me this last month and I am forever grateful. No one is perfect, we all have weakness and we all repeat the same mistakes. I don't judge no one, just always listen and be there. In 2019 I just want consistency on the right path please. P.S Everyone needs a therapist, and a dog.

*

Looking back here it makes me laugh, wrote on the same day but very different really. Ever heard that thing where they say Instagram vs reality…

I have been putting off writing about this because from this point I lost a part of me and I won't ever get it back. I have dealt with it. I don't live in guilt every day, but I still regret it and I always will. I was insane. if he thought I could be 'Emily Rose' before, then he had seen nothing. I was seriously about to give him weeks of hell. I was in the worst mental emotional state I'd been in in a very long time. My heart was hurting, I was riddled with guilt, I couldn't sleep, I couldn't eat, all I wanted was the one person who had helped bring me back to darkness and put me back on the bones of my arse. The worst part for me was not that it was over, because it never really started ever with me and him, as we were doomed from the start. Although I thought he would always be there for me, now looking back he was only there when it was beneficial to him, which hurts me still. I think what hurts is that you would never leave anyone the way he left me.

'SHINE BRIGHT MY LITTLE BABY GIRL'

Would I have had an abortion if I was in a normal mind? Honestly, no I wouldn't have.

I was bi-ping my back out the whole time after finding out I was pregnant, it was just one thing after another with him. I wasn't in the right frame of mind mentally to make that choice and that's not me making an excuse. I wanted her, I still want her, and I will never forget those 48 hours ever as long as I live. I went from four weeks prior to facing a fear and getting back up to powerlift with a bad back, to be sat in a waiting room with my ex that had hurt me more times than anyone to have an abortion.

He picked me up that morning and first thing he said to me was his mate was back, the mate that had been liking my Insta pics. Really, Jamie! It was the worst experience of my life. I had to come home and sit and wait for the baby to die basically. I knew his mind was somewhere else. He went to get food and was gone hours. I was that paranoid I thought the coat he said he had left at his baby's mum's best mate was the one he had come back in! When the pain started, he had gone again to pick up his son. I have never felt pain like it since I was in labor with Louis and it was breaking my heart, I wanted it to stop. I wanted to tell them I had made a mistake and to please stop this. I couldn't though, he came back and brought me painkillers and I remember being curled up at the bottom of the stairs. I was helpless. I was in total despair and he just walked out the door and left me there.

The worse thing about it is even the pain feels like labor pains, when they finally stopped I didn't have a baby at the end. I had nothing.

He came back with his son, and I saw him sat there with his little boy whilst my baby was dead inside me. You know what though, that little boy brought such a smile to my face it was strange, as if had brought me some peace. He left and I woke the next day to no message, no phone call, nothing. Then it started, weeks of arguing. I went to the toilet the day after and looking back I think this is what sent me into a shit crazy spin of uncontrollable despair. Luckily Deana was with me, she's my 'browning' and she's pretty hard. I've known her 11 years and only seen her cry twice.

The little fetus was on the toilet seat.

That was it for me, I was hysterical, I truly lost my shit. I know it wasn't me being soft, because Deana was in bits as well, and trust me, she's not one to show emotion at all. Looking back, this is where it set me off into what I would say was the biggest *Bipolar Brenda* episode. I was constantly arguing with him until Christmas Day night, and as I went around to try and make things right, I ended up sleeping with him again. I never wanted him back really, but as soon as I became pregnant, he was all that I wanted and all he did was push me away. I lost my shit with him every day, I was in pain, I had this 'little thing' in a box. I felt like a murderer, I couldn't deal with it. If it wasn't for my cousin who has always been like my brother, I think I would have been sectioned. I felt really unstable for the first time in years. I was drinking. I couldn't sleep or eat. I was in utter despair and all he could say was that I was pushing him away. I never wanted him back, too much had happened, but I needed him, and he wasn't really there for me. I learnt not long after why he wasn't.

He was clever though because whilst I was still accusing him of seeing his baby's mum's mate, it took me off the scent that it could be possible there was a 'side dish'.. You know, looking back he always hates me because I expose him when he does wrong and says I hurt people, I have learnt I would never warn anyone ever again about him because he gets around everyone he meets. I believe people should know the truth, but I have learnt that you can only find out yourself about him and even when you do, you still go back.

We started to get on a little towards New Year but before that I was insane. I remember he went out one night and his phone was off, it reminded me of years ago. I turned up at his flat steaming booting the fuck out of his door and his neighbor went "he's clearly not in!" No shit, Sherlock!

I was going mad throwing my little box about with my baby in. I had put her in a little box, I needed to bury her, he said he would come with me to do it.

"You're unstable Tasha, you're having a bad episode, I can't have you around my son like this." Go and cry on your own you're a bipolar psychopath, ask yourself why I have left you on your own this week acting like this.!

What a fucking joke! The same son he brought here at one week old, and after he had him behind my back and left me, but I am the unstable one? Yeah, actually I was. I needed you and you left me with the excuse was I was pushing you away. I am not running away. You're pushing me away I was hurting, I was lost, I was lonely and you know what the saddest part is, I went back still and spent Xmas night with him, then argued until New Year until he got the answers he needed over his baby's mum's mate from his mate, that she had been seeing other people. Was hard for me because I could see how much it was bothering him, he said he thought it was an ego thing.

To be honest, Jamie I have learnt this year everything is with you, even the relationship now is based on it. I don't think he really knows what love is, and if he does, he loves everyone. You know what, even I am questioning if I loved him or if he was just an addiction? It's funny, looking back because as soon as he got the answers about her, he was being all nice to me again and messaging me. He must have accepted she was done and that was over. I was an idiot, but I was empty, I was broken and all I wanted was for him to take this pain away, but he couldn't, and I know that now. I just felt every time I was near him it took the pain away from what I was feeling. I was out of control after the abortion I really was, I know that now it triggered me bad. I don't know how someone who doesn't have bipolar would deal with it. It took months right up until my Ibiza Kundalini trip, and a reading from a clairvoyant as well as a confession with a priest to take away some of the guilt I had been carrying. I buried my little girl alongside my own Nonna, and I felt more lost. I remember Jamie saying that 'it's probably nothing more than a little bit of tissue.'

That's all she was to him at that moment, but to me she was already a part of me. I don't care how fucked that sounds and writing this it's bringing it back up for me regardless of him and how bad we are for each other. If I never see or speak to him again, I will always want my little girl.

We were fine at New Year and getting on better. I had switched into Manic Mandy from Boxing Day. I remember a week into New Year he said to my Mum

"I love her you know"

"I know you do, but you won't ever change." Was my Mum's reply.

I spent the night there and it was the best sex we have ever had in a long time. Happy New Year!

"You know everything now though, and there is no one else. You're not second best, you're just saying there is someone else when there isn't, and I promise you Tasha. It's hard, I know what you deserve but it's hard with you being so paranoid."

Was he telling the truth this time?

2019 - MORE SOUL LESS EGO.

I wrote 2019 as I went along because this year, I have learnt so much, but also wrote it at the worse time of my life.

My confidence has never been so low, but my final journal is never done till the 31st December. However, I am writing up my journal a week early and putting it straight into this book. I promised myself this book I would share all my journals and that's what I have done. Even if I have repeated myself at times, and I am guessing I have done that a lot! But, this book was never meant to go out as some sort of self-help book. Although at times I really hope some of it has helped you. I hope it's entertained you, made you cry, made you feel and most importantly made feel more acceptable of who you are. That's what it's done for me. I didn't see when I asked for more soul and less ego this year that's what I would get, but it's been messy and very painful. I wanted to change so badly because

I didn't want the next decade to pan out the same. I got so tired of the same shit, my same shit that it was time to get it all out and look back at it all. The mental health, the relationships, friendships, excuses I made as to why I was still repeating the same patterns over and over again. It allowed me to see what's important in life and what's not. It shown me who I am, the good the bad the ugly, and all the rest in between. It's been the hardest therapy I have ever done but it has shown me where I want to go and who I really am. I want a book I can look back on in 10 years that gave me the push to be better and do better for me and my son. I will not be ashamed of anything in this book because it has brought me here today, and I am still learning massively. My aim is that everyone picks a journal up after this and writes in it all of the pain and the glory they endure. Despite my illness and fuck ups, it's made me see that, deep down, I am magic, and I have achieved more than I thought even with *Bipolar Brenda* in toe. My wise Uncle John once said to me, weeks before he died, that: "There is something very special about you Tasha, I don't know what it is I can't put my finger on it".

It wasn't till years after I learnt, even up until this day right now, that maybe I am special, and I am magic. 'A genius by birth, and bipolar by design' as Stanley Victor Paskavich so rightly said.

I have learnt something huge as I have written this book, and that is to always cut to the chase. I have to be honest at all times and share everything with you.

I was really good friends with a lady in my gym, someone I really thought a lot of. However, looking back on these journals, I wrote, I don't think she was my friend and to be honest looking back I didn't lose a friend, just like I didn't lose Jamie, I lost people that was never meant to stay. I am totally fully at peace with that as I embark on 2020. Like always though that was not always the case this year.

*

January 2019

You know what I don't get Jamie after all these years, after all that over Christmas, New Year, New 'big dick energy' as he calls it. Time to move forward, no more secrets. He tells me it's best we leave it. Although we have still been talking 24/7 and he keeps telling me how Claire, his baby's mums' best friend, didn't actually mean anything and he just got caught in a spin. As hard as it is for me to say this, I really don't think it was. I have never seen him so fucked up over anyone other than me. He brought things up about her that's really upset me. Telling me how he banged the life out of her on Viagra a day after we had sex on it. Why would he say that to me?

He kept apologizing for not telling me about the £300 cat he bought her, how he didn't want to add insult to injury, that I know everything now and again how sorry he is. So, why on earth tell me he was banging the life out of her on Viagra? I don't know why I am still holding onto all this; I don't feel great at all. One minute I want to be with him, one minute we are laughing and reminiscing. The next I am paranoid to hell and getting him to send me his location. I can't seem to shift these thoughts out of my head. I don't know if it's because I am not sleeping well, and I feel in a low. He seems to set me off every day and just tells me I am paranoid. I love it when we get on, but then the old thoughts creep back up in my head. I don't know if I am just holding onto him to stop me facing the abortion, because this time last year, I didn't even send him a New Year's Eve message. Already a few days into the New Year and we are fucking

like rabbits after being up and down with each other for the last month. He seems distant since he has gone back to work. He said, "I can't do right for doing wrong with you Tasha, I don't want to be questioned, its hard I know I have done wrong in the past. I just shut my phone and went to bed. I don't know what I want, I don't know if I do still want him or its just because I feel lost since the abortion. I am not feeling good, I can feel myself mentally and physically feeling tired. One minute he is telling me this, the next its 'look at how you treat me at times Tasha, you go out your way to ruin my life'. I have slept most of today.

I said in 2016, that I would never go back there, the thought of it knocked me sick. Maybe it is me overthinking things? I haven't felt right since the abortion.

*

Looking back at this journal was hard, because I read it thinking I actually did believe there was no one else, that all that with his baby's mum friend was over and I was just in pain over the abortion. I look back now, and it knocks me for six how much he can lie and convince me I am going insane, more insane than normal. I must have known deep in my gut all this was wrong, being back around him. Its only through doing this book that I have seen the pattern of him. What came next out of it all broke my heart more than it already was, took my confidence, but most of all took my coping safe place I always ran too. My gym. I needed that place more than ever this year, but this one was the final nail in the coffin for me fully. I couldn't leave it out as much as I really wanted too, because the book is based on journals, me facing them and baring my all. Now despite how this is very raw, I sit here very different to the girl in the journals ahead, and for that I am proud even if it has taken me a book, the worse year of my life and more pain than ever to get here

*

January 2019.

A fucking week into the new year, and his done it again to me!

I wasn't even out of bed long. I have slept most of the day. My friend who I train with has told me that her relative has been seeing Jamie. She told me he's been seeing her on and off for 6 months. What the actual fuck!

It didn't sink it at first, I couldn't believe there was another one. He rang her to apologize to her and admit he has been seeing his me and another girl, and that I had an abortion a couple weeks ago. I am sure he failed to mention the other girl he was seeing was his baby's mums' best mate! I messaged her, and even though she said she was sorry and wouldn't see him again, there was something about her energy that didn't sit right with me at all. I cannot cope with all this, my heads gone fully now. I feel like it's some kind of joke, or they have got it wrong. I wanted to know everything from this girl, but she used the word 'etcetera'.

Now you know when someone says that it means there is more to this, but I am not telling you? Those that try to cut you short, or think they are intelligent? Yeah, I am not someone you cut fucking short especially when it comes to him! I don't know why I always want the ins and outs of what he does, it's not like I ever get the full truth anyway from him or the other girls anyway. They both told me it was casual, and they hadn't seen each other much at all. Well, I doubt you would have seen him much in-between getting me pregnant, seeing his baby's mum's best mate and no doubt still sleeping with his baby's mum as well! I lost my shit fully. He made me believe I was going insane and I need to go back on medication, and all along, there was another one. I went silent for a bit, sobbing, I couldn't take anymore from the last few months, I was numb at this point, all my head was doing was playing over the nights I was crying myself to sleep over the abortion and his phone was off, the times he'd message me back after 6 hours at 3am in the morning asking and I accused him of being with someone and he asked me what I take him for. I lay in bed wide awake all night, one minute I was crying, the next I was throwing shit about. How have I ended up back here after 2 years?

He was crying on the phone. I can't help him. I have tried for years to help him. I don't know what to do and I am still in a spin from what's happened since finding out I was pregnant. I don't feel like I am strong enough to deal with all this right now.

Will someone please give me a fucking break, please!

I was going on and on, I was furious with him. My friend made me feel worse saying he does it because he always knows you will take him back, that her relative is strong minded and has just told him to leave it. Yeah, I found it easy to walk from him the first time, and if all it was as they say a few dates then she wouldn't find it hard would she. She's not just had an abortion and had years of this shit. All I keep getting from him is his sorry. He hasn't been honest, he got caught out and not even by me this time, by my friend who he doesn't even know. I wasn't having any of it at all so obviously it was only a matter of time before all of this got turned on me.

"Anyway, let's not make out this was a functional relationship Tasha, we have both done wrong. You have been with four different guys".

"What in 5 years?"

"You're acting like I was anything other than casual to you, you never made an effort, you have seen pure people in the 5 years we have known each other".

"Yeah. because you kept fucking me over, what did you want me to do stay at home waiting for you to get bored and come back?"

"You ever think to yourself Tasha, I wasn't fucking you over. You say you know love but if I was that horrible to you, you wouldn't love me".

My heads fucked here, how's he turning this round on me? I replied:

You always just wanna know you can still have me that's all, can sleep with me".

"Tasha it definitely wasn't. I come back because there has always been something there. There would have been easier bangs if that's all it was, I would've gone for someone who's less headache, 'cos let's face it, you're not exactly an angel, are you? I wanted to work things out, but the issue is you're too much and all or nothing. I know now why we don't work, you have too much baggage".

"What do you mean I have baggage? That I have been with 4 other guys in 5 years, hardly a lady of the night am I!"

"Yeah but it is when they come and go, and we're supposed to be trying to fashion some sort of relationship out of the situation".

Like am I that bad, is it that bad? I have never been with anyone, when I was with him. I can't get my head around all this, why is he bringing all this up? My head is pounding, is this to make out we are both as bad, so I just need to forgive again? It's like if I don't accept that he's sorry there and then, and I go on with myself and want to know what the actual fuck is going on, he will turn it on me. I tell you what, I can't deal with much more now me, it's been none stop since I found out I was pregnant. Whether we are right together or not, he's fucking kicked me while I am down. I can't take all this. I can't sleep and I just want to drink and pretend it's not happening.

*

Was it because I loved him, or was it because I was broken, and I needed him to fix me? How could he fix me, when he had played a massive part in breaking me?

Let me be completely honest, when someone does something to me I can't let it go, and I am like a broken record, I will send message after message trying to get it clear in my mind the facts and truth, but I don't know why I did it because the more I did it the more I would think it was a lie. I was in a bad way with all this and yet he would still contact and respond to me and play games with me and argue with me on email.

It's really annoying for me to have to even write this because it's just the same thing over and over again. I am bored of it, but I had to be truthful and tell my whole story and show how you can fall back and keep falling back into things people and places regardless of how much you think you have moved on and healed. I think my real healing and acceptance has actually come from looking back at all these journals to this point, and of course you just want to scream 'Tasha what the actual fuck!' I know why he did it because he had a point to prove this time that he wasn't this person, my friend, that I had made him out to be.

The hardest thing for me with all this, is because on a soul level I really had took all I could, but my ego was damaged and he would never just be straight with me, saying I didn't deserve peace of mind from him. I disagree totally. I think everyone deserves peace of mind.

*

January 2019

I hadn't really been speaking to him and last night he said he felt emotional and didn't think he would end up at 31 years old, crying on his own. He was even sending me songs. I can't say I don't feel sorry for him, but part of me makes me feel like it's a game to get back round to me. he came to see me, I looked at him and I wasn't sure how I felt anymore, I didn't know if I loved him or hated him. He said he still loved me, and it was for me to decide now how I felt. He even rang me drunk on the first night he went away, then the next day the day of my birthday told me it was done between us and that's that! It was my 30th and I spent it heartbroken, if it was possible to feel any worse than I had already felt the past month.

Then it came. My friend messaged me, telling me he had been ringing her relative everyday, telling her that he loves her and he thought he could only get girls like me, that girls like her don't exist in his world. Fuck sake, he's even using the same lines he did with me! My head fell off, she really hurt me my friend, again saying 'he just comes back to you because he knows he can, my relative is strong minded and she's just laughing at him she's really not that arsed'. Why is she is answering the phone to him? She knows how distraught I was when I found out, and I asked her to cut

contact or he will just keep contacting her, but he had a point to prove.

This went on and on back and forth, it completely messed me up again. I felt like I was some mug and it just got worse and worse. If my bipolar wasn't already in full force, I felt like I was losing myself completely, I just didn't know what or who to believe. I got so paranoid about my friend, whilst he got in my head that she was just shit stirring. My head is fucking twatted with it all, and I could fucking scream that I am in this mess. I feel like I have lost a part of me and I can't find it, I can't seem to bounce back this time and crack on. It's floored me, it's hard to breathe, it pains me when I open my eyes, I just want it to all go away. I want to go back to the summer, I want to go back to being Tasha again.

*

I have to be completely honest though, for a few months and what with all that went on I absolutely terrorized him. I would go on and on, asking the same questions, looking for different answers. I could sit and argue with him from 9am in the morning until 12am at night. I couldn't leave it or accept what he had done and continued to do.

The fact was I have never lied about what he's done to me, I can't change that or sugar coat it, however I wish I wouldn't have warned the new girl about him. On an ego level I don't like her, I find her patronizing and I don't have any respect for how she played a part in the lies this year. On a soul level though, I do feel sorry for her because I know he gets into your head and you end up in a whirlwind of what he says. Deep down though, she will know, we all did. As much as she may have wanted to be an exception to the rule, sadly she is not. On a soul level I really hope she has changed him over night, and it does last and he's happy. My ego is still damaged from it and it's been one of the things that's consumed me up until a couple months ago, I have not only had to relive this, but the whole relationship as I write this book.

I do now, looking back, think it was the baby that set me off. I felt empty, and I just couldn't quite get myself back to me this year. Glimpses of me started to reappear at times, then we would have contact and my head would go back into a spin. I look now and think he had to go and take these bits of me with him, that way I had no choice but to completely re-find myself as to who I and *Bipolar Brenda* is without him. I couldn't deal with it anymore, and how bad it was between us. I mean he's done worse to me in the past, and we still always made up. Maybe this is what was meant to happen for me to finally move on and deal with my issues, face myself and try to rebuild myself? He said it was time for him to do the same and be on his own to face himself, but obviously he wasn't going to do that. I mean shit, who would its messy this healing and facing yourself. I can tell you that as I am getting to the end of this book, facing yourself is messy!

SUMMER 2019

Journal entry

I am very confused by my friend; she has even been taking her relative into the gym with her. it's given me really bad anxiety, I don't want to see this girl and my friend started shit-stirring about things Jamie had said about me, involving my trainer, I mean come on! Jamie is on a mission to do anything he can to get at me and now your joining in on it! That's when my anxiety started to get really bad, every time I went into the gym, I was worried something else was going to get said or she would be in there with her relative again. Luckily, my trainer said to me I am going to tell you what has been said, but before I do, I want you to know I don't believe it.

I was so upset, more with my friend because she's told me how daft I am to keep going back to a liar and now she's coming in repeating what he's said? I lost my shit. Don't kick someone that's already down or be the reason they cannot go into the place that keeps their mental health sane! If you lie with dogs you get fleas, but please, don't bring those fleas into my gym.

The gym has always been my safe place, my happy place and I have stopped going in of late, as I just feel like the three of them are trying to kick me when I am already down. I have gone right off her now, she's no better than him after

this. I found it really childish from a fully-grown woman to try and cause trouble for me in my gym, that I already felt very anxious in. Jamie has rang me and said he only said what he did because 'he was angry with me, and I know your mates a shit-stirring cunt and I knew that it would hurt you me saying that and I knew she would repeat it, she cannot hold her own piss her'. To be fair I cannot stand him, but he has a point there. I remember him saying to me 'your shit stirring mate will choke on her words what she has said about me, she's a lair I have not spoken to her relative she just doesn't want you to come back to me. she doesn't want her relative with me either so why would I try with her clearly her family wouldn't allow it now. I didn't get what he meant but I do now, he wasn't being tarnished and told what to do by a woman he had never met. He was always going to as he said, 'have her choke on her own words.' It's not a fucking joke this about My gym though, this is the place that keeps me off my medication. Now every time I go in, I am having anxiety attacks. The safe place I ran too, I am now running from.

I feel like I am losing my mind over this one completely, no one has ever taken him away from me, not for this long anyway. I know deep down she's done me a favor, because I would still have been in the same position, my ego hasn't let him go fully and I can be honest about that. I have pined for him, I have wanted to ask why her and not me, but then I thought that's what we have probably all thought at some point. Him and I have done everything we can to each other now, knocked each other down more times than anyone

could. You know what though, I never wanted to hurt him on a soul level, and I don't think anyone ever does. I have acted erratically and insane and will go on and on to anyone who will listen. This isn't me. This is my illness and my ego and the fact I felt like I was rejected, lost and alone at the time I needed him the most in the five years of knowing him. It will not allow me to let things go as quick as you. I still can't stand that girl and I think she was disrespectful, because when I asked her if she was seeing him or not, she just ignored me. He was telling me he wasn't, so she must have known I was asking for peace of mind. See that's what gets to me, I wouldn't ever want another girl to sit there and feel like I did over him. On a soul level, I realize she's just a girl who fell in love with the dream of him in exactly the same way we all did. Although I really do hope this time that he's changed, and I mean that, even though it still hurts me. Him and I was never going to work, and I know that now.

*

I am happy knowing that 2020 will be my first year in 7 years I will be totally free of having his energy inside me. This whole thing was just awful for me, because I felt like a lot of things were being said that was not true. I think people were twisting things. Even though as earth people we clash, and our egos do, I thought I'd seen his soul, and I loved his soul and will do. I don't blame him anymore, and if I was stood in front of him now, I would say go and face yourself and your past on your own and heal your heart so you can be the soul you should be.

I hope one day he finds the healing he needs. I really honestly do. And I hope his new one is smarter than the rest of us and that she doesn't make the same mistakes we all did and ignore the red flags. But sadly, I think she will.

The worse thing when reading back on my journal is seeing what was always there, you have to start being aware of what's presented to you and always know how they start with you, is eventually how they leave you. My advice is; learn after a year, not six.

I always thought it was just me that he had been violent with, but I found out this year that wasn't the case, it also shown me how he can destroy women who don't have a mental illness. Regardless of whether you have a mental illness or not, here is a fact for you, physical, mental and emotional abuse is not love and it's not acceptable. I remember walking to the royal exchange with my dear friend Paul and he said 'People don't have a good or bad side to their soul Tasha, its either good or bad. It's hard for me to say this about someone I once loved but Jamie is a dangerous man, because his broken every girl his ever claimed to love and that frightens me. When his ex he cheated on with me said 'Tasha I don't blame you, he can turn anything around, and I am glad you told me because if you didn't, I would still be there now being cheated on. I didn't understand when she said 'In 5 years I haven't bothered with anyone, it frightens me how much he can twist things, have you question your own mind and lie. I fully understand her now because it has me this time round. You know what we all have to learn for ourselves with men like that and fuck will you learn hard with him. I think me, his baby's mum and his ex are all damaged from the lies and deceit. My heart goes out to us all even the new one. We all deserve to be happy and have peace of mind now.

I am not perfect though, I know when someone hurts me, I want to hurt them back and I can't let go. It's like when Jamie hurt me with the abortion, I went out of my way to tell his baby's mum the truth that he was seeing her best friend.

That wasn't because I wanted to hurt her, I never wanted to hurt another girl when it came to him as we have all been in the same boat, but I have learnt that I used to think it's so unfair how he lies and hurts people and everyone should know the truth, but I have learnt now that I am not the karma police and it's never my job to do that. I believe karma good and bad goes back around, and that's the universes job, and not mine. The thing is this isn't my show anymore at all, and like my dad says you can't keep blaming the clown if you keep showing up to the circus.

I still sit here and think I am wrong that I have always told the truth and blew him up when he did wrong. I do, because it always became about the fact of me hurting people and never about him doing what he was doing to people behind our backs. I have learnt that when he hurt me I never wanted to hurt him, I just wanted him to stop it and deep down I wanted him to just be the man I loved on not only on a soul level, but a human level also. I will always wonder who he is, but I can't allow myself to try and figure him out anymore as it sends my bipolar head in an utter, sensitive whirlwind. I just have to accept it is what it is now. I have had to rebuild myself from that lost little lonely girl he left at the bottom of the stairs that Christmas, and even though I can never erase the fact I chose to not keep my baby, I can now start to build the little lost girl up that I was then into the one I know I can be integrally.

I have still managed to achieve so much this year. I have done a feature film, a pilot, short film and have been on two amazing trips and survived the nonstop anxiety attacks and a suicide attempt. But thanks to God and the Universe, I am still here, and I have faced myself, my past and my illness in what I would say has been the hardest and loneliest year I have had. I have looked back and wish I would have done a lot of things differently, made better choices and decisions.

Whatever anyone says about me now is none of my business, I have said it all about myself anyway. No one can come for me now; I told my truth so no one will ever take my power and use it against me again. I am not responsible for what he did to me, as I am not my illness but I am my recovery. That's fully my reasonability. No one can save me, walk in my Sophia Webster's or powerlifting shoes only me. It becomes a matter of life or death when you're on the bones of your arse let me tell you!

It was hard because I wanted to keep a lot out about him, but I couldn't, he's been a major part of my journey and a major part of my highs and lows. Looking back, he was a big trigger for me, but like Reece said it was never about him, it was just how he brought my demons out. I can't erase that, but I can accept it now and make peace. He's taught me so much and still to this day despite the 'he said, she said' shit and all the pain he has brought me , I hand on heart in my soul wish him well and I mean that.

There is a Mary Oliver quote that says: ***'Someone I loved once gave me a box full of darkness. It took me years to understand that this too was a gift'***

She was spot on.

'Let the water wash away your tears, let the fire burn away your fears, let the wind blow into your life such faith and trust, let the earth hold you, take care of you and nurture you'-
Alexia Chillum

A MEDITATION BY KUNDALINI TEACHER, NORMANDIE KEITH

"I forgive you for everything you have done to me, not because I agree with what you have done but because I release myself from any attachments to this dynamic. I forgive you because I free myself from everything that has been done, I free myself to live the life of my dreams and in order to do so I must release you and so I do. I release you... I release you and I release myself from the story any feelings of guilt or shame. I forgive myself for all that needs forgiving within me. Today I claim my power, not a power over you but a power within me. As I empower myself with this forgiveness, I empower you to be the sprit you came here to be, to live with the light and the love with consciousness and compassion. Today is the day of my forgiveness and my power and in this moment I am free." So clearly so tenderly so full of compassion gaze at this being right into their eyes and thank them. 'Thank you for this opportunity to grow, to expand, to learn. Thank you for this opportunity to forgive not only you but myself and with this and with all love I release you forever. Sat Nam" (Truth is my name, Truth is my identity.)

*

On both my trips to LA and Ibiza this year since May I have spent most of the year on different 40-day meditations.

This meditation I will forever be grateful for. I have done this every day since it was taught to me. If you only ever do one meditation in your life, please, let it be this one above. It's been a daily practice that I have kept in with whatever 40 day I have been on regardless, lying in bed or on my yoga mat. Each day it's helped me release more and more. In the beginning it was uncomfortable, but my intention was always to forgive, and I do believe if you have an intention you have a purpose and if you have that then it will carry you through.

Meditation and Kundalini yoga has been my 'go to' this year and it's been very uncomfortable at times, but I have stuck to it because I was determined to overcome this physical anxiety this year. I was determined to face myself, my demons and my issues. I wasn't comfortable being comfy anymore, I didn't want the next decade to play out the same with the same story and different cast, or in my case the same cast. That didn't mean my ego and illness was going to play ball because it really hasn't and if I didn't already mention this year from the end of 2018 floored me, I felt like a failure, I felt even worse starting this book and looking at 2014 when I had a hold over it so much through my practice. But I wasn't healing, I was covering what was there, I see that now.

This year has been painful, I have had to go back onto medication, and I felt I had failed. I was weak, all the work I had done was for nothing and that I was dependent now on anxiety tablets to even get me out the door, to go to my safe place at the gym. I am used to an anxiety attack every now and then. Although this year it was every day, every day I thought I was dying. I remember driving to football with

Louis and getting this pain in my ear around April, I felt my chest go tight and l felt like I was going to be sick. I have had anxiety attacks before, but this was different, it wasn't just one part of my body it was my ear, my eyes, my legs, every part of me was out of control but I was scared to move. I sat in the car tapping my EFT taps absolutely terrified, I needed to get home, but Louis was playing football.

It was the longest hour of my life. I managed to walk into the hall, I felt I was going to shit myself, like I didn't feel like I had control over my body. It didn't stop that day either, continuing for three weeks just before I was about to make Louis dream come true and travel to LA to stay with Reece. I was even wetting myself because I couldn't control my bladder or my bowels when the attacks hit. I am 30 years old and I can't leave the house because I think I am dying or soiling myself.

I did the one thing I haven't done in years and I asked the doctor for tablets. He gave me Valium, I took half of a 5mg tablet and, almost immediately, it took all the fear out my body. I couldn't stand up as I was walking around like a zombie. Do you know how heartbreaking it was for me to take that tablet after all these years of convincing myself and everyone that I have managed my mental health through taking care of myself just with diet and training? I have never felt this disappointed in myself as a human, my confidence was already on the floor, I was alone and all I had to rely on was 'Mothers Lil' Helpers'. My friend came to see me, whom I had met at an acting class, and looking back it's funny how things work out. I had worked with her husband on a little trailer for a film, who now has drafted me two copies of a script from my journals already! See, like I say, in the madness there is always magic. She brought me some beta-blockers which seemed less severe, as they didn't make me feel spaced out and just took the anxiety out my body. I wish I could say I don't rely on them little pink tablets, but even though some days I don't need them, I really fucking do. I have stayed off the Valium, but if I am honest when I am feeling low and I can't face the world I like them because they make me sleep the day away.

*

May 2019

I fucking did step on that plane! Honestly, it was fucking priceless sat in the airport waiting to board the plane and seeing how excited my little boy was to go to L.A. He said:

"I can't believe this mamma my dream has actually come true! I am going to LA."

I made it, and I got us there without a hitch. Louis was amazing on the flight, talking to everyone, so excited. I just felt grateful for something allowing me to overcome this illness, to allow me to get here and to see my boy so happy. It was honestly the best feeling in the world. Like I have said, mental health doesn't care where you are or who you're with. I was trying so much to be happy, but I deep down was still so sad. I had gone from being an anxious mess to feeling just so very sad still, despite everything going right.

*

2nd June 2019

I think I need to write this before I can sit and continue with my book. I also think I need a new pen. I have a new pen. I am in LA, after 2 years of not seeing my Reece. I go home in a couple of days, and I did probably have more time to write up my book, and it's mad that this is the first time in years I didn't complete my journal. Maybe that's why this last 6 months have been the hardest to cope with and I still am very much in it? I have read over the 2017 journal which is interesting because things seem to have manifested in my life I asked for, like Louis being here with me in L.A, and my little black one-eyed pug.

How can I even be depressed in L.A with my best friend and Louis with me? I noticed I was writing about death a lot when I re-read my notes, and I heard the words: 'I think I have time'. I was scared of the year ahead, I felt like I had 'died' at parts of this year. My soul, anyway. I feel looking back since Xmas I have really lost myself this time around again, yet I feel like I know 'Brenda' more. Does that make sense? I don't actually feel any identity with 'Tasha 'at the minute. I don't know if I am still traumatized, I was so out of control at Xmas and in so much mental and emotional pain. It's not just that Jamie's now gone, for the first time I feel as if he has taken something from me. A part of me went away with him and I just can't seem to get it back.

I don't want him back.

I want me back.

We still had lots of fun in L.A, despite 'Depressed Debbie' raising her ugly fucking butt-head. Louis loved being around Reece. We went to Kirtan practice together, chanting and dancing, even Louis! It was the very first time I felt that happiness of Tasha was back again, I hadn't felt her for so long, not since the abortion. It was so nice to go and do a Kundalini class with Louis and Reece also, and meet a lady named Normandie who fast became a 'little light angel' to me on the 40-day meditation group I joined in L.A. Normandie wore this beautiful scarf and one day, after a session, gifted it to me stating, "all of our energy is on there for you so take it away with you". I put it around me now when I am meditating, because I really do feel all of the L.A tribe and the sunshine around me, even though I am all the way back in rainy Manchester. I remember one day, walking through Santa Monica with Reece and he was basically telling me go and do things that's good for your soul, to go and heal my heart right now with Kirtan and yoga. I think we were both out of our comfort zones deep down, he was used to his L.A routine and I was still sad and anxious, invading that with me and all my shit and Louis also. It was very daunting realizing that I had travelled all that way with Louis, I think it was now affecting me post the excitement of getting here in two pieces. I was sad also that post this, Reece and I won't be together again like this for a while. It's hard, Reece even said that 'we didn't laugh as much as we used to'. But I was happy. Deep down. We all were, to be together in such a beautiful, magical place. We all just want to be happy at the end of the day and have peace and we all deserve it too, even the cunts.

Because we can all be a little cunty at times.

*

21st January 2019

I couldn't even concentrate and sit and think of anything other than Jamie, as opposed to finishing my journal. I still haven't. Even though I was caught up with Jerome last year, I still sat and meditated and did my journal every year. I spent New Year for the first time in years not even at home, I went for a milkshake with a guy I know so my normal routine was knocked from the off, which will send me into a superstitious meltdown! Also, I never wrote a list, so he must be so much worse for me than Jerome for sure. Even though I was consumed by him, I still managed my list and journal. I always seem to get the things off my list, so God knows how this year will be, I have always been big on setting myself new challenges! It seems when you just put it out there and let it go, it will come back to you. I had the best 6 months in the Summer with my acting, just floating and enjoying being back at classes, doing workshops, being an actress again.

You know while I was pregnant it didn't hurt me at all because my mind was focused on something else. Like all the times I have let go of things, they just come back to me. Do you think we can ever change? I thought Jamie had really changed, but, he hasn't and is even worse this time, which scares me because I think can any of us actually cut the old patterns fully? It seems you can for a little while, but

then you end up back exactly how you were before. I always seem to end up with some pain and maybe, subconsciously, I like it? Or is it me that likes it or just the way my crazy mind works?

*

Looking back at this, I wasn't in a good place at all as my mind was none-stop with questions and regrets. I was self-sabotaging. I was scared I was going to end up repeating the same pains of before and end up sectioned, or even worse, in jail.

The one thing that really helped me this year, despite spending half my time at A&E, was starting a new acting class on Sunday's, and, to be honest, at first it was just to get me out the house and drinking all day. 'Grab hold of whatever you can that gives you light, even in your darkest moments.' My confidence wasn't great at this time. I went from feeling so successful and hopeful it was my time to move forward as an actress after Corrie, to nothing.

I love my agent, and you know what he has been amazing this year, always makes time to chat to me, but I think these classes were just what I needed. I met here one of the most beautiful humans ever, my teacher Anthony Crank, and I think he was someone who really kept me going this year. He pushed me to try different things as an actress, and as a human, my mind had something positive to work on and aim for. I felt I was allowed to really express my pain and emotions in a safe place at the school. I love acting, mainly because you can let all of what you're feeling out, but it's someone else's words. You're not 'you', but they're your emotions and it's absolutely OK to let them out, because I am playing a character and she can express what I am truly feeling. I did keep wanting to work on sad scripts all the time, which was natural because I was sad, but Anthony gave me so much. I believe in love at first sight, because he's such a big soul and he also really saw me, who I really was. He made me smile and laugh and pushed me to go places in my acting that I allowed me to get so much of my pain out. Bar David who taught me from being little, he's the best you can go to, because this industry isn't easy at all and I think it's important to have good people like him mentoring you, who are not doing it for ego, but because it is their passion and they love the art. I used to drive him to the train station after class, and I used to love our little chats. I remember thinking, even though the universe has taken so many people away from me, including Jamie, it replaced it with so many wonderful people this year, who I can honestly not imagine my life without, and Anthony is one of them.

Acting for me has always made me feel alive, and it's always allowed me to be creative with my emotions and let them come out in a safe creative place. I have always believed you have to take a little bit of yourself in anything you play, and David was right: it's an energy. I started to get a lot of good feedback from Anthony and others at class and I started to get my confidence back, believing that, 'I am a good actress.' I have always wanted to act to make people feel things, to make people feel alive, to make people laugh, take them on a journey, maybe feel their heart when it's in pain to let out what they have been holding back. I like to make people think: 'Look! We are not alone! We all go through this shit' and I suppose that's why I have wrote this book; to make you laugh, cry and give you something that you can get engrossed in that takes you away from maybe a bad day, month or even a bad year.

Acting, for me, is to make you *feel*. I even got myself back on stage again and all I got was amazing feedback! I was told I stole the show! I was so proud of myself, because I had played three different parts, and Anthony really believed in me after all I had been through, and I needed that. I also met some lovely new friends and reconnected with some of my old acting friends. One girl in particular, I didn't know this time last year, and she has bipolar and suffers with addiction but is years sober. She is a warrior, kept me really strong at times because she too has been to hell and back. You need someone like her when you have this illness that suffers with it too, not because you want to have a pity party, but when we sat, and she says things like: *"Tasha I was fine, then my ex came back and I got wrapped up in it all, and I was overthinking. He's hurt me, and now I want to lash out and hurt everyone. That's all I could see. That's what I do, but this is my illness, this isn't me. Bipolar isn't straight forward, it's a mental health condition on its own because it has so many different sides to it. It has compulsive behaviour, anxiety, depression, promiscuous behaviour, anger to the point you can be uncontrollable, worthlessness, where you think you're Kim Kardashian one minute, paranoia, OCD. You can take on the world and be successful, but the severe mood changes you just can't keep up with".*

I needed her this year, because we both have the biggest hearts and we feel so much sometimes, it's too much for us. Pea's in a Brenda Pod! I needed her because I had started to lose touch with *Tasha vs Brenda.* I was losing myself and I didn't know what was real after the past few months. I really lost myself and being with him made me question myself and my illness and she brought me back to reality. You're not a horrible person because you have bipolar, but it can make you act like one at times. Some people will take it on the chin but bipolar doesn't, it wants to chin you!

You may want to let something go and accept a situation but your mind won't let you, it won't let go, it will have you keep telling someone what they have done, it will have you hold onto pain. If you ever hurt someone with this illness do the right thing and be honest completely and don't ever use their over thinking over reacting mind as an excuse that they make things worse. We are all humans at the end of the day, but I have learnt that when 'Natasha' has wanted to hurt someone because I am in pain, and when 'Brenda' wants to hurt someone for whatever, are very, very different.

'DON'T TRY TO STOP THEM, KEEP THE BAD HABITS AND ADDICTIONS BUT KEEP DOING KUNDALINI YOGA EVERY DAY.EVENTUALLY THEY WILL JUST FALL AWAY'
'YOGI BHAJAN'

I waited to type the journal up of my Ibiza trip to my Kundalini yoga retreat I did alone in 2019 as one of the last things to sit and write, because for me, throughout all the darkness this year this was such a special beautiful time for me going back to Ibiza and to my little yurt. Ibiza warms my heart, fills my soul and teaches me so much for my higher self. If I had a 10-year plan, it would be to live on that magical island. I have done two amazing 40-day meditations this year with my L.A tribe, when I said on my 30th birthday I wanted to have more soul and less ego this year and do more Kundalini yoga, I can safely say I really have.

I have worked, and, despite the darkness, appeared in a feature film and a BFI short film. I got myself back on a stage and did one of the best performances of my life, and I have met some of the most amazing people I now couldn't imagine my life without.

"Gobinday
Mukunday
Udaaray
Apaaray

Hariang
Kariang
Nirnamay
Akamay"

A mantra which means 'Sustainer, Liberator, Enlightener, Infinite, Destroyer, Creator, Nameless, Desireless.

According to Yogi Bhajan this mantra is used to cleanse the subconscious and break through deep rooted blocks. It was the one I did on my first 40-day meditation, and I love it, but the word that meant the most to me which sums up my year was the destroyer. HARIANG. On one of my many classes on my Kundalini yoga retreat this year, Siridarma, my Kundalini teacher in Ibiza, said to me:

'TO RECREATE WE HAVE TO DESTROY'

I asked for more soul and less ego this year which to get to that I have to destroy to re-create myself.

So, I went back to Ibiza, all alone, and as I mentioned last time it was a large group, this time it was just me and a Dutch lady. I was worried it was the universe following my thoughts of whether I should become a lesbian, As I don't think I mentioned I went on Tinder one night this year and decided maybe I would be better with a woman! I have questioned everything this year, so it was probably about right I was questioning if men are for me.

The retreat was the best 6 days I have had this year, it really was. I got so much out of it this time and thank the Lord it wasn't raw vegan food! The veggie food this time was amazing! I was happy to see Siridarma again, I have said before he is one of those people that just see me, the real me. I liked that it was a small group because I got to spend a lot of time with him, I think it was meant to be that I was in just a small group.

Sadly, Anxiety Annie didn't stay in Manchester though and I had a really bad attack on my first night, I wanted to knock on Josie's- the Dutch girl's - door saying 'Help me! I think I'm dying' on the first night! Especially when we have to be up before sunrise for a 2-hour *sadhana*! I did everything I wanted too in the 6 days, one of the most magical nights was when we went to the hippy beach to watch the sunset. Honestly, if you ever feel lost and in despair go and do a Kundalini yoga retreat in Ibiza and watch the sunset at the hippy beach. So much soul and no egos, unlike Mambos. Josie asked me how I felt, and I just said "happy, so very happy".

The classes were as intense as I remembered them. The 31-minute meditation at night was hard, but I found myself a real hard cushion that I could sit fully on and supported my back. I remember the first night I was fidgeting, and couldn't get into it, but my breakthrough happened, and I sat and did the full mudra and mantra. I chanted my fucking back out! I suppose I have come a long way from the girl that walked into the Buddhist Centre, back in the day.

The meditation was 'EK ONG KAR SAT GUR PRASAD'. It's known as the 'magic mantra' and is said to stop anything negative, bringing great intuition and removing all obstacles. We didn't have any nice music, so it made it harder sitting there for 31 minutes and getting into a rhythm doing it monotone. I kept this up for 40 days afterwards every night. Slipping a few here and there but not feeling guilty, as before.

I climbed rocks in sliders, with no help from anyone this time, and I swam in the deep end of the pool. I didn't even get in last time I was there! We had many, many deep conversations and I learnt so much from this great man, once again. He said to me my spiritual capacity is much greater than my physical capacity to hold it, saying spiritually everything I desire and want is already there but physically, in this time right now, I am not ready for it.

When I told Normandie what he had said, she was laughing and said she would like to confirm that also. "You have such a fast-quick limitless sharp mind, your hugely intuitive and you have an ability to really absorb teachings." she said. She also really is someone very special and gave me so much this year. We had some real lovely chats and she made me see things that maybe again at the time my physical mind couldn't digest, but my soul, deep down, already knows.

I think looking back at the last time in Ibiza in 2016, my soul was already so far ahead then but my physical wasn't. Normandie said she wanted to speak to me about the beautiful awareness you have around the ego, I describe it as a bulldog of terror! I wanted to acknowledge how beautifully she described it and the awareness one has around it. She described it as the bipolar ego on one of her meditations she taught me, like we can be body snatched and this different coat comes over us and you're like 'I cannot believe I just said or did that. That's not who I am?' She said it's so hard to get out of it once you're in it, and the best tool is acknowledging it as something like the crazy 'bulldog'! She said she does it if she loses it with her son. She will start laughing and she says "I am so sorry this isn't who I am", and it teaches our children that they can stop themselves and correct themselves when they are making a mistake or they are acting outside themselves with the ego in that moment bring themselves back into the now moment.

'JUST LIVE'

August 27th, 2019

My first intense 3-hour Kundalini class notes

'LIVE'

How do you live? You can be alive but are you living? Look at this topic make it personal. Have you understood life? Are you living? You can pay a lot of money to a psychologist the how and why. Leave that story behind 'I live' I am alive.

We get so caught up in the story, we bypass the essence. Look someone in the eyes ask them… Are you living are you alive? 'Honesty' Go within and find the honest voice. It's the angel on your shoulder that's always there. Whenever you are struggling or whatever you are struggling with, when you need advice. Ask the angel who is always watching over you they will speak to you and do you know what their answer will always be regardless of what it is your going through, just live. Imagine any situation you're going through; the answer will always be the same… just live.

What does it mean? It means flourish, courage, expand love, light. It means be rebellious be strong. Bring awareness to the basics, breathe, water, food and sleep. Experience movement and relaxation. Everything in your

life is a reflection of who you are. All roots, family, relationships, etc. They emotionally root in the brain, the ego brain. Holding on so tight must be life threatening. Learn what is life threatening and what is not.

What's an opportunity, change, letting go, changing habits through deep yoga practice. Take a different root, everything is destroyed…you can't stop change. Acceptance and surrender can be a step to living. The soul comes into your body to live. You choose Kundalini it's your choice of potential to drop who you think you are and become who you really are. Go through life now with the angel on you left shoulder.

*

August 28th, 2019

'BREATH OF LIFE'

YOGA IS ABOUT RELATIONSHIP; YOU NEED TO STUDY IT.

CHANGE, GENERATE, ORGANISE, DESTROY, CONSTANTLY REORGANISE.

BE BUSY WITH WHAT NEEDS TO CHANGE.

IF YOU GO UP, YOU GO DOWN.

EVERYTHING CREATED IT UNCREATED

THINGS BREAK DOWN TO CREATE THE NEW

NEED TO EXPLORE

QUESTION THINGS

WRITE

VERY QUICKLY YOU BECOME WISER.

'PRANA'

BREATHE AND ENERGY

EVERYTHING NEEDS LIFE FORCE; THE BREATH STIMULATES THE PRANA.

COSMIC ENERGY.

WITH MORE PRANA WE BECOME BETTER CONNECTED.

PRANA WILL START TO GUIDE ME.

ALL THESE BAD HABITS COME AND STAY WHEN WE DON'T ACCESS THE RIGHT ENERGY.

*

August 29th, 2019

Allow yourself to be ripped open, you can't hide behind your shell anymore. Kundalini yoga isn't all relaxation and happiness. It brings up and out of you what needs to be faced. Allow yourself to let go of old ways of comfort that are painful and become creative in adjusting to a new self and in new circumstances. "Lean on me, Yogi Bhajan. Step back, reconnect, then move forward"

Then you don't look the same, feel the same or think the same.

'BE REBELLIOUS'

If you don't rebel then really, you're not truly living. Your soul has authority be grateful anything that does know serve your soul is taken away from you, it needed to go so you can be free and re-create. I need to create a relationship on love now with myself and not on pain. I can use the experiences to re-create in acting but that pain I am carrying is no longer right for my soul.

Bring an acceptance, rebirth yourself in 2020.

Have a new life and LIVE.

Drop all you think you believe, let everything disintegrate and don't be attached. Destruction to reconstruction, break the old life and build the new one.

Start to resonate to the you within you.

You are radiating an energy out, make sure it's the right one.

My last class was so amazing, and, as I was about to type this, the song 'I am what I am' by Ocean Lab has just come on. It's hard to explain that class, but we meditated back to back with people and imagined their pain, jealousy, etc, burning away and then letting it all go. It was so powerful. Not as powerful as the time we sat facing someone and just held their hands and looked into their eyes. I sat with a woman I had never met before, and halfway through we were both crying. We felt each other's souls. I then sat facing my yoga teacher and you know it was one of the most incredible moments, because as he looked into my eyes, I felt him talking to my soul. I heard it in my soul so loudly, "Be who you are meant to be Natasha. I see you, the real you and I accept you, accept yourself now and love yourself, go and reach inside and see what I see".

Wow just wow! I bet I sound nuts writing this, but honestly, that's one moment in my life I will never forget. I started to cry.. This whole experience really started to change me, but I think I had to go through all I did this year, to appreciate and accept the change and accept who I am and have become.

"START BELIEVING IN YOURSELF AND STOP DOUBTING YOURSELF"

Therapy/ energy healing session with 'Thorsten Wilms.'

On the last day I had an amazing therapy session by a German man called Thorsten Wilms, who gave me some sort of quantum healing. I mean I have had reiki for years, but this was next level shit!

His hands dug into my body, it was painful at times, but I felt like he was lifting dirt out of me and when I got up, I have never felt so light and full of love. I thought has he put something in my water! I could write a book about this experience, but what I will say though I have never met someone that radiates so much love, it was healing just looking at him. After he did the energy work on me, I felt like a right twat crying, but also feeling so much love, I felt like he had taken a layer of all the shit off me the pain had gone out of my heart. I said to him you're going to tell me I am completely out of alignment in which he replied. "That's what you are telling yourself maybe. Well what I see is that you do have a good heart, you have a lot of love. You're not from this planet and that's why you struggle so much on earth. You try, but you're like a little Elf or something," I guess I am, even though I fucking hate Christmas! He continued to tell me there is something in me that gets lost in the polarity, that there is a lot of it around me, but my mission is to heal myself and others.

"You just get lost in the identification of polarity. You have a good heart, so much beauty and kindness there is everything in you that's so good, you have nothing bad in you at all. Your actually good, quite positive. You have a good energy. Although it's your mind, it's very chaotic" he said. Which was interesting because my Reiki master always says, "when you have healing, I never feel anything wrong with you, but your mind is so busy. it's always your mind I feel I need to heal". Fucking hell! Try living with it! I could write a book on this experience, but I am going to finish it by some of the last words he said to me before I left Ibiza that day, to get my plane back.

"What's important Natasha is you know you're good, and you have a special inclination, special skill. You have a special wisdom inside you, you just get trapped in this reality because you are very sensitive. You need to believe in yourself and not in all that bullshit around you. It would be good for you to start believing in yourself and not doubting yourself"

Siridharma (Joost van Dijk) Kundalini Pioneers

'See the thing is with Natasha, last time she was here the group was bigger and they all mothered her. However, she is good at portraying that she is an actress, she can portray that she's weak and needs looking after. However, because she does this, she is dangerous and not in a bad way, she is very

intelligent. People like this are very powerful. If we were all in a big group now and went into the woods, we would all feel we need to protect her. However, if a lion was to attack, she would be the one that would step forward and fight the lion and all along she made you believe that she needed looking after. These types of people are very clever. She is very powerful.'

*

Journal entry

I am not going to sit here and tell you that I have figured it out, my mental health has been the worst of late and It took me being back in hospital. I am taking this time to look at where I have stood up to 'Anxiety Annie' this year and 'Bipolar Brenda'.

I am not weak, I have fought every day of my life this year, it's been a scary time because I didn't know if I would get through it, and obviously I almost didn't make it. I said earlier in the book, I have always known that with mental health you have to have something that gives you some light on the darkest of days. I am lucky that despite the setbacks, I have had things to pull me out the shit, even if I do end up back there. It's not just bipolar, life kicks us all up and down, but just like I said it is a million more times intense for me. People get over a breakup and heartbreak in a few months, I am only letting it all go now, but saying that it

wasn't straight forward all that shit, never was with me and him.

Through all he's done and how I was left on my knees I deserve some peace now. I deserve to live my life without holding onto that part. It wore my heart and soul down to lowest this time around and he was my addiction, the pain that came with it was all I had known, and I never knew how to let go of pain before now. This year, and this book, may have been painful, but I am not the same girl that started it and I will fight for me and my son that I don't return to it.

I have a serious mental health illness; I will stand up and share my story even if it helps one person gain their power back to share their story. We need to help people and really help them, not just post or talk about it.

*

I am coming to the end and I am very emotional. I didn't think I would get here and I probably haven't explained myself as much as I wish I had, but yeah I think acceptance is the key to who you are and your illness and always stick around people that bring the magic out of you, and not the madness. I think it's apparent throughout this process who has and who hasn't.

We all feel sad, low, pain, rejection, jealousy, we all stalk ex's and compare ourselves to others, all this human shit we do that we don't admit. It's like saying no one masturbates! Bullshit isn't it! Anyway, I am waffling, I know it's not the end but it's the end of *this* chapter and the end of the decade. Hold onto what makes your soul happy and don't just survive but LIVE! No one is perfect but just always try to move from soul and not ego and try to forgive, accept, open your heart again to love, and love for life not just a human. We are always going to be learning, I am going to be here again maybe, but I did ask this year for more soul and less ego it was never going to be easy letting that bipolar ego and chaotic mind get out of the way so I could out bring my happy soul.

I can do your head in, but those who said I am too much, well, you weren't even enough! I have hurt people, I have held on way too long to the past. I have kept myself in pain. I don't like being left, lied to or rejected. I have had to face myself, *Bipolar Brenda* and let some real painful things go doing this book. I have exposed things I never thought I could, but it's brought me so much healing and I never thought that this time last year I would be sat here now, saying this. But I have to start my next chapter in life, I said intention is strong and my intention is to move forward with love in my heart and joy in my soul, even with my chaotic mind and when the setbacks come -which they will - I will shout: 'Come on baby! Go toe to toe! and instead of fighting, let's dance and light up the motherfucking sky because I am a warrior and so are you!'

Remember that you are a unique, special, beautiful human, you will always be too much or not enough for someone who isn't enough for themselves. Yeah you, I am talking to you!

Leave the past behind and go and be who you want to be for you, you owe it to yourself. Accept who you are, face it, warts and all, and don't let anyone else tell you who you are. Go and find out for yourself, spend some time alone, *really* alone even if it feels horrific and lonely, it's in these times you see who you are, what you were and what you can be. And, in turn, you can be whoever the fuck you want to be as long as you have courage and you believe that you're deserving.

So, go on, off you go, turn the fucking madness into magic!

I was watching the trailer for the Cats movie which there was a line in it that went: "Are you going to try for a better life?" Louis turned to me, and said loudly, "Well, are YOU?" I said what? He said, "Are you going to try for a different life Mama? What are you going to achieve in 2020? I know what I am going to achieve Mama, and, deep down, so do you."

Tomorrow is a new day and a new decade, and, it's now time to accept who I am and my illness, my mistakes, my pain and the whole journey. It's time to get off this rollercoaster and onto the next one, one where I keep going no matter what as I want to LIVE and pursue happiness to its fullest.

To quote the late, great Robin Williams: ***"We are only given a little spark of madness, we must not lose it"***

If you have a story to tell, then tell it because it might be painful, but I couldn't keep all this inside me anymore and neither should you, own your truth and stand proud in it, warts and all.

It is now time to take my power back, and here's to the next decade. And, remember…

You are NOT alone.

Sending you lots of love and light…

Me, Myself and *Bipolar Brenda* XXX

"Have I gone mad?"

"I am afraid so. You're entirely bonkers. But I'll tell you a secret. All the best people are.

Tim Burton 'Alice in Wonderland.'

EPILOGUE

And if you were to ask me
After all we've been through
Still believe in magic?
Oh Yes, I do!
(Coldplay - Magic)

Just before you go and get yourself a drink from being on the Me, Myself and Bipolar Brenda train… I had to continue on being truthful with you all.

Just over a month ago the monster in my mind took over.

I think writing the book was healing. It has also been very hard, distressing and painful at times. As I said, I wasn't always writing from a good place. I don't blame the book for making me have a psychotic episode, I think I was well on my way for one at the end of 2018 so did well to get this far without one.

I couldn't cope. It all got too much. I suppose deciding to relive your past while still being in it and in pain was not the best idea, who knew? It creeped up again and yes, I didn't want to be here, that pain was too much for me and I ended up sat back on a psychiatric ward in A&E rushed in by ambulance. It is typical that I get to the end of my book and that happens.

I have the journals from that time, and I was going to share them, however I am going to post them onto my blog when I feel ready to.

I have since been told; I have *'Borderline Personality Disorder'* from one assessment from a psychologist whilst in my psychotic and depressed state in hospital last month. The thing is a label can change someone's life and it can take years to accept that label. On the other hand, I have been dealing with this head and intense emotions all my life so what's another label? I don't care anymore what label I have; I care how mental health is treated. I care about people, and how we treat people as human beings rather than the labels they are given.

There was a stigma around me taking the overdose; people were hurt and annoyed with me. To anyone that I hurt or upset I am deeply sorry. Although I had fought like fuck last year to keep that monster at arm's length, it's hard for people to understand how your mind can switch on you and almost take your life.

I started to read more about Borderline Personality, and what I was reading terrified me. Like, I have just started to accept this illness and now I have a new one! The thing is it took them years to diagnose me with Bipolar; it took me even longer to accept it. Although what I learnt while I was in hospital was the amazing. Charities that want to end the stigma around any label of mental health. Its fuelled me on to get out of that hole and fight back again. That's what made me join the 'Time To Change media campaign'. I was happy to share my interview with her even though I had only got out of hospital a few days beforehand. I want to start talking about suicide and bring awareness to it. I need to be a voice for it. It has to be talked about and not just with celebrities but with us working-class folk.

As the great Robin Williams said, *'words and ideas can change the world'*.

I want to be a part of changing the stigma around mental health. I want to be a voice for any working-class single mother that's struggling. I want people to not be fobbed off when they need help from the doctors. I want people to always get second opinions. I want people to be treated like human beings not labels.

So yeah, Borderline Personality Disorder or Emotionally Unstable Disorder… at first, I was angry and like 'nope'. Now I am like it's just a new name to the symptoms I have been dealing with all my life. That's not the case for everyone though and like I said, a label can change your life and ruin it even if we don't fully understand it. Then obviously you become ashamed, well no not anymore! Because whatever label you have is perfectly normal… yes, I said it, ***mental illness is normal.***

I may write another book about *Me Myself and Borderline Personality Brenda* or *Emotionally Unstable Disorder Edwina*.

And where, you might wonder, do I get these names from?

*

The nurse asked me…
"How long have you felt like this? Suicidal?"

"All my life but I just grab hold of anything that keeps me in the light…I don't want to die but I always feel suicidal. I am just stronger than the voice but sometimes it gets loud and dark you know."

I had them both in tears with me. She was like "you're such a lovely person and all that's happened to you this year would hurt anyone but you have done amazing how well you have managed over the years". She was like "we shouldn't have discharged you but we are here now and you're not alone but you're an inspirational lady" and she read the back cover of my book and cried and she said "I would buy that straight away, you're a fighter and we will help you now get back on track, never think that you're alone anymore".

They spent hours with me and they understood me. She said, "you will be put under the home mental health team now for as long as it takes and you can come here now any time you need to, you have come this far and you will help so many people with this book because you will overcome this."

She is right I will and so will all of you.

*

So, I am still here, and it's not been the easiest of times to write your first book and believe me there has been so many obstacles. I have also organised a book launch and charity event on top of it all. It was this time last month I was on mental health watch; you have to be aware it can creep in at any time. I was determined to publish this book, even if it was from a hospital bed. Thankfully, that didn't happen. I am home writing this. Yes, I smell because I have not had a bath for days. I have a hairy chin and my hair is matted.

I have been working to get this finished because I promised I would give something back this year and I really hope if you are in a dark place right now you go and grab anything that brings you some light, because I truly believe that regardless of what we go through we have a purpose on earth to make it a better place, well at least try.

Go and write, read, paint, sing, act, eat a cake… don't drink Prosecco or gin though! Find that one little thing that will bring in a little bit of light and then the rest starts to come in and before you know it the labels are floating away and you're shinning bright again. Keep going please, for all of us, let's help each other. I need to go now, I need to go and spend time with my son and my pug. I also need to start taking care of myself so I don't end up poorly again; I will start with brushing my teeth I think and getting myself back into a routine, well of some sort. It's me isn't it?

You want to help me manifest something…I have wanted to start the 5am club; for so long I have heard change your mornings change your life. Send me some luck to get my arse out of bed early on my meditation cushion and out in the fresh air. I have learnt that mental illness can creep up anytime, but we have to do our very best take care of ourselves.

Stay well you beautiful souls. I have put absolutely everything into this book and although I have been really ill, I believe it's been the light that has kept me going.

I have a notification that pops up on my phone every 2 hours that says ***'you're magic'***. I am just reminding you of that.

BONUS CONTENT

Interviews with Natasha's friends

Interviews about Me, Myself and *Bipolar Brenda.*

I decided when I started this book to pick people close to me to interview, yes it was hard to hear some things. Although it has help me massively and brought more awareness. These people care about me and I appreciate their support and honesty. All of the interviews were recorded without me being there. Although I interviewed Reece while in LA. I said I wanted to face myself with this book and bare all, so it was only fair you got others views on me other than just my views of me and my chaotic mind and happy soul.

Anthony Zawalij (Personal Trainer)
Jo swaby (acting college/friend)
Lauren Briggs (best friend)
Reece (Best Friend)

What's it like being around Tasha?

AZ- Here you go, you asked for it.
Sometimes it's hard to distinguish between the two: Tasha and Brenda, because both are the same person.

LB- On a good day, we have such a laugh together! We have the same sense of humour and we can laugh morning, noon and night. We have a lovely bond.

On a bad day she is very ignorant, completely uninterested in anything you have to say. I would say it is like getting blood out of a stone when Tasha is on one with her phone. We have had a lot of arguments largely about her square-headed ex-boyfriend, Jamie* mainly because we have different outlooks on life and relationships. I would say the seriousness of the argument depends on Tasha's mental state at the time. Natasha will take in what you say, even if she doesn't like it.

JS- So yeah, it is good to be around Tasha. She is funny, she is interesting. She has always got some kind of conversation to have. Like there is never kind of a dull moment with Natasha and you're never really stuck for anything to say either, like she is really good at making conversation, but it is not even that she is trying to make conversation.

I think she is a natural kind of talker and she has so much information in her head so that she always has something that she can talk about or she is passionate about at that point, something that is in her head that she will talk about.

She has got a lot of life about her I think and she is an earthy person, I don't know if that makes sense but she is quite grounded, she is, I don't know, like weirdly, because I don't know if I would have said this in the past about Natasha but she is quite level-headed these days, I suppose that is a bit of a contradiction for the purpose of this book but yeah, she's interesting you know.

Especially from an acting point of view, like I like the way that she talks about acting and actors and her take on it and the intricacy. You know, there is always a lot of detail when she speaks and it is not just kind of flippant sentences and things, it is her opinion and it is her take on things and you know, she has really thought about these things and I find that really interesting. It makes me feel like, it kind of gives me a kick up the arse about it and it makes me feel alive about it and excited about it.

You know, it becomes a real thing that you can just grab hold of because that is what it is to her. I don't know if that makes any sense.

I just keep hearing her laugh, anyway…*laughs*. She is really funny. There is always some drama but, like, in a funny way. Some are not so funny but mostly they are quite comical. So yeah, I think that explains it. I don't know if it does. It is like a familiarity, we all just come together and, yeah, it is nice.

R- It depends on which day it is for the most part, but then generally I feel like it's demanding. It requires a lot of energy and a lot of mediation and it is intense. It is seldom sort of chilled.

It is interesting to come back to this now because obviously we have not seen each other for 2 years and then we have seen each other now for like 10 days, which is why I kind of wanted to wait until you was here but also towards the end because I wanted to get another feel and I am still trying to process whether I have changed or the dynamics have changed… but then the circumstances, I know you are very much out of your comfort zone, but I don't feel like we have laughed as much as we used to.

Again, this is more comparative than natural, like general, but then I am only going off what I…because obviously we have not seen each other in 2 years so I am trying to go off the most recent but in the past it was very much that we could have an afternoon of belly laughter or it was like despair… and I don't think it was ever sort of just like middle ground.

There was no balance.

What's it like being around Brenda?

AZ- Tasha has the ability to stop and think whereas Brenda doesn't. Being around them both is quite easy really as you learn to take a step back and let each identity be themselves.

LB- WELL…I would say generally, Brenda goes quiet and withdrawn into herself. I can see the signs such as not answering the phone, ignoring texts, not doing her daily routine and staying in bed. If I am with her at the time of an episode, I would say that she appears quite disorientated.

However, I have been subject to a lot of abuse regarding Jamie when Brenda has been triggered by that silly prick. I actually cannot stand him. He is ugly from the inside out. Don't get me wrong, Natasha/Brenda is no angel, but she has a good heart (and is beautiful) and Jamie * is just a narcissistic TWAT. Jamie* has been the main source of any arguments we have had.

I am very black and white and see things for how they are whereas Brenda will dissect every last little detail and create scenarios in her head. Once that scenario is created, that is what she believes and to Brenda, that is bible, no matter what anybody says to her.

Like I said above, Natasha will take in what you say, Brenda on the other hand, will not listen to a word you say.

JS- she is different to Tasha. She is never quite with you, I don't think.

Say you are on the phone to Brenda for example, or even if I have been in a room with her, she is just not quite with you. Her mind is somewhere else and you could be anybody I think sometimes and she will be focusing on something that has probably gone wrong or something that is just niggling at her because there is always going to be something, because that is usually what triggers her.

You could be on the phone to Brenda 10 times in one day and she will ring you about the same thing and tell you the same story and try and explain it a little bit more but it will just be…you will be getting the same information about the same thing but I think she thinks maybe that she is telling you new stuff or she is telling you from a different angle for information or whatever or it is like she is trying to figure something out in her own head or she is trying to figure out what is going on, or what is annoying her that day or something that she has to get an answer for, but she can't get to the answer because even if you give her an answer it is not right. Like she will not accept that or she does accept it and then you think “yeah right, she has got it” and then she will get another phone call like 15 minutes later for example and I am talking like…this isn’t recent at all, this is Brenda as I remember her probably, like I said just over a year ago.

So what else is there? I am just going to put it all in to one some of this; so I have always noticed that Brenda is around, like I remember being in an acting class with her and Natasha is very focused, she is prepared, she is interested in what other people are doing and gives really concise precise notes. She wants to help those people and takes an interest, whereas Brenda would be on her vape. Like she would be vaping constantly, tapping on her phone like tap, tap, tap, tap. Just being on her phone constantly on whatever; I don’t know what it is, WhatsApp, Facebook Messenger, constantly on her phone and not really listening to what is going on and getting distracted, but that is not Natasha because Natasha is actually quite focused. I think as well, with Brenda, you can try and give her answers and you can try and tell her what she is doing is wrong or maybe some of her actions are, and she is explaining herself because of this and she is like “yeah, this isn’t right and they shouldn’t have done this,” and all like this, and well actually sometimes I think the reason she can’t get to answer is because…how can I put this?.. Maybe she has done something wrong, like what she did was wrong but doesn’t really want to admit that to herself perhaps or maybe genuinely doesn’t see it and that is when you get call after call after call because she doesn’t want that answer and sometimes it is not that it is the answer, it is just that she can’t get it straight in her head. She genuinely can’t. Brenda just cannot understand whereas Natasha would have done. She would just get it straight away and go 'yeah, you're right, yeah I get that now'.

R- Oh, I didn't realise that you was on about them as separate.

Brenda is exhausting and it is not very fun and I think that Brenda has kind of exhausted me of all of my, like, patience. Hmm (understanding). Well you have been around the longest with it.

Yeah, I am not sure how cut out I am for Brenda…anymore. Brenda is a lot and I feel like Brenda would take your last breath and then wonder why you stopped moving…and then panic when you stopped moving. Then it would be a sign of like 'oh shit, there is something not right.'

What memory sticks out to you about Tasha or Brenda?

AZ- The memory that sticks out the most is when Tasha beat a powerlifting world champion at a local competition.

LB- Lots of happy memories with Natasha. With regards to Brenda, When I got called a "fat cunt" because I told her *Jamie had been on dates with an old friend who was quite on the large side. Brenda said to me "you fat girls stick together". Nice that isn't it!

R- It is funny because this one only came back up recently and I don't know why it came in to my head and I have not mentioned it to you this week but I think it is because I have been thinking about how this dynamic is and stuff this week but I'll always remember…and at the same time I don't want to bring up any unnecessary guilt.

It is not something I am holding on to, but the memory came back to me. I will never forget my only ever argument with one of my exes was because of Brenda with Bobby, do you remember?

Oh yeah.

It was the only ever argument that I had with him, I snapped at him and it was because you were bombarding me and you kept repeating the same thing and the message was literally like 'I feel sick, I feel ill' and I was like ' I don't know what to do, I am not with you and you kept going "I feel ill, I don't know what to do…I just feel…" and I was like 'leave me alone, I am with my boyfriend, like I am with my partner who I have not seen in a few weeks and we have only got a day together' and I flipped and I ended up taking it out on him and we argued and we didn't speak really. That was the first sort of weird…so that was quite an intense memory to have but that is one of my big memories of this affecting me and my life and my other relationships.

Other lighter ones are, as we spoke about before, the obsessively sending picture messages of pictures of thousands of trainers asking me the same questions over and over again and then still not being content with the answers.

That is why it goes back to it being so exhausting because you want me to tell you things but then doubt me.

What do you remember that you don't think Tasha or Brenda doesn't?

JS- Natasha has a much better memory than I do. I have a terrible memory, but Natasha remembers loads of stuff like things that people have said, what people have done, when things happened, where things happened,

Yeah, like she really holds a lot of information. she is more likely to remember more things than me.

R- Hmm (thinking)…I don't know. We would have to sit and compare.

The worst thing is, which I think but then I don't necessarily think it is about memory, I feel like its your ability then to just go *clicks fingers*.

So obviously I don't deal with them that intense anymore because I live in a different country now, but in the past it would be 3 days of absolute bombarded, won't leave me alone and the biggest mistake I ever made was telling you that I didn't like not answering the phone to you because I feel like then you exploited that and then you would always call me and you knew that I would always answer because I told you that I didn't like not answering the phone to you because I was always worried.

But it meant that sometimes I would be on my way to an audition and you would call me, and you knew I was going to a meeting, but you couldn't….and I was like I don't think it is herself. I don't think it is you going 'I don't care about it.' I think it is you not even being able to comprehend that I have got a life, I have got something going on.

Yeah, and you would call me and proceed to tell me about something so trivial but it was like your whole world on that day and that meant that I had to hear about it and I had to give you a thought on it and I would literally be on the train to a big meeting or whatever and then your ability to just be like 'woo, everything is great' and I am still reeling from 3 days of absolute intense negativity and stress.

I don't know if Brenda realises the implications of that. I think Tash tries to understand it and that is, of course, what this whole book is about, but it is a lot and I think the most telling thing was, I don't know if I have ever told you this, but do you remember when I was still in England and I said 'I can't do this anymore…'

…and I said I had to distance myself from you. Do you remember, and I was like this is what you need to do also because this is a dependency.

Hmm (understanding).

What frustrates you about Tasha/Brenda?

AZ- With regards to Brenda but it applies to both is the fact that she never built on this success of powerlifting and should have took herself officially onto the sporting world stage but never did.

This is due to the childish behavior she displays sometimes and the lies she tells to herself and other people to justify her negative self-destructive actions which have an impact on her decision making and possibly her son's welfare as he is subjected to stuff he shouldn't maybe see or hear at his age.

This is because he is the only male in the house, and she needs this father figure to guide her and to talk to. Her choice in men also is quite questionable so much so if a male shows her attention, she clings on to it as she's scared to lose that male influence in her life.

Her biggest flaw is not achieving her full potential sporting and job wise and when her decision making improves, she will reach this.

LB- The fact that she has a tendency to repeat the same thing 40+ times but in different variations and the fact she will not let go of things no matter how miniscule or major they may be.

R- It sort of again does tie in to that question, you will ask me something and then it is almost like you are asking just for the sake of asking but you don't actually really care for the answer yet or you are not ready for the answer yet. So then I find myself constantly… even here actually then I felt guilty because I felt like I was quite terse with you but it was the Uber thing and I said to you like you have to add two people and then you opened your phone a couple of days later and you said 'look Ree, it says it is included…'

…and I was a bit defensive because I was like 'yes, but you have to add…'

And it was like we had had the conversation about these three times about bloody getting this Uber…

So, I get frustrated about little things like having to repeat myself constantly or feeling like I am not being listened to… especially when I am being asked to give energy and my knowledge on something and then it is almost like it is refuted which, I don't remember happening as much until this week. It feels like 'I don't remember this,' but then like it did but I was just used to it. Whereas now I am just like, hold on… but yeah and then also the other thing which is petty and a little big ego-driven from my side, is the fact that, you know, I would say something for 3 years and then after that you would go 'do you know what I have always said, Ree…' and then I would be like 'oh, the thing I have been trying to tell you for 3 years.'

I would be like that is exactly what I have been saying to you for the last 3 years. It is like I have ran myself hoarse saying the same thing and now that Osho has said something…

Can you see signs when she is in an episode, and if so, what is this like for you?

AZ- If she is experiencing an episode, I just take a step back let her calm down then everything settles down.

LB- If I am here, it is not nice to see as there is nothing you can do apart from maybe help her do/or do the things she would normally need to but isn't capable of doing during an episode but to be honest, I am never physically around when she is having an episode (because I work 7564 hours week) but the remote signs I see is not being able to contact her, no social media updates and being very distant until she comes out of an episode.

I do worry about her when the episodes occur, but I always know that she is going to be okay.

JS- I think it used to be the whole…always on her phone, not really concentrating or not really focusing on what you are saying. She gets very caught up in what is going on in her life and stuff, but I think more now, I think communication…I won't really hear from her and she won't be on social media very much whereas normally she is on Facebook quite a lot.

Nowadays when she has an episode, she will withdraw for a bit until it is over so I guess I would say it is that really.

What has she achieved?

AZ- As I said she beat a world champion at a local powerlifting competition, which was her first competition.

LB- So much.

She runs a home, has brought up her son more or less single handedly, has a good job, she manages her money well, she has stayed in touch with her acting career. I think all of the above are amazing achievements when you are suffering with a mental illness.

PS: This book in itself is a massive achievement!

JS- Loads.

Obviously bringing up her little boy successfully. She has managed to keep herself on track many a time as obviously as she has had bad episodes or whatever and she has had quite a lot of things that she has had to overcome mentally but she always does, so I think every time she does it is kind of an achievement really. She has got a roof over her head.

Like I said, she has brought up her little boy. Sometimes she has to do that in difficult circumstances really but she does it. God, She has got a good job.

She has achieved a good understanding of who she is and what she is going through and what it is like to have bipolar, what that means and I think that is a massive achievement, you know, in accepting living your life being accepting of yourself and understanding that yourself and spending so much time finding that understanding . Yeah, that is a huge achievement.

Every time she has had a setback or whatever, she has managed to get back on track and I have definitely seen a difference in her recently, compared to how she used to be.

R- She has raised a lovely son.

She has persisted with her career, her acting career. That has not always been easy, but I like your resilience with that. I think you know, the reality is that you have definitely contributed to holding yourself back which, you know…but then you always still persist with it and you continue to…you always have something, you know, you have always maintained a relationship with your acting career and I think that is something to be proud of because a lot of people haven't.

I think it requires a lot to have constant rejection and still go 'this is what I want to do and this is what I love' so I think that is an achievement and something to be really proud of.
I think you do a lot for your mum. I think that is something to be proud of. I think that is an achievement. You have raised your son pretty much on your own with very little help especially financially. You know, you maintain a house and I think these are all things that you take for granted but then it is all big achievements.
It is not easy to do that, especially in the current climates and I think, you know, you came here and, you know, you were worried about that.
So, every day, little achievements occur.

What does she struggle with the most?

JS- I would say probably letting go of things.
So she will get so, I suppose focused on something and she just can't let go of it. That is all in her head then. Or you know, it could be a thing or something that somebody has done or something that has happened, a person. Yeah, I think it is letting go of things that aren't good for her.

LB- LETTING.THINGS.GO.

Especially naughty men who are bad for her – but there has been two constant ones that she has not really let go of.

R- I think letting go of things is one of the big struggles and I don't know anyone that benefits from clutching at something than…especially when they are clutching the life out of it which I think you have a tendency to do. I think that is the root of a lot of your struggles and I think that they could all probably link back to that, not letting go of things but you know, it is a common thing. Especially of somebody who is working-class, and you talk to, sort of like… strive and grab on and pull yourself up to then go well I let go of stuff, I don't have to force it.

It was like I said to my dad the other day, you know I told you, you know like my dad said he is 50 and he said was saving that because you know, he had been looking forward to it and I said well you have to let go of things. I mean, I know this is cliché, but you have to let go of things to let new things come in. That is why I feel like, you know, like I would say to you I still can't believe we are having the same conversation again.

You know, like years down the line, years down the line, you know it is so cyclical and I think that goes back to not letting go of old stuff. So, what you are doing is essentially, you're choosing companions to travel with. Companions being the pains and then adding on to them and that is why it is starting to manifest physically.

Because you dip in and out in to tense meditation and then, like you say, you are back off it and, in the meantime, you have not fully cleared the previous one.

The other stuff and then you are adding to it because you are going into it without fully understanding it.

I don't think you have a particular trigger. I think you pick it up and attach it to different things depending on what period of your life you are in or what day it is. Does that make sense. Like here, I feel like there has been different triggers that have made you anxious. I think it is also the new environment which is the bigger trigger.

Overall what's it like being close to her?

JS- So yeah, it is good. It is nice because I think those friends that she is close with and that she holds close, she would always have their back and you do feel that from her. Like you are never worried. Like you never think, 'oh she will be slagging me off behind my back'.
You don't feel that from her at all and she cares about her friends and they do mean a lot to her and I think you feel that from her but also it can mean that maybe or personally I feel like you could not speak to her for a long time and then you could speak to her loads or, you know, being friends with Natasha with everything that she goes through and how she is and stuff, I think being close to her, you have to be prepared to be in touch with her a lot and then not really be in touch with her at all because that is just because she needs that time to sort herself out and it is not personal so I suppose being close to her is just about understanding that and the way that that works and that is just how it is.

I probably don't see all sides. Sometimes she can drive you mad. *laughs* - Sorry Tasha.

At other times just you think, you know, she is brilliant to be around most of the time to be fair. You have to take the rough with the smooth and like I said before, it has not always been easy but when Natasha is Natasha…but then it is all in one I suppose. She is a great person.

LB- I will keep this one short and sweet – sometimes a joy and sometimes graft. It depends on what her mood is and what she is focusing on at the time.

R- I think, you know, like it goes back to…we mentioned this, for the most part I often feel unsupported by you as a friend and I do and I think I have mentioned that before but at the same time I know that if I…and this is what is concerning, I have to be in despair before you go ' fuck!' and then call to action.

Like I have to be like *'Tasha, I am on my knees, please help me'* and before that it is like '*doo, doo, dooooo. This is happening, I am doing this*' and I could be like drowning and then it would literally be like *'where has his face gone?' Oh, ooh let me pull him out.'* Do you get what I mean?

What makes you happy about her?

AZ- Overall both are kindhearted with the best intentions and genuine people.

LB- She does have a good heart and she will literally do anything for you.

The fact she does make me laugh and we have a proper laugh together. I love the fact that she is so self-motivated and is a real go-getter when she wants something so badly. Her quirky dress sense.

JS- I am happy that she has got back on the right path, that she has got rid of that stupid boy; no offence, and that she is back getting her life sorted on the right track doing all of this, basically writing a book. She has got an agent that she really likes who is getting her auditions and stuff and doing what she should be doing because she has got a lot to say, I suppose. I keep saying it, she is really interesting.

I am happy that she has learnt or that she is learning to deal with everything a lot better and she is really more in control of everything. I just think she deals with everything a lot better now. It is good to see because you kind of see that person evolving, doing the right things and making the right choices and that she is happier in herself so that is good.

R- Well you know, we can keep trying to divide them but…I think you are very loving; I think she is very caring.

R- I will finish by saying I hope the book helps and brings understanding.

About the author.

Natasha Naomi Rea is a British actress with several TV and film appearances to her credit she is represented as an actress by WGM Talent.

You can find more information about her and her work at the following:

WGM Talent website: https://www.wgmtalent.com/
IG: https://www.instagram.com/memyselfandbipolarbrenda/
Twitter: https://twitter.com/MyselfBipolar
Facebook: http://bit.ly/35nkeJXLittleTasha
Website: www.meandbipolarbrenda.com

In aid of:

www.mind.org
www.time-to-change.org.uk
www.bipolaruk.org
www.womensaid.org.uk
www.rethinkmentalillness.org

These organisations offer so much support for issues covered in this book, reach out.
If you are struggling or you know someone who is help them reach out for medical advice and support, and if you or

anyone else feeling danger mentally always call 999 or go straight to A&E.

With deepest gratitude.

I don't even know where to start. If I miss anyone out I am very sorry.

Firstly, thank you to my friend and fellow thespian that spent hours and hours prof reading all of my work and trust me I can barely write my name so it was a mammoth task. Jo Swaby words will never express or be enough the support and hours on the phone to me. You're a good soul and you will get all you deserve one day.

Ste Whitfield for being a amazing friend and building me a website. Laurence for being the best events manager ever and Jess Cadwallader for my gorgeous cover and all of my amazing artwork.

Antony Crank you came into my life and brought me so much light. The fact that you saved my arse and has to edit this book down massively and actually make it into a book with Claire I could never thank you enough. I love you soul, Antony and I am truly grateful that the universe brought me to you.

Claire C Riley, what can I say? Words are simply not enough, but I will try. You were like an angel appearing to me when I was in despair with no edited or formatted book on New Year's Eve, that was supposed to be already completed. You have taken me, and my book on out of the kindness of your heart to get my dream into a reality with limited time. You have your own commitments and work. I am still in shock by your kindness and love towards me. If there were more people like you in the world then oh what a place it would be. I feel like I have known you my whole life, the universe clearly brought me to you.

Antony Zanwalij, I mean, what to say about you and the hurtlocker. Forever grateful for the day I walked into that place. Thank you for never giving up on me and pushing me further that I ever thought I could mentally and physically. It's way more than lifting! I am sure your mum is extremely proud of what you have achieved and what you do for your client's lives, not just mine. You're still a jobsworth though, ha!

Sarah the LA Queen! Thank you for your light and your love!

Reece, I mean, what a decade it's been. Thank you for not just wanting to be in my life but being the best surrogate to Louis. Thank you for being not just my best friend but being Louis's as well. You will get what you deserve this decade and more.

People that have believed in me even when I did not myself this year that have kept me going when I wanted to stop. Thank you from the bottom of my heart. The people that took the time to do interviews and Lauren Elizabeth for spending hours doing transcripts.

Thank you to for your support and belief in me with not, just the book, but with me and my story. And my dreams.

I am also grateful to the following people for all the influence love and impact you have on me and my life:

Kellie Hollis, everything you have done for me since you met me as a friend and in the profession.
Rick, just for being you mate but for the best self-tapes ever!
Guy, for being an agent that believes in me and is honest.
Tom, for always making time for me and believing in me
Chris, for believing in my story
Siridharma, for being the best kundalini teacher and showing me how to LIVE!
Normandie, for being a light in my life and for all your teachings.
Christine, for inspiring me to be an actress as good as you.
Lisa, for being a beautiful soul.
Deana, for being my browning.
Panton, for the black girl magic.
Lily, the best nail lady, but more being here for me through some hard times and for teaching me to swim.

Paul, for making me laugh on all our theatre trips, and not leaving me when I got removed from the Cinema.
David, for teaching my tools as an actress.
Rach, My mama bear! One of the best humans, thank you for not just being my friend. But a second mum to me, the best you could have!
Mills, for showing me how to get on with things, she is a strong, black independent woman.
Jenny pops, for all the years of friendship.
Charlotte, for being a good soul.
Ethel, (reiki master) for changing my life.
Stella, for keeping me up with my healing.
Debs, for seeing me for me.
Kate Jarvis for always making me laugh and being a good soul in my life.
Jannie (change for success) being the best therapist
My family, especially my brother from another cousin
Bipolar UK & Time to Change
God and the universe for looking after me
My nanny Rea who is always looking over me
My dad, for giving me the answers I needed.
My mamma for looking after me and bringing me up on her own.
My son for being you and being so patient with me with this book and pushing me to keep going.
I love you all so very much.

And finally, in such gratitude and memory of a teacher whose teachings blessed my life this year.

'Ram Dass'
1931-2019
"we are all just walking each other home"

If I have missed anyone off, I am sorry, but you all know who you are. To those who kicked me when I was down this is for you too. Thank you from the bottom of my heart.

Together we can get people sharing their stories, being proud of who they are and stand proud as being a little bit bonkers but with a whole lot of love for humans.

Much love to you all,
Me, Myself and *Bipolar Brenda*

Printed in Great Britain
by Amazon

41098294R00144